水电工程造价指南（第三版）
基础卷

水电水利规划设计总院
可再生能源定额站　编

中国水利水电出版社
www.waterpub.com.cn
·北京·

内 容 提 要

本书分为基础卷和专业卷，共计34章。

基础卷包括工程经济学、工程项目管理、工程建设定额、工程招标投标与合同管理、工程造价管理等。其中，工程经济学讲述了工程经济效果评价方法、不确定性分析与风险分析、工程项目经济评价、设备更新分析和价值工程等；工程项目管理讲述了工程项目管理的概念、工程项目参与者的组织模式、工程项目参与者内部的组织结构等；工程建设定额讲述了施工定额的测定与编制，预算定额、概算定额及估算指标等；工程招标投标与合同管理讲述了建设工程招标、投标和标底，合同法、合同及合同风险管理等；工程造价管理讲述了基本理论与方法、工程建设各阶段造价管理等内容。

专业卷包括与水电工程造价有关的综合性知识以及水电工程造价编制方法等。综合性知识主要讲述了水电工程专业技术相关知识和水电工程造价基本知识；水电工程造价编制则以设计概算编制为主线，讲述了建筑及安装工程单价及基础价格编制、建筑工程与施工辅助工程投资编制、环境保护和水土保持专项工程投资编制、设备及安装工程投资编制、建设征地移民安置补偿费用编制、独立费用投资编制、水电工程总投资编制的内容及方法等。

本书可作为水电工程造价专业人员系统掌握水电工程造价基础知识与专业知识的工具书和培训教材，也可作为水电行业从事设计、监理、建设、施工、审计、资产评估等专业人员的业务参考书。

图书在版编目（ＣＩＰ）数据

水电工程造价指南. 基础卷 / 水电水利规划设计总
院可再生能源定额站编. -- 3版. -- 北京 : 中国水利水
电出版社，2016.10(2021.9重印)
 ISBN 978-7-5170-4839-8

Ⅰ. ①水… Ⅱ. ①水… Ⅲ. ①水利水电工程－工程造
价－指南 Ⅳ. ①TV512-62

中国版本图书馆CIP数据核字(2016)第257184号

书　　　名	水电工程造价指南（第三版）　基础卷 SHUIDIAN GONGCHENG ZAOJIA ZHINAN
作　　　者	水电水利规划设计总院 可再生能源定额站 编
出版发行	中国水利水电出版社 （北京市海淀区玉渊潭南路1号D座　100038） 网址：www. waterpub. com. cn E-mail：sales@waterpub. com. cn 电话：(010) 68367658（营销中心）
经　　　售	北京科水图书销售中心（零售） 电话：(010) 88383994、63202643、68545874 全国各地新华书店和相关出版物销售网点
排　　版	中国水利水电出版社微机排版中心
印　　刷	清淞永业（天津）印刷有限公司
规　　格	184mm×260mm　16开本　76.5印张（总）　1814千字（总）
版　　次	2003年8月第1版第1次印刷 2016年10月第3版　2021年9月第2次印刷
印　　数	3001—4500 册
总 定 价	**300.00元（共2卷）**

《水电工程造价指南》（第三版）
修订委员会

主　任：郭建欣

副主任：陈光义　郭　琦

编　委：（以姓氏笔画为序）

刘月琦　杨　敏　陈志鼎

殷许生　黎勇刚

前　言

　　水电水利规划设计总院（可再生能源定额站）于2003年和2010年分别组织编写并出版了《水电工程造价指南》（第一版）和《水电工程造价指南》（第二版）。该书作为系统介绍水电工程造价专业知识的工具书，在帮助广大水电工程从业人员了解和掌握水电工程造价基础理论、现行造价编制规定和定额标准以及相关法律法规和工程技术知识，提高工程造价专业人员业务水平方面发挥了积极作用，同时也为水电工程造价专业人员资格管理以及相关培训工作提供了完整的教材。

　　《水电工程造价指南》（第二版）出版至今已6年，在此期间，我国水电工程建设管理体制改革不断深化，出台了一系列新的政策、法规，颁布或修订了部分水电工程技术规程规范以及设计概（估）算编制规定、费用标准。同时，在近几年水电工程造价培训班教学过程中也反馈了一些问题，有必要对《水电工程造价指南》（第二版）进行修订。

　　为此，水电水利规划设计总院（可再生能源定额站）于2014年组织成立了《水电工程造价指南》（第三版）修订委员会，负责领导和组织造价指南的修订工作，并委托三峡大学和可再生能源定额站西南川渝藏分站承担具体修订任务。

　　《水电工程造价指南》（第三版）从水电工程建设全过程造价管理的角度出发，系统介绍了水电工程造价的基本原理、相关基础知识，以现行的水电工程造价管理方面的有关规定、定额、标准等为介绍重点，并辅以丰富的典型案例，以使读者加深理解和正确应用，结构更加完整，层次更加清晰，内容更加丰富，增强了实用性。

　　本书基础卷由三峡大学组织编写，其中绪论、第四篇和第五篇由郭琦、吴黎明、安慧、陈新桃编写；第一篇至第三篇由陈志鼎、向玉华、郭琦、刘倩编写，何湘君、李珺、盛竹迪等参加了资料收集整理及图表绘制工作；全卷由郭琦、陈志鼎统稿。

　　本书专业卷由可再生能源定额站西南川渝藏分站组织编写，其中绪论由夏晓云、黎勇刚编写；第一章由陈光、马莉编写；第二章由宋力编写；第三章第一节和第六节由杨敏编写，第二节至第五节由乔月宾编写，第四章第一节至第三节由陈文海编写，第四节和第五节由赵瑞、乔月宾编写，第六节至第八节和第十一节由宋力编写，第九节和第十节由杨敏编写；第五章由马莉编写；第六章由赵兰编写；第七章由陈文海编写；第八章和第九章由陈光编写；全卷由陈光义、黎勇刚、杨敏统稿。

在本书的修订过程中，水电水利规划设计总院郭建欣、刘月琦、殷许生、关宗印、王善春、易升和水电行业的专家陈皓、王莉萍、杨君、苏灵芝、杜秀慧、赵桂芝、王少华、马勇先、王建德、郭鸿儒等参加了校审工作。

本书可作为水电工程造价专业人员系统掌握水电工程造价基础知识与专业知识的工具书和培训教材，也可作为水电行业从事设计、监理、建设、施工、审计、资产评估等专业人员的业务参考书。

由于水电工程造价管理涉及面广，且相关理论研究与实践还在不断完善和发展中，加之编者水平有限，书中难免有错漏和不足之处，恳请读者提出宝贵意见，以便进一步修改完善。

《水电工程造价指南》（第三版）修订委员会

2016 年 7 月

第一版前言

随着我国西部大开发战略的实施和电力体制改革的逐步深入，水电事业蓬勃发展，水电前期工作不断加快，一大批水电工程相继开工建设。为适应水电事业发展的需要，必须加强工程造价管理，合理确定和有效控制工程建设投资，这也对水电工程造价专业人员的素质和工作提出了更高的要求。为此，水电水利规划设计总院和水电建设定额站根据多年来在水电工程造价培训方面的工作经验，组织成都勘测设计研究院和三峡大学编写了水利水电工程概预算讲义，在水电工程造价培训工作中取得了较好的效果。在此基础上，水电水利规划设计总院和水电建设定额站又组织有关人员编写了《水电工程造价指南》一书。

《水电工程造价指南》从水电工程建设全过程造价管理的角度出发，介绍了水电工程造价的基本原理、相关基础知识以及现行的水电工程造价管理方面的有关规定等。其中，尤以现行水电工程设计概算编制办法、定额和费用标准的主要内容为介绍重点，并辅以典型例题，以使读者加深理解和正确应用。

《水电工程造价指南》分为基础卷和专业卷两部分，共9篇37章。基础卷主要介绍了工程项目管理、工程建设定额、工程造价管理、工程建设合同管理和工程财务等方面的知识，共5篇19章；专业卷介绍了水电工程综合知识（即水工、施工等方面的基础知识）、投资编制、建筑工程和设备及安装工程等内容，共4篇18章。

为组织本书的编写，水电水利规划设计总院、水电建设定额站成立了编写委会员，由王民浩任主任，周尚洁、李国华任副主任，成员有王嘉惠、王增光、刘月琦、关宗印、李冬妍、易涛、金洪生、郭建欣、黄文杰。本书的主要编写人员为：易涛、黄文杰、李冬妍、金洪生、王嘉惠、王增光、刘月琦。在本书的整编过程中，水电水利规划设计总院王柏乐、杨多根、童显武、周建平、李定中、周尚洁、李国华、郭建欣、关宗印、李继革、吴旋、陈皓、寇宝昌、蔡频、李扶汉、娄慧英、张淑行和水电行业的专家朱思义、杨飞雪、张宝声、汤宜芹、李治平、蔡新鉴、陈延绪、黄汉成、沈辅邦、沈阴鑫、喻孝健、汪晨光、夏晓云、王建德、肖国朝、李永林、张天存、吴天觉、王莉萍、姚淑英等参加了校审工作。成都勘测设计研究院的夏晓云、陈光义、傅鸿明、王钦湘、许文寿、黎勇刚、宋力、孙会东、谢淑珍、朱一萍、黄京焕、黄励思、孙若蕴以及三峡大学的郭琦、袁大祥、杨赞峰等参加了前期水利水电工程概预算讲义的编写工作。谨此表示感谢！

《水电工程造价指南》是水电工程造价专业人员系统掌握水电工程造价基础知识与专业知识必不可少的工具书，也是水电行业从事设计、监理、建设、管理、审计及资产评估等专业人员的业务参考书，同时还可作为其他行业和工程造价咨询单位有关人员的参考用书。

本书在内容编写上力求做到系统、完整，理论阐述清楚，方法切实可用。但限于编写人员水平，书中难免存在不足之处，恳请读者指正。

编者

2003 年 8 月

第二版前言

我国的水力资源极为丰富，总量居世界第一。改革开放 30 多年来，随着国家经济的飞速发展和改革的不断深入，我国的水电事业也得到了快速发展。水电建设者通过不懈的努力，解决了一个又一个世界级技术难题，环境影响和征地移民问题也越来越受到重视，取得了令世人瞩目的成就。全国水电装机容量自 2004 年起就一直位居世界第一，到 2009 年底已突破 1.9 亿 kW。在这快速发展的过程中，水电工程在建设管理体制以及投资管理方面也产生了重大变革，从而奠定了水电事业可持续发展的基础。

水电事业健康、快速发展对水电工程造价管理提出了更高的要求。加强水电工程造价管理，一方面要建立并完善适应社会主义市场经济条件下水电工程建设管理体制的造价管理体系，同时还需要造就一批高素质、高水平的水电工程造价管理人才。为提高水电工程造价管理专业人员的业务水平，结合水电工程造价专业人员资格管理以及培训工作的需要，水电水利规划设计总院于 2003 年组织编写了《水电工程造价指南》。此套指南作为水电工程造价专业人员资格考试以及培训的主要用书已经使用了 6 年多，取得了较好的效果。随着我国水电工程建设管理体制改革的不断深入，新的水电工程规程、规范的出台以及水电工程设计概算编制规定、标准和定额的颁布，有必要对《水电工程造价指南》进行修订。

为此，水电水利规划设计总院（可再生能源定额站）成立了《水电工程造价指南》（第二版）修订委员会，主任为王民浩，副主任为周尚洁、郭建欣，成员为王嘉惠、刘月琦、陈皓、夏晓云、郭琦、黎勇刚。修订委员会负责领导和组织指南的修订工作，并委托三峡大学和可再生能源定额站西南川渝藏分站承担具体修订任务。

修订后的《水电工程造价指南》（第二版）分为基础卷和专业卷两部分。基础卷主要介绍了工程造价的相关基础知识，包括工程经济学、工程建设定额、工程招标投标与合同管理、工程造价管理等；专业卷主要介绍了水电工程造价有关的综合性知识以及水电工程造价编制方法等，重点介绍了现行水电工程设计概算编制规定、定额和费用标准等内容，并辅以典型例题，以使读者加深理解和正确应用。新版指南在知识结构方面更加合理、内容更为丰富。

　　本书基础卷由三峡大学组织编写，其中绪论由郭琦编写；第一章至第六章由向玉华、安慧编写；第七章至第九章由郭琦、王宇峰编写；第十章至第十六章由中国长江三峡集团公司的吴卫江编写；第十七章至第二十五章由郭琦、安慧编写；全卷由郭琦负责统稿。

　　本书专业卷由可再生能源定额站西南川渝藏分站组织编写，其中绪论由夏晓云编写；第一章由陈光、马莉编写；第二章由陈光编写；第三章第一节和第六节由杨敏编写，第二节、第四节和第五节由陈光编写，第三节由马莉编写；第四章第一节至第三节由王林、栾远新编写，第四节、第五节由赵瑞编写，第六节至第八节和第十一节由宋力编写，第九节由王嘉惠编写，第十节由杨敏编写；第五章由马莉编写；第六章由赵兰编写；第七章由陈文海编写；第八章、第九章由陈光编写；全卷由夏晓云、黎勇刚、陈光义和王嘉惠负责统稿。

　　在本书的修订过程中，水电水利规划设计总院周尚洁、张一军、郭建欣、陈皓、刘月琦、关宗印、喻卫奇、王善春、易升和水电行业的专家王嘉惠、王莉萍、张天存、杨君、王友政、王建德、王少华、苏灵芝、宋殿海、栾远新等参加了审查工作。

　　本书可作为水电工程造价专业人员系统掌握水电工程造价基础知识与专业知识的工具书和培训教材，也可作为水电行业从事设计、监理、建设、施工、审计、资产评估等专业人员的业务参考书。

　　由于水电工程造价管理涉及面广，且相关理论研究与实践还在不断完善和发展中，加之编者水平有限，书中难免有错漏和不足之处，恳请读者提出宝贵意见，以便进一步修改完善。

编者

2010 年 3 月

目 录

前言

第一版前言

第二版前言

绪论 ……………………………………………………………………………… 1

  第一节　工程造价管理学科概述 …………………………………………… 1

  第二节　工程造价管理从业人员的知识、素质与能力结构 ……………… 11

第一篇　工程经济学

第一章　工程经济学概论 …………………………………………………… 17

第二章　工程经济效果评价方法 …………………………………………… 20

  第一节　现金流量的构成 …………………………………………………… 20

  第二节　资金等值计算 ……………………………………………………… 31

  第三节　经济效果评价指标 ………………………………………………… 36

  第四节　经济效果评价方法 ………………………………………………… 43

第三章　不确定性分析与风险分析 ………………………………………… 50

  第一节　不确定性分析与风险分析概述 …………………………………… 50

  第二节　盈亏平衡分析 ……………………………………………………… 51

  第三节　敏感性分析 ………………………………………………………… 54

  第四节　概率分析 …………………………………………………………… 56

第四章　工程项目经济评价 ………………………………………………… 58

  第一节　工程项目财务评价 ………………………………………………… 58

  第二节　工程项目国民经济评价 …………………………………………… 69

  第三节　工程项目社会评价 ………………………………………………… 79

第五章　设备更新分析 ……………………………………………………… 83

  第一节　设备更新的原因及原则 …………………………………………… 83

  第二节　设备更新方案比较 ………………………………………………… 87

  第三节　设备租赁与购置决策 ……………………………………………… 90

第六章　价值工程 ·· 94

第一节　价值工程的基本原理 ································· 94

第二节　价值工程的对象选择 ································· 97

第三节　功能分析 ·· 98

第二篇　工程项目管理

第七章　工程项目管理概述 ·································· 105

第一节　工程项目的概念 ······································ 105

第二节　工程项目管理的概念 ································· 109

第三节　水电工程项目的设计和施工流程 ··················· 113

第八章　工程项目参与者的组织模式 ······················ 120

第一节　概述 ·· 120

第二节　传统模式的组织 ······································ 123

第三节　设计-建造、EPC、交钥匙模式的组织 ············· 126

第四节　施工管理模式组织 ···································· 130

第五节　融资承包模式组织 ···································· 133

第九章　工程项目参与者内部的组织结构 ·················· 137

第一节　企业组织结构 ·· 137

第二节　项目组织结构 ·· 145

第三节　业主的项目组织结构 ································· 150

第四节　承包商的项目组织结构 ······························ 153

第三篇　工程建设定额

第十章　工程建设定额概述 ·································· 157

第一节　工程建设定额的概念 ································· 157

第二节　工作研究 ·· 162

第十一章　施工定额的测定与编制 ························· 169

第一节　施工定额概述 ·· 169

第二节　施工定额的编制 ······································ 171

第十二章　预算定额、概算定额及估算指标 ··············· 185

第一节　预算定额 ·· 185

第二节　概算定额 ·· 192

第三节　投资估算指标 ·· 194

第四篇　工程招标投标与合同管理

第十三章　合同法基础知识 ·································· 199

第一节　合同的种类 ··· 199

第二节　合同法基本原则 ……………………………………………………………… 202

第三节　合同的形式和主要内容 ……………………………………………………… 206

第四节　合同的签订过程 ……………………………………………………………… 208

第五节　合同的法律效力 ……………………………………………………………… 209

第六节　合同的履行、变更和终止 …………………………………………………… 211

第七节　合同的违约责任 ……………………………………………………………… 215

第八节　合同争执的解决 ……………………………………………………………… 216

第九节　与建设合同相关的司法解释 ………………………………………………… 218

第十四章　招标投标概论 …………………………………………………………… 222

第一节　工程建筑市场 ………………………………………………………………… 222

第二节　我国招标投标发展 …………………………………………………………… 227

第三节　我国工程招标投标概述 ……………………………………………………… 229

第十五章　建设工程招标 …………………………………………………………… 231

第一节　工程招标的组织与准备 ……………………………………………………… 231

第二节　工程招标的程序和要求 ……………………………………………………… 239

第三节　工程招标文件的编制 ………………………………………………………… 247

第四节　投标人的资格审查 …………………………………………………………… 252

第五节　工程标底与招标控制价的编制 ……………………………………………… 255

第六节　开标 …………………………………………………………………………… 257

第七节　评标 …………………………………………………………………………… 259

第八节　定标 …………………………………………………………………………… 264

第十六章　工程投标 ………………………………………………………………… 269

第一节　工程投标程序 ………………………………………………………………… 269

第二节　投标前期准备 ………………………………………………………………… 270

第三节　工程投标决策 ………………………………………………………………… 271

第四节　工程投标策略及报价的技巧 ………………………………………………… 273

第五节　资格预审 ……………………………………………………………………… 276

第六节　调查研究、现场踏勘和参加标前会议 ……………………………………… 285

第七节　投标报价 ……………………………………………………………………… 286

第八节　投标文件的编制与报送 ……………………………………………………… 287

第九节　EPC招标与投标简介 ………………………………………………………… 295

第十七章　工程合同管理 …………………………………………………………… 300

第一节　工程合同履行 ………………………………………………………………… 300

第二节　工程合同分析 ………………………………………………………………… 302

第三节　工程合同控制 ………………………………………………………………… 310

第四节　工程款支付与管理 …………………………………………………………… 315

第五节　工程变更管理与合同价调整 ………………………………………………… 323

第六节　工程索赔管理 ………………………………………………………………… 328

第七节　工程合同损害赔偿与缺陷责任 ··· 335

第十八章　常见招标文件和合同示范文本应用 ··· 341

第一节　FIDIC《土木工程施工合同条件》简介 ··· 341

第二节　2007 年版《标准施工招标文件》简介 ··· 343

第三节　2010 年版《水电工程施工招标和合同文件示范文本》简介 ············· 345

第四节　2012 年版《中华人民共和国简明标准施工招标文件》和 2012 年版《中华人民
共和国标准设计施工总承包招标文件》简介 ··································· 347

第十九章　工程合同风险管理 ··· 349

第一节　工程项目风险概述 ··· 349

第二节　工程合同风险 ··· 370

第三节　工程合同风险分配 ··· 372

第四节　工程合同风险的对策 ·· 373

第五篇　工 程 造 价 管 理

第二十章　工程造价管理的基本理论与方法 ··· 381

第一节　概述 ·· 381

第二节　管理学与工程造价管理 ·· 381

第三节　市场经济理论与工程造价管理 ·· 390

第四节　技术经济学与工程造价管理 ··· 398

第五节　系统工程理论与工程造价管理 ·· 400

第二十一章　投资决策阶段的工程造价管理 ·· 404

第一节　概述 ·· 404

第二节　资金筹措与成本分析 ·· 412

第三节　水电工程投资估算 ··· 437

第二十二章　设计阶段的工程造价管理 ·· 442

第一节　概述 ·· 442

第二节　设计招标与设计方案优化 ·· 446

第三节　限额设计 ·· 456

第二十三章　招投标阶段的工程造价管理 ··· 460

第一节　概述 ·· 460

第二节　工程造价的形成机制 ·· 462

第三节　招标文件的编制要点 ·· 468

第四节　投标决策与报价技巧 ·· 473

第五节　设备、材料采购与合同价的确定 ·· 481

第二十四章　施工阶段的工程造价管理 ·· 488

第一节　概述 ·· 488

第二节　施工方案的比选与决策 ·· 491

第三节 材料成本的控制 …………………………………………………………… 493

第四节 机械设备使用成本的控制 ………………………………………………… 498

第五节 工程风险与保险 …………………………………………………………… 506

第二十五章 工程项目竣工阶段的造价管理 ……………………………………… 512

第一节 竣工验收 …………………………………………………………………… 512

第二节 工程保修费用的处理 ……………………………………………………… 514

第三节 竣工决算 …………………………………………………………………… 515

第二十六章 建设项目后评价 ……………………………………………………… 523

第一节 项目后评价的基本概念 …………………………………………………… 523

第二节 项目后评价的内容和方法 ………………………………………………… 524

参考文献 ……………………………………………………………………………… 529

绪　　论

第一节　工程造价管理学科概述

一、工程造价管理学科的产生与发展

工程造价管理是一门既古老、又年轻的管理实践性学科。说它古老是因为人类自从进入文明时代后，就不断地进行着广泛的认识自然和改造自然的活动。他们开山、炸石、筑坝、架桥、修路、建房等。从陕西半坡原始社会建筑到气势宏伟的万里长城；从古埃及金字塔到巴拿马运河；从兴利除害的都江堰工程到长江三峡水利枢纽，人类的工程建设活动一刻也没有停止过。人类文明的程度愈高，这种活动便愈频繁，规模愈宏大。可以毫不夸张地讲，人类改造自然的工程建设活动是人类文明的重要组成部分。而自从有了工程建设，也就必然开始了工程造价管理的活动。说它年轻是因为工程造价管理成为一门独立学科的历史并不长，尚处在进一步发展和完善之中。尤其是在我国，工程造价管理成为一门独立的学科是在计划经济向市场经济转型过程中才得以初步建立。

（一）我国古代工程造价管理的雏形

工程建设在我国古代灿烂的文明中占有十分重要的位置，从陕西半坡遗址到气势如虹的万里长城和金碧辉煌的故宫建筑群，无不体现了中华民族悠久的建筑文明。客观上，历代帝王将相大兴土木，工程建设实践活动不仅规模越来越大，而且结构越来越复杂，技术要求越来越高，资源的消耗也越来越多。这样的工程建设实践活动使历代工匠们不仅积累了越来越多的技术和经验，同时也积累了越来越多的工程管理经验（包括工程造价管理的经验），逐步形成了一套工料、限额的管理制度。据《辑古篹经》等书记载，我国唐代就已有夯筑城台的用工定额——功。北宋将作少监（主管建筑的大臣）李诫所著《营造法式》（1103 年）一书共 36 卷、3555 条，包括释名、各作制度、功限、料例、图样 5 个部分。"释名"对工程项目各部分进行了划分和解释，相当于现在的分部分项工程名称；"功限"限定了劳动力的投入量，相当于现在的劳动定额；"料例"规范了下料及用量，相当于现在的材料消耗定额；"图样"即施工图。该书实际上是官府颁布的建筑规范和定额，它汇集了北宋以前的技术之精华，吸取了历代工匠的经验，对控制工料消耗、加强设计监督和施工管理起了很大作用，并一直沿用到明清。明代管辖官府建筑的工部所编著的《工程做法》则一直流传至今。2000 多年来，我国也不乏把技术与经济相结合以大幅度降低工程造价的实例。北宋大臣丁谓在主持修复被大火烧毁的汴京宫殿时提出的一举三得方案就是一个典型。

虽然我国工程造价管理有着悠久的历史，但是由于诸多原因并没有形成独立的工程造价管理学科，工程造价管理工作往往是依附于工匠，且多是经验式的。改革开放前由于受苏联模式的影响，高度统一的计划经济没有也不可能发挥市场的作用，工程造价以政府定价为主体。

（二）西方工程造价管理学科的产生和发展

任何一门学科的产生和发展都离不开其产生和发展所必需的土壤和条件，工程造价管理学科也不例外。人们对工程造价管理的认识是随着生产力的发展，随着商品经济的发展和现代科学管理的发展而不断加深的。应该承认发达的资本主义国家在工程造价管理方面走在世界的前列，这是资本主义社会社会化大生产和发达的市场经济所产生的必然结果。自给自足的自然经济和计划经济不能为工程造价管理形成一门独立的学科提供滋生的土壤。只有当建筑产品成为商品时，工程造价管理才有形成一门独立学科的基础。以英国为例，工程造价管理的产生和发展大体经历了3个阶段。

1. 设计与施工的分离为工程造价管理成为一个职业奠定了基础

16—18世纪是英国工程造价管理发展的第一阶段。这个时期正是资本主义快速发展的时期，资本的原始积累基本完成，商品经济有了较大发展，社会分工越来越细。随着设计和施工的分离，并各自形成一个独立专业以后，施工工匠需要有人帮助他们对已完成的工程量进行测量和估价，以确定应得的报酬，这些人在英国被称为工料测量师。这时的工料测量师是在工程设计和工程完工以后才去测量工程量和结算工程造价的，因而工程造价管理处于被动状态，即不能对设计与施工施加任何影响，只是对已完工程进行实物消耗量的测定，但是它却为工程造价管理形成一门专门的职业奠定了基础。

2. 招标承包制推动了工程造价管理学科的初步建立

从19世纪初期开始，竞争机制被引入到工程建设领域，工程建设领域开始推行招标承包制。工程造价的预测理所当然地是实行这种制度的关键。业主必须在施工之前预先知道拟建工程的造价以确定标底，而承包商为了在竞争中获得胜利，合理的工程报价是取得成功的关键。这无疑对工料测量师提出了崭新的课题，即：要求工料测量师在工程设计以后和开工之前就拟建的工程进行测量与估价，以确定招标的标底和投标报价。招标承包制的实行更加强化了工料测量师的地位和作用。与此同时，工料测量师的工作范围也扩大了，而且工程估价活动从竣工后提前到施工前进行。虽然工程估价活动从建设程序上讲只是向前迈进了一步，但这是历史性的一大步，它标志着：

（1）工程估价活动不仅仅是对工程实际工料消耗的测量，而且还需要对工程造价进行预测。虽然都是确定工程造价，但两者有着质的差异，后者在技术上提出了更高的要求。

（2）工程估价活动已经能主动地影响施工阶段，工程造价管理的作用大大增强了。

（3）工程造价管理的范围扩大了。工程造价管理实践活动的开展为工程造价管理形成一门独立的学科奠定了丰富的实践基础。

3. "投资计划和控制制度"促进了工程造价管理学科的形成

招标承包制的推行使工程造价管理向前推进了一大步，工程造价管理已能对施工阶段的工程造价进行有效的管理，但对设计阶段的工程造价控制仍然无能为力。往往设计后才知道工程造价太高，大大影响了投资的效益。随着资本主义经济的不断发展，各项投资活动不断增多，为使投资计划能按人们预测的目标实行，一个"投资计划和控制制度"在英国等商品经济发达的国家应运而生，人们更加关注投资计划的可行性，这就要求在工程设计前对工程造价进行预测，以便做出正确的投资决策。工程造价管理活动介入到了投资决策阶段，工程造价管理的内涵更加丰富了，在投资决策、工程设计、招标投标、工程施工中都离不开工程造价管理活动，逐步形成了全过程的工程造价管理。至此，工程造价管理逐步形成了一门独立的学科。

二、工程造价管理学科的内涵

（一）工程造价管理学科的性质

工程造价管理是在人们长期的管理实践活动中逐步形成的，同时，也是随着人类的进步和科学技术的发展而日臻完善的。就其发展的轨迹来看，工程造价管理从依附于工匠（工程技术人员）到成为一门独立的行业，从经验式的管理到成为一门独立的学科，是工程建设发展历史的必然结果。就其学科的性质而言，工程造价管理是一门应用型的管理学科，它应归属于管理科学门类。管理科学作为一个大的学科体系，主要研究管理的原理、职能和方法，解决管理实践中的理论问题。而工程造价管理是研究工程建设项目中有关工程造价的确定和有效控制的专门学科，它研究的对象更加具体（工程项目），解决的问题更加实际。同时，工程造价管理又是一门交叉性的学科，它需要多门学科理论的支持。单从字面上不难看出，工程造价管理是由"工程""造价""管理"叠合而成的，"工程"的内涵是必须具有工程结构与构造、工程设计与施工等方面的工程技术知识；"造价"的内涵是在市场经济体制下，怎样给工程进行估价以及估价方法等；"管理"的内涵是怎样对工程造价进行决策、控制、优化、监督与评价。同时，工程造价管理还涉及法律法规（如合同法、招标投标法、建筑法等）、金融贸易、保险税收等方面的知识。工程造价管理是一门以建设工程为研究对象，以工程技术与经济为基础，以管理与法律法规为手段，以提高工程项目效益为目的的理论性、实践性、政策性很强的应用型管理科学。

（二）工程造价管理的概念

所谓工程造价管理是指针对工程项目的建设，全过程、全方位、多层次地运用技术、经济及法律等手段，通过对项目建设过程中工程造价的预测、优化、控制、分析、监督等，以获得资源的最优配置和建设项目最大的投资效益。其概念应从以下四个方面理解：

（1）工程造价管理是全过程的，即从项目筹建到竣工验收，都必须开展工程造价管理工作。当前，尤其是项目决策阶段和设计阶段的工程造价管理工作亟待加强。在发达的资本主义国家对全过程的理解又有新的突破。1998年4月在荷兰举行的国际造价工程师联合会第15届专业大会上，许多专家教授将全过程扩展到项目的全寿命周期，提出全面造价管理的概念，认为所谓全面造价管理就是全寿命周期内的费用（造价）管理，并指出对于工程造价就要注意其建成后有足够的后援性、持续运行、适用性和现实性。如悉尼大学的Smith提出了占用成本（occupancy cost）的概念，通过对一栋办公楼50年资料的研究，得出的结论是：项目的初始投资为全寿命费用的11%，而占用成本却高达67%，其他占22%。显然，仅仅把建设项目的初始投资作为工程造价管理的对象是远远不够的。

（2）工程造价管理是全方位的。工程造价管理工作不仅仅是工程建设中承发包双方的事情，政府、社会（如行业协会、中介机构）等都从事工程造价管理的工作。政府主管部门站在国家利益的基础上，主要从事工程造价管理的宏观指导和管理工作；行业协会从技术的角度对本行业进行业务指导和管理；建设业主充分行使法人的职责，对项目的策划、资金的筹措、建设实施，生产经营、债务的偿还和资产的保值增值实行全过程负责，理所当然要从事工程造价管理工作；施工企业更是离不开工程造价管理工作。

（3）工程造价管理是多层次的。工程造价管理的多层次性包含两方面含义：①就管理的主体而言，可以分为两个层次，一是政府主管部门和行业协会，其主要任务是宏观管理和技术指导；二是工程建设中的各方，他们的任务是针对实际工程项目开展微观的、具体的工程造价管理工作。②对于具体的建设项目，工程造价管理的内容也具有层次性，如标底的编制水平、报价的策略与技巧均是从整体利益上考虑的决策性问题，而在合同执行过程中，对于工程造价的管理是操作层面上的。换句话说，对于一个具体项目而言，同样也有考虑整体利益的宏观工程造价管理和具体实施中的微观工程造价管理。

（4）工程造价管理的效益性。工程造价管理的效益性是指通过管理手段达到对资源的优化配置和获得建设项目的最大投资效益。投资效益与建设规模（如规模效益问题）、建设标准、建设质量、建设周期等因素都是十分相关的，因此在工程造价管理活动中必须处理好这些关系，以其是否达到资源的优化配置和获得建设项目最大的投资效益为标准来衡量工程造价管理的效果。

三、工程造价管理的基本特征与任务

（一）工程造价管理的基本特征

建筑产品作为商品除了具有一般商品的特征外，它确实又不同于一般商品，如建设周期长及程序多、资源消耗量大、影响因素多、计价复杂等。反映在工程造价管理上则表现为多主体性、阶段性、动态性、系统性等特征。

1. 工程造价管理的多主体性

工程造价管理的对象或客体是工程造价，而工程造价管理的主体则不仅仅是项目法人，政府主管部门、行业协会、造价咨询机构、承包商、设计单位等也都是工程造价管理的主体。无论是政府主管部门颁布的法律、法规和条例，还是行业协会对工程造价管理实施的技术指导；也无论是承发包双方针对工程造价实施的行为（如确定和控制工程造价），还是中介机构为承发包方提供的技术服务；其行为的对象无论站在什么样的角度都是围绕工程造价展开的，因而工程造价管理具有明显的多主体性。

2. 工程造价管理的阶段性

一个建设项目一般要经过可行性研究、工程设计、招标投标、工程施工、竣工验收等阶段，相应的工程造价文件为投资估算、设计概算、标底（报价）、工程结算和竣工决算。而每个阶段的工程造价文件都有其特定的用途和作用。投资估算是进行可行性研究的重要参数；设计概算是设计文件的组成部分和编制标底的依据；标底（报价）是进行招标投标、确定中标单位的重要依据；工程结算是承发包双方控制造价的重要手段；竣工决算是确定新增固定资产的依据。各个阶段的工程造价文件既相互联系又具有相对的独立性。因而工程造价管理具有明显的阶段性，而且每一个阶段要解决的重点问题以及解决的方法也是不同的。

3. 工程造价管理的动态性

工程造价管理的动态性表现在两个方面：

（1）工程造价管理的内容和重点在项目建设的各个阶段是动态的。比如：在可行性研究阶段，工程造价管理的主要目标是根据决策内容编制一个可靠的投资估算以保证决策的正确性；在招标投标阶段，则是要使标底和报价能够反映市场的变化和技术水平；而在施工阶段，工程造价管理的目标是在满足质量和进度的前提下尽可能地控制工程造价以提高投资效益。

（2）工程造价本身的动态性决定的。在工程建设中有许多不确定因素，如国家政策、物价水平、社会环境、自然条件等，都具有动态性。因此工程造价管理也具有动态性特点。

4. 工程造价管理的系统性

系统是由相互作用和相互依赖的若干组成部分（要素）结合而成的、具有特定功能的整体。工程造价管理无论是从纵向，还是从横向来看都具备系统性的特点。从纵向来看，投资估算、设计概算、标底（报价）、工程结算和竣工决算组成了工程造价管理的系统；从横向来看，每个阶段的工程造价管理都可以组成一个系统。比如：可以按工程造价的构成组成系统，可以按资源消耗的性质组成系统，还可以单项或单位工程组成系统等。而且只有把工程造价管理当做一个系统来研究，用系统工程的原理、观点和方法来实施工程造价管理，才能从整体上实施有效的管理，真正实现最大的投资效益。

（二）工程造价管理的基本任务

工程造价管理的基本任务是在工程建设中对工程造价的预测、优化、控制、评价和监督。

1. 工程造价的预测

工程造价的预测是指根据建设项目决策内容、技术文件、社会经济水平等资料，按照一定的方法对拟建工程项目的花费做出的测算。

工程造价的预测应遵循下列原则：

（1）工程造价的预测必须以建筑产品的价值为基础。

（2）工程造价预测的方法必须反映建筑产品生产的规律。

（3）工程造价的预测必须反映工程项目的实际状况（包括社会、经济、自然等）。

（4）工程造价的预测水平应体现社会的先进技术和管理水平。

2. 工程造价管理目标的优化

目标是组织和个人在一个时期内通过努力而期望获得的成果。工程造价管理的目标就是通过一系列行为和手段以获得最佳经济效益的成果。由于工程造价管理具有层次性和多主体性，因此，工程造价管理的目标也具有层次性，即宏观目标和微观目标。宏观目标是指政府实施工程造价管理的目标。政府行为所要达到的目标在于引导投资方向、规范建筑市场、制定工程造价管理有关的法律和制度。微观目标是指项目法人、施工企业以及与从事工程造价有关的中介机构对于具体的工程造价建设项目实施工程造价管理的目标。虽然项目法人和施工企业是两个不同利益的主体，但是单就其实施工程造价管理的目标而言却是以获得最佳效益为目标。中介机构则是以自身的服务行为服务对象以获得最佳的经济效益。

资源的稀缺是当今人类共同面临的问题，资源的优化配置是人类追求的目标。工程造价的优化就是以资源的优化配置为目标而进行的工程造价管理活动。在满足工程项目功能的前提下，实现资源的最小投入。即通过对建设规模的优化、设计方案的优化、施工资源消耗的优化等以实现工程造价管理的目标。

工程造价管理目标的优化是指以系统工程等理论和方法为指导，从全局的观点出发，通过一系列的方法和手段以达到工程造价管理目标的行为。系统工程则是用科学的方法规划和组织人力、物力和财力，通过最优途径的选择以获得最合理、最经济、最有效的效果。所谓科学的方法就是从整体观念出发，通盘筹划，合理安排整体中的每一个局部，以求得整体的最优，使每一个局部都服从一个整体目标，做到人尽其才，物尽其用，以发挥整体的优势，力求避免资源的损失和浪费。系统工程以多种专业学科技术为基础，其所涉及的学科内容极为广泛，主要技术内容包括：运筹学、概率论与数理统计学、经济学、技术经济学等。工程造价管理实践中存在的大量问题需要以这些学科的理论与方法来解决，如经济规模的确定、资源限量的优化、设计方案的技术经济比较等。工程造价管理目标的优化是相对的，现实中很难找到绝对的优化目标。如运筹学从数学上研究出了一套最优化的方法，这套方法对处理不十分复杂的问题或复杂问题中的局部性问题还是适用的，它为一些问题的决策提供了有力的理论依据。但现实的问题往往受到许多主观和客观条件的限制，如信息的限制、认识上的限制以及目标不易数量化的限制等，从某个角度看是最优的，从另外一个角度看可能并非最优；从短期效果来看是最优的，从长期来看可能并不好。因此，工程造价管理目标的优化只是一个"有限合理性标准"或"令人满意的标准"，很难达到理想化的"最大"或"最小"。尽管如此，工程造价管理目标的优化仍然有非常大的现实意义。

首先，工程造价管理目标的优化能为我们提供解决问题的思路，能够使我们的行为和产生的效果更加接近最优目标。

其次，工程造价管理目标的优化能够解决简单的或局部的优化问题，而且也有利于整体目标的优化。如线性规划所能解决的下料问题能有效节约资源，从而使整体目标（工程造价的控制目标）更加接近最优化的目标。

最后，工程造价管理目标的优化也能较好地解决主观上难以决策的问题。如层次分析法的运用。

3. 工程造价的控制

工程造价控制是指在工程项目建设的全过程中，检查是否按预测的工程造价和资金使用计划进行，发现偏差、分析原因、进行纠正，以确保项目建设目标的实现。工程造价控制与工程造价管理是两个不同的概念。工程造价管理包含工程造价控制，工程造价控制只是工程造价管理活动的一种形式。

工程建设项目本身的特点决定了工程造价控制具有以下特点：

（1）工程造价控制目标的动态性。由于工程造价需要多次性计价，所以各个阶段的工程造价控制目标在不断改变。

（2）工程造价控制的因素多。一方面工程建设资源消耗数量多；另一方面工程建设周期长，影响工程造价的因素多。

（3）工程造价控制的系统复杂。工程造价控制系统按性质分为政府控制系统、行业控制系统、业主控制系统、施工企业控制系统；按资源消耗费用分为人工费用控制系统、材料消耗费用控制系统、机械消耗费用控制系统等。

4. 工程造价的分析评价

工程造价的分析评价是工程造价管理中十分重要的工作，它应该贯穿于整个工程造价管理过程之中。工程造价的分析包括工程造价的构成分析、技术经济分析、比较分析等。

（1）工程造价的构成分析。主要是对工程造价的组成要素、所占比例等进行分析。其作用在于提供施工资源的安排，找出影响工程造价的主要因素，为实施工程造价管理提供依据等。

（2）工程造价的技术经济分析。主要是对设计方案、施工方案等问题进行技术经济分析，以确定工程造价的合理性，为决策提供依据。

（3）工程造价的比较分析。一是对工程造价作纵向的比较分析，如估算、概算、预算的对比分析，实施工程造价的纵向控制；二是对工程造价作横向的比较分析，如已建和拟建工程的技术经济指标比较分析，以此考察建设方案的合理性问题。

5. 工程造价的监督

工程造价的监督主要是指根据国家有关文件和规定对建设项目的审计工作，也包括上级主管部门对所属部门建设项目的监督检查工作，如水利工程开展的稽查工作等等。

四、工程造价管理学科的研究对象与方法

（一）工程造价管理学科的研究对象

工程造价管理学科作为一门交叉型、应用型的管理学科，它是在解决工程项目建设中有关工程造价问题的过程中逐步发展成熟起来的针对性很强的专门科学。在工程造价管理的实践中，常常会遇到这样一些问题：怎样预测工程造价更能提高其精度；工程造价是否真实地反映了市场情况和当前的技术水平；设计方案或施工方案是否经济合理；怎样才能达到控制工程造价提高投资效益的目的等。工程造价管理学科以工程技术、经济学和管理学为基本理论指导，研究工程项目建设中有关工程造价的预测与控制和优化与决策等问题，如图 0-1 所示。

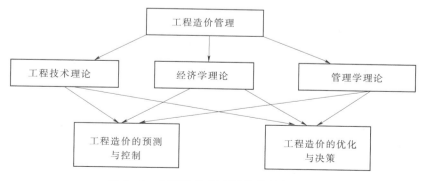

图 0-1　工程造价管理学科的研究对象

（二）工程造价管理学科的研究方法

1. 尊重实践，理论联系实际的方法

工程造价管理学科是一门实践性极强的应用学科，工程造价管理的实践活动是本门学科产生和发展的基础，也是其理论的重要来源，这也是坚持马列主义认识论，坚持实事求是的科学态度。尤其是在我国经济体制的转型时期和加入 WTO 以后，工程建设体制要逐步适应市场经济的要求，会有许许多多的新问题、新情况，只有在尊重实践，理论联系实际的前提下，才能丰富和发展本门学科。

2. 系统分析的方法

工程建设本身就是一个系统工程，在这个系统内，有许多相互联系相互制约的子系统。系统分析就是要从整体的联系和过程的联系来认识事物，反对孤立地、片面地看待问题。如果孤立地看待工程造价管理，就会失去工程造价管理的意义。动态研究是强调运用变化的观点来分析研究工程造价管理问题。毫无异议，在工程建设中，工程造价是动态的，它受到许多动态因素的影响，如果只是静态地分析问题，工程造价管理就会走向误区。

3. 定性分析与定量分析相结合的方法

事物总是质与量的统一。定性分析就是通过对事物的理性认识，把握事物的本质特征。定量分析就是通过对事物的量的分析，把握事物的本质。定性分析是基础，只有在定性分析的前提下，定量分析才能把握事物质的规定性。在工程造价管理的实践中，有许多定性分析和定量分析，如在招标投标过程中，资格预审评价、评标指标设置等，都有定性分析和量化问题。

五、我国工程造价管理存在的问题与基本对策

（一）我国工程造价管理存在的问题

我国工程造价管理早在唐朝就有记载，但发展缓慢。新中国成立后，工程造价管理有了较大的发展，但并未形成一个完整的独立学科体系。1949 年后的 30 年基本沿用了苏联工程造价管理模式，即计划经济体制下的高度统一的定额，其为我国成立初期的经济建设做出了巨大贡献，但随着党的十一届三中全会以来，尤其是我国经济体制的改革，由计划经济向市场经济转变以来，旧的工程造价管理体制越来越不适应新的经济体制，这主要表现在以下几个方面：

（1）对定额的作用存在认识上的偏差。无论是计划经济还是市场经济，定额的作用是毋庸置疑的，定额法是重要计价方法之一。问题在于对定额作用的正确认识，计划经济条件下，定额作为计价的依据具有强制性，但是在市场经济条件下，定额的作用只能是指导性的。

（2）重技术轻经济，重施工阶段，轻视决策和设计环节。在计划经济体制下，只负技术责任不论经济效益的现象比较普遍，表现在工程造价上便是"钓鱼工程"，"可行性研究"变成"可批性研究"，其结果必然造成工程造价不断攀升，工期一拖再拖。此外，只重视施工阶段的造价管理，而轻视决策和设计阶段的造价控制。国内外资料表明，决策和设计阶段对工程造价的影响程度约为 75%～90%，而施工阶段对工程造价的影响程度仅为

5%~10%。

（3）招标投标制的实施还需进一步完善。实行招标投标制，将竞争的机制引入建筑市场是社会主义市场经济的内在要求，它对于规范市场行为、避免腐败的产生无疑起到了重要作用。但在招标投标的实践中，仍然存在许多不足，如：规避招标、不合理分标、串标、排斥潜在的投标人、行业封锁等行为，使招标投标制不能充分发挥其优胜劣汰的作用。

（4）工程造价咨询机构不健全，工程咨询业发展还不成熟。我国工程造价咨询机构经过十多年的发展，已经取得可喜的成绩，为我国社会主义现代化建设做出了重大贡献，但与西方发达国家相比，还有很大差距。目前我国大部分咨询企业存在规模较小，实力较弱，服务内容单一，服务质量水平有待提高等问题。

（5）高素质的工程造价技术人才严重不足。目前取得工程造价师资格的专业人才不多，高级专业人才就更少。有的虽已经取得执业资格，但无工作实践经验和实际工作能力，综合素质不高。在造价师从业实际工作中还存在"在岗无证，有证无岗"的现象。工作内容依然是单一的，多在主管部门及领导的主观意志指令下工作，因而工作服务领域小。在社会主义市场经济体制逐步完善，投资日趋多元化的今天，取得造价工程师资格的人数远远满足不了社会需要。迫切需要一大批为项目投资提供科学决策依据的高素质综合型工程造价专业人才。

（二）我国工程造价管理改革的基本对策

鉴于存在这样或那样的问题，为完善市场决定工程造价机制，规范工程计价行为，提升工程造价公共服务水平，现就进一步推进工程造价管理改革提出如下措施：

1. 健全市场决定工程造价的制度

加强市场决定工程造价的法规制度建设，加快推进工程造价管理立法，依法规范市场主体计价行为，落实各方权利义务和法律责任。全面推行工程量清单计价，完善配套管理制度，为"企业自主报价，竞争形成价格"提供制度保障。细化招投标、合同订立阶段有关工程造价条款，为严格按照合同履约工程结算与合同价款支付夯实基础。

按照市场决定工程造价原则，全面清理现有工程造价管理制度和计价依据，消除对市场主体计价行为的干扰。大力培育造价咨询市场，充分发挥造价咨询企业在造价形成过程中的第三方专业服务的作用。

2. 构建科学合理的工程计价依据体系

逐步统一各行业、各地区的工程计价规则，以工程量清单为核心，构建科学合理的工程计价依据体系，为打破行业、地区分割，服务统一开放、竞争有序的工程建设市场提供保障。

完善工程项目划分，建立多层级工程量清单，形成以清单计价规范和各专（行）业工程量计算规范配套使用的清单规范体系，满足不同设计深度、不同复杂程度、不同承包方式及不同管理需求下工程计价的需要。推行工程量清单全费用综合单价，鼓励有条件的行业和地区编制全费用定额。完善清单计价配套措施，推广适合工程量清单计价的要素价格指数调价法。

研究制定工程定额编制规则，统一全国工程定额编码、子目设置、工作内容等编制要求，并与工程量清单规范衔接。厘清全国统一、行业、地区定额专业划分和管理归属，补充完善各类工程定额，形成服务于从工程建设到维修养护全过程的工程定额体系。

3. 建立与市场相适应的工程定额管理制度

明确工程定额定位，对国有资金投资工程，作为其编制估算、概算、最高投标限价的依据；对其他工程仅供参考。通过购买服务等多种方式，充分发挥企业、科研单位、社团组织等社会力量在工程定额编制中的基础作用，提高工程定额编制水平。鼓励企业编制企业定额。

建立工程定额全面修订和局部修订相结合的动态调整机制，及时修订不符合市场实际的内容，提高定额时效性。编制有关建筑产业现代化、建筑节能与绿色建筑等工程定额，发挥定额在新技术、新工艺、新材料、新设备推广应用中的引导约束作用，支持建筑业转型升级。

4. 改革工程造价信息服务方式

明晰政府与市场的服务边界，明确政府提供的工程造价信息服务清单，鼓励社会力量开展工程造价信息服务，探索政府购买服务，构建多元化的工程造价信息服务方式。

建立工程造价信息化标准体系。编制工程造价数据交换标准，打破信息孤岛，奠定造价信息数据共享基础。建立国家工程造价数据库，开展工程造价数据积累，提升公共服务能力。制定工程造价指标指数编制标准，抓好造价指标指数测算发布工作。

5. 完善工程全过程造价服务和计价活动监管机制

建立健全工程造价全过程管理制度，实现工程项目投资估算、概算与最高投标限价、合同价、结算价政策衔接。注重工程造价与招投标、合同的管理制度协调，形成制度合力，保障工程造价的合理确定和有效控制。

完善建设工程价款结算办法，转变结算方式，推行过程结算，简化竣工结算。建筑工程在交付竣工验收时，必须具备完整的技术经济资料，鼓励将竣工结算书作为竣工验收备案的文件，引导工程竣工结算按约定及时办理，遏制工程款拖欠。创新工程造价纠纷调解机制，鼓励联合行业协会成立专家委员会进行造价纠纷专业调解。

推行工程全过程造价咨询服务，更加注重工程项目前期和设计的造价确定。充分发挥造价工程师的作用，从工程立项、设计、发包、施工到竣工全过程，实现对造价的动态控制。发挥造价管理机构专业作用，加强对工程计价活动及参与计价活动的工程建设各方主体、从业人员的监督检查，规范计价行为。

6. 推进工程造价咨询行政审批制度改革

研究深化行政审批制度改革路线图，做好配套准备工作，稳步推进改革。探索造价工程师交由行业协会管理。将甲级工程造价咨询企业资质认定中的延续、变更等事项交由省级住房城乡建设主管部门负责。

放宽行业准入条件，完善资质标准，调整乙级企业承接业务的范围，加强资质动态监管，强化执业责任，健全清出制度。推广合伙制企业，鼓励造价咨询企业多元化发展。

加强造价咨询企业跨省设立分支机构管理，打击分支机构和造价工程师挂靠现象。简化跨省承揽业务备案手续，清除地方、行业壁垒。简化申请资质资格的材料要求，推行电子化评审，加大公开公示力度。

7. 推进造价咨询诚信体系建设

加快造价咨询企业职业道德守则和执业标准建设，加强执业质量监管。整合资质资格管理系统与信用信息系统，搭建统一的信息平台。依托统一信息平台，建立信用档案，及时公开信用信息，形成有效的社会监督机制。加强信息资源整合，逐步建立与工商、税务、社保等部门的信用信息共享机制。

探索开展以企业和从业人员执业行为和执业质量为主要内容的评价，并与资质资格管理联动，营造"褒扬守信、惩戒失信"的环境。鼓励行业协会开展社会信用评价。

8. 促进造价专业人才水平提升

研究制定工程造价专业人才发展战略，提升专业人才素质。注重造价工程师考试和继续教育的实务操作和专业需求。加强与大专院校联系，指导工程造价专业学科建设，保证专业人才培养质量。

研究造价员从业行为监管办法。支持行业协会完善造价员全国统一自律管理制度，逐步统一各地、各行业造价员的专业划分和级别设置。

（三）我国工程造价管理改革的方向和最终目标

1. 改革要符合中国国情

这是工程造价管理改革的指导思想。中国的国情具体到工程项目的建设则表现为建设资金短缺，基础设施落后，劳动生产效率低，管理水平、人口素质与发达国家相比还有较大差距等。这些决定了我国工程造价管理的改革，不能照搬西方发达国家的模式，要符合中国的国情。

2. 改革要适应社会主义市场经济的要求

市场经济是法治经济也是有序的经济，工程造价管理改革应该而且必须纳入法治的轨道。我国目前颁发的《中华人民共和国建筑法》《中华人民共和国合同法》《中华人民共和国招标投标法》等法律法规是工程造价管理改革所必须遵守的根本准则。此外，工程造价的形成和计价方法问题、建筑市场的公平竞争问题、工程造价的动态管理问题等，都应该遵循市场经济的客观规律。

3. 改革要逐步与国际惯例接轨

工程造价管理改革既要符合中国国情，又要逐步与国际惯例接轨，这是一个事物的两个方面，是共性与个性之间的关系，两者并不矛盾。一方面，改革不针对实际情况，不结合中国的国情就失去了改革的基础；另一方面，随着世界经济的一体化，尤其是加入WTO以后，我国既要参与国际的竞争，同时又面临着国外的挑战。

我国工程造价管理改革的最终目标就是要做到以下几点：①健全市场决定工程造价机制，建立与市场经济相适应的工程造价管理体系；②完成国家工程造价数据库建设，构建多元化工程造价信息服务方式；③完善工程计价活动监管机制，推行工程全过程造价服务；④改革行政审批制度，建立造价咨询业诚信体系，形成统一开放、竞争有序的市场环境；⑤实施人才发展战略，培养与行业发展相适应的人才队伍。

第二节　工程造价管理从业人员的知识、素质与能力结构

知识经济是以知识为基础的经济，是推动生产力前进的最主要动力，这种经济直接依

赖于知识和信息的生产、扩散和应用。在知识经济时代，掌握知识将成为人们的追求，创造和应用知识的能力与效率将成为影响一个国家综合国力和国际竞争力的重要因素。知识经济时代生产的特点是高品位的不断创新，而其劳动主体则是掌握知识的人。人是创造、传播和运用知识的主体，因而具有知识的人才成为知识经济体系中最重要的资源，谁拥有了大量的高水平、高素质人才，谁就拥有了更强的竞争实力和优势。知识经济时代所需求的人才结构正在发生变化，并由单一型向复合型人才过渡，因而知识经济时代需要具有综合能力的通才，即指具有某种专业知识而又知识渊博、基础扎实的人才。这种人才不仅知识广博、专业能力强，还应具备较强的学习能力、研究能力、沟通能力、表达能力以及组织管理能力。工程造价管理是一门交叉学科，这就要求广大从业人员具有合理的知识结构和较全面的能力素质。

一、工程造价从业人员的知识结构

工程造价管理学科集技术、经济、管理以及法律等多门学科于一体，是一门典型的交叉性、应用性学科。作为工程造价管理从业人员应具备以下方面的知识：

（1）宽厚的工程技术知识。掌握厚实的工程技术知识是从事工程造价管理工作的基础。

首先，工程技术是工程顺利实施的保证，先进的工程技术能够最有效地保证工程项目目标的实现；其次，工程技术实践是工程造价的计算依据，不掌握工程技术知识就不可能对工程进行合理计价；再次，工程造价是评价工程技术效果的重要依据，一定工程技术具有一定经济效果，不同的工程技术具有不同的经济效果。工程造价绝不是被动地反映工程技术效果，而是寻找最合理、最经济的工程技术方案。

（2）丰富的管理科学知识。工程造价管理是建立在管理科学基础之上的应用型管理学科，是管理科学的一个分支。管理科学是指导工程造价管理实践活动的理论基础。管理科学研究有限资源的合理配置，能够全面指导工程造价管理的实践活动。

（3）扎实的经济学知识。经济学认为资源具有稀缺性，以最合理的方式配置资源才能获得最大的效益。在市场经济条件下，市场配置资源是最主要的方式。随着我国市场经济体制的逐步建立与完善，遵循市场经济的一般规律，是一切经济活动的行为准则。建筑产品也是商品，建筑产品的交易也必须遵循市场经济的一般规律，我国的建筑市场已经建立了市场形成工程造价的价格机制，因此掌握扎实的经济学知识是工程造价从业人员的必然要求。

（4）渊博的法律知识。市场经济也是法制经济，人们在法律的框架下从事社会、经济等活动。工程建设涉及建筑法、合同法、招标投标法、环境保护法、城市规划法等，以及与工程造价相关的部门规章。渊博的法律知识不仅能保证工程造价管理实践活动的合法性，也能在激烈的市场竞争中依法保护自身的利益。

二、工程造价从业人员的素质结构

合理的知识结构是合格的工程造价从业人员的必要条件，此外还必须具备较高的素质和能力。主要表现在以下方面：

(1) 职业道德素质。工程造价管理的实践活动涉及多方面的利益，客观、公正、科学、合理地维护各方利益是工程造价从业人员的职业准则，这就要求从业人员具备良好的思想修养和职业道德。工程造价是一项耐心细致的工作，一丝不苟、有错必改是工程造价从业人员的职业要求，这就要求从业人员努力学习不断提高执业能力。工程造价管理活动大都涉及企业的商业机密或经济利益关系，正直、忠诚、责任是工程造价从业人员的职业素养，这就要求从业人员具有抵御诱惑的能力、正确的金钱观和高尚的思想情操。

(2) 专业素质。具有合理知识结构并不一定有高超的专业素质，专业素质是知识的外化，即具有应用知识解决实际问题的能力。工程造价从业人员的专业素质表现在：敏锐的哲学思维，能从纷繁的现象中把握事物的本质；缜密的逻辑思维，能找到解决问题的合理途径；系统的形象思维，能把握问题的每一个细节从而找到解决问题的方法。

(3) 文化素质。文化能塑造品位，温文尔雅需要文化的积淀。工程造价从业人员除了掌握专业知识外，还必须具有一定的文学、历史、哲学和艺术欣赏知识。如果说专业技术知识更强调的是逻辑思维的话，那么，文化知识则更注重发散的思维。发散的思维没有思想的束缚、没有时空的禁忌，它有利于多方位、全面地思考问题。在人们之间的交往中，高雅的文化素质有百利而无一害。

(4) 身体素质。造价工作细致而复杂，需要经常深入工地一线，搜集与核对资料，掌握工程造价管理的第一手资料。施工现场一般为露天作业，工作环境较差，冬冷夏热，劳动强度和紧张程度是相当大的，如果没有良好的身体素质和坚强的工作意志，将很难适应工程造价工作。

三、工程造价从业人员的能力结构

(1) 学习研究能力。知识经济时代是科技发展更为迅猛的时代，新知识以几何级数增长。工程造价从业人员应该具备获取知识的学习能力。终身学习已成为当今的学习理念。终身学习是通过一个不断的支持过程来发挥人类的潜能，它激励并使人们有权利去获得他们终身所需要的全部知识、价值与技能，并在任何任务、情况和环境中有信心、有创造性和愉快地应用它们；随着新技术、新材料、新工艺的不断涌现，在工程造价管理实践中会遇到许多新问题，工程造价从业人员应该具备严谨、科学的研究能力，善于发现问题，用自己的知识和智慧解决问题。

(2) 沟通表达能力。沟通是信息传递的途径，沟通也是统一思想、统一认识的方法。工程造价的信息及传递往往涉及各方利益，良好的沟通能力有助于工作的顺利开展。工程造价从业人员的沟通能力表现在：选择合适的沟通时机、采用有效的沟通方法、掌握合理的沟通技巧；表达能力分为书面表达能力和口头表达能力。在工程造价管理实践中，表达能力是从业人员最重要的能力之一，如在合同起草中，应逻辑严密、表达准确，不能发生理解上的歧义，否则会给合同履行带来无穷无尽的争端。

(3) 组织管理能力。工程造价管理是工程建设中的一支重要团队，为实现团队的目标，无论是团队负责人还是团队成员都应该具备较强的组织管理能力。工程造价管理就是制订计划、组织实施、有效控制等环节的集合，每个从业人员都应该具备完成这些环节的能力。

（4）快速应变能力。在工程造价管理实践中，从业人员的快速应变能力是做好工作的重要保证。一方面是工程建设的特点决定的，工程建设尤其是水电工程的建设受自然、社会等因素的影响大，随时会出现新的情况和新的问题，而在解决这些问题时，从业人员担任着重要的角色；另一方面是工程造价管理工作的特点决定的，招标投标、变更合同价确定、计量与支付、工程索赔等工作都要求在一定的时间内完成，而在有限的时间内要准确地、合理地、科学地完成这些纷繁的任务，解决其中存在的问题必须具有快速的应变能力。

（5）创新能力。创新能力包括创新意识、创新精神、创新思维。工程造价管理学科需要创新，不创新就不会有发展，而广大的从业人员是创新的主体。只有创新才能充满活力，只有创新才能最有效地开展工程造价管理工作。创新能力是知识经济时代人才素质的核心，一切事物的发展变幻无穷，社会变迁日益加剧，这就要求人在高速变幻的社会中具有高度的适应性，只有最具创新性的人才才能具有最大的适应性，这是一种主动的、创造性的适应。

第一篇
工程经济学

第一章
工程经济学概论

一、工程经济学的概念

工程经济学（Engineering Economic）是工程与经济的交叉学科，是研究工程技术实践活动经济效果的学科。即以工程项目为主体，把经济学原理应用到工程经济相关的问题和投资上，以技术—经济系统为核心，研究如何有效利用资源，提高经济效益的科学。工程经济学中研究的各种工程技术方案的经济效益，是指各种技术在使用过程中如何以最小的投入获得预期产出，或者说如何以等量的投入获得最大产出，如何用最低的寿命周期成本实现产品、作业以及服务的必要功能。

二、工程经济学的研究对象

作为微观经济学的一个特殊领域，工程经济学的研究对象是工程项目技术经济分析的一般方法，即研究采用何种方法、建立何种方法体系，才能正确估计工程项目的有效性，才能寻求到技术与经济的结合点。工程项目不仅仅是指固定资产建造和购置活动中具有独立设计方案、能够独立发挥功能的工程整体，而且更主要的是指投入一定资源的计划、规划和方案并可以进行分析和评价的独立单位。它可能是一个工厂，也可能是一个公共工程或社会基础设施，如道路、桥梁、学校、医院等。分析的项目可大可小，大到一条数千米的高速公路，小到一个零部件的更换；它可以复杂或简单，复杂的项目总是由许多不同内容的子项目所组成的，每个子项目都具有独立的功能和明确的费用投入，都可成为进一步工程经济分析的对象。此外，这些项目可以是已建项目、新建项目、扩建项目，或是技术引进项目、技术改造项目。因此，项目的含义非常广泛。

工程经济学的核心就是对这些工程项目进行经济分析，包括对工程项目及其相应环节进行经济效益分析，对各种备选方案进行分析、论证和评价，以便选择技术可行、经济合理的最佳方案。

三、工程经济学的性质

1. 与自然科学、社会科学密切相关的边缘学科

要组织生产，进行预测、决策和对技术方案作出分析、论证，都离不开科学技术和现代化管理；进行工程项目的投资决策，需要运用数学优化方法和现代计算手段；从事和做好某一行业的企业管理和技术经济工作，也必须了解该行业的生产技术等。因此，自然科学是本学科的基础。进行工程经济分析，就是为获得更高的经济利益，而经济效益的取得离不开管理的改进、职工积极性和创造性的发挥，因此本学科与社会学、心理学等社会科

学相联系。

2. 与生产建设、经济发展有着直接联系的应用性学科

无论是工程经济还是企业管理的研究，都要与我国具体情况和生产建设实践密切结合，包括自然资源的特点、物质技术条件和政治、社会、经济状况等。研究所需资料和数据应当来自生产实际，研究目的都是为了更好地配置和利用社会资源，不断提高经济效益。因此，工程经济学是一门应用性较强的学科。

3. 定性与定量分析并重的学科

工程经济与企业管理都要求有一套系统全面的研究方法。随着自然科学与社会科学的交叉与融合，使系统论、数学、电子计算机进入工程经济和企业管理领域，使过去只能定性分析的因素，现在可以定量化。但是，仍存在大量无法定量化的因素，如技术政策、社会价值、企业文化等。因此，在研究中必须注意定性与定量的结合。

四、工程经济学的特点

1. 综合性

首先，工程经济学是跨自然科学和社会科学两个领域的交叉学科，本身就具有综合性的特点。其次，各种工程项目的可行方案都是包含多因素和多目标的综合体。既要分析技术因素，又要分析经济因素；既要考虑技术上的选择，又要考虑经济上的成本与效益；既要考虑直接效果，又要考虑间接效果。对方案进行评价时不仅要进行技术经济评价，还要作社会、政治、环境等方面的评价；不仅要作静态评价，还要作动态评价；不仅要进行企业财务评价，还要进行国民经济评价等。这些都决定了工程经济分析的综合性特点。

2. 实践性

工程经济学是一门应用学科，它研究的内容来源于实践。对工程项目进行经济分析，必须与社会经济情况、物质技术条件、自然资源等实际条件紧密结合，研究各种课题中大量的原始数据资料和相关信息，才能得出合理的结论。因此，工程经济学的基本理论和方法是实践经验的总结和提高，研究结论也直接应用于实践并接受实践的检验，具有明显的实践性。

3. 系统性

工程经济研究必须具有系统性的观点。系统是由相互作用又互相依赖的若干组成部分结合而成的，具有特定功能，处于一定环境中的有机集合体。比如一个生产单位可以看成是一个系统，它是具有特定功能的组织，同时又是国民经济这个大系统中的一个组成部分。因此，在对其进行研究时，就不能不考虑整个国民经济这个大系统中其他相关组成部分对它的影响，一定要把它放在这个大环境中进行研究。所以，工程经济研究具有系统性的特点。

4. 预测性

在一个工程项目建设之前，一般要对项目进行可行性研究，从技术上、经济上、财务上和社会各个因素等方面，预测该项目产生的预期效果，从而判断项目是否可行，同时，还要预测这些因素的变化对项目预期效果的影响并采取相应的风险防范措施。

5. 选择性

工程经济分析的重要工作内容是方案的比较和选优。为达到此目的，则需要拟定多个可行方案。通过分析它们的技术经济指标以及实现条件和可能带来的成果，并从比较中选出最优的方案。所以，工程经济分析过程就是方案比较和选优的过程。

6. 定量性

工程经济学是一门以定量分析为主的学科，它与微观经济学和计量经济学有着密切的联系。定量分析与定量计算是工程经济学的重要手段。为了论证某个项目方案在技术上的先进性和经济上的合理性，必须列出能够反映出各方面情况的一系列技术经济指标，并进行定量分析与计算，借以说明技术方案的优劣和经济效益的高低。工程经济分析中，经常需要采用一些数学方法，建立各种数学模型和数学公式，对数据进行处理和计算。所以，定量性是工程经济学的一大特点。

第二章
工程经济效果评价方法

第一节 现金流量的构成

一、现金流量

资金运动形式具体表现为货币的支出和收入，在项目中表现为现金流入和现金流出。项目所支出的各种费用称为现金流出，实施项目带来的收入称为现金流入。现金流量即同一时期现金流入和现金流出的总称。同一时期的现金流入减去现金流出的余额称为这个时期的净现金流量。某时期净现金流量为正，则该期现金流入和现金流出相抵后表现为净现金流入，反之则表示净现金流出。

项目的现金流量是项目计算期内各期现金流量按时间序列构成的动态序量，反映项目在计算期内的资金运动状况。

对于一般的工业生产活动来说，投资、成本、销售收入、税金和利润等经济量是构成经济系统现金流量的基本要素，也是进行技术经济分析最重要的基础数据。

二、投资与资产

（一）投资与资产的概念

投资的广义概念是指有目的的经济行为，泛指企业的一切资金分配与运用行为，是企业为了获取所期望的报酬而投入某项计划的资源。所投入的资源既包括资金，也包括人力、技术或信息等其他资源，可分为生产性投资和非生产性投资。投资的狭义概念是指在为实现某建设项目而预先垫付的资金。对于一般投资项目来说，总投资包括建设投资和生产经营所需要的资金、建设期的借款利息等。工程经济学中常用的是投资的狭义概念。投资发生后，其价值会发生转移，并形成企业的资产。项目建设投资最终形成的相应资产主要包括固定资产、流动资产、无形资产和递延资产。

固定资产是指使用期限较长，单位价值较高，能在使用过程中保持原有物质形态，并能为多个生产周期服务的资产。主要包括厂房、建筑物、机器设备、运输设备、大型工具器具、住宅和生活福利设施等。固定资产在生产经营过程中其价值逐渐损耗，并转移到产品价值中去，以折旧的形式计入产品成本。固定资产是固定资金的实物形态，固定资金是固定资产的货币表现。

流动资产是生产经营所需要的周转资金，在项目投产前预先垫付，在整个项目寿命期内，流动资金循环地、周而复始地流动。在生产经营活动中流动资金是用于购买原材料、燃料动力、半成品、支付职工工资和其他生产、流通费用的周转资金，以现金和各种存款、存货、应收及预付款项等流动资产的形态出现。按其周转过程其价值形态可以描述为货币资金、储备资金、在产品资金、产品资金和货币资金（产品销售后）等几种资金形态。流动资金经过一个生产周期就将其价值全部转移到产品的价值中去，并通过产品的销售回收。在项目寿命期结束时，全部流动资金才能退出生产与流通，以货币资金的形式被回收。

无形资产指企业持有的、不具有实物形态，能为企业长期使用并为企业提供某些权利或利益的资产，如专利权、非专利技术、商标权、著作权、特许权、土地使用权和商誉等。

递延资产指集中发生的、在会计核算中需要在以后年度内分期摊销的费用，包括开办费、租入固定资产的改良支出等。

（二）投资构成与资产价值

一般建设项目投资的构成如图 2-1 所示。

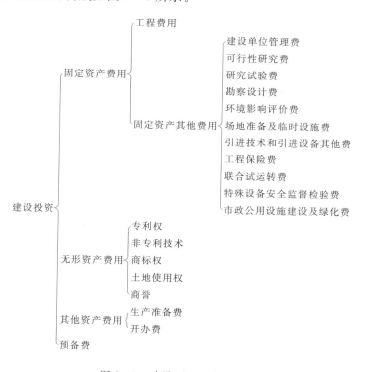

图 2-1　建设项目投资的构成

在会计核算中，固定资产的原始价值即为购建固定资产的实际支出，简称为固定资产原值。如果建设投资所使用的资金中含有借款，则固定资产原值包括建设期借款利息、外币借款汇兑差额。

项目寿命期结束时固定资产的残余价值称为固定资产的残值。固定资产的期末残值一般是指在当时市场上可实现的价值。

会计上处理无形资产和递延资产的价值时类似于固定资产，也是在其服务期内以摊销的形式逐年转移到产品价值中去。递延资产一般是在项目投入运行后在一定年限内平均摊销。无形资产和递延资产的摊销费计入产品的成本，并通过产品的出售回收投资额。

如前所述，流动资金在项目运营过程中的体现形式是流动资产。投资项目中流动资金数额的大小，既取决于项目本身的技术特性，如生产规模、生产技术、原材料及燃料动力消耗指标和生产周期的长短等，也取决于项目所处的外部条件，如原材料、燃料的供应条件、产品销售条件、运输条件和管理水平等。

三、费用和成本

企业是为生产经营的目的而建立的，在企业的各项活动中有各种损耗或耗费。首先要界定的概念是支出、费用和成本，以及三者之间的关系。

（一）支出、费用和成本的概念

企业的一切开支和耗费都属于支出，因此支出是耗费的最大概念。支出中凡是与本企业的生产经营有关的各项耗费称为费用，费用中符合规定的部分才构成成本，成本通常指企业为生产商品和提供劳务而实际发生或应发生的各项费用，即企业为了取得某项资产所做出的价值牺牲。

费用与成本都是企业在生产经营过程中所发生的耗费，费用是计算成本的前提和基础，成本是一种对象化的费用。

工业项目在运营过程中计算成本的方法为制造成本法，其特点是将总成本费用按其经济用途与核算层次分为制造成本和期间费用。

制造成本构成产品的生产成本，由企业在生产经营过程中实际消耗的直接费用和制造费用组成。

直接费用包括直接材料费、直接工资和其他直接费用。

制造费用是指企业内部为组织和管理生产所发生的各项共同费用，包括生产单位（车间或分厂）管理人员工资、各种产品共同消耗的各种材料、职工福利费、折旧费、修理费和其他制造费用（办公费、差旅费、劳动保护费等）。

期间费用是企业行政管理部门为组织和管理生产经营活动而发生的经营管理费用，包括销售费用、管理费用和财务费用。

销售费用是指销售商品、自制半成品和提供劳务过程中发生的各项费用，包括应由企业负担的运输费、装卸费、包装费、保险费、差旅费、广告费、展览费、销售服务费，以及专设销售机构的人员工资及福利、折旧费和其他费用。

管理费用是指企业管理部门为组织和管理生产经营活动发生的各项费用，包括管理部门人员工资及福利费、保险费、工会经费、职工教育经费、折旧费、修理费、研究开发费、物料消耗、办公费、差旅费、咨询费、诉讼费、房产税、车船税、土地使用税、无形资产和长期待摊费用摊销、待摊开办费的摊销、业务招待费和其他管理费用。

财务费用是指企业在筹集资金等财务活动中发生的各项费用，包括生产经营期间发生的利息收支净额、汇兑净损失额、金融机构手续费，以及因筹集资金发生的其他费用。

在工程经济分析中，为了便于计算，还可以按照各项费用要素的经济性质和表现形态将总费用分为外购材料、外购燃料、外购动力、工资及福利费、折旧费、摊销费、利息支出、修理费和其他费用。

应当指出，工程经济分析中使用的费用和成本数据与企业财务会计的最大的不同点在于，前者的数据带有不确定性，是关于拟建投资方案的预测值。另外，为了便于分析与计算，工程经济学还有其特有的费用与成本概念。这些费用与成本的经济含义有别于会计中的费用与成本。

（二）经营成本、沉没成本与机会成本

经营成本是项目经济评价中使用的特定概念，作为项目营运期的主要现金流出。该概念是为经济分析方便从总成本费用中分离出来的一部分费用。在工程经济学中之所以这样处理，是因为投资按其发生的时间已作为方案的费用支出计入现金流量。为避免重复计算，在项目建成投产后，其运营期间各年的现金流出量，必须从总成本费用中将折旧费与摊销费剔除。虽然借款利息对于企业来说是实际的现金流出，是企业使用借贷资金所付出的代价，但在工程经济分析中，有时并不考虑资金来源问题，此时也不将借款利息计入现金流量。如果在分析中需要考虑，则将借款利息视为现金流出量单列一项。经营成本可采用下列表达式：

经营成本＝外购原材料、燃料和动力费用＋工资及福利费＋修理费＋其他费用

上式中的其他费用是指从制造费用、管理费用和营业费用中扣除了折旧费、摊销费、修理费、工资福利费以后的其余部分。

工程经济分析中有时还要用到沉没成本与机会成本的概念。

沉没成本是指过去已经发生的与项目有关的一种成本，它是已经花费的金钱或资源，是与当前项目决策无关的费用。沉没成本的规则在于，必须禁止一项沉没成本影响一个决策。从定义可知，沉没成本属于过去，是不可改变的，作为决策者应该清楚地认识到，当前决策要考虑的是未来可能发生的费用和可能带来的收益，而不是考虑以往发生的费用。

我们经常面对这样的解释，"我们不能卖掉这种债券或那种股票或那台机器，除非我们把投入其中的钱挣出来"。显然，这是错误的，你不仅不应把你自己局限于以往的投资，甚至根本就不应再考虑它。

机会成本是工程经济学中最重要的概念之一，也是整个学科所依赖的重要基础之一。如果我们必须在两种对我们都有益的方案中选择其中之一，则意味着必须要放弃遭到我们拒绝的行动方案所带来的收益，无论它是什么，那种失去的收益可以考虑为一种成本。由此，人们给出了如下的机会成本的定义。

机会成本是指将一种具有多种用途的有限资源置于特定用途时所放弃的最好收益。当一笔资金或某种资源具有多种用途时，可能有许多个相应获取收益的机会，如果将这笔资金（资源）投入某种特定的用途，必然要放弃其他的获益机会。在所放弃的机会中最佳机会的收益值，称为资金（资源）投入特定项目的机会成本。

四、折旧与摊销

（一）折旧

折旧是资产在估计的寿命期内分摊的成本。例如，你购买了一套设备用于经营。项目投入运营后，设备（固定资产）在使用过程中会逐渐磨损和贬值，其价值逐步转移到所提

供的服务或产品中去。转移的价值以折旧费的形式计入成本，并通过收取劳务（服务）费或产品销售以货币形式收回到投资者手中。这种伴随固定资产损耗发生的价值转移称为固定资产折旧。如果设备的成本是 150000 元，允许的寿命为 15 年，若采用直线折旧法，则每年允许提取的折旧额就是 10000 元。这笔金额可以从应税收入中扣除，从而减少交纳的所得税。但设备是否如声称的那样每年确实损失 10000 元的价值呢？可能是，也可能不是。因此，资产的折旧与市场价值没有必然的联系。它只是用来计算所得税。它没有其他的目的。它可以代表也可以不代表市价的损失。在计算折旧时估计的寿命可能是也可能不是现实的。如果折旧是价值损失，损失率可能是也可能不是准确的。这些不是我们分析人员关注的焦点。

折旧不是一种成本，它只是沉没成本的反映。在上述案例中，你一旦购买那套设备，那笔钱就沉没了。每年 10000 元的折旧只是购买那套设备的成本的反映，分摊在设备的折旧寿命期内。作为沉没成本的反映，在计算有关税前现金流量的经济分析中不必考虑它。那么，折旧是一项现金流出吗？答案是否定的，它只是会计账本上记录的一个数字。它并不代表我们通常考虑的像工资和原材料成本等那样的现金流出。企业提取折旧不会减少其银行存款，但支付工资和原材料费用等却会。因此，在税前分析时不必考虑折旧。

折旧费是按国家的有关规定计算的。固定资产的原值扣除以往各年折旧的累计值称为当年的固定资产净值。通过前面的讨论可知，固定资产净值不一定能准确地反映当时的固定资产真实价值。在许多情况下，由于各种原因，固定资产的价值需要根据社会再生产条件和市场情况，通过估算在当前情况下重新购建该固定资产所需要的全部费用，重新评估、确定。对固定资产价值进行重新评估时确定的该固定资产价值称为固定资产的重估值，所估得的重新购建费用称为固定资产的重置成本或重置值。

会计中的生产经营成本与期间费用含有固定资产折旧费与无形资产和递延资产摊销费。下面分别说明它们的计算方法。企业常用的计算、提取折旧的方法有匀速折旧法和加速折旧法等。

1. 匀速折旧法

（1）直线折旧法，又称年限法，是使用最广泛的一种折旧计算方法。其特点是按固定资产使用年限平均计算折旧，各年或各月提取的折旧额相等，折旧额累计直线上升，故称做直线折旧法。固定资产每年折旧额的计算公式为

$$年折旧额 = \frac{固定资产原值 - 固定资产净残值}{折旧年限}$$

年折旧率为

$$年折旧率 = \frac{年折旧额}{固定资产原值} \times 100\% = \frac{1 - 预计净残值率}{折旧年限}$$

固定资产净残值是预计的折旧年限终了时的固定资产残值减去清理费用后的余额。固定资产净残值与固定资产原值之比称为净残值率，净残值率一般为 3%～5%。各类固定资产的折旧年限由财政部统一规定。

固定资产使用 t 年后的账面价值为

$$第 t 年末固定资产账面价值 = 固定资产原值 - t \times 年折旧额$$

【例 2-1】某台设备的原始价值为 50000 元，估计使用年限为 10 年，10 年后残值为 10000 元。试求年折旧额与年账面价值。

解：根据公式，计算结果列于表 2-1 中。

表 2-1　　　　　　　　　　　[例 2-1]的年折旧额与年账面价值

期末/年	年折旧额/元	年账面价值/元	期末/年	年折旧额/元	年账面价值/元
0	—	50000	6	4000	26000
1	4000	46000	7	4000	22000
2	4000	42000	8	4000	18000
3	4000	38000	9	4000	14000
4	4000	34000	10	4000	10000
5	4000	30000			

（2）工作量法，一般用于计算某些专业设备和交通运输车辆的折旧，是以固定资产完成的工作量（行驶里程、工作小时、工作台班、生产的产品数量）为单位计算折旧额。计算公式为

$$单位工作量折旧额 = \frac{固定资产原值 - 固定资产净残值}{预计使用年限内完成的工作量}$$

$$年折旧额 = 单位工作量折旧额 \times 年实际完成工作量$$

2. 加速折旧法

我国企业一般采用年限平均法或工作量法，在符合国家有关规定的情况下，经批准也可采用加速折旧法。加速折旧的方法有多种，使用较多的有年限总和法、余额递减法和双倍余额递减法。

（1）年限（数）总和法，允许在使用初期多提折旧而在后期少提折旧，因此它是一种加速提取折旧额的方法。采用年数总和法计算折旧，折旧率是逐年递减的，资产的大部分价值在其寿命的前 1/3 时间内会以提取折旧的方式被回收。年数的总和是这样确定的

年数总和　　　　　　　$$M = 1 + 2 + \cdots n = \frac{n \times (n+1)}{2}$$

式中：n 为固定资产预计使用寿命。

各年折旧额的计算公式为

$$第 t 年的折旧 = \frac{n - t + 1}{M}(P - F)$$

式中：P 为固定资产原值；F 为固定资产的期末残值。

$$年折旧率 = \frac{年折旧额}{固定资产原值} \times 100\%$$

$$第 t 年末固定资产账面价值 = 固定资产原值 - \sum_{i=1}^{t} 第 i 年的折旧额$$

【例 2-2】某设备原始价值为 16000 元，期末残值为 2200 元，折旧年限为 6 年，试用年限总和法求各年的折旧额和折旧率。

解：运用上面的公式，计算结果列于表 2-2。

表 2-2　　　　　　　　　　　[例 2-2] 的年折旧额与年折旧率

期末/年	年折旧率 ①	年折旧额/元 ②＝①×(16000−2200)
1	6/21	3943
2	5/21	3286
3	4/21	2629
4	3/21	1971
5	2/21	1314
6	1/21	657
合计	1	13800

（2）余额递减法，每年的折旧是由一个固定比例乘以上一年的账面价值而来的，账面价值是逐年递减的，该方法由此而得名。其计算公式为

$$第 t 年的折旧额＝第 t-1 年的固定资产账面价值×年折旧率$$

$$年折旧率＝1-\sqrt[n]{\frac{固定资产期末残值}{固定资产原值}}×100\%$$

【例 2-3】某设备原始价值为 10000 元，期末残值为 800 元，折旧年限为 10 年，试用余额递减法求各年的折旧额和账面价值。

解：运用上面的公式，计算结果列于表 2-3。

表 2-3　　　　　　　　　　　[例 2-3] 的年折旧额与年折旧率

期末/年	年折旧率 ①	第 t 年初始设备价值/元 ②	年折旧额/元 ③＝①×②	第 t 年末账面价值/元 ④＝②-③
1		10000	2230	7770
2		7770	1732.71	6037.29
3		6037.29	1346.32	4690.97
4		4690.97	1046.09	3644.88
5	$1-\sqrt[10]{\frac{800}{10000}}=0.223$	3644.88	812.81	2832.07
6		2832.07	631.55	2200.52
7		2200.52	490.72	1709.80
8		1709.80	381.29	1328.51
9		1328.51	296.26	1032.25
10		1032.25	230.19	802.06

（3）双倍余额递减法，是按直线折旧法固定资产净残值为零时折旧率的 2 倍计算，各年的折旧额是折旧率乘以每年初（上一年末）固定资产价值的余额。其计算公式为

$$年折旧率＝2×\frac{1}{折旧年限}$$

$$年折旧额＝年初固定资产净值×年折旧率$$

为了使折旧额在设备使用期内分摊完，到了一定年份后，要改用直线折旧法计算折旧。改用直线折旧法的年份视设备使用年限而定。当设备的预计使用年限为奇数时，该年度为

$$改用直线折旧法的年度 = \frac{预备预计使用年限}{2} + 1\frac{1}{2}$$

当设备的预计使用年限为偶数时，该年度为

$$改用直线折旧法的年度 = \frac{预备预计使用年限}{2} + 2$$

【例 2-4】 某设备原始价值为 10000 元，期末残值为 0，使用年限为 10 年，试用双倍余额递减法求各年的折旧额。

解： 运用上面的公式，计算结果列于表 2-4。

改用直线折旧法的年度 = 10/2+2 = 7。

表 2-4　　　　　　　　　　[例 2-4] 各年的折旧额

期末/年	年折旧率 ①	第 t 年初始设备价值/元 ②	年折旧额/元 ③=①×②	第 t 年末账面价值/元 ④=②-③
1		10000	2000	8000
2		8000	1600	6400
3	$2 \times \frac{1}{10} = 20\%$	6400	1280	5120
4		5120	1024	4096
5		4096	819.2	3276.8
6		3276.8	655.36	2621.44
7		2621.44	655.36	1966.08
8	$\frac{1}{4} = 25\%$	1966.08	655.36	1310.72
9		1310.72	655.36	655.36
10		655.36	655.36	0

采用加速折旧法，并不意味着固定资产提前报废或多计折旧。不论采用何种方法计提折旧，在整个固定资产折旧年限内，折旧总额都是一样的。采用加速折旧法只是在固定资产使用前期计提折旧较多而使用后期计提折旧较少。一般来说，加速折旧有利于企业的进一步发展。

（二）摊销

摊销指对除固定资产之外，其他可以长期使用的经营性资产按照其使用年限每年分摊购置成本的会计处理办法，与固定资产折旧类似。摊销费用计入管理费用中减少当期利润，但对经营性现金流没有影响。常见的摊销资产如大型软件、开办费等无形资产，它们可以在较长时间内为公司业务和收入做出贡献，所以其购置成本也要分摊到各年才合理。

折旧是指固定资产折旧。指一定时期内为弥补固定资产损耗按照规定的固定资产折旧率提取的固定资产折旧，或按国民经济核算统一规定的折旧率虚拟计算的固定资产折旧。它反映了固定资产在当期生产中的转移价值。

无形资产从开始使用之日起，应按照有关的协议、合同在受益期内分期平均摊销，没有规定受益期的按不少于 10 年的期限分期平均摊销。

递延资产中的开办费应在企业开始生产经营之日起，按照不短于 5 年的期限分年平均摊销。

固定资产折旧费与无形资产、递延资产摊销费在工程经济分析中具有相同的性质。

五、收入、利润与税金

(一) 销售收入

销售收入是指向社会出售商品或提供劳务的货币收入。工程项目的收入包括两部分：

产品销售收入＝产品销售量×产品销售价格

其他销售收入＝固定资产出租＋无形资产转让＋非工业性劳务＋…

工程经济分析中将销售收入作为一个重要的现金流入项目。企业生产的产品只有在市场上被出售，才能转化为企业的收益。

(二) 利润

工业投资项目投产后所获得的利润可分为纯收入、销售利润和企业留利三个层次：

纯收入＝销售收入－总成本

销售利润＝纯收入－销售税金

企业留利＝销售利润－资源税－所得税

对于企业来说，除国家另有规定者外，企业留利一般按下列顺序进行分配：

(1) 弥补以前年度亏损。

(2) 提取法定公积金，法定公积金用于弥补亏损及按照国家规定转增资本金等。

(3) 提取公益金，公益金主要用于职工集体福利设施支出。

(4) 向投资者分配利润。

(三) 税金

税金是国家为了实现其职能，依据法律对有纳税义务的企业单位和个人征收的财政资金。国家按照法律规定标准无偿地取得财政资金的手段叫做税收。税收是国家凭借政治权力参与社会产品和国民收入分配的一种方式，具有强制性、无偿性和固定性的基本特征。税收不仅是国家取得财政收入的基本形式，也是国家对各项经济活动进行宏观调控的重要经济杠杆，有利于调节、控制经济运行，促进国民经济健康发展。

我国主要的税收种类有 18 种，可以分为 5 大类。

1. 流转税类

流转税类指在商品生产、流通环节以劳务服务的流转额为征税对象的各种税，包括增值税、消费税和营业税。

增值税是按商品生产、流通和劳务服务各个环节的产品价值的增值额征收的一种税，在我国境内销售货物或者提供加工、修理修配劳务，以及进口货物的单位或个人都应当按照中华人民共和国增值税的条例规定缴纳增值税。增值税是价外税，销售价格内不含增值税款。纳税人销售货物或者应税劳务，按销售额和规定的增值税税率计算，并由纳税人向购买方在销售价格外收取的增值税额称为销项税额。

销项税额＝销售额×税率

增值税税率一般为 17％。但有 5 类商品的税率为 13％，如粮食、食用植物油；自来水、暖气、天然气等；图书、报纸、杂志；饲料、化肥、农药等；国务院规定的其他货物。纳税人销售货物或者提供应税劳务，应纳增值税额为当期销项税额抵扣纳税人购进货物或者应税劳务时所支付或者所负担的增值税额（进项税额）后的余额。计算公式为

$$应纳税额＝当期销项税额－当期进项税额$$

由于增值税是价外税，既不进入成本费用，也不进入销售收入，从企业角度进行投资项目现金流量分析时可不考虑增值税。

消费税是对特定消费品和消费行为征收的一种税。征收消费税的消费品大体分五类：第一类是一些过度消费会对人类健康、社会秩序和生态环境等造成危害的特殊消费品，如烟、酒、鞭炮等；第二类是奢侈品、非生活必需品；第三类是高能耗和高档消费品；第四类是不可再生稀缺资源消费品；第五类是消费普遍、税基宽广、征税不会明显影响人民生活水平但有一定财政意义的产品。消费税的计算采用从价定率计税和从量定额计税两种办法。

从价定率计税时

$$应纳税额＝应税消费品销售额×消费税税率$$

从量定额计税时

$$应纳税额＝应税消费品销售数量×消费税单位税额$$

消费税是价内税，同增值税是交叉征收的，即对于应税消费品既要征消费税，又要征增值税。

营业税主要是对不实行增值税的劳务交易和第三产业征收的税。例如，营业税的纳税人为在我国境内从事交通运输、建筑业、金融保险、邮政电信、文化体育、娱乐业、服务业、转让无形资产、销售不动产等业务的单位和个人。不同行业采用不同的税目和税率。

营业税应纳税额计算公式为

$$应纳税额＝营业额×税率$$

对于符合国家规定的出口产品，国家免征或退还已征的增值税、消费税，以及为出口产品支付的各项费用中所含的营业税。

2. 资源税类

资源税类指以被开发或占用的资源为征税对象的各种税，包括资源税和土地使用税等。

资源税对在我国境内开采原油、天然气、煤炭、其他非金属矿原矿、黑色金属矿原矿、有色金属矿原矿及生产盐的单位和个人征收。征收资源税的主要目的在于调节因资源条件差异而形成的资源级差收入，促使国有资源的合理开采与利用，同时为国家取得一定的财政收入。资源税应纳税额的计算公式为

$$应纳税额＝课税数量×单位税额$$

国家依照产品类别和不同的资源条件规定相应的单位税额。对于矿产品，征收资源税后不再征收增值税；对于盐，除征收资源税外还要征收增值税。

土地使用税是国家在城市、农村、县城、建制镇和工矿区，对使用土地的单位和个人征收的一种税。土地使用税应纳税额的计算公式为

$$应纳税额＝使用土地面积×单位面积税额$$

国家规定对农、林、牧、渔业的生产用地，国家机关、人民团体、军队和事业单位的自用土地免征土地使用税。对一些重点发展产业也有相应的减免税规定。

3. 所得税类

所得税类指以单位（法人）或个人（自然人）在一定时期内的生产经营所得或其他所得为征税对象的税种，包括企业所得税、外商投资企业和外国企业所得税，以及个人所得税。

企业所得税的纳税人是在我国境内实行独立经济核算的企业。纳税人每一纳税年度的收

入总额减去准予扣除项目后的余额为应纳税所得额。收入总额中包括生产经营收入、财产转让收入、利息收入、租赁收入、特许权使用收入、股息收入和其他收入。准予扣除的项目是指与纳税人取得收入有关的成本、费用和损失，包括借款利息、职工工资、职工工会经费、职工福利费、职工教育经费、纳税人用于公益事业的捐赠等。对于工业企业来说：

$$应纳税所得额＝利润总额\pm税收调整项目金额$$

其中

$$利润总额＝产品销售利润＋其他业务利润＋投资净收益＋营业外收入－营业外支出$$

税收调整项目是指将会计利润转换为应税所得额时按照税法应当调整的项目。即

$$应纳所得税额＝应纳税所得额\times税率$$

4. 财产税类

财产税类指以法人和自然人拥有及转移的财产的价值或增值额为征税对象的各种税，主要包括车船税、房产税和土地增值税等。

车船税是对行驶于公共道路的车辆或航行于国内河流、湖泊和领海口岸的船舶，按照其种类（如机动车船、非机动车船、载人汽车、载货汽车等）、吨位和规定的税额计算征收的一种税。拥有车船的单位和个人为纳税义务人。

房产税以房屋为征收对象，以房产评估值为计税依据。拥有房屋产权的单位和个人为纳税义务人。

土地增值税的纳税义务人是有偿转让国有土地使用权及地上建筑物和其他附着物产权（简称转让房地产）并取得收入的单位和个人，征税对象是转让房地产所取得的增值收益。

5. 特定目的税类

特定目的税类指国家为达到某种特定目的而设立的各种税，主要有城市维护建设税、耕地占用税和车辆购置税等。

城市建设维护税（以下简称城建税）是国家对缴纳增值税、消费税、营业税（以下简称"三税"）的单位和个人就其缴纳的"三税"税额为计税依据而征收的一种税。

耕地占用税是对占用耕地建房或者从事其他非农业建设的单位和个人，依据实际占用耕地面积、按照规定税额一次性征收的一种税。

车辆购置税是以在中国境内购置规定车辆为征收对象，在特定环节向车辆购置者征收的一种税。就其性质而言，属于直接税的范畴。

对于工业企业来说，以上各种税中，房产税、车船税和土地使用税可以计入成本费用（可计入成本费用的还有印花税及进口原材料和备品备件的关税等）。

应从销售收入中缴纳的税主要包括消费税、营业税、资源税和城市维护建设税，计算企业销售利润（或营业利润）时，从销售（营业）收入中减除的销售税金是指这几种税（还包括教育费附加）。固定资产投资方向调节税应计入建设项目总投资，最终计入固定资产原值。企业所得税应从销售利润中缴纳。

当资产折旧和所得税影响很显著时，项目评价经常使用税后分析。政府会征收各种税收，如所得税、增值税、进口税、销售税和不动产税等。税收会影响对方案现金流的评价。税收会提高开支，影响资产折旧的现金流估计值，减少收益。本书假设所有的方案使用相同的税收政策。

第二节 资 金 等 值 计 算

一、资金的时间价值

时间因素之所以对方案的经济效果产生影响，是由于资金具有时间价值。当资金投入到社会在生产过程后，在流通-生产-流通领域的循环中，由于劳动能创造价值，使资金在生产过程中产生利润，发生增值。即处于不同时间的资金，其价值也不相同。所以，时间因素问题的实质是资金具有时间价值，资金的数值是时间的函数，将随时间而变化。当然，资金只有在运动过程中才能增值。资金本身并不能创造价值。资金的增值是资金在运动过程中同劳动者的生产活动相结合后，由劳动者创造的更多的价值。这种多创造的价值，反映在资金数量上就表现为资金增值。这就是资金时间价值的本质。

二、现金流量图

现金流量图是以图形反映项目计算期内现金运动状况，对于项目而言，现金流量图模拟了项目计算期内现金流量的发生情况。在现金流量图上，要表明现金流量的性质（流入或流出），发生时点和金额大小。

现金流量图的作法和规则如下：

（1）画一条带有时间坐标的水平线，表示一个工程项目，每一格代表一个时间单位（一般为年），时间的推移从左向右。时间轴上的点称为时点，时点通常表示的是该年的年末，同时也是下一年的年初。

（2）画与带有时间坐标水平线相垂直的箭线，表示现金流量。其长短与收入或支出的数量基本成比例。箭头表示现金流动的方向，箭头向上表示现金流入，箭头向下表示现金流出。为了简化计算，一般假设投资在年初发生，其他经营费用或收益均在年末发生。

【例 2-5】 某工程项目预计初始投资 1000 万元，第 3 年开始投产后每年销售收入抵消经营成本后为 300 万元，第 5 年追加投资 500 万元，当年见效且每年销售收入抵消经营成本后为 750 万元，该项目的经济寿命约为 10 年，残值为 100 万元，试绘制该项目的现金流量图。

解： 由题意可知，该项目整个寿命周期为 10 年。初始投资 1000 万元发生在第一年的年初，第 5 年追加投资 500 万元（发生在年初）；其他费用或收益均发生在年末，其现金流量如图 2-2 所示。

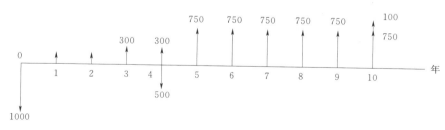

图 2-2 ［例 2-5］的现金流量图（单位：万元）

三、利息和利率

利息是指占用资金所付出的代价。本利和的计算公式为

$$F_n = P + I_n$$

式中：F_n 为本利和；P 为本金；I_n 为利息，下标 n 为计算利息的周期数。

利息通常根据利率来计算。利率是在一个计息周期内所得的利息额与借贷金额（即本金）之比，一般以百分数表示。通常用 i 表示利率。

（一）单利和复利

利息的计算分单利计算法和复利计算法。

单利计算法指以本金为基数计算资金的时间价值（即利息），不将利息计入本金，利息不再生息，所获得利息与时间成正比。

单利计息时利息计算式为

$$I_n = Pni$$

n 个计息周期后的本利和为

$$F_n = P(1 + in)$$

由于单利没有反映资金周转的规律与扩大再生产的现实。在国外很少应用，一般仅用来与复利进行对比。

复利计算法指以本金和利息之和为基数计算利息，即"利滚利"。本金逐期计息，以前累计的利息也逐期加利。

复利计算的本利和公式为

$$F_n = P(1 + i)^n$$

复利计算比较符合资金在社会再生产过程中运动的实际情况，在工程经济分析中，一般采用复利计算。

（二）名义利率和实际利率

在工程经济分析中，复利的计算期都是按年计算的，给定的利率也是年利率。但实际上复利的计息期不一定总是一年，有可能是一个月，一个季度或一天，当利息在一年内复利几次时，给出的年利率叫做名义利率。

例如按月计息，月利率为 1%，通常称为"年利率 12%，每月计息一次"。这里的年利率 12% 称为"名义利率"。

【例 2-6】 本金 1000 元，投资 5 年，年利率 8%，每年复利一次，求 5 年后的本利和。

解： 本利和　　$F = P(1 + i)^n = 1000 \times (1 + 8\%)^5 = 1469（元）$

5 年的复利息 $= F - P = 1469 - 1000 = 469（元）$

【例 2-7】 上例如果每季复利一次，其他条件不变，则

每季度利率 $= 8\% \div 4 = 2\%$

复利率次数 $= 5 \times 4 = 20$

$F = P(1 + i)^n = 1000 \times (1 + 2\%)^{20} = 1486（元）$

5 年的复利息 $= 1486 - 1000 = 486（元）$

可见，比一年复利一次的利息多 $486 - 469 = 17$（元）即当一年复利几次时，实际得到的年

利率要比名义上的年利率高。

设名义利率为 r，一年中计息次数为 m，则一个计息周期的利率为 r/m，一年后本利和为

$$F = P\left(1 + \frac{r}{m}\right)^m$$

按利率定义得年实际利率 i 为

$$i = (F - P)/P = \left[P\left(1 + \frac{r}{m}\right)^m - P\right]/P$$

即

$$i = \left(1 + \frac{r}{m}\right)^m - 1$$

当 $m = 1$ 时，$r = i$；当 $m > 1$ 时，$r < i$；当 $m \to \infty$，$i = e - 1$。

四、资金等值计算

在工程经济分析中，为了考察投资项目的经济效果，必须对项目寿命期内不同时间发生的全部费用和全部收益进行计算和分析。在考虑资金时间价值的情况下，不同时间发生的收入或支出其数值不能直接相加或相减，只能通过资金等值计算将它们换到同一时间点上进行分析。现将等值计算中涉及的符号介绍如下：

P 为现值（present value），亦称本金，现值 P 是指相对于基准点的资金值。

F 为终值（future value），即本利和，是指从基准点起第 n 个计息周期末的资金值。

A 为等额年值（annual value），是指一段时间的每个计息周期末的一系列等额数值，也称为年等值。

i 为计息周期折现率或利率（interest rate），常以％计。

n 为计息周期数（number of period），无特别说明，通常以年数计。

按照现金流量序列的特点，我们可以将资金等值计算的公式分为：一次支付、等额分付、等差系列支付和等比系列支付等类型。现将主要计算公式介绍如下。

（一）一次支付类型

一次支付又称整付，指现金流量无论是支出还是收入，均在某个时点上只发生一次。其典型现金流量如图 2-3 所示，需要注意的是，P 发生在第 1 年年初，F 发生在第 n 年年末。

一次支付的等值计算公式有两个。

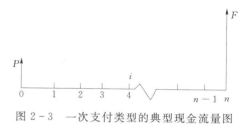

图 2-3　一次支付类型的典型现金流量图

1. 一次支付终值公式

$$F = P(1 + i)^n = P(F/P, i, n)$$

式中：$(1 + i)^n$ 为一次支付终值系数，常以符号 $(F/P, i, n)$ 表示。

该公式的经济意义是：已知支出资金 P，当利率为 i 时，在复利计算的条件下，求 n 期期末所取得的本利和。这个公式是资金等值计算公式中最基本的一个，所有其他公式都可以由此公式推导得到。

【例 2-8】因工程需要向银行贷款 1000 万元，年利率为 7％，5 年后还清，试问到期

应偿还本利共多少？

解：已知 $P=1000$ 万元，$i=0.07$，$n=5$ 年，由公式得：

$$F=P(1+i)^n=1000\times(1+0.07)^5=1402.55(万元)$$

因此，5 年后的本利和是 1402.55 万元。

2. 一次支付现值公式

该公式的经济意义是：如果想在未来的第 n 期期末一次收入 F 数额的现金，在利率为 i 的复利计算条件下，求现在应一次支出本金 P 为多少。即已知 n 年后的终值，反求现值 P。

从现值的经济意义可知，一次支付现值公式是一次支付终值公式的逆运算，故有

$$P=F/(1+i)^n=F(P/F,i,n)$$

式中 $1/(1+i)^n$ 称为一次支付现值系数，常以符号 $(P/F,i,n)$ 表示。此处 i 称为贴现率或折现率，这种把终值折算为现值的过程称为贴现或折现。

【例 2-9】某人 10 年后需款 20 万元买房，若按 6% 的年利率（复利）存款于银行，问现在应存钱多少才能得到这笔款数？

解：已知 $F=20$ 万元，$i=0.06$，$n=10$ 年，由公式得

$$P=F/(1+i)^n=20/(1+0.06)^{10}=11.168(万元)$$

即年利率为 6% 时，现在应存款 11.168 万元，10 年后的本利和才能达到 20 万元。

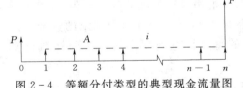

图 2-4 等额分付类型的典型现金流量图

（二）等额支付类型

从第 1 年末至第 n 年末发生的连续且数额相等的现金流序列称为等额系列现金流，每年的金额均为 A，称为等额年值，其支付方式则称为等额多次支付，其典型现金流量如图 2-4 所示。

需要注意的是，P 发生在第 1 年初（即 0 点），F 发生在第 n 年年末，而 A 发生在每一年的年末。

1. 等额分付终值公式

该公式的经济意义是：对 n 期期末等额支付的现金流量 A，在利率为 i 的复利计算条件下，求第 n 期期末的终值（本利和 F），也就是已知 A、i、n 求 F。这个问题相当于银行的"零存整取"储蓄方式。

利用等比级数求和公式可得

$$F=A\left[\frac{(1+i)^n-1}{i}\right]=A(F/A,i,n)$$

式中：$\dfrac{(1+i)^n-1}{i}$ 为等额分付终值系数，常以符号 $(F/A,i,n)$ 表示。

【例 2-10】某防洪工程建设期为 6 年，假设每年年末向银行贷款 3000 万元作为投资，年利率 $i=7\%$ 时，到第 6 年末欠银行本利和为多少？

解：已知 $A=3000$ 万元，$i=0.07$，$n=6$ 年，求 F。由公式得

$$F=A\left[\frac{(1+i)^n-1}{i}\right]=3000\times\frac{(1+0.07)^6-1}{0.07}=21460(万元)$$

因此，到第 6 年末欠款总额为 21460 万元。

2. 等额分付偿债基金公式

等额分付偿债基金公式的经济意义是：当利率为 i 时，在复利计算的条件下，如果需在 n 期期末能一次收入 F 数额的现金，那么在这 n 期内连续每期期末需等额支付 A 为多少，也就是已知 F、i、n，求 A。

可见，等额分付偿债基金公式是等额分付终值公式的逆运算，因此可由该公式直接导出，等额分付偿债基金公式为

$$A = F\left[\frac{i}{(1+i)^n - 1}\right] = F(A/F, i, n)$$

式中：$\dfrac{i}{(1+i)^n - 1}$ 称为等额分付偿债基金系数，常以符号 $(A/F, i, n)$ 表示。

【例 2-11】某学生在大学四年学习期间，每年年初从银行借款 2000 元用以支付学费，若按年利率 6% 计复利，第四年末一次归还全部本息需要多少钱？

解：
$$\begin{aligned}
F &= 2000(F/A, 0.06, 4)(1+0.06)\\
&= 2000 \times 4.375 \times 1.06\\
&= 9275 (元)
\end{aligned}$$

3. 等额分付现值公式

等额分付现值公式的经济意义是：在利率为 i，复利计息的条件下，求 n 期内每期期末发生的等额支付现金 A 的现值 P，即已知 A、i、n 求 P。

由等额分付终值公式

$$F = A\left[\frac{(1+i)^n - 1}{i}\right] = A(F/A, i, n)$$

和一次支付终值式

$$F = P(1+i)^n$$

联立消去 F，于是得到

$$P = A\left[\frac{(1+i)^n - 1}{i(1+i)^n}\right] = A(P/A, i, n)$$

式中：$\dfrac{(1+i)^n - 1}{i(1+i)^n}$ 为等额分付现值系数，常用符号 $(P/A, i, n)$ 表示。

【例 2-12】假如有一新建水电站投入运行后，每年出售产品电能可获得效益 1.2 亿元，当水电站运行 50 年时，采用折现率 $i=7\%$，其总效益的现值为多少？

解：已知 $A=1.2$ 亿元（假定发生在年末），$i=0.07$，$n=50$ 年，求 P 由公式得

$$P = A\left[\frac{(1+i)^n - 1}{i(1+i)^n}\right] = 1.2 \times \frac{(1+0.07)^{50} - 1}{0.07 \times (1+0.07)^{50}} = 16.561 (亿元)$$

【例 2-13】某防洪工程从 2001 年起兴建，2002 年底竣工投入使用，2003 年起连续运行 10 年，到 2012 年平均每年可获效益 800 万元。按 $i=5\%$ 计算，问将全部效益折算到兴建年（2001 年年初）的现值为多少？

解：现金流量图如图 2-5 所示。

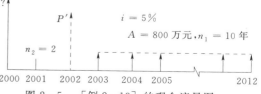

图 2-5　［例 2-13］的现金流量图

已知 $A = 800$ 万元，$i = 5\%$，$n_1 = 10$ 年。首先根据等额系列现值公式，将 2003—2012 年的系列年等值折算到 2003 年初（即 2002 年末），得到现值

$$P' = A\left[\frac{(1+i)^{n_1} - 1}{i(1+i)^{n_1}}\right] = 800 \times \frac{(1+0.05)^{10} - 1}{0.05(1+0.05)^{10}} = 6177.388（万元）$$

再根据一次支付现值公式，将 P' 折算到 2001 年初，得到

$$P = \frac{P'}{(1+i)^{n_2}} = \frac{6177.388}{(1+0.05)^2} = 5603.07（万元）$$

所以，全部效益折算到 2001 年年初的现值为 5603.07 万元。

4. 等额分付资本回收公式

资金回收公式的经济意义是：当利率为 i 时，在复利计算的条件下，如果现在借出一笔现值为 P 的资金，那么在今后 n 期内连续每期期末需等额回收多少本息 A，才能保证期满后回收全部本金和利息。也就是已知 P、i、n 求 A。

由其意义可知，资金回收公式是等额系列现值公式的逆运算，于是有

$$A = P\left[\frac{i(1+i)^n}{(1+i)^n - 1}\right] = P(A/P, i, n)$$

式中：$\dfrac{i(1+i)^n}{(1+i)^n - 1}$ 为等额分付资金回收系数，常以 $(A/P, i, n)$ 表示。这是一个重要的系数，对应于工业项目的单位投资在项目寿命期内每年至少应该回收的金额。

【例 2-14】某人向银行贷款 20 万元用于购房，合同约定以后每月等额偿还，期限为 20 年，贷款年利率为 5.04%。请问每月应偿还多少？到期后合计偿还数是多少？

解：贷款（本金）$P = 200000$ 元；年利率为 5.04%，即月利率 $i = 0.0504/12 = 0.0042$；偿还期为 20 年，即 240 个月；由公式得

$$A = P\left[\frac{i(1+i)^n}{(1+i)^n - 1}\right] = 200000 \times \frac{0.0042 \times (1+0.0042)^{240}}{(1+0.0042)^{240} - 1} = 1324.33（元）$$

第三节　经济效果评价指标

建设项目的经济评价要应用各种类型经济效果指标。经济效果指标是多种多样的，它们从不同角度反映项目的经济性。根据是否考虑资金时间价值，经济效果评价指标可以分为动态评价指标和静态评价指标。

一、静态评价指标

（一）投资回收期

投资回收期是指项目的净收益抵偿全部投资所需要的时间。它是考察项目在财务上的投资回收能力的主要静态指标，计算投资回收期一般从建设开始年份算起。使公式成立的 T_p 即为投资回收期。

$$\sum_{t=0}^{T_p} NB_t = \sum_{t=0}^{T_p} (B_t - C_t) = TI$$

式中：TI 为投资总额；B_t 为第 t 年的收入；C_t 为第 t 年的支出（不包括投资）；NB_t 为第 t

年的净收入，$NB_t = B_t - C_t$。

投资回收期可根据全部投资财务现金流量表中累计净现金流量计算求得。其计算公式为

$$T_p = T - 1 + \frac{第（T-1）年的累计净现金流量的绝对值}{第\ T\ 年的净现金流量}$$

式中：T 为项目各年累计净现金流量首次为正值或零的时间。

【例 2-15】用表 2-5 所示数据计算投资回收期。

表 2-5　　　　　　　　　　　　　某项目的现金流量

项　目	时间/年						
	0	1	2	3	4	5	6
①总投资/万元	6000	4000					
②收入/万元			5000	6000	8000	8000	7500
③支出/万元			2000	2500	3000	3500	3500
④净收入（②－③）/万元			3000	3500	5000	4500	4000
⑤累计未收回的投资/万元	6000	10000	7000	3500			
⑥累计净现金流量/万元	－6000	－10000	－7000	－3500	1500	6000	10000

由表 2-5 可见投资回收期在 3 年和 4 年之间。通过计算可以得出，$T = 4 - 1 + 3500/5000 = 3.7$（年）。

用投资回收期评价投资时，需要与基准投资回收期相比较。设基准投资回收期为 T_b，若 $T_p \leqslant T_b$，则项目可以考虑接受；若 $T_p > T_b$，则项目应予以拒绝。

投资回收年限概念清楚明确，它不仅在一定程度上反映项目的经济性，而且可以反映项目的风险大小，是项目初步评价时最常见的评价指标。但是该方法没有反映资金的时间价值；并且在回收期末把现金流量一刀切断，不考虑投资回收年限以后的收益，因而得出的评价结果带有假象。故用它作为评价依据时，有时会使决策失误。所以，投资回收年限往往只作为辅助指标与其他指标结合使用。

（二）总投资收益率

总投资收益率（ROI）表示总投资的盈利水平，系指项目达到设计能力后正常年份的年息税前利润或运营期内年平均息税前利润（EBIT）与项目总投资（TI）的比率；总投资收益率应按下式计算

$$ROI = \frac{EBIT}{TI} \times 100\%$$

式中：TI 为项目总投资；$EBIT$ 为项目正常年份的年息税前利润或运营期内年平均息税前利润。

总投资收益率高于同行业的收益率参考值，表明用总投资收益率表示的盈利能力满足要求。

（三）项目资本金净利润率

项目资本金净利润率（ROE）表示项目资本金的盈利水平，系指项目达到设计能力后正常年份的年净利润或运营期内年平均净利润（NP）与项目资本金（EC）的比率；项目

资本金净利润率应按下式计算

$$ROE = \frac{NP}{EC} \times 100\%$$

式中：NP 为项目正常年份的年净利润或运营期内年平均净利润；EC 为项目资本金。

项目资本金净利润率高于同行业的净利润率参考值，表明用项目资本金净利润率表示的盈利能力满足要求。

二、动态评价指标

动态经济评价指标不仅计入了资金的时间价值，而且考察了项目在整个寿命期内收入与支出的全部经济数据。因此，它们是比静态指标更全面、更科学的评价指标。

（一）净现值（NPV）

净现值指标是指方案在寿命期内各年的净现金流量，按照一定的折现率折现到期初时的现值之和。其表达式为

$$NPV = \sum_{t=0}^{n} (CI - CO)_t (1 + i_0)^{-t}$$

式中：$(CI - CO)_t$ 为第 t 年的净现金流量，其中 CI 为现金流入，CO 为现金流出；i_0 为基准折现率。

净现值表示在规定的折现率 i_0 的情况下，方案在不同时点发生的净现金流量折现到期初时，整个寿命期内所得到的净收益。

用净现值指标评价单个方案的准则：若 $NPV \geq 0$，则方案是经济合理的；若 $NPV < 0$，则方案应予以否定。

多方案进行比较时，在 $NPV \geq 0$ 的方案中，净现值最大的方案为最优方案。

净现值法具有计算简便、直观明了的优点，直接反映了项目的绝对经济效果。

【例 2-16】某项目的各年现金流量见表 2-6，试用净现值指标判断项目的经济性（$i_0 = 10\%$）。

表 2-6 [例 2-16] 的现金流量表

项 目	时间/年				
	0	1	2	3	4～10
①投资支出/万元	20	500	100		
②除投资以外的其他支出/万元				300	450
③收入/万元				450	700
④净现金流量（③－①－②）/万元	−20	−500	−100	150	250

解： $NPV(100\%) = -20 - 500(P/F, 10\%, 2) + 150(P/F, 10\%, 3) + 250(P/A, 10\%, 7)(P/F, 10\%, 3) = 469.94$（万元）

由于 $NPV > 0$，故项目在经济效果上是可以接受的。

净现值指标用于多方案比较时，不考虑各方案投资额的大小，因而不直接反映资金的利用效率。为了考虑资金的利用效率，通常用净现值指数（NPVI）作为净现值的辅助指标。净现值指数是项目净现值与项目投资总额现值之比，其经济涵义是单位投资现值所能

带来的净现值。其计算公式为

$$NPVI = \frac{NPV}{K_p} = \frac{\sum_{t=0}^{n}(CI - CO)_t(1 + i_0)^{-t}}{\sum_{t=0}^{n}K_t(1 + i_0)^{-t}}$$

其中：K_p 为项目总投资现值。

用净现值指数评价单一项目经济效果时，判别准则与净现值相同。

净现值指数指标多用于互斥方案的比较，在受资金约束条件下，以净现值指数较大的方案为优。

（二）净年值（NAV）

净年值是通过资金等值换算将项目净现值分摊到寿命期内各年（从第 1 年到第 n 年）的等额年值。表达式为

$$NAV = NPV(A/P, i_0, n)$$

$$NPV = \sum_{t=0}^{n}(CI - CO)_t(1 + i_0)^{-t}$$

式中：$(A/P, i_0, n)$ 为资本回收系数。

判别准则：若 $NAV \geq 0$，则项目在经济效果上可以接受；若 $NAV < 0$，则项目在经济效果上不可接受。

因为 $(A/P, i_0, n) > 0$，故净年值与净现值在项目评价的结论上总是一致的。因此，净年值与净现值就项目评价而言是等效评价指标。

净现值是项目在整个寿命期内获取的超出最低期望盈利的超额收益的现值。而净年值给出的信息是寿命期内每年的等额超额收益。

（三）费用现值与费用年值

在对多个方案比较选优时，当各方案的效益相同或效益基本相同但难以估计其效益时，比如环保效果、教育效果等，可以通过对各方案费用现值或费用年值的比较进行选择。若各方案计算期相同，可采用费用现值比较选优；若各方案计算期不同，可采用年费用比较选优。

1. 费用现值（PC）

费用现值就是把各方案计算期内的各年费用（包括投资），按基准折现率换算成建设期初的现值之和。其表达式为

$$PC = \sum_{t=0}^{n}CO_t(P/F, i_0, t)$$

2. 费用年值（AC）

费用年值是把各比较方案的投资及其各年的费用换算为等额年费用。其表达式为

$$AC = PC(A/P, i_0, n) = \sum_{t=0}^{n}CO_t(P/F, i_0, t)(A/P, i_0, n)$$

费用现值和费用年值指标只能用于多个方案的比选，其判别准则是：费用现值或费用年值最小的方案为优。

费用现值与费用年值的关系，恰如前述净现值和净年值的关系一样，所以就评论结论

而言，二者是等效评价指标。

【**例 2 - 17**】某项目有三个方案 X、Y、Z，均能满足同样的需要，但各方案的投资及年运营费用不同，见表 2 - 7。在折现率 $i_0 = 15\%$ 的情况下，采用费用现值与费用年值选优。

表 2 - 7   [例 2 - 17] 的现金流量表   单位：万元

方案	初期投资	第1~第5年运营费用	第6~第10年运营费用
X	70	13	13
Y	100	10	10
Z	110	5	8

解：各方案的费用现值计算如下

$PC_X = 70 + 13(P/A，15\%，10) = 135.2(万元)$

$PC_Y = 100 + 10(P/A，15\%，10) = 150.2(万元)$

$PC_Z = 110 + 5(P/A，15\%，5) + 8(P/A，15\%，5)(P/F，15\%，5) = 140.1(万元)$

各方案的费用年值计算如下：

$AC_X = 70(A/P，15\%，10) + 13 = 26.9(万元)$

$AC_Y = 100(A/P，15\%，10) + 10 = 29.9(万元)$

$AC_Z = [110 + 5(P/A，15\%，5) + 8(P/A，15\%，5)(P/F，15\%，5)](A/P，15\%，10) = 27.9(万元)$

根据费用最小的选优原则，费用现值与费用年值的计算结果都表明，方案 X 最优，Z 次之，Y 最差。

（四）内部收益率（IRR）

所谓内部收益率是指项目在寿命期内各年净现金流量现值代数和等于零时对应的折现率。简单地说，就是净现值为零时的折现率。其计算原理为：令折算到基准年的总效益和总费用相等，然后求解方程的未知数——折现率 i，即内部收益率 IRR，并以 IRR 的大小来评价各方案的经济合理性，如图 2 - 6 所示。

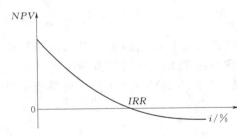

图 2 - 6 净现值 NPV 与折现率 i 的关系

其表达式为

$$NPV(IRR) = \sum_{t=0}^{n} (CI - CO)_t (1 + IRR)^{-t}$$

判别准则：设基准折现率为 i_0，若 $IRR \geqslant i_0$，则项目在经济效果上可以接受；若 $IRR < i_0$，则项目在经济效果上不可接受。

IRR 的计算步骤（试算内插法）：

(1) 假设一个折现率 i_1，并计算相应的 $NPV(i_1)$。

(2) 若 $NPV(i_1) = 0$，则 i_1 即为所求的内部收益率 IRR，计算结束；若 $NPV(i_1) > 0$，说明 $IRR > i_1$，即假设的 i 偏小，应另选一个较大的值；若 $NPV(i_1) < 0$，说明 $IRR < i_1$，即假设的 i 偏大，应另选一个较小的值。

（3）返回步骤（1），如此反复试算，逐步逼近，最终可得到比较接近的两个折现率 i_m 与 i_n（$i_m < i_n$）使得 $NPV(i_m) > 0$，$NPV(i_n) < 0$，然后用线性插值的方法确定 IRR 的近似值（具体过程如图 2-7 所示）。具体计算公式如下

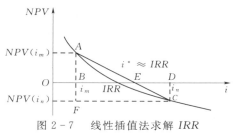

图 2-7　线性插值法求解 IRR

$$IRR = i_m + \frac{NPV(i_m)(i_n - i_m)}{NPV(i_m) + |NPV(i_n)|}$$

由于上式计算误差与 $i_n - i_m$ 的大小有关，且 i_n 与 i_m 相差越大，误差也越大，所以为控制误差，两个折现率之差一般不应超过 0.05。

【例 2-18】 某项目净现金流量见表 2-8。当基准折现率 $i_0 = 12\%$，试用内部收益率指标判断该项目在经济效果上是否可以接受。

表 2-8　　　　　　　　　　　　　　[例 2-18] 的净现金流量

项目	时间/年					
	0	1	2	3	4	5
净现金流量/万元	−100	20	30	20	40	40

解： 设 $i_1 = 10\%$，$i_2 = 15\%$，分别计算其净现值

$NPV_1 = -100 + 20(P/F, 10\%, 1) + 30(P/F, 10\%, 2) + 20(P/F, 10\%, 3)$
$\qquad + 40(P/F, 10\%, 4) + 40(P/F, 10\%, 5) = 10.16(万元)$

$NPV_2 = -100 + 20(P/F, 15\%, 1) + 30(P/F, 15\%, 2) + 20(P/F, 15\%, 3)$
$\qquad + 40(P/F, 15\%, 4) + 40(P/F, 15\%, 5) = -4.02(万元)$

再用内插法算出内部收益率

$$IRR = 10\% + \frac{10.16}{10.16 + 4.02} \times (15\% - 10\%) = 13.6\%$$

由于 IRR（13.6%）大于基准折现率（12%），故该项目在经济效果上是可以接受的。

内部收益率的经济涵义：项目（方案）内在的回收投资的能力，它反映了项目在整个寿命期内的平均资金盈利能力。

内部收益率的经济含义可以这样理解：在项目的整个寿命期内按折现率 IRR 计算，始终存在未能回收的投资，而在寿命结束时，投资恰好被完全回收。

[例 2-18] 中，我们已经计算出其内部收益率为 13.5%，且是唯一的。下面，按此利率计算收回全部投资的年限，见表 2-9。

表 2-9　　　　　　　　　　　　按 IRR 计算收回全部投资的年限

项目	时间/年					
	0	1	2	3	4	5
净现金流量（年末发生）/万元	−100	20	30	20	40	40
年初未回收的投资/万元		100	93.5	76	66.2	35.2
年初未回收的投资到年末的金额/万元		113.5	106	86.2	75.2	40
年末未回收的投资/万元		93.5	76	66.2	35.2	0

需要指出的是内部收益率计算适用于常规投资方案，否则会出现 IRR 的多个解，使用 IRR 指标评价方案失效。所谓常规投资方案，是在寿命期内除建设期或者投产初期的净现金流量为负值之外，其余年份均为正值，寿命期内净现金流量的正负号只从负到正变化一次，且所有负现金流量都出现在正现金流量之前。

就常规投资方案而言，在项目寿命初期，净现金流量一般为负值，项目进入正常生产期后，净现金流量就会变成正值。所以，绝大多数投资项目属于常规项目。此时，IRR 有唯一的正数解。

（五）动态投资回收期

为了克服静态投资回收期未考虑资金时间价值的缺点，可采用动态投资回收期。动态投资回收期是指在考虑资金时间价值的条件下，收回全部投资所需的时间。它是考察项目在财务上投资回收能力的动态指标。

其表达式为

$$\sum_{t=0}^{T_P^*} (CI - CO)_t (1 + i_0)^{-t} = 0$$

式中：T_P^* 为动态投资回收期。

用动态投资回收期 T_P^* 评价投资项目的可行性时，需要与基准动态投资回收期相比较。设基准投资回收期为 T_b^*，若 $T_P^* \leqslant T_b^*$，项目可以考虑接受，否则应予以拒绝。

动态投资回收期可根据全部投资财务现金流量表中累计折现值计算求得。其计算公式为

$$T_P^* = T - 1 + \frac{第 (T-1) 年的累计净现金流量折现值的绝对值}{第 T 年的净现金流量折现值}$$

式中：T 为项目各年累计净现金流量折现值开始首次为正值或零的年份。

【例 2-19】 某项目有关数据见表 2-10。$i_0 = 10\%$，$T_b^* = 6$ 年，试计算动态投资回收期，并判断该项目能否被接受。

表 2-10　　　　　　　　　　　［例 2-19］的现金流量

项目	时间/年						
	0	1	2	3	4	5	6
①现金流入/万元			5000	6000	8000	8000	7500
②现金流出/万元	6000	4000	2000	2500	3000	3500	3500
③净现金流量（②-①）/万元	-6000	-4000	3000	3500	5000	4500	4000
④净现金流量折现值/万元	-6000	-3636	2479	2630	3415	2794	2258
⑤累计净现金流量折现值/万元	-6000	-9636	-7157	-4527	-1112	1682	3940

由表 2-10 中可以看出，本例的 T_P^* 为 4～5 年之间，$T_P^* < T_b^* = 6$ 年，所以该项目可以接受。代入公式可以计算投资回收期 $T_P^* = 5 - 1 + 1112/2794 = 4.4$（年）。

第四节　经济效果评价方法

一、独立方案的优选

独立方案采用与否，只取决于方案自身的经济性，且不影响其他方案的采用与否。因此在无其他限制条件下，多个独立方案的比选与单一方案的评价方法是相同的，即用经济效果评价标准（如 $NPV \geqslant 0$，$NAV \geqslant 0$，$\Delta IRR \geqslant i_0$，$T_P \leqslant T_b$ 等）直接判断该方案是否接受。

二、互斥方案的优选

方案之间存在着互不相容、互相排斥关系的称为互斥方案，在对多个互斥方案进行比选时，至多只能选取其中之一。

互斥方案的评价与优选，应首先对各方案进行绝对经济效果检验。淘汰未通过检验标准的方案，然后对通过绝对效果检验的方案再进行方案间的相对经济效果检验，从而选出最优方案。参加比选的方案应具有可比性，如计算期、风险水平等。

（一）计算期相同的互斥方案的评价及优选

1. 差额净现值

设 A、B 为投资额不等的互斥方案，A 方案比 B 方案投资大，两方案的差额净现值可由下式求出

$$
\begin{aligned}
\Delta NPV &= \sum_{t=0}^{n} \left[(CI_A - CO_A)_t - (CI_B - CO_B)_t \right] (1 + i_0)^{-t} \\
&= \sum_{t=0}^{n} (CI_A - CO_A)_t (1 + i_0)^{-t} - \sum_{t=0}^{n} (CI_B - CO_B)_t (1 + i_0)^{-t} \\
&= NPV_A - NPV_B
\end{aligned}
$$

式中：ΔNPV 为差额净现值；$(CI_A - CO_A)_t$ 为方案 A 第 t 年的净现金流；$(CI_B - CO_B)_t$ 为方案 B 第 t 年的净现金流；NPV_A、NPV_B 分别为方案 A 与方案 B 的净现值。

上式表明差额净现值等于两个互斥方案的净现值之差。

用差额净现值分析法进行互斥方案比选时，若 $\Delta NPV \geqslant 0$，表明增量投资可以接受，投资额大的方案经济效果好；若 $\Delta NPV < 0$，表明增量投资不可接受，投资额小的方案经济效果好。

显然，用增量分析法计算两方案的差额净现值进行互斥方案比选，与分别计算两方案的净现值根据净现值最大准则进行互斥方案比选结论是一致的。

当有多个互斥方案时，直接用净现值最大准则选择最优方案比两两比较的增量分析更为简便。分别计算各备选方案的净现值，根据净现值最大准则（且大于零）选择最优方案。这种方法将方案的绝对经济效果检验和相对经济效果检验结合了起来。

以上判别准则可以推广至净现值的等效指标净年值，即净年值最大且非负的方案为最优方案。

2. 差额内部收益率

差额内部收益率是两个互斥方案各年净现金流量差额的现值之和等于零时的折现率。或者表述为两个互斥方案净现值相等时的折现率。

计算差额内部收益率的方程式为

$$\sum_{t=0}^{n} (\Delta CI - \Delta CO)_t (1 + \Delta IRR)^{-t} = 0$$

或

$$\sum_{t=0}^{n} (CI_B - CO_B)_t (1 + \Delta IRR)^{-t} - \sum_{t=0}^{n} (CI_A - CO_A)_t (1 + \Delta IRR)^{-t} = 0$$

$$\Delta CI = CI_A - CI_B$$

$$\Delta CO = CO_A - CO_B$$

式中：ΔCI 为互斥方案（A，B）的差额现金流入；ΔCO 为互斥方案（A，B）的差额现金流出。

用差额内部收益率比选方案的判别准则是：若 $\Delta IRR \geqslant i_0$（基准折现率），则投资额大的方案为优；若 $\Delta IRR < i_0$（基准折现率），则投资额小的方案为优。

用内部收益率评价互斥方案的步骤和方法如下：

（1）根据每个方案自身的净现金流量，计算每个方案的内部收益率 IRR（或 NPV，NAV），对各方案进行绝对经济效果检验，淘汰内部收益率小于基准收益率 i_0（或 $NPV < 0$，$NAV < 0$）的方案，即淘汰通不过绝对效果检验的方案。

（2）按照投资从小到大的顺序排列经绝对效果检验保留下来的方案。首先计算头两个方案的 ΔIRR。若 $\Delta IRR > i_0$，则保留投资大的方案；若 $\Delta IRR < i_0$，则保留投资小的方案。

（3）将第（2）步得到的保留方案与下一个方案进行比较，计算两方案的 ΔIRR，取舍判别同上。以此类推，直至检验过所有可行方案，找出最优方案为止。

【例 2-20】 某公司为了增加生产量，计划进行设备投资，有三个互斥的方案，寿命均为 6 年，不计残值，$i_0 = 10\%$，各方案的投资及现金流量见表 2-11，试进行方案优选。

表 2-11　　　　　　　　　［例 2-20］的现金流量　　　　　　　　单位：万元

方案	第 0 年	第 1~第 6 年	NPV	IRR
X	-200	70	104.9	26.40%
Y	-300	95	113.7	22.10%
Z	-400	115	100.9	18.20%

解： 分别计算各方案的 NPV 和 IRR，计算结果列于表 2-11。由于各方案的 NPV 均大于零，IRR 均大于 10%，故三个方案均可以通过绝对效果检验。

相对效果检验：

（1）比较 NPV，从大到小依次为 Y、X、Z，所以可以确定 Y 为最优的方案。

（2）计算 ΔNPV。

$$\Delta NPV_{Y-X} = 113.7 - 104.9 = 8.8（万元） > 0$$

所以投资大的 Y 方案优于投资小的 X 方案。

$$\Delta NPV_{Z-Y} = 100.9 - 113.7 = -12.8(万元) < 0$$

所以投资小的 Y 方案优于投资大的 Z 方案。

（3）计算 ΔIRR。

1）由于 3 个方案的 IRR 均大于 10%，所以均通过绝对经济效果检验。将 3 个方案按投资额从小到大排列为 X、Y、Z。

2）计算 ΔIRR_{Y-X}。解方程

$$-100 + 25(P/A, \Delta IRR_{Y-X}, 6) = 0$$
$$(P/A, \Delta IRR_{Y-X}, 6) = 4$$

因为 $(P/A, 12\%, 6) = 4.111$，$(P/A, 15\%, 6) = 3.784$

设 $i_m = 12\%$，$i_n = 15\%$，有

$$NPV_m = -100 + 25(P/A, 12\%, 6) = 2.775$$
$$NPV_n = -100 + 25(P/A, 15\%, 6) = -5.4$$

所以 $= 12\% + 2.775 \times 3\%/(2.775 + 5.4) = 13\% > 10\%$，保留投资大的方案 Y。

同样计算 $\Delta IRR_{Z-Y} = 5.5\% < 10\%$，保留投资小的方案 Y。

（二）计算期不同的互斥方案的评价及优选

对于计算期不同的互斥方案进行评价和优选，要求各方案间具有时间的可比性。这就需要对计算期不同的各方案进行适当的处理，使各方案具有相同的分析期，才能保证评价的正确性。

1. 年值法

在对计算期不同的互斥方案进行比选时，年值法是最为简便的方法。年值法使用的指标有净年值与费用年值。

设 m 个互斥方案的寿命期分别为 n_1，n_2，$\cdots$，n_m，方案 $j(j=1, 2, \cdots, m)$ 在其寿命期内的净年值为

$$NAV_j = NPV_j(A/P, i_0, n_j) = \sum_{t=0}^{n} (CI_j - CO_j)_t (P/F, i_0, t)(A/P, i_0, n_j)$$

净年值最大且非负的方案为最优可行方案。对于仅有或仅需计算费用现金流的互斥方案，可以比照净年值指标的计算方法，用费用年值指标进行比选。判别准则是：费用年值最小的方案为最优方案。

2. 现值法

使用现值指标对计算期不同的互斥方案进行比选时，必须设定一个共同的分析期。分析期的设定应根据决策的需要和方案的技术经济特征来决定。通常有以下几种处理方法。

（1）计算期最小公倍数法。此法假定备选方案中的一个或若干个在其寿命期结束后按原方案重复实施若干次，取各方案的最小公倍数作为共同的计算期。

（2）合理分析期法。根据对未来市场状况和技术发展前景的预测直接选取一个合理的分析期，假定寿命期短于此分析期的方案重复实施，并对各方案在分析期末的资产余值进行估价，到分析期结束时回收资产余值。在备选方案寿命期比较接近的情况下，一般取最短的方案寿命期作为分析期。

（3）年值折现法。按某一共同的分析期将各备选方案的年值折现得到用于方案比选的

现值。这种方案实际上是年值法的一种变形，隐含着与年值法相同的接续方案假定。

设方案 $j(j=1,2,\cdots,m)$ 的寿命期为 n_j，共同分析期为 N，按年值分析法，方案 j 净现值的计算公式为

$$NPV_j = \sum_{t=0}^{n_j} (CI_j - CO_j)_t (P/F, i_0, t)(A/P, i_0, n_j)(P/A, i_0, N)$$

用年值折现法求净现值时，共同分析期 N 取值的大小不会影响方案比选结论，但通常 N 的取值不大于最长的方案寿命期，不小于最短的方案寿命期。

用以上几种方法计算出的净现值用于寿命不等互斥方案的判别准则是：净现值最大且非负的方案是最优可行方案。对于仅有或仅需计算费用现金流的互斥方案，可比照上述方法计算费用现值进行比选，判别准则是：费用现值最小的方案为最优方案。

三、相关方案的优选

（一）相关方案的类型

（1）完全互斥型。如果由于技术或经济等方面的原因，接受某一方案就必须放弃其他方案，那么，从决策角度来看这些方案是完全互斥的，即零相关。例如项目经济规模的确定、厂址方案的选择、建筑结构的选择、路线的选择、水利发电站坝高方案的选择等，都是这类方案完全互斥的例子。

（2）相互依存型和完全互补型。如果两个或多个方案，某一方案的实施要求以另一方案（或另几个方案）的实施为条件，则这两个方案或若干个方案具有相互依存性，或者具有完全互补性。例如显像管生产厂投资与电视机生产厂投资项目，两者间具有明显的依存关系。

（3）现金流相关型。即方案间不完全互斥，也不完全互补，如果若干个方案中任一方案的取舍会导致其他方案现金流的改变，这些方案之间也具有相关性。例如某城市一个是建设航空港方案，另一个是建设高速公路方案，这两个方案间不存在互不相容的关系，但任一方案的实施或放弃都会影响另一方案的收入，从而影响方案经济效果评价的结论。

（4）资金约束导致的方案相关。如果没有资金总额限制，各方案具有独立性质，但在资金有限的情况下，接受某些方案就意味着不得不放弃另外一些方案，从而使这些方案具有相关的特点。

（5）混合相关型。在方案众多的情况下，方案间的相关关系可能包括多种类型，即方案间既有互斥性又有互补性等多种类型，称之为混合相关型。

下面就第（3）、第（4）种类型的相关方案选择方法做一简单介绍。

（二）现金流量具有相关性的方案选择

当各方案的现金流之间具有相关性，但方案之间并不完全互斥时，不能简单地按照独立方案或互斥方案的评价方法进行决策，而应当首先用一种"互斥方案组合法"，将各方案组合成互斥方案，计算各互斥方案的现金流量，再按互斥方案的评价方法进行评价选优。

（三）受资金限制的方案的选择

在资金有限的情况下，局部看来不具有互斥性的独立方案也成了相关方案。如何对这

类方案进行评价和优选，以充分利用有限资金，取得最大的经济效果，即实现净现值最大化，这就是受资金限制的方案的选择问题。这类问题的选优有两种方法：净现值指数排序法和互斥方案组合法。

1. 净现值指数排序法

所谓净现值指数排序法，就是在计算各方案净现值指数的基础上，将净现值指数大于或等于零的方案按净现值指数大小排序，并依此次序选取项目方案，直至所选取方案的投资总额最大限度地接近或等于投资限额为止。本方法所要达到的目标是在一定的投资限额约束下使所选项目的净现值最大。

按净现值指数排序原则选择项目方案，其基本思想是单位投资的净现值越大，在一定投资限额内所能获得的净现值总额就越大。净现值指数排序法简便易算，这是它的主要优点。但是净现值指数排序法在一些情况下，并不能保证现有资金的充分利用，不能达到净现值最大的目标。该方法的应用需要具有一定的条件。即各方案投资占投资预算的比例很小，或各方案投资额相差无几，或入选方案投资累加额与投资预算限额相差无几。

2. 互斥方案组合法

当方案数目不多且各方案的投资占投资限额的比重较大时，不宜使用净现值指数法来进行优选，而应采用互斥方案组合法。互斥方案组合法的具体步骤如下：

（1）对于 m 个非直接互斥的方案，列出全部相互排斥的组合方案，共（$2m-1$）个。

（2）保留投资额不超过投资限额且净现值大于等于零的组合方案，淘汰其余组合方案。保留的组合方案中净现值最大的即为最优方案。

案　例

【案例1】 某企业购买 150 万元的设备，假设折旧期按 5 年计算（不计残值）。回答下列问题：

（1）如果按照直线折旧法，每年折旧费是多少？

（2）如果按照年数总和法，各年折旧费为多少？

（3）如果每年的折旧费在年末提取，试比较两种方案的现值（贴现率为 10%）。

解：（1）按照直线折旧法折旧

$$每年折旧费＝150/5＝30（万元）$$

（2）按照年数总和法折旧

$$年数总和＝1+2+3+4+5＝15$$

第一年折旧费

$$150×5/15＝50（万元）$$

第二年折旧费

$$150×4/15＝40（万元）$$

第三年折旧费

$$150×3/15＝30（万元）$$

第四年折旧费

$$150×2/15＝20（万元）$$

第五年折旧费

$$150 \times 1/15 = 10（万元）$$

（3）直线折旧

$$P_1 = A \frac{(1+i)^n - 1}{i(1+i)^n} = 30 \times \frac{(1+10\%)^5 - 1}{10\% \times (1+10\%)^5} = 113.72（万元）$$

年数总和法

$$P_2 = 50 \times (1+10\%)^{-1} + 40 \times (1+10\%)^{-2} + 30 \times (1+10\%)^{-3} + 20 \times (1+10\%)^{-4}$$
$$+ 10 \times (1+10\%)^{-5} = 120.92（万元）$$

$$P_2 - P_1 = 120.92 - 113.72 = 7.2（万元）$$

显然年数总和法比直线折旧法现值大，对企业的经营有利。

【案例2】 某企业拟获得一施工设备有两种方案：A方案利用自有资金100万元购买，设备折旧年限为8年，残值率5%；B方案为租赁该种设备，每年初支付租金16万元，租赁期5年（贴现率为12%）。回答下列问题：

（1）如果采用直线折旧，每年的折旧费为多少？

（2）用年费用比较法（AC）分别计算两种方案的年费用并作比较。

（3）根据上述比较结果，分析贴现率的变动对结果的影响。

解：（1）采用直线折旧，每年的折旧费为

$$年折旧额 = \frac{固定资产原值（1-残值率）}{折旧年限} = \frac{100（1-5\%）}{8} = 11.88（万元）$$

（2）用年费用比较法（AC）分别计算两种方案的年费用并作比较。

A方案的费用年值为

$$AC_A = [100 - 5 \times (1+12\%)^{-8}] \times \frac{12\% \times (1+12\%)^8}{(1+12\%)^8 - 1} = 18.43（万元）$$

B方案的费用年值为

$$AC_B = \left[16 + 16 \times \frac{(1+12\%)^4 - 1}{12\% \times (1+12\%)^4} \right] \times \frac{12\% \times (1+12\%)^5}{(1+12\%)^5 - 1} = 17.93（万元）$$

显然，方案B优于方案A。

（3）根据上述比较结果，当贴现率为12%时，方案B优于方案A；但如果贴现率逐渐减小，令：贴现率为0，则，方案A的年费用为（100-5）/8=11.88（万元），B方案的年费用为16万元。所以，贴现率减小对方案A越来越有利，反之对方案B有利。

【案例3】 有两种材料耐久性不同，A材料单位成本为100元，耐久年限5年；B材料单位成本为150元，耐久年限10年。回答下列问题：

（1）应选用什么评价指标进行决策？为什么？

（2）如果贴现率为10%，应选择那种材料？

解：（1）应该选用年费用（AC）评价指标进行决策，因为两种材料的耐久年限（寿命期）不同，年费用评价指标适用于寿命不同的方案比较。

（2）A材料的年费用为

$$AC_A = P \frac{i(1+i)^n}{(1+i)^n - 1} = 100 \times \frac{0.1 \times (1+0.1)^5}{(1+0.1)^5 - 1} = 26.38（元）$$

B材料的年费用为

$$AC_B = P \frac{i(1+i)^n}{(1+i)^n - 1} = 150 \times \frac{0.1 \times (1+0.1)^{10}}{(1+0.1)^{10} - 1} = 24.41 (元)$$

显然 B 材料的年费用低，应选择 B 材料。

【案例 4】项目部打算添置一台新设备，经过市场调研，有两种型号的设备均能满足要求。但设备的价格和运行费用不同。具体情况如下：

A 设备价格为 50 万元，年运行费用 10 万元，寿命期为 6 年；

B 设备价格为 40 万元，年运行费用 12 万元，寿命期为 5 年。（均不计残值）

根据以上情况回答下列问题：

（1）画出两种设备的现金流量图（假设年运行费用在年末发生）。

（2）如果贴现率为 10%，试比较两种设备的优劣。

解：（1）A 设备的现金流量如图 2-8 所示。

B 设备的现金流量如图 2-9 所示。

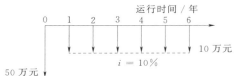

图 2-8　A 设备的现金流量图

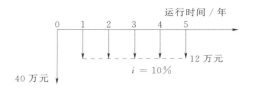

图 2-9　B 设备的现金流量图

（2）由于寿命期不同，采用年费用法比较

A 设备的年费用为

$$AC_A = 50 \times \frac{10\% \times (1+10\%)^6}{(1+10\%)^6 - 1} + 10 = 21.47 （万元）$$

B 设备的年费用为

$$AC_B = 40 \times \frac{10\% \times (1+10\%)^5}{(1+10\%)^5 - 1} + 12 = 22.55 （万元）$$

显然，$AC_A < AC_B$ 在此条件下，A 设备优于 B 设备。

第三章
不确定性分析与风险分析

第一节　不确定性分析与风险分析概述

对工程项目进行经济分析和评价主要是针对拟议中的方案，是在投资前进行的。因此，分析所用的数据如投资、寿命、销售收入、成本和固定资产残值等，是通过预测和估计取得的。在进行投资方案财务评价和国民经济评价时，我们却又假定数据是确定不变的，并依此得出方案的经济评价结论。实际上，由于项目的内部条件、外部环境的变化，项目在实施中实际发生的数据与经济分析所用的数据不可能完全一致，甚至有较大的偏差，因此就有影响方案经济性评价结论的不确定性因素；会对项目决策产生不利影响，使投资及其决策潜伏风险。所以，在进行工程经济分析时进行不确定性分析十分必要。

不确定性分析通常是在对投资方案进行了财务评价和国民经济评价的基础上进行的，旨在用一定的方法考察不确定性因素对方案实施效果的影响程度，分析项目运行风险，以完善投资方案的评价结论，提高投资决策的可靠性和科学性。

一、不确定性分析的概念

所谓不确定性分析，就是分析项目在经济运行中存在的不确定性因素对项目经济效果的影响，预测项目承担和抗御风险的能力，考察项目在经济上的可靠性，以避免项目实施后造成不必要的损失。

不确定性因素可分为两种类型：一种是完全不确定型的，也就是不可测定的不确定性；一种是风险型的，也就是可测定的不确定性。完全不确定型，是指不但方案实施可能出现的结果是不确定的，而且对结果出现的概率分布也全然不知；风险型是指虽然方案实施后出现的结果是不确定的，但这些结果出现的可能性即概率分布状况是已知或可估计的。对这两种因素的分析统称为不确定性分析。

不确定性分析包括盈亏平衡分析（收支平衡分析）、敏感性分析（灵敏度分析）和概率分析（风险分析）。

二、产生不确定性的原因

造成不确定性的原因很多，大致可概括为以下几个方面：

（1）国家政策和法规、政治和经济形势的变化。

（2）生产工艺和技术装备的发展和变化。

（3）通货膨胀和物价的变化。

（4）产品市场供求结构的变化。

（5）建设条件和生产条件的变化。

（6）项目数据的预测、估计、统计的误差。

三、不确定性分析的步骤

（1）鉴别不确定性因素。尽管项目运行中涉及的所有因素都具有不确定性，但它们在不同条件下的不确定性程度是不同的。对项目进行不确定性分析没有必要对所有的不确定性因素进行分析，而应找出不确定性程度较大的关键因素作为分析的重点。

（2）界定不确定性的性质。不确定性包括不可测定的不确定性与可测定的不确定性。对不可测定的不确定性因素，应界定其变化的幅度、变化的范围，确定其边界值；对可测定的不确定性因素应确定其概率分布状况。

（3）选择不确定性分析的方法。根据不确定性因素的性质，选择不确定性分析的方法。一般情况下，盈亏平衡分析与敏感性分析适用于不可测定的不确定性的分析；概率分析适用于可测定的不确定性分析。

（4）确定分析的结果。不确定性分析，根据分析的需要和依据的指标不同，其分析的结果可以为平衡点确定、不同区间的方案选择、不同方案的比选、敏感度与敏感因素的界定、风险预测等。

第二节　盈亏平衡分析

盈亏平衡分析，又称损益平衡分析（或收支平衡分析），也有称之为本、量、利分析的，它是研究产品成本、产量、利润三者之间内在联系，并为决策者提供科学依据的现代化管理方法。各种不确定因素的变化均会影响到投资方案的经济效果，当某些因素的变化达到某一临界值时，甚至会影响到方案的取舍。盈亏平衡分析就是根据方案的成本与收益关系确定盈亏平衡点（保本点），进而判断投资方案对不确定因素变化的承受力，为决策者提供决策依据。

一、独立项目盈亏平衡分析

（一）盈亏平衡分析的重要性

有些企业为了研制某种新产品，投入大量资金，花费很多精力，寄予莫大希望。但新产品投放市场后，发现社会需要量并不大，销售收入不能抵偿总成本费用，发生亏损，使企业经营陷于被动局面。产生这一结果的一个重要原因就是企业经营者对总成本费用、销售量和利润三者之间存在的相互依存关系重视不够。企业传统的观点是先算产量和成本，后定利润，利润处于被动地位。与传统的做法相反，先制定一个利润计划，然后按利润的要求，制定相应的产量计划和成本计划，即按照"目标利润→目标成本→相适应的产量与品种"这样的顺序组织生产经营活动，它可以变被动经营为主动经营，盈亏平衡分析就是找出产量、成本、利润三者结合的最佳点，它是预测利润、控制成本的一种有效手段。

（二）盈亏平衡分析的目的

（1）求出企业不亏损的最低年产量，即平衡点产量。

（2）确定企业的最佳年产量。

（3）通过盈亏平衡分析，控制企业的盈亏平衡形势，以便针对企业出现的不同情况采取相应的对策，从而保证企业获得较好的经济效益。

（三）盈亏平衡分析的基本原理

（1）销售收入与产品产量（销售量）的关系。企业的销售收入与产品产量的关系有两种情况：

1）在没有竞争的市场（在完全垄断生产）条件下，企业销售收入 S 与产品产量 Q（销售量）呈线性关系，直至达到市场极限。此时销售收入 S 为

$$S = PQ$$

2）在有竞争的市场情况下，产品价格是一个变量，常因需求或生产的增长而变化。此时销售收入 $S(x)$ 为

$$S(x) = P(x)Q$$

（2）总成本费用与产品产量的关系

1）线性关系

$$C = B + VQ$$

2）非线性关系

$$C(x) = B + V(x)Q$$

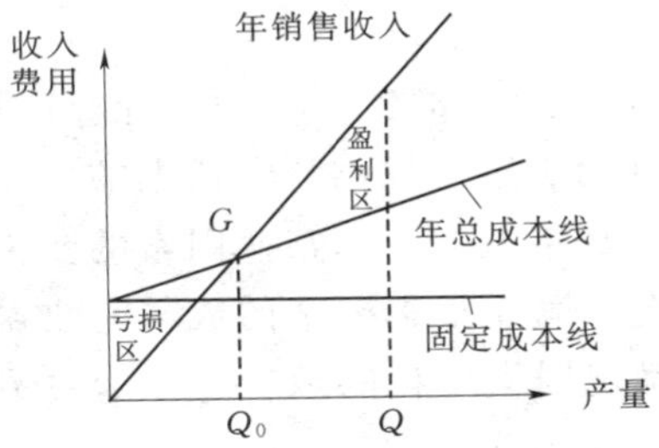

图 3-1 线性盈亏平衡分析

（四）盈亏平衡点的确定

（1）图解法。根据产品产量（销售量）、产品价格以及固定总成本费用和可变总成本费用等资料，以产品产量（或销售量）为横坐标，以总成本费用或销售收入的金额为纵坐标，分别作出总成本费用与产量、销售收入与产量的关系线，如图 3-1 所示，两线相交于 G 点，G 点即为所求的盈亏平衡点。

（2）计算法。在线性盈亏平衡模型中，方案的总成本费用、销售收入与产量（销售量）呈线性关系，即

$$S_0 = PQ - DQ$$

$$C = B + VQ$$

根据盈亏平衡点的定义，$S_0 = C$，即

$$PQ_0 - DQ_0 = B + VQ_0$$

$$Q_0 = \frac{B}{P - V - D}$$

【例 3-1】 有一新建厂方案，设计能力为年产某产品 4200 台，预计售价为 6000 元/台，固定总成本费用为 630 万元，单台产品可变成本费用为 3000 元（本例未考虑销售税金及附加），试对此方案做出评价。

解： 盈亏平衡点产量 Q_0 为

$$Q_0 = \frac{B}{P-V} = \frac{6300000}{6000-3000} = 2100（台）$$

可见，该方案的盈亏平衡点产量为设计能力的一半，盈利能力很大。如果建成后满负荷生产，则每年可获利 I 为

$$I = S - C = PQ - (P-V)Q - B$$
$$= (6000-3000) \times 4200 - 6300000$$
$$= 6300000（元）= 630（万元）$$

二、互斥项目盈亏平衡分析

当某一不确定性因素同时对多个互斥项目（或方案）的经济效果产生不同程度影响时，可以通过优劣点盈亏平衡分析进行不确定性条件下的项目比选。

设多个互斥项目的经济效果受某一个不确定性因素 x 的影响，则可把这些项目的经济效果指标表示为 x 的函数，即

$$E_1 = f_1(x)$$
$$E_2 = f_2(x)$$

当两个项目的经济效果相同时，即：

$$f_1(x) = f_2(x)$$

解出使上式成立的 x 值，即项目1和项目2的盈亏平衡点，也就是决定这两个项目优劣的临界点。结合不确定性因素未来的取值，可以作出相应的决策。

【例 3-2】（寿命期为共同的不确定性因素）某产品有两种生产方案，方案 A 初始投资为 70 万元，预期年净收益 15 万元；方案 B 初始投资 170 万元，预期年收益 35 万元。该项目产品的市场寿命具有较大的不确定性，如果给定基准折现率为 15%，不考虑期末资产残值，试就项目寿命期分析两方案的临界点。

解： 设项目寿命期为 n，有

$$NPV_A = -70 + 15(P/A，5\%，n)$$
$$NPV_B = -170 + 35(P/A，5\%，n)$$

当 $NPV_A = NPV_B$ 时，有

$$-70 + 15(P/A，5\%，n) = -170 + 35(P/A，5\%，n)$$
$$(P/A，5\%，n) = 5$$

查复利系数表得 $n=10$ 年。

这就是以项目寿命期为共有变量时方案 A 与方案 B 的盈亏平衡点。由于方案 B 年净收益比较高，项目寿命期延长对方案 B 有利。故可知：如果根据市场预测项目寿命期小于 10 年，应采用方案 A；如果寿命期在 10 年以上，则应采用方案 B（图 3-2）。

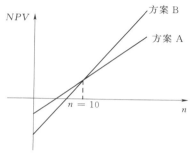

图 3-2　[例 3-2] 互斥项目盈亏平衡图

【例 3-3】某项目的建设有三种备选方案。

A 方案：从国外引进设备，固定成本为 800 万元，单位可变成本为 10 元。

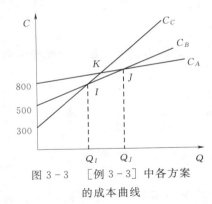

图 3-3 [例 3-3]中各方案
的成本曲线

B 方案：采用一般的国产自动化装置，固定成本为 500 万元，单位可变成本为 12 元。

C 方案：采用自动化程度较低的国产装置，固定成本为 300 万元，单位可变成本为 15 元。

试分析不同方案适用的生产规模。

解：各方案总成本为产量的函数，分别为 $C_A = 800 + 10Q$；$C_B = 500 + 12Q$；$C_C = 300 + 15Q$。各方案的成本曲线如图 3-3 所示。

从图 3-3 可以看出，三条曲线两两相交于 I、J、K 三点，其中 I、J 两点将最低成本线分为三段，Q_I、Q_J 分别为优劣平衡点 I、J 下的产量。

当 $Q < Q_I$ 时，C 方案总成本最低；当 $Q_I < Q < Q_J$ 时，B 方案总成本最低；当 $Q > Q_J$ 时，A 方案总成本最低。

因此，I 点为 C 方案和 B 方案的优劣平衡点，J 点为 B 方案和 A 方案的优劣平衡点，其计算如下。

对于 I 点，有 $C_B = C_C$，即

$$500 + 12Q_I = 300 + 15Q_I$$

解得
$$Q_I = 66.7 (万件)$$

对于 J 点，有 $C_B = C_A$，即

$$500 + 12Q_J = 800 + 10Q_J$$

解得
$$Q_J = 150 (万件)$$

若市场预测该项目产品的销售量小于 66.7 万件时，应选择 C 方案；大于 150 万件时，应选择 A 方案；在 66.7 万件与 150 万件之间时，应选择 B 方案。

第三节 敏感性分析

一、敏感性分析的概念

敏感性分析是常用的一种评价经济效益的不确定性方法，用来研究和预测不确定因素对技术方案经济效益的影响和影响程度。

所谓敏感性分析（亦称灵敏度分析），就是通过对比研究某些不确定性因素（如销售收入、成本、投资、生产能力、价格、寿命、建设期、达产期等）对经济效益评价值（如投资收益率、净现值、净年值、内部收益率等）的影响程度，从许多不确定因素中找出敏感因素，并提出相应的控制对策，供决策者分析研究。分为单因素敏感性分析和多因素敏感性分析。

如果某技术方案的某些不确定因素发生变化必然对投资收益率产生影响。例如，如果销售收入增加 5%，投资收益率可能增长 8%；如果人力成本增长 10%，投资收益率可能下降 1%。事实上，任何一个不确定因素的变动，都必然影响经济效益的评价目标值，只

是影响的程度不同而已。由此可知，一些因素如销售收入、投资等的变化对投资收益率的影响较大，而有些因素的变动对投资收益率的影响较小。那些使经济效益评价值产生较大变动的因素称为敏感因素。反之，则称为非敏感因素。敏感性分析的核心问题，就是从许多不确定因素中找出敏感因素，因为敏感因素的不确定性会给项目带来的风险性更大。然后针对敏感因素，采用相应的对策措施，使风险力求减至最低限度，提高分析可靠性。

二、敏感性分析的作用

敏感性分析具有如下几个方面的作用：

（1）通过敏感性分析可以研究影响因素的变动将引起经济效益评价值的变动范围。

（2）找出影响技术方案经济效益的敏感因素，并进一步分析与之有关的预测或估算数据可能产生不确定性的根源。

（3）通过多方案敏感性对比，选取敏感性小的方案，即风险小的替代方案。

（4）通过可能出现的最有利与最不利的经济效益分析，来寻找替代方案或对原方案采取某些控制措施。

三、敏感性分析的基本步骤

敏感性分析的基本步骤可归纳如下：

（1）确定敏感性分析指标。敏感性分析指标应该是技术方案的经济效益，如投资回收期、投资收益率、净现值和内部收益率等。

（2）计算目标值，即计算该方案在确定性情况下的经济效益评价指标数值。

（3）选取不确定因素。在进行敏感性分析时，不需要也不可能对所有的不确定因素都考虑和计算，而应根据方案的具体情况选几个变化可能性较大，且对经济效益影响较大的因素即可，如产品售价的变动、产量规模变动、投资额变化、建设期缩短、达产期延长等。

（4）计算不确定因素变动对分析指标的影响程度。

（5）找出敏感因素。

（6）综合其他对比分析的结果采取措施。

四、单因素敏感性分析举例

【例 3 - 4】设某项目基本方案的基本数据估算值见表 3 - 1，试就年销售收入 B、年经营成本 C 和建设投资 I 对内部收益率进行单因素敏感性分析（基准收益率 $i_0 = 8\%$）。

表 3 - 1 　　　　　　　　　　　基本方案的基本数据估算表

因素	建设投资 I /万元	年销售收入 B /万元	年经营成本 C /万元	期末残值 L /万元	寿命 n/年
估算值	1500	600	250	200	6

解：（1）计算基本方案的内部收益率 IRR

$$-I(1+IRR)^{-1} + (B-C)\sum_{t=2}^{5}(1+IRR)^{-t} + (B+L-C)(1+IRR)^{-6} \doteq 0$$

$$-1500(1+IRR)^{-1}+350\sum_{t=2}^{5}(1+IRR)^{-t}+550(1+IRR)^{-6}=0$$

采用试算法得

$$NPV(i=8\%)=31.08(万元)>0,$$
$$NPV(i=9\%)=-7.92(万元)<0$$

采用线性内插法可求得

$$IRR=8\%+\frac{31.08}{31.08+7.92}\times(9\%-8\%)=8.79\%$$

（2）计算销售收入、经营成本和建设投资变化对内部收益率的影响，结果见表3-2。

表3-2　　　　　　　　　　　因素变化对内部收益率的影响

不确定因素	内部收益率				
	−10%	−5%	基本方案	+5%	+10%
销售收入	3.01	5.94	8.79	11.58	14.30
经营成本	11.12	9.96	8.79	7.61	6.42
建设投资	12.70	10.67	8.79	7.06	5.45

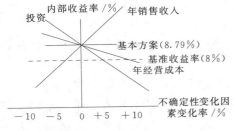

图3-4　单因素敏感性分析图

内部收益率的敏感性分析图如图3-4所示。

（3）计算方案对各因素的敏感度。平均敏感度的计算公式如下

$$\beta=\frac{评价指标变化的幅度（\%）}{不确定性因素变化的幅度（\%）}$$

年销售收入平均敏感度＝（14.30−3.01）/20
＝0.56

年经营成本平均敏感度＝（6.42−11.12）/20
＝0.24

建设投资平均敏感度＝（5.45−12.70）/20＝0.36

第四节　概　率　分　析

概率分析又称风险分析，是一种利用概率值定量研究不确定性的方法。它是研究不确定因素按一定概率值变动时，对项目经济评价指标影响的一种定量分析方法。概率值的确定是很复杂的，需要大量的资料和从事专门的研究。根据技术方案的特点和实际需要，有条件时应进行概率分析。

概率分析方法是在已知概率分布的情况下，通过计算期望值和标准差（或均方差）表示其特征。

一、根据期望值评价方案（以净现值作为分析的主要指标）

为了计算项目净现值的期望值，可首先计算各年度的净现金流量的期望值，然后将净现金流量的期望值折现，即可得到净现值的期望值。

设各年的净现金流量为独立同分布随机变量 $Y_t(t=0, 1, 2, \cdots, n)$，则

$$NPV = \sum_{t=0}^{n} Y_t (1+i_0)^{-t}$$

$$E(NPV) = \sum_{t=0}^{n} E(Y_t)(1+i_0)^{-t}$$

式中：$E(NPV)$ 为项目净现值的期望值；i_0 为基准折现率。

二、根据方差评价方案

方差公式为

$$D(NPV) = \sum_{t=0}^{n} D(Y_t)(1+i_0)^{-2t}$$

$$\sigma(NPV) = \sqrt{D(NPV)}$$

式中：$D(NPV)$ 为净现值的方差；$D(Y_t)$ 为随机变量 Y_t 的方差；i_0 为基准折现率；$\sigma(NPV)$ 为净现值的标准差。

根据方差评价决策项目方案时，一般认为如果两个方案某个指标期望值相等，则方差小者风险小，所以，若期望值相同时，选方差小的。

在现实中，往往有这种想象：一些对项目效益目标产生较大影响的敏感因素，其发生的概率并不一定高。也就是说，这些看似重要的因素其实对项目的影响并不像人们想象的那么可怕，而一些对项目效益目标并不敏感的因素往往发生的概率较大，从而对项目效益产生影响。因此，敏感性分析也有一定的局限性，而概率分析正好弥补了这一缺陷。

第四章
工程项目经济评价

工程项目的经济评价包括财务评价、国民经济评价和社会评价。工程项目经济评价内容的选择，应根据项目性质、项目目标、项目投资者、项目财务主体以及项目对经济与社会的影响程度等具体情况确定。对于费用效益计算比较简单、建设期和运营期比较短、不涉及进出口平衡等一般项目，如果财务评价的结论能够满足投资决策需要，可不进行国民经济评价；对于关系公共利益、国家安全和市场不能有效配置资源的经济和社会发展项目，除应进行财务评价外，还应进行国民经济评价；对于特别重大的建设项目还应辅以区域经济与宏观经济影响分析方法进行国民经济评价和社会评价。

第一节 工程项目财务评价

财务评价是在国家现行财税制度和价格体系的前提下，从项目的角度出发，计算项目范围内的财务效益和费用，分析项目的盈利能力和清偿能力，评价项目在财务上的可行性。

一、财务评价概述

（一）财务评价的意义

1. 财务评价是项目投资决策的重要依据

通过财务评价，就能科学地分析拟建项目的盈利能力、偿还能力，进而为投资决策提供了科学的依据，也为项目实施后加强经营管理，提高经济效益打下了良好的基础。

2. 财务评价是银行提供贷款决策的重要依据

通过财务评价，银行可以科学地分析项目的偿还能力，从而正确做出贷款决策，以保证银行资金的安全性、流动性和增值性。同时，也可促使银行不断积累贷款经验，提高贷款决策科学化、规范化水平，提高贷款的使用效益，以实现资本金的最大增值。

3. 财务评价是有关部门审批项目的重要依据

在市场经济竞争中，企业的生存和发展主要取决于自身的财务效益好坏。因此，有关部门在审批拟建项目时，往往以其财务效益作为重要依据。同时财务评价也是国民经济评价的基础。

（二）财务评价的内容

1. 盈利能力分析

盈利能力是反映项目财务效益的主要标志。项目盈利主要是指项目建成投产后的利润和税金等。盈利水平是评估项目财务效益好坏的根本标志。因此，考察项目获利能力，主要是为了弄清项目本身有无自我生存和自我发展的能力。财务盈利能力分析主要通过现金流量表、损益表两张报表的分析和指标计算，得出评价结论。其指标有绝对指标、相对指标、静态指标和动态指标。

2. 清偿能力分析

对于项目的贷款者来讲，能否按时足额收回贷款是在决策时首先要考虑的；对于项目的投资者来讲，按一定的收益率，多长时间能收回投资也是影响投资决策的关键问题。只有按期回收全部投资和清偿贷款本息，其回收期和偿还期不超过有关规定，项目清偿能力方能满足要求。对于这个问题，主要是通过对资金来源与运用表（财务平衡表）和资产负债表的分析，计算项目的投资回收期和贷款偿还期来进行。

3. 财务生存能力分析

在项目（企业）运营期间，确保从各项经济活动中得到足够的净现金流量是项目能够持续生存的条件。财务分析中应根据财务计划现金流量表，综合考察项目计算期内各年的投资活动、融资活动所产生的各项现金流入和流出，计算净现金流量和累计盈余资金，分析项目是否有足够的净现金流量维持正常运营。为此，财务生存能力分析亦可称为资金平衡分析。

财务生存能力分析应结合偿债能力分析进行，如果拟安排的还款期过短，致使还本付息负担过重，导致为维持资金平衡必须筹借的短期借款过多，可以调整还款期，减轻各年还款负担。项目的财务生存能力可以通过以下两个方面进行判断：①拥有足够的经营净现金流量是财务可持续的基本条件，特别是在运营初期；②各年累计盈余资金不出现负值是财务生存的必要条件。

4. 外汇效果分析

有产品出口创汇等涉及外汇收支的项目，还要计算项目的外汇效果，计算外汇收入、换汇成本和结汇成本等指标，编制外汇平衡表，把项目的外汇平衡作为财务评价的内容之一。

（三）财务评价的原则

1. 效益与费用计算价值尺度一致的原则

财务评价只计算项目本身的内部直接效益和直接费用，不考虑外部的间接效益和间接费用。为此，在财务评价中计算费用和效益时，应注意计算价值尺度的一致性，避免人为扩大费用和效益的计算范围，使费用与效益缺乏可比性，造成财务评价失真。

2. 静态分析和动态分析相结合，以动态分析为主的原则

静态分析和动态分析相结合，只根据项目某一年或某几年的盈利状况进行盈利能力和偿还能力分析的方法。它具有计算见表、指标直观、容易理解掌握等特点，但也存在计算结果不够客观实际、不能正确反映资本金的时间价值因素，从而不能真正评估项目财务真实效益等缺点。而动态分析正好弥补了静态分析的缺点，它是一种充分考虑了资本金时间价值因素，根据项目整个经济寿命期各年的现金流入量和流出量进行效益分析的方法，尽管动态分析的计算过程复杂，但计算出的指标能够较为准确地反映拟建项目的财务效益。因此，在财务评价中应坚持以动态分析为主，静态相结合的分析原则。

3. 以预测价格计算费用和效益的原则

由于项目计算期一般较长，受市场供求关系变化等因素的影响，投入物和产出物的

价格在计算期内肯定会发生变化，若以现行价格作为价值衡量尺度，显然是不科学的。这是由于物价总水平上涨乃是客观趋势，不考虑市场供求关系变化，不考虑物价上涨因素，则计算出的费用和效益难免失真。为此，在财务评价中应采用以现行价格体系为基础的预测价格，从而正确计算项目的费用和效益，对拟建项目的财务效益做出客观评价。

（四）财务评价的方法

根据财务评价的特点和实际需要，对拟建项目进行财务效益评价时，可采用动态法，也可采用静态法。在实际工作中，通常是将这两种方法综合运用，以期全面准确地考察拟建项目的财务可行性。

1. 静态法

静态法是一种简单易行的分析评价方法。它没有考虑项目整个经济寿命期内各年的获利能力，也没有考虑资本金的时间价值因素对其盈利能力和偿还能力的影响，因而具有计算简便，但不够准确等特点。在财务评价中，运用静态法计算的主要指标有投资利润率、投资利税率、资本金利润率、投资回收期、贷款偿还期、资产负债率、流动比率、速动比率等。

2. 动态法

动态法是一种较之静态法更为复杂、比较准确的经济评估方法。其主要特点是考虑了项目整个经济寿命期内现金流量的变化情况及其经济效益，考虑了资本金的时间价值，因而可以避免静态法的缺点，评估效果比较客观实际、精确可靠。在财务评价中，运用动态法计算的主要经济评估指标有净现值、净现值率、动态投资回收期、内部收益率等。

（五）财务评价的程序

财务评价的程序是指进行财务评价所经过的步骤，具体如下：

1. 分析和估算项目的财务数据

财务分析首先要求对可行性研究报告提出的数据进行分析审查，然后与评估人员所掌握的信息资料进行对比分析，若有必要可重新进行估算。具体财务数据包括：项目总投资、资金筹措方案、产品成本费用、销售收入、税金和利润等。

2. 评价或编制财务效益分析报表

财务效益分析基本报表是在辅助评价报表基础上分析填列的，集中反映项目盈利能力、清偿能力和财务外汇平衡的主要报表的统称，主要包括损益表、资产负债表、资金来源与运用表、现金流量表及外汇平衡表等。

3. 计算与分析财务效益指标，提出财务评价结论

根据财务报表中的数据计算反映项目盈利能力和清偿能力的指标，将计算出的有关指标值与国家有关部门公布的基准值，或与经验标准、历史标准、目标标准等加以比较，并从财务的角度提出项目可行与否的结论。

二、财务评价指标计算

利用财务评价的基本报表，可以计算一系列评价指标，这些指标见表 4-1。

表 4-1	财务评价的指标体系		
评价内容	基本报表	静态指标	动态指标
盈利能力分析	财务现金流量表 （全部投资）	投资回收期	财务内部收益率 财务净现值 财务净现值率
	财务现金流量表 （自有资金）	投资回收期	财务内部收益率 财务净现值
	损益表	投资利润率 投资利税率 资本金利润率	
偿债能力分析	资金来源与利用表 借款还本付息表	借款偿还期	
	资产负债表	资产负债率 流动比率、速动比率	
外汇平衡分析	财务外汇平衡表		
其他		价值指标或实物指标	

（一）盈利能力分析的静态指标

1. 全部投资回收期

项目的全部投资包括自有资金出资部分和债务资金（包括借款、债券发行收入和融资租赁）的投资。对应的投资收益是税后利润、折旧与摊销以及利息。其中利息可以看作债务资金的盈利。在研究全部投资的盈利能力时，按前面介绍的全部投资现金流量表计算投资回收期，根据基准投资回收期做出可行与否的判断。

2. 投资利润率

投资利润率是指项目达到设计生产能力后的一个正常生产年份的年利润总额与项目总投资的比率，它是考察项目单位投资盈利能力的静态指标。对生产期内各年的利润总额变化幅度较大的项目，应计算生产期年平均利润总额与项目总投资的比率。其计算公式为

$$投资利润率 = \frac{年利润总额}{总投资} \times 100\%$$

投资利润率可根据损益与利润分配估算表中的有关数据求得，与行业平均投资利润率对比，以判断项目的单位投资盈利能力是否达到本行业的平均水平。

3. 投资利税率

投资利税率是指项目达到设计生产能力后的一个正常生产年份的年利税总额或项目生产期内的年平均利税总额与项目总投资的比率。其计算公式为

$$投资利税率 = \frac{年利税总额}{总投资} \times 100\%$$

$$年利税总额 = 年利润总额 + 年销售税金及附加$$
$$= 年销售收入 - 年总成本费用$$

投资利税率可由损益与利润分配估算表中有关数据求得。与行业平均投资利税率对比，以判别项目的单位投资对国家积累的贡献水平是否达到本行业的平均水平。

4. 资本金利润率

资本金利润率是指项目正常年份利润总额或项目生产期内年平均利润总额与资本金的比率。有所得税前与所得税后之分。它衡量了投资者投入项目的资本金的获利能力。其计算公式为

$$资本金利润率 = \frac{年利润总额}{资本金} \times 100\%$$

式中，资本金是指新建设项目设立企业时，在工商行政管理部门登记的注册资金。该指标可根据损益表和资产负债表中的有关数据计算求得。

在市场经济条件下，投资者关心的不仅是项目全部资金所提供的利润，更关心投资者投入的资本金所创造的利润。资本金利润率指标越高，反映投资者投入项目资本金的获利能力越大。资本金利润率还是向投资者分配股利的重要参考依据。一般情况下，向投资者分配的股利率要低于资本金利润率。

【例 4-1】某项目建设期为 2 年，第一年年初投入 1500 万元，全部是自有资金；第二年年初投入 1000 万元，全部是银行贷款。固定资产投资包含了固定资产投资方向调节税。固定资产贷款利率为 10%。该项目可使用 20 年。从投产第一年开始，就达到设计生产能力的 100%。正常年份生产某产品 10000t，总成本费用 1500 万元。销售税金为产品销售收入的 10%。产品售价为 2500 元/t，并假定当年生产当年销售，没有库存。流动资金为 500 万元，在投产期初由银行贷款解决。试计算该项目的静态盈利指标。

解： 总投资 = 固定资产投资 + 固定资产投资方向调节税 + 建设期利息 + 流动资金

$\quad\quad\quad\quad = 1500 + 1000 + 1/2 \times 1000 \times 10\% + 500$

$\quad\quad\quad\quad = 3050$（万元）

正常年份利润 = 年产品销售收入 - 年总成本费用 - 年销售税金

$\quad\quad\quad\quad = 2500 - 1500 - 2500 \times 10\%$

$\quad\quad\quad\quad = 750$（万元）

正常年份利税 = 年产品销售收入 - 年总成本费用

$\quad\quad\quad\quad = 2500 - 1500$

$\quad\quad\quad\quad = 1000$（万元）

因此，静态盈利指标分别为

$$投资利润率 = \frac{年利润总额}{总投资} \times 100\% = \frac{750}{3050} \times 100\% = 24.59\%$$

$$投资利税率 = \frac{正常年份利税总额}{总投资} \times 100\% = \frac{1000}{3050} \times 100\% = 32.79\%$$

$$资本金利润率 = \frac{正常年份利润总额}{资本金} \times 100\% = \frac{750}{1500} \times 100\% = 50\%$$

盈利能力分析的静态指标的意义不在其本身，而是比较效应。在项目的财务评价中，这些效益指标一般要高于同行业的平均效益指标，从而有利于做出选择这一项目的决策。假若给定项目所在行业盈利能力分析的静态指标参数分别为投资利润率 15%，投资利税率 20%，资本金利润率 30%。比较下来，由于上列项目的投资利润率、投资利税率和资本金利润率均高于同行业水平，我们则认为，从静态的角度看，该项目在财务上是可行的。

(二) 盈利能力分析的动态指标

1. 财务内部收益率 (IRR)

财务内部收益率（包括全部投资内部收益率和自有资金内部收益率）是指项目在整个计算期内各年净现金流量现值累计等于零时的折现率，它反映项目所占用资金的盈利率。

$$\sum_{t=0}^{n}(CI-CO)_t(1+IRR)^{-t}=0$$

式中：CI 为现金流入量；CO 为现金流出量；$(CI-CO)_t$ 为第 t 年的净现金流量；n 为计算期。

从财务净现值的计算中可以看出，一个项目的净现值大小与计算时采用的折现率大小有关。折现率越大，被看做由于时间变化而产生的资金增值则越大，而被看做由项目本身所产生的资金增值则越小，即净现值越小；反之，折现率越小，净现值则越大。因此，我们可以定性地看出，对于确定的各年净现金流量而言，其财务净现值与财务内部收益率之间存在对应的关系。

财务内部收益率可根据财务现金流量表（全部投资现金流量表和自有资金现金流量表）中的净现金流量数据，用线性插值法计算求得。与行业的基准收益率或设定的折现率 i_0 比较，当 $IRR \geqslant i_0$，即认为其盈利能力已满足最低要求，财务上是可以考虑接受的。

2. 财务净现值 (NPV)

财务净现值是指按行业的基准收益率或设定的折现率，将项目计算期内各年净现金流量折现到建设期初的现值之和，其表达式为

$$NPV=\sum_{t=0}^{n}(CI-CO)_t(1+i_0)^{-t}$$

式中：i_0 为基准收益率或设定的折现率。

净现值的实质可以理解为一旦投资该项目，就能立即从该项目获得的净收益。折现的意义在于从现实立场来看，扣除掉由于资金的时间价值所带来的那一部分收益，剩余部分才是真正反映了投资该项目的收益。因此，净现值的大小，可以作为判别该项目经济上是否可行的依据。

财务净现值可根据财务现金流量表的数据计算求得。项目财务净现值计算的结果有三种情况：①$NPV>0$，说明项目在整个寿命期内的盈利能力超过基准收益率或设定的获利水平，财务净现值越大，说明项目收益越好；②$NPV=0$，说明项目在整个寿命期内的盈利水平正好等于基准收益率或设定折现率的获利水平；③$NPV<0$，说明项目在整个寿命期内的获利能力达不到基准收益率或设定折现率的获利水平。一般情况下，$NPV \geqslant 0$ 的项目是可以考虑接受的。

财务净现值指标能够反映项目在整个计算期内的绝对效果，但不能反映单位投资的效果，尤其对多方案的选优，在不同方案的投资额不一样时，还需要利用财务净现值率指标。

3. 财务净现值率 (NPVR)

财务净现值率是财务净现值与全部投资现值之比，即单位投资现值的净现值。其表达式为

$$NPVR = \frac{NPV}{I_p}$$

式中：I_p 为投资（包括固定资产投资和流动资金）的现值。

当 $NPVR \geqslant 0$ 时，项目可行；当 $NPVR < 0$ 时，项目不可行。

净现值率是在净现值基础上发展起来的，可作为净现值的补充指标，它反映了净现值与投资现值的关系。净现值率的最大化，有利于实现有限投资的净贡献最大化，它在多方案选择中有重要作用。

在计算净现值和净现值率等指标时，折现率是一个重要的参数，折现率又称为基准贴现率或投资收益率。它是由投资决策部门决定的重要决策参数。基准贴现率如果定得太高，则可能会使许多经济效益好的方案被否决；如果定得太低，则可能导致接受方案的数量太多，质量参差不齐。在采用现行价格时，基准贴现率可以按部门或行业来确定。依据某一部门或行业的历来投资效果，大致上可以算出一个最低的可接受的贴现率水平，有时也称为最低的有吸引力的收益率（Minimum Attractive Rate of Return，MARR），如果按这种贴现率算出的某投资方案的净现值等指标为负值，则表示该方案并没有达到该部门或行业应该达到的最低经济效果水平，资金就不应该用在这个方案上，而应投向其他工程项目。

当采用某种调整后的合理价格时，就有可能把不同部门和不同行业的项目用同一尺度进行比较。这就意味着存在一个对整个国民经济而言的统一的基准折现率。在宏观分析中，用这种贴现率来计算各种评价指标，以确定项目方案的经济性，可以使资金投向经济效益最高的部门和行业。

还要指出，不要把标准投资收益率同贷款利率混淆起来。通常，标准投资收益率 i（或 $MARR$）应高于贷款利率。例如，贷款的利率若是 9%，则 i 可能要选定为 15%。这是因为投资方案大多带有一定的不确定性和风险，应该具备较高的投资收益率才具有吸引力。

（三）偿债能力分析

1. 资产负债率

资产负债率是负债与资产之比，它衡量企业利用债权人提供的资金进行经营活动的能力，反映项目各年所面临的财务风险程度和债务清偿能力，因此也反映债权人发放贷款的安全程度。计算资产负债率所需要的相关数据在资产负债表中获得。其计算公式为

$$资产负债率 = \frac{负债合计}{资产合计} \times 100\%$$

一般认为资产负债率为 5%～8% 是合适的。由于财务杠杆效应的存在，权益的所有者从盈利出发，希望保持较高的债务比，赋予资本金有较高的杠杆力，用较少的资本来控制整个项目。但是，资产负债比越高，项目风险也越大。当资产负债率太高时，可通过增加自有资金出资和减少利润分配等途径来调节。

2. 流动比率

流动比率是反映项目各年偿付流动负债能力的指标，衡量项目流动资产在短期债务到期以前可以变为现金的用于偿还流动负债的能力。所需相关数据可在资产负债表中获得。其计算公式为

$$流动比率 = \frac{流动资产总额}{流动负债总额} \times 100\%$$

存货是一类不易变现的流动资产，所以流动比率不能确切反映项目的瞬时偿债能力。

3. 速动比率

速动比率反映项目快速偿付（用可以立即变现的货币资金偿付）流动负债的能力。其计算公式为

$$速动比率 = \frac{速动资产}{流动负债} = \frac{流动资产总额 - 存货}{流动负债总额} \times 100\%$$

速动资产是指容易转变为现金的流动资产，如现金、有价证券和应收账款。

流动比率和速动比率的高低，应与同行业的平均水平或其他参照物相比较。一般认为，流动比率应不小于 1.2~2.0；速动比率应不小于 1.0~1.2。

当流动比率和速动比率过小时，应设法减少流动负债，通过减少利润分配、减少库存等办法增加盈余资金。例如，增加长期借款（负债）等方法来加以调整。

【例 4-2】某项目在某一财务年度的总资产为 50000 万元，短期借款为 2500 万元，长期借款为 32000 万元，应收账款为 1200 万元，存货为 5200 万元，现金为 1000 万元，累计盈余资金为 500 万元，应付账款为 1500 万元。那么，该项目财务状况指标分别为

$$资产负债率 = \frac{负债合计}{资产合计} \times 100\% = \frac{2500 + 32000 + 1500}{50000} \times 100\% = 72\%$$

$$流动比率 = \frac{流动资产总额}{流动负债总额} \times 100\%$$

$$= \frac{应收账款 + 存货 + 现金 + 累计盈余资金}{短期借款 + 应付账款} \times 100\%$$

$$= \frac{1200 + 5200 + 1000 + 500}{2500 + 1500} \times 100\% = 197.5\%$$

$$速动比率 = \frac{速动资产}{流动负债} = \frac{流动资产总额 - 存货}{流动负债总额} \times 100\%$$

$$= \frac{7900 - 5200}{4000} \times 100\% = 67.5\%$$

4. 借款偿还期（P_d）

借款偿还期是指在国内财政规定和项目具体财务条件下，以项目投产后可用于还款的资金偿还建设投资国内借款本金和建设期利息（不包括已用自有资金支付的建设期利息）所需要的时间。

原理公式为

$$I_t = \sum_{t=0}^{P_d} R_t$$

式中：I_t 为建设投资国内借款本金和建设期利息之和；P_d 为建设投资国内借款偿还期，从借款开始年计算；R_t 为第 t 年可用于还款的资金，包括税后利润、折旧、摊销和其他还款额。

在实际工作中，借款偿还期可直接根据资金来源与运用表或借款偿还计划表推算，其

具体推算公式为

$$P_d = （借款偿还后出现盈余的年份－开始借款年份）+ \frac{当年应偿还借款额}{当年可用于还款的资金额}$$

评价准则：满足贷款机构的要求期限时，即认为项目有清偿能力。

【例 4-3】 某项目在第 14 年有了盈余资金。在第 14 年中，未分配利润为 7262.76 万元，可作为归还借款的折旧和摊销为 1942.29 万元，还款期间的企业留利为 98.91 万元。当年归还国内借款本金为 1473.86 万元，归还国内借款利息为 33.90 万元。项目开始借款年份为第 1 年。求借款偿还期。

解：

$$人民币借款偿还期 = 14 - 1 + \frac{1473.86}{7262.76 + 1942.29 - 98.91} = 13.16（年）$$

$$= 13 年 2 个月 （从借款开始年算起）$$

5. 利息备付率

利息备付率也称已获利息倍数，指项目在借款偿还期内各年可用于支付利息的税息前利润与当期应付利息费用的比值。其计算公式为

$$利息备付率 = \frac{税息前利润}{当期应付利息费用}$$

式中：税息前利润＝利润总额＋计入总成本费用的利息费用；当期应付利息费用为计入总成本费用的全部利息费用。

评价准则：利息备付率应当大于 2。否则，表示项目的付息能力保障程度不足。

6. 偿债备付率

偿债备付率指项目在借款偿还期内，各年可用于还本付息的资金与当期应还本付息金额的比值。其计算公式为

$$偿债备付率 = \frac{可用于还本付息资金}{当期应还本付息金额}$$

式中：可用于还本付息资金为可用于还款的折旧和摊销费用，成本中列支的利息费用，可用于还款的税后利润等；当期应还本付息金额为当期应还贷款本金额及计入成本的利息。

评价准则：正常情况应当大于 1，且越高越好。当指标小于 1 时，表示当年资金来源不足以偿付当期债务，需要通过短期借款偿付已到期债务。

它不仅考虑了资金的时间价值，而且考虑了项目在整个寿命期内的全部经济数据，因此比静态指标更全面、更科学。

三、资金筹措与成本分析

资金筹措是建设项目的基础，只有确定了资金筹措的可能性，才能进行项目可行性研究，项目资金筹措方案是否得当决定了项目的风险性和可能性，并且影响到项目的经济效益，所以资金筹措是建设项目投资领域的重要问题。

资金筹措是指根据工程建设的需要，通过各种可利用的筹资渠道和资金市场，运用有效的筹资方式，为建设项目及时筹措和集中资金的一种行为过程，又被称为融资。

（一）筹资渠道与筹资方式

1. 筹资渠道

所谓筹资渠道是指企业所面临的筹资来源环境和可能的通道。它体现着企业可利用的资金的源泉及流量，是企业筹资的客观条件，为企业筹资提供了各种可能。一般企业筹资渠道有以下几种：

（1）国家财政资金。这是国有企业筹措资本金的主要源泉，也是国家按照投资规划对国有企业进行投资的核心资金来源，它可以拨款方式向企业投入，也可以用基建贷款的形式向企业投入，然后可能以减债增资的形式转变为企业的资本金等。

（2）银行信贷资金。这是各级各类企业均可经常利用的一个重要筹资渠道，并可用多种方式取得，期限也有长有短，有政策性和非政策性之分。

（3）非银行性质金融机构资金。主要是信托投资公司、信贷公司、保险公司、证券公司、企业集团的财务公司等可提供的融资租赁性资金。

（4）基金投资资金。这是先由基金投资公司将投资者的资金集中在一起后，并采用一定的方式向企业投入的资金。

（5）外商投资资金。形式多样，主要分为两大类，一类是间接利用外商投资，另一类是吸收外商的直接投资。

（6）社会民间闲散资金。主要是职工、家庭、或个人投资。

（7）其他企业和经济组织的资金、企业自留资金和其他资金。

2. 筹资方式

所谓筹资方式是指企业筹资所采取的具体形式。研究、认识筹资方式有利于企业正确选择筹资方式和进行筹资方式的组合。

上述各种筹资渠道为企业展示了筹资的客观可能性，但在具体筹资时，还需借助筹资方式方可得以实现。筹资方式是指企业采用什么样的具体方法和形式来取得资金。筹资方式不仅受筹资渠道的制约，还会受到企业内外各种其他因素的制约。随着中国市场经济的不断发展和完善，资金市场的日趋活跃，筹资渠道的逐渐增多，企业可采用的筹资方式也将会越来越呈现出多元化。按照融资的性质，可分为权益融资和负债融资。

（1）权益性资本筹资方式这是指以所有者的身份投入非负债性资金的方式进行融资。权益融资形成企业的"所有者权益"和项目的"资本金"。因此，权益融资在我国项目资金筹措中具有强制性。权益融资的特点如下：

1）权益融资筹措的资金具有永久特点，无到期日，不需归还。项目资本金是保证项目法人对资本的最低需求，是维持项目法人长期稳定发展的基本前提。

2）没有固定的按期还本付息压力。股利的支付与否和支付多少，视项目投产运营后的实际经营效果而定，因此项目法人的财务负担相对较小，融资风险较小。

3）权益融资是负债融资的基础。权益融资是项目法人最基本的资金来源。它体现着项目法人的实力，是其他融资方式的基础，尤其可为债权人提供保障，增强公司的举债能力。

这种筹资方式还可分为吸收直接投资，如通过联营吸引外商资金举办合资、合营企业等方式筹资；发行股票资金，即股份有限公司经国家批准以发行股票的形式向国家、企业等经济组织或个人筹集资金。权益性资本筹资方式具有资本使用稳定性强，持有时间长，形成的企业财务结构稳健、资金成本高等特点，以发行股票筹资还具有持股人灵活、变现能力强等特点。

(2) 债务性筹资方式这是指通过负债方式筹集各种债务资金的融资形式。负债融资是工程项目资金筹措的重要形式。根据国家计委《关于法人责任制的暂行规定》的要求，项目法人必须承担为建设项目筹集资金并为负债融资按时还本付息的责任。负债融资的特点主要体现在以下方面：

1) 筹集的资金在使用上具有时间性限制必须按期偿还。

2) 无论项目法人今后经营效果好坏，均需要固定支付债务利息，从而形成项目法人今后固定的财务负担。

3) 资金成本一般比权益融资低，且不会分散对项目未来权益的控制权。

负债融资主要是通过资金市场进行各类负债性融资来解决。金融市场是各种信用工具买卖的场所，其职能是把某些组织或个人的剩余资金转移到需要资金的组织或个人，并通过利率杠杆在借款者和贷款者之间分配资金。

按照负债融资的信用基础可分为主权信用融资、企业信用融资和项目融资。

1) 主权信用融资。即以国家主权的信用为基础进行的融资。

2) 企业信用融资。即以企业自身的信用条件为基础，通过银行贷款、发行债券等方式，筹集资金用于企业的项目投资。

3) 项目融资。这是一种目前受社会各界十分关注的新型融资方式。是投资项目资金筹措方式的一种，它是指某种资金需求量巨大的投资项目的筹资活动。而且以负债作为资金的主要来源。典型的项目融资包括 BOT、ABS、杠杆式融资租赁等多种形式。

项目融资又称无追索权（Non-Recourse）融资方式。其含义是：项目负债的偿还，只依靠项目自身的资产和未来现金流量来保证，即使项目实际运作失败，债权人也只能要求以项目本身的财产或盈余还债，而对项目以外的其他资产无追索权。因此，利用项目融资方式，项目本身必须具有比较稳定的现金流量和较强的盈利能力。在实际操作中，纯粹无追索权项目自身融资是无法做到的。由于项目自身的盈利状况受到多种不确定因素的影响，仅仅依靠项目自身的资产和未来现金流量为保证进行负债融资，债权人的利益往往难以保障。因此通常采用有限追索权融资方式，即要求由项目以外的与项目有利害关系的第三者提供各种形式的担保。

（二）项目筹资的基本要求

(1) 合理确定资金需要量，力求提高筹资效果。

(2) 认真选择资金的来源，力求降低资金成本。

(3) 适时取得资金，保证资金投放需要。

(4) 适当维持自有资金的比例，正确安排举债经营。

（三）筹资管理原则

(1) 准确测定资金需要量的原则。筹措资金的客观动因，就是企业现有资金需要量与现有资金持有量之间存在一定的差异，即存在着资金供应上的短缺。

(2) 资金的有效利用原则。筹集资金的直接目的，就是为了满足企业生产经营中对资金的使用，解决资金短缺的问题，即要保证满足需要，又要使资金充分有效的利用，资金有时间价值，不能闲置。

（3）优化资金结构。企业的资金结构是指企业各种资金的构成及其比例关系的资金有机组合。形成企业最优资金结构是优化企业正常经营和资金有效利用的前提。①应使资金的资金成本最优化；②保证各方面资金需求相对平衡；③保证企业财务风险最低；④有利于资金灵活调度。

（4）降低资金成本原则。筹资的种类和方式不同，所负担的资金成本也不一样，在筹资时，应首先考虑资金成本。

（5）合理选择筹资方式原则。筹资方式选择的合理性将直接影响筹资的难易程度和资金成本的大小。

（6）重视资金的时间价值原则。足额投入到最需，尽快加以利用，还应考虑及时性，对筹资偿还的约束性，筹资的合法性等。

第二节　工程项目国民经济评价

一、国民经济评价概述

国民经济评价是在合理配置社会资源的前提下，从国家经济整体利益的角度出发，计算项目对国民经济的贡献，分析项目的经济效益、效果和对社会的影响，评价项目在宏观上的合理性。

（一）国民经济评价的目的

国民经济评价的目的主要有以下方面：

1. 合理配置有限资源

国家在一定时期内追求一定的宏观目标，如经济发展、社会进步、人民生活水平提高等。这些目标是通过一系列经济活动来实现的。投资项目的建设和生产是基本的经济活动之一。投资项目消耗社会资源，生产出社会所需要的产品或为社会提供服务，从而对实现国家宏观目标做出贡献。资源是有限的，必须在资源的各种相互竞争的用途中进行合理选择，以便最佳地分配和有效地利用有限的资源，从而取得最大的经济效益和社会效益。国民经济评价正是为了评估项目使用资源的经济合理性。因此，要使有限的资源实现最优分配及利用，取得最大的经济效果，就必须对投资项目进行国民经济评价。

2. 真实反映项目对国民经济的净贡献

要做好项目国民经济评价，使其真正成为项目投资决策的科学依据，不仅需要采用科学的经济评估理论和方法，而且需要采用正确的基础价格数据。价格是国民经济评价中效益与费用的计算基础，国民经济评价的结论是否正确在很大程度上取决于采用的价格。由于种种原因，我国现行价格体系中存在许多不合理问题。尽管经过多年价格的改革努力，价格体系得以初步理顺，但仍有相当一部分商品的价格既不反映其价值，也不反映市场供求关系，商品的比价和价格水平不合理。在投入物、产出物价格严重失真的情况下计算其价值，不能准确反映项目占用国家资源后，对国民经济所带来的收益。采用能反映资源价值的影子价格，据以计算项目的费用和效益，就能真实地反映项目对国民经济的净贡献。

3. 提高产品在国际市场上的竞争能力

当代国际竞争是现代经济的一大特征。一个国家要想在世界经济竞争中处于有利地位，除采用先进科学技术外，还需合理充分利用社会有限资源，包括资金、土地、劳动力和自然资源等，提高资源的使用效果。只有这样，才能提高产品在国际市场上的竞争能力，使项目实现理想的国民经济效益。

（二）国民经济评价的对象

国民经济评价是一项较复杂的分析评价工作。根据我国目前情况，只是对某些在国民经济建设中有重大作用和影响的大型项目开展国民经济评价。对中小型项目进行财务评价，不进行国民经济评价。国家现规定需要进行国民经济评价的项目有以下方面：

（1）涉及国民经济若干部门的重大工业项目和重大技术改造项目。

（2）严重影响国计民生的重大项目。

（3）有关稀缺资源开发和利用的项目。

（4）涉及产品或原材料进出口或替代出口的项目，以及产品和原材料价格明显失真的项目。

（5）技术引进，中外合资经营项目。

以上这些项目的投资决策主要取决于国民经济评价。工业项目一般在财务评价的基础上进行国民经济评价。有些项目，如交通项目，也可先作国民经济评价。此外，在大中型项目建议书阶段及重大方案比选中，都需要作国民经济评价，并以国民经济评价结论作为投资项目或方案取舍的主要依据。

（三）国民经济评价与财务评价的异同点分析

国民经济评价与财务评价是项目经济评价的两部分内容。两者相互联系，它们之间既有共同之处，又有区别。

1. 国民经济评价与财务评价的相同点

（1）评价目的相同。两者都是运用基本的经济评价理论，寻求从最小的投入获得最大的产出。

（2）评价基础相同。两者都是在完成产品需求预测、厂址选定、工艺技术路线和工程技术方案、投资估算和资金筹措等可行性研究的基础上进行的。

（3）经济寿命期相同。两者都要计算包括建设期、生产期到项目终止的全过程的费用和效益。

（4）基本分析方法和主要指标的计算方法相同。两者都采用现金流量分析方法，并通过基本财务报表计算净现值、内部收益率等指标进行经济效益的分析。

2. 国民经济评价与财务评价的不同点

（1）评价的角度不同。财务评价是从企业财务角度，站在投资者、债权人的立场，分析项目的财务盈利能力、清偿能力，确定投资行为的财务可行性；国民经济评价是从国民经济角度出发，站在全社会的立场，分析项目的经济合理性。

（2）费用与效益的含义与划分范围不同。财务评价是根据企业直接发生的实际财务收支，计算项目的费用和收益；而国民经济评价则将引起社会资源耗费列入费用，真正给社会提供有用的产品和服务列为效益。因此，在国民经济评价中不只考察直接费用和效益，还要考虑项目的间接费用和效益。而有些在财务评价中列为实际收支的，如税金、国内借款利息、补贴，从全社会的角度考虑是转移支付，而不作为国民经济评价的费用和效益。

（3）采用的价格体系不同。财务评价采用的是实际的财务收支价格，即现行市场价格或计划销售价格；而国民经济评价为避免价格不合理对项目国民经济效益的真实性产生影响，采用影子价格。

（4）评价的根据不同。采用的贴现率不同。财务评价的根据是行业基准收益率；国民经济评价的根据是社会贴现率，是国家根据长期贷款利率等因素统一规定的。

（5）评价的内容不同。财务评价的内容包括盈利能力和清偿能力两个方面，而国民经济评价只有对盈利能力的分析，没有清偿能力的分析。

由于上述区别，财务评价和国民经济评价的结论可能存在以下四种情况：①财务评价和国民经济评价都可行，项目可以通过；②财务评价和国民经济评价都不可行，项目不能通过；③财务评价可行，国民经济评价不可行，一般应予以否定；④财务评价不可行，国民经济评价可行，一般应予以推荐，必要时可以提出相应的财务政策方面的建议，调整项目的财务条件，使项目在财务上也可行。

财务评价和国民经济评价的联系是非常紧密的。很多情况下，国民经济评价是在财务评价的基础上进行的。国民经济评价利用财务评价中已经使用过的数据资料，以财务评价为基础进行适当的调整，得出国民经济评价的结论。当然，国民经济评价也可以不在财务评价的基础上而直接进行。

（四）国民经济评价的程序

进行国民经济评价，主要包括以下几个方面的内容：

（1）从整个国民经济角度来划分、确定项目的效益和费用，包括直接的和间接的效益和费用。

（2）确定各种投入物和产出的合理经济价格，这是国民经济评价关键的一步。此价格称为影子价格。

（3）将项目的各项经济数据按影子价格进行调整，重新计算项目的销售收入、投资、成本等经济数据。

（4）在效益、费用数值调整的基础上，编制国民经济评价基本报表。

（5）计算国民经济评价的主要经济指标。

（6）从整个社会的角度来考察、研究、预测项目对于社会目标所作贡献的大小，即进行社会效果指标分析（包括对收入分配、就业、环保等进行定量分析；也包括无形的如对地区经济发展影响、产业结构、经济结构合理化程度、科学技术进步等定性分析）。

（7）综合评价。

二、效益和费用的识别

（一）识别效益和费用的原则

1. 基本原则

国民经济分析以通过对社会资源的最优配置从而使国民收入最大化为目标，凡是增加国民收入的就是国民经济效益，凡是减少国民收入的就是国民经济费用。

2. 边界原则

边界系指效益与费用的计算范围。国民经济分析从国民经济的整体利益出发，其系统分析的边界是整个国家。国民经济分析不仅要识别项目自身的直接经济效果，而且需要识别项目对国民经济其他部门和单位产生的间接效果，即外部效果。

3. 资源变动原则

在计算财务收益和费用时，依据是货币的变动。凡是流入项目的货币就是财务收益，凡是流出项目的货币就是财务费用。国民经济分析以实现资源最优配置从而保证国民收入最大增长为目标。由于经济资源的稀缺性，意味着一个项目的资源投入会减少这些资源在国民经济其他方面的可用量，从而减少了其他方面的国民收入，所以从这种意义上说，该项目对资源的使用产生了国民经济费用。同理，项目的产出是国民经济收益，是由于项目的产出能够增加社会资源——最终产品的缘故。因此，在考察国民经济费用和效益的过程中，依据不是货币，而是社会资源的真实变动量。凡是减少社会资源的项目投入都产生国民经济费用，凡是增加社会资源的项目产出都产生国民经济收益。

（二）效益

1. 直接效益

直接效益主要是用影子价格计算的项目的产出物，并在项目范围内计算的经济效益。投入物的节约亦视为效益，即释放到社会上的资源的经济效益。它可能是增加该产出物数量来满足国内消费需求所产生的效益，可能是替代其他相同或类似企业的产出物，使被替代企业减产，从而减少国家资源消耗所产生的效益，也可能是项目产出物为出口（或替代进口）货物，从而增加了出口量（或减少进口量）所产生的外汇效益。

2. 间接效益

间接效益亦称外部效果，是指项目为社会做出了贡献，而在直接效益中未得到反映的那部分效益。"外部效果"通常较难计量，为了减少计量上的困难，首先应力求明确项目的"边界"。可通过以下两种处理方法来使"外部效果"内部化。

（1）扩大项目范围法　把一些相互关联的项目合成一个"联合体"进行评价。如兴建一个炼钢厂，可以把铁矿山、炼铁厂、炼钢厂、轧钢厂等作为一个联合体。

（2）影子价格法　调整项目投入物和产出物价格，用影子价格来计算项目的效益和费用，在很大程度上使项目的外部效果在项目内部得到体现。

通过扩大项目范围和调整价格可使大部分"外部效果"内部化，但可能仍有某些"外部效果"需要单独分析。如建设技术先进的项目，由于技术人员流动、技术推广传播等所带来的间接效益，未在影子价格中得到反映，并且无法计量，只能进行定性说明。又如由于项目的投产使其"上、下游"企业（上游企业系指为该项目提供投入物的企业，下游企业系指把该项目产出物作为投入物的企业）原来闲置的生产能力得以发挥或达到经济规模所产生的效果，也是该项目的间接效益。计算"外部效果"时还应注意，某些"外部效果"已经计入项目投入物和产出物的影子价格，这些效果不得重复计算。项目外部效果一般只计算一次相关效果，不考虑连续扩展的乘数效果。

（三）费用

1．直接费用

直接费用主要是用影子价格计算的项目投入物所产生，并在项目范围内计算的经济费用。直接费用主要表现形式为：国内其他部门为供应该项目投入物而扩大生产规模所消耗的资源费用；或减少其他项目（或最终消费者）的投入物供应而给其他项目造成的损失；或增加进口量（或减少出口量）所消耗外汇（或减少外汇收入）等。

2．间接费用

间接费用亦称外部费用，是指社会为项目付出了代价，而在项目的直接费用中未得到反映的那部分费用。典型的例子是工业项目的"三废"引起的环境污染和对生态平衡的破坏，社会付出了代价，项目并不支付任何费用。

间接费用的计算与间接效益计算一样，采用"扩大项目范围法"和"影子价格法"。但可能仍有某些"外部效果"需要单独分析。如工业项目造成的环境污染和对生态的破坏，是一种比较明显的间接费用，可以参照现有同类企业所造成的损失来计算，至少也应作定性分析。又如拟建项目的产出增加了出口量，造成原出口产品出口价格下降，减少了创汇效益，则应计为该项目的间接费用。项目外部效果一般只计算一次相关效果，不考虑连续扩展的乘数效果。

（四）对转移支付的处理

1．税金

在财务分析中，税金包括销售税和所得税，对企业来说，这些税金都是财务支出。但是，对国民经济整体而言，企业纳税并未减少国民收入，只不过是将企业的这笔货币收入转移到政府手中而已，是收入的再分配。考察项目的国民经济评价系统，是从资源增减的角度区别收益和费用的，税金既然是国民收入的再分配，并不伴随生产资源的变动而变动，因而，在国民经济评价中既不能把税金列为收益，也不能把税金列为费用。

2．补贴

补贴是一种货币流动方向与税金相反的转移支付。政府如果对某些产品实行价格补贴，可能会降低项目投入的支付费用，或者会增加项目的收入，从而增加项目的净收益。但是这种收益的增加仍然是国民收入从政府向企业的一种转移，它使资源的支配权发生变动，但是既未增加社会资源，也未减少社会资源，因而补贴不被视作国民经济评价中的费用和收益。

3．国内贷款的还本付息

项目的国内贷款及其还本付息也是一种转移支付。在企业评价中被视作财务支出，但从国民经济角度看，情况则不同。还本付息并没有减少国民收入，这种货币流动过程仅仅代表资源支配权力的转移，社会实际资源并未增加或减少，因而在国民经济评价中，不被视为费用。

三、国民经济评价的参数与价格体系

（一）影子汇率

汇率是指两个国家不同货币之间的比价或交换比率。影子汇率（SER）是反映外汇真实价值的汇率。实际上，影子汇率也就是外汇的机会成本，即项目投入或产出所导致的外汇的减少或增加给国民经济带来的损失或效益。影子汇率的确定，主要依据一个国家或地区一段时期内进出口的结构和水平、外汇的机会成本及发展趋势、外汇供需状况等因素的变化。当这些因素发生较大变化时，影子汇率值需作相应的调整。

我国目前外汇管理体制实行的是以市场供求为基础的、有管理的、单一的浮动汇率制度。根据以市场价格为基点的原则，把经过修正的市场浮动汇率视为影子汇率。影子汇率以美元与人民币的比价表示。对于美元以外的其他国家货币，需要参照中国银行定期公布的该种外币对美元之比价，先折算为美元，再用影子汇率换算为人民币。

（二）社会折现率

社会折现率是资金的影子利率，是国民经济评价中重要参数之一。社会折现率是国民经济评价中经济内部收益率的基准值。适当的社会折现率有利于合理分配建设资金，指导资金投向对国民经济贡献大的项目，调节资金供需关系。

在我国，社会折现率是一个重要的通用参数，由国家统一测定发布。国家计委 1987 年首次公布的社会折现率为 10%，1993 年第二次公布的社会折现率为 12%。有关专家建议我国现阶段的社会折现率定为 10% 比较合适。

（三）影子价格

为使社会资源能够合理配置和有效利用，就必须使价格能够真实地反映其经济价值，这样才能正确地计算项目的投入和产出，才能正确地进行效益和费用的比较。为此，在项目的国民经济分析中采用一种新的价格体系，即影子价格体系。

所谓影子价格，就是在完善的市场经济条件下，某种资源处于最佳分配状态时的边际产出价值。它真实地反映了社会必要劳动消耗、资源稀缺程度和市场供求状况，能实现资源配置的最优化，把最稀缺的资源优先配给效益好的项目。影子价格也称经济价格、预测价格、计划价格，它不是用于实际的交换，而是用于经济评价、预测、计划等工作。

一般情况下，影子价格是根据国家经济增长的目标和资源的可获性来确定的。如果某种资源数量稀缺，同时，有许多用途完全依靠于它，那么它的影子价格就高。如果这种资源的供应量增多，那么它的影子价格就会下降。市场价格一般也能正确反映出资源的稀缺程度，但是"不完全"的市场机制可以造成市场价格与影子价格之间的巨大差别，因此，国民经济评价不能简单地采用市场价格。但是市场价格毕竟是对资源价值的一种估算，而且普遍存在于现实经济活动中，所以获得影子价格的途径仍是以市场价格为基础，把市场价格调整为影子价格。

确定影子价格时，对于投入物和产出物，首先要区分为外贸货物、非外贸货物和特殊投入物三大类别，然后根据投入物和产出物对国民经济的影响分别处理。

1. 外贸货物的影子价格的计算方法

在项目经济评价中，确定影子价格的实用方法，是以国际市场价格为基础来调整国内市场价格而得到影子价格。国际市场价格虽然不是理想的影子价格，但是由于它是在国际范围的市场竞争中形成的，不受任何国家的控制，比较真实地反映了商品的价值。而且以国际市场价格为基础来确定影子价格，方法简单实用。

外贸货物是指其生产或使用会直接或间接影响国家出口或进口的货物。外贸货物中的进口品应满足国内生产成本大于到岸价格，否则不应进口；外贸货物中的出口品应满足国内生产成本小于离岸价格, 否则不应出口。

到岸价格是指进口货物到达本国口岸的价格, 包括国外购货成本 (即国外的离境交货价格) 及货物运到本国口岸所需要的运输费用和保险费, 简称 CIF。离岸价格是指出口货物的离境交货价格, 如为海港交货, 则指 "船上交货价格", 简称 FOB。到岸价格与离岸价格统称口岸价格。原则上, 石油、金属材料、金属矿物、木材及可出口的商品煤, 一般都划为外贸货物, 这样做主要是由于调价方便的需要, 而且考虑到这些货物或者有较大的出口潜力, 或者因国内紧缺而需要大量进口。

(1) 项目产出物的影子价格 (出厂影子价格)。

1) 直接出口 (外销) 产品的影子价格 (SP)。直接出口的产出物指直接外销产品, 其影子价格计算式为

$$SP = FOB \cdot SER - (T_1 + T_{r1})$$

式中: T_1 为国内运费; T_{r1} 为国内贸易费用。

2) 间接出口产品的影子价格 (SP)。间接出口的产出物主要指内销产品, 拟建项目的产品替代其他产品的国内销售, 使其他产品增加出口。间接出口的产出物影子价格的计算式为

$$SP = FOB \cdot SER - (T_2 + T_{r2}) + (T_3 + T_{r3}) - (T_4 + T_{r4})$$

式中: T_2, T_{r2} 为原供应厂到口岸的运费及贸易费用; T_3, T_{r3} 为原供应厂到用户的运费及贸易费用; T_4, T_{r4} 为项目到用户的运费及贸易费用。

其中原供应厂是指被替代产品的生产厂家, 用户是指使用该产品的国内用户。当原供应厂和用户难以确定时, 可按照直接出口产出物计算。

3) 替代进口产品的影子价格 (SP)。替代进口的产出物指内销产品, 以项目的产品替代进口产品, 减少了该产品的进口。替代进口的产出物影子价格计算式为

$$SP = CIF \cdot SER + (T_5 + T_{r5}) - (T_4 + T_{r4})$$

式中: T_5, T_{r5} 为口岸到用户的运费及贸易费用; T_4, T_{r4} 为项目到用户的运费及贸易费用。

当用户难以确定时, 可按到岸价格考虑。

(2) 项目投入物的影子价格 (到厂影子价格)。

1) 直接进口的投入物影子价格 (SP)。直接进口的投入物的影子价格为

$$SP = CIF \cdot SER + (T_1 + T_{r1})$$

式中: T_1 为国内运费; T_{r1} 为国内贸易费用。

2) 间接进口的投入物影子价格 (SP)。指某产品国内产量供不应求, 需要进口才能满足国内市场的需求, 拟建项目虽然使用国内某厂的产品, 但相应增加了该产品的进口。间接进口物影子价格计算式为

$$SP = CIF \cdot SER + (T_5 + T_{r5}) - (T_3 + T_{r3}) + (T_6 + T_{r6})$$

式中: T_5, T_{r5} 为口岸到原用户的运费及贸易费用; T_3, T_{r3} 为供应厂到原用户的运费及贸易费用; T_6, T_{r6} 为供应厂到项目的运费及贸易费用。

当原供厂和用户难以确定时, 可按照直接进口的投入物计算。

3) 减少出口的投入物影子价格 (SP)。拟建项目使用了国内产品, 减少了该产品的

出口。减少出口的投入物影子价格计算如下式：

$$SP = FOB \cdot SER - (T_2 + T_{r2}) + (T_6 + T_{r6})$$

式中：T_2，T_{r2} 为供应厂到口岸的运费及贸易费用；T_6，T_{r6} 为项目到用户的运费及贸易费用。

当供应厂难以确定时，可按离岸价格考虑。

贸易费用是指物资系统、外贸公司、各级商业批发站等部门花费在货物流通过程中以影子价格计算的除长途运输费以外的费用。贸易费用按照贸易费用率计取。国家计委和建设部 1993 年公布的国民经济评价参数规定：贸易费用率取值 6%。

2. 非贸易货物影子价格的计算方法

(1) 项目产出物的影子价格。

1) 增加供应数量满足国内消费的产出物。供求均衡的，按财务价格定价；供不应求的，参照国内市场价格定价，但不应高于相同质量产品的进口价格。

2) 不增加国内供应数量，只是替代其他相同或类似企业的产出物，致使被替代企业停产或减产。质量与被替代产品相同的，应按被替代企业相应的产品可变成本分解定价；提高产品质量的，原则上按被替代产品的可变成本加提高产品质量带来的国民经济效益定价，其中，提高产品质量带来的效益，可近似地按国际市场价格与被替代产品的价格之差确定。

3) 产出物按上述原则定价后，再计算为出厂价格。

(2) 项目投入物的影子价格。

1) 通过原供企业挖潜（不增加投资）增加供应的投入物，按可变成本分解定价。

2) 通过增加企业生产规模，以满足拟建项目需要的投入物，按全部成本（包括可变成本和固定成本）分解定价。

3) 通过减少原用户的供应量来对项目的供应的投入物，参照国内市场价格、国家统一价格加补贴中较高者定价。

4) 投入物按上述原则定价后，再计算为到厂价格。

3. 特殊投入物的影子价格的计算方法

(1) 劳动力的影子工资。

在国民经济评价中，劳动力的影子价格（劳务费用）用影子工资来反映。影子工资是国家和社会因项目使用劳动力而付出的代价。它包括两个方面。

1) 劳动力的机会成本。指劳动力不被项目使用时，他在原来岗位上为社会创造的净效益，即由于项目使用劳动力而使社会为此而放弃的原有效益。

2) 由于项目使用劳动力而使社会增加的（未付给职工）资源消耗（如搬迁费、培训费、城市交通费等）。

影子工资的计算式为

影子工资＝名义工资×影子工资换算系数

名义工资是指在财务评价中所列的实际支付给职工的工资和提取的职工福利基金。一般建设项目的工资换算系数确定为 1。在建设期间使用大量民工的项目，如水利、公路等土建工程项目，其民工工资换算系数为 0.5。

（2）土地的影子费用。

土地的影子价格是指项目占用土地而使国民经济付出的代价。土地的影子费用包括两个方面。

1）土地的机会成本。指土地不被项目使用时，它作其他用途为社会创造的净效益，即由于项目使用土地而使社会为此而放弃的原有效益。

2）由于项目使用土地而使社会增加的资源消耗（如居民搬迁费、剩余农业劳动力安置费等）。

$$土地影子费用＝土地机会成本＋新增资源消耗费用$$

大量建设项目占用的土地主要是农业用地，农业土地的机会成本按照拟建项目占用土地而使国民经济为此而放弃的该土地的"最好可行替代用途"的净效益测算，一般情况应根据具体情况，由项目评价人员自行测算。

四、国民经济评价指标

国民经济评价包括国民经济盈利分析和外汇效果分析，以经济内部收益率作为主要评价指标。根据项目的特点和实际需要，也可计算经济净现值等指标。产品出口创汇及替代进口节汇的项目，要计算经济外汇净现值、经济换汇成本和经济节汇成本等指标。此外，还可对难以量化的外部效果进行定性分析。

（一）国民经济盈利性分析评价指标

国民经济盈利性分析评价指标为经济内部收益率和经济净现值。

1. 经济内部收益率（EIRR）

经济内部收益率是反映项目对国民经济净贡献的相对指标。它是使项目计算期内的经济净现值累计等于零时的折现率。其表达式为

$$\sum_{t=0}^{n}(B-C)_t(1+EIRR)^{-t}=0$$

式中：B 为现金流入量；C 为现金流出量；$(B-C)_t$ 为第 t 年的净现金流量；n 为项目计算期或经济寿命。

经济内部收益率可通过经济现金流量表用试差法进行计算。求出的 $EIRR$ 和社会折现率 i_s 进行比较，如果 $EIRR \geqslant i_s$，项目应考虑可以接受。

2. 经济净现值（ENPV）

经济净现值是反映项目对国民经济所作净贡献的绝对指标。它是用社会折现率将项目计算期内各年的净效益流量折算到建设期初的现值之和。当经济净现值大于 0 时，表明国家为项目付出代价后，除得到符合社会折现率的社会盈余外，还可以得到以现值计算的超额社会盈余。其计算式为

$$ENPV = \sum_{t=1}^{n}(B-C)_t(1+i_s)^{-t}$$

一般情况下，经济净现值 $ENPV \geqslant 0$ 的项目是可考虑接受的。经济净现值通过经济现金流量表计算。

（二）外汇效果分析评价指标

涉及产品出口创汇或替代进口节汇的项目，应进行外汇效果分析，计算经济外汇净现

值、经济换汇成本、经济节汇成本等指标。

1. 经济外汇净现值（ENPVF）

经济外汇净现值是反映项目实施后对国家外汇收支造成直接或间接影响的重要指标，用以衡量项目对国家外汇的真正净贡献（创汇）或净消耗（用汇）。经济外汇净现值可通过经济外汇流量表计算求得，其计算式为

$$ENPVF = \sum_{t=0}^{n} (FI - FO)_t (1 + i_s)^{-t}$$

式中：FI 为外汇流入量；FO 为外汇流出量；$(FI - FO)_t$ 为第 t 年的净外汇流量；n 为项目计算期或经济寿命。

当有产品替代进口时，可按净外汇效果计算经济外汇净现值。

2. 经济换汇成本

当有产品直接出口时，应计算经济换汇成本。该指标是用影子价格、影子工资和社会折现率计算出口产品投入的国内资源（包括投资、原材料、工资、其他投入和贸易费用）现值（用人民币表示）与出口产品的经济外汇净现值（用美元表示）之比，即换取 1 美元外汇所需要的人民币金额，是分析评价项目实施后在国际上的竞争力，进而判断该产品应否出口的重要指标，其计算式为

$$经济汇换成本 = \frac{\sum_{t=1}^{n} DR_t (1 + i_s)^{-t}}{\sum_{t=1}^{n} (FI' - FO')_t (1 + i_s)^{-t}} \leqslant SER$$

式中：DR_t 为项目在第 t 年生产出口产品投入的国内资源，用人民币表示；FI' 为出口产品的外汇流入量，用美元表示；FO' 为生产出口产品的外汇流出量，用美元表示。

经济换汇成本（元/美元）小于或等于影子汇率，表明该项目产品的国际竞争力强，出口是有利的。

3. 经济节汇成本

当有产品替代进口时，应计算经济节汇成本，它等于项目计算期内生产替代进口产品所投入的国内资源（包括投资、原材料、工资、其他投入和贸易费用）的现值与生产替代进口产品的经济外汇净现值之比，即节约 1 美元外汇所需的人民币金额，其计算式为

$$经济节汇成本 = \frac{t = \sum_{t=1}^{n} DR'_t (1 + i_s)^{-t}}{\sum_{t=1}^{n} (FI' - FO')_t (1 + i_s)^{-t}} \leqslant SER$$

式中：DR'_t 为项目在第 t 年为生产替代进口产品投入的国内资源，用人民币表示；FI' 为生产替代进口产品所节约的外汇，用美元表示；FO' 为生产替代进口产品的外汇流出，用美元表示。

经济节汇成本（元/美元）小于或等于影子汇率，表明该项目产品的国际竞争力强，替代进口是有利的。

第三节　工程项目社会评价

在传统的投资决策中，主要从经济可行性方面判断项目的优劣，以经济效益的大小决定项目的取舍，在市场机制作用下，投资者必然关心项目的财务可行性，而社会因素的作用、项目的社会可行性往往被忽略，项目经济上的可行不代表社会和环境上的可行，甚至可能产生负效应。在这种情况下，如何通过投资项目的实施来实现国家的宏观发展目标，在保证经济效益的同时促进社会发展，是非常现实的问题。实践证明，工程建设项目产生的各种效益和影响，不仅仅体现在经济方面，也大量地体现在社会方面。因此，对工程项目的评价与分析，亦应注重社会方面的内容。

一、工程项目社会评价的概念

工程建设项目社会评价的概念国内外尚无统一的认识。名称上既不统一，内容、方法上差别也比较大。例如，美国推行环境影响评价与社会影响评价，欧盟推行的环境评价（Environment Assessment，EA）包括自然环境影响与社会环境影响评价，加拿大的社会评价，除分配效果外，还包括环境质量与国防能力等方面的影响分析，巴西的社会评价则指国家的宏观经济分析，阿拉伯工业发展中心与联合国工发组织编写的《工业项目评价手册》是在国民经济评价中包括部分社会效益指标。世界银行、亚洲开发银行、英国海外开发署援助发展中国家的项目都进行社会分析与评价。

由于社会是由经济、政治、文化、教育、卫生、安全、国防、环境等各个领域组成的，社会发展目标也包括经济、政治、文化、教育、卫生、安全、国防、环境等各个社会领域的目标，一个项目的建设都或多或少与各个社会生活领域的发展有着联系，无论是竞争性项目、基础性项目还是公益性项目，都直接或间接地促进社会生产的发展和人民物质文化生活水平的提高。因此，从理论上讲，项目社会评价的概念可表达为：工程项目社会评价，是指分析评价项目对实现国家和地方各项社会发展目标所做的贡献与所产生的影响，以及项目与当地社会的相互适应性的一种系统的调查、研究、分析评价方法。

二、工程项目社会评价的必要性

可持续发展作为我国今后社会发展的重要战略目标，要求经济与社会协调发展。因此，对建设项目进行社会评价是十分必要的。主要体现在以下几个方面：

1. 有利于经济与社会发展目标的顺利实现

在我国，建设项目过去没有做社会评价，在社会环境方面造成了不少遗留问题。例如，有的水利项目建成了却因移民安置解决不好，导致部分移民生活水平下降，甚至有的移民多次迁返库区，影响项目效益，并产生一系列的社会问题，这对我国经济与社会发展目标的实现极为不利。因此，进行建设项目社会评价，解决社会、环境等问题，实现项目与社会相互协调发展，进而使国家经济与社会发展目标顺利实现。

2. 有利于促使项目与人民、社会的需要相适应，避免社会风险，提高项目的可持续性

工程建设项目不论何种类型、规模大小，其目的都是为满足人民的需要及发展服务，

项目必须与人民和社会的需要相适应。项目社会评价正是要深入实际，分析当地人民的需求以及他们对项目的吸收能力，分析项目对当地社会的各种影响，提出合理的针对性建议，减少项目建设的社会风险。只有消除项目的不利影响，避免社会风险，使项目与当地人民的需要相适应、相协调，项目才能持续实施，从而持续发挥项目的投资效益。

3. 有利于提高项目决策的科学性

对工程建设项目开展社会评价，可以提高项目决策的科学性，有利于全面提高投资效益。据世界银行的有关资料，世界银行近几年有 30 多个经过社会分析的项目，其经济效益比其他项目高 50%～100%，而不利影响却比其他项目小。我国近几年国民经济有较快发展，但在建设中还存在"大而全，小而全"、低水平重复建设、环境恶化等问题。其中原因之一，就是在建设项目决策前未进行社会评价。因此，对建设项目进行社会评价，将有利于选择经济效益、社会效益、环境效益兼顾的最佳方案，有利于宏观调控，有利于全面提高建设项目决策的科学性。

4. 有利于建设项目决策民主化

开展项目社会评价，实行公众参与项目的决策立项、建设实施和运行管理，广泛收集各方面的意见，以便得到群众的理解、支持与合作，特别是某些影响全局、关系项目成败的少数人、甚至个别人的意见，更要慎重对待。通过公众参与、研究对策，可减少或避免项目决策失误所带来的重大损失，同时也有利于项目的顺利实施，充分发挥项目的经济效益、社会效益和环境效益。

5. 有利于吸引外资，深化改革开放

当前，国际社会日益重视环境与社会发展问题。世界银行、亚洲开发银行等国际金融组织贷款的项目，均要求做项目的社会评价，不进行项目的社会评价、不予立项。我国开展建设项目社会评价，有利于进一步满足改革开放政策的要求，有利于引进外资，从而促进我国经济的发展和社会的进步。

6. 有利于实施可持续发展战略，促进社会的发展

在我国，发展问题不仅仅要促进经济的发展，更要大力促进全社会的发展以及全体人民素质的提高。社会评价注重分析研究一个项目可能产生的对当地社会所造成的影响，并且在此基础上提出可能的改进措施、最优方案，强调社区及人民对项目的参与，重视项目建设过程中利益及机会分配的公平性，注重贫困的分析及其克服的途径，注重妇女以及社会组织机构的发展，致力于提高项目与社区人民共同发展的持续性，并通过多方面的研究，促进项目的高效、稳定，并与当地人民协调发展。

三、工程项目社会评价的内容

工程建设项目社会评价，归纳起来主要有四种：一是以经济学为基础的社会费用效益分析方法中的社会评价；二是以社会学、人类学为基础的社会分析；三是社会影响评价；四是包括社会效益与影响评价以及项目与社会互相适应的分析。

这几种社会评价主要源于西方国家对公共项目的投资评估，从理论上分析，前三种都属于经济学范畴，理论基础是福利经济学，所以前三种之间的区别主要是社会效益分析，或是既有社会效益分析又包括经济增长分析。第四种社会效益与影响评价以及广泛的社会

分析，理论上以社会学为基础，是近几十年来，在西方国家开展起来的，它以社会学家参与分析为其主要特色，是项目社会评价的发展趋势。因此，我们主要分析上述社会评价的第四种，即社会效益与影响评价以及项目与社会互相适应的分析。

（一）建设项目的社会效益与影响评价

建设项目的社会效益与影响评价，是以各项社会政策为基础，针对国家与地方各项社会发展目标而进行的分析评价。其评价内容可分为四个方面、三个层次的分析，即项目对社会环境、自然与生态环境、自然资源以及社会经济四个方面的效益与影响评价，对国家、地区、项目三个层次的分析。一般项目对国家与地区（省或市）的分析可视为项目的宏观影响分析，项目与社区的相互影响分析可视为项目的微观影响分析。

（二）建设项目与社会相互适应性分析

项目与社会相互适应性分析，是以分析项目与当地社区的相互适应性为主，但大中型项目则还有适应国家、地方（省、市）发展重点的问题。适应性分析的目的是：使项目与社会相适应，以防止发生社会风险，保证项目生存的持续性；促使社会适应项目的生存与发展，以促进社会进步与发展。内容包括：项目是否适应国家、地区（省、市）发展的重点；项目的文化与技术的可接受性；项目存在的社会风险程度；受损群众补偿问题；项目的参与水平；项目承担机构能力的适应性；项目的持续性等。

建设项目效益与影响评价以及建设项目与社会相互适应性分析是紧密结合的。因为在项目层次上分析公平、贫困、妇女、参与、组织机构发展以及持续性等问题，都是随着项目的效益与影响带来的社会变化而变化的。没有项目的效益与影响引起人民群众在收入分配、住房、基础设施、服务设施、自然环境、资源等方面的社会变化，就不存在项目与社会是否相互适应，是否存在社会风险的问题。因此两部分分析在实践中是紧密结合，互有交叉的。

四、水利建设项目社会评价的特点

水利建设项目社会评价是运用社会调查和社会分析方法，分析评价水利建设项目为实现国家和地方各项社会发展目标所做的贡献与影响，以及项目与社会的相互适应性分析。它是从社会学、人类学的角度研究水利建设项目的可行性，是为选择最优方案、进行投资决策和保证项目顺利实施服务的。

水利建设项目社会评价是投资项目社会评价的一类，既有投资项目社会评价的特点，又具有很强的水利行业特征。水利建设项目的社会评价，具有以下特点：

1. **重在人文分析**

水利项目社会评价按照社会发展以人为中心的观点，主要研究项目与人的关系，并研究调整项目与人的关系，以达到在项目实施的全过程中，项目与项目相关的群体相互协调，促进项目的持续性，从而促进社会经济持续发展和人类社会的不断进步。从重视人的因素出发，水利建设项目特别是水库淹没所引起的人口统计特征、收入分配、文化、教育、卫生保健、道德规范、宗教信仰、风俗习惯、价值观念、人际关系等社会人文因素的变化，人们对这些变化的反映，以及由此引发的社会风险，都是项目社会评价分析的重点。

2. 评价内容广泛

水利项目社会评价要进行社会效益与影响评价和项目与社会相互适应性分析，涉及社会经济、社会环境、自然资源以及项目与国家或地区发展的适应性、项目的可接受性、项目存在的社会风险程度、受损群众的补偿问题、项目的参与水平，项目承担机构能力的适应性、项目的持续性等。各种社会因素纵横交错，有些因素且互有矛盾，十分复杂。

3. 评价分析层次多

水利项目社会评价中的社会效益和影响，是以国家、地方、当地社区各层次的社会发展目标和社会政策为基础的，因此，需分别从以上三个不同层次进行分析。水利是国民经济的基础设施和基础产业，具有防洪、治涝、灌溉、供水、发电、航运、水土保持、水库渔业、旅游等多种功能，水利工程特别是大中型水利工程建设对国家、地方、当地社区（含流域）的社会发展目标均有重大影响。因此，对大中型水利建设项目的社会评价需有国家层次的宏观分析、有针对地方发展目标的中观分析和针对社区发展目标与项目的微观分析，具有多层次分析的特点。

4. 评价指标定量较困难

水利项目的社会效益很大，社会影响多种多样，十分复杂，有的可以定量计算，有的则不能或难以定量计算。如项目对社区文教、卫生的影响，对社会稳定安全的影响、对人们身体健康和寿命的影响、对人们风俗习惯的影响，以及人们对参与项目的看法、态度，项目的可持续性等，通常都不能进行定量计算。因此，水利项目社会评价宜采用定量分析与定性分析相结合，以定性分析为主的方法。

5. 以调查、分析为主

水利项目社会评价中所需的社会资料和社会信息都要通过社会调查取得，社会评价人员对社会情况的把握程度直接影响甚至决定其分析判断的结果，因此社会评价要把搞好社会调查和对调查资料的分析研究，以及存在问题进行科学分析放在重要地位，予以高度重视。

6. 评价指标的多样性

水利工程的效益，有的是以社会效益为主，如防洪、治涝、灌溉，水土保持等；有的是以经济效益为主，兼有一定的社会效益如供水、发电、渔业等。对此社会评价的内容、重点、指标亦有所不同。因此，水利工程社会评价指标具有多样性的特点，广泛收集各方面的意见，有利于得到群众的理解和支持。特别是对某些影响全局，关系项目成败的少数人，甚至于别人的意见，更要慎重对待。通过公众"参与"，共同研究对策，可以减少或避免项目决策失误所带来的重大损失。

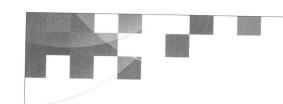

第五章
设备更新分析

第一节　设备更新的原因及原则

一、设备更新原因

设备更新，从广义上讲应包括设备修理、设备更换、设备更新和设备现代化改装；从狭义上讲，是指以结构更加先进、技术更加完善、生产效率更高的新设备代替不能继续使用及经济上不宜继续使用的旧设备。

设备更新源于设备的磨损。有磨损就要有补偿，补偿有三种形式：修理、更新和改造。这三种方式采用哪种较好，则需要进行经济分析。

（一）设备的有形磨损与补偿

机械设备在力的作用下，零（部）件产生摩擦、振动、疲劳、生锈等现象，致使设备的实体产生磨损，称为设备的有形磨损。设备的有形磨损又分为：设备在使用过程中，由于各种力的作用，使零（部）件产生实体磨损，导致零（部）件的尺寸、形状和精度发生改变，直至损坏而产生的第Ⅰ种形式的有形磨损；设备在闲置过程中，由于自然力的作用而生锈腐蚀，丧失了工作精度和使用价值而产生的第Ⅱ种形式的有形磨损。

度量设备的有形磨损程度，一般采用经济指标进行度量，可以采用以下三种方法对设备的有形磨损程度进行度量。

（1）根据零件的磨损程度 α_p，计算设备的磨损程度。

$$\alpha_p = \frac{\sum_{i=0}^{n} \partial_i k_i}{\sum_{i=t}^{n} k_i}$$

式中：α_p 为设备的有形磨损程度指标；k_i 为零件的价值；n 为磨损零件的总数。

（2）根据设备已经使用的期限与有形磨损规定的服务年限之比来表示。

$$\alpha_p = \frac{T_u}{T_s}$$

式中：T_u 为设备已经使用的年限；T_s 为有形磨损规定的服务年限。

（3）根据消除有形磨损所需要的修理费用来表示。

$$\alpha_p = \frac{R}{K_1}$$

式中：R 为修复全部磨损零件所用的修理费；K_1 为在确定磨损时该种设备的再生产

价值。

　　当设备磨损到一定程度时，设备的使用价值降低，使用费用提高。要消除这种磨损，可通过修理来恢复，但修理费应小于新机器的价值。当设备磨损达到其丧失工作能力，即修理也不能达到恢复功能时，则需用更新的设备来代替原有的设备。

（二）设备的无形磨损与补偿

　　所谓设备的无形磨损，是指由于科学技术进步而不断出现性能更加完善、生产效率更高的设备，使原有设备的价值降低，或者是生产同样结构设备的价值不断降低而使原有设备贬值。无形磨损也称经济磨损。由于相同结构设备再生产价值的降低而产生原有设备价值的贬值，称第Ⅰ种形式的无形磨损；由于不断出现技术上更加完善、经济上更加合理的设备，使原设备显得陈旧落后，因此产生经济磨损，称为第Ⅱ种形式的无形磨损。

　　设备无形磨损程度也可通过经济价值来定量描述。若设备的原始价值为 K_0，在某一时刻其等效设备的再生产价值为 K_1，则设备的无形磨损程度可用下式计算

$$\alpha_{\text{II}} = \frac{K_0 - K_1}{K_0} = 1 - \frac{K_1}{K_0}$$

K_1 确定应综合考虑以下因素：

　　（1）由于生产效率提高，使得相同设备再生产价值降低。

　　（2）出现了功能更加齐全、性能更加优良的新设备，如果采用该新设备替代原有的旧设备，会使企业的产量与成本发生变化。

　　故 K_1 可用下式计算

$$K_1 = K_n \left(\frac{Q_0}{Q_n}\right)^{\alpha} \left(\frac{C_0}{C_n}\right)^{\beta}$$

式中：K_n 为新设备的价值；Q_0，Q_n 为使用旧设备与使用新设备所对应的年产量；C_0，C_n 为使用旧设备与使用新设备所对应的单位产品成本；α 为设备产量提高指数（$0 < \alpha < 1$）；β 为设备成本降低指数（$0 < \beta < 1$）。

　　α，β 的数值可以根据具体情况确定。

　　当 $Q_0 = Q_n$，$C_0 = C_n$，则说明采用新设备与旧设备进行生产，其产量与单位生产成本并无变化，只是新设备的重置价格有所降低，意味着设备仅发生第Ⅰ种无形磨损，而未发生第Ⅱ种无形磨损。而出现了下列情况之一即表示发生了第Ⅱ种无形磨损：① $Q_0 < Q_n$，$C_0 = C_n$；② $Q_0 = Q_n$，$C_0 > C_n$；③ $Q_0 < Q_n$，$C_0 > C_n$；④ $Q_0 = 0$，$C_0 = \infty$。

　　在第Ⅰ种无形磨损形式下，设备的结构性能并未改变，但由于技术的进步，工艺的改善，成本的降低，劳动生产率不断提高，使生产这种设备的劳动耗费相应降低，而使原有设备贬值。但设备的使用价值并未降低，设备的功能并未改变，不存在提前更换设备的问题。第Ⅱ种无形磨损的出现，不仅使原设备的价值相对贬值，而且使用价值也受到严重的冲击，如果继续使用原有设备，会相对降低经济效益，这就需要用更新的设备代替原有设备。但是否更换，取决于是否有更新的设备及原设备贬值的程度。

　　设备磨损形式与补偿方式的关系如图5-1所示。

（三）设备的综合磨损与补偿

　　在设备的有效使用期内，设备既遭受到有形磨损，又遭受无形磨损。两种磨损同时作

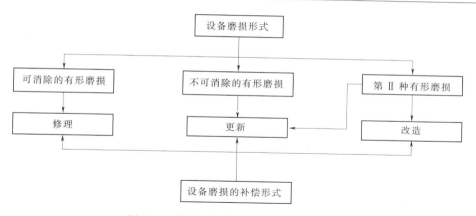

图 5-1 设备磨损形式与补偿方式的关系

用于现有设备上，称为综合磨损。在同时考虑综合磨损后，即可采用经济价值指标，得到设备的综合磨损程度。其定量描述方法为：

经过一定时期的有形磨损后（包括第 I 种有形磨损与第 II 种有形磨损），老设备的价值变为 $K_0(1-\alpha_p)$；再考虑无形磨损（包括第 I 种无形磨损与第 II 种无形磨损），老设备的价值变为 $K_0(1-\alpha_p)(1-\alpha_1)$，则考虑综合磨损后老设备损失的价值为

$$K_0 - K_0(1-\alpha_p)(1-\alpha_{II}) = K_0\alpha$$
$$\alpha = 1 - (1-\alpha_p)(1-\alpha_1)$$

式中：α 为老设备的综合磨损度。

设备在同一时期遭受经济磨损（包括有形磨损与无形磨损）后，其净值为 K，由上面分析知道 K 为

$$K = K_0(1-\alpha_p)(1-\alpha_1) = K_0\left(1-\frac{R}{K_1}\right)\left(1-\frac{K_0-K_1}{K_0}\right) = K_1 - R$$

可以分以下三种情况考虑：

（1）当 $K_1 > R$ 时，$K > 0$ 说明设备在经过维修后继续使用比重置新设备合算，设备还有价值。

（2）当 $K_1 = R$ 时，$K = 0$ 说明设备在经过维修后继续使用与重置新设备所付出的代价一样，此时，可以继续使用旧设备，亦可重置新设备。

（3）当 $K_1 < R$ 时，$K < 0$ 说明设备的维修费用比重置新设备的费用高，显然此时设备已没有维修的必要，应重置新设备。

二、设备更新原则

（一）不考虑沉没成本

沉没成本被定义为："过去出现的、与未来收入或支出估算无关的成本"。此概念表示过去所花的钱或为过去决策所支付的费用，都属于不可恢复的费用，不会被未来的决策所改变。因此在设备更新时，旧设备的原始成本和已提的折旧额都是无关的，在进行方案时，原设备的价值按目前值多少计价。

（二）不按方案的直接现金流量进行比较，而应从客观的立场比较

新旧设备的经济效益比较分析时，分析者以一个客观的身份进行研究，而不应在原有现状上进行主观分析，也就是说，分析者应该站在咨询人的立场上，而不是站在旧资产所有者的立场上考虑问题。只有这样才能客观、正确地描述新旧设备的现金流量。

三、设备经济寿命的确定

由于磨损的存在，设备的使用价值和经济价值逐渐消逝，因而设备具有一定的寿命。根据对设备考察方面的不同，可将设备寿命划分成自然寿命、技术寿命、折旧寿命、经济寿命等几个范畴。经济寿命是指给定的设备具有最低等值年成本的时期，或最高的等值年净收益的时期。换言之，经济寿命即一台设备从开始使用直至在经济前景的分析中不如另一台设备更有效益而被替代时所经历的时期。如果项目所投资的设备可供使用的年限越长，每年所分摊的设备成本就越低，但设备的维护保养费、操作费、材料及能源耗费将增加，年运行时间、生产效率、质量将下降。因此，第一种成本低，会被第二种成本的增加或收益的下降所抵消。在整个变化过程中，平均总成本（或年均净收益）是时间的函数，在适宜的使用年限内会出现年均总成本最低（或年均净收益最大）这一个时点，如图 5-2 所示，其时点所对应的时间间隔就是设备的经济寿命。所以，设备的经济寿命就是从成本观点或收益观点确定设备更新的最佳时刻。

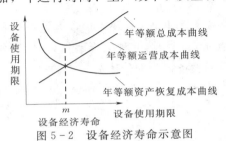

图 5-2　设备经济寿命示意图

（一）静态计算方法

假定设备经过使用之后残值为 L_T，并以 K_0 代表设备的原始价值，T 代表已使用的年数，则年均设备费为 $(K_0 - L_T)/T$。随着 T 的增长，按年平均分摊的设备费不断减少，但设备使用时间越长，设备的有形磨损和无形磨损越加剧，设备的维护修理费用及燃料、动力消耗越增加，这称为设备的低劣化。若这种低劣化每年以 λ（λ 被称为低劣化值）的数值增加，则年平均运行成本为

$$\frac{C_1 + (C_1 + \lambda) + (C_1 + 2\lambda) + \cdots + [C_1 + (T-1)\lambda]}{T} = C_1 + \frac{T-1}{2}\lambda$$

式中：C_1 为年运行成本的初始值，即第一年的运行成本。

设备的年均总费用

$$AC_T = \frac{K_0 - L_T}{T} + C_1 + \frac{T-1}{2}\lambda$$

若使设备年均费用最小，令 $\dfrac{\mathrm{d}(AC_T)}{\mathrm{d}T} = -\dfrac{K_0 - L_T}{T^2} + \dfrac{\lambda}{2} = 0$，得

$$T_{apt} = \sqrt{\frac{2(K_0 - L_T)}{\lambda}}$$

【例 5-1】 某设备原始价值为 8000 元，物理寿命为 9 年，忽略各年残值，初始运行成本为 400 元，设备的维护修理费、燃料、动力消耗费等随着设备使用时间的延长，每年以

320 元的速度增加。试求设备的经济寿命。

解：（1）直接利用公式计算。

$$T_{apt} = \sqrt{\frac{2(K_0 - K_T)}{\lambda}} = \sqrt{\frac{2 \times 8000}{320}} = 7（年）$$

（2）利用设备更新分析表计算，见表 5-1。

表 5-1   **设备经济寿命计算表**

已使用年数/T	年均设备费 $\frac{K_0 - L_T}{T}$/元	年均运行成本 $C_1 + \frac{T-1}{2}\lambda$/元	年均总费用 AC_T/元
1	8000	400	8400
2	4000	560	4560
3	2667	720	3387
4	2000	880	2880
5	1600	1040	2640
6	1333	1200	2533
7	1143	1360	2503[①]
8	1000	1520	2520
9	889	1680	2569

① 年均总费用最低者。

由表 5-1 可见，第 7 年的年均总费用最低，故设备的经济寿命为 7 年。这里，设备最优更新期的计算没有考虑资金的时间价值。

如果运行成本劣化值各年不同，且无规律可循，这时可根据企业的记录或者对其实际情况进行预测，然后利用设备更新分析表计算经济寿命。

【例 5-2】 某设备原始价值为 10000 元，物理寿命为 10 年，初始运行成本为 800 元，各年的运行成本劣化值及残值见表 5-1。试求该设备的经济寿命。

解：通过表 5-1 的计算，年均总费用在第 7 年时最低，故该设备的经济寿命为 7 年。

（二）动态计算方法

若考虑资金的时间价值，则设备的经济寿命的计算公式为

$$AC_n = \left[K_0 - L_n(P/F, i, n) + \sum_{t=1}^{n} C_t(P/F, i, n)\right](A/P, i, n)$$

式中：AC_n 为设备使用到第 n 年的年平均费用；C_t 为第 t 年的运行成本，包括操作人员工资、能源消耗费、维护保养费、检查修理费、停产损失费、保险费等；K_0 为设备的原始价值；L_n 为设备的残值，指设备使用 n 年后的残余价值；t 为设备使用时间，$t = 1$，2，…，n。

设备的经济寿命 T_{opt} 为 $\min[AC_1, AC_2, \cdots, AC_n]$ 对应的年份。

第二节 设 备 更 新 方 案 比 较

设备更新主要涉及如下几个问题：①大修理是否经济合理？②设备使用多少年或

什么时间更新最经济合理？③用什么方式更新设备最经济合理？④租赁还是购买新设备？

一、设备原型更新分析

设备更新有两种基本形式：一种是用结构和效能相同的设备去更换有形磨损严重、经济上不宜继续使用的旧设备，即设备原型更新。这种更新不具有更新技术的性质，主要解决设备的损坏问题；另一种是用技术更先进、效率更高、原料消耗更少的新设备来替代技术上或经济上不能继续使用的旧设备，即设备技术更新。这种更新既能解决设备的损坏问题，又能解决设备技术落后、浪费能源和环境污染等问题。在技术进步很快的条件下，设备更新主要是后一种。

（一）设备原型更新时机的确定

设备原型更新的最佳更新时机一般是根据设备的经济寿命确定，设备的经济寿命的计算原理、方法已在上一节中作了详细介绍，这里不再重复。

（二）设备原型更新方案的优选

设备原型更新方案应包括：①继续使用原设备方案；②原设备大修方案；③原型设备更换方案。设备原型更新方案的优选就是从各种方案中选择总费用最小的方案，可以通过计算总费用现值来判断。

1. 设备大修理的经济分析

设备大修理经济与否要进行具体分析，一般情况下应考虑满足下列两条原则：

（1）设备大修理的最低经济界限。某次大修理的费用不能越过购置同种新设备所需费用，否则该次大修理不具有经济合理性，而应考虑设备更新。这是设备大修理经济合理性的起码条件，或称最低经济界限，可用公式表示为

$$R \leqslant K_n - L_t$$

式中：R 为某次修理费用；K_n 为同种设备的重置费用；L_t 为旧设备被更换时的残值。

最低经济界限成立的前提是设备在大修理之后的生产技术特性与同种新设备没有区别。但事实上大修后的设备综合质量大都有所下降，有可能致使生产单位产品的成本比用同种新设备生产单位产品的成本高。此时即使满足上式，在经济上仍有可能是不合理的，因此需要满足下面一条原则。

（2）设备大修理的理想经济界限。设备经过某次大修理后的单位产品生产成本不能高于同种新设备的单位产品生产成本，否则大修理不具有经济合理性，而应考虑设备更新，可用公式表示为

$$C_{zoj} \leqslant C_{zn}$$

式中：C_{zoj} 为第 j 次大修理后设备生产单位产品的生产成本；C_{zn} 为具有相同用途的新设备生产单位产品的生产成本。

2. 设备原型更新方案的比较方法

设备原型更新方案比较按各方案总费用现值最小的判据进行方案选择，各种方案总费用现值的计算式如下：

（1）继续使用旧设备的现值费用

$$PC_w = \frac{1}{\beta_0}\left[L_{w0} - L_{wn}(1+i_0)^{-n} + \sum_{i=1}^{n} C_{wt}(1+i_0)^{-t}\right]$$

（2）大修理后设备的现值费用

$$PC_r = \frac{1}{\beta_r}\left[L_{w0} - L_{rn}(1+i_0)^{-n} + K_{r0} + \sum_{i=1}^{n} C_{rt}(1+i_0)^{-t}\right]$$

（3）原型设备更换的现值费用

$$PC_n = \frac{1}{\beta_n}\left[K_{n0} - L_{w0} - L_{nn}(1+i_0)^{-n} + \sum_{i=1}^{n} C_{nt}(1+i_0)^{-t}\right]$$

式中：β_0，β_r，β_n 分别为旧设备、大修理后设备、原型设备更换的生产率系数；L_{w0} 为旧设备在更新决策时的净残值或市场出售价值；K_{r0}，K_{n0} 分别为设备大修费、原型设备购置费；L_{wn}，L_{rn}，L_{nn} 分别为设备在继续使用、大修理、原型设备更换后第 n 年末的残值；C_{wt}，C_{rt}，C_{nt} 分别为设备在继续使用、大修理、原型设备更换后第 t 年的运营成本。

二、设备技术更新分析

设备技术更新是以结构更先进、技术更完善、性能更好、效率更高的设备代替旧设备，或者对旧设备进行现代化改造。对旧设备进行现代化改造的费用一般少于购置同类新型设备的费用，因此对于我国许多资金不足的老企业来说，现代化改造是改变技术落后状况的重要途径。设备技术更新可以补偿由无形磨损引起的设备使用价值的降低。

（一）设备现代化改造的概念

所谓设备的现代化改造（也称设备的技术改造），是指应用现代的技术成就和先进经验，适应生产的需要，改变现有设备的结构，改善现有设备的技术性能和经济效果，使之达到或部分达到新设备的水平。设备技术改造是克服现有设备的技术陈旧状况、消除第Ⅱ种无形磨损、更新设备的重要手段。

（二）设备技术更新方案的比较方法

设备技术更新方案比较同样可以按各方案总费用现值最小的原则进行方案选择，各种方案总费用现值的计算式如下：

（1）新型设备更新的现值费用

$$PC_g = \frac{1}{\beta_m}\left[K_{g0} - L_{w0} - L_{gn}(1+i_0)^{-n}\right] + \sum_{t=1}^{n} C_{gt}(1+i_0)^{-t}$$

（2）现代化改造后设备的现值费用

$$PC_g = \frac{1}{\beta_m}\left[K_{m0} - L_{w0} - L_{mn}(1+i_0)^{-n}\right] + \sum_{t=1}^{n} C_{mt}(1+i_0)^{-t}$$

式中：β_g，β_m 分别为新型设备更新、旧设备现代化改造后的生产率系数；K_{g0}，K_{m0} 分别为新型设备购置费、旧设备现代化改造投资；L_{gn}，L_{mn} 分别为设备在新型设备更新、旧设备现代化改造后第 n 年末的残值；C_{gt}，C_{mt} 分别为新型设备更新、旧设备现代化改造后第 t 年的运营成本。

第三节　设备租赁与购置决策

一、设备租赁概述

(一) 设备租赁的概念

出于设备的大型化、精密化、电子化等原因，设备的价格愈来愈昂贵。为了节省设备的巨额投资，租赁设备是一个重要的途径。同时，由于科学技术的迅速发展，设备更新的速度也普遍加快。为了避免承担技术落后的风险，也可以采用租赁的办法。

设备租赁是设备的使用单位向设备所有单位（租赁公司）租借，并付给一定的租金，在租借期内享有使用权，而不变更设备所有权的一种交换形式。

设备租赁一方面表现为出租者通过转让设备的生产与技术给承租者，使双方技术与生产结构产生变化；另一方面也表现为承租者通过商品资金的运动而获得出租者所提供的信贷投资，租赁费则可看成是对这笔信贷的还款和付息。

近年来，租赁业务的规模愈来愈大。设备租赁时间一般为 3～5 年，个别大型设备还可达 20 年左右。

(二) 设备租赁的方式

设备租赁的方式主要有两种：经营租赁和融资租赁。

1. 经营租赁

经营租赁是由出租者向承租者提供一种特殊服务的租赁，即出租者除向承租者提供租赁物外，还承担设备的保养、维修、老化、贬值以及不再续租的风险。这种方式带有临时性，因而租金较高。承租者往往用这种方式租赁技术更新较快、租期较短的设备，承租设备的使用期往往短于设备的寿命期，并且经营租赁设备的租赁费计入企业成本，可减少企业所得税。

2. 融资租赁

融资租赁是一种融资和融物相结合的租赁方式。它是由双方明确租让的期限和付费义务，出租者按照要求提供规定的设备，然后以租金形式回收设备的全部资金。这种租赁方式是以融资和对设备的长期使用为前提的，租赁期相当于或超过设备的寿命期，租赁对象往往是一些贵重和大型设备。由于设备是承租者选定的，出租者对设备的整机性能、维修保养、老化等风险不承担责任。对于承租者来说，融资租入的设备属于固定资产，可以计提折旧计入企业成本，而租赁费一般不直接列入企业成本，由企业税后支付。但租赁费中的利息和手续费可在支付时计入企业成本，作为纳税所得额中准予扣除的项目。

二、设备租赁决策的步骤

设备租赁决策的步骤如下：

(1) 根据企业生产经营目标和技术状况，提出设备更新或新建项目投资建议。

(2) 拟定若干设备投资、更新方案，包括购置、租买（分期付款购买）和租赁。

(3) 定性分析筛选方案，包括：

1）分析企业财务能力。如果企业不能一次筹集并支付全部设备价款，则去掉一次购置方案。

2）分析设备技术风险、使用维修特点。对技术过时风险大、保养维护复杂、使用时间短的设备，可采用经营租赁的方式；对技术过时风险小、使用时间长的大型专用设备则应选择融资租赁的方式。

（4）定量分析并优选方案，结合其他因素，作出租赁还是购买的投资决策。

三、设备租赁与购置的决策分析

设备租赁与购置的决策分析实质上是个互斥方案的选优问题，可用费用现值法、净现值法、年费用法和优劣平衡分析法等予以解决。

（一）销售收入与经营成本已知的情况

在销售收入与经营成本已知的情况下，可通过现金流量计算各方案的净现值比选决策。设备租赁与购置方案的现金流量计算如下：

1. 租赁方案的现金流量计算

（1）经营租赁设备方案，即

净现金流量＝销售收入－经营成本－租赁费－销售税及附加－所得税税率×（销售收入－销售税及附加－经营成本－租赁费）

（2）融资租赁设备方案，即

净现金流量＝销售收入－经营成本－租赁费－销售税及附加－所得税税率×（销售收入－销售税及附加－经营成本－折旧费－租赁费中的手续费和利息）

2. 购置方案的现金流量计算

（1）自有资金购置设备方案，即

净现金流量＝销售收入－经营成本－设备购置费－销售税及附加－所得税税率×（销售收入－销售税及附加－经营成本－折旧费）

（2）贷款购置设备方案，即

净现金流量＝贷款＋销售收入－经营成本－设备购置费－销售税及附加－利息－所得税税率×（销售收入－销售税及附加－经营成本－折旧费－利息）－还本

【例 5－3】 设备每年可实现的销售收入为 5 万元，经营成本为 3 万元，所得税率为 33%，设备价格为 4 万元，寿命为 5 年，残值为 0，有 4 种投资方式，若基准收益率为 15%，应选择哪种方式？

（1）经营租赁，年租金为 1 万元。

（2）贷款购置，贷款年利率为 10%，贷款年限为 5 年，利息当年付清，本金最后还。

（3）用自有资金购置。

（4）融资租赁，先一次性支付 50% 的设备价款，然后在 5 年内每年支付 0.6 万元，其中利息和手续费为 0.2 万元。

解：（1）经营租赁，画现金流量图，如图 5－3 所示。

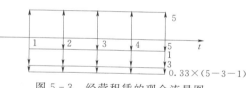

图 5－3 经营租赁的现金流量图

1～5 年的年净现金流量＝5－3－1－0.33×(5－3－1)＝0.67(万元)
$$NPV(15\%)=0.67(P/A,0.15,5)=2.25(万元)$$

（2）贷款购置，即
$$第 0 年的净现金流量＝4－4＝0(万元)$$

1～4 年的年净现金流量＝5－3－0.4－0.33×(5－3－0.4－0.8)＝1.336(万元)

第 5 年的净现金流量＝5－3－0.4－0.33×(5－3－0.4－0.8)－4＝－2.664(万元)

其中，折旧费按直线法计算为 4/5＝0.8(万元/年)。

现金流量如图 5－4 所示。
$$NPV(15\%)=1.336(P/A,0.15,5)-4(P/F,0.15,5)=2.49(万元)$$

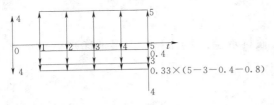
图 5－4　贷款购置的现金流量图

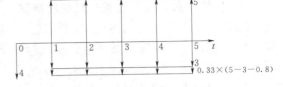
图 5－5　自有资金购置的现金流量图

（3）自有资金购置，即

第 0 年的净现金流量＝－4 万元

1～5 年的年净现金流量＝5－3－0.33×(5－3－0.8)＝1.604(万元)

现金流量如图 5－5 所示。

$$NPV(15\%)=[1.604(P/A,0.15,5)-4]=1.38(万元)$$

（4）融资租赁，即

第 0 年的净现金流量＝－2（万元）

1～5 年的年净现金流量＝[5－3－0.6－0.33×(5－3－0.8－0.2)]＝1.07(万元)

现金流量如图 5－6 所示。
$$NPV(15\%)=[1.07(P/A,0.15,5)-2]=1.59(万元)$$

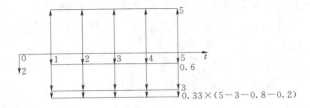
图 5－6　融资租赁的现金流量图

故按净现值法，贷款购置为应选方案。

（二）销售收入与经营成本未知的情况

在销售收入与经营成本未知的情况下，主要考虑的是折旧以及利息的税收抵免，可通过计算各方案的年费用或成本现值比选决策。

【例 5-4】某企业急需一台价值为 12000 元的设备，该设备的使用寿命为 5 年，采用直线折旧法，残值为 2000 元。若采用租赁方式租赁设备，则每年需付租金 3000 元。如贷款购买则每年需按 15% 的贷款利率支付利息，期末还本。假设企业所得税税率为 40%，基准收益率为 10%。当租赁设备时，承租人可以将租金计入成本而免税；当贷款购买时，企业可以将所支付的利息及折旧从成本中扣除而免税，并且可以回收残值。试对以上两种方案进行决策。

解：（1）租赁。采用年费用比较法，设备租赁的现金流量如图 5-7 所示。

图 5-7 自有资金购置的现金流量图

租赁设备年费用 $AC = (3000 - 3000 \times 40\%) = 1800$（元）

（2）贷款购买。设备贷款购买的现金流量如图 5-8 所示。

$$每年支付的利息 = 12000 \times 15\% = 1800（元）$$
$$每年的折旧费 = (12000 - 2000)/5 = 2000（元）$$

设备贷款购买年费用

$$AC = [1800 - (2000 + 1800) \times 40\% + (12000 - 2000)(A/F，0.1，5)] = 1918（元）$$

所以应选择租赁设备方案。

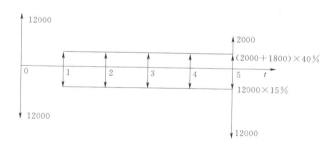

图 5-8 自有资金购置的现金流量图

第六章

价值工程

第一节 价值工程的基本原理

任何经济活动都有其目的和效果，但也必须为此付出代价。在实践中，由于种种原因，人们往往注重经济活动的目的和效果，而忽视为此付出的代价。毕竟只有极少数的情况需要我们不惜一切代价去达到目的。我们日常遇到的大量的活动都要求兼顾投入和产出。用户在选购产品时，除了考察产品的性能和外观外，既要考虑产品的购置价格，又要考虑产品的使用成本。产品的设计者总是力求在技术上精益求精，设计出技术先进、性能优越、外观新颖的产品。但是，他们往往容易忽视一个基本事实，即产品成本的70%在设计时就决定了。价值工程的实践表明，多数产品的技术性能和成本都存在着改进的余地，这就为我们降低产品的成本、提高产品的价值提供了有力的工具。

价值工程（Value Engineering，VE）起源于第二次世界大战期间，当时因为材料短缺，引发了对产品进行变革的需求。价值工程的创始人是美国通用电气公司的工程师麦尔斯（Lawrence D. Miles）。麦尔斯在工作中发现产品中所使用的任何材料都有其特定的功能，能否用具有相同功能而价格更低廉的代用品取代原有的材料呢？从这一指导思想出发，麦尔斯总结出了一套方法，指导工作人员分析产品的功能，通过创造性和创造技法来改革产品，降低产品的成本而不影响其效用。这套方法就是价值分析（Value Analysis，VA）。尽管所用的大部分技术不是新的，但功能分析方法的基本原理是独特的。1961年，麦尔斯在他的《价值分析和价值工程》一书中，把价值分析定义为"一种有组织的创造性方法，该方法的目的为有效地识别出不必要的，即无助于质量、用途、寿命、外观或用户特殊要求等的成本"。经过实践的不断总结，价值分析发展成为价值工程。价值工程是从分析产品的功能入手，寻找降低产品成本、改进产品性能的途径。经统计，开展价值工程活动，成本降低率可达到25%～40%。这些年来价值工程发展很快，其应用领域越来越广，建筑领域有关设计、施工方案的选择、功能的确定等等都有许多成功的案例。

一、价值工程的概念

（一）价值的定义

价值工程中的"价值"常指效益。对于产品来说，价值公式可表示为

$$价值 = \frac{功能}{成本}$$

即

$$V = \frac{F}{C}$$

价值就是用户在购买产品时支付的单位成本所取得的物品数量。价值的定义和经济效果的定义是相吻合的。价值工程的目的是要提高价值，也就是要提高经济效果。能够用最低的寿命周期成本向用户提供必要功能的产品，其价值就最大。因此，这里所说的价值实际上反映了物品"好的程度"，也就是"物美价廉"的程度。

提高价值有如下途径：

（1）提高功能，同时降低成本。这是提高价值的理想途径。

（2）功能保持不变，降低成本。

（3）成本保持不变，提高功能。在成本保持一定的情况下，改进设计，提高其使用功能和美学功能使产品更有竞争力。

（4）少量提高成本，使功能大幅度提高。为了满足购买力较高的用户需要，可适当增加产品的功能，虽然成本有所增加，但功能大幅度增加，同样可提高产品价值。

（5）稍微降低功能，使成本较大幅度地下降。针对购买力较低的用户，减少或降低某些功能，而使成本大幅度降低。

（二）价值工程的定义

价值工程着重于产品的功能分析，是以最低的寿命周期成本可靠地实现产品的必要功能、以提高产品价值为目的的有组织的有领导的创造性活动。

定义表明价值工程分析的是价值、功能和成本三者的关系。其目的是提高产品价值，其核心是"功能分析"，其形式是"有组织的有领导的创造性活动"。

1. 功能的含义

这里的"功能"就产品而言，是指其功用、效用、作用和用途等。产品的功能可分为以下几种：

（1）按功能的性质特点区分，可将功能分为使用功能和美学功能。使用功能是产品在应用中所提供的功能，不仅要求产品的可用性，还要求产品的可靠性、安全性和易维修性；美学功能是为了满足用户对产品所体现出来的美学而提供的功能，包括造型、色彩、图案和包装装潢等。不同的产品，对使用功能和美学功能有不同的侧重。

（2）按功能的重要程度区分，有基本功能和辅助功能。基本功能是产品的主要功能。产品的基本功能往往不止一个，是用户购买的原因、生产的依据。辅助功能一般是支持基本功能，是为了更好地实现基本功能，或由于设计、制造而附加的次要功能。

（3）按功能适应用户需要区分，有必要功能和不必要功能。必要功能是指为满足使用者的需求应具备的功能。使用功能、美学功能、基本功能和辅助功能都是必要功能。但不必要功能也并不少见，不必要功能是相对必要功能而言，如过剩的功能水平、多余功能和重复功能。

价值工程的核心是功能分析。任何产品，不是仅以其外在的形态就能满足用户的需求，用户购买的是产品提供的主要功能。例如，用户买灯泡是买"照明"的功能。只要具有相应的功能，就能满足用户的需要。不同的产品或零部件可以提供相同的功能，但因彼此的成分或结构不同，其成本一般是不相同的。开展价值工程活动的目的就是要通过对产品的功能分析，寻求最经济合理的功能实现的途径，有效地利用资源，提高产品的价值。

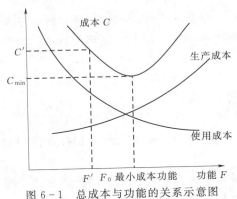

图 6-1　总成本与功能的关系示意图

2. 寿命周期成本

寿命周期成本是指产品从开发、设计、制造乃至使用全寿命周期过程的费用。它包括两个部分——生产成本和使用成本，即

$$C = C_v + C_u$$

式中：C 为寿命周期成本（总成本）；C_v 为生产成本；C_u 为使用成本。

寿命周期成本的高低与产品的功能水平具有内在的联系。随着产品功能水平的提高，生产成本上升，使用成本下降，而两者之和的寿命周期成本则先递减后递增，如图 6-1 所示。

寿命周期成本有一个最低点 C_{min}，所对应的产品功能是最适宜的水平 F_0。功能过高，虽然使用成本较低但生产成本费用较大，则寿命周期成本偏高；反之，功能过低，虽然生产成本费用较低，但使用成本较大，寿命周期成本也偏高。只有功能适宜才能使寿命周期成本最低。价值工程的目标是在 C_{min} 附近寻找一个点，从而使得价值有所提高。开展价值工程就是要使功能和寿命周期成本得到最佳匹配。

3. 有组织的活动

通过各相关领域的协作，依靠集体智慧开展有组织的活动是价值工程的另一重要特征。价值工程强调有组织的活动，这是因为它不同于一般的合理化建议，需要对产品的设计、工艺、采购、销售、生产、财务等各个方面进行系统的研究和分析，需要运用各相关学科的知识和方法。因此，必须把有关人员组织起来相互协作，才能找出解决问题的最佳方案。

二、价值工程的工作步骤及各工作程序

价值工程的工作步骤及各工作程序的内容见表 6-1。

表 6-1　　　　　　　　　　　价值工程一般工作步骤

价值工程工作阶段	设计程序	工作步骤		价值工程对应问题
		基本步骤	详细步骤	
准备阶段	制定工作计划	确定目标	1. 对象选择	1. 这是什么？
			2. 信息搜集	
分析阶段	规定评价（功能要求事项实现程度的）标准	功能分析	3. 功能定义	2. 这是干什么用的？
			4. 功能整理	
		功能评价	5. 功能成本分析	3. 它的成本是多少？
			6. 功能评价	4. 它的价值是多少？
			7. 确定改进范围	

续表

价值工程工作阶段	设计程序	工作步骤		价值工程对应问题
		基本步骤	详细步骤	
创新阶段	初步设计（提出各种设计方案）	制定改进方案	8. 方案创造	5. 有其他方法实现这一功能吗？
	评价各设计方案，对方案进行改进、选优		9. 概略评价	6. 新方案的成本是多少？
			10. 调整完善	
			11. 详细评价	
	书面化		12. 提出提案	7. 新方案能满足功能要求吗？
实施阶段	检查实施情况并评价活动成果	实施评价成果	13. 审批	8. 偏离目标了吗？
			14. 实施与检查	
			15. 成果鉴定	

第二节　价值工程的对象选择

开展价值工程首先要确定研究对象。对象选择的总的原则是：根据企业的发展方向、经营目的、存在问题、薄弱环节，优先选择改进潜力大、效益高、容易实施的产品和零部件，以提高生产率、提高质量、降低成本、提高价值和提高经济效益为目的。

一、选择价值工程对象的方法

（一）ABC分类法

ABC分类法的基本原理是处理任何事情都要分清主次、轻重，区别关键的少数和次要的多数。ABC分析法就是一种寻求主要因素的方法。这种方法起源于意大利经济学家帕累托（Pareto）的不均匀分布定律。意大利经济学家帕累托在对资本主义财富进行分析后发现，80%的财富集中在20%的人手里，分配是不均匀的，该现象称为不均匀定律。后人将其用在成本分析上。通过对产品成本的分析发现，产品、零部件的成本分布符合帕累托的不均匀定律，占零件总数10%左右的零件，其成本往往占整个产品成本的60%～70%，将这类零件划为A类；占零件总数20%左右的零件，其成本占整个产品成本的20%左右，划为B类；占零件总数70%左右的零件，其成本仅占整个产品成本的10%～20%，划为C类，如图6-2所示。利用这种分类方法，实现对零件的分类控制，这就是ABC分析法。应用ABC分析法选择VE对象时，首先将产品的零部件或工序按其成本大小由高到低依次排序；根据零件排队的累计件数，求出占全部零件总数的百分比；根据零件累计成本，求出占总成本的百分比；然后按照帕累托规律，将全部零件划分为ABC三类，优先选择成本大的少数零件或工序，即A类作为VE对象。

ABC方法的优点是能抓住重点，把数量少而成本大的零部件或工序作为VE对象，有利于集中精力抓住重点，取得较大的效益。其缺点是在

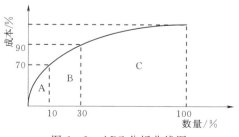

图6-2　ABC分析曲线图

实际工作中，由于成本分配不合理，常会出现有的零部件功能比较次要而成本高，有的零部件功能比较重要而成本却低，致使后一种零部件不能被选为 VE 对象，提高功能水平。解决的办法是结合其他方法进行综合分析，避免漏选或错选。

（二）费用比重分析法

费用比重分析法是根据被研究对象所花费的某种费用占该费用总额的比重大小，优先选择费用比重大的为 VE 对象。

（三）用户评分法

用户对产品的各项性能指标的重要程度进行评分，典型的评分等级是：90～100"最重要"；70～89"很重要"；50～69"中等重要"；30～49"略重要"和 10～29"不重要或几乎不重要"。把用户认为最重要的功能选择出来作为 VE 对象。这种方法在使用中应注意使每个用户具有同一个参考标尺（等级）。

（四）功能重要性分析法

站在用户要求的立场上，根据零件或工序的功能重要性大小选择 VE 对象。

二、VE 情报收集

确定 VE 对象后就开始收集相关的资料信息，情报资料大体分两类：专门情报和一般情报。关于情报的内容，应根据分析对象的特点而定。以产品为例，主要有：技术方面的情报，如设计新原理、新工艺、新设备、新材料及改善环境和劳动条件；经济方面的情报，如用户要求、用户对产品的意见反馈、同类产品和零部件的生产成本、销售等。

收集情报的方法有购买法、调查法、交换法、发调查信或直接见面等。

第三节　功　能　分　析

价值工程的核心内容是功能分析，主要包括功能定义、功能整理和功能评价。

一、功能定义

（一）功能定义的目的

所谓功能定义，就是给产品或零部件的功能下定义，指出产品或零部件的本质属性，即将对象产品或零部件所具有的效用（或功用），逐一加以区分和限定，并逐一定义清楚。功能定义的目的就是要把握准产品功能的本质，满足用户的需要，明确产品和零部件所要求的功能，便于进行功能评价，提高产品价值。

（二）功能定义的方法

功能定义要求用一个动词和一个名词描述功能，不需要修饰词。功能定义的方法如下：

（1）用动词和名词把功能简捷地表达出来。对功能下定义时，首先要清楚作为定义对象的产品或部件同它所具有的功能之间的关系，主语是被定义的对象。用动词和名词给功能下定义，然后把作为功能的承担物（主语）去掉，即它被"打破"了，被撇开了，以便在方案创造阶段，创造一个新的承担物，能够以最低的寿命周期成本可靠地实现上面已经明确的功能，这个新的承担物就成了新的主语。

（2）名词要尽量用可测定的词汇，以利定量化。名词应回答问题"它的动作对象是什么"。名词应是可计量的。例如，给桌腿下定义时，"支承重量"就符合要求，因为重量是可测定的。

（3）动词要采用扩大思路的词汇。动词应回答问题"做什么动作"，动词应该是可演示或适应动作的。例如，给钻床下定义时，"制孔"比"钻孔"就扩大了思路。

（4）要站在物品的立场上下定义，避免以人为中心来考虑物品的功能。例如，给圆珠笔的功能定义为"写字"则是错误的，定义为"做记号"则较为合适。

（5）一个功能下一个定义。一个物品有几个功能就要下几个定义。

功能定义不仅对产品整体，更重要的是对产品的各组成部分（如部件、组件、零件）下定义。

二、功能整理

经过定义的功能常常有很多，各功能之间具有内在联系，为了把这种内在联系表现出来需要将各部分功能按一定逻辑关系排列起来，将其系统化。这种使之系统化的工作就叫做功能整理。其结果是形成"功能图纸"——功能系统图。

（一）功能系统图

C. 比塞韦（Charles Bytheway）在 1965 年开发了一个著名而有效的功能分析系统技术（Functional Analysis Systems Technique，FAST）。此技术把已经明确了定义的各个功能，按照目的和手段的从属关系或并列关系，绘制成功能系统图，如图 6-3 所示。

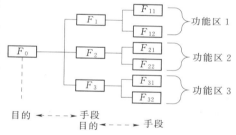

图 6-3　功能系统图的基本模式

把目的功能称为上位功能，手段功能称为下位功能，对一个功能通过回答"它的目的是什么"就可找到它的上位功能；回答"实现它的手段是什么"就可找到它的下位功能。上位功能和下位功能都是相对的，一个功能对它的上位功能来说是手段，对它的下位功能来说则是目的。

功能系统图以功能系统而不是产品和零部件的结构系统作为产品设计的构思，便于从整体把握产品或对象的必要功能，发现和消除不必要的功能。

功能系统图中有关术语如下。

（1）"级"：每一分枝形成一级。F_0 为对象的最上位功能，称为一级功能，F_1 和 F_2 是 F_0 的并列下位功能，称为二级功能，其余类推。

（2）"功能区域"或者"功能范围"：某功能和它的分枝全体，即相互关系密切的功能统一体。例如，F_1 和 F_{11}、F_{12} 是一个功能区域；F_3 和 F_{31}、F_{32} 也构成一个功能区域。功能区域是相对的，可分为不同级别的功能区域。在进行功能评价时，是以功能区域为对象，找出价值低的功能区域作为变革的着手点，此即功能整理的目的。

（3）"位"：同一功能区域中的级别用位表示，高一级功能称为"上位"，低一级功能称为"下位"，同级功能称为"同位"。例如，F_1 是 F_{11}、F_{12} 的上位功能；F_{11}、F_{12} 是 F_1 的下位功能；F_{11}、F_{12} 之间则是同位关系。功能系统图中不再细分的功能称为"末位"功能，功能系统图表明了产品整个功能系统的内部联系，阐明分析对象的"功能是什么"，反映了设计意图和构思，为功能评价和改进创新提供了基础。

（二）功能整理方法

功能整理采取的逻辑是：目的—手段。上位功能是目的，下位功能是手段。因此，上位功能也称为"目的功能"，下位功能便称为"手段功能"。

功能整理的目的主要是搞清楚现有设计的构思，同时搞清楚和剔除不必要功能，为以后功能评价作准备。在进行功能整理时，根据工作需要，绘制详细复杂或简略的功能系统图或称 FAST 图。绘制一个产品全面而详尽的功能系统图是一件很费力费时的工作。不同的系统图之间可有很大的差别，其复杂程度和粗细程度根据需要而定，粗的可以只绘制到大部件，如变速箱，甚至一部机器，如发动机；细的可以到小零件，如保温瓶底托，甚至将一个零件的功能再细分到工艺结构，如保温瓶胆的镀银工艺（防热辐射）。就是在同一系统中，细化程度也有差别。不是十分必要时，一个产品所有的功能不必都绘制在一起，可分系统、分级、分段进行。例如，对于像汽车这样复杂的产品，细化到所有零件是不可能的，必要时可将某些功能（如"产生动力"）单独抽出，另外绘制更详细的图。另外，因分析目的而异，同一产品从不同角度分析可以有不同的功能系统图，因此，功能系统图不是唯一的。

（三）功能系统图的检查

功能定义强调对单一功能本质的深入理解，功能整理则强调对整个产品功能系统的深入理解。因此，功能整理是功能定义的继续、深化和系统化。功能系统图的表达方式虽不唯一，但由于功能系统图是功能系统内在逻辑关系的反映，因此，它有严密性的一面。在绘制功能系统图时应注意：功能的实现离不开构件实体，即系统图中的功能要对应于产品的构件实体；下位功能要保证上位功能的实现；上下位功能是"目的-手段"关系，而同位功能之间是互相独立的，不存在"目的-手段"关系。

三、功能评价

通过产品的功能分析，明确了产品的功能系统，并对功能的必要程度进行了定性分析，剔除了不必要功能，回答了"它是干什么用的"，然后就需要求出这些功能的价值系数，回答"它的成本是多少""它的价值是多少"这两个问题，即进行功能评价。

价值计量的绝对值法需要计算功能价值系数，其公式为

$$功能价值系数 = \frac{功能评价值（功能最低成本）}{功能实现成本}$$

由公式知，功能评价值就是可靠地实现所需功能的最低成本，也是实现该功能的目标成本。实现成本与最低成本的差额可作为成本降低目标，从而确定功能改进对象。

应该指出：价值系数的计算应在功能系统图同样的层次级别上进行。这一点是很重要的。生产或购买质量好、价格便宜、成本低廉的产品是人们追求的目标，用户总是要选择价廉物美的产品，力求用最少的钱买到同样的功能。因此，产品的功能值可视为"最低消

耗"或"最低成本"。由此，确定功能值 F 的原则是考虑用户购买某一功能所能承受的代价。下面介绍确定功能值的具体方法。

（一）直接评价法

1. 实际价值标准法

将产品或零件的功能分解，并找到可代替的手段及其成本。它是通过把产品或零件的功能成本与具有同样功能的其他类似产品或零件的成本作创造性的比较而确定的。例如，领带夹的功能是"拴住领带"，领带夹的价值就可通过检验其他具有同样功能——"拴住领带"的物品而求得。但注意在实践过程中应统一标准，将功能条件和实现程度相同的划为一级，不相同的划为另一级。

2. 理论价值标准法

这也是直接评价法的一种。某些功能根据物理学、材料力学或某些工程计算公式和某些费用标准（如材料费）能直接计算出功能的最低成本。

（二）价值计量的相对值法

在价值计量的相对值法中，是把功能（或费用）都按其所占总体功能（或功能成本）比率的大小进行定量。某功能在总体功能中所占比率，称为该功能的重要程度系数；同样，某功能成本在总体功能成本中所占比率，称为该功能的成本系数。这时计算功能价值系数的公式为

$$V_i = \frac{F_i}{C_i}$$

式中：V_i 为功能价值系数；F_i 为功能重要程度系数；C_i 为功能成本系数。

1. 功能重要程度系数的确定

功能重要程度系数或称功能系数是通过产品或组成部分内部比较的主观定量技术进行。有许多主观定量化技术可用来计算价值系数，下面介绍两种。

（1）成对比较法。马奇（Mudge）使用并阐明了该方法，它是通过产品内部功能之间的比较求出比率而建立的。一般按矩阵形式排列同样层次级别的各功能区域，然后针对用户提出的产品应具有的某些具体特征（如重要程度、成本等），将每个功能与其他功能依次两两比较打分。重要程度无差别的打 0 分；重要程度有少量差别的打 1 分；重要程度有中等差别的打 2 分；重要程度有很大差别的打 3 分，重复此过程，所有功能两两成对比较完，然后把各个功能所得到的分数相加，其和即为每个功能的重要程度得分，最后将它与全部功能得分之和相比，求出功能重要程度系数。

成对比较法一般是由一组人员进行，把所有参加者个人的矩阵加以平均。成对比较法有很好的区别功能，但当评价的项目很多时（大于 10），此法可能麻烦而不适用。

（2）直接估值法（Direct Magnitude Estimation，DME）。DME 法是以某一个功能的重要程度为基准，赋予相应的值，然后将该功能与其他各功能进行对比，依据相对重要程度直接按比例为其他各功能赋值，以反映这些功能相对于前一个功能重要程度的主观印象。如若认为第二个功能的重要程度看起来为 15 倍，就赋予它一个 15 倍的数字等。赋值可用正分数、整数或小数，但必须使每个赋值与其重要程度成比例。DME 法简单易用，特别是当需要区分的功能较多时该方法很有效，但由于估计值呈对数正态分布，因此，最

好采用估计值的几何平均值来平均。平均后按前述方法计算出功能重要程度系数。

2. 功能成本系数的确定

功能成本系数亦可由成对比较法确定。

3. 功能价值系数分析

如前所述，功能价值系数的计算公式为

$$V_i = \frac{F_i}{C_i}$$

式中：V_i 为功能价值系数；F_i 为功能重要程度系数；C_i 为功能成本系数。

得到功能价值系数，就可以对功能进行分析。根据其价值大小，可得到功能与成本是否相匹配的信息，从而决定是否将该功能（或功能区域）列为改进对象。

如果 $V_i < 1$，表明该功能分配了过多成本，其功能的重要程度与所分配的成本不相匹配，应作为功能改进的对象。

如果 $V_i = 1$ 或接近于 1，则表明功能与其占用的成本相匹配，不作为功能改进对象。

如果 $V_i > 1$，则表明功能重要却分配了较低的成本，这本应是追求的目标——物美价廉，但实际生产中并非完全如此。出现 $V_i > 1$ 的情况有几种原因：一种是由于确实采用了新技术、新材料或新工艺，从而降低了成本，并以较低的成本获得重要的功能；另一种可能是现实成本太低，使功能得不到可靠的实现，这时应适当增加成本，以保证满足必要功能；还有可能是功能水平偏高，出现过剩的功能，此时应剔除过剩部分，提高其价值。因此，$V_i > 1$ 也应列为重点对象加以分析改进。

价值计量的相对值法在分析结构比较复杂的产品时不够准确，国外在功能评价时，多采用绝对值计量法。

第二篇
工程项目管理

第七章
工程项目管理概述

第一节 工程项目的概念

一、项目的定义

在当前社会中，虽然项目已广泛应用于各个方面，但对于"项目"如何定义，却没有统一，比较常见的有以下方面：

（1）项目是一个特殊的将被完成的有限任务，是在一定时间内满足一系列特定目标的多项相关工作的总称。

（2）项目是独特的过程，具有开始和结束时间，由一系列相互协调和受控制的活动所组成，以达到符合规定要求的目标，包括时间、成本和资源的约束性条件。

（3）项目是独特的一组相互协调的活动，具有明确的开始点和结束点，由个人或者组织实施，在确定的时间、成本和质量要求的条件下达到特定的目标；或项目是将人力、材料和金融资源用全新方式组织在一起以完成特定工作的一次努力，通常需要满足成本和时间的约束，达到定量和定性规定的利益目标。

二、项目的特点

1. 单件性

项目的单件性是项目最主要的特征，项目的单件性也可称为特定性和一次性。任何项目都具有自身的特点，有自己的目标和内容，都有开始时间和完成时间，因此只能对它进行单件处理，不能批量生产，不具有重复性。

2. 临时性

临时性是指每一个项目都有确定的开始时间和结束时间，具有特定的生命周期。在不同的阶段都有其特定的任务、程序和工作内容。概括地说，项目的生命期一般包括：决策阶段、规划设计阶段、实施阶段和结束阶段。根据所包含的过程，项目的生命周期可分为局部生命周期和全生命周期。项目的局部生命周期是指从项目设想开始到项目交付为止的过程，项目的全生命周期是指从项目设想开始到项目的运营、报废为止。

3. 整体性

一个项目是一个复杂的开放系统，它是由人、技术、资源、时间、空间和信息等各种要素组合到一起，为实现一个特定系统目标而形成的有机整体。一个项目，是一个整体的管理对象，在按其需要配置生产要素时，必须以其总体效益的提高为标准，做到数量、质量、结构的整体优化。

4. 目标明确

项目的目标有成果性目标、约束性目标和相关方都满意三方面内容。成果性目标指项目应达到的功能性要求，如兴建一座影院可容纳的观影人数、医院的床位数等；约束性目标是指项目的约束条件，任何项目的实施，都具有一定的限制、约束条件，包括时间的限制、费用的限制、质量和功能的要求以及地区、资源和环境的约束等。只有满足约束条件才能成功，因而约束条件是项目成果性目标实现的前提。相关方满意是指与项目有关的相关方或干系人的满意程度，包括外部相关方和内部相关方。

三、工程项目的定义

项目有多种类型，但总体上可分为工程类项目和非工程类项目。

工程项目指工程领域的项目，是以建筑物或构筑物为交付成果，有明确目标要求并有相互关联的相关活动所组成的特定过程。

工程项目在本教材中指建设项目（construction project）。建设项目是在一定条件约束下，以形成固定资产为目标的一次性事业（《辞海》1999 年版）。建设项目强调工程项目的建设过程和管理，以广义的土木工程包括建筑、隧道、桥梁、道路、环境、水利、机场、铁路等工程领域为主。从技术性角度看，建设项目的实施涉及共同的基本技术如结构设计、土建材料和现场组织方式等，但机电设备等安装有关的技术差别非常大。

四、工程项目的特点

工程项目除具有一般项目的特点外，还包括以下特点：

（1）建设周期长。工程项目从起始阶段到结束阶段，需要经过较长的时间，少则数月，多则数年，有的长达数十年。

（2）具有明确的时间、成本、质量等约束条件。建设项目受到各种约束条件的制约，在项目管理过程中需要满足这些约束条件的限制。

（3）高风险性。工程项目往往投资较大，尤其是水利水电工程类项目规模大，建设周期长，受自然环境的影响程度也较大，往往要求项目必须一次成功，因而项目承受的风险也大。

（4）特殊的组织方式。建设成果一般固定不动，而建筑施工和安装活动围绕建筑物或构筑物展开，施工活动一般由众多的承包商和供应商分工协作完成，土建工程在露天完成，受自然环境影响大。

（5）工程建设的复杂性。工程项目涉及众多的专业分工，各参与单位之间协调难度大，工程技术难度大，建设周期长，社会经济文化等环境对项目影响大等。在跨地区、跨行业、跨国工程项目中，协调和管理工作更加复杂。

五、工程项目的阶段性

任何工程项目都是由两个过程构成的，一是工程项目的实现过程；二是工程项目的管理过程。所以任何工程项目管理都特别强调过程性和阶段性。

（一）项目阶段与生命周期的关系

任何项目都是具有唯一性的工作，包含一定程度的不确定性，现代工程项目管理要求在项目管理中要根据具体工程项目的特性和项目过程的特定情况，将一个工程项目划分为若干个便于管理的项目阶段，并将这些不同项目阶段的整体看作一个建设项目的生命周期。项目经理或者组织在实施项目时，通过对项目的若干个阶段进行有效地管理控制，并与实施该项目组织的作业活动联系起来，以保障项目目标的实现。许多组织和行业协会根据不同项目的特点制定具体的项目阶段划分方法，供项目管理者使用。一般项目的生命周期和阶段划分如图 7-1 所示。

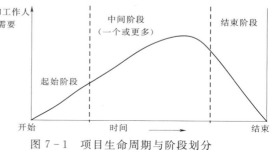

图 7-1　项目生命周期与阶段划分

（二）项目阶段的特征

1. 每个阶段都以一个或多个的工作成果的完成为标志

这种工作成果可以是有形、可鉴定的，如一份可行性研究报告、一份详尽的设计图或一个工作模型；也可以是无形的，如计算机软件和模型。不论如何，这些工作成果是可检查的。

2. 各阶段结束的标志通常是对关键的工作成果和项目实施情况的回顾

对各阶段结束标志的回顾具有以下目的：①决定该项目是否进入下一个阶段；②尽可能以较小的代价查明和纠正错误。

3. 每个项目阶段通常都规定了一系列工作任务

通过设定这些工作任务，使得项目管理控制能达到既定的水平。这些工作任务一般与阶段工作成果有关，这些工作任务的常见名称为：识别需求、设计、构建、测试、启动、运转，以及其他适当的名称。

一般项目的阶段划分及其工作成果如图 7-2 所示。

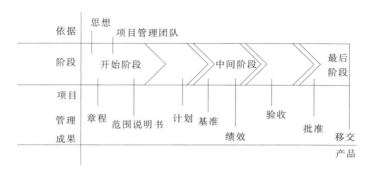

图 7-2　一般项目的阶段划分及其工作成果

（三）我国的基本建设程序

在我国，基本建设程序是指基本建设全过程中各项工作必须遵循的先后顺序，也是我国长期形成的基本建设工作的行政管理程序。建设程序反映了建设工作的客观规律性，由国家制定法规予以规定，现行的基本建设程序为 7 个阶段，各不同阶段的参与者不同，如图 7 - 3 所示。

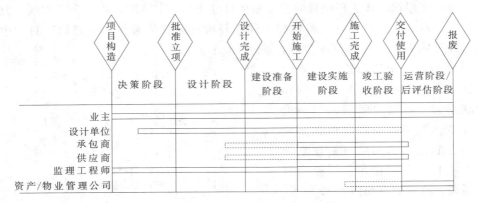

图 7 - 3　工程项目不同阶段的参与者

1. 项目建议书阶段（包括立项评估）

项目建议书是建设单位向国家提出的要求建设某一建设项目的建议文件，是对建设项目的轮廓设想。主要是为确定拟建项目是否有必要建设、是否具备建设的条件、是否需再做进一步的研究论证工作提供依据。

2. 可行性研究阶段（包括可行性研究报告评估）

可行性研究阶段的工作内容包括：市场研究、技术研究、经济研究。

项目建议书经批准，即可着手进行可行性研究，对项目在技术上是否可行和经济上是否合理进行科学的分析和论证。承担可行性研究工作的单位一般应是经过资格审定的规划、设计和工程咨询单位。通过对建设项目在技术上是否先进、适用、可靠，在经济上是否合理，在财务上是否盈利，进行多方案比较，提出评价意见，推荐最佳方案，在可行性研究的基础上撰写可行性研究报告。凡是可行性研究未通过的项目，不得进行下一步工作。

3. 设计阶段

设计是对拟建工程的实施在技术上和经济上进行全面而详尽的安排，是基本建设计划的具体化，是整个工程的决定性环节，是组织施工的依据。它直接关系着工程质量和将来的使用效果。可行性研究报告经批准的建设项目应通过招标、投标择优选择设计单位，按照批准的可行性研究报告内容和要求进行设计、编制设计文件。根据建设项目的不同情况，设计过程一般划分为两个阶段，即初步设计和施工图设计。

初步设计是设计的第一阶段。它根据批准的可行性研究报告而准备初步的设计基础资料，对设计对象进行通盘研究，阐明在指定的地点、时间和投资控制数内，拟建工程在技术上的可行性和经济上的合理性；通过对设计对象做出的基本技术规定，编制项目总概算。根据国家规定，如果初步设计提出的总概算超过可行性研究报告确定的总投资估算10％以上或其他主要指标需要变更时，要重新报批可行性研究报告。

施工图设计为工程设计的一个阶段，在技术设计（三阶段划分）之后，两阶段设计在初步设计之后。这一阶段主要是设计单位根据招标设计成果，为工程项目施工编制材料加工、非标准设备制造、建筑物施工和设备安装所需图纸和施工说明文件。

4. 建设准备阶段

建设准备阶段包括：建设准备和报批开工报告。

建设准备的主要工作内容包括：征地、移民、拆迁和场地平整；完成施工交通工程，施工供电、供水、供风，施工通信工程，施工信息管理以及场地平整等六通一平临时工程；组织设备、材料订货，准备必要的施工图纸，组织施工招标投标，择优选定施工单位。

按规定已进行建设准备并具备各项开工条件以后，建设单位需向主管部门提出开工申请。

项目在报批开工前，必须由审计机关对项目的有关内容进行审计证明。新开工的项目还必须具备按照至少有 3 个月以上的工程施工图纸，否则不能开工建设。

5. 建设实施阶段

这是基本建设程序中的关键阶段，是对项目具体付诸实施，也是形成项目实体的关键环节。在这个阶段中，建设单位起着至关重要的作用，对工程进度、质量、费用的管理和控制责任重大。施工单位必须严格按照批准的设计文件、施工合同和国家现行的施工及验收规范进行工程建设项目施工。施工中若需变更设计，应按照有关规定和程序进行，不得擅自变更。

6. 竣工验收阶段

竣工验收是全面可耦合建设工作，检查是否符合设计要求和工程质量的重要环节，对促进建设项目及时投产，发挥经济效益，总结建设经验有重要作用，包括：竣工验收的准备工作以及竣工验收。

7. 后评估阶段

这一阶段主要是为了总结项目建设成功或失误的经验教训，供以后的项目决策借鉴；同时，也可为决策和建设中的各种失误找出原因，明确责任；还可对项目投入生产或使用后还存在的问题，提出解决办法，弥补项目决策和建设中的缺陷。

第二节　工程项目管理的概念

一、项目管理的定义

项目管理（Project Management）有多种定义，常见的如下。

项目管理就是将各种知识、技能、工具和技术应用于项目活动之中，以达到项目的要求。

项目管理就是对一个项目的所有方面进行计划、组织、监督、控制和报告等，以达到项目目标。

项目管理就是项目的定义、计划、监督、控制和移交等过程，以达到预定的利益。

从各种定义中可以看出，项目管理有以下几个基本要点：

（1）范围。项目范围管理是确保项目成功完成项目所需的全部工作和完成工作的各个过程，包括范围规划、范围定义、制作工作分解结构、范围核实和范围控制。

（2）组织。组织是项目管理的一项基本职能，包括与之相关的人和资源及其相互关系。

（3）需求和目标。项目利害相关方的需求通常表现为两类，即必须满足的基本需求和隐含的期望。

（4）资源。项目中所涉及的人、机械设备、材料、方法工艺、环境、资金、时间和信息都属于项目有形资源，如信誉、关系、知识和文化等属于项目无形资源。

（5）环境。项目的组织、机制、管理、规章和领导行为等属于项目内部环境，如国家政策、地方法规和软环境等属于项目外部环境。

二、项目管理的知识体系

项目管理知识体系（Project Management Body of Knowledge，PMBOK）的概念是在项目管理学科和专业发展过程中由美国项目管理协会（Project Management Institute，PMI）首先提出的，是指项目管理专业领域中知识的总和。国际项目管理界普遍认为，项目管理知识体系范畴主要包括三大部分：项目管理所特有的知识、一般管理的知识与项目相关应用领域的知识。项目管理所特有的知识是项目管理知识体系的核心。

常见的项目管理知识体系有以下两种：

（一）PMBOK

美国项目管理协会（PMI）于 1984 年制定了《项目管理知识体系指南》（Project Management Body of Knowledge，PMBOK），尝试建立全球性的项目管理标准。PMBOK 先后于 1987 年、1996 年、2000 年、2004 年、2008 年进行了多次修订，最新版本 2008 年所发布的《项目管理知识体系指南》已被世界项目管理界公认为一个全球性标准。国际标准化组织（ISO）以 PMBOK 为框架，制定了 ISO 10006 标准《项目管理质量指南》以及 ISO－21500－2012 标准《项目管理指南》。

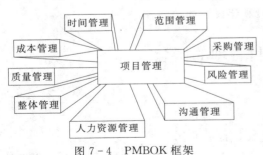

图 7-4　PMBOK 框架

PMBOK 第三版将项目管理过程归纳为 9 个知识领域：项目整体管理、项目范围管理、项目时间管理、项目成本管理、项目质量管理、项目人力资源管理、项目沟通管理、项目风险管理、项目采购管理，如图 7-4 所示。

（二）APM 的项目管理知识体系

1986 年，英国项目协会（The Association of Project Managers，现改为项目管理协会，Association for Project Management，APM）开始讨论项目管理知识体系的组成，同时在英国及国际上广泛争论注册项目经理是依据对其知识的考试还是根据对其能力的评估。

APM 的《项目管理知识体系》（简称 APMBOK）的初始版本于 1992 年 4 月出版，目的是评估注册项目经理的申请者对项目管理知识掌握的程度。2006 年 APM 出版《项目管理知识体系》第五版，包括 7 个部分（section），共计 52 个主题（topic），不仅包括项目管理知识，如计划和控制的工具和技术，还包括影响项目管理的更广泛的知识，如项目管理的社会和生态环境，技术和经济等专业领域，以及组织和人力资源等一般管理领域。每个主题均有定义，不同等级要求的知识要点，经验和实例，以及参考书目。APM 第五版项目管理知识体系结构如图 7-5 所示。

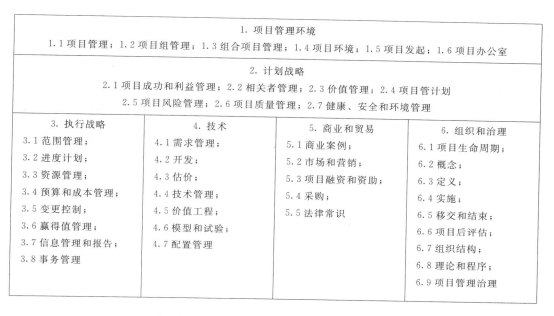

图 7-5　APM 的项目管理知识体系

APMBOK 认为，判断项目管理是否成功不仅要考察项目执行过程和成果，更重要的是使项目的客户满意。APMBOK 还认为知识体系只是一套实践性的文件，既不是一套能力规范，也没必要太多地涉及对项目管理很重要的行为特征，只有将正确的知识（伴随着经验）与态度（或行为）结合起来才能产生成功的项目管理；它强调知识体系的系统性，要求体系建立在实证研究的基础上；它还认为结构不是最重要的，重要的是要使项目管理人员能够充分了解和掌握这些内容。

三、不同参与者工程项目管理的主要内容

工程项目管理是在一定约束条件下，以实现工程项目目标为目的，对工程项目实施全过程进行高效率的计划、组织、协调、控制的一种系统管理活动。

工程项目管理与其他项目管理最大的区别在于：任何工程项目至少存在业主和承包商两种不同性质的项目管理行为且通过总分包体制逐层分解和完成项目，一般工程项目还存在设计单位、监理工程师、供应商、政府部门等众多的参与者和影响者。

根据工程项目参与者的不同行为特征，工程项目管理的知识可以分为：业主的项目管理知识、设计单位的项目管理知识、承包商的项目管理知识、供应商的项目管理知识、监理工程师的项目管理知识和设计——建造承包商的项目管理知识等。

业主方的项目管理是工程项目管理的核心，业主的项目管理知识范围涉及项目管理的

全过程、全专业，总体可归纳为"三控、三管、一协调"。"三控"：投资控制、进度控制和质量控制；"三管"：安全管理、合同管理和信息管理；"一协调"：组织和协调。如果是项目组管理，例如大型项目的管理，则业主项目管理知识还包括单个项目或子项目之间的管理知识；如果是组合项目，则业主的项目管理知识还包括项目的排序、授权、控制等。

承包商的项目管理知识范围主要集中如何获得项目的承包以及获得项目后如何圆满完成承包合同的内容。因此承包商项目管理的重点概括起来为"四控、四管、一协调"。"四控"是指安全控制、质量控制、成本控制、进度控制；"四管"是指信息管理、生产要素管理、合同管理；现场管理；"一协调"指与完成项目相关的组织协调。

监理工程师的项目管理知识范围由我国建设监理制度规定，主要包括建设监理概论、投资控制、进度控制、质量控制、合同管理、信息管理等。现阶段监理工程师工作重点是施工现场的质量和安全控制，因此其项目管理知识范围实际为如何获取项目监理业务以及获得监理业务后如何圆满完成监理合同规定的内容。总的概括包括"三控、两管、一协调"，即控制工程建设的投资、建设工期、工程质量；进行安全管理、工程建设合同管理；协调有关单位之间的工作关系。

四、工程项目管理制度的起源与发展

（一）工程项目管理的国外发展情况

20 世纪 60 年代末到 70 年代初期，工业发达国家开始将项目管理的理论和方法应用于工程领域。项目管理的应用首先在业主方的工程管理中，然后逐步在承包商、设计方和供货方中得以推行。20 世纪 70 年代中期后兴起了项目管理咨询服务，项目管理咨询公司的主要服务对象是业主，也可以为承包商、设计方和供货方提供服务。国际咨询工程师协会（FIDIC）于 1980 年颁布了业主方与项目管理咨询公司的项目管理合同条件（FIDIC IGRA80 PM），该文本明确了代表业主方利益的项目管理方的地位、作用、任务和责任。

（二）工程项目管理的国内发展情况

工程项目管理是指工程项目参与者（包括业主、设计单位、施工单位、监理单位、咨询单位等）根据项目管理的基本理论，对工程项目进行计划、组织、指挥、协调、控制的制度。工程项目管理制度不是一个独立的制度，必须与项目法人制度、招标投标制度、合同管理制度、现代企业制度、个人执业资格考试制度等配套执行，工程项目管理制度是市场经济的一种管理方式，项目参与者通过合同建立直接或间接的关系。

虽然我国在历史上建设了许多举世瞩目的工程，但是现代工程项目管理方式在我国直到 20 世纪 80 年代初期才开始。

（三）工程项目管理的发展趋势

工程项目管理总是处于不断发展完善之中，以适应新的需要。其主要发展趋势有以下几个方面：

1. 工程项目管理全程化

工程项目需要经历从前期策划到项目报废的全生命周期，全生命周期中的每个阶段、每个环节都会对工程项目的有效性产生影响。因此，必须在工程项目的全生命周期内进行有效管理，改变工程项目管理实践中只重视实施过程管理而忽视项目的前期和后期管理的传统做法，实现工程项目管理全程化。

2．工程项目管理集成化

工程项目规模大，周期长，涉及的要素多、参与方多，这些就要求项目管理者要具备集成的理念，实现集成化管理。工程项目管理的集成化是指利用项目管理的系统方法、模型和工具对工程项目相关资源进行系统整合，最优实现工程项目目标的过程。

3．工程项目管理信息化

随着信息技术和网络技术的发展，其在工程项目管理中的应用也越来越广泛，包括工程项目管理信息系统（PMIS）软件的开发，基于局域网（LAN）的工程项目管理，基于Internet 的工程项目管理，虚拟建设等。

4．工程项目管理协作化

工程项目参与各方由对立的关系转为协作，这是一个必然的发展趋势。选择协作性的工程项目管理模式，就应抛弃传统的合同各方之间的对立关系，实现多赢。人机关系、权利的平衡和各方权益的满足是协作需要处理的主要问题。

5．工程项目管理总控化

工程项目总控是指以独立和公正的方式，对工程项目实施活动进行协调，围绕工程项目的费用、进度和质量等目标进行综合系统规划，以使工程项目的实施形成一种可靠安全的目标控制机制。工程项目总控制方是独立于工程项目实施队伍之外的组织，总控制是由高层次的咨询人员组成的。总控制方的核心任务是发现工程项目实施过程中所存在的问题，分析产生问题的原因，提出工程项目的诊断报告，制定解决问题的方案。

第三节　水电工程项目的设计和施工流程

一、水电工程项目的设计流程

改革开放以来，我国水电建设体制发生了很大变化，为了适应这一形势发展的需要，同时也与国家基本建设项目审批程序相协调。根据原电力工业部电计〔1993〕567 号文《关于调整水电工程设计阶段的通知》，水电站各勘测设计阶段划分为：河流水电规划阶段、预可行性研究报告阶段、可行性研究报告阶段、招标设计阶段及施工详图阶段。

（一）河流水电规划阶段

河流水电规划初步查明河流开发条件，明确河流开发任务，协调综合利用要求，优选梯级开发方案和推荐近期工程。其主要内容如下：

（1）研究河流的主要开发任务，查明流域的泥沙情况。

（2）了解区域地质和地震情况，提出各梯级单独和全部联合运行的能量效益。

（3）对河流环境状况进行调查分析。

（4）初拟坝址、坝型和枢纽总布置方案。

（5）提出开发顺序初步意见，推荐近期工程。

（二）预可行性研究报告阶段

对拟建工程该项目的建设必要性、技术可行性与经济合理性进行初步研究，提出初步评价，以便确定工程建设项目能否成立。水电站预可行性研究的主要内容是：

（1）根据电力系统中长期发展规划和河流水电开发规划、地区和国民经济各部门的要求，论证工程建设的必要性，基本确定综合利用要求，提出工程建设任务。

（2）收集水文、气象资料和进行必要的水文勘测，基本确定主要水文参数。

（3）了解区域地质、地震、水库和枢纽工程地质条件，进行勘测和试验，初步评价影响工程的主要地质条件和问题，初选代表坝址、厂址。

（4）初选工程规模、代表坝型和主要建筑物型式，初选工程总布置。

（5）初选施工导流、对外交通、水电供应、建筑材料、施工方法、施工总布置和总进度。

（6）初选机组、电气主接线、主要机电设备、金属结构的型式和布置。

（7）进行水库淹没实物指标和工程环境影响调查，初步分析移民安置环境、容量和安置去向。

（8）估算工程投资，提出资金（包括内资和外资）筹措的设想。

（9）测算上网电价，进行初步的财务评价和经济效益分析，提出工程能否立项的意见。

（三）可行性研究报告阶段

对拟建项目的建设必要性、技术可行性与经济合理性做进一步研究。可行性研究是电力基本建设程序中设计阶段的一个重要的步骤，对项目要提出正式评价，以便投资者同意投资，银行能同意贷款，电网经营者能同意购电，最终能得到国家或地方政府主管部门的审批或核准。水电站可行性研究的主要内容如下：

（1）复核工程任务和具体要求，确定工程规模，明确运行要求。

（2）复核确定水文成果。

（3）复核区域构造稳定，查明水库和建筑物工程地质条件，提出评价和结论，选定场址、坝址、厂址。

（4）复核工程等级和设计标准，确定工程总布置、主要建筑物的轴线、路线、结构型式和布置、控制尺寸、高程和工程量。

（5）确定水电站装机容量，选定机组型号、单机容量、单机流量和台数，确定接入电力系统的方式、电器主接线、输电方式、主要机电设备选型和布置，选定开关站，确定建筑物的闸门、启闭机等型式和布置。

（6）提出消防设计方案的主要设施。

（7）选定对外交通方案、施工导流方式、施工总布置和总进度，选定施工方法和主要施工设备，提出天然（人工）建筑、材料、劳动力、供水和供电的需要量及来源。

（8）确定水库淹没、工程占地的范围，合适淹没实物指标，提出淹没处理、移民安置规划和投资概算。

（9）提出环境保护措施设计，报国家环保部门审批。

（10）拟定工程管理机构、人员编制及生产生活设施。

（11）编制工程概算，利用外资的应编制外资概算。

（12）复核经济评价。

（四）招标设计阶段

水电工程招标设计阶段是在可行性研究报告审查和项目核准后，由工程项目法人组织开展。招标设计报告是在可行性研究报告阶段勘测、设计、试验、研究成果的基础上为满足工程招标采购和工程实施与管理的需要，复核、完善、深化勘测设计成果的系统反映。招标设计报告的主要内容如下：

（1）补充水文、气象及泥沙基本资料，复核水文成果；完善、深化水情自动测报系统总体设计。

（2）复核工程地质结论，补充查明遗留的工程地质问题，论证可行性研究报告审批和项目评估提出的专门性工程地质问题，为招标设计提出有关工程地质补充资料。

（3）复核工程特征值、水库初期蓄水计划和电站初期运行方式，提出机组运行的加权因子和机组加权平均效率。

（4）复核工程的等级和设计标准。复核确定枢纽布置、主要建筑物的轴线。布置和结构型式、控制尺寸和高程，提出建筑物的控制点坐标、桩号及工程量。确定主要建筑物结构、尺寸、材料分区、基础处理措施和范围，提出典型断面和部位的配筋型式、各部位材料性能指标要求及有关设计技术要求。完善安全监测系统的组成和布置，提出监测仪器设备清单。

（5）复核机电及金属结构的设计方案，复核确定主要设备型式、布置、技术参数和技术要求，编制设备清册。

（6）复核建筑消防及主要机电设备消防设计总体方案，确定消防设备形势及主要技术参数，编制消防设备清册。

（7）比选工程分标方案，经项目法人审批，确定工程分标方案。

（8）复核导流标准、导流程序及导流建筑物布置，确定导流建筑物轴线、结构型式和布置，提出建筑物的控制点坐标及工程量，复核确定天然建筑材料的料源选择与土石方平衡规划、场内交通规划布置与设计标准、主体工程施工方案与施工机械设置，提出主要施工工厂设施设置方案、施工总布置及工程施工总进度安排。

（9）复核分解实物指标，确定移民生产生活安置方案，制定移民搬迁总体规划，开展城市集镇建设详细规划设计，专业项目复建设计，编制建设征地移民安置补偿投资执行概算，以及移民安置实施规划报告。

（10）复核完善环境保护措施设计、环境监测和环境管理计划，提出环境保护工作的实施进度计划和环境保护措施项目的分标规划方案。

（11）依据工程分标方案编制工程分标概算，依据施工组织设计及招标设计工程量，编制工程招标设计概算。

（12）根据工程招标设计概算的分年静态投资，进行财务分析，复核工程的财务可行性。

水电工程招标设计报告经评审后，既是工程招标文件编制的基本依据，也是工程施工图编制的基础。在招标设计的基础上，项目法人可自行或委托设计单位编制招标文件，主要内容为合同条款、技术规范和设计图纸。招标设计还要编制标的文件，标的文件是招标单位事先为工程招标编制的单价分析、工程标价、经济指标文件，作为评议投标者报价合理性和先进性的一个标准。

（五）施工详图阶段

设计单位根据招标设计成果，为工程项目施工编制材料加工、非标准设备制造、建筑物施工和设备安装所需图纸和施工说明文件，它是水电基本建设程序中设计阶段的最后一个步骤。由于它是进行工程具体施工所必需的工作，在国内的不同时期或者在国外，都有施工图设计，只是出图方式和内容深度因各个时期和各国情况不同而有所差异。施工图设计的主要内容如下：

（1）提供加工、制造、土建、安装工作所需的详细图纸及施工说明文件。

（2）提出设备材料清册和规格要求。

（3）计算各种工程量。

（4）根据需要编制施工图预算。

配合施工进度、满足施工需要，施工图纸宜分批提交。在施工过程中，设计单位派出设计代表，及时解决项目法人、施工和调试等单位提出的问题，根据现场开挖和施工情况，修改和完善已交付的施工图纸，并根据项目法人的要求，编制符合现场实际情况的竣工图，作为工程建设档案，供生产运行单位进行维修、改造和扩建时使用。

二、工程项目的施工流程

我国法律规定，建设工程项目必须严格执行基本建设程序，坚持先勘察、后设计、再施工的原则，禁止边设计边施工。

依据《行政许可法》、《建筑法》和《建筑工程施工许可管理办法》（建设部部令第91号）、《建筑市场管理条例》等有关规定，建设工程的施工报建主要包括建设工程招标投标、施工合同备案、质量安全监督（含开工安全生产条件审查）、各种规费交纳、施工许可证核发等5项内容。

（一）建设工程招标投标

建设工程招标投标在完成建设工程项目立项审批、用地规划许可、建设工程规划许可、勘察设计招投标、勘察设计文件审批、施工图设计文件审查备案后进行。建设单位在建设工程项目立项审批机关同级建设行政主管部门的招标投标管理机构办理招标备案手续，在接受招标投标管理机构的监督下进行招标公告、投标入围资格预审、开标、评标、定标和签订施工（监理）合同。

（二）施工合同备案

施工合同备案在建设单位完成建设工程招标并与中标单位签订施工合同后进行。建设单位向建设工程立项审批机关同级建设行政主管部门的施工合同备案机构领取并填写《建设工程施工合同备案表》，递交有关合同备案资料。施工合同备案机构收到合同备案资料后及时提出备案意见，合同双方按照备案机构的意见协商修改备案资料，再次申请备案。

（三）质量安全监督（含开工安全生产条件审查）

建设工程必须办理质量安全监督登记手续。建设单位完成工程项目招标、施工（监理）合同签订与备案后，在建设工程项目立项审批机关的同级建设行政主管部门委托的工程质量安全监督机构办理质量安全监督登记手续，并交纳工程质量安全监督费用。质量安全监督登记机构实施建设工程的开工安全生产条件审查、质量安全监督等工作。

建设单位在办理工程项目（含建设单位直接分包的分包工程）施工许可手续前和总承包施工单位承包范围内危险性较大的专项工程施工前，必须通过质量安全监督登记机构的开工安全生产条件审查。

（四）各种规费交纳

施工报建费用主要有劳动保险基金、质量监督费、定额测试费、墙体材料专项基金、散装水泥专项基金等，不同地区可能不同。各种费用的交纳应在建设单位办理建设工程施工许可之前完成。

劳动保险基金是建设行政主管部门委托劳保基金统筹管理机构为建筑业企业代收的费用。质量监督费由建设行政主管部门委托质量安全监督登记机构收取。定额测试费由建设行政主管部门委托建设工程造价管理机构收取。墙体材料专项基金、散装水泥专项基金由建设行政主管部门委托有关机构收取。

（五）施工许可证核发

建设工程开工前，建设单位必须按照有关规定向建设行政主管部门申请施工许可证。建设单位在申请施工许可证之前，需完成建设工程施工图审查、施工（监理）招标、施工合同备案、质量安全监督登记、各种规费交纳工作，并接受施工许可条件审查。

获得施工许可证后，施工单位编制施工组织设计，并且按照施工组织设计开展施工，接受监理工程师的监督和检查，严格执行国家的施工验收规范以及法律法规文件。

三、工程项目的设计和施工流程的集成

由于设计工作的专业性强，以及我国工程项目审批审查的特点，导致我国设计工作和施工工作明显分离。独立的设计和施工具有明显的优点，适应我国现阶段的工程项目管理。但是设计和施工流程的集成，可以在设计工作中更多地考虑施工问题，可以在工程领域真正推行价值工程。

设计和施工的集成改变了传统的设计、施工生产组织和管理模式。既合理利用了社会资源又引入了市场竞争机制，能提供社会化和专业化商品化的服务。一方面强化了投资风险约束机制，分散了项目法人的风险，减轻了项目法人的工作量，克服了设计采购、施工等相互制约和脱节的矛盾是这些环节有机地组织在一起，整体统筹安排，既节省了投资又提高了工程建设管理水平；另一方面对于保证建设项目的顺利实施和建设目标的实现起到保障和保证作用。

设计和施工流程集成化是工程项目管理的一种方式，例如设计-建造（DB）方式、EPC、交钥匙（Turnkey）方式等。

当然，设计和施工流程集成化管理对业主管理能力也提出了更高的挑战。

案　例

鲁布革工程位于云南省罗平县与贵州省兴义市交界的黄泥河下游河段。工程以单一发电为开发目标，装机 60 万 kW，安装 4 台 15 万 kW 发电机组。鲁布革工程由首部枢纽、发电引水系统和厂房枢纽 3 大部分组成。

鲁布革工程虽然以发电为单一功能目标，但同时承担了为我国基本建设管理体制改革

摸索经验的重要任务。在世界银行对鲁布革工程的评估报告中，就明确地把引进先进的管理和技术、引进工程咨询、培养人才作为项目要完成的重要目标。

1980年5月，我国恢复了在世界银行的合法席位，开始享受会员国的合法权利，并履行会员国应尽的义务。从此，我国开始有计划、有步骤地利用世界银行贷款。初期，第一批贷款项目主要用于大学教育和山东、河南等省农业盐碱地、沙疆的治理，而且多用于仪器、设备采购及人才培训。鲁布革电站是1982年国务院批准的向世界银行贷款的第二批备选项目，同时被列为第二批备送项目的还有福建水口水电站等。

在世界银行的帮助下，鲁布革工程还筹集到了3个外国政府的赠款：一是挪威王国的赠款，用于从挪威取得咨询服务；二是澳大利亚政府的赠款，用于从澳大利亚取得国际合同和项目方面的咨询服务；三是加拿大政府的赠款，用于特别咨询团的费用。

作为发放贷款的先决条件，世界银行要求必须成立一个现场管理机构。不仅国际承包合同的施工合同，而且国内施工企业的施工合同，都必须纳入该机构的管理之下。这样，在世界银行贷款的带动下，我国第一个现代管理机构——水利电力部鲁布革工程管理局诞生。

按世界银行贷款的要求，鲁布革的引水隧洞土建工程需要进行国际竞争性招标。而且，考虑到当时中国厂商缺乏国际通行的合同管理经验，世界银行还坚持中国的厂商不具备独立投标的资格。中国的厂商要投标，必须与国外的厂商组成联合体。

鲁布革工程使用世界银行贷款、挪威赠款、澳大利亚赠款、加拿大政府赠款等外资，需要从多国多层次地聘请咨询专家。咨询专家的服务对鲁布革工程的建设和鲁布革经验的形成起到了重要作用。鲁布革工程利用外资和国内资金还在国内外进行了大量的人员培训工作。人员培训不仅包括鲁布革工程管理局的员工，也包括许多来自设计院、国内施工单位、电力局和上级主管部门的员工。

世界银行对贷款项目的实施要进行全过程、全方位的监督、检查。不仅鲁布革项目本身的有关资料要提交世界银行，而且项目业主（省电力局）的有关资料也要提交给世界银行。工程的整个实施过程都在世界银行的监控之下。如果仅从被监督的角度来看，这似乎不是什么好事。但如果从另一个角度来看，世界银行在监督检查的过程中，也是在把项目管理的有关做法示范给我们看。

共有8家公司提交了投标，其中包括两家有中国公司参加的联营体。这两家联营体的报价分别是最低报价的142%和143%，未能进入前3名，在初评阶段就被淘汰，未能中标。

中标的日本承包商只从日本带来了20多名管理人员，工人和工长都由中国施工企业提供，虽然日本承包商的施工设备并不比国内先进，却创造出了比当时国内施工企业高得多的效率。同样的工人和设备，只是在不同的管理之下，就有如此不同的生产效率。

国际合同实施后不久，日本承包商就向业主提出了一项"业主违约索赔"：由于业主未按合同规定提供合格的、三级标准的现场公路，承包商车辆只能在块石垫层上行使，引起轮胎严重的非正常损耗，要求赔偿多耗的轮胎。合同的索赔管理，本来是合同管理中的一项正常业务，但在当时引起了国内不小的反响。

以前，对鲁布革经验的总结大多围绕着工程施工管理体制做文章，把鲁布革经验总结为"业主责任制、招标承包制和工程监理制（工程合同管理制）"。这 3 个制度经过逐步发展和完善，已经成为我国基本建设管理体制的中心内容，并在基本建设管理实践中发挥了积极作用。这 3 个制度无疑是鲁布革经验的重要组成部分，也是工程建设项目管理的重要内容。但是，从现代项目管理学科的要求来看，只注意这 3 个方面是远远不够的。现代项目管理之所以能成为一门学科，在于它不仅有一系列的技术和工具，而且有其管理哲学、工作价值观和组织形式。

第八章
工程项目参与者的组织模式

第一节 概　　述

在项目实施过程中，采取何种组织模式对于工程项目的顺利进行有着极其重要的意义。工程项目的实施情况不同，适合的组织模式也不同。如果采取不合适工程项目的组织模式或者组织协调工作没有做好，将会对项目的实施产生巨大的阻碍作用。

一、工程项目参与者之间组织模式的起源

项目组织，是在单位或部门中，人们为完成特定的项目任务而与某种规则相结合来从事项目具体工作的一种结构形式。现代工程项目组织模式是指由业主、承包商、设计单位、供应商和项目管理公司等组成的组织。该组织具有生命周期，经历建立、发展和解散的过程，为实现项目目标而临时组建的，具有时效性。工程项目组织模式的起源可以归纳如下：

（1）社会分工高度发展，出现独立的业主、建筑师、工程师、承包商、专业分包商等，众多的独立法人或自然人需要共同协作完成一个工程项目时，就形成了工程项目参与者之间的组织模式。

（2）鼓励公平竞争的市场经济原则。公平竞争是市场经济的基本原则，任何公共资金的支付必须公开透明，在工程项目投资活动中，鼓励公平竞争的直接做法就是招标人与任何投标人之间不存在任何直接或间接的关系。

（3）业主从现代工程项目组织模式中能获得好处。工程项目组织模式的具体选择直接由业主决定，只有当业主能从其中获得直接好处时，某种具体的项目组织模式才能被接受。

二、工程项目参与者之间组织的特殊性

工程项目组织方式与其他项目相比，具有明显的特殊性。在管理组织上，工程项目与其他项目最大区别在于：①法律和行政规定多。②我国工程项目参与者几乎都必须具备法人资格，而不是自然人。工程项目参与者之间的竞争主要基于法人资格和能力竞争，市场准入门槛相对较高。③各参与者之间关系相对独立，不可以存在隶属、股权等关系。其中对工程项目组织关系影响最大的因素是法律法规。

1. 法律和行政规定多

工程项目投资大、对社会公共资源消耗大、对社会公共安全影响大、工程产品存续时

间长等，为此各国政府均制订与工程项目有关的法律和法规，例如《建筑法》《合同法》《招标投标法》等，从而直接影响工程项目的组织方式。法律法规规范的对象有：工程质量、安全生产、招投标公平、市场规范、投资效益、市场引导等。

2. 工程项目的业主和承包者关系独立

根据《建筑法》和《招标投标法》等，工程项目需要采用招标投标方式公平选择承包商。

国务院七部委第 30 号令《工程建设项目施工招标投标办法》第三十五条规定："招标人的任何不具备独立法人资格的附属机构（单位），或者为招标项目的前期准备或者监理工作提供设计、咨询服务的任何法人及其任何附属机构（单位），都无资格参加该招标项目的投标。"

工程项目的业主既可是投资者，也可是开发者，或者其代理机构，项目的承包者主要指工程施工的实施者，虽然项目业主和承包者在理论上可以是同一人，但在实际工程项目实践中，业主与承包商不能是同一人，二者关系必须相对独立。

3. 工程项目的业主和设计等单位关系独立

《招标投标法》中规定的强制招标范围，主要着眼于工程建设项目全过程的招标，包括从勘察、设计、施工、监理到设备、材料的采购。工程建设项目作为强制招标的重点，重要原因就是招标投标推行不力，程序不规范，由此滋生了大量的腐败行为。据调查，在工程建设项目中，勘察、设计、监理单位的选择大量采取指定方式；设备、材料采购中只有部分进行了招标，其余均由业主或承包商直接采购；施工环节虽然大部分采取了招投标的形式，但许多未严格按"公开、公平、公正"原则进行。在国家加大投资力度，加快基础设施建设，以此拉动国民经济持续增长的形势下，提高资金使用效益，确保工程质量，成为国内法律规范的主要对象。

所以，在适用于《招标投标法》的工程项目中，业主与设计、勘察、监理、设备、设备等单位之间的委托关系必须严格遵循招标投标法以及相关的规定，即业主与这些单位关系独立。

4. 工程项目的设计单位和承包商关系独立

《建筑法》规定：申请领取施工许可证，应当有满足施工需要的施工图纸及技术资料等。即在施工前，必须事先委托设计，且获得相应的设计成果。许多业主基于多种原因，同时聘请设计单位承担项目的顾问工作，根据《招标投标法》及相关规定，施工投标单位必须与设计单位等业主聘用的咨询公司保持独立的关系。

工程项目业主一般倾向于通过竞争性招标直接选择施工承包单位，这样业主可以从激烈的施工投标竞争中获得直接的好处。如果业主希望在项目设计前直接选择设计和施工总承包单位，则项目施工图纸未来变化大，且缺乏操作规定和指南。所以，在国内的工程实际中，设计单位和承包商一般相互独立。

5. 总分包组织方式流行

在投融资体制和招投标体制改革过程中，我国工程承包商以项目管理为契机，大力推进总分包体制改革，将劳务层与管理层剥离，精简承包管理队伍，减轻企业包袱。通过十多年的发展，我国已经确立工程项目施工的总分包组织方式。

　　总分包组织方式就是业主将一个工程项目的所有施工任务全部或者部分委托给一个或者几个总承包商，施工总承包商将除主体任务或者规定任务以外的其余任务分别委托给大量专业分包商的施工组织方式。是工程管理领域专业化竞争的结果，广义的分包商包括专业分包商和劳务分包商，以及材料设备供应商等。

　　6. 传统指挥部组织方式被淘汰

　　我国传统的指挥部组织是计划经济体制的产物，其组织方式是业主、设计单位、主要承包商等为完成重点工程项目而组建成的一个相互沟通协调的指挥部。传统指挥部的主要特色是：以行政手段沟通为主，合同手段为辅；指挥部由众多独立的法人单位组成，指挥部不具备独立的法人资格；投资、设计、施工等项目主要功能在指挥部内部完成，缺乏公开透明的招投标制度和外部监管；业主、设计、施工三者之间的利益冲突少，容易协调，工作推进速度快等。

　　但是传统指挥部组织方式与市场经济原则冲突，与《建筑法》《招标投标法》矛盾，因此传统指挥部形式不适用于现代工程项目管理。虽然目前一些重点工程项目建设仍然采用指挥部名称，但是已经与传统指挥部发生本质变化。

　　7. 工程项目参与者之间需要密切合作

　　工程项目参与者众多，各参与者均属于不同的法人单位，具有不同的管理目标和追求，但是工程项目只有一个明确的目标，那就是现实工程项目的总目标，并且在实现项目目标过程中不确定因素多，因此为顺利实现项目目标，就需要工程项目参与者之间密切合作。

三、以业主为主导的工程项目参与者组织

　　业主作为工程项目的投资者和发起人，既是工程项目的决策者又是工程项目实施的主持者，也是项目的最终受益者，与项目建设有着最为密切的厉害的关系，参与项目的全寿命周期，具有决定性作用。除了项目业主外的其他项目参与者，都是根据《招标投标法》《建筑法》等一系列法律法规，由业主直接或者间接选择。因此，各国法律条件不同，工程项目参与者组织的模式明显不同。

　　工程项目建设实施，业主必须设立相应的项目管理机构（或称项目经理部），业主选择项目其他参与者时的因素多，比如工程的性质、投资来源、项目规模以及复杂程度等，但是最直接和最主要的因素是业主的管理能力和管理经验。设计单位、施工总承包商、专业承包商、监理工程师等参与者可能对工程项目参与者组织模式有一定影响，但是都不是决定性的影响因素。

　　对于业主而言，要选定一个合理的组织结构模式，对整个建设项目的全过程各个阶段以及各个部门人员的协调与组织进行合理的安排；建立畅通的信息联系渠道和指令传达系统；要任命有能力和有威望的部门主管，选择有才能和工作热情的办事人员；业主在做出重大决策时，一定要与自己的管理班子进行调查研究，从而做出科学、合理的决定，同时，避免挫伤所有参与人员的积极性。

第二节　传统模式的组织

工程项目承发包的基本方式是业主直接进行招标发包，如图8-1所示。

一、中国的传统模式组织

典型的中国传统模式组织一般采用《建设工程施工合同示范文本》（GF—2013—0201）及其相关的配套标准合同。

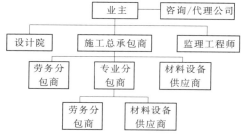

图8-1　工程项目承发包的基本方式

（一）建设监理制度下的施工总承包组织

国内工程项目广泛采用施工总承包组织方式，业主首先委托咨询，委托一家综合性设计院进行可行性研究和工程设计，由设计院交付整个项目的施工详图，然后业主自行或者委托招标代理公司组织施工招标，最终选定一家施工总承包商，并与其签订施工总承包合同，施工总承包模式中各方之间的关系如图8-2所示。

施工总承包组织方式中，业主只选择一个施工总承包商，建筑法律法规要求施工总承包商必须使用本身力量承担其中主体工程或业主指定的部分工程的施工，因此，施工总承包商在该部分施工任务中直接委托劳务分包、采购施工材料设备。

图8-2　工程项目的施工总承包组织

经业主同意，施工总承包商可以把一部分专业工程或子项工程分包给专业分包商。施工总承包商向业主承担整个工程的施工责任，并接受监理工程师的监督管理。专业分包商和施工总承包商签订分包合同，与业主没有直接的经济关系，但《建筑法》规定，专业分包商与施工总承包商向业主承担工程施工的连带责任。施工总承包商除组织自身的施工任务外，还要负责协调各分包商的施工活动，起总协调和总监督的作用。

（二）项目组的平行承发包组织

项目组一般为大型和复杂的工程项目，可以分解为一系列相对独立的子项目或者标段或者合同包，然后分别将其对外发包，形成平行承发包组织。例如一条高速公路可以按照长度划分为许多标段，一个住宅小区可以按单体建筑划分为许多独立标段，一幢大型建筑物可以按照功能划分为几个合同包等。由于一个施工承包商的能力和经验有限，将项目组全部委托一个施工总承包商的益处将明显降低，因此业主在大型和复杂的工程项目即项目组中经常采用该方式，且对项目组进行合理分解，并不违反建筑法及相关法律法规。

采用这种方式，业主在可行性研究决策的基础上，首先委托设计院进行工程设计，与设计院签订设计委托合同。在初步设计完成并经批准立项后，设计院按业主提出的分项招标进度计划要求，分项组织招标设计或施工图设计，业主据此分期分批组织采购招标，中标的承包商先后进点施工，每个承包商直接对业主负责，并接受监理工程师的监督，经业主同意，承包商也可以将部分工作进行分包。平行承发包的组织方式如图 8-3 所示。

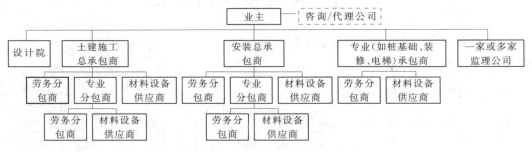

图 8-3　项目组的平行承发包组织

在这种模式下，业主根据工程规模的大小和专业性质，委托一家或多家监理单位对施工进行监督管理。业主还可能直接采购材料设备，在组织关系中增加材料设备供应商，因为许多业主希望自己尽可能控制工程材料设备的采购质量和价格。采用这种建设方式的优点在于可充分利用竞争机制，选择专业技术水平高的承包商承担相应专业项目的施工。

与施工总承包模式相比，业主的管理工作量和管理成本会大幅增加。当然，如果采用一个施工总承包商的组织方式，业主支付总承包管理费也会大幅增加，并且业主对工程项目细节管理力度下降，业主对细节的影响力降低。

（三）简单工程项目的组织

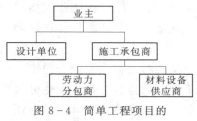

图 8-4　简单工程项目的
参与者组织关系

如果工程项目比较简单，没有达到《建设工程监理范围和规模标准规定》的项目总投资 3000 万元的强制监理最低限额，则该工程项目业主可以不聘用监理工程师，只需要一家设计单位就可以完成全部设计任务。由于没有达到强制招标规模，在选择承包商时，业主可以不采用公开招标，因此可以简化程序，也不委托咨询顾问或招标代理。那么该类工程项目的组织模式就相对比较简单，如图 8-4 所示。

二、FIDIC 的传统模式组织

FIDIC 的传统模式组织中是《施工合同条件》及其配套合同。

FIDIC 的《施工合同条件》是世界银行和亚洲开发银行等国际金融组织推荐的合同条件，对中国工程项目管理组织方式影响深远。虽然 FIDIC 在 1999 年出版了新版《施工合同条件》，但是工程项目参与者之间的组织关系没有变化，如图 8-5 所示。FIDIC 的传统模式最大特点是工程师制度，承包商在施工现场的大量工作需要工程师检查、审核、批准。与我国传统模式的另一不同点是：FIDIC 模式中业主具有指定分包商的权利，引起组织关系相应地改变。而我国没有任何法规或规范允许使用指定分包商，虽然在实践中比较常见。

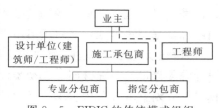

图 8-5　FIDIC 的传统模式组织

三、美国的传统模式组织

适用于美国传统模式组织的标准合同较多，标准合同主要提供者为美国建筑师协会（AIA），总承包商会（AGC），以及工程师联合合同文件委员会（EJCDC）等。

美国工程项目的传统模式中主要由业主（owner）、建筑师（architect）、承包商（contractor）组成，没有类似 FIDIC 的工程师或中国的监理工程师。由于美国鼓励市场经济领域的充分竞争，建筑行业的参与者之间竞争激烈，建筑领域的准入门槛较低，强调从业者以个人执业资格参与竞争，不要求参与者必须具备法人资格。建筑师和承包商一般独立完成全部的合同内容，建筑师、承包商均可能将部分工作任务直接委托其他专业的个人或者公司，形成自由竞争的传统模式，如图 8-6 所示。

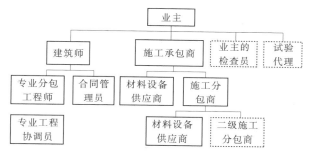

图 8-6 美国的传统模式组织

业主的检查员（Inspector）可能是个人执业者，通过检查和监督工程项目的施工流程和文档，向建筑师反映施工质量问题，为业主提供施工质量管理服务。检查员无权对施工承包商、分包商、施工劳务下达停工令。相关指令必须由业主或者建筑师代表发出。业主也可以将相关检查任务委托建筑师，而不聘用施工检查员。

试验代理（Testing Agency）为业主提供施工质量检测的服务，例如土压试验、焊接检验、螺栓强度检测等。业主直接委托试验代理具有更高的独立性，试验结果分别送交业主、建筑师、承包商。当然业主也可以将检测试验任务委托给施工承包商。

建筑师（Architect）主要完成建筑专业的设计和管理工作，同时建筑师作为工程项目的设计总负责，对业主承担所有设计责任，设计分包与业主之间没有直接的合同关系。建筑师将项目的专业工程设计分别委托相应的专业工程师，例如，土木、环境、结构、机械、电气等工程师，专业工程师成为建筑师的分包咨询顾问（Subconsultant）。建筑师与专业分包工程师之间的常用合同是 AIAC191。例如，如果结构工程师在建筑屋面结构构件设计中出现严重失误，导致屋面倒塌，则业主向责任主体——建筑师提出赔偿请求，建筑师则向屋面结构的设计者——结构工程师索赔。

在工程项目实施阶段，专业工程师需要聘请专业协调员（specialty coordinator）负责现场的专业检查协调工作，专业协调员的工作内容仍然属于专业工程师的工作职责范围。许多建筑师事务所还聘请合同管理员，负责协调项目的施工图、进度付款、意向申请、变更、会议等工作。合同管理员是项目施工阶段的日常协调和管理者，在项目施工阶段还可能具有一定决策权。一些建筑事务所还可能聘请现场检查员，施工现场检查员只需由业主或建筑师的任何一方聘请即可，不必重复。

施工承包商（contractor）根据业主和法规的规定，可以将一定数量（例如 40%）内的承包额分包，许多州规定不允许分包商将其工作委托二级分包商（second-tier subcontractor）。但是，部分州如堪萨斯交通局允许分包商将其 70% 的任务再次分包。施工承包商与分包商之间的常用合同是 AGC 600。分包商与业主之间没有直接的合同关系，施工承包商承担业主的全部施工责任。例如，如果分包商在建筑屋面结构安装施工过程中出现严重失误，导致屋面倒塌，则业主向责任主体——承包商提出修复和费用赔偿请求，承包商则根据分包合同向屋面结构的安装施工者——分包商索赔。

四、英国的传统模式组织

英国工程项目的传统模式可以追溯到 1870 年 Cubitts 在伦敦首次将工程施工授予一家总承包商的案例，之前建筑工程一般被分解后由业主与一系列的供应商签订供货合同，或者业主将设计-建造的全部任务以固定总价委托一家承包商。英国工程管理领域的最大特色是存在工料测量师（Quantity Surveyor）。业主（Client）一般将设计分别委托建筑师（Architect）、结构工程师（Structural Engineer）、设备工程师（Services Engineer）等，将施工任务委托一家总承包商（Principal Contractor），同时还可能使用一些指定分包商（Nominated subcontractors），如图 8-7 所示。

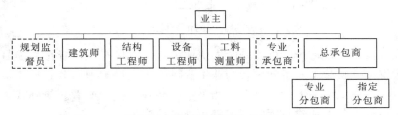

图 8-7　英国的传统模式组织

在英国的传统模式中，建筑师一般作为工程设计工作的总协调人，负责协调各专业设计。在土木工程项目中，设计协调人可能是土木工程师。建筑师和专业工程师除完成各自的设计工作外，还需要承担相应的监督责任，包括施工现场视察和施工检查，确保施工符合设计要求。

业主还可能聘用规划监督员负责协调和监督设计，确保项目设计符合法律法规的要求，特别是有关健康和安全的规定。规划监督职责也可能由建筑师承担。

业主可能直接发包部分专业工程，并且专业承包商承担相应的专业设计任务。工料测量师为业主提供工程成本控制，确保项目成本满足业主的预算要求。

第三节　设计-建造、EPC、交钥匙模式的组织

一、概述

（一）设计-建造、EPC、交钥匙模式特点

设计-建造（Design-Build）、EPC、交钥匙模式共同的特点是承包商除承担工程施工

外，还至少承担工程设计。这三种模式虽然承包范围不同，但与传统模式比较，业主与承包商的关系发生较大变化，这三种方式都是由承包商负责设计和施工，可以统称为广义的设计-建造模式。设计-建造是工程建设一种最自然的方式，当业主缺乏工程技术知识时，一般只需要向承包商提出工程建设的目标、功能要求、进度目标等，承包商负责工程建设所需的设计图纸和材料、设备、施工安装，最后向业主提供工程产品。在美国和英国的工程项目承包方式中，大约30％左右采用设计-建造模式。

设计-建造、EPC、交钥匙模式中，设计是承包商的责任，因此可以减少由于设计单位与施工承包商之间责任分担而带来的问题。这种形式还有利于节省项目总成本，并且可以在工程质量和成本之间取得平衡。但是这种方式的前提条件是：业主必须拥有完善的专家技术服务，保证业主的要求在招标文件中充分说明，并在项目建设过程中得以实现。

设计-建造模式中，承包商的选择过程比较复杂，如果项目使用了公共资金，则各国政府和国际金融机构要求业主必须采用竞争性招标方式选择承包商。由于在设计-建造模式中容易出现投标人之间的竞争不足，因此世界银行在其工程项目中一般不提倡借款人使用设计-建造模式。

我国《建筑法》第二十四条规定："提倡对建筑工程实行总承包，禁止将建筑工程肢解发包。建筑工程的发包单位可以将建筑工程的勘察、设计、施工、设备采购一并发包给一个工程总承包单位。"该鼓励方式就是设计-建造模式。

（二）设计-建造模式

设计-建造（Design-Build，DB）模式是对DBB模式的一种变革，指承包商承担工程项目的设计和施工，如图8-8所示。DB模式有效地避免了设计与施工分离所产生的建设周期长、不利于设计优化、设计不考虑施工的可行性、施工者按图施工等弊端，有利于设计优化、节省投资、缩短工期、提高效益。然而，DB模式所存在的主要问题是业主一般不能直接参与设计分包和施工分包商的选择，对设计效果缺乏控制力。

（三）EPC模式

EPC是设计-采购-施工（engineering procurement construction，EPC）的简称，是FIDIC于1999年提出的一种模式，是指工程承包企业按照合同约定，承担工程项目的设计、采购、施工和是运行服务等工作，并对承包工程的质量、安全、工期和造价全面负责，如图8-9所示。

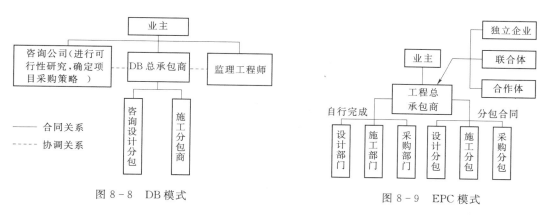

图8-8　DB模式　　　　　图8-9　EPC模式

EPC 模式主要适用于：①设计、施工、采购、试运行交叉，协调关系密切的项目；②采购工作量大，周期长的项目；③承包商拥有专利、专有技术或丰富经验的项目；④业主缺乏项目管理经验，项目管理能力不足的项目。

（四）交钥匙模式

交钥匙总承包模式试是设计、采购、施工工程总承包向两头扩展延伸而形成的业务和责任范围更广的总承包模式，其中总承包商不仅承包工程项目的建设实施任务，而且提供建设项目前期工作和运营准备工作的综合服务。

交钥匙总承包模式与 EPC 模式的主要不同点在于：承包范围更大，工期更稳定，合同总价更固定，承包商风险更大，合同价相对较高。

交钥匙模式适用于以下几种情况：①业主更加关注工程按期交付使用；②业主只关心交付成果，不想过多介入项目实施过程；③业主希望承包商承担更多风险，而同时愿意支付更多风险费用；④业主希望收到一个完整配套的工程项目。

二、FIDIC 的设计-建造模式组织

FIDIC 的设计-建造组织模式的关键合同为《生产设备和设计-施工合同条件》。

FIDIC《生产设备和设计-施工合同条件》（1999 年第一版）适用于电气和（或）机械

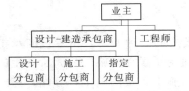

图 8-10　FIDIC 的设计-建造模式组织

生产设备供货，以及建筑或工程的设计和施工。合同通常情况是由承包商按照业主要求，设计和提供生产设备和（或）其他工程，可以包括土木、机械、电气和（或）构筑物的任何组合。根据该合同条件，FIDIC 在设计-建造模式中仍然使用工程师，其组织关系如图 8-10 所示。

工程师由业主聘用，负责工程建设过程中的现场质量监督检查、承包商的付款审核、工程变更、竣工验收等工作。业主与承包商之间的纠纷由双方共同确定的 DAB 解决。

承包商对工程设计负责，承包商的工作应该满足业主要求、承包商建议书和资料表的规定以及合同所隐含的工作。承包商将拟雇用的每位设计人员和设计分包商情况提交工程师，取得其同意。

承包商可以使用施工分包商，业主也可以指定分包商。

三、FIDIC 的 EPC、交钥匙模式组织

FIDIC 的 EPC、交钥匙组织模式的关键合同为《设计采购施工（EPC）、交钥匙工程合同条件》。

FIDIC 的《设计采购施工（EPC）、交钥匙工程合同条件》不设工程师，即没有实行工程师制度。EPC、交钥匙工程既可由业主自己管理，也可委托业主代表（employer's representative）管理。业主代表具有业主在合同中委托的全部权力，包括设计管理、质量、工期管理以及支付、变更等工作，但终止是业主的权利。FIDIC 的 EPC、交钥匙模式组织见图 8-11。

图 8-11　FIDIC 的 EPC、交钥匙模式组织

承包商根据业主要求中规定的技术文件和国家技术标准等，编制承包商文件。承包商可以委托设计分包和施工分包，但承包商不得将整个工程分包出去。业主可以指定分包商，且业主与承包商之间的纠纷由 DAB 协调解决。

四、美国的设计-建造模式组织

在美国建筑市场，设计-建造模式可以分为 5 种基本类型以及许多变化类型：①设计和施工集成；②以开发商为主导的设计和施工；③承包商为主导加上设计分包；④建筑师为主导加上施工分包；⑤设计建造联合体；其他类型如建筑师加上施工管理等。

（一）设计和施工集成模式的组织

该模式为设计-建造承包商同时承担设计和施工任务，公司内部对设计和施工高度控制，组织关系如图 8-12 所示。大多数该类承包商为大型的设计-建造承包公司，该模式可以为业主提供高价值的服务。

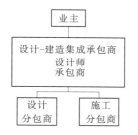

图 8-12　设计和施工集成模式的组织　　　图 8-13　以开发商为主导的 DB 模式的组织

（二）以开发商为主导的 DB 模式的组织

在该模式下，设计-建造承包商就是开发商（Developer），其将设计和施工全部委托出去，自己主要从事管理和协调服务。当开发商接入设计和施工任务时，普遍采用该方式，如图 8-13 所示。

（三）承包商为主导加上设计分包模式的组织

承包商为主导的 DB 模式就是设计-建造承包商直接负责设计-建造项目的施工任务，而将设计任务全部分包给建筑师负责。建设-建造承包商还可能将部分施工任务分包，但是专业设计的分包由建筑师负责，如图 8-14 所示。

图 8-14　承包商为主导加上设计分包商模式的组织　　　图 8-15　建筑师为主导加上施工分包模式的组织

（四）建筑师为主导加上施工分包模式的组织

建筑师为主导的 DB 模式就是设计-建造承包商直接负责设计-建造项目的设计任务，

而将施工任务全部分包给承包商负责，承包商将施工任务除自己完成一部分外，根据需要外包给专业分包商。专业设计的分包由设计-建造承包商直接负责。建筑师为主导的DB模式组织如图8-15所示。

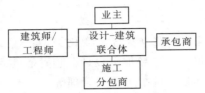

图8-16 设计-建造联合体模式的组织

（五）设计建造联合体

设计建造联合体是一种混合的设计-建造模式，由建筑设计事务所与承包商公司针对某一特定项目组建成一个联合体或伙伴。这种模式依赖于设计和施工两家公司的声誉，其组织关系如图8-16所示。

五、英国的设计-建造模式组织

英国的设计-建造模式由于受发展历史影响，设计-建造承包商以施工承包为主，一直没有完全的设计责任，但是该情况在2005年版JCT设计-建造合同中得到一定的改善。

因此，英国的设计-建造模式是施工承包商工作范围的扩展，从施工承包商中发展而来，也可称为总承包商，工料测量师为总承包商服务，建筑师和工程师也为总承包商服务，总承包商将部分施工任务分包给专业的施工承包商。业主一般需要向专业咨询顾问寻求支持。英国的JCT设计-建造组织如图8-17所示。

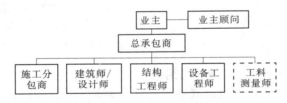

图8-17 英国的JCT设计-建造模式组织

第四节 施工管理模式组织

一、施工管理模式概述

施工管理模式（construction management delivery），或称为建筑工程管理模式或建筑管理模式（construction management，CM），是由美国人 Charles B. Thomsen 在研究如何加快设计与施工的速度以及改进控制方法时提出的，在美国建筑市场得到广泛应用。施工管理模式在英国、英联邦国家等也得到逐渐推广，成为工程项目管理的一个常见组织模式。目前在我国没有可以借鉴的完整工程经验，但是不排除该模式将来在我国工程项目管理领域普及应用。

施工管理模式特别适用于复杂大型工程项目的管理，当项目的预算、时间、质量等影响因素多时，施工管理模式可以提供更多的项目控制工具。施工管理模式针对传统模式的缺点如早期成本不明确、建设周期长等提出，施工管理模式在项目早期阶段就使用了基于承包商的管理系统，可以在工程项目设计阶段和施工阶段均进行较好的控制。

施工管理模式最常用的形式有两种：代理型 CM（agency CM）和风险型 CM（at-risk-CM）。

二、代理型施工管理模式组织

代理型施工管理模式（agency construction management）是施工管理师（construction manager）作为业主的代理人或者顾问在设计和施工阶段提供工程施工方面的建议并且管理施工过程。施工管理师通过早期介入工程项目，在决策时可以同时考虑设计与施工的因素，使项目在最短时间内，以最经济的成本和满足要求的质量完成工程并交付使用，如图 8-18 所示。

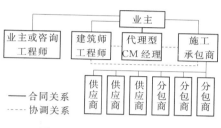

图 8-18 代理型 CM 模式

代理型施工管理模式可以分为两种：①传统的施工管理模式；②多次发包的施工管理模式。

（一）传统的施工管理模式

传统的施工管理模式中业主将工程施工委托给一家施工总承包商，各参与方的组织关系如图 8-19 所示。

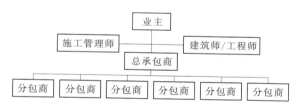

图 8-19 传统的施工管理模式组织

建筑师/工程师为业主提供建筑设计及设计有关的服务。施工管理师受业主的信任，接受业主的委托，当设计满足一定深度后，通过一次性招标选择 1~2 家总承包商。总承包商承担工程施工的全部责任，并且可以将部分任务委托给专业的分包商。

（二）多次发包的施工管理模式

多次发包的施工管理模式（CM Multi-Prime/trade contracting project delivery method）也可称为平行发包的施工管理模式，就是利用快速路径（fast track）原理，施工管理师通过将工程项目分解成多个合同包，然后分别发包给不同的施工总承包商，以缩短项目周期，如图 8-20 所示。

该模式可以鼓励更多的总承包商和供应商参与竞争，从而业主可以从竞争中获得好处。并且业主可以在施工文件准备后要求施工管理师提供工程最高限价，以及局部的变更。业主与施工管理师之间为信任委托关系，施工管理师没有提高工程项目成本的冲动，也与建筑师的经济利益无直接关系。但是多承包商可能导致管理协调困难，工程项目的最终成本只有项目竣工后才可能明确。多次发包的施工管理组织如图 8-21 所示。

图 8-20　多次发包的施工管理原理

图 8-21　多次发包的施工管理模式

三、风险型施工管理模式组织

风险型施工管理（construction management at risk，CM @Risk）就是施工管理师同时担任承包商（contractor）的职责。一般发包人要求 CM 经历提出保证最大工程费用，以利于发包人的投资控制，因而 CM 经历为承包人承担了更多的风险。仅在施工的前期准备阶段，业主与施工管理师之间为信任委托关系，而在施工阶段，施工管理师主要角色是承包商，如图 8-22 所示。

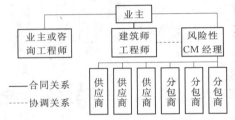

图 8-22　风险性 CM 模式

风险型施工管理模式为业主在项目早期阶段享受施工管理服务，在施工阶段之前签订一份施工委托合同。施工管理师在施工合同中为业主提供保证最大成本（GMP）。因此，风险型施工管理师类似于提前介入工程设计阶段的传统模式的总承包商，并且为业主提供项目的最大成本保证，施工管理师将工程项目的全部或者大部分分包出去。出于成本控制的考虑，风险型施工管理师的分包商可能仅提供施工所需的材料设备等，因此该模式下的多数分包商可以称为供应商。虽然施工管理成本可能比较高，由于存在 GMP，因此项目总成本可能比较低。由于施工管理师的提前介入，风险型施工管理模式的竞争性较低，在公共工程项目中要注意法律适用问题。

四、英国的管理承包模式组织

虽然管理承包（management contracting）模式在英国应用了较长时间，但是直到 1987 年才出现标准的管理承包合同 JCT MC87，后来出版修订的 MC98，2005 年出版全新的 JCT05。2005 年 JCT 没有继续采用 management contract 名称，新名称为 management building contract，仍简称为 MC，关键标准合同为 JCT 05 - Management Building Contract（MC），配套标准合同包括 JCT 05 - Management Works Contract（MCWK）。

管理承包模式的组织关系如图 8-23 所示，管理承包商提交前介入工程设计。虽然作为工程总承包商，但是管理承包商对工程不承担直接的施工责任，而是将工程施工全部分包，因此可能导致工程参与者之间关系复杂化。

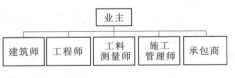

图 8-23　英国的施工管理模式组织

管理承包模式为业主提供了独立的建筑师和设计工作，让管理承包商提前介入，可以采用快速路径法搭接设计和施工，工程项目提前开始、提前竣工，比较适合较大型和复杂的项目。同时业主可以从项目合同包的分解中，通过独立的合同包竞争，降低工程成本。

然而，在代理型施工管理模式传入英国后，其名称为施工管理（construction management），其组织关系如图 8-24 所示。

图 8-24　管理承包模式组织

第五节　融资承包模式组织

一、概述

公共基础设施的建设在整个国民经济中占有重要地位，但由于其投资大、建设周期长等特点，为了弥补政府投资的不足和吸收民间资本投资于公共基础设施，各国政府开始使用新型融资模式即带融资功能的工程承包模式，目前应用最广泛的模式是 BOT（build operate transfer，建造-运营-移交）。1992 年英国政府开始大力推行 PFI（private finance initiative）方式，导致 PFI/PPP 模式的项目逐渐出现。

BOT 是 20 世纪 80 年代发展起来的一种项目融资和建设模式，主要用于基础设施的建设。BOT 是依靠私人资本进行基础设施建设的一种融资和项目管理方式，是指政府通过招标选择私营企业，通过特许协议授予其在一定期限的基础设施的专营权，许可其融资建设和经营特定的基础设施，并准许其通过向用户收取费用或出售产品，以清偿贷款，回收投资并获取利润。特许专营期满，整个项目由公司无偿或以极少的名义价格移交给东道国政府。

BOT 主要用于基础设施项目，包括发电厂、机场、港口、收费公路、隧道、电信、供水和污水处理设施等，这些项目都是一些投资较大、建设周期长和可以运营获利的项目。

PFI 是一种利用私人或私有机构的资金、人员、设备、技术和管理等优势，从事公共项目的开发、建设经营的建设模式。一般由政府部门发起项目，由财团进行项目建设、运营，并按事先的规定提供所需的服务。政府采用 PFI 目的在于获得有效的服务，而并非旨在最终的建筑物所有权。在项目开发过程中私营企业或私有制机构组建的项目公司在合同特许期限内，集项目的建设、经营和产权于一体。政府将项目开发过程的风险转移给能够合理承担风险的私有制机构，提高私有资金的经济效益，为公众提供更好、更优质的服务。

PPP 公共私人合作关系（public private partnerships）是更广泛的融资方式，是英国政府引入的一个概念，旨在扩大公共部门与私人部门的合作领域，加强两种部门的合作力度。PPP 与 PFI 概念比较接近。

二、PFI/PPP 的组织

PFI/PPP 模式的参与各方包括公共部门、项目公司、贷款人、投资人、承包商、运营

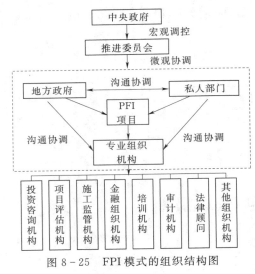

图8-25 FPI模式的组织结构图

公司、供应商、保险公司等，以及信用定级公司，以便对项目公司发行的债券提供信用保证。PFI已成为利用私有资金（民间资本或非政府资金）的一种总模式、总概念。典型PFI项目的组织关系如图8-25所示。PFI/PPP模式产生于英国，目前已经在许多国家开始应用。

三、BOT的组织

BOT模式即建造-运营-移交方式，是指政府开放本国基础设施建设和运营市场，吸收私人资金，授予项目公司特许权，由该公司负责融资和组织建设，建成后允许其运营一定年限（特许期），回收投资及获取合理利润，在特许期满将工程移交给国家政府。

因为BOT项目所处的政治、经济、法律、自然环境及社会环境等因素的不同，还会衍生出一些变化的形式，主要有以下几种：

（1）BOOT（建设-拥有-经营-转让），与BOT形式的主要区别在于项目建成后私营财团不仅取得项目的经营权，还拥有项目的所有权。

（2）BOO（建设-拥有-经营），即项目建成后私营财团拥有项目的所有权和经营权，但是最终并不将项目移交给政府。

（3）BLT（建设-租赁-转让），特点是私营财团以租赁的形式从租赁公司处购置项目资产，在项目运营期间以缴纳租金的方式分期偿还债务和投资成本，最终，项目移交给政府。

这些变化的形式与BOT都大同小异。

典型的BOT模式组织关系如图8-26所示。

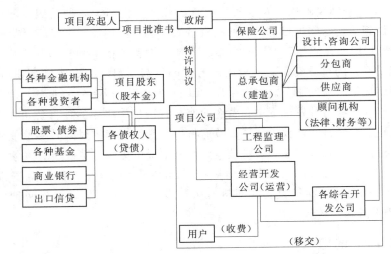

图8-26 BOT模式

案　例

山东日照电厂项目是 1993 年开始准备，1995 年正式达成的一个 BOT 方式融资的项目，其组织结构被冠以"日照模式"；福建泉州的刺桐大桥工程是首次采用"内资"的 BOT 项目；英法海峡隧道工程因其庞大的融资规模和组织技巧而成为近年来项目融资领域最受关注的项目。以下我们将对这三个项目的组织结构进行分析：

1. 山东日照电厂

山东日照电厂是在省政府的论证批准下由山东电力公司和以色列著名大财团——国际联合开发公司（UDI）共同发起组织的，并完成了国家发展计划委员会的正式立项和有关的经济可行性研究。随后，根据项目融资的设计组成了包括 7 家股东在内的中外合作经营的项目公司。

项目最大的股东是电力部门的政策性投资机构，其他中方参与者分别表现出省政府和地方政府对项目的支持。山东电力公司则是以工程承包商、项目产品的购买方等多重身份参与项目公司。以色列 UDI 承担了融资计划的设计，凭借其强大的财力和较高的技巧参与项目开发。德国的西门子公司则是发电设备主要供应商，其具有卓越的信誉，寻求他的加盟增强了项目贷款银行的信心。所以日照模式中项目公司的组成是相当有吸引力的，涉及行业主管、省、地方政府的政策性公司、城建商、供应商、产品用户以及信誉卓越的信托投资机构，这为日照电厂争取到较低的融资成本提供了保障。

2. 泉州刺桐大桥

股东按整个项目的建设由股东的权益投资和股东贷款来支持，政府给予 30 年（含建设期）的特许经营权，然后无偿获得大桥。股东之一的泉州路桥建设开发公司是代表市政府的授权投资机构，在大桥开工一年后将大部分股权转让给福建省公路开发总公司和省交通建设投资总公司。由于泉州刺桐大桥投资开发有限公司是独立法人，股东贷款按一般贷款限定了偿还期限和借贷条件。

3. 英法海峡隧道

这是由欧洲隧道公司发起的 BOT 项目，涉及英法两国政府，特许期长达 55 年，总投资 102 亿美元。

项目公司的两大股东是由英法两国的银行和承包商组成的财团，其中的许多银行参与了贷款，承包商则承建了整个隧道工程。项目公司（欧洲隧道公司）还在股市上吸引了众多的权益投资者，获得了几乎无担保的银行贷款。政府对项目公司提供了商务自主权和"无二次设施"的特许，项目公司则与欧洲各国高速铁路网签订了联合协议，相当于一份长期用户合同。

4. 三个项目的对比分析

三个项目的项目公司其组成都有可取之处。山东日照电厂涉及最全面；刺桐大桥则获得市政府授权机构的直接投资，结构较简便；海峡隧道抓住了项目特点，项目公司实际上主要由银行和承包商组成，为公司的融资和建设提供了较好的条件。从国内的环境来看，由于许多项目不能获得商务自由权——主要是项目产品或服务的自主价格，而且外方对我国政策行为相当敏感，所以我国的项目公司组建有政府背景的公司参与往往是必要的，而且谋求项目的参与方，特别是对项目起关键作用的参与方加盟项目公司也应成为一条原则。

　　从其他方面看，山东日照电厂利用了出口信贷和商业信贷。以山东电力公司作为项目的总承包商的做法虽然保证了国内对项目的绝对控制，但风险过于集中在山东电力公司，其主要贷款方出口信贷银行由于有政府的保证和对山东电力公司的完全追索权而无需承担风险。刺桐大桥利用股东筹资来贷款，使股东的风险过于集中，实际的资金筹措有无限追索的倾向，而且为工程提供风险分担的参与方过少，不确定因素防范不够。而海峡隧道工程，各参与方的联合形式非常有效。银行和承包商的股权投资仅有 0.8 亿美元，大部分股本分散在众多的小投资者身上，风险得到分散，而且承包商还可以通过承建工程获得收益。银行的贷款是有近 200 家欧洲的银行提供，并有铁路联营的担保，因此虽说项目的风险比国内两个项目要大得多，政府所给的支持要少得多，但项目发起方和银行的单个机构承担的风险并不大。这一点值得借鉴。

　　从以上分析得出，我们在组织国内项目融资时，不在于机构参与多少的表面形式，而是该种组织形式下获得融资的便利和风险的控制。不能导致实质性风险的集中，否则参与的机构越多，风险可能越大，当项目失败时对风险集中的参与者的损害也越大。

第九章
工程项目参与者内部的组织结构

第一节　企业组织结构

总承包商在项目组织方面应解决一下主要问题：项目组织与总承包公司之间的关系、项目团队的组织机构设置、项目经理的产生、项目经理责任制的建立和项目团队建设等。

一、组织理论

（一）古典组织理论

古典组织理论包括20世纪初期由泰罗等人创立的科学管理理论、法约尔的行政管理理论和由马克斯·韦伯发展起来的官僚模型理论。古典组织理论的重心是组织结构的合理化，它的贡献在于第一次运用科学的方法将组织问题系统化、理论化与科学化。

泰罗研究的根本目的是谋求最高效率，使较高工资和较低的劳动成本统一起来，从而扩大再生产的发展，这是雇主和雇员达到共同富裕的基础；而要达到这个目的的重要手段就是实施科学化、标准化的管理方法。其组织理论思想主要有：设置计划部门，实行职能制，以及实行例外原则。

法约尔的行政管理理论中的主要组织理论有：①从组织管理过程的角度提出了企业的基本活动和管理的5项基本职能；②从组织职能角度提出了管理的14条基本原则；③提出了建立层级组织的管理幅度概念；④研究了企业职能机构的设置，构建了直线职能制的组织结构形式；⑤提出了解决组织内部管理效率问题"法约尔桥"思路。

"组织理论之父"马克斯·韦伯是德国著名的社会学家和组织学家，他对组织理论的主要贡献是提出了以"官僚模型"为主体的"理想的行政组织体系"。马克斯·韦伯认为组织结构应该是"科层结构"，并且认为官僚组织是理想的组织模式。马克斯·韦伯认为等级、法定的权威和行政制是一切社会组织的基础，缺失了权威的组织不可能统一行动和实现共同的目标；合法的权威基础有三种纯粹形式：个人崇拜式权威、传统式权威和理性-合法的权威，但只有法定的权威才是官僚组织的构建基础。

古典组织理论主要是针对组织内部的分工与活动安排进行研究，这一理论体系为组织内部分工的合理化与活动安排以及组织内部制度建设提供了良好的理论指导。所有古典组织理论的共同出发点都是为了提高企业组织的管理效率。古典组织理论围绕4大支柱建立，这4大支柱分别是：劳动分工、等级、结构、控制幅度理论。

（二）新古典组织理论

新古典组织理论也称为行为科学组织理论，是以科层结构为基础，同时又吸取了心理学、社会学关于"群体"的观点。强调社会集团对组织效率的重要性，并对古典组织理论的一些主要缺陷进行了重要的修改。它的特点是在集权与分权的关系上，相对地主张分权，使组织成员能更多地参与决策以提高积极性；从组织形式看，倾向于扁平形的组织结构，主张部门化。

新古典组织理论的一个重要特征就是更注重人在组织的重要作用，开始深入研究组织成员的行为，其中最值得关注的研究活动是梅奥进行的霍桑实验。该实验得出的结论是：工人是"社会人"而非"经济人"；企业中存在着"非正式组织"；生产率主要取决于工人的工作态度以及他和周围人的关系；新型的领导能力在于提高职工的满足度，存在霍桑效应等。

新古典组织理论中具有代表性的理论成果包括：①马斯洛的需求层次理论；②赫茨伯格的双因素理论；③麦克莱兰的激励需求理论；④麦格雷戈的"X 理论-Y 理论"；⑤波特和劳勒提出的波特-劳勒模式。

（三）其他组织理论

除了古典组织理论与新古典组织理论以外，在组织研究领域占有重要地位的一些理论还有：系统理论、新制度组织理论与交易费用理论。

20 世纪 60 年代随着系统理论的发展，组织理论也开始走向了系统分析的道路。系统组织理论严格说来并不是一个单一的理论，而是 3 个理论学派的总称，它们是 20 世纪 30 年代发展起来的社会系统学派与 20 世纪 60 年代产生的社会技术学派和权变系统理论。它们有一个共同点，就是都将企业组织看作是一个系统，因而将它们统称为系统理论。社会系统学派从社会学的观点来研究组织，把企业组织中人们的相互关系看作是一种协作的社会系统，其创始人是切斯特·巴纳德。切斯特·巴纳德认为，组织是两个或两个以上的人有意识协调活动的系统，是一种协作系统，组织处于特定的环境之中，组织不仅有正式组织还有非正式组织。社会技术系统学派是在社会系统学派的基础上进一步发展而形成的，该学派的主要代表人物是特里斯特。社会技术系统学派认为，组织既是一个社会系统，又是一个技术系统，并非常强调技术系统的重要性，认为技术系统是组织同环境进行联系的中介。在系统理论中阵容强大、影响最为深远的是权变系统理论，该学派的代表人物有伍德沃德、斯托克、卡斯特和罗森茨韦克等。权变系统学派认为一个组织与其他组织的关系以及与环境的关系依赖于具体的情景，拒绝接受古典组织理论关于"全能"原则与结构的观点，认为组织是约定俗成的，并且具有一定的适应性。

新制度组织理论与新制度经济学有着十分密切的联系。新制度组织理论产生于 20 世纪 70 年代，新制度组织理论的主要代表人物有莫约、卢旺、斯科特等。新制度组织理论学派认为，组织不仅在一定的技术环境中运作，而且在一定的制度环境中生存。新制度组织理论学派所强调的制度环境特征是通过规则和规定的精心安排，其间的单个组织必须服从这些规则和规定。新制度组织理论从组织的制度环境着手，以组织域为基本分析单位，强调组织在环境中的运作要满足技术环境的要求，以实现组织的效率。

随着企业的产生和发展及领导体制的演变，企业组织结构形式也经历了一个发展变化的过程。企业组织结构主要的形式有：直线制组织结构，职能制组织结构，直线-职能制组织结构，事业部制组织结构，分权制组织结构，矩阵制组织结构等。

二、直线制组织结构

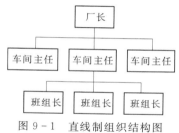

直线制是一种最早也是最简单的组织形式。它的特点是企业各级行政单位从上到下实行垂直领导，权责分明。通常独立的项目和单个中小型工程项目采用直线式组织形式，其结构如图9-1所示。

图9-1 直线制组织结构图

1. 优点

（1）直线职权，项目参加者的工作任务、责任、权利明确，指令唯一，这样可以减少扯皮和纠纷，协调方便。

（2）信息流通快，决策迅速，项目容易控制。

（3）项目任务分配明确，责权利关系清楚。

2. 缺点

（1）当项目比较多、比较大时，每个项目对应一个组织，使企业资源不能合理使用。

（2）项目经理责任较大，一切决策信息都集中于此，这要求其能力强、知识全面、经验丰富，否则决策较难、较慢，容易出错。

（3）不能保证项目参与单位之间信息流通的速度和质量，由于权力争执会使单位之间合作困难。

（4）企业的各项目间缺乏信息交流，项目之间的协调、企业的计划和控制比较困难。

（5）若专业化分工较细，容易造成组织层次的增加。

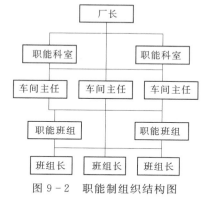

图9-2 职能制组织结构图

三、职能制组织结构

职能制是在泰罗的管理思想的基础上发展起来的一种项目组织，是各级行政单位除主管负责人外，还相应地设立一些职能机构。这种结构要求行政主管把相应的管理职责和权力交给相关的职能机构，各职能机构就有权在自己业务范围内向下级行政单位发号施令。因此，下级行政负责人除了接受上级行政主管人指挥外，还必须接受上级各职能机构的领导。适合于规模比较小，时间段，以技术为重点的工程项目。其结构形式如图9-2所示。

1. 优点

（1）由于部门是按职能来划分的，因此各职能部门的工作具有很强的针对性，可以最大限度地发挥人员的专业才能。

（2）同一部门的专业人员在一起，易于沟通，管理工作比较精细。

（3）能充分发挥职能机构的专业管理作用，减轻直线领导人员的工作负担。

2. 缺点

（1）项目信息传递途径不畅。

（2）工作部门可能会接到来自不同职能部门的相互矛盾的指令。当不同职能部门之间有意见分歧、难以统一时，相互协调存在一定的困难。

（3）在中间管理层可能会出现有功大家抢，有过大家推的现象。

（4）妨碍了必要的集中领导和统一指挥，形成多头领导。

（5）容易造成纪律松弛，生产管理秩序混乱。

四、直线-职能制组织结构

直线-职能制组织形式，是以直线制为基础，在各级行政领导下，设置相应的职能部门。即在直线制组织统一指挥的原则下，增加了参谋机构。直线-职能制组织结构模式与直线制组织结构模式相比，其最大的区别在于更为注重参谋人员在企业管理中的作用。直

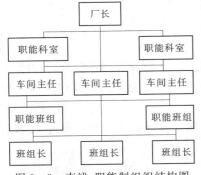

图 9-3　直线-职能制组织结构图

线-职能式组织结构模式既保留了直线制组织结构模式的集权特征，同时又吸收了职能式组织结构模式的职能部门化的优点。直线-职能式组织结构模式适合于复杂但相对来说比较稳定的企业组织，尤其是规模较大的企业组织。直线-职能制组织结构图如图 9-3 所示。

1. 优点

（1）这种组织模式快速、灵活、维持成本较低，而且责任清晰。

（2）保证了企业管理体系的集中统一。

（3）在各级行政负责人的领导下，充分发挥各专业管理机构的作用。

2. 缺点

（1）属于典型的"集权式"结构，权力集中于最高管理层，下级缺乏必要的自主权。

（2）各职能部门之间的横向联系较差，容易产生脱节和矛盾。

（3）直线-职能型组织结构建立在高度的"职权分裂"基础上，各职能部门与直线部门之间如果目标不统一，则容易产生矛盾。特别是对于需要多部门合作的事项，往往难以确定责任的归属。

（4）信息传递路线较长，反馈较慢，难以适应环境的迅速变化。

五、事业部制组织结构

事业部制最早是由美国通用汽车公司总裁斯隆于 1924 年提出的，故有"斯隆模型"之称，也叫"联邦分权化"，是一种高度（层）集权下的分权管理体制。它适用于规模庞大，品种繁多，技术复杂的大型企业，是国外较大的联合公司所采用的一种组织形式，近几年我国一些大型企业集团或公司也引进了这种组织结构形式。

事业部制是分级管理、分级核算、自负盈亏的一种形式，即一个公司按地区或按产品类别分成若干个事业部，从产品的设计，原料采购，成本核算，产品制造，一直到产品销售，均由事业部及所属工厂负责，实行单独核算，独立经营，公司总部只保留人事决策，预算控制和监督大权，并通过利润等指标对事业部进行控制。也有的事业部只负责指挥和组织生产，不负责采购和销售，实行生产和供销分立，但这种事业部正在被产品事业部所

取代。

在企业组织的具体运作中，事业部制又可以根据企业组织在构造事业部时所依据的基础分为地区事业部制、产品事业部制等类型，针对某个单一产品、服务、产品组合、主要工程或项目、地理分布、商务或利润中心来组织事业部。地区事业部制按照企业组织的市场区域为基础来构建企业组织内部相对具有较大自主权的事业部门；而产品事业部则依据企业组织所经营产品的相似性对产品进行分类管理，并以产品大类为基础构建企业组织的事业部门。

（一）产品事业部

又称产品部门化，按照产品或产品系列组织业务活动，在经营多种产品的大型企业中早已显得日益重要。产品部门化主要是以企业所生产的产品为基础，将生产某一产品有关的活动，完全置于同一产品部门内，再在产品部门内细分职能部门，进行生产该产品的工作。这种结构形态，在设计中往往将一些共用的职能集中，由上级委派以辅导各产品部门，做到资源共享。其结构图如图 9-4 所示。

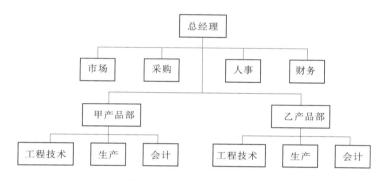

图 9-4 产品事业部结构图

1. 优点

（1）有利于采用专业化设备，并能使个人的技术和专业化知识得到最大限度的发挥。

（2）每一个产品部都是一个利润中心，部门经理承担利润责任，这有利于总经理评价各部门的政绩。

（3）在同一产品部门内有关的职能活动协调比较容易，比完全采用职能部门管理来得更有弹性。

（4）容易适应企业的扩展与业务多元化要求。

2. 缺点

（1）需要更多的具有全面管理才能的人才，而这类人才往往不易得到。

（2）每一个产品分部都有一定的独立权力，高层管理人员有时会难以控制。

（3）对总部的各职能部门，例如人事、财务等，产品分部往往不会善加利用，以至总部一些服务不能获得充分的利用。

（二）区域事业部制

又称区域部门化，其原则是把某个地区或区域内的业务工作集中起来，委派一位经理来主管其事。按地区划分部门，特别适用于规模大的公司，尤其是跨国公司。这种组织结构形态，在设计上往往设有中央服务部门，如采购、人事、财务、广告等，向各区域提供专业性的服务，如图9-5所示。

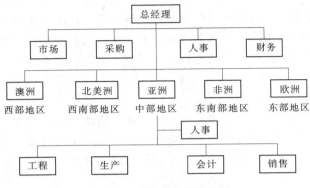

图9-5　区域事业部结构图

1. 优点

(1) 责任到区域，每一个区域都是一个利润中心，每一区域部门的主管都要负责该地区的业务盈亏。

(2) 放权到区域，每一个区域有其特殊的市场需求与问题，总部放手让区域人员处理，会比较妥善、实际。

(3) 有利于地区内部协调。

(4) 对区域内顾客比较了解，有利于服务与沟通。

(5) 每一个区域主管，都要担负一切管理职能的活动，这对培养通才管理人员大有好处。

事业部制的好处是：总公司领导可以摆脱日常事务，集中精力考虑全局问题；事业部实行独立核算，更能发挥经营管理的积极性，更利于组织专业化生产和实现企业的内部协作；各事业部之间有比较，有竞争，这种比较和竞争有利于企业的发展；事业部内部的供、产、销之间容易协调，不像在直线职能制下需要高层管理部门过问；事业部经理要从事业部整体来考虑问题，这有利于培养和训练管理人才。

2. 缺点

(1) 随着地区的增加，需要更多具有全面管理能力的人员，而这类人员往往不易得到。

(2) 每一个区域都是一个相对独立的单位，加上时间，空间上的限制，往往是"天高皇帝远"，总部难以控制。

(3) 由于总部与各区域是天各一方，难以维持集中的经济服务工作。

总体来说，事业部必须具有3个基本要素：即相对独立的市场、相对独立的利益、相对独立的自主权。

事业部的缺点是：公司与事业部的职能机构重叠，构成管理人员浪费；事业部实行独立核算，各事业部只考虑自身的利益，影响事业部之间的协作，一些业务联系与沟通往往也被经济关系所替代。甚至连总部的职能机构为事业部提供决策咨询服务时，也要事业部支付咨询服务费。

六、模拟分权制组织结构

模拟分权制又称"模拟分散管理组织结构"，是指为了改善经营管理，人为地把企业划分成若干单位，实行模拟独立经营、单独核算的一直管理组织模式。它不是真正的分权管理，而是介于直线职能制与事业部制之间的一种管理组织模式。其组织模式如图9-6所示。

图 9-6　模拟分权制结构简图

1. 优点

（1）能最大程度的调动各生产单位的积极性。

（2）能够解决企业规模过大不宜管理的问题。

2. 缺点

（1）不易为模拟的生产单位明确任务，造成考核上的困难。

（2）各生产单位领导人不易了解企业的全貌，在信息沟通和决策权力方面也存在着明显的缺陷。

七、矩阵制组织

又称为非长期固定性组织，是现代大型工程管理中广泛采用的一种组织形式。矩阵制组织形式是取职能制组织形式和项目对象原则结合起来工程项目管理组织机构，使其既能发挥职能部门的纵向优势，又能发挥项目组织的横向优势如图9-7所示。

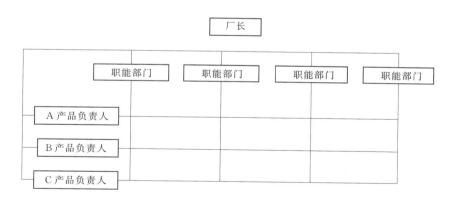

图 9-7　矩阵制组织

1. 优点

（1）加强了横向联系，专业设备和人员得到了充分利用。

（2）能以尽可能少的人力，实现多个项目管理的高效率，具有较大的机动性。

（3）促进各种专业人员互相帮助，互相激发，有利于人才的全面培养。

2. 缺点

（1）成员位置不固定，有临时观念，有时责任心不够强。

（2）人员受双重领导，有时不易分清责任。

八、企业组织结构发展趋势

上述这些组织结构模式理论的提出都有其特殊的经济理由与依据；同样，这些组织结构模式被企业管理者所分别采用，说明每一种组织结构模式存在与发展完善的经济合理性。各种传统企业的组织结构理论虽然都体现了工业经济的特有属性，但在实践操作中，每一种组织结构模式则是按照自身的独特性来构建企业内部的管理框架。在不同的组织结构模式企业中，管理权的分配、管理的层次与幅度、组织内部不同部门之间的关系等均有所不同。考虑到各种组织结构的特性，它们在各种类型企业中的有效性也不同，即不同的组织结构模式适用于不同的企业。

历来认为直线式的等级制度最有效，命令可以畅行无阻地层层下达，这是工业时代典型的企业管理形式。不过，这种管理系统依赖的条件是：现场要有大量精确的反馈，决策的性质大致相同。如果决策者面临的问题是重复性的，种类又不多，经理人员就能够收集到与它们有关的大量信息，而且能从以往的成败中积累有用的经验。

森严的垂直等级制度正逐渐失效，因为它所依靠的两大根本条件已难以为继。决策者面临的问题种类日见繁多，除了复杂的技术、经济决策外，政治、文化、社会责任等问题不断出现，而现场的反馈却越来越小。由于要求、机会和压力日益变化无常，从时间上讲，有关的信息更难逐级向上；或者说，最上层的领导更难以在任何一类问题上积累起大量的经验。上下之间的距离不单纯是层次过大或过多，还在于需要处理的数据种类越来越多。

就企业内部而言，决策的层次应该越来越低。企业管理权是从集中走向分散，企业的组织结构是从金字塔形走向扁平形或网络结构。

古典管理组织专家如韦伯、法约尔等提出了建立企业组织结构应遵循的一些原则，如严格的等级制度，命令和指挥的统一，合理的专业化分工，适当的控制幅度等，这种早期的原则实际上是建立金字塔形结构的原则，适合于一个相对稳定的外界环境。现代企业的外界环境与传统企业的外界环境比较，发生了一系列变化，形成了一系列新的特点，也加剧了现代企业外部环境的动态性、复杂性。企业为了求得自身的生存和发展，依据外界环境的变化和自身的条件，进行新的战略调整。

从国内外企业发展的情况分析，组织结构有以下几种发展趋势：

（1）分厂制代替总厂制。即把规模庞大、产品众多的企业，或按产品，或按生产工艺，或按销售方式，分解成若干个各自相对独立的分厂，享有相应的权力，总厂对分厂进行目标、计划等管理。分厂之间是平等的、横向联系的关系。

（2）分层决策制代替集中决策制。即各分厂或各独立经营的单位享有决策权，在总厂的整体目标指导下，按照自身的条件和特点进行决策，而不是由总厂进行包揽，改变集中统一的决策形式。

（3）以产品事业部代替职能事业部。实行事业部制，是从金字塔形向扁平形发展的一种重要形式。实行按产品来划分事业部，不仅让各产品事业部去管生产，而且管产品规划、研究开发、市场销售，并且加强各事业部的独立核算，这就使得各事业部具有更大的自主权。

（4）分散的利润中心制代替集中利润制。许多企业把各部门按生产、销售特点划分为若干个利润中心，这种利润中心除承担一定利润任务外，可以依据自身情况进行独立的经营活动，成为一个相对独立的经营单位。这样，各个利润中心的建立，改变了过去那种只负责生产或销售，不负责盈亏，利润最后集中到企业总部才能反映经营的状况。

（5）研究开发人员的平等制代替森严的等级制。扁平形的组织结构还表现在企业内部研究开发人员与各级经营决策人员建立平等关系，可以在一起进行平等的、自由的讨论。

随着现代企业管理组织结构的改革，还将出现许多不同形式的扁平型结构。

由于工程项目管理均是在一定企业组织结构下展开的，因此准确把握与认识企业组织结构理论对于完善工程项目管理组织具有非常重要的意义。

第二节　项目组织结构

一、项目组织的特点

工程项目组织应解决如下问题：①项目管理团队与所在组织的关系；②项目管理团队自身机构设置；③组织运行规则的确定。

由于项目的一次性与独特性的特点，在一个项目确定以后，就需要根据项目的具体情况，建立项目的管理团队，负责项目的实施，负责项目的费用控制、时间控制和质量控制，实现项目目标。项目结束后，项目的管理组织已经完成自己的任务，项目团队就解散，因此项目组织具有临时性特点。在项目发展的不同阶段，项目成员配置和组织结构也应该随着项目发展而及时调整，以适应项目管理的需要，因此项目组织具有动态性特点。

任何企业组织结构均可以承担项目管理，例如直线制、职能制、直线职能制、事业部制、矩阵制等企业内部均可能实施项目管理。针对项目管理的独特性和一次性特点，适用于项目管理的企业内部组织结构可归纳为 3 种典型形式：职能式组织结构（Functional Organization Structure）、矩阵式结构（Matrix Organization Structure）、项目式组织结构（Projectized Organization Structure）等。

项目组织结构实质上决定了项目管理团队为实施项目获取所需资源的可能方法与相应的权力，不同的项目组织结构对项目的实施会产生不同的影响。

二、职能式项目组织

职能式组织实质上是以企业的职能部门为主进行项目管理的一种组织形式。只要企业内部存在职能部门，就可以使用该组织结构进行项目管理。一个项目可能是由某一个职能部门负责完成，也可能是由多个职能部门共同完成。一个或者多个职能部门的职员在不改变原职能部门体系的情况下，针对某项目组成一个项目管理组织，指定一个项目协调人，但是在涉及跨职能部门之间的调动时，需要经过职能经理。适用于项目管理的典型职能式组织结构如图9-8所示。

1. 优点

（1）专业化程度较高，可以给项目各成员提供专业交流的工作环境。

（2）技术专家可同时被不同的项目所使用。

（3）可提供项目技术服务的连续性。

（4）可保持职员使用的连续性。

（5）职能部门可为本部门专业人员提供正常晋升途径。

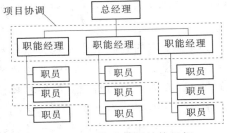

图9-8　职能式项目结构组织

（6）新项目出现不需要建立新组织机构，对企业原组织机构影响小。

（7）项目组织管理成本低。

2. 缺点

（1）企业职能部门一般具有其日常工作重点，因此项目目标往往得不到优先考虑，项目利益并不是职能部门的活动和关心焦点。

（2）职能部门工作方式常常面向本部门活动，而项目工作方式必须面向问题。

（3）经常会出现没有一个人承担项目全部责任的现象。

（4）对客户要求的响应比较迟缓和艰难，因为在项目和客户之间存在多个管理层次。

（5）项目职员积极性往往不是很高。

（6）技术复杂的项目通常需要多个职能部门合作，跨部门之间的交流沟通较困难。

三、项目式项目组织

在项目式项目组织中，为特定项目设置专门的项目团队，项目团队成员常常作为一个独立的团队，接受项目经理的完全指挥。项目式组织内部的大部分资源用于该项目的工作。项目经理可以调动整个组织内部或外部的资源。项目式组织见图9-9。

在复杂的工程项目中，项目式组织中往往还设置独立的职能部门，这些部门直接向项目经理汇报。同时企业还可能设置职能经理，如图9-10所示。

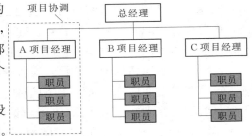

（灰框表示参与项目活动的职员）

图9-9　项目式项目组织结构

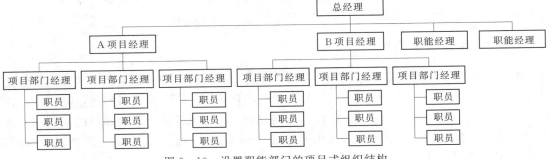

图9-10　设置职能部门的项目式组织结构

1. 优点

（1）项目经理对项目全权负责。

（2）项目组所有成员直接对项目经理负责。

（3）项目从职能部门分离，沟通途径变得简洁。

（4）易于保留一部分在某些技术领域具有很好才能的专家作为固定成员。

（5）项目目标单一，项目成员能够明确理解并集中精力于项目目标，团队精神能充分发挥。

（6）权力集中使决策速度加快，能对客户需求和高层管理意图做出快速响应。

（7）命令来源唯一。

2. 缺点

（1）当有多个项目时，会造成人员、设施、技术及设备等的重复配置。

（2）项目经理往往会将关键资源预先储备，造成浪费。

（3）易造成在公司规章制度上的不一致性。

（4）不利于项目与外界的沟通。

（5）对项目成员来说，缺乏一种事业的连续性和保障。

（6）独立的项目组织综合效率低，管理成本高。

（7）由于每个项目组织都是独立的，在项目组织建立和结束时，都会对原企业组织产生冲击。

四、矩阵式项目组织

矩阵式组织介于职能式组织和项目式组织之间，兼顾二者的特征，是一种多元化结构，力求最大限度地发挥职能式组织和项目式组织的优点并尽量避其弱点。矩阵式组织既可用于企业产品生产管理，也可用于企业的项目管理。典型的矩阵式项目组织如图 9-11 所示，其中项目经理主任负责协调项目经理之间的关系，如果不设置项目经理主任，则由总经理直接协调项目经理与部门经理之间的关系。根据项目经理与部门经理之间的权力分配，矩阵式组织结构可以分为：弱矩阵、平衡矩阵和强矩阵等。

弱矩阵式组织保留了职能式组织的许多特征，从企业相关职能部门安排专门人员组成项目团队，但无专职的项目经理，如图 9-12 所示。

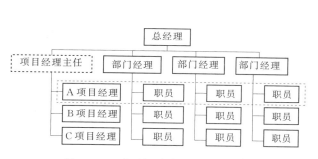

图 9-11　典型矩阵式项目组织结构

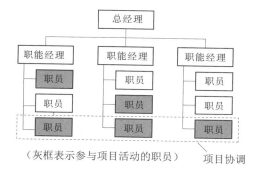

（灰框表示参与项目活动的职员）

图 9-12　弱矩阵式组织结构

强矩阵式组织则具有项目式组织的许多特征，项目经理独立于企业职能部门之外，项目团队成员来源于相关职能部门，项目完成后再回到原职能部门，如图 9-13 所示。

平衡矩阵式组织从企业相关职能部门安排人员组成项目团队，有专职的项目经理，且项目经理一般从企业某职能部门选聘，如图 9-14 所示。

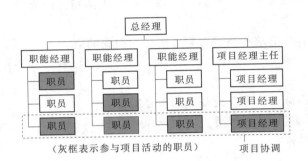

图 9-13　强矩阵式组织结构

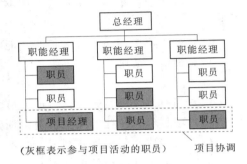

图 9-14　平衡矩阵式组织结构

经典矩阵式项目组织优缺点如下：

1. 优点

（1）项目是工作的焦点。

（2）项目可以分享各部门的技术人才储备。

（3）项目组成员与项目具有很强的联系，但职能部门对其也有一种"家"的感觉。

（4）对客户和公司组织内部的要求能快速反应。

（5）部分成员来自职能部门，能保持与公司规章制度一致性。

（6）可以平衡资源以保证各个项目都能完成各自的进度、费用及质量要求。

2. 缺点

（1）命令源的非唯一性。职员的命令来源于两个方面：项目经理和职能部门经理。

（2）资源在不同项目中的分配较困难，容易引起项目经理之间的争斗，项目目标而非公司整体目标成为项目经理考虑的核心。

（3）对项目经理与职能经理的协调能力提出较高要求。

五、复合式项目组织

大多数现代企业和公司在不同层次使用上述项目组织结构，形成复合的项目组织结构，在企业内部既存在职能式项目组织、矩阵式项目组织，也可能存在项目式项目组织。即使类型基本上属于职能式的组织，也可能建立专门的项目团队处理重要的项目。这样一个团队可以具有项目式组织中项目团队的许多特征，它可以有从不同职能部门调来的全职工作人员，可以制定自己的一套办事程序，甚至可以不按标准和正规的请示报告系统来开展工作。

复合式项目组织就是职能式与矩阵式组织的复合，如图 9-15 所示。

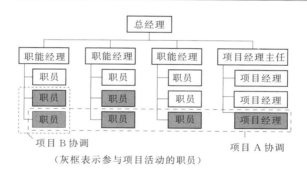

项目 B 协调　　　　　　　　　　　　　项目 A 协调

（灰框表示参与项目活动的职员）

图 9-15　职能式与矩阵式组成的复合式项目组织

六、项目组织结构的选择

企业针对项目管理选择合适的组织结构形式，需要考虑企业现有的状况．也需要考虑项目的特点。项目组织结构选择需要考虑以下几个问题：

（1）没有一种组织结构适合于所有项目企业/公司，即每个从事项目管理的企业/公司应该选择适合的组织结构形式。

（2）项目参与者初步选择组织结构时，应该考虑其企业现有的组织结构，在不改变现有企业组织结构的基础上构建项目组织结构。

（3）根据企业同时承担项目的数量、项目难易程度和复杂性等因素，建议选择项目式、矩阵式、职能式等组织结构，如图 9-16 所示。

（4）考虑项目经理与部门经理之间的职责分配，合理构建企业与项目组织结构的决策流程。从以职能经理指令为主的职能式组织，到以项目经理指令为主的项目式组织，其间经历不同的矩阵式组织，指令权在职能经理与项目经理之间的分配关系如图 9-17 所示。

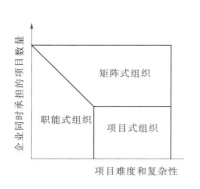

图 9-16　项目组织结构的选择因素

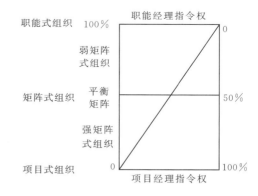

图 9-17　指令权在不同组织结构中的分配比例

（5）不同项目组织结构适用于不同的项目特点。详细区别见表 9-1。

（6）决定项目组织结构的一些关键性因素还包括项目面临的不确定性、所用技术、复杂程度、持续时间、规模、重要性、客户类型、依赖性、时间限制性等。具体适用范围见表 9-2。

表 9 - 1 不同项目组织结构的适用项目特点

项目特征	组织结构				
	职能式组织	矩阵式组织			项目式组织
		弱矩阵	平衡矩阵	强矩阵	
项目经理权限	很少或没有	有限	少到中等	中等到大	很高，甚至全权
可利用的资源	很少或没有	有限	少到中等	中等到多	很多，甚至全部
控制项目的预算者	职能经理	职能经理	职能经理与项目经理	项目经理	项目经理
项目经理的角色	半职	半职	全职	全职	全职
项目管理行政人员	半职	半职	半职	全职	全职

表 9 - 2 影响项目组织结构选择的关键性因素

编号	关键因素	职能式组织	矩阵式组织	项目式组织
1	不确定性	低	高	高
2	所用技术	标准	复杂	新
3	复杂程度	低	中等	高
4	持续时间	短	中等	长
5	规模	小	中等	大
6	重要性	低	中等	高
7	客户类型	各种各样	中等	单一
8	对内部依赖性	弱	中等	强
9	对外部依赖性	强	中等	弱
10	时间限制性	弱	中等	强

（7）在项目的不同生命周期阶段，企业可以采用不同的组织结构，即企业进行项目管理的组织在项目生命期内可以不断调整和改变，以适应项目的发展和管理。

第三节 业主的项目组织结构

一、项目法人现任制下业主的项目组织结构

1996 年国家计委在《关于实行建设项目法人责任制的暂行规定》中明确提出，国有单位经营性基本建设大中型项目在建设阶段必须组建项目法人。项目法人可按《公司法》的规定设立有限责任公司（包括国有独资公司）和股份有限公司形式。我国项目法人或者项目公司可以分为以下几种方式：

1. 国有独资工程项目法人

（1）根据《公司法》的规定，结合建设项目的特点，建设项目的董事会具体行使以下职权：

1）负责筹措建设资金。

2）审核、上报项目初步设计和概算文件。

3）审核、上报年度投资计划并落实年度资金。

4）提出项目开工报告。

5）研究解决建设过程中出现的重大问题。

6）负责提出项目竣工验收申请报告。

7）审定偿还债务计划和征税经营方针，并负责按时偿还债务。

8）聘任或解聘项目总经理，并根据总经理的提名，聘任或解聘其他高级管理人员。

各类建设项目的董事会在建设期间应至少有1名董事常驻现场。董事会应建立例会制度，讨论项目建设中的重大事宜，对资金支出进行严格管理，并以决议形式予以确认。董事会设董事长1名。

（2）按照《公司法》的规定，根据建设项目的特点，项目总经理具体行使以下职权：

1）组织编制项目初步设计文件，对项目工艺流程、设备选型、建设标准、总图布置提出意见，提交董事会审查。

2）组织工程设计、施工监理、施工队伍和设备材料采购的招标工作，编制和确定招标方案、标底和评标标准，评选和确定投、中标单位。实行国际招标的项目，按现行规定办理。

3）编制并组织实施项目年度投资计划、用款计划、建设进度计划。

4）编制项目财务预、决算。

5）编制并组织实施归还贷款和其他债务计划。

6）组织工程建设实施，负责控制工程投资、工期和质量。

7）在项目建设过程中，在批准的概算范围内对单项工程的设计进行局部调整（凡引起生产性质、能力、产品品种和标准变化的设计调整以及概算调整，需经董事会决定并报原审批单位批准）。

8）根据董事会授权处理项目实施中的重大紧急事件，并及时向董事会报告。

9）负责生产准备工作和培训有关人员。

10）负责组织项目试生产和单项工程预验收。

11）拟订生产经营计划、企业内部机构设置、劳动定员定额方案及工资福利方案。

12）组织项目后评价，提出项目后评价报告。

13）按时向有关部门报送项目建设、生产信息和统计资料。

14）提请董事会聘任或解聘项目高级管理人员。

2．合资工程项目法人

指由多个投资方（包括国有资产投资方在内）合资兴建的工程项目。具体分为两类：

（1）不向社会公开募集股东，由2个以上50个以下的出资者（可以是企业，也可以是其他投资主体）发起并认缴股本而成立的有限责任公司。

（2）由5个以上投资者发起，同时采用发起认缴和向社会公开发行股票两种方式募集股东的股份有限公司。

这两类公司都必须按《公司法》的规章条件和程序筹集资本金，制定章程，建立公司组织机构，召开有关会议等，在向国家规定的公司登记部门登记并领取营业执照之后，即算完成了公司的设立程序。这两类公司都以董事长为法定代表人，董事会掌握公司法人财产权，负责对公司的全面领导工作；董事会聘任的（总）经理具体管理项目的建设和项目建成投产后的经营工作。

3. 企业投资的工程项目法人

指完全由一家或多家企业（包括企业自有资金和企业借款）筹建的工程项目法人公司，一般为具有完全法人资格的公司，属于母公司的全资子公司或者参股公司，一般按照《公司法》运作，设立股东会、董事会、监事会等。

我国大多数房地产开发商采用合资或独资方式组建项目法人，开始一个房地产项目建设前，一般组建一个全新的项目公司，全权负责该房地产项目的融资、建设、营销等全过程。

4. BOT 工程项目法人

对于应用 BOT 方式建设的工程，其项目法人即为工程建设过程中通过招标选择的承建方，承建方可以是私人公司，也可以是合资的有限责任公司，也可以是国有独资公司。政府与承建方签订 BOT 项目合同后，由承建方负责项目的建设和经营，并承担风险，直至经营期满，政府只提供部分必要的保证条件。例如对于竞争性的水利工程项目可以采取这一方式。

项目法人的特征包括以下方面：

（1）直接或暂时拥有该项目的全部权利。

（2）为项目实施提供条件，主要是建设资金。

（3）负责经营、管理这个项目。

（4）负责偿还贷款。

（5）从项目经营中受益。项目法人的责任主要是提出、确定项目目标并组织评估论证；为项目提供条件并组织施工；负责项目竣工验收和试运行；负责生产经营并偿还贷款。项目法人在工程项目的全过程阶段，其责任范围不相同。

项目法人责任至少可以分为项目投资法人和项目建设法人两种，前者主要负责项目融资和投资，后者主要负责项目建设。

项目法人制度下的业主组织结构实际上就是只有一个项目的项目式组织结构，项目经理就是企业总经理，公司的职能部门就是项目的职能部门，公司所有职员就是项目的职员，最终接受项目经理的指挥，见图 9-18。

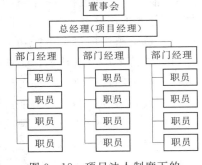

图 9-18 项目法人制度下的业主组织结构

二、项目组条件下业主的组织结构

项目组是由相互关联、统一协调的多个项目组成的一个组，以达到对项目独立管理所不能达到的利益。项目组一般指由众多子项目组成的一个大中型项目，每个子项目均是项目组的一个组成，不可以随便增减。由于大中型工程项目比较复杂，可以分解为一系列的相对独立的子项目进行管理，因此在工程领域，项目组主要指大中型工程项目。

我国大中型工程项目推行项目法人责任制，因此，项目组条件下的业主组织与项目法人制度下的业主组织结构基本相同。项目组管理主要涉及业主对多个单个项目或子项目之间的协调和管理能力，而设计单位、承包商等很少涉及项目组管理。在实践中业主单位一般为每个子项目指定 1 名子项目经理或者负责人，同时业主单位设置相应专业职能部门，针对项目组管理，形成矩阵式的企业组织结构，如图 9－19 所示。

三、组合项目条件下业主的组织结构

图 9－19　项目组条件下业主的组织结构

组合项目就是多个项目或项目组及其他工作的集合体，通过有效的分组，提高工作的有效管理，达到战略性商业目标。组合项目的多个项目或项目组不必是相互依赖的或者不必存在直接的关联（PMBOK 第三版）。

组合项目主要涉及项目前期的财务评价和选择标准，当多个项目立项后，组合项目管理就成为多项目的管理。典型的组合项目条件是一个大型房地产投资公司面临的环境，其核心业务是项目选择（市场）和项目现场管理（生产），其市场业务属于组合项目管理，其生产业务属于多项目管理，相应地组织结构应适应其核心业务发展需要。某房地产公司的组织结构如图 9－20 所示，可以揭示组合项目条件下业主组织的特点。

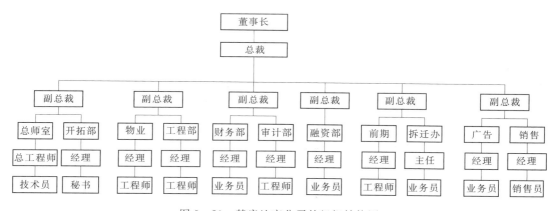

图 9－20　某房地产公司的组织结构图

第四节　承包商的项目组织结构

一、施工承包企业的组织结构

施工承包企业的业务以各类工程项目的施工为主，根据所承接专业，可以分为土建承包商、设备安装承包商、装饰装修承包商等，根据施工业务来源，可以分为施工总承包商和施工分包商。不论是什么类型的施工承包业务，对施工承包企业而言，每一笔承包业务都是一个需要严格按照合同完成的独立项目。由于施工承包企业的利润率相比高新技术企业而言，普遍较低，因此具有一定规模的施工承包企业必须同时承接大量工程项目，才能够维持企业的正常经营和发展。施工承包企业的核心管理业务属于多项目管理，而不是项

目组管理或组合项目管理。

　　承接多项目的施工承包企业可以采用矩阵式组织结构，如图9-21所示。

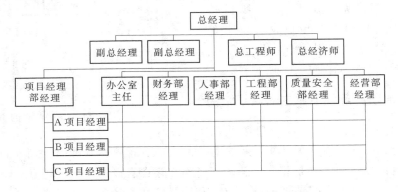

图9-21　施工承包企业的矩阵式组织结构

　　当企业同时承包的项目数量达到一定规模后，矩阵式企业的组织结构跨度过大，企业高层对项目管理和协调可能失控，任何一个工程承包项目管理失误都可能对企业造成重大损失，从而影响企业的正常经营甚至破产。

二、施工承包企业的项目组织

　　我国施工承包商在项目管理团队（或施工项目经理部）组建中一般沿用传统"十大员"（安全员、材料员、测量员、定额员、机械员、施工员、试验员、现场电工、质量员、资料员），甚至"十三大员"（施工员、质量员、安全员、材料员、预算员、机械员、计划统计员、劳资员、财会员、测量员、试验员、资料员、现场电工），施工现场的主要人员为安全员、材料员、测量员、施工员、质量员、资料员等。施工项目一般采用强矩阵组织结构甚至项目式组织结构，虽然项目经理在项目管理中的具体责权与公司经理的授权有关，但是大多数施工项目的职员直接向项目经理报告，而不受公司职能部门经理的指挥。某施工承包企业在某住宅小区建设项目中的施工组织结构如图9-22所示。

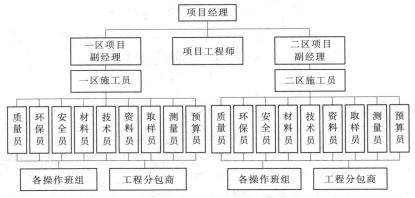

图9-22　某施工承包企业的项目式组织结构

第三篇
工程建设定额

第一节 工程建设定额的概念

一、定额的概念

（一）广义的定额概念

"定额"，从字义上说，"定"就是限定、确定、规定；"额"就是数额、份额、额度、标准的意思。简单地说，"定额"就是某一种规定的标准，定额工作就是进行定量的一项工作。

在现代社会经济生活中，定额几乎无时不在、无处不在。它们存在于生产、流通、分配与消费领域，也存在于技术领域乃至日常的社会生活之中。诸如生产流通领域的工时定额和原材料消耗定额，原材料和成品、半成品储备定额，流动资金定额、设计定额等；分配和消费领域的工资标准、供给十分短缺情况下生活消费品的配给定额；以及在社会政治生活中的政府委员会的名额和代表的名额等。所有这些定额人们在日常工作和生活中都能感到它们的存在，也不能不受到它们的约束。这些名目繁多、性质复杂的定额的存在和发展，从根本上说，是协调现代社会化大生产和现代社会生活的必需，是发展社会生产力和提高社会经济效益的必需。人们借助它去达到既定的目标。在一些西方国家，定额往往借助于经济的、法律的力量以零散的形式表现出来。在社会主义国家，它往往凭借着政府的权力，以集中的、稳定的形式表现出来，成为政治、经济、技术的统一体。但不论其表现形式如何，定额的基本性质是一种规定的额度，是一种对事、对人、对物、对资金、对时间、对空间，在质和量上的规定。这种规定出来的额度或标准在形式上是主观的，是人们在某种动机的引导之下，遵循一定的原则，通过某种方法制定出来的。但它又具有客观内容。

（二）工程建设定额的含义

在社会生产中，为了生产某一合格产品，都要消耗一定数量的人工、材料、机具、机械台班和资金。这种消耗数量受各种生产条件的影响，因此是各不相同的。在一个产品中，这种消耗越大，产品的成本越高，在产品价格一定的条件下，企业的盈利就会降低，对社会的贡献也就较低，因此减低产品生产过程的消耗有着十分重要的意义。但是这种消耗不可能无限地降低，在一定的生产条件下，必有一个合理的数额。因此，根据一定时期的生产水平和产品的质量要求，规定出一个大多数经过努力可以达到的合理的消耗标准，这种标准就称为定额。

因此，工程建设定额的定义可以表述为：在合格的劳动组织和合理地使用材料和机械的条件下，完成单位质量合格产品所需消耗的资源的数量标准。

（三）定额水平

定额水平就是规定完成单位合格产品所需消耗的资源数量的多少。它是一定时期社会生产力水平的反映，它与操作人员的技术水平、机械化程度、新材料、新工艺、新技术的发展和应用有关，与企业的组织管理水平有关。所以定额不是一成不变的，而是随着生产力水平的变化而变化的。

一定时期的定额水平，必须坚持平均先进的原则，也就是在相同的生产条件下，大多数人经过努力可以达到，而且可能超过的水平。

因此，定额必须从实际出发，根据生产条件、质量标准和工人现有的技术水平等经过测算、统计、分析而制定，并随着上述条件的变化而进行补充和修改，以适应生产发展的需要。所以定额水平的确定是制定定额工作的核心。

二、定额的产生和发展

定额产生于19世纪末资本主义企业管理科学的发展初期。当时，高速度的工业发展与低水平的劳动生产率相矛盾。虽然科学技术发展很快，机器设备先进，但在管理上仍然沿用传统的经验方法，生产效率低下，生产能力无法得到充分发挥，这对社会经济的进一步发展和繁荣形成制约。在这种背景下，美国工程师泰勒（F. W. Taylor，1856—1915）制定出最节约工作时间的所谓标准操作方法，并据此制定更高的工时定额，以提高工人的劳动效率。他通过研究改进生产工具与设备，提出了一整套科学管理的方法，这就是著名的"泰勒制"。

"泰勒制"以科学方法来研究分析工人劳动中的操作和动作，从而制定了最节约的工作时间——工时定额。这种制度给资本主义企业管理带来了根本性变革，对提高劳动效率作出了显著贡献。

在我国古代工程中，据史书记载，我国自唐朝起就由国家制定有关建筑事业的规范。在《大唐六典》中有这类条文。当时按四季日照的长短，把劳动定额分为中工（春、秋）、长工（夏）、短工（冬）。工值以中工为准，长工短工各增减10%。每一工种按照等级、大小和质量要求，以及运输距离远近，计算工值。这些规定为编制预算和施工组织订出了严格的标准。宋初，在继承和总结古代传统的基础上，由私人著述的《木经》问世。到1103年，北宋朝廷颁行的《营造法式》，可以说是由国家制定的一部建筑工程定额。《营造法式》将工料限量与设计、施工、材料结合起来的做法，流传于后，经久可行。清代初期，经营建筑的国家机关又分设了"样房"和"算房"。样房负责图样设计，算房则专门负责施工预算。这样，定额的使用范围扩大，定额的功能有所增加。

新中国成立以来，国家十分重视工程建设定额的制定和管理。工程建设定额从无到有，从不健全到逐步健全，经历了一个分散-集中-分散-集中，统一领导与分级领导相结合的发展过程。水电工程定额发展各阶段具体定额成果如下。

1954年水利部组织编制了《水利水电工程预算定额（草案）》，原电力工业部组织编制了《水力发电建筑安装工程施工定额（草案）》和《水力发电建筑安装工程预算定额

（草案）》。

1956 年电力工业部组织编制了《水力发电建筑安装工程预算定额》。

1957 年水利部组织编制了《水利工程施工定额（草案）》。

1964 年原水利电力部组织编制了《水利水电建筑安装工、料、机械施工指标》《水利水电建筑工程预算指标（征求意见稿）》《水力发电设备安装价目表（征求意见稿）》。

1973 年原水利电力部组织编制了《水利水电建筑工程定额（讨论稿）》。

1975 年原水利电力部组织编制了《水电工程概算指标（建筑工程、安装工程）》。

1980 年根据国家计委、建委、财政部〔1978〕建发设字第 386 号文和国家建委〔1978〕建发设字第 609 号文安排，并结合水利水电实际工作需要，由水利部、原电力工业部共同组织编制了《（80）水利水电工程预算定额》，共分两册，第一册建筑工程（上、下册），第二册机电设备安装工程。

1986 年《水利水电建筑工程预算定额》，1988 年《水利水电建筑工程概算定额》。

电力工业部以电水规〔1997〕031 号文颁发了《水力发电建筑工程概算定额》和《水力发电工程施工机械台时费定额》。

2004 年 11 月 25 日，水电水利规划设计总院、中国电力企业联合会水电建设定额站以水电规造价〔2004〕0028 号文颁布了《水电建筑工程预算定额（2004 年版）》和《水电工程施工机械台时费定额（2004 年版）》。

2008 年 6 月 18 日，水电水利规划设计总院、可再生能源定额站可再生定额〔2008〕5 号文颁布的《水电工程设计概算编制规定（2007 年版）》《水电工程设计概算费用标准（2007 年版）》《水电建筑工程概算定额（2007 年版）》。

三、工程建设定额的特性

（一）真实性和科学性

工程建设定额应能真实地反映和评价客观的工程造价，必须与生产力发展水平相适应，反映工程建设中生产消费的客观规律。定额的科学性主要表现在采用科学的态度、统一的程序、科学的技术方法编制定额以及定额制定和贯彻的一体化。

（二）系统性和统一性

工程建设定额是相对独立的系统，它是由多种定额结合而成的有机的整体，该定额的系统性是由工程建设的特点决定的。定额的统一性主要表现有统一的程序、原则、要求和用途。

（三）权威性和强制性

工程建设定额在某种程度上具有经济法规性质，具备权威性。其权威性的客观基础是定额的科学性。随着市场经济的发展，定额的权威性和强制性有相对弱化的倾向。

（四）稳定性和时效性

工程建设定额是一定时期技术发展和管理水平的反映，在一段时间内，一般为 5～10 年，表现出稳定性。但定额的稳定是相对的，当时效已过，便需要重新编制或修订。

水电工程定额除了具有以上基本特性外，还包含以下特性：

（1）工程项目受自然资源的制约大。水电工程往往是建在远离城市的江河上中游的深山峡谷之中，受地形、地质、水文气象条件的影响很大，也受当地经济发展水平、交通及其他资源市场等条件的影响。其个性突出，所以缺乏重复性，几乎一个水利水电工程一个样，没有标准设计。因此将收集到有限的实际资料加以综合平均后，再延伸编出的统一定额，应用在 960 万 km^2 的广阔国土和其他工程上，对具体的工程来说必然存在较大的离差。

（2）定额编制材料不足。水利水电工程定额，不管是哪一年颁发的版本，客观上由于工程的投资大，项目的个数不多，重复性少，因此编制定额的实际资料较少，如在编制 1980 年版设计预算定额时，较大规模的人工砂石料生产，只有乌江渡和大化两个工程的资料，而且都是石灰岩；堆石坝的定额当时只有陕西石头河一个工程的资料。

（3）滞后程度严重。由于资料来源少，更新的速度也相对较慢，还有不少项目由于缺乏新的资料只能沿用原来的版本资料，其滞后程度是显而易见的。

四、工程建设定额的种类与体系结构

工程建设定额是一个综合概念，它包括许多种类的定额，是工程建设中各类定额的总称。可以按照不同的原则和方法对它进行科学的分类。

（一）按定额反映的物质消耗内容分类

1. 劳动消耗定额（亦称工时定额或人工定额）

劳动消耗定额是指完成一定的合格产品（工程实体或劳务）所规定的活劳动消耗的数量标准。为了便于综合和核算，劳动定额大多采用工作时间消耗量来计算劳动消耗的数量，所以劳动定额的主要表现形式是时间定额，但同时也表现为产量定额。

2. 机械消耗定额

机械消耗定额是指为完成一定合格产品所规定的施工机械台班（台时）消耗的数量标准。机械消耗定额的主要表现形式是机械时间定额，但同时也以产量定额表现。

3. 材料消耗定额

材料消耗定额是指完成一定合格产品所需要消耗材料的数量标准。材料作为劳动对象，其大部分构成工程产品的实体，需用数量很大，种类繁多，所以材料消耗量多少、消耗是否合理，不仅关系到资源的有效利用，影响市场供求状况，而且对建设工程项目的投资、成本控制都起着决定性影响。

（二）按照定额的编制程序和用途来分类

1. 施工定额

施工定额是施工企业内部使用的一种定额，用于组织生产和加强企业内部的经营管理，属于企业定额的性质。它由劳动定额、机械定额和材料定额三个相对独立的部分组成。为适应组织生产和管理的需要，施工定额的项目划分很细，是工程建设定额中分项最细、定额子目最多的一种定额，也是工程建设定额中的基础性定额。施工定额的劳动、机械、材料消耗的数量标准是预算定额编制过程中劳动、机械、材料消耗数量标准确定的重要依据。

2. 预算定额

预算定额是在编制施工图预算时，确定工程造价和计算工程实施过程中劳动、机械台班、材料需要量时所使用的一种定额。预算定额是一种计价性的定额。从编制程序看，施工定额是预算定额的编制基础，而预算定额则是概算定额或投资估算指标的编制基础，可以说预算定额在计价定额中是基础性的定额。

3. 概算定额

概算定额是编制初步设计概算时，确定工程概算造价和计算劳动、机械台班、材料需要量所使用的定额。它的项目划分粗细，与扩大初步设计的深度相适应。概算定额一般是在预算定额基础上编制的，比预算定额综合扩大。概算定额是控制项目投资的重要依据，在工程建设的投资管理中有重要作用。

4. 投资估算指标

投资估算指标是在项目建议书可行性研究和编制设计任务书阶段编制投资估算、计算投资需要量时使用的一种定额，它非常概略，往往以独立的单项工程或完整的工程项目为计算对象。它的概略程度与可行性研究阶段相适应。投资估算指标的主要作用是为项目决策和投资控制提供依据。

5. 工期定额

工期定额是为各类工程规定的施工期限的定额天数。包括建设工期定额和施工工期定额两个层次。

建设工期是指建设项目或独立的单项工程在建设过程中所消耗的时间总量。一般以月数或天数表示。它是指项目从开工建设时期，到全部建成投产或交付使用时止所经历的时间，但不包括由于计划调整而停缓建所延误的时间。施工工期一般是指单项工程或单位工程从开工到完工所经历的时间。施工工期是建设工期中的一部分。如单位工程施工工期，是指该单位工程从正式开工起至完成承包工程全部设计内容并达到国家验收标准的全部有效天数。

建设工期是评价投资效果的重要指标，直接标志着建设速度的快慢。工期定额是评价工程建设速度、编制施工计划、签订承包合同、评价全优工程的可靠依据。

（三）按照主编单位和管理权限分类

1. 全国统一定额

全国统一定额是由国家建设行政主管部门综合全国工程建设中技术和施工组织管理的情况编制，并在全国范围内普遍执行的定额。

2. 地区统一定额

各省、自治区、直辖市编制颁发的定额。地方定额主要是考虑地区性特点，对全国统一定额水平作适当调整补充而编制的。各地区不同的气候条件、经济技术条件、物质资源条件和交通运输条件等，构成对定额项目、内容和水平的影响，是地方定额存在的客观依据，一般在本行政区划内使用。

3. 企业定额

施工单位考虑本企业具体情况，参照国家、部门或地区定额的水平制定的定额。企业定额只在企业内部使用，也可用于投标报价，是企业素质的一个标志。企业定额水平一般应高于国家定额，这样才能促进企业生产技术发展、管理水平和市场竞争力的提高。

4. 补充定额

补充定额是指随着设计、施工技术的发展现行定额不能满足需要的情况下，为了补充缺项所编制的定额。补充定额只能在指定的范围内使用，可以作为以后修订定额的基础。

（四）工程建设定额的体系

从工程建设定额的分类中，可以看出各种定额之间的有机联系。它们相互区别，相互交叉，相互补充，相互联系，从而形成一个与建设程序分阶段工作深度相适应、层次分明、分工有序的庞大的工程建设定额体系。如果和国民经济其他部门的生产消费定额相比较，可以说这是一个最复杂、最严密、最庞大的定额体系。要研究工程建设定额，首先要全面认识各种定额，同时也要了解它的体系结构。下面用图10-1对这一体系做简单描绘。

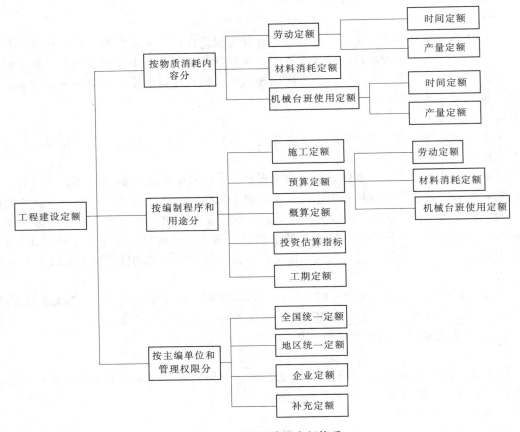

图 10-1　工程建设定额体系

第二节　工　作　研　究

一、工作研究的基本原理

（一）工作研究的目的及其解决的基本问题

工作研究原称动作与时间研究，也称工时学。其目的为：在现有设备条件下，对工作方法、生产程序和细微动作进行分析和优选。从而在产品生产过程中最大限度地利用资源，提高劳动生产率。其解决的基本问题是：寻找最可取的工作方法，并确定该方法所需要消耗的工作时间。

（二）工作研究的内容

工作研究的内容包括动作研究和时间研究。

（1）动作研究，即工作方法研究，是对多种过程的描写、系统地分析和对工作方法的改进。其目的在于制定出一种最可取的工作方法。

判断动作研究可取性的根据是：货币节约额、工作效率、人力的舒适程度及人力的节约、时间及材料的节约等。

（2）时间研究，即时间衡量，是在一定的标准测定条件下，确定人们作业活动所需时间总量的一道程序。其直接结果是制定时间定额。

动作研究和时间研究关系密切，两者互为条件、互相补充。

二、动作研究和时间研究的方法

（一）动作研究方法

（1）选择法。用于选择变动等级的技术方法。

（2）工作活动分析和工作抽样法。工作活动分析是按照工作顺序所作的时序记录以查明工作中存在的缺点和研究改进工作提高效率的可能性。工作抽样是按照间断方式对工作进行不同时间的间隔观察和研究，利用表格记录汇总观察数据，并在此基础上研究改进工作的可能，提出革新的设想。

（3）工艺程序图产品分析。利用工艺流程图表研究产品生产过程中各个可以分开的步骤和安排步骤的图示方法。

（4）时间横道图。一种描绘产品在各个加工阶段所涉及的各个工序间的时间关系的图解方法。

（二）时间研究方法

时间研究方法是在一定的标准测定条件下，确定人们作业活动所需时间总量的一套程序。通过这套程序测定出的结果称为标准时间。

三、施工过程的分类

施工过程就是在建设工地范围内所进行的生产过程。其目的是建造、恢复、改建、移动或拆除工业、民用建筑物或构筑物的全部或一部分。施工过程是由不同工种、不同技术等级的建筑工人完成的，并必须有一定的劳动对象——建筑材料、半成品、配件、预制品等；一定的劳动工具——手动工具、小型机具和机械等。

研究施工过程，首先应对施工过程进行分类。

（1）按完成的方法不同，可将施工过程分为手工操作过程、机械化过程和机手并动过程。

（2）按劳动分工的特点不同，可将施工过程分为个人完成的过程、小组完成的过程和工作队完成的过程。

（3）按施工过程组织的复杂性程度，可将施工过程分为工序、工作过程和综合工作过程。

工序是组织上分不开和技术上相同的施工过程，其主要特征为：工人编制、工作地点、施工工具和材料均不发生变化。用计时观察法编制施工定额时，工序是主要的研究对象。但从劳动过程的观点来看，工序又可以分解为操作和动作。

工作过程是由同一个工人或同一小组所完成的技术操作上相互有机联系的工序的总体。其特点是人员编制不变，工作地点不变，而材料和工具可以改变。

综合工作过程是同时进行的、组织上有机联系在一起的并最终能获得一种产品的施工过程的总和。

（4）按施工过程是否循环，可将施工过程分为循环的施工过程和非循环的施工过程。

四、工作时间分析

工作时间是指工作班延续时间，对其研究的目的是为了确定施工的时间标准，是工作研究要达到的最终目的。工作时间分析，通常分为两个系统进行，即工人工作时间分析和机械工作时间分析。

（一）工人工作时间分析

工人工作时间分析如图 10－2 所示。

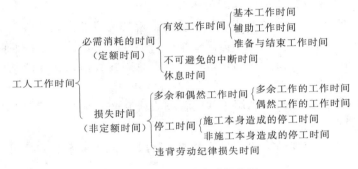

图 10－2　工人工作时间分析

1. 定额时间

定额时间是工人在正常施工条件下，为完成一定产品（工作任务）所必须消耗的时间，它是制定定额的主要依据。定额时间包括有效工作时间、休息时间和不可避免的中断时间。

（1）有效工作时间。从生产效果来看是与完成产品生产直接相关的时间消耗。其中包括基本工作时间、辅助工作时间、准备与结束工作时间的消耗。

1）基本工作时间。是指直接与施工过程的技术作业发生关系的时间消耗。该时间的消耗与生产工艺、操作方法、工人的技术熟练程度有关，并与任务的大小成正比。如混凝土制品的养护干燥、钢筋弯曲加工等。

2）辅助工作时间。是指与施工过程的技术作业没有直接关系。但为保证基本工作能顺利完成所做的辅助性工作消耗的时间。在该时间中，产品的性质、位置和形状大小不发生变化。其长短与工作量的大小有关。如施工过程中工具的校正和小修、搭设小型脚手架等所消耗的工作时间。

3）准备与结束工作时间。执行任务前或任务完成后所消耗的工作时间。它与工作量大小无关，而与该任务的技术复杂程度和施工条件直接有关。并可分为：①班内准备与结束工作时间，如工人每天从工地仓库领取工具的时间、交接班时间等；②任务的准备与结束工作时间，如接受工程任务单、接受技术交底等时间。

（2）不可避免的中断时间。是指由于施工过程中技术或组织的原因，以及独有的特性而引起的不可避免的或难以避免的中断时间。如汽车司机在等待汽车装卸货物时消耗的时间、安装工等待起重机吊预制构建的时间等。

（3）休息时间。工人在工作过程中为恢复体力所必需的短暂休息和生理需要的时间消耗。休息时间的长短与劳动强度、工作条件、工作性质等有关。如在高温、高空、污染等条件下工作时，休息时间应多一些。

2．非定额时间

非定额时间是和产品生产无关，而和施工组织和技术上的缺点有关，与工人在施工过程中的个人过失或某些偶然因素有关的时间消耗。非定额时间包括多余和偶然工作时间、停工时间、违反劳动纪律时间。

（1）多余和偶然工作时间。包括多余工作引起的工时损失和偶然工作引起的时间损失。多余工作是指工人进行了任务以外的，且又不能增加产品数量的工作；偶然工作是指工人进行了任务以外的，但能增加产品数量的工作。如寻找工具、对已完成的产品做多余的加工等消耗的时间。

（2）停工时间。指工作班内停止工作造成的工时损失。可分为施工本身造成的停工时间及非施工本身造成的停工时间。

1）施工本身造成的停工时间，是由于施工组织不善、材料供应不及时、工作面准备工作做得不好、工作地点组织不良等情况引起的停工时间。

2）非施工本身造成的停工时间，是由于气候条件以及水源、电源中断引起的停工时间。由于自然气候条件的影响而又不在冬季、雨季施工范围内的时间损失，应给予合理的考虑作为必须消耗的时间。

（3）违背劳动纪律损失的时间。指工人在工作班时间内迟到、早退等造成的时间损失。

（二）机械工作时间分析

机械工作时间的消耗和工人工作时间的消耗虽然具有许多共同点，但也具有其特点。机械工作时间的消耗，也可以分为定额时间与非定额时间。机械工作时间分析如图10-3所示。

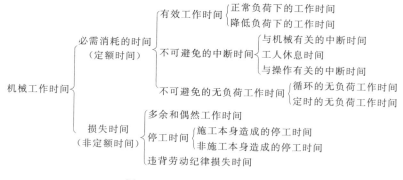

图 10-3　机械工作时间分析

1．定额时间

（1）有效工作时间

1）正常负荷下的工作时间。机械在与机械说明书规定的计算负荷相符的情况下进行工作的时间。由于技术上的原因，个别情况下机械可能在低于规定负荷下工作，如汽车载运重量轻、体积大的货物时，不能充分利用汽车载重吨位而不得不降低负荷工作，也属于正常负荷下的工作。

2）降低负荷下的工作时间。指由于工人或技术人员的过失，以及机械陈旧或发生故障等原因，使机械在降低负荷的情况下进行工作的时间。如工人装车的砂石数量不足而引起汽车在降低负荷的情况下工作所延续的时间，装入搅拌机的材料数量不够而使搅拌机降低负荷情况下工作所延续的时间等。该时间不能完全作为必须消耗的时间。

（2）不可避免的无负荷工作时间。指由于施工过程的特点和机械结构的特点造成的机械无负荷工作时间。如推土机的空车返回、压路机的工作地段转移等延续的时间；工作班开始或结束时运货汽车来回放空车延续的时间等。

（3）不可避免的中断时间。是由于施工过程的技术和组织的特性造成的机械工作中断时间。包括与操作有关的不可避免的中断时间、与机械有关的不可避免的中断时间和工人休息时间。如汽车装载、卸货的停歇时间，给机械加油加水时的停用时间等。

2．非定额时间

（1）多余或偶然的工作时间。包括两种情况：可避免的机械无负荷工作时间和机械在负荷下所做的多余工作延续的时间。

（2）机械停工时间。可分为施工本身造成的和非施工本身造成的停工时间。如机械停工待料、机械保养不好的临时损坏等。

（3）违反劳动纪律时间。指由于工人迟到、早退等原因造成的机械停工时间。

五、计时观测法

（一）计时观测法的概念与步骤

计时观测法是以研究工时消耗为对象，以观察测时为手段，通过密集抽样和粗放抽样等技术进行直接时间研究的一种技术测定方法。适宜于人工手动过程和机手并动的工时消耗。

利用计时观测法编制定额一般按如下步骤进行：①确定计时观测的施工过程；②划分施工过程的组成部分；③选择正常施工条件；④选择观测对象；⑤观察测时；⑥整理和分析观测资料；⑦编制定额。

选择测定对象时需要注意以下几点：①收集定额基础资料，应随机选择有代表性的工人；②研究施工过程存在的问题，应选择落后的工人；③总结先进经验，应选择先进工人。观察测时的测定调查表见表 10-1。

（二）计时观测法的种类

计时观测法主要有测时法、写实记录法和工作日写实法。在选择具体方法时，应根据施工过程的特点和测时的目的而定。

1．测时法

这种方法适用于循环施工过程中有效工作时间的测定。测时精度为 0.2~15s。它又可

表 10-1 测 定 调 查 表

施工过程名称				日 期			调查号次	
测定对象				开始时间			测定号次	
施工单位				终止时间			气 候	
现场地点				延续时间			温 度	
劳动组织情况								
工人姓名或小组名称	性别	年龄	工种	等级	工 龄	说 明		
材料及产品情况					机械及工器具情况			
施工组织及技术要求					工作场地布置			

分为选择测时法和连续测时法两种。

（1）选择测时法。指不连续地测定施工过程的全部循环组成部分，是有选择地进行测定。适用于工序延续时间较短、连续测定困难的施工过程。

这种方法采用秒表计时，测定开始时，立即开动秒表，到预订的定时点时，即停止秒表。此刻显示的时间，即为所测组成部分的延续时间。当下一组成部分开始时，再开动秒表，如此循环测定。其观测结果可采用选择测时法记录（循环整理）表进行记录。

这种方法比较容易掌握，缺点是测定起始和结束点的时刻时，容易发生读数的偏差。

（2）连续测时法。指对施工过程循环的组成部分进行不间断的连续测定，不能遗漏任何一个循环的组成部分。适用于紧接工序延续时间较长的施工过程。

它采用双计秒表计时，测定开始时，立即开动秒表到预定的定时点时，立即使辅助针停止转动，辅助针停止的位置即所测组成部分的延续时间，然后使辅助针继续转动，至下一个组成部分定时点时，再停止辅助针，如此不间断地进行测定。在测定过程中，如遇非循环组成部分，应暂停测定，待循环组成部分出现后，再继续进行。

这种方法所测定的时间包括了施工过程中的全部循环时间，是在各组成部分相互联系中求出每一组成部分的延续时间，这样，各组成部分延续时间之间的误差可以相互抵消。

2. 写实记录法

写实记录法可用于研究所有种类的工时消耗，包括基本工作时间、辅助工作时间、不可避免的中断时间、准备与结束时间以及各种损失时间。该方法的特点是可获得分析工作时间消耗的全部资料，精确度达 0.5～1.0min。这种方法在实际工作中被经常采用。按记录方法可分为：数示法、图示法、混合法。数示法可同时对 2 个（包括 2 个）以下工人进行观测；图示法可同时对 3 个（含 3 个）以下工人进行观测；混合法可同时对 3 个以上工人进行观测。

写实记录法测时用普通表进行，详细记录在一段时间内观察对象的各种活动及其时间消耗，以及完成的产品数量。

对于写实记录的各项观察资料，要在事后加以整理。在整理时，先将施工过程各组成部分按施工工艺顺序从写实记录表上抄录下来，并摘录相应的工时消耗；然后按工时消耗的性质，分为基本工作与辅助工作时间、休息和不可避免的中断时间、违背劳动纪律时间等项，按各类时间消耗进行统计，并计算整个观察时间即总工时消耗；再计算各组成部分时间消耗占总工时消耗的百分比。

3. 工作日写实法

工作日写实法是对工人在整个工作日中的工时利用情况，按照时间消耗的顺序进行实地观察、记录和分析研究的一种测定方法。它侧重于研究工作日的工时利用情况，总结推广先进生产班组的工时利用经验，同时还可以为制定劳动定额提供必需的准备与结束时间、休息时间和不可避免的中断时间的资料。该方法可采用"工作日写实记录表"记录观测资料。

工作日写实法与测时法、写实记录法相比，具有技术简便、费力不多、应用面广和资料全面等优点。

第十一章
施工定额的测定与编制

第一节　施　工　定　额　概　述

　　施工定额是施工企业为了组织生产和加强管理在企业内部使用的一种定额，是编制施工预算、实行内部经济核算的依据。

一、施工定额的定义

　　施工定额是工人或工人小组在合理的劳动组织和正常的施工条件下，为完成单位质量合格产品（或工作任务）所需消耗的人工、材料、机械的数量标准。它是根据专业施工的作业对象和工艺制定，并按照一定程序颁布执行的。施工定额应反映企业的施工水平、装备水平和管理水平，作为考核施工企业劳动生产率水平、管理水平的标尺和确定工程成本、投标报价的依据。

　　为适应组织生产和管理的需要，施工定额的项目很细，是工程建设定额中分项最细、子目最多的一种定额。

　　施工定额由劳动定额、材料消耗定额和施工机械台班消耗定额组成。

二、施工定额的特点

　　施工定额是施工企业管理的基础，它既涉及施工技术、经营管理和生产关系，又与企业内部管理密切相关，是一项技术经济定额。其主要特点如下：

　　（一）科学性

　　施工定额的科学性首先表现在定额的制定上，定额是在认真研究施工企业管理的客观规律，遵循其要求，在总结施工生产实践的基础上，根据广泛搜集的资料，经过科学分析研究后，采用一套已经成熟的科学方法制定的。

　　其次，定额的科学性还表现在定额制定的技术方法上，它吸取了现代科学管理的成果，形成了一套严密的、科学的确定定额的技术方法。这种方法不仅在实践中已经成为行之有效的方法，而且也有助于研究施工过程的工时、材料、机械的利用状况，从而找出影响施工消耗的各种主、客观因素，设计出合理的施工组织方案和提高施工企业经营管理水平的方法，更好的挖掘施工企业的生产潜力和杜绝浪费现象的发生。

　　（二）群众性

　　（1）定额水平的高低主要取决于工人所创造的生产力水平的高低。定额上的劳动消耗的数量标准，反映施工企业工人和管理人员的劳动成果。

（2）定额的测定和编制是在施工企业职工直接参与下进行的。工人直接参加定额的技术测定，参加定额的经验交流，从而使编制定额时能够从实际出发，反映工人群众的要求，同时也使得编制的施工定额易于为工人群众所掌握。

（3）施工定额的执行，必须依靠施工企业的广大职工，在施工实践中去贯彻，通过定额的贯彻执行，不断完善定额的内容。

（4）由于施工定额反映了职工群众的要求和愿望，能够按照社会主义原则，把群众的长远利益和眼前利益正确地结合起来，把广大职工的工作效率、工作质量和国家、集体、个人的物质利益结合起来，所以施工定额是能够得到工人群众支持的。

三、施工定额的作用

施工定额是施工企业生产和管理工作的基础，也是工程建设定额体系的基础。施工定额在企业生产和管理工作中的基础作用主要表现在以下几个方面：

（一）施工单位编制施工组织设计和施工作业计划的依据

各类施工组织设计一般包括工程概况、施工技术方案、施工进度计划、资源供应计划、施工平面图设计。施工进度计划需要根据施工定额对施工资源（劳动力和施工机械）进行安排；资源供应计划需要根据施工定额的分项和计量单位为依据。

施工作业计划一般包括本月应完成的施工任务、完成施工计划任务的资源需要量、提高劳动生产率和节约措施计划三个方面，编制施工作业计划要用施工定额提供的数据作为依据。

（二）组织和指挥施工生产的有效工具

施工单位应按照作业计划，通过下达施工任务书和限额领料单来实现组织和指挥施工生产。

施工任务书的内容包括应完成的施工任务、实际完成任务的情况及工资结算；限额领料单的内容为完成工作内容所需消耗的材料的最高限额、实际消耗的情况和结余的情况。

（三）计算工人劳动报酬的依据

工人的劳动报酬是根据工人劳动的数量和质量来计量的。而施工定额为此提供了一个衡量标准，它是计算工人计件工资的基础，也是计算奖励工资的基础，从而真正把工人劳动成果与个人生活资料分配直接联系起来，因而也是企业激励工人的条件。完成和超额完成定额，不仅能获得更多的工资报酬以满足生理上的需要，而且也能满足自尊和获得他人（社会）认同的需要，并且进一步满足尽可能发挥个人潜力以实现自我价值的需要。

（四）有利于推广先进技术

施工定额水平中包含着某些已成熟的先进的施工技术和经验，工人要达到和超过定额，就必须掌握和运用这些先进技术，如果工人要想大幅度超过定额，他就必须创造性地劳动。第一，在自己的工作中注意改进工具和改进技术操作方法，注意原材料的节约，避免原材料和能源的浪费。第二，施工定额中往往明确要求采用某些较先进的施工工具和施工方法，所以贯彻施工定额也就意味着推广先进技术。第三，企业或主管部门为了推行施工定额，往往要组织技术培训，以帮助工人能达到和超过定额。技术培训等方式可以大大推进先进技术和先进操作方法的推广。

（五）编制施工预算，加强企业成本管理和经济核算的基础

施工预算是施工单位用以确定在单位工程上人工、机械、材料和资金需要量的计划文件。施工预算以施工定额为编制基础，既要反映设计图纸的要求，也要考虑在现有条件下可能采取的节约人工、材料和降低成本的各项具体措施。这就能够更合理地组织施工生产，有效地控制施工中人力、物力的消耗，节约成本开支。

施工中人工、机械和材料的费用，是构成工程成本中直接费用的主要内容，对间接费用的开支也有着很大的影响。严格执行施工定额不仅可以起到控制成本、降低费用开支的作用，同时为企业贯彻经济核算制、加强班组核算和增加盈利创造了良好的条件。

由此可见，施工定额在施工企业生产和管理的各个环节中都是不可缺少的，施工定额管理是企业的基础性工作，具有不容忽视的作用。

第二节　施工定额的编制

一、施工定额的编制原则

（一）平均先进的原则

施工定额企业定额的性质，决定了其定额水平为平均先进水平。所谓平均先进水平，就是在正常的施工条件下，大多数施工队组或大多数生产者经过努力能够达到和超过的水平。一般说它应低于先进水平，而略高于平均水平。在确定施工定额水平时必须考虑满足以下约束条件：

（1）有利于提高劳动工效，降低人工、机械和材料的消耗。

（2）有利于正确考核和评价工人的劳动成果。

（3）有利于正确处理企业和个人之间的经济关系。

（4）有利于提高企业管理水平。

（二）简明适用的原则

简明适用，是就施工定额的内容和形式而言，是指定额结构合理，定额步距大小适当，文字通俗易懂，计算方法简便，易为工人掌握运用，具有多方面的适应性，能在较大范围内满足不同需要。定额的简明性和适用性，是既有联系又有区别的两个方面。编制施工定额时应全面加以贯彻。当两者发生矛盾时，定额的简明性应服从适应性的要求。

1. 项目划分合理

定额项目的划分是否合理，对定额的适用性影响很大。划分施工定额项目的基础是工作过程或施工工序。不同性质不同类型的工作过程或工序都应分别反映在各个施工定额的项目中，即使是次要的也应在说明、备注和系数中反映出来，这样才能在需要时能够利用。如果施工定额项目划分不合理，定额的执行必然会受到限制，这不利于加强管理。为了保证定额项目划分合理，首先，要加强定额基础资料的日常积累和调查研究，尤其应注意收集和分析整理各项补充定额资料；其次，在设置定额项目时，注意补充反映新结构、新材料、新技术的定额项目；最后，处理淘汰定额项目要持慎重态度，除非完全陈旧过时，一般不采取完全废弃的办法。

2. 定额步距大小适当

所谓定额步距是指同类一组定额相互之间的水平差距，显然，步距小定额细，步距大则定额粗。定额细，精确度较高；而定额粗，综合程度大，精确度就会降低。

为了使定额项目划分和步距合理，常用的、主要的、对工料消耗影响大的定额项目，要划分细一些，步距要小一些；不常用的、次要的、对工料消耗影响小的定额项目，可以划分粗一些，步距也可以大一些。

3. 定额文字通俗易懂，计算简便

为了使定额能更好地用于施工企业内部的生产管理，在编制施工定额时，尽量做到语言流畅、语句通顺，文字浅显易懂，内容完整，将文字与图、表结合，计算方法符合工程实际，易于工人掌握接受。

（三）以专家为主编制定额的原则

施工定额的编制工作量大，工作周期长，且又具有很强的技术性和政策性，这就要求有一支经验丰富、技术与管理知识全面、有一定政策水平的专家队伍，负责组织协调、掌握政策、制定编制定额工作方案、系统地积累和分析整理定额资料、调查现行定额的执行情况、技术测定、新编定额的试点和征求各方面意见等工作。当然，在编制施工定额的过程中，相关技术人员、施工人员的实践经验也对定额的编制有着重要的参考作用。

二、施工定额编制的主要依据

编制施工定额是一项经济性、技术性、政策性相结合，牵涉面广，工作量大，非常繁杂的工作。因此制定施工定额必须建立在具有充分科学技术依据的基础上，才能使其具有较强的政策性、科学性和适用性。

（一）经济政策和劳动制度

（1）建筑安装工人技术等级标准。

（2）建筑安装工人及管理人员工资标准。

（3）劳动保护制度。

（4）工资奖励制度。

（5）用工制度。

（6）利税制度。

（7）承包条例。

（8）八小时工作日制度等。

（二）技术依据

1. 规范

（1）施工及验收规范。

（2）建筑安装工程安全操作规程。

（3）国家建筑材料标准。

（4）标准或典型设计及有关试验数据。

（5）施工机械设备说明书及机械性能等。

2. 技术测定及统计资料

（1）现场技术观测经过调整后的标准数据。

（2）日常有关工时消耗单项统计和实物量统计资料、数据。

（3）已采用的新工艺、新材料、新机械等新的技术资料。

（4）岗位劳动评价结果。

（三）经济依据

（1）现行的施工定额、劳动定额、预算定额及其他有关的现行和历史定额资料、数据。

（2）日常积累的有关材料、机械台班、能源消耗等资料、数据等。

三、施工定额的编制程序

由于编制施工定额是一项政策性强，专业技术要求高，内容繁杂的细致工作，为了保证编制质量和计算的方便，必须采取各种有效的措施与方法，拟定合理的编制程序。

（一）拟定定额方案

（1）明确规定编制施工定额的原则、基本方法和主要依据。

（2）确定所编定额项目综合程度，即确定出定额份额。为了使施工定额具有一定的综合性，通常以劳动定额项目划分为基础，适当考虑材料消耗定额和机械台班定额在项目划分上的需要，在确定工作过程时间定额的基础上，确定定额的综合程度。

（3）选择定额计量单位。计量单位的选择，包括产品定额的计量单位和定额消耗量中的人工、材料和机械台班的计量单位两部分。它们分别都可以使用几种不同的单位。

计量单位要能够准确地，形象地反映定额产品的形态特点；为了便于定额的综合，施工过程各组成部分的计量单位，应尽可能相同；计量单位必须符合国家规定的国际标准计量单位；计量单位的大小既要方便使用，又要保证定额应有的精确程度；选择计量单位时，应尽可能使劳动定额与材料消耗定额的计量单位相一致。

（4）确定定额制表方案，即施工定额的表格设计。设计定额表格时，主要是确定表格所应包括的要素，以及定额的表格形式和定额的表现形式。一个正确的定额表格，在内容上应能够满足施工生产和企业管理方面的需要，在形式上要明了易懂，便于工人掌握和执行。

定额表格的基本内容包括：工作内容、质量要求和施工说明；产品的类型和计量单位；定额指标，即人工、机械和材料消耗量等。

定额的表现形式，是指定额指标在定额表上如何反映出来。定额指标的表现形式可以是单项，也可以是综合与单项同时表现。例如，任何一个工作项目，从劳动和机械定额指标来看，既可以用时间定额表现，也可以用产量定额表现，或者同时用两种定额表现。以适应施工中对定额的不同要求。

（二）拟定定额的适用范围

为使施工定额水平与本地区、企业一定时期内的生产力水平相适应，编制施工定额时必须明确限定其适用范围。

施工定额适用范围的拟定，首先，应明确定额适用于何种经济体质的施工企业，不适合于何种经济体质的施工企业，并加以必要的说明和划定，使编制定额有所依据。其次，应结合施工定额的作用和建筑安装工程施工的技术经济特点，在定额项目划分的基础上，明确地拟定出各类施工过程或工序定额的适用范围。

（三）拟定定额的结构形式

1. 定额结构形式的要求

施工定额各个组成部分的配合、组织方式和内容构造，都必须简明适用，适合计划、施工和定额管理的需要，并应便于工人班组的执行。

在拟定各个组成部分的结构形式时，应注意工作过程和综合工作过程的配合，内容安排上要注重常用主要项目的安排，同时还应依据项目划分的需要，充分反映新工艺、新技术、新机具和工程新结构等内容，使定额结构形式完整、稳定。

2. 定额结构形式的内容

定额手册中结构形式的内容主要包括：定额表格形式式样；手册中册、章、节的编排、项目划分、文字说明、计量单位的选用和附录等内容。

（1）定额表格形式式样。设计定额表格式样可以采用横向表式或竖向表式，通常应依据定额的项目名称、定额编号、计量单位以及各项定额指标的内容等具体要求而定。同时表格的式样还应考虑定额表现形式的需要。

（2）定额手册中册、章、节的编排。定额手册通常按照施工工艺的先后顺序进行册、章、节的编排。

定额册的编排，是按定额的专业性质或按工种的施工顺序进行分类，汇编成专业定额手册。每一专业定额又可按各工种汇编成分册。

定额册内章的编排，可以按不同工种或施工工艺划分，也可以按不同材料划分或者按不同的机械设备类型划分。但定额册内章的编排比较灵活，可以视具体情况不设章而只设节，也可以将章按分册设置，或将分册划分成章。

定额册中章内节的编排，定额中节的设置是定额手册中不可缺少的重要组成部分。节的划分，一般可以在章的划分基础上，再按各章的内容和不同的机械类型、规格或者各种材料的材质划分，也可以按照分项或施工工序来划分定额节。

（3）定额手册中的文字说明及附录。为了准确地贯彻执行定额，必须对定额中各个项目与子项目的工作内容、数据指标、质量要求、劳动组织、操作方法、材料质量、使用的机具等方面加以文字说明与解释。文字说明应力求简明扼要。

定额手册的最后，通常均编有附录部分，其内容有名词解释、图示、单位换算表、新旧标准、规格对照表及增减工程量系数换算表等。附录也是定额的一种补充说明，为定额的查阅、执行提供方便。

（四）定额水平的测算对比

对定额水平的测算是为定额水平对比获得数据。但由于定额项目较多，不可能进行所有项目的测算对比，因而应注意测算项目的选择和测算对比方法的应用。

（1）测算项目的选择通常要满足以下要求：

1）选择定额手册中节、章、册内具有代表性且常用的项目。如砖石工程定额手册中重点可选砖基础、砖墙和砖柱等节，其中砖墙节内的主要常用项目可以选定一砖双面混水内墙、一砖和一砖半单面清水外墙等项目。

2）要求所选项目必须具有可比性。所谓可比性，是指两个测算对比项目的新旧定额水平所具备的施工条件、工作内容、劳动组织和计算口径等要完全一致。否则，其测算水平的数值无法对比，不能反映水平变化的真实情况，对比也就失去了意义。

（2）测算方法测算对比时，一般是先对选定的对比项目进行单项测算对比，然后以相对应的节、章、册依次对比，再进行新旧定额的总水平对比。

1）单项定额水平的测算。单个项目定额水平的测算方法，是将新编定额所选定的项目（包括人工、材料和机械台班）与旧定额（即现行定额）相应项目进行测算比较，其比值即为新定额比旧定额水平提高或降低的幅度，一般以百分率（％）表示。例如劳动定额中的产量定额计算公式为

$$新定额单项水平的百分率提高（＋）或减少（－）=\left(\dfrac{新定额的产量定额}{现行定额的产量定额}-1\right)\times100\%$$

2）节、章、册定额水平的测算。按照节、章、册进行定额水平的测算，测算过程比较复杂，通常采用加权平均法进行，其具体做法如下。

a. 将新旧定额选定的具有可比性节、章、册的项目名称分别列出。

b. 按照单个项目定额水平的测算方法进行单项测算对比，求出新定额各个项目水平提高或降低的百分率。

c. 最后按节、章、册求出相对应的提高或降低的百分率之和，即为新定额比旧定额节、章、册定额水平提高或降低的百分率。其测算公式为

节定额水平提高（＋）或降低（－）的百分率＝∑单项水平提高或降低百分率×该项目在节内的权数

章定额水平提高（＋）或降低（－）的百分率＝∑节定额水平提高或降低百分率×该节在章内的权数

册定额水平提高（＋）或降低（－）的百分率＝∑章定额水平提高或降低百分率×该章在册内的权数

3）定额总水平的测算。定额总水平，是指新旧定额相对应的定额册之间定额水平的测算对比。在测算项目选择完全一致的前提下，经过上述单项、节、章、册测算对比之后，定额册之间总水平提高或降低的幅度，即可运用下面的公式进行计算

定额总水平提高（＋）或降低（－）的百分率＝∑册定额水平提高或降低百分率×该册的权数

4）确定权数的方法。为了提高定额水平测算对比的精度，通常采用加权平均测算对比，其权数确定的方法，常以新编定额工日计算权数。即在新编定额时，对有代表性的若干典型单位工程的施工图纸，计算出工程量之后，再按所选定的定额项目计算出定额工日数。在此基础上分别汇总出节、章、册全部的定额工日数，然后以定额工日数多少确定权数。其计算公式为

$$项目在节中的权数=\dfrac{项目的定额工日数}{节内各项定额工日数之和}\times100\%$$

$$节在章中的权数=\dfrac{节的定额工日总数}{章内各节定额工日数之和}\times100\%$$

其余依此类推。

应该指出的是，在确定权数时，除以所选单位工程施工图纸计算出来的定额工日数为依据外，为避免产生局限性，还应辅以编制定额的专业技术人员的讨论意见，在共同讨论的基础上允许进行适当的调整。

此外，为了使每次对比结果具有共同的可比性，在历次新编或修订定额时，应使用同一权数。

上述施工定额水平测算对比方法，同样适用于机械台班定额和材料消耗量定额的测算对比。

四、劳动定额的编制

（一）劳动定额的概念

所谓劳动定额，又称人工定额，是指在合理的劳动组织和正常的施工条件下，生产单位质量合格产品所需消耗的工作时间，或在一定的工作时间中生产的产品数量。劳动定额可用时间定额和产量定额来表示。

1. 时间定额

时间定额是完成单位产品所必须消耗的工时。它以正常的施工技术和合理的劳动组织为条件，以一定技术等级的工人小组或个人完成质量合格的产品为前提。时间定额以工日为单位，其计算方法如下

$$单位产品的时间定额（工日）=\frac{1}{每工日产量}$$

或

$$单位产品的时间定额（工日）=\frac{小组成员工日数的总合}{小组的台班产量}$$

2. 产量定额

产量定额是单位时间（一般是一个工日）内完成产品的数量。它同样是以正常的施工技术和合理的劳动组织为条件，以一定技术等级的工人小组或个人完成质量合格的产品为前提。其计算方法如下

$$每工产量=\frac{1}{单位产品时间定额}$$

或

$$每班产量定额=\frac{小组成员工日数总和}{单位产品的时间定额}$$

从以上公式可以看出，时间定额与产量定额互为倒数关系，即

$$时间定额=\frac{1}{产量定额}$$

当时间定额减少时，产量定额就相应地增加；当时间定额增加时，产量定额就相应地减少，但它们增减的百分比并不相同。

当时间定额减少时

$$产量定额增加百分率=\frac{时间定额减少百分数}{1-时间定额减少百分数}\times100\%$$

当时间定额增加时

$$产量定额减少百分率=\frac{时间定额增加百分率}{1+时间定额增加百分率}\times100\%$$

当产量定额减少时

$$时间定额增加百分率=\frac{产量定额减少百分率}{1-产量定额减少百分率}\times100\%$$

当产量定额增加时

$$时间定额减少百分率=\frac{产量定额增加百分率}{1+产量定额增加百分率}\times100\%$$

（二）劳动定额的编制

编制劳动定额时一般可按以下的步骤和内容进行。

1. 拟定正常的施工条件

（1）拟定工作地点的组织。工作地点是工人施工活动的场所。工作地点组织紊乱和不科学往往是造成劳动效率不高甚至窝工的重要原因。拟定工作地点的组织时，除了应考虑有关原则外，还要注意使工人在操作时所使用的工具和材料应按使用顺序放置于工人最便于取用的地方，以减少疲劳和提高工作效率，不用的工具和材料不应放置在工作地点。工作地点还应保持清洁和秩序井然。

（2）拟定工作组成。拟定工作组成就是将施工过程按照劳动分工的可能划分为若干工序，以达到合理使用技术工人的目的。可以采用两种基本方法：一种是把工作过程中个别简单的工序划分给技术熟练程度较低的工人去完成；另一种是分出若干个技术程度较低的工人去帮助技术程度较高的工人工作。采用后一种方法就是把个人完成的工作过程，变成小组完成的工作过程。

（3）拟定施工人员编制。拟定施工人员编制即确立小组人数、技术工人的配备，以及劳动的分工和协作。拟定施工人员编制的原则，是使每个工人都能充分发挥作用，均衡地担负工作。

2. 拟定劳动定额

制定劳动定额的方法主要有技术测定法、比较类推法、统计分析法、经验估计法等几种。

（1）技术测定法。技术测定法是根据先进合理的施工技术、操作工艺、合理的劳动组织和正常的施工条件、对施工过程中的具体活动进行实地观察，详细地记录施工中的工人和机械的工作时间消耗、完成产品的数量及有关影响因素，将记录的结果加以整理，客观地分析各种因素对产品的工作时间消耗的影响，据此进行取舍，以获得各个项目的时间消耗资料，从而制定劳动定额的方法。

时间定额是在拟定基本工作时间、辅助工作时间、不可避免的中断时间、准备与结束的工作时间，以及休息时间的基础上制定的。

（2）比较类推法。比较类推法是以同类型或相似类型的产品或工序的典型定额项目的定额水平为标准，经过对比分析，类推出同一组其他相邻的定额的方法。如已知挖一类土地槽在不同槽深和槽宽的时间定额，根据各类土耗用工时的比例来推算挖二类、三类、四类土地槽的时间定额。

（3）统计分析法。统计分析法是将以往施工中所积累的同类型工程项目的工时消耗量加以科学的分析、统计，并考虑施工技术与组织变化的因素，经过分析研究后制定劳动定额的一种方法。

采用统计分析法需要准确的原始记录和统计工作作为基础，并且选择正常的或一般水平的施工单位与班组，同时还要选择部分先进和落后的施工单位和班组进行分析和比较。

由于过去的统计数据中包含某些不合理的因素，水平可能偏保守，为了使定额保持平均先进水平，从统计资料中求出平均先进值的计算步骤如下：

1）从统计资料中剔除不合理的数据。

2）计算出算术平均值。

3）计算平均先进值。上述已经算出的算术平均值与数组中小于平均值的各数值的平均值相加（对于时间定额），或与数组中大于平均值的各数值的平均值相加（对于产量定额），再求其平均数值，也就是第二次平均，以此作为确定定额的依据。

（4）经验估计法。经验估计法是由定额人员、工程技术人员和工人结合，根据个人或班组的实践经验，通过图纸分析和现场观察，了解施工工艺、分析施工的生产组织条件和操作方法等情况，进行分析讨论，从而制定定额的方法。这种方法简单易行，但容易受到参与人员的主观因素和时限性的影响，因此，往往适用于企业内部作为某些局部项目的补充定额。

五、材料消耗定额的编制

（一）材料消耗定额的定义

在合理和节约使用材料的条件下，生产单位合格产品所必须消耗的一定品种、规格材料（包括原材料、燃料、半成品、配件和水、电、动力等）的数量标准，称为材料消耗定额。

在我国建筑工程的直接成本中，材料费占有较大比重。材料消耗量的多少，节约还是浪费，对产品价格和工程成本有着直接的影响。材料消耗定额是编制材料需要量计划、运输计划、供应计划、计算仓库面积、签发限额领料单和经济核算的根据。制定合理的材料消耗定额，是组织材料正常供应，保证生产顺利进行，以及合理利用资源、减少积压的必要前提。

（二）材料消耗定额的组成

单位合格产品所必须消耗的材料数量由两部分组成：

（1）合格产品上的净用量，就是用于合格产品上的实际数量。

（2）在生产合格产品过程中的合理的损耗量，即不可避免的损耗量。就是指材料从现场仓库领出到完成合格产品的生产过程中的合理损耗数量。它包括场内搬运的合理损耗、加工制作的合理损耗和施工操作的合理损耗等。

所以单位合格产品中某种材料的消耗量等于该材料的净用量和损耗量之和。即

$$材料消耗量 = 净耗量 + 损耗量$$

计入材料消耗定额内的损耗量，应是在采用规定材料规格、采用先进操作方法和正确选用材料品种的情况下的不可避免的损耗量。

某种产品使用某种材料的损耗量的多少，常用损耗率来表示

$$损耗率 = \frac{损耗量}{消耗量} \times 100\%$$

材料的消耗量可用下式计算

$$材料消耗量 = \frac{净耗量}{1 - 损耗率}$$

（三）材料消耗定额编制的方法

1. 直接性消耗材料定额的编制

根据工程需要，直接构成产品实体的消耗材料为直接性消耗材料。制定材料消耗定额的基本方法有：观察法、试验法、统计法和计算法。

（1）观察法。也称现场测定法，是在合理使用材料的条件下，在施工现场按一定程序对完成合格产品的材料耗用量进行测定，通过分析整理，最后得出一定的施工过程单位产品的材料消耗定额。

采用这种方法，首先要选择观察对象。观察对象应符合下列要求：建筑结构是典型的，施工符合技术规范要求，材料品种和质量符合设计要求，被测定的工人在节约材料和保证产品质量方面有较好的成绩。其次要做好观察前的准备工作。如准备好标准桶、标准运输工具、称量设备，并采取减少材料损耗的必要措施。观察测定的最终结果，是要取得材料消耗的数量和产品数量的资料。

观察法主要适用于制定材料损耗定额。因为只有通过现场观察，才有可能测定出材料损耗数量，同时，也只有通过现场观察，才能区别出哪些是可以避免的损耗（这部分损耗不应列入定额），哪些属于难以避免的损耗。

例如，生产 n 个合格产品，现场实测某种材料的消耗量为 N，根据设计图纸计算得该产品的材料净耗量为 N_0，则

$$单位产品的产品消耗量 = \frac{N}{n}$$

$$该材料的损耗率 = \frac{N - N_0}{n} \frac{n}{N} \times 100\% = \frac{N - N_0}{N} \times 100\%$$

（2）试验法。也称为实验室试验法，是在材料实验室内进行的观察和测定工作。这种方法主要用于研究材料强度与各种材料消耗的数量关系，以获得多种配合比。以此为基础计算出各种材料的消耗数量。如以各种原材料为变量因素，确定混凝土的配合比，然后计算出每立方米混凝土中的水泥、砂、石、水的消耗量。

试验法的优点是能更深入更详细地研究各种因素对材料消耗的影响，其缺陷是没有估计到或无法估计到在施工中某些因素对材料消耗的影响。所以利用试验法，主要是编制材料净用量定额。

（3）统计法。也称为统计分析法。它是以现场积累的分部分项工程拨付材料数量、完成产品数量、完成工作后材料的剩余数量的统计资料为基础，经过分析，计算出单位产品的材料消耗量的方法。

设某一分项工程施工时共领料 N_0，项目完成后，退回材料的数量为 ΔN_0，则用于产品上的材料数量为

$$N = N_0 - \Delta N_0$$

若所完成的产品数量为 n，则单位产品的材料消耗量为

$$m = \frac{N}{n} = \frac{N_0 - \Delta N_0}{n}$$

此法比较简单易行，不需要组织专人测定或试验。但是其准确程度受统计资料和实际使用材料的影响，所以要注意统计资料的真实性和系统性。统计法由于不能确定材料消耗的性质，因而不能作为确定材料净用量定额和材料损耗定额的精确依据。

（4）计算法。也称理论计算法。它是根据施工图纸和建筑构造要求，用理论公式算出产品的净耗材料数量，从而制定材料的消耗定额。

计算法主要用于块、板类建筑材料（如砖、钢材、玻璃、油毡等）的消耗定额。

2. 周转性材料的消耗量

在建筑工程施工中，除了要消耗一定量的构成产品实体的直接性消耗材料外，还需要消耗周转性材料。周转性材料是指在施工过程中多次使用而逐渐消耗的材料，如脚手架、挡土板、临时支撑、混凝土工程的模板等。

纳入定额的周转性材料消耗指标应当有两个：一个是一次使用量，用于申请备料和编制施工作业计划，一般可根据施工图纸进行计算；另一个是摊销量，即周期性材料使用一次在单位产品上的消耗量，用于确定产品成本。因此，周期性材料的消耗量应按照多次使用、分次摊销的方法确定其摊销量。

（1）现浇构件周转性材料用量计算。

1）一次使用量的计算。一次使用量是指周转性材料一次使用的基本量，即一次投入量。周转性材料的一次使用量根据施工图计算，其用量与各分部分项工程部位、施工工艺和施工方法有关。如现浇钢筋混凝土构件模板的一次使用量的计算，需先求构件混凝土与模板的接触面积，再乘以该构件每平方米模板接触面积所需要的材料数量。公式如下

一次使用量 = 混凝土模板接触面积 × $1m^2$ 接触面积需模量 × （1 + 制作损耗率）

式中：混凝土模板接触面积应根据施工图计算。

2）周转使用量的计算。周转使用量是指周转性材料在周转使用和补损的条件下，每周转一次的平均需用量，根据一定的周转次数和每次周转使用的损耗量等因素来确定。

周转次数是指周转性材料从第一次使用起可重复使用的次数。它与材料的特性、使用的工程部位、施工方法与操作技术等因素有关。周转次数的确定要经现场调查、观测及统计分析，取平均合理的水平。

损耗量是周转性材料使用一次后由于损坏而需补损的数量。

$$周转使用量 = 一次使用量 \times \frac{1 + （周转次数 - 1） \times 损耗率}{周转次数}$$

设周转使用系数 $k_1 = \dfrac{1 + （周转次数 - 1） \times 损耗率}{周转次数}$，则

$$周转使用量 = 一次使用量 \times k_1$$

3）周转回收量计算。周转回收量是指周转性材料在周转使用后除去损耗部分的剩余

数量。计算公式为

$$周转回收量 = 一次使用量 \times \left(\frac{1 - 损耗率}{周转次数}\right)$$

4）摊销量的计算。周转性材料摊销量是指完成一定计量单位产品，一次消耗周转性材料的数量。计算公式为

$$摊销量 = 周转使用量 - 周转回收量$$

（2）预制构件的计算。预制构件的模板，虽属周转使用材料，但其摊销量的计算方法与现浇构件计算方法不同，应按照多次使用平均摊销的方法计算。计算公式为

$$预制构件摊销量 = \frac{一次使用量}{周转次数}$$

六、机械消耗定额的编制

（一）机械消耗定额的定义

在建筑施工中，有些工程项目是由人工完成的，有些工程项目是由机械完成，有些则由人工和机械共同完成。在人工完成的产品中所必需消耗的时间就是人工时间定额。由机械完成的或由人工、机械共同完成的产品，就有一个完成单位合格产品机械所消耗的工作时间。

在合理使用机械和合理的施工组织条件下，完成单位合格产品所必须消耗的机械台班数量的标准，就称为机械台班消耗定额，也称为机械台班使用定额。

所谓"台班"，就是一台机械工作一个工作班（一般为 8h）。如果两台机械共同工作一个工作班，或者一台机械工作两个工作班，则称为两个台班。

（二）机械台班使用定额的表示方法

机械消耗定额有两种表示方法。一种可用时间定额表示，此时的计量单位为台班或台时；另一种可用产量定额表示，此时的计量单位为产品物理量。机械的时间定额和产量定额互为倒数关系。

1. 机械时间定额

就是在正常的施工条件和劳动组织条件下，使用某种规定的机械，完成单位合格产品所必须消耗的台班数量。即

$$机械时间定额 = \frac{1}{机械台班产量定额}$$

2. 机械台班产量定额

就是在正常的施工条件和劳动组织条件下，某种机械在一个台班时间内必须完成的单位合格产品的数量。即

$$机械台班产量定额 = \frac{1}{机械时间定额}$$

（三）机械台班消耗定额的编制

机械台班消耗定额的编制可按如下步骤和内容进行。

1. 拟定正常的施工条件

机械工作和人工操作相比，其劳动生产率在更大的程度上受到施工条件的影响，编制

定额时更应重视确定出机械工作的正常条件。

（1）工作地点的合理组织。就是对施工地点机械和材料的放置位置、工人从事操作的场所，作出科学合理的平面布置和空间安排。

（2）拟定合理的工人编制。就是根据施工机械的性能和设计能力、工人的专业分工和劳动工效，合理确定操纵机械的工人和直接参加机械化施工过程的工人的编制人数。拟定合理的工人编制，应要求保持机械的正常生产率和工人正常的劳动工效。

2. 确定机械时间利用系数（K_b）

机械在工作班内的时间，按其与生产产品的关系，可分为与生产产品有关的时间和与生产产品无关的时间两部分。

定额时间是机械为完成产品所必须消耗的时间，为便于应用，现将机械施工过程的定额时间归并为净工作时间和其他工作时间两大类。定额时间的构成如下：

（1）净工作时间。指工人利用机械对劳动对象进行加工，用于完成基本操作所消耗的时间，它与完成产品的数量成正比。主要包括以下方面：

1）机械的有效工作时间。指机械直接为完成产品而工作的时间。不论机械是在正常负荷下的工作时间，还是在降低负荷下的工作时间。此外，还包括为完成产品而进行的准备工作时间和结束工作时间。如开机前的试运转、加油、检查等准备工作时间，以及停机后机械的就位、清洗工作等结束工作时间。

2）机械在工作循环中的不可避免的无负荷（空运转）时间。如运输汽车的空车返回时间。

3）与操作有关的、循环的不可避免的中断时间。这是指机械在生产循环中，因为工艺上或技术组织上的原因而发生停机的时间。如运输汽车在等待装卸时的时间。

（2）其他工作时间。指除了净工作时间以外的定额时间。主要包括以下方面：

1）机械定期的无负荷时间和定期的不可避免的中断时间。

2）操纵机械或配合机械工作的工人，在进行工作班内或任务内的准备与结束工作时所造成的机械不可避免的中断时间。

3）操纵机械或配合机械工作的工人休息所造成的机械不可避免的间断时间。

确定工作班内定额时间的构成，主要是确定净工作时间的具体数值或者与工作班延续时间的比值。这要依据对机械施工过程进行多次工作日写实的结果，并考虑机械说明书等有关资料，认真分析后取定。应尽可能提高机械净工作时间，减少其他工作时间，以保证机械在工作班内的最大生产率。

机械时间利用系数（K_b）为机械净工作时间（t）与工作班延续时间（T）的比值，即

$$K_b = \frac{t}{T}$$

3. 确定机械净工作 1h 生产率

建筑机械可分为循环动作机械和连续动作机械两种类型，在确定净工作 1h 生产率时则应分别对这两种不同的机械进行研究。

（1）循环动作机械。循环动作机械净工作 1h 的生产率（N_h），取决于该机械净工作 1h 的正常循环次数（n）和每一次循环中所生产的产品数量（m），即

$$N_h = nm$$

确定循环次数（n），首先必须确定每一次循环的正常延续时间，而每一次循环的延续时间，等于该循环各组成部分正常延续时间之和（$t_1 + t_2 + t_3 + \cdots + t_n$）。一般应通过技术测定确定（个别情况下也可依据技术规范确定），在观察中要根据各种不同的因素，确定相应的正常延续时间。对于某些机械工作循环的组成部分，必须将有关的、循环的、不可避免的无负荷及中断时间包括进去；对于某些同时进行的动作，应扣除其重叠的时间。这样，净工作 1h 正常的循环次数可由下式计算

$$n = \frac{60}{t_1 + t_2 + t_3 + \cdots + t_n}$$

机械每一次循环所生产的产品数量（m），同样可以通过计时观察求得。

（2）连续动作机械。连续动作机械净工作 1h 的生产率（N_h），主要是根据机械性能来确定。在一定的条件下，净工作 1h 的生产率通常是一个比较稳定的数值。确定方法是通过试验或实际观察，得出一定时间（t）内完成的产品数量（m），然后按下式计算

$$N_h = \frac{m}{t}$$

4. 确定机械台班产量（N 台班）

台班产量等于该机械净工作 1h 的生产率（N_h）乘以工作班的延续时间 T（一般都是 8h），再乘以台班时间利用系数（K_b），即

$$N_{台班} = N_h T K_b$$

对于其中一次循环时间大于 1h 的机械施工过程，可以直接用一次循环时间 t，求出台班循环次数（T/t），再根据每次循环的产品数量（m），确定其台班产量定额。其计算公式如下

$$N_{台班} = \frac{T}{t} m K_b$$

案　　例

【案例 1】某企业拟测定大坝混凝土浇筑中汽车运输混凝土的时间定额，经现场跟踪某台汽车（工作班的延续时间为 6h，共运输混凝土 11 趟），测定得到每趟消耗的时间如下数据：

样本	1	2	3	4	5	6	7	8	9	10	11
一次循环时间/min	23.6	25.0	24.3	26.0	27.1	24.8	23.8	25.4	26.3	24.2	25.1

问题：（1）按机械工作时间划分，上述测得的时间为什么时间？其平均水平为多少？

（2）如果考虑采用平均先进水平，其水平为多少？（提示：二次平均法）

（3）汽车的时间利用系数为多少？

答：（1）按机械工作时间划分，上述测得的时间应为基本工作时间。

其平均水平为

$$X_1 = \frac{\sum x}{n} = \frac{23.6 + 25.0 + 24.3 + 26.0 + 27.1 + 24.8 + 23.8 + 25.4 + 26.3 + 24.2 + 25.1}{10}$$

$$= 25.05 \ (\text{min})$$

（2）考虑采用平均先进水平，采用二次平均法，则有：

平均值为：25.05，小于平均值的有：23.6，25.0，24.3，24.8，23.8，24.2。

$$X_2 = \frac{\sum x}{n} = \frac{23.6+25.0+24.3+24.8+23.8+24.2}{6} = 24.28 \text{ （min）}$$

二次平均值为 $X_0 = 25.05 + 24.28 = 24.665$（min）

（3）机械的时间利用系数为净工作时间与工作班延续时间的比值，则

$$K_b = \frac{t}{T} = \frac{25.05 \times 11}{6 \times 60} = 0.77$$

该台汽车平均完成一次循环时间的平均时间为 25.05min，平均先进水平为 24.665min，时间利用系数为 0.77。

【案例 2】 某企业在测定抗滑稳定桩施工中混凝土拌和机械的消耗定额，工作班延续时间为 8h，测得混凝土拌和机械的净工作时间如下表：

样本	1	2	3	4	5	6
机械净工作时间/min	302	305	298	312	298	301

问题：（1）在工作班延续时间里，混凝土拌和机械平均净工作时间为多少？

（2）混凝土拌和机械的时间利用系数为多少？

（3）如果需浇筑 1000m³ 混凝土，混凝土拌和机械每小时产量为 10m³，需要消耗多少台时？

答：（1）在工作班延续时间里，混凝土拌和机械平均净工作时间为

$$\sum \frac{302+305+298+312+298+301}{6} = 302.67 \text{ （min）}$$

（2）混凝土拌和机械的时间利用系数为

$$\frac{302.67}{8 \times 60} = 0.63$$

（3）如果需浇筑 1000m³ 混凝土，混凝土拌和机械每小时产量为 10m³，需要消耗的台时数为

$$\frac{1000}{10 \times 0.63} = 158.73 \text{ （台时）}$$

混凝土拌和机械平均净工作时间为 302.67min，混凝土拌和机械的时间利用系数为 0.63，浇筑 1000m³ 混凝土需要消耗 158.73 台时。

第十二章
预算定额、概算定额及估算指标

第一节 预 算 定 额

一、预算定额概述

（一）预算定额的定义

预算定额是规定消耗在单位工程基本结构要素上的劳动力、材料和机械数上的标准，计算建筑安装产品价格的基础。预算定额属于计价定额。预算定额是工程建设中一项重要的技术经济指标，反映了在完成单位分项工程消耗的活劳动和物化劳动的数量限制。这种限制最终决定着单项工程和单位工程的成本和造价。所谓工程基本构造要素，就是通常所说的分项工程和结构构件。预算定额按工程基本构造要素规定劳动力。材料和机械的消耗数量，以满足编制施工图预算、确定和控制工程造价的要求。预算定额在各地区的具体价格表现是单位估价表和综合预算定额。预算定额是计算建筑产品价格的基础，单位估价表和综合预算定额是计算建筑产品价格的直接依据。

（二）预算定额的性质

预算定额属于计价定额，不具有企业定额的性质。预算定额是工程建设中一项重要的技术经济标准，它的各项指标反映了完成单位分项工程消耗的人工、材料、机械的数量限度。这种限度最终决定着单项工程和单位工程的成本和造价在编制施工图预算时，计算工程造价和计算工程劳动力（工日）、机械（台班）、材料需要量的一种定额。预算定额一般是一种计价的定额，在工程建设定额中占有很重要的地位，从编制程序上看它是概算定额编制的编制基础。

需要按照施工图纸和工程量计算规则计算工程量，还需要借助于某些可靠的参数计算人工、材料和机械（台班）的消耗量，并在此基础上计算出资金的需要量，计算出建筑安装工程的价格。

在中国，现行的工程建设概算、预算制度，规定了通过编制概算和预算确定造价。概算定额、概算指标、预算定额等则为计算人工、材料、机械（台班）的耗用量提供统一的可靠的参数。同时，现行制度还赋予了概算、预算定额和费用定额以相应的权威性。这些定额和指标成为建设单位和施工企业之间建立经济关系的重要基础。

（三）预算定额的作用

在工程建设中，预算定额在工程预算制度中是很重要的。预算定额的作用主要表现在以下几个方面：

（1）预算定额是编制施工图预算、确定和控制建筑安装工程造价的基础。施工图预算是施工图设计文件之一，是控制和确定建筑安装工程的必要手段。编制施工图预算，除设计文件决定的建设工程的功能、规模、尺寸和文字说明是计算分部分项工程量和结构构件数量的依据外，预算定额是确定一定计量单位工程人工、材料、机械消耗量的依据，也是计算分项工程单价的基础。

（2）预算定额是对设计方案进行技术经济比较、技术经济分析的依据。设计方案在设计工作中居于中心地位。设计方案的选择要满足功能、符合设计规范，既要技术先进又要经济合理。根据预算定额对方案进行技术经济分析和比较，是选择经济合理设计方案的重要方法。对设计方案进行比较，主要是通过定额对不同方案所需人工、材料和机械台班消耗量等进行比较。这种比较可以判明不同方案对工程造价的影响。对于新结构、新材料的应用和推广，也需要借助于预算定额进行技术分项和比较，从技术与经济的结合上考虑普遍采用的可能性和效益。

（3）预算定额是施工企业进行经济活动分项的参考依据。实行经济核算的根本目的，是用经济的方法促使企业在保证质量和工期的条件下，用较少的劳动消耗取得预定的经济效果。企业可根据预算定额，对施工中的劳动、材料、机械的消耗情况进行具体的分析，以便找出低工效、高消耗的薄弱环节及其原因。为实现经济效益的增长由粗放型向集约型转变，提供对比数据，促进企业提供在市场上的竞争的能力。

（4）预算定额是编制标底与投标报价的基础。在深化改革中，在市场经济体制下，预算定额作为编制标底的依据和施工企业报价的基础的作用仍将存在，这是由于它本身的科学性和权威性决定的。

（5）预算定额是编制概算定额和估算指标的基础。概算定额和估算指标是在预算定额基础上经综合扩大编制的，也需要利用预算定额作为编制依据，这样做不但可以节省编制工作中的人力、物力和时间，收到事半功倍的效果，还可以使概算定额和概算指标在水平上与预算定额一致，以避免造成执行中的不一致。

二、预算定额的编制原则和依据

（一）预算定额编制原则

为了保证预算定额的编制质量，充分发挥预算定额在使用过程中的作用，在编制过程中必须贯彻以下原则：

1. 按社会平均水平确定预算定额的原则

预算定额是确定和控制工程造价的主要依据，因此，它必须遵照价值规律的客观要求，按照"在现有的社会正常的生产条件下，在社会平均的劳动熟练程度和劳动强度下，制造某种使用价值所需要的劳动时间"来确定定额水平。所以预算定额的定额水平为社会平均水平，它应反映在正常的施工条件，合理的施工组织和工艺条件、平均劳动熟练程度和劳动强度下，完成单位分项工程基本构造要素所需的劳动时间、材料消耗量和机械使用量。

预算定额的水平以施工定额水平为基础。两者有着密切的联系。但是，预算定额绝不是简单地套用施工定额。首先，这里要考虑预算定额中包含了更多的可变因素，需要保留合理的幅度差，如人工幅度差、机械幅度差、材料的超运距、辅助用工及材料堆放、运输、操作损耗和由细到粗综合后的量差等。其次，预算定额是平均水平，施工定额是平均先进水平，所以两者相比，预算定额水平要相对低一些。

2. 简明适用的原则

为了保证定额在使用过程中满足实际工程建设的要求，在编制预算定额中应贯彻简明适用的原则。对于主要、常用和价值最大的项目，定额子目划分宜细；次要、不常用和价值量相对较小的项目，则可以粗一些。

要注意补充那些因采用新技术、新结构、新材料和先进经验而出现的新的定额项目。项目不全，缺项较多，就使建筑安装工程价格缺少充足和可靠的依据。补充的定额一般因受资料所限，且费时费力，可靠性差，容易引起争执。同时要注意合理确定预算定额的计量单位，简化工程量的计算，尽可能避免同一种材料用不同的计量单位，以及减少换算工作量。

3. 技术先进的原则

技术先进是指定额项目的确定、施工方法和材料的选择等，能够正确反映建筑技术水平，及时采用已成熟并得到普遍推广的新技术、新工艺、新材料以促进生产的提高和建筑技术的发展。

（二）预算定额的编制依据

（1）现行的全国通用的设计规范、施工及验收规范、质量评定标准和安全技术规程。

（2）通用的标准图和定型设计图纸、图集。

（3）有关科学试验、测定、统计和经验分析资料，新技术、新结构、新材料和先进经验资料。

（4）国家及各地区现行的施工定额。

（5）国家及各地区以往颁发的预算定额及基础资料。

（6）现行预算定额及预算资料和地区材料预算定额、工资标准及机械台班预算价格。

（7）施工现场的测定资料、实验资料和统计资料。

三、预算定额中消耗量指标的确定

（一）人工工日消耗量指标的确定

预算定额中的人工工日消耗量指标，是指在正常施工生产条件下，完成单位工程细目所必需的各个工序的用工量。各种用工量是根据对多个典型工程测算后综合取定的工程量数据和劳动定额计算求得。定额中人工消耗指标与平均工资等级相对应的工资标准的乘积就是该分部分项工程单位产品的人工费中的基本工资。人工消耗量指标是由分项工程所综合的各个工序劳动定额包括的基本用工、超运距用工、辅助用工以及人工幅度差四部分组成的。

（1）基本用工：指完成单位合格产品所必须消耗的技术工种用工。包括：

1）完成定额计量单位的主要用工。按综合取定的工程量和相应劳动定额进行计算。即

$$基本用工＝\sum（综合取定的工程量×施工劳动定额）$$

2）按劳动定额规定应增加的用工量。预算定额是综合性定额，包括的工程内容较多，工效也不同，这些需要另外增加用工量。在预算定额中应按一定比例给予增加。

（2）超运距用工：指预算定额中的材料、半成品的平均水平运距超过劳动定额基本用工中规定的距离时所需增加的用工量。超运距指预算定额取定运距与劳动定额规定的运距之差，按下式计算

$$超运距用工＝\sum（超运距材料数量×超运距劳动定额）$$

（3）辅助用工：指施工现场发生的材料加工等用工，如机械土方工程配合用工，筛石子、淋石灰膏的用工等，按下式计算

$$辅助用工＝\sum（材料加工数量×相应的加工劳动定额）$$

（4）人工幅度差指预算定额与劳动定额的差距，主要是在确定人工消耗量指标时应考虑的在劳动定额中未包括，而在一般正常施工情况下又不可避免发生的一些零星用工因素。即

$$人工幅度差＝\sum（基本用工＋超运距用工＋辅助用工）×人工幅度差系数$$

其中人工幅度差系数一般为 $10\%\sim15\%$。人工消耗量指标确定以后，将人工消耗量指标乘以相应的人工单价就可以得出相应的人。

（二）材料消耗量的确定方法

预算定额中的材料消耗量是指在正常的施工条件下，用合理使用材料的方法，完成单位合格产品所必需消耗的各种材料、成品、半成品的数量标准。材料消耗定额中有主要材料、次要材料和周转性材料，计算方法和表现形式也有所不同。

1．主要材料消耗量的确定

主要材料消耗量指标包括主要材料净用量和材料损耗量，其计算方法有观察法、试验法、统计法和计算法四种。

主要材料净用量是结合分项工程的构造做法，根据有关统计资料综合确定的。材料损耗量是指建筑材料、成品、半成品在工地工作范围内的运输损耗和施工损耗。

$$材料总损耗量＝净用量×（1＋损耗率）$$

2．次要材料消耗量的确定

在定额中用量不多，价值不大的材料称次要材料，如吊装工程中用的麻袋、缆风用的钢丝、麻、氧气、电石等。采用估算等方法计算其使用量，将此类材料的费用合并为一个"其他材料费"项目，其计量单位用元表示。

3．周转性材料消耗量的确定

周转性材料是指在施工过程中多此周转使用的材料。周转性材料用多次使用、分次摊销的方法计算。

（1）现浇构件周转性材料用量计算。摊销量计算式用于编制预算定额中的周转性材料摊销量时，其回收部分必须考虑材料使用前后价值的变化，应乘以回收折价率。同时，周转性材料在周转使用过程中施工单位要对其投入人力、物力，组织和管理修补周转性材料工作，须额外支付施工管理费。为补偿此项费用和简化计算，一般采用减少回收量、增加摊销量的做法，即在摊销公式中回收部分的分母上乘以增加的施工管理费率。

$$摊销量＝周转使用量－回收折旧系数×回收量$$

$$＝周转使用量－\frac{回收量×回收折价率}{1＋施工管理费率}$$

（2）预制构件的计算。预制构件的模板，虽属周转使用材料，但其摊销量的计算方法与现浇构件计算方法不同，按照多次使用平均摊销的方法计算。计算公式为

$$预制构件摊销量＝\frac{一次使用量}{周转次数}$$

（三）机械台班消耗量的计算方法

预算定额中的机械台班消耗量是指在正常施工条件下，生产单位合格产品（分部分项工程或结构构件）必须消耗的某种型号施工机械的台班数量。大型机械、中小型机械和分部工程的专用机械，其台班消耗定额的计算方法和机械幅度差是不相同的。

（1）大型机械施工的项目。主要以使用机械为主的项目，按劳动定额中规定的各分项工程的机械台班产量计算，再相应增加幅度差，如机械挖土、吊装预制构件。即

$$大型机械台班消耗量＝\frac{1}{机械台班产量定额}×工序工程量×（1＋机械幅度差）$$

（2）按操作小组配用机械台班消耗指标。施工机械是配合工人小组施工的，以综合取定的小组产量计算台班消耗量，不考虑机械幅度差。如垂直运输用的塔吊、卷扬机，以及砂浆搅拌机、混凝土搅拌机配合工人小组完成相应的施工项目。即

$$机械台班消耗指标＝\frac{分项定额的计算单位值}{小组总人数×\sum（分项计算的取定比重×劳动定额综合每工产量数）}$$

（3）分部工程的各种专用机械台班消耗指标，可以直接列其值于预算定额，也可以以机械费表示，不列台班数量。

四、预算定额中资源单价的确定

（一）人工工日单价的概念

人工工日单价是指一个建筑安装工人工作 8h 在预算中按现行有关政策法规规定应计入的全部人工费用。人工工日单价组成内容在各部门、各地区并不完全相同。按照现行规定，其组成内容为基本工资、工资性津贴、辅助工资、职工福利费和劳动保护费。

（1）基本工资。根据有关规定，生产工人的基本工资应执行岗位工资和技能工资制度。

（2）工资性津贴。是指为了补偿工人额外或特殊的劳动消耗及为了保证工人的工资水平不受特殊条件影响，而以补贴形式支付给工人的劳动报酬，它包括按规定标准发放的物价补贴、交通费补贴、房屋补贴、流动施工津贴及地区津贴等。

（3）辅助工资。是指工人年有效施工天数以外非作业天数的工资，包括职工学习、培训期间的工资，调整工作、探亲、休假期间的工资，因气候影响的停工工资，女工哺乳时间的工资等。

（4）职工福利费。是指按规定标准计提的职工福利费。

（5）劳动保护费。是指按规定标准发放的劳动保护用品的购置费及修理费、服装补贴、防暑降温费、在有碍身体健康环境中施工的保健费用等。

（二）材料预算价格的确定

材料预算价格是指材料（包括构件、成品及半成品等）从其来源地（或交货地点）到达施工工地仓库（施工地点内放材料的地点）后的出库价格。材料预算价格一般由材料原价、材料运输保险费、包装费、运杂费、采购及保管费组成。

1. 材料原价

材料原价也就是材料的出厂价。对同一种材料，因产地、供应渠道不同出现几种原价时，其综合原价可按其供应量的比例加权平均计算。计算公式如下

$$加权平均原价 = \frac{K_1C_1 + K_2C_2 + \cdots + K_nC_n}{K_1 + K_2 + \cdots + K_n}$$

式中：K_1，K_2，…，K_n 为各不同供应地点的供应量或各不同使用地点的需求量；C_1，C_2，…，C_n 为各不同供应地点的原价。

2. 材料运输保险费

材料运输保险费指材料在铁路、公路、水路运输途中的保险而发生的费用。运输保险费可按照保险公司的有关规定计算。

$$材料运输保险费 = 材料原价 \times 材料运输保险费率$$

3. 材料的包装费

为便于材料运输和保护材料进行包装所需要的费用，包括水运、陆运的支撑、篷布、包装袋、包装箱、绑扎等费用。材料运到现场或使用后，要对包装品进行回收，回收价值冲减材料预算价格。

材料包装费有两种情况：一种情况是包装费已计入材料原价中，不再另行计算；另一种情况是材料原价中未含包装费，如需包装时包装费另行计算。

4. 材料的运杂费

材料自来源地运至工地仓库或指定堆放地点的装卸费、运输费、运输保险费及途中损耗。材料运输费用的取费标准，应按照国家有关部门和地方政府交通运输部门的规定计算。同一品种的材料如有若干个来源地，其运输费用可根据每个来源地的运输里程、运输方法用加权平均的方法计算出平均运距后，再按平均运距和运价标准计算运输费。计算公式如下

$$加权平均运杂费 = \frac{K_1T_1 + K_2T_2 + \cdots + K_nT_n}{K_1 + K_2 + \cdots + K_n}$$

式中：K_1，K_2，…，K_n 为各不同供应地点的供应量或各不同使用地点的需求量；T_1，T_2，…，T_n 为各不同供应地点的原价。

5. 采购及保管费

材料供应部门（包括工地仓库及其以上各级材料管理部门）在组织采购、供应和保管材料过程中所需的各项费用。采购及保管费所包含的具体项目有工资、职工福利费、办公费、旅差及交通费、固定资产使用费、工具用具使用费、劳动保护费、检验试验费、材料储存损耗及其他。计算公式如下

采购及保管费 =（材料原价 + 材料运输保险费 + 包装费 + 运杂费）× 采购及保管费率

综上所述，材料预算价格的计算公式如下式所示

材料预算价格 =（材料原价 + 材料运输保险费 + 包装费 + 运杂费）×（1 + 采购保管费）
　　　　　　 － 包装品回收价值

（三）机械台班单价的确定

一台施工机械工作 8h 为一个台班，每个台班必须消耗的人工、物料和应分摊的费用，即是一台机械的预算价格，又叫一个机械台班单价。机械台班单价一般由下列费用组成。

1. 折旧费

折旧费是指机械在规定的寿命期（使用年限或耐用总台班）内，陆续收回其原值及购置资金的台时折旧摊销费用。其计算公式为

$$台班折旧价 = \frac{机械预算价格 \times (1 - 残值率)}{耐用总台班}$$

（1）机械预算价格（机械原值）。由机械出厂（或到岸完税）价格和由生产厂（销售单位交货地点或口岸）运至使用单位机械管理部门验收入库的全部费用组成。

（2）残值率。指机械报废时回收的残余价值占原值的比率。

（3）耐用总台班数。是指机械设备从开始投入使用至报废前所使用的总台班数。机械耐用总台班的计算公式为

$$耐用总台班 = 大修间隔台班 \times 大修周期$$

大修间隔台班是指机械自投入使用起至第一次大修或自上一次大修后投入使用起至下一次大修止，应达到的使用台班数。

大修周期即使用周期，是指机械在正常的施工作业条件下，将其寿命期（即耐用总台班）按规定的大修理次数划分为若干个周期。计算公式为

$$大修周期 = 寿命期大修理次数 + 1$$

2. 大修理费

机械设备按规定的大修间隔台班进行必要的大修理以恢复机械的正常功能时每台班所摊的费用。台班大修理费则是机械使用期限内全部大修理费之和在台班费中的分摊额。其计算式如下

$$台班大修理费 = \frac{一次大修理费 \times 寿命期内大修理次数}{耐用总台班}$$

（1）一次大修理费。指机械设备按规定的大修理范围和修理工作内容，进行一次全面修理所需耗费的工时、配件、辅助材料、油燃料以及送修运输等全部费用。

（2）寿命期大修理次数。指机械设备为恢复原来的功能按规定在使用期限内需要进行的大修理次数。

3. 经常修理费

机械设备除大修理以外的各级保养（包括一、二、三级保养）及临时故障排除所需费用，为保障机械正常运转所需更换设备、随机配备的工具、附具的摊销及维护费用、机械运转及日常保养所需润滑、擦拭的材料费用和机械停置期间的维护保养费用等。机械寿命期内上述费用之和分摊到台班费中，即为台班经常修理费。

4. 安拆费及场外运输费

安拆费指机械在施工现场进行安装、拆卸所需人工、材料、机械和试运转的费用，以及机械辅助设施（包括基础、底座、固定锚桩、行走轨道、枕木等）的折旧、搭设、拆除

等费用。场外运输费指机械整体或分件从停置地方运至施工现场或从某一工地的运输、装卸、辅助材料以及架线费用。

5. 燃料动力费

机械设备在运转施工作业中所耗用的固体燃料（煤炭、木材）、液体燃料（汽油、柴油）、电力、水和风力等的费用。计算公式如下

$$台班燃料动力费＝台班燃料动力消耗量×各地规定的相应单价$$

6. 人工费

机上司机、司炉和其他操作人员的工作日工资以及上述人员在机械规定的年工作台班以外的基本工资和工资性质的津贴。

7. 运输机械养路费与车船使用税及保险费

运输机械按国家有关规定应交纳的养路费、车船使用税以及机械投保所支出的保险费。其中车船使用税可按下式计算

$$台班车船使用税＝\frac{载重量×单位载重年车船使用税}{年工作台班}$$

五、预算定额基价的确定

预算定额的内容除包括人工、材料和机械台班的消耗数量外，还包括相应的人工费、材料费、机械台班费和预算基价。

所谓基价，是一种工程单价，预算定额中的基价就是确定预算定额单位工程（分部分项工程、结构件等）所需全部人工费、材料费、施工机械使用费之和的文件，又称单位估价表，它是按某一地区的人工工资单价、材料预算价格、机械台班单价计算的预算单价。即单位估价表是预算定额在各地区以价格表现的具体形式。其计算公式为

$$基价＝定额单位人工费＋定额单位材料费＋定额单位机械台班费$$

其中

$$人工费＝分项工程定额用工量×地区综合平均日工资标准$$

$$定额单位材料费＝\sum（材料预算定额单位消耗量×材料预算单价）$$

$$定额单位机械台班费＝\sum（施工机械预算定额单位消耗量×机械台班单价）$$

公式中实物消耗量指标是定额中规定的，但人工工资标准、材料预算价格、机械台班单价则要按地区的价格和某些规定计算。

第二节 概 算 定 额

一、概算定额的概念

概算定额是在综合预算定额或预算定额的基础上，根据有代表性的建筑工程通用图和标准图等资料，进行综合、扩大和合并而成。它是指生产一定计量单位的扩大的建筑工程结构构件或分部分项工程所需要的人工、材料和机械台班的消耗数量及费用的标准。

概算定额与预算定额都属于计价定额，都以工程项目各个结构部分和分部分项工程为

单位表示，内容也包括人工、材料和机械台班使用量定的三个基本部分，并列有基准价。不同的是在项目划分和综合扩大程度上的差异。由于概算定额综合了若干分项工程的预算定额，使得概算工程量计算和概算表的编制都比编制施工图预算简化了很多。

编制概算定额时，应考虑到能适应规划、设计、施工各阶段的要求。概算定额与预算定额应保持一致水平，即在正常条件下，反映大多数企业的设计、生产及施工管理水平。

概算定额的内容和深度是以预算定额为基础的综合与扩大。在合并中不得遗漏或增加细目，以保证定额数据的严密性和正确性。概算定额务必达到简化、准确和适用。

二、概算定额的作用

（1）概算定额是初步设计阶段编制建设项目设计概算的依据。建设程序规定，采用两阶段设计时，其初步设计必须编制概算；采用三阶段设计时，其技术设计必须编制修正概算，对拟建项目进行总估价。

（2）概算定额是设计方案比选的依据。所谓设计方案比选，是要选择出技术先进可靠、经济合理的方案，在满足使用功能的条件下，达到降低造价和资源消耗的目的。概算定额是在预算定额基础上的扩大综合，它可为设计方案的比较提供方便的条件。

（3）概算定额是编制主要材料需要量的计算基础。根据概算定额所列材料消耗指标计算工程用料数量可在施工图设计之前提出供应计划，为材料的采购、供应做好施工准备，提供前提条件。

（4）概算定额是编制概算指标和投资估算指标的依据。

（5）概算定额是实行工程总承包时已完工程价款结算的依据。

三、概算定额的编制原则

概算定额的编制应该贯彻社会平均水平和简明适用的原则。

由于概算定额和预算定额都是工程计价的依据，所以应符合价值规律并反映现阶段生产力水平。在概、预算定额水平之间应保留必要的幅度差，并在概算定额的编制过程中严格控制。

为了稳定概算定额水平、统一考核和简化计算工作量，并考虑到扩大初步设计图的深度条件，概算定额的编制应尽量考虑其综合性。如对混凝土和砌筑砂浆的强度等级、钢筋用量等，可根据工程结构的不同部位，通过测算、统计而综合定出合理数据。

四、概算定额的编制依据

由于概算定额的适用范围不同，其编制依据也略有区别。编制依据一般有以下几种：

（1）现行的设计标准规范。

（2）现行建筑和安装工程预算定额。

（3）国务院各有关部门和各省、自治区、直辖市批准颁发的标准设计图集和有代表性的设计图纸等。

（4）现行的概算定额及其编制资料。

（5）编制期的地区人工工资标准、材料预算价格、机械台班费用等。

五、概算定额的编制步骤

概算定额的编制一般分为三个阶段：准备阶段、编制阶段、审查报批阶段。

（1）准备阶段。主要是确定编制机构和人员组成，进行调查研究，了解现行概算定额的执行情况与存在的问题，以及编制范围。在此基础上制定概算定额的编制细则和概算定额项目划分。

（2）编制阶段。根据已制定的编制细则、定额项目划分和工程量计算规则，调查研究，对收集到的设计图纸、资料进行细致的测算和分析，编出概算定额初稿；并将概算定额的分项定额总水平与预算水平相比控制在允许的幅度之内，以保证两者在水平上的一致性。如果概算定额与预算定额水平差距较大时，则需对概算定额水平进行必要的调整。

（3）审查报批阶段。在征求意见修改之后形成报批稿，经批准之后交付印刷。

第三节　投资估算指标

一、投资估算指标的概念

（一）概念

投资估算指标，是在编制项目建议书可行性研究报告和编制设计任务书阶段进行投资估算、计算投资需要量时使用的一种定额。它具有较强的综合性、概括性，往往以独立的单项工程或完整的工程项目为计算对象。它的概略程度与可行性研究阶段相适应。它的主要作用是为项目决策和投资控制提供依据，是一种扩大的技术经济指标。由于工程前期估算要求从项目建设的全过程出发估算投资额，这就使投资估算指标比其他各种计价定额具有更大的综合性和概括性。工程投资估算指标是编制建设项目建议书、可行性研究报告等前期工作阶段投资估算的依据，也可以作为编制固定资产长远规划投资额的参考。其编制一般包括收集整理资料、平衡调整和测算审查三个阶段。

（二）估算指标的作用

（1）工程造价估算指标的制定是建设项目管理的一项重要工作。

（2）估算指标是编制项目建议书和可行性研究报告书投资估算的依据，是对建设项目全面的技术性与经济性论证的依据。

（3）估算指标对提高投资估算的准确度、建设项目全面评估、正确决策具有重要意义。

二、估算指标的编制

（一）编制原则

估算指标编制必须适应今后一段时期编制建设项目建议书和可行性研究报告书的需要。估算指标的分类、项目划分、项目内容、表现形式等必须结合工程专业特点。与编制建设项目建议书和可行性研究报告书深度相适应。

估算指标编制要符合国家有关的方针政策、近期技术发展方向，反映正常建设条件下的造价水平，并适当留有余地。

采用的依据和数据尽可能做到正确、准确和具有代表性。

估算指标力求满足各种用户使用的需要。

（二）编制依据

国家和建设行政主管部门制定的工期定额。

国家和地区建设行政主管部门制定的计价规范、专业工程概预算定额及收费标准。编制基准期的人工单价、材料价格、施工机械台班价格。

三、投资估算指标的内容

由于建设项目建议书、可行性研究报告的编制深度不同，为了使用方便，估算指标应结合专业特点，按其综合程度的不同适当分类。一般工业项目可分为：建设项目指标、单项工程指标和单位工程指标。

（1）建设项目指标。一般包括工程总投资指标和以生产能力或其他计量单位为计算单位的综合投资指标。投资指标包括按国家规定应列入建设项目总投资的，从筹建至竣工验收所需的全部建筑安装工程费和设备、工器具购置费以及其他费用。

（2）单项工程指标。一般是指组成建设项目各单项工程的以生产能力（或其他计量单位）为计算单位的投资指标。应包括单项工程的建筑安装工程费和设备、工器具购置费以及应列入单项工程投资的其他费用。

（3）单位工程指标。一般是指建筑物、构筑物以平方米、立方米、延长米、座等为计算单位的投资指标。

建设项目指标和单项工程指标应说明所列项目的建设特点、工程内容、建筑结构特征和主要设备的名称、型号、规格、数量（重量、台数）、单价及其他设备费与主要设备费的百分比主要材料用量和基价等。单位工程指标应说明工程内容、建筑结构特征、主要工程量、主要材料量、其他材料费、人工合计工日数和平均等级、机械使用费等。

第四篇
工程招标投标与合同管理

第十三章
合同法基础知识

我国于 1999 年 3 月 15 日颁布了统一的《中华人民共和国合同法》（以下简称《合同法》），并于 1999 年 10 月 1 日起施行。在我国，《合同法》是适用于合同的最重要的法律。

第一节　合　同　的　种　类

合同是平等主体的自然人、法人、其他经济组织（包括中国的和外国的）之间设立、变更、终止民事法律关系的协议。在人们的社会生活中，合同是普遍存在的。在社会主义市场经济中，社会各类经济组织或商品生产经营者之间存在着各种经济往来关系。它们是最基本的市场经济活动，它们都需要通过合同来实现和连接，需要用合同来维护当事人的合法权益，维护社会的经济秩序。没有合同，整个社会的生产和生活就不可能有效和正常地进行。

一、常见的合同类型

由于市场经济活动的内容丰富多彩，形成多种多样的合同。在我国，合同法调整的对象主要是经济合同、技术合同和其他民事合同。其中最主要的几种常见的合同类型如下。

（一）买卖合同

买卖合同是为了转移标的物的所有权，在出卖人和买受人之间签订的合同。出卖人将原属于他的标的物的所有权转移给买受人，买受人支付相应的合同价款。在建筑工程中，材料和设备的采购合同就属于这一类合同。

（二）供电（水、气、热力）合同

在建筑工程中，本合同适用于电（水、气、热力）的供应活动。按合同规定，供电（水、气、热力）人向用电（水、气、热力）人供电（水、气、热力），用电（水、气、热力）人支付相应的费用。

（三）赠与合同

本合同是财产的赠与人与受赠人之间签订的合同。赠与人将自己的财产无偿地赠与受赠人，受赠人表示接受赠与。

（四）借款合同

本合同是借款人与贷款人之间因资金的借贷而签订的合同。借款人向贷款人借款，到期返还借款并支付利息。

（五）租赁合同

本合同是出租人与承租人之间因租赁业务而签订的合同。出租人将租赁物交承租人使用、收益，承租人支付租金，并按期交还租赁物。在建筑工程中常见的有周转材料和施工设备的租赁。

（六）融资租赁合同

融资租赁是一种特殊的租赁形式。出租人根据承租人对设备出卖人、租赁物的选择，向出卖人购买租赁物，再提供给承租人使用，承租人支付相应的租金。

（七）承揽合同

本合同是承揽人与定做人之间就承揽工作签订的合同。承揽人按定做人的要求完成工作，交付工作成果，定做人支付相应的报酬。承揽工作包括：加工、定做、维修、测试、检验等。

（八）建设工程合同

本合同是发包人与承包人之间签订的合同，包括建设工程勘察设计、施工合同。

（九）运输合同

本合同是承运人将旅客或货物从起运地点运输到约定的地点，旅客、托运人或收货人支付票款或运输费的合同。运输合同的种类很多，按运输对象不同，可分为旅客运输合同和货物运输合同；按运输方式的不同，可分为公路运输合同、水上运输合同、铁路运输合同、航空运输合同；按同一合同中承运人的数目，可分为单一运输合同和联合运输合同等。

（十）技术合同

本合同是当事人就技术开发、转让、咨询或服务订立的合同。它又可分为技术开发合同、技术转让合同和技术服务合同。

（十一）保管合同

本合同是在保管人和寄存人之间签订的合同。保管人保管寄存人交付的保管物，并返还该保管物。而保管的行为可能是有偿的，也可能是无偿的。

（十二）仓储合同

本合同是一种特殊的保管合同，保管人储存存货人交付的仓储物，存货人支付仓储费。

（十三）委托合同

本合同是委托人和受托人之间签订的合同。受托人接受委托人的委托，处理委托人的事务。

（十四）行纪合同

本合同是委托人和行纪人就行纪事务签订的合同。行纪人以自己的名义为委托人从事贸易活动（一般为购销、寄售等），委托人支付报酬。

（十五）居间合同

本合同是就订立合同的媒介服务及相关事务签订的合同。合同主体是委托人和居间人。居间人向委托人报告订立合同的机会或提供订立合同的媒介服务，委托人支付报酬。

上述合同在我国的合同法中被称为列名合同。

二、合同的法律特征

合同的种类很多，根据合同的法律特征，可以把合同分为以下几类。

（一）诺成性合同与实践性合同

根据合同成立是否以交付标的物为要件，合同可分为诺成性合同与实践性合同。诺成性合同，是指当事人意思表示一致即可成立的合同。例如，买卖合同是典型的诺成性合同，双方当事人就合同的主要条款达成一致协议，合同就成立。凡需要实际交付标的物才能成立的合同，为实践性合同。例如借用合同就是实践性合同，只有在出借人将借用物交付借用人时，合同才成立。

区分诺成性合同和实践性合同的法律意义在于：诺成性合同和实践性合同的成立和生效时间不同，诺成性合同自当事各方就合同条款达成一致协议时成立和生效，而实践性合同在一方当事人未交付标的物时，合同不能成立和生效。

（二）要式合同与不要式合同

根据合同的成立是否需要特定的形式，合同可分为要式合同与不要式合同。要式合同是指合同必须采用特定形式的合同。不要式合同没有特别规定，当事人也没有特别约定需要特定形式的合同。

区分要式合同和不要式合同的法律意义在于：例如属要式合同，则合同缺乏形式要件就不能成立和生效，而不要式合同，当事人可采用任何形式，合同形式不影响合同的成立和效力。

（三）单务合同与双务合同

根据合同当事人双方权利、义务的分担方式，合同可分为单务合同和双务合同。双务合同是指合同当事人双方相互享有权利，相互负有义务的合同。例如，典型的双务合同买卖合同中，出卖方负有将出卖的财产交付给买受方所有的义务，同时享有请求买受方给附价款的权利；买受方负有向出卖方交付价款的义务，同时享有要求出卖方交付出卖的财产归其所有的权利。单务合同，是指合同当事人一方只负担义务而不享受权利，另一方只享受权利而不负担义务的合同。例如，赠与合同，赠与人只有将赠与物交付受赠人的义务，对受赠人不享有任何权利，而受赠人只享有接受赠与物的权利，对赠与人不承担任何义务。

（四）有偿合同与无偿合同

根据当事人取得权利有无代价，可将合同分为有偿合同和无偿合同。有偿合同是指双方当事人一方须给予他方相应的利益才能取得自己利益的合同。例如，在买卖合同中，买方必须支付价款才能取得货物，卖方必须给付货物才能取得价款，双方都得偿付代价。无偿合同是指一方取得他方利益而自己不给予相应利益付出相应代价的合同，如赠与、借用等。有些合同可以是有偿的，也可以是无偿的，如委托合同、保管合同等。

（五）有名合同与无名合同

根据法律上有无规定一定的名称，合同可分为有名合同和无名合同。有名合同是指法律上已确定了一定名称的合同。我国《合同法》规定的有名合同有买卖合同，供用电、水、气、热力合同，赠与合同，供款合同，租赁合同，融资租赁合同，承揽合同，建设工程合同，运输合同，技术合同，保管合同，仓储合同，委托合同，行纪合同，居间合同等。无名合同是指有名合同以外的、尚未由立法统一确定名称的合同。无名合同如经法律确认或在形成统一的交易习惯后，可以转化为有名合同。

区分有名合同和无名合同的法律意义主要在于，处理这两类合同纠纷所适用的规则不同。对于有名合同，应直接适用有关该类合同的法律规则。对于无名合同纠纷，则应当比照类似的有名合同的规则，或根据《合同法》和《民法》的一般规定和原则进行处理。

（六）主合同与从合同

根据两个合同间的主从关系，合同可分为主合同和从合同。主合同是指不依赖他合同而能独立存在的合同；从合同是指以他合同的存在为存在前提的合同。例如，为担保借款合订立抵押合同，借款合同为主合同，抵押合同为从合同。主合同不存在，从合同也不能存在；主合同消灭，从合同也随之消灭。

（七）一时的合同与继续性合同

有的学者以时间因素在合同履行中所处的地位为标准，将合同分为一时的合同与继续性合同。所谓一时的合同指一次给付合同内容就实现的合同。买卖、赠与、承揽等合同都是一时的合同。一时的合同可分为一次给付的合同和分期给付的合同。一次给付的合同是纯粹的一次履行完毕合同内容即实现。如买卖合同中一次给付之后，标的物的所有权转移到买受人处。分期给付合同是把债务人的给付义务划分为几部分，按月或按年给付。继续性合同是指合同内容不是一次给付即可完结，而是继续地实现的合同。租赁合同、借用合同、保管合同、仓储合同都是继续性的合同。

区分一时的合同与继续性合同的法律意义在于两者的解除效力不同。继续性合同解除后一般无法返还原物，恢复原状，因此其解除不具有溯及既往的效力；而一时的合同，其接触可以有溯及既往的效力。

第二节 合同法基本原则

《合同法》的基本原则是合同当事人在合同的签订、执行、解释和争执的解决过程中应当遵守的基本准则，也是人民法院、仲裁机构在审理、仲裁合同纠纷时应当遵循的原则。《合同法》关于合同订立、效力、履行、违约责任等内容，都是根据这些基本原则规定的。

一、自愿原则

自愿原则是《合同法》重要的基本原则，也是市场经济的基本原则之一，也是一般国家的法律准则。自愿原则体现了签订合同作为民事活动的基本特征。它表现为：第一，合同当事人之间的关系，《合同法》规定，"合同当事人的法律地位平等，一方不得将自己的意志强加给另一方"；第二，合同当事人与其他人之间的关系，《合同法》规定，"当事人依法享有自愿订立合同的权利，任何单位和个人不得非法干预"。在市场经济中，合同双方各自对自己的行为负责，享受法律赋予的平等权利，自主地签订合同，不允许他人干预合法合同的签订和实施。

平等是自愿的前提。在合同关系中无论当事人具有什么身份，相互之间的法律地位是平等的，没有高低从属之分。

自愿原则贯穿于合同全过程，在不违反法律、行政法规、社会公德的情况下其内容如下：

（1）当事人依法享有自愿签订合同的权力。合同签订前，当事人通过充分协商，自由表达意见，自愿决定和调整相互权利义务关系，取得一致而达成协议。不容许任何一方违背对方意志，以大欺小，以强凌弱，将自己的意见强加于人，或通过胁迫、欺诈手段签订合同。

（2）在订立合同时，当事人有权选择对方当事人。

（3）合同自由构成。合同的形式、内容、范围由双方在不违法的情况下自愿商定。

（4）在合同履行过程中，当事人可以通过协商修改、变更、补充合同内容。双方也可以通过协议解除合同。

（5）双方可以约定违约责任。在发生争议时，当事人可以自愿选择解决争议的方式。

二、合同的法律原则

签订和执行合同绝不仅仅是当事人之间的事情，它可能涉及社会公共利益和社会经济秩序。因此，遵守法律、行政法规，不得损害社会公共利益是合同法的重要原则。

（一）合同的法律原则的概念

合同都是在一定的法律背景条件下签订和实施的，合同的签订和实施必须符合合同的法律原则，具体体现如下：

（1）合同不能违反法律，不能与法律相抵触，否则合同无效，这是对合同有效性的控制。对此，合同法规定："当事人订立、履行合同，应当遵守法律、行政法规，尊重社会公德，不得扰乱社会经济秩序，损害社会公共利益。"

合同自由原则受合同法律原则的限制，工程实施和合同管理必须在法律所限定的范围内进行。超越这个范围，触犯法律，会导致合同无效，经济活动失败，甚至会带来承担法律责任的后果。

（2）签订合同的当事人在法律上处于平等地位，平等享有权利和义务。

（3）法律保护合法合同的签订和实施。签订合同是一个法律行为，依法签订的合同，对当事人具有法律约束力，合同以及双方的权益受法律保护。

合同的法律原则对促进合同圆满地履行，保护合同当事人的合法权益有重要意义。

（二）合同法

在我国，《合同法》是适用于合同的最重要的法律。对于《合同法》中的规定可以分为三类：

（1）强制性的规定，是必须履行的。如果违反了，国家就要主动干预，比如有关无效合同的规定。

（2）倡导性的规定。合同法根据自愿原则，大部分条文是倡导性的，由当事人双方约定。当事人的约定只要不违犯法律、行政法规强制性规定的，国家不予干预。

（3）选择权的规定。当事人有选择权力，如可撤销合同、法定解除、抗辩权、代位权、撤销权等。当事人有权依法提请法院审理或裁决。

在《合同法》中，总则的规定对所有合同，包括列名合同和无名合同都适用。分则是关于一些具体的列名合同的比较详细的规定。对于分则，如果其他法律对相关合同另有专门的规定，则按照该法律的规定执行。

（三）其他法律

除《合同法》外，还有其他法律，如民法、民事诉讼法、环境保护法、商标法、专利法、著作权法、保险法、担保法等法律，对有关合同的特殊性问题作了具体的规定；而海商法、铁路法、航空法对海上运输、铁路运输、航空运输等合同专门作了规定。它们都作为适用于合同关系的法律的组成部分。

（四）涉外合同法律问题

《合同法》对涉外合同适用法律问题，有如下规定：

（1）我国缔结或参加的国际条约，如果同我国的民事法律有不同规定，则适用国际条约的规定，但我国声明保留的条款除外。如果我国法律或我国缔结或参加的国际条约没有规定，可以适用国际惯例。

（2）涉外合同的当事人可以选择处理合同争议所适用的法律，但我国法律另有规定的除外。如在我国境内履行的中外合资经营企业合同、中外合作经营企业合同、中外合作勘探开发自然资源合同等必须适用我国法律。如果涉外合同的当事人没有就合同适用的法律做出选择，则适用与合同有密切联系的国家的法律。

三、诚实信用原则

《合同法》规定，"当事人行使权力、履行义务应当遵循诚实信用原则"。诚实信用原则是社会公德的体现，符合商业道德的要求。

合同是在双方诚实信用基础上签订的，合同目标的实现必须依靠合同相关各方真诚的合作。如果双方都缺乏诚实信用，或在合同签订和实施中出现"信任危机"，则合同不可能顺利实施。诚实信用原则具体体现在合同的签订、履行以及终止后的全过程中。

（1）订立合同。应当遵循公平原则确定双方的权利和义务，心怀善意，不得欺诈，不得有假借订立合同恶意进行磋商或其他违背诚实信用的行为。

1）签约时双方应互相了解，任何一方应尽力让对方正确地了解自己的要求、意图、情况。合同各方对自己的合作伙伴、对合作、对工程的总目标充满信心。这样可以从总体上减少双方心理上的互相提防和由此产生的不必要的互相制约措施和障碍。

2）真实地提供信息，对所提供信息的正确性承担责任，任何一方有权相信对方提供的信息。业主应尽可能地提供详细的工程资料、工程地质条件信息，并尽可能详细地解答承包商的问题。为承包商的报价提供条件；承包商应提供真实可靠的资格预审文件、各种报价文件、实施方案、技术组织措施文件。合同是双方真实意思的表达。

3）不欺诈，不误导。双方为了合同的目的进行真诚地合作，正确地理解合同。承包商明白业主的意图和自己的工程责任，按照自己的实际能力和情况正确报价，不盲目压价。

（2）履行合同义务。当事人应当遵循诚实信用的原则相互协作，不能有欺诈行为。根据合同的性质、目的和交易习惯，履行通知、协助、提供必要的条件、防止损失扩大、保护对方利益、保密等义务。在工程施工中，承包商正确全面地完成合同责任，积极施工，遇到干扰应尽力避免业主损失，防止损失的扩大；工程师正确、公正地解释和履行合同，不得滥用权力。

（3）合同终止。当事人还应当遵循诚实信用的原则，根据交易习惯继续履行通知、协助、保密等义务。这些被称为后契约义务。

（4）合同没有约定或约定不明确。可以根据公平和诚实信用原则进行解释。法院、仲裁机构在审理、仲裁案件时，可以根据这个原则作出裁决。

在现代国际工程中，人们越来越强调双方利益的一致性和双方的合作，强调双方的共同点。而诚实信用是达到这种境界的桥梁，是双方合作的基础。但在实际工程中，如果出现违反诚实信用原则的欺诈行为，可以提出索赔，甚至提出仲裁，直至诉讼。

四、公平原则

《合同法》规定"当事人应当遵循公平原则确定各方的权利和义务"，公平是民事活动应当遵循的基本原则。合同调节双方民事关系，应不偏不倚，公平地维持合同双方的关系。将公平作为合同当事人的行为准则，有利于防止当事人滥用权力，保护和平衡合同当事人的合法权益，使之能更好地履行合同义务，实现合同目的。公平原则体现在如下几个方面：

（1）根据公平原则确定合同双方的责权利关系和违约责任，合理地分担合同风险。

（2）在合同执行中，对合同双方公平地解释合同，统一地使用合同和法律尺度来约束合同双方。

（3）在合同法中，为了维护公平、保护弱者，对合同当事人一方提供的格式条款从三个方面予以限制：

1）提供格式条款的一方有提示、说明的义务，应当采取合理的方式提请对方注意免除或者限制其责任的条款，并按照对方的要求，对该条款予以说明。

2）提供格式的一方免除自己的主要责任、排除对方主要权利的条款无效。

3）对格式条款有两种以上解释的，应当做出不利于提供格式条款一方的解释。

4）当合同没有约定或约定不明确时，可以根据公平、诚实信用原则进行解释。

五、鼓励交易原则

只有确定鼓励交易原则，才能使民事主体积极主动地寻求自身的最大利益，使保护当事人的合同权益落到实处。《合同法》虽然没有明文规定该原则，但是从该法的立法目的和价值取向上进行分析可以得出这一结论。鼓励交易中的"交易"应指合法有效的交易，对那些不合法的交易，除了依照法律的规定认定为无效或者被撤销外，过错方还将承担一定的法律责任。鼓励交易原则在《合同法》中主要表现在以下几个方面：

（1）缩小了无效合同的范围，主要限制在违反法律、行政法规的强制性规定和损害社会公共利益的几种情况内，对于一方以欺诈、胁迫的手段或者乘人之危，使对方在违背真实意思的情况下订立的合同允许变更或者撤销；

（2）在可变更、撤销合同制度中，倡导变更而非撤销；

（3）严格限制合同解除的条件；

（4）对无名合同采取宽容的态度。

第三节 合同的形式和主要内容

一、合同的形式

（1）口头合同。在日常的商品交换，如买卖、交易关系中，口头形式的合同被人们普遍地、广泛地应用。其优点是简便、迅速、易行；缺点是一旦发生争议就难以查证，对合同的履行难以形成法律约束力。因此，口头合同要建立在双方相互信任的基础上，适用于不太复杂、不易产生争执的经济活动。

在当前，运用现代化通信工具，如电话订货等，作为一种口头要约，也是被承认的。

（2）书面合同。书面合同是用文字书面表达的合同。对于数量较大、内容比较复杂以及容易产生争执的经济活动必须采用书面形式的合同。书面形式的合同有如下优点：

1）有利于合同形式和内容的规范化。

2）有利于合同管理规范化，便于检查、管理和监督，有利于双方依约执行。

3）有利于合同的执行和争执的解决，举证方便，有凭有据。

4）有利于更有效地保护合同双方当事人的权益。

书面形式的合同由当事人经过协商达成一致后签署。如果委托他人代签，代签人必须事先取得委托书作为合同附件，证明具有法律代表资格。

书面形式可以是合同书、信件或数据电文（如电传、传真、电子数据交换、电子邮件等）。书面合同是最常用、也是最重要的合同形式，人们通常所指的合同就是这一类。

（3）默示合同。默示合同一般是以具体的行为来表示或者按照交易习惯等，不需要明示便成立的合同。如租赁合同到期，承租人继续使用租赁物，出租人没有提出异议，此即为默示合同，租赁期限为不定期。

二、合同的内容

合同的内容由合同双方当事人约定。不同种类的合同其内容不一，简繁程度差别很大。签订一个完备周全的合同，是实现合同目的、维护自己合法权益、减少合同争执的最基本的要求。合同通常包括如下几方面内容：

1. 合同当事人

合同当事人指签订合同的各方，是合同的权利和义务的主体。当事人是平等主体的自然人、法人或其他经济组织。但对于具体种类的合同，当事人还应当具有相应的民事权利能力和民事行为能力，如签订建设工程承包合同的承包商，不仅需要工程承包企业的营业执照（民事权利能力），而且还应有与该工程的专业类别、规模相应的资质许可证（民事行为能力）。

《合同法》适用的是平等民事主体的当事人之间签订的合同。在如下情况下有时虽也签订合同，但这些合同不适用合同法：

（1）政府依法维护经济秩序的管理活动，属于行政关系。

（2）法人、其他组织内部的管理活动，如工厂车间内的生产责任制，属于管理与被管理之间的关系。

（3）收养等有关身份关系的协议，合同法规定"婚姻、收养、监护等有关身份、关系的协议，适用其他法律的规定"。

在日常的经济活动中，许多合同是由当事人委托代理人签订的。这里合同当事人被称为被代理人。代理人在代理权限内，以被代理人的名义签订合同。被代理人对代理人的行为承担相关民事责任。

2. 合同标的

合同标的是当事人双方的权利、义务共指的对象。它可能是实物（如生产资料、生活资料、动产、不动产等），行为（如工程承包、委托），服务性工作（如劳务、加工），智力成果（如专利、商标、专有技术）等。如工程承包合同，其标的是完成工程项目，标的是合同必须具备的条款。无标的或标的不明确，合同是不能成立的，也无法履行。合同标的是合同最本质的特征，通常合同是按照标的物分类的。

3. 标的数量和质量

标的数量和质量共同定义标的具体特征。标的数量一般以度量衡作为计算单位，以数字作为衡量标的尺度；标的质量是指质量标准、功能、技术要求、服务条件等。没有标的数量和质量的定义，合同是无法生效和履行的，发生纠纷也不易分清责任。

4. 合同价款或酬金

即取得标的（物品、劳务或服务）的一方给对方支付的代价，作为对方完成合同义务的补偿。合同中应写明价款数量、付款方式、结算程序。

5. 合同期限、履行地点和方式

合同期限指履行合同的期限，即从合同生效到合同结束的时间。履行地点指合同标的物所在地，如以承包工程为标的合同，其履行地点是工程计划文件所规定的工程所在地。

由于一切经济活动都是在一定的时间和空间上进行的，离开具体的时间和空间，经济活动是没有意义的，所以合同中应非常具体地规定合同期限和履行地点。

6. 违约责任

即合同一方或双方因过失不能履行或不能完全履行合同责任而侵犯了另一方权利时所应负的责任。违约责任是合同的关键条款之一。没有规定违约责任，则合同双方难以形成法律约束力，难以确保圆满地履行，发生争执也难以解决。

7. 解决争执的方法

在合同的履行过程中发生争执是难免的，一般以平等协商作为主要解决方法，只有在协商未果的情况下才考虑仲裁或诉讼。当前在大型建设项目中流行一种合同争议评审组的做法，实践中取得了比较好的效果。

以上是一般合同必须具备的条款，不同类型的合同按需要还可以增加许多其他内容。

第四节　合同的签订过程

合同的签订过程也就是合同的形成过程和协商过程。订立合同的具体方式多种多样，有的是通过口头或者书面往来协商谈判，有的采取拍卖、招标投标等方式。但不管采取什么具体方式，都必然经过两个步骤，即要约和承诺。《合同法》规定："当事人订立合同，采取要约、承诺方式。"

一、要约

要约在经济活动中又被称为发盘、出盘、发价、出价、报价等。

（1）要约是当事人一方向另一方提出订立合同的愿望。提出订立合同建议的当事人被称为"要约人"，接受要约的一方被称为"受要约人"。要约的内容必须具体明确，表明只要经受要约人承诺，要约人即接受要约的法律约束力。招标投标活动中投标文件属于要约。

（2）要约人提出要约是一种法律行为。它在到达受要约人时生效。要约生效后，在要约的有效期内，要约人不得随便反悔（撤回）。

（3）要约人可以撤回要约。要约人发出的撤回要约的通知应当在要约到达受要约人之前，或与要约同时到达受要约人。

（4）要约人还可以撤销要约。要约人撤销要约的通知应当在受要约人发出承诺通知前到达受要约人。

但《合同法》对撤销要约是严格加以限制的，因为这会直接影响到受要约人的利益。在下列情况下，要约不能撤销：

1）要约人规定了承诺期限或者有其他形式明示要约不可撤销。

2）受要约人有理由认为要约是不可撤销的，并已经为合同的履行作了准备工作，如果要约撤销，受要约人就会受到损失。如受要约人收到要约后可能拒绝了其他人的同种要约；或受要约人收到要约后，可能为承诺做了准备工作，如为付款而向银行贷款，或者为准备接受来货而租赁了仓库等。

（5）在如下情况下要约无效：

1）拒绝要约的通知到达要约人。

2）要约人依法撤销要约。

3）在承诺期限内，受要约人未做出承诺。

4）受要约人对要约的内容做出实质性变更。

有时当事人一方希望他人向自己发出要约，如发布拍卖公告、寄送价目表、发布招标公告和招标文件、做商业广告等，这些为要约邀请。

二、承诺

（1）承诺即接受要约，是受要约人同意要约的意思表示，受要约人又被称为"承诺人"。承诺也是一种法律行为，"要约"一经"承诺"，就被认为当事人双方已协商一致，达成协议，合同即告成立。承诺有两个条件：

1）承诺人按照要约所指定的方式，无条件地完全同意要约（或新要约）的内容。如果受要约人对要约的内容作了实质性变更，则要约失效。

2）承诺应在要约规定的期限内到达要约人，并符合要约所规定的其他各种要求。

（2）承诺一般以通知的方式做出，承诺通知到达要约人时承诺生效，承诺生效时合同成立。承诺期限的起算：

1）如果要约确定承诺期限，则应在这个确定的期限内做出承诺；如果没有确定期限，以对话方式做出的，应当即时做出承诺；要约以非对话方式做出的，应当在合理期限内做出承诺。所谓合理期限，就是要考虑给予承诺人以必要的时间。

2）要约以信件或电报做出的，则承诺期限从信件载明的日期，或电报交发的日期起算；信件未载明日期的，则以投寄该信件的邮戳日期起算。

3）要约以电话、传真等快速通信方式做出，承诺期限自要约到达受要约人时开始计算。

（3）承诺可以撤回。承诺人撤回承诺的通知应在承诺通知到达要约人之前，或与承诺通知同时到达要约人。

（4）新要约。如果受要约人要求对要约的内容做出实质性变更（例如修改合同标的、数量、质量、合同价款、履行期限、履行地点和方式、违约责任和争执解决方法等），或超过规定的承诺期限才做出承诺，而只能作为受要约人提出的"新要约"。只有当要约人接受了这个新要约才算达成协议，合同以新要约的内容为准。

通常在合同的酝酿过程中，当事人双方对合同条款要反复磋商，经多轮会谈，在其中会产生许多次"新要约"，最终才达成一致，签订合同。

（5）承诺生效的地点为合同成立的地点。如果当事人以合同书的形式签订合同，则双方当事人签字或盖章的地点为合同成立的地点。

第五节　合同的法律效力

一、有效合同

合同的有效条件是合同的法定条件，只有有效的合同才受到法律保护。有效合同需要具备一定的条件。

（一）有效合同的条件

签订合同作为一个民事法律行为，按照民法通则规定，合法的合同应当具备三个条件。

（1）签订合同的当事人应具有相应的民事权力能力和民事行为能力，也就是主体要合法。在签订合同之前，要注意并审查对方当事人是否真正具有签订该合同的法定权力和行为能力，是否受委托以及委托代理的事项、权限等。

（2）意思表示真实。也就是说合同当事人订立合同是真正自愿的，不是被强加的，不是在违背真实意思的情况下订立的。

（3）合同的内容、合同所确定的经济活动必须合法，必须符合国家的法律、法规和政策要求，不得损害国家和社会公共利益。

（二）特殊情况

《合同法》规定，依法成立的合同，自成立时生效。但也有两种特殊的情况。

（1）按照法律或行政法规规定，有些合同应当在办理批准、登记等手续后生效。如担保法规定，以土地使用权、城市房地产等抵押的，应当办理抵押物登记，抵押合同自登记之日起生效。

（2）当事人对合同的效力可以约定附条件或者附期限，那么自条件成立或者期限届至时生效。

二、无效合同

（一）无效合同的确认

《合同法》规定，有下列情形之一的，合同无效。

（1）一方以欺诈、胁迫的手段订立合同，损害国家利益。

（2）恶意串通，损害国家、集体或者第三人利益。

（3）以合法形式掩盖非法目的。

（4）损害社会公共利益。

（5）违反法律、行政法规的强制性规定。

无效合同的确认权归合同管理机关和人民法院。

（二）无效合同的处理

（1）无效合同自合同签订时就没有法律约束力。

（2）合同无效分为整个合同无效和部分无效。如果合同部分无效的，不影响其他部分的法律效力。

（3）合同无效，不影响合同中独立存在的有关解决争议条款的效力。

（4）因该合同取得的财产，应予返还，有过错的一方应当赔偿对方因此所受到的损失。

三、可撤销合同

《合同法》规定合同可撤销制度，是为了体现和维护公平和自愿的原则，给当事人一种补救的机会。

（一）可变更或可撤销合同的条件

（1）当事人对合同的内容存在重大误解。

（2）在订立合同时显失公平。

（3）一方以欺诈、胁迫的手段或者乘人之危，使对方在违背真实意思的情况下订立合同。

对可撤销合同，只有受损害方才有权提出变更或撤销。有过错的一方不仅不能提出变更或撤销，而且还要赔偿对方因此所受到的损失。

（二）可撤销合同与无效合同的区别

（1）可撤销合同必须由当事人提出变更还是撤销，当事人可以自由选择。

（2）提出的当事人有举证责任。请求人要提出存在的重大误解，或显失公平，或对方在签订合同时采取的欺诈、胁迫手段，或者乘人之危的证据。

（3）可撤销合同必须由人民法院或者仲裁机构做出裁决。做出裁决之前该合同还是有效的。如果裁决决定对合同内容予以更改，则按裁决履行；如果裁决该合同被撤销，那么它从签订时开始就没有法律约束力。

（4）撤销权的行使有一定的期限。具有撤销权的当事人从知道撤销事由之日起一年内没有行使撤销权，或者知道撤销事件后明确表示，或者以自己的行为表示放弃撤销权，则撤销权消灭。

四、合同效力待定

某些合同和合同某些方面不符合合同的有效要件，但又不属于无效合同或可撤销合同，则不要随便宣布无效或撤销，应当采取补救措施，有条件的应尽量促使其成为有效合同。合同效力待定主要有以下几种情况：

（1）签订合同的主体有问题。如合同的一个当事人属于限制民事行为能力人，在这种情况下，合同的另外当事人可以催告前者的法定代理人在一个月内予以追认。如果该法定代理人做出追认，则该合同有效；否则合同不发生效力。

在代理过程中，如果发生以下情况，其签订的合同效力待定：

1）行为人没有代理权。

2）合同超过代理范围。

3）原来有代理权，在代理权终止后还以被代理人的名义签订合同。

发生以上情况时，相对人可以催告被代理人在一个月内予以追认。如果被代理人追认，则该合同对被代理人有效；否则，对被代理人不发生效力，而由行为人承担责任。

（2）合同的客体有问题。如对某项财产无处分权的人与他人订立合同处分该项财产，或者未经其他共有人同意处分共有财产（如合伙财产或联营财产）。如果经该财产的权力人追认或者无处分权人在订立合同后取得相应的处分权，则该合同有效；如果没有经过追认，则该合同作为无效合同，或视为撤销合同处理。

第六节　合同的履行、变更和终止

一、合同的法律约束力

签订合同是双方的法律行为。合同一经签订，只要它合法、有效，即具有法律约束力，受到法律保护。按照我国的合同法，合同的法律约束力具体体现在如下几方面：

（1）合同一经签订，对双方都有约束力。当事人双方必须依照合同的约定履行自己的义务，除了按照法律规定或者取得对方同意，不得擅自变更或者解除。如果需要修改或解除合同，仍须按合同签订的原则，双方协商同意。任何人无权单方面修改或撤销合同。

（2）合同签订后，如果一方违约，不履行合同义务或者履行合同义务不符合约定，致使对方受到损害，违约方应承担经济损失的赔偿责任。但因不可抗力因素、法律和法规变更导致合同不能履行或不能正确履行，可依法免除责任。

（3）合同当事人之间发生合同争执，首先通过协商解决。若不能通过协商达成一致，任何一方均可向国家规定的合同管理机关申请调解或仲裁，也可以向人民法院起诉，用法律手段保护自己的权益。法院依法维护当事人双方的合同权利。

（4）在当事人一方违约、承担赔偿责任时，如果对方要求继续履行合同，则合同仍有法律约束力，双方必须继续履行合同责任。

（5）合同受法律保护，合同以外的任何法人和自然人都负有不得妨碍和破坏合同签订和实施的义务。

二、合同的履行

（一）合同履行的基本原则

当事人订立合同，是为了实现一定的目的。这个目的只有通过全面履行合同所确定的权利、义务来实现，所以合同的履行是关键。履行合同应当遵守以下原则：

（1）全面、适当履行原则。当事人应当按照约定全面履行自己的义务，包括按约定的主体、标的、数量、质量、价款或报酬、方式、地点、期限等全面履行义务。

（2）遵守诚实信用原则。合同法规定，当事人应当遵循诚实信用原则，根据合同的性质、目的和交易习惯履行通知、协助、保密等义务。

（3）公平合理，促使合同履行。为了合同能够很好履行，在签订合同时要尽量想得周到，订得具体。如果签订合同时对有些问题没有约定，或约定得不明确，应当加以补救，不要因此而妨碍合同的履行。

（4）不得擅自变更。在合同履行过程中，为了保障合同的严肃性，一方当事人不得擅自变更或者擅自将权利义务转让。如果发生需要变更或需要转让的情况，应根据自愿的原则，取得对方当事人同意，并且不得违背法律、行政法规强制性的规定。

（5）合同生效后，当事人不得因姓名、名称的变更，或法定代表人、负责人、承办人的变动而不承担合同义务。

（二）合同履行的保护措施

为了保证合同的履行，保护当事人的合法权益，维护社会经济秩序，促使责任和权力能够实现，防范合同欺诈，在合同履行过程中，需要通过一定的法律手段使受损害一方的当事人能维护自己的合法权益。为此，《合同法》专门规定了当事人的抗辩权和保全措施。

1. 抗辩权

对于双务合同，合同各方当事人既享有权利也负有义务。当事人应当按照合同的约定履行义务，如果不履行义务或者履行义务不符合约定，债权人有权要求对方履行。所谓抗辩权，就是指一方当事人有依法对抗对方要求或否认对方权力主张的权力。合同法规定了同时履行抗辩权和不安抗辩权。

（1）同时履行抗辩权。若当事人互负债务，应当同时履行，一方在对方履行债务之前，或在对方履行债务不符合约定时，有权拒绝其相应的履行要求。有先后履行顺序的，若先履行一方未履行，后履行一方有权拒绝其履行要求。如合同约定同时交货和支付价款，如果一方没有按时交货，相对方有权拒绝对方要其支付价款的要求。这样可以防止付款后收不到货的情况。

（2）不安抗辩权。当事人互负债务，合同约定有先后履行顺序的，先履行债务的当事人应当先履行。但是，如果应当先履行债务的当事人有确切证据证明对方有丧失或者可能丧失履行债务能力的情形时，可以中止履行。规定不安抗辩权是为了保护当事人的合法权益，防止借合同进行欺诈，也可以促使对方履行义务。

但是对不安抗辩权要严格加以限制，决不能滥用，否则要承担违约责任。《合同法》规定，应当先履行债务的当事人，有确切证据证明对方有下列情形之一的，可以终止履行：

1）经营状况严重恶化。

2）转移财产、抽逃资金以逃避债务。

3）丧失商业信誉。

4）有丧失或者可能丧失履行债务能力的其他情形。

从这里可以看出，只有在对方丧失或者可能丧失履行债务能力，也就是根本性违约时，才能行使不安抗辩权，而且要有确切证据。《合同法》规定，当事人行使不安抗辩权中止履行的，应按一定的程序及时通知对方。如果对方提供适当担保时，应当恢复履行。若当事人没有确切证据而终止合同的履行，应当承担违约责任。

2．保全措施

为了防止债务人的财产不适当减少而给债权人带来危害，《合同法》允许债权人为保全其债权的实现采取保全措施。保全措施包括代位权和撤销权两种。

（1）代位权。因债务人怠于行使其已到期的对第三方的债权，对债权人造成损害，债权人可以向人民法院请求以自己的名义代位行使债务人的债权。例如，甲与乙订有货物买卖合同，甲交付了货物，乙应该向甲支付货款。另一方面，丙同乙借款，丙应向乙返还本金和利息。如果丙不还乙的借款，就可能影响到乙向甲支付货款，形成三角债。如果乙怠于向丙追索到期的借款，造成无法向甲支付货款，对甲造成损害。在这种情况下，甲可以请求人民法院以甲的名义向丙行使债权。本来在乙和丙的借款合同中，乙是债权人，只有乙才能向丙行使债权，甲向丙行使债权称为代位权。当然，代位权的行使范围以债权人的债权为限，债权人行使代位权的必要费用由债务人负担。

（2）撤销权。因债务人放弃其到期债权或者无偿转让财产，或者债务人以明显不合理的低价转让财产，对债权人造成损害，并且受让人也知道该情形，债权人可以请求人民法院撤销债务人的行为。如乙欠甲钱无力偿还，但乙还有其他财产，如汽车、房产等，本来可以用这些财产抵债，但乙将这些财产以明显不合理的低价卖给丙或者无偿送给丙，丙也知道这情况，那么甲可以请求人民法院撤销乙的行为。

（三）合同履行中的解释

（1）在合同的执行过程中，如果当事人对合同条款的解释有争议，《合同法》规定，应当按照合同所使用的词句、合同的有关条款、合同的目的、交易习惯以及诚实信用的原则，确定该条款的真实意思。

（2）如果合同文本采用两种以上的文字订立，并约定具有同等效力，当各文本使用的词句不一致时，应当根据合同的目的予以解释。

（3）当合同中对有些内容没有约定或约定不明时，双方可以订立补充协议确定。如果不能达成补充协议，根据公平合理的原则，按照如下规定执行：

1）若质量要求不明确，则按照国家标准、行业标准履行；若没有国家标准或行业标准，则按照通常标准或者符合合同目的的特定标准履行。

2）若合同对价款或者报酬规定不明，则应按照订立合同时履行地的市场价格履行；若依法应当执行政府定价或政府指导价，则应按照规定履行。如果合同规定执行政府定价或政府指导价，在合同执行中政府价格调整，则按照交付时的价格计价；若逾期交付标的物，又遇价格上涨，则按照原价格执行；若遇价格下降，则按照新价格执行；对逾期提取标的物或逾期付款的，则作相反的处理。这体现公平原则，保护无过错方。

3）对履行地点不明确的情况，如果合同规定给付货币的，则在接受货币一方所在地履行；如果合同规定交付不动产的，则在不动产所在地履行；对其他标的情况，在履行义务一方所在地履行。

4）若履行期限不明确，则债务人可以随时履行，债权人也可以随时要求履行，但应当给对方必要的准备时间。

5）若履行方式不明确，则按照有利于实现合同目的的方式履行。

6）若履行费用的负担不明确，则由履行义务一方负担。

（4）如果采用格式条款签订合同，在执行中对格式条款存在两种以上的解释，则以对提供格式条款一方不利的解释为准。

三、合同的变更和转让

（1）当事人双方协商一致，就可以变更合同。合同变更应符合合同签订的原则和程序。

（2）债权人可以将合同的权利全部或部分地转让给第三人，但如下情况除外：

1）根据合同的性质不得转让。

2）按照当事人的约定不得转让。

3）按照法律规定不得转让。

债权人转让权利应当通知债务人。未经通知，该转让对债务人不发生效力。

（3）合同当事人一方经对方同意，可以将自己的权利和义务转让给第三人。

（4）如果当事人一方发生合并或分立，则应由合并或分立后的当事人承担或分别承担履行合同的义务，并享有相应的权利。

四、合同的终止

合同终止是指合同当事人双方终止合同关系，合同确立的权利、义务消灭。合同终止的原因和情况各种各样，后果也不相同。《合同法》规定，在下列情形下合同终止：

1. 合同已按照约定履行

合同生效后，当事人双方按照约定履行自己的义务，实现了自己的全部权利，订立合同的目的已经实现，合同确立的权利义务关系消灭，合同因此而终止。

2. 合同解除

合同生效后，当事人一方不得擅自解除合同，但在履行过程中，有时会产生某些特定

第六条 当事人对垫资和垫资利息有约定，承包人请求按照约定返还垫资及其利息的，应予支持，但是约定的利息计算标准高于中国人民银行发布的同期同类贷款利率的部分除外。

当事人对垫资没有约定的，按照工程欠款处理。

当事人对垫资利息没有约定，承包人请求支付利息的，不予支持。

第七条 具有劳务作业法定资质的承包人与总承包人、分包人签订的劳务分包合同，当事人以转包建设工程违反法律规定为由请求确认无效的，不予支持。

二、发包人、承包人的合同解除权及合同解除的法律后果

第八条 承包人具有下列情形之一，发包人请求解除建设工程施工合同的，应予支持：

（一）明确表示或者以行为表明不履行合同主要义务的；

（二）合同约定的期限内没有完工，且在发包人催告的合理期限内仍未完工的；

（三）已经完成的建设工程质量不合格，并拒绝修复的；

（四）将承包的建设工程非法转包、违法分包的。

第九条 发包人具有下列情形之一，致使承包人无法施工，且在催告的合理期限内仍未履行相应义务，承包人请求解除建设工程施工合同的，应予支持：

（一）未按约定支付工程价款的；

（二）提供的主要建筑材料、建筑构配件和设备不符合强制性标准的；

（三）不履行合同约定的协助义务的。

第十条 建设工程施工合同解除后，已经完成的建设工程质量合格的，发包人应当按照约定支付相应的工程价款；已经完成的建设工程质量不合格的，参照本解释第三条规定处理。

因一方违约导致合同解除的，违约方应当赔偿因此而给对方造成的损失。

三、施工合同的质量纠纷

第十一条 因承包人的过错造成建设工程质量不符合约定，承包人拒绝修理、返工或者改建，发包人请求减少支付工程价款的，应予支持。

第十二条 发包人具有下列情形之一，造成建设工程质量缺陷，应当承担过错责任：

（一）提供的设计有缺陷；

（二）提供或者指定购买的建筑材料、建筑构配件、设备不符合强制性标准；

（三）直接指定分包人分包专业工程。

承包人有过错的，也应当承担相应的过错责任。

第十三条 建设工程未经竣工验收，发包人擅自使用后，又以使用部分质量不符合约定为由主张权利的，不予支持；但是承包人应当在建设工程的合理使用寿命内对地基基础工程和主体结构质量承担民事责任。

第十四条 当事人对建设工程实际竣工日期有争议的，按照以下情形分别处理：

（一）建设工程经竣工验收合格的，以竣工验收合格之日为竣工日期；

（二）承包人已经提交竣工验收报告，发包人拖延验收的，以承包人提交验收报告之日为竣工日期；

（三）建设工程未经竣工验收，发包人擅自使用的，以转移占有建设工程之日为竣工日期。

第十五条　建设工程竣工前，当事人对工程质量发生争议，工程质量经鉴定合格的，鉴定期间为顺延工期期间。

四、施工合同的结算纠纷

第十六条　当事人对建设工程的计价标准或者计价方法有约定的，按照约定结算工程价款。

因设计变更导致建设工程的工程量或者质量标准发生变化，当事人对该部分工程价款不能协商一致的，可以参照签订建设工程施工合同时当地建设行政主管部门发布的计价方法或者计价标准结算工程价款。

建设工程施工合同有效，但建设工程经竣工验收不合格的，工程价款结算参照本解释第三条规定处理。

第十七条　当事人对欠付工程价款利息计付标准有约定的，按照约定处理；没有约定的按照中国人民银行发布的同期同类贷款利率计息。

第十八条　利息从应付工程价款之日计付。当事人对付款时间没有约定或者约定不明的，下列时间视为应付款时间：

（一）建设工程已实际交付的，为交付之日；

（二）建设工程没有交付的，为提交竣工结算文件之日；

（三）建设工程未交付，工程价款也未结算的，为当事人起诉之日。

第十九条　当事人对工程量有争议的，按照施工过程中形成的签证等书面文件确认。承包人能够证明发包人同意其施工，但未能提供签证文件证明工程量发生的，可以按照当事人提供的其他证据确认实际发生的工程量。

第二十条　当事人约定，发包人收到竣工结算文件后，在约定期限内不予答复，视为认可竣工结算文件的，按照约定处理。承包人请求按照竣工结算文件结算工程价款的，应予支持。

第二十一条　当事人就同一建设工程另行订立的建设工程施工合同与经过备案的中标合同实质性内容不一致的，应当以备案的中标合同作为结算工程价款的根据。

第二十二条　当事人约定按照固定价结算工程价款，一方当事人请求对建设工程造价进行鉴定的，不予支持。

第二十三条　当事人对部分案件事实有争议的，仅对有争议的事实进行鉴定，但争议事实范围不能确定，或者双方当事人请求对全部事实鉴定的除外。

五、程序

第二十四条　建设工程施工合同纠纷以施工行为地为合同履行地。

第二十五条　因建设工程质量发生争议的，发包人可以以总承包人、分包人和实际施工人为共同被告提起诉讼。

第二十六条　实际施工人以转包人、违法分包人为被告起诉的，人民法院应当依法受理。

实际施工人以发包人为被告主张权利的，人民法院可以追加转包人或者违法分包人为本案当事人。发包人只在欠付工程价款范围内对实际施工人承担责任。

六、合同侵权

第二十七条　因保修人未及时履行保修义务，导致建筑物毁损或者造成人身、财产损害的，保修人应当承担赔偿责任。

保修人与建筑物所有人或者发包人对建筑物毁损均有过错的，各自承担相应的责任。

七、司法解释生效的时间，是否有溯及力以及法律冲突

第二十八条　本解释自二〇〇五年一月一日起施行。

施行后受理的第一审案件适用本解释。施行前最高人民法院发布的司法解释与本解释相抵触的，以本解释为准。

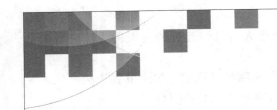

第十四章
招标投标概论

第一节 工程建筑市场

建筑市场也称为建设市场或建筑工程市场。

建筑市场反映社会生产和社会需求之间、建筑产品可供量和有支付能力的需求之间、建筑产品生产者和消费者之间、国民经济各部门之间的经济关系。对建筑市场可以从狭义和广义两方面来理解。狭义的建筑市场，是指以建筑产品为交换内容得场所；广义的建筑市场，则是指建筑产品供求关系的总和。广义的建筑市场包括有形市场和无形市场，包括与工程建设有关的建筑材料市场、建筑劳务市场、建筑资金市场、建筑技术市场等各种要素市场，为工程建设提供专业服务的中介组织体系，靠广告、通信、中介机构等媒介沟通买卖双方或通过招投标等多种方式成交的各种交易活动，还包括建筑商品生产过程及流通过程中的经济联系和经济关系。可以说，广义的建筑市场是工程建设生产和交易关系的总和。

一、工程建设的市场主体

建筑市场的三大主体是：发包人，包括政府部门、企事业单位、房地产开发公司和个人等；承包人，包括承担工程的勘察设计、施工任务的勘察院所、建筑企业等；中介机构，为建筑市场主体服务的各种房屋中介、咨询机构等。

（一）发包人

建筑市场的发包人是在建筑市场中承担发包工程建设的咨询、设计、施工监理任务，并最终得到建筑产品的所有权的政府部门、企事业单位和个人。可以是学校、医院、企事业单位，也可以是个人或自然人合伙。在我国的建筑市场中，一般称之为建设单位或甲方；在国际工程承包中通常称作业主。发包人在发包工程和组织工程建设时进入建筑市场，成为建筑市场的主体。

建设工程项目发包人由投资方代表组成，从建设项目的筹划、资金筹集、勘察设计、施工直至项目竣工验收后投入生产经营，发包人必须承担建设项目的全部责任和风险，对建设过程中的各个环节进行统筹安排。

（二）承包人

承包人是指有一定生产能力、机械设备、流动资金，具有承包工程项目的营业资格和资质，在建筑市场中能够按照发包人的要求，提供不同形式的建筑产品的建筑企业。主要包括勘察、设计单位，建筑安装企业，提供构配件的生产厂商，建筑机械租赁企业以及专门提供建筑劳务的企业等。承包人的生产经营活动是在建筑市场中进行的，是建筑市场主题中的主要成分。

（三）中介服务机构

中介服务机构是指具有相应的专业服务能力，在建筑市场中受承包方、发包方或政府管理机构的委托，对工程建设进行估算测量、咨询代理、建设监理等服务，并取得服务费用的咨询服务机构和其他建设专业中介服务的组织机构。在建筑业的经济运行中，中介组织作为政府、市场、企业之间联系的纽带，具有不可替代的作用。而发达的市场中介组织又是市场体系成熟和市场经济发达的重要表现，是建筑产业健康发展的重要条件。

二、工程项目建设程序

所有工程项目都具有单件性和一次性的特点，但它们依然有着共同的规律，即应遵循科学的建设程序来办事。所谓工程项目建设程序是指一项工程从设想提出到决策，经过设计、施工直至投产试用的整个过程中应当遵循的内在规律和组织制度。

目前我国工程项目建设程序如图 14-1 所示。

（一）项目决策阶段

建设项目决策阶段的工作主要是编制项目建议书，进行可行性研究和编制可行性研究报告。

1. 项目建议书

项目建议书是建设某一项目的建议性文件，是对拟建项目的轮廓设想。项目建议书的主要作用是为推荐拟建项目提出说明，论述建设它的必要性，以便供有关部门选择并确定是否有必要进行可行性研究工作。项目建议书经批准后，方可进行可行性研究。

2. 可行性研究

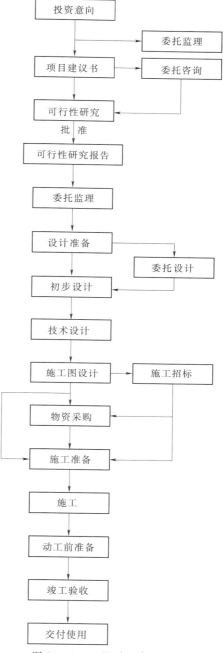

图 14-1 工程项目建设程序

可行性研究是在项目建议书批准后开启的一项重要的决策工作。其任务是根据国家长期规划、地区规划和行业规划的要求，对建设项目在技术、工程与经济上是否合理和可行，进行全面分析、论证，多方面比较，做出评价，为投资决策提供可靠的依据。

3. 编制可行性研究报告

可行性研究报告是确定建设项目、编制设计文件的基本依据。可行性研究报告要选择最优建设方案进行编制。批准的可行性报告是项目最终的决策文件和设计依据。可行性报告经有资格的工程咨询等单位评估后，报有关部门审批。经审批的可行性研究报告不得随意修改和变更。

可行性研究报告经批准后，组建项目管理班子，并着手项目实施阶段的工作。

（二）项目实施阶段

立项后，建设项目进入实施阶段。项目实施阶段的主要工作包括项目设计、建设准备、工程施工、动用前准备、竣工验收、交付使用等阶段性工作。

1. 项目设计

设计工作开始前，项目业主按建设监理制的要求委托工程建设监理。在监理单位的协助下，根据可行性研究报告，做好勘察和调查研究工作，落实外部建设条件，组织开展设计方案竞赛或设计招标，确定设计方案和设计单位。

对一般项目，设计按初步设计和施工图设计两个阶段进行。有特殊要求的项目可在初步设计之后增加技术设计阶段。

初步设计是根据批准的可行性研究报告和设计基础资料，对项目进行系统研究、概略计算和估算，做出总体安排。它的目的是在指定的时间、空间条件下，在投资控制额度内和质量要求下，做出技术上可行、经济上合理的设计和规定，并编制项目总概算。

技术设计是针对技术复杂而又缺乏经验的项目所增加的一个设计阶段，对一般常用技术和有经验的项目不必进行技术设计。

施工图设计是根据批准的初步设计和技术设计（如有时），绘制正确、完整、详尽的建筑、安排施工图纸，是个有关方面能据此安排设备和材料的订货，制作非标准设备以及安排施工并编制施工图预算。

2. 建设准备

项目施工前必须做好建设准备工作。其中包括征地、拆迁、平整场地、通水、通电、通路以及组织设备、材料订货，组织施工招标，选择施工单位，报批开工报告等项工作。

施工前各项施工准备由施工单位根据施工项目管理的要求做好。属于业主方的施工准备，如提供合格施工现场、设备和材料等也应根据施工要求做好。

3. 工程施工

施工是工程建设项目由设计产品变为物质产品的阶段，是形成建筑产品的重要阶段。施工的依据是有关施工文件和技术规范以及施工图纸，因此，它又是将设计付诸实施，变成现实的过程。

4. 动用前准备

动用前准备是指业主应做好的项目建成动用的一系列准备工作。例如人员培训、组织准备、技术准备、物资准备等。其目的是保证交工项目早日投产。

5. 竣工验收、交付使用

竣工验收是项目建设的最后阶段。它是全面考核项目建设成果，检验设计和施工质量，实施建设过程事后控制的主要步骤。同时，也是确认建设项目能否动用的关键步骤。

项目验收合格即交付使用，同时按规定实施保修。

三、建设工程交易中心

（一）建设工程交易中心的设立

建设工程交易中心是建筑市场有形化的管理方式，通过这个有形市场可以规范建设工程的发包和承包行为。交易中心是由建设工程招投标管理部门或政府建设行政主管部门授权的其他机构建立的，自收自支的非营利性事业法人，根据政府建设行政主管部门的委托实施对实体服务、监督和管理。交易中心具有行业管理的某些性质，是政府有意识的行为。设立交易中心的目的是促使从业人员遵纪守法，形成一种交易道德规范。从长远看，政府在交易中心的管理职能将逐步弱化，并最终退出市场，转由具有行业协会性质的事业法人对市场进行组织和运作，政府在市场外对市场主体进行监督和约束。

1. 建设工程交易中心的性质

中心是在政府建设工程招投标管理部门或政府授权主管部门的批准下成立的，不以营利为目的，根据政府建设行政主管部门的委托实施对市场主体的服务、监督和管理，经批准收取一定的服务费的服务性机构。

2. 建设工程交易中心的作用

按我国有关规定，所有的建设项目都要在建设工程交易中心内报建、发布招标信息、办理合同授予、申领施工许可证及委托质量安全监督等有关手续。成立建设工程交易中心有助于建立国有投资的监督制约机制，规范建设工程发包和承包行为和将建筑市场纳入法治轨道，促进招投标制度的推行，遏制违法违规行为、防腐，提高管理透明度。

（二）建设工程交易中心的基本功能

1. 信息服务功能

建设工程交易中心设置信息收集、存贮和发布的平台，及时发布招投标信息、政策法规信息、企业信息、材料设备价格信息、科技和人才信息、分包信息等，为建设工程交易活动的各方面提供信息咨询服务。

2. 场所服务功能

场所服务功能，即为各类工程的交易活动，包括发放招标文件、开标、评标、定标和合同谈判等提供设施和场所服务。《建设工程交易中心管理办法》规定，建设工程交易中心应具备发布大厅、洽谈室、开标室、会议室及相关实施以满足业主和承包人、分包商、设备材料供应商之间的交易需要。同时要为政府有关管理部门进驻集中办公、办理有关手续和依法监督招投标活动提供场所服务。

3. 集中办公功能

政府有关管理部门进驻建设工程交易中心办理有关审批手续和进行管理，集中办公。建设工程交易中心为政府有关部门和相关机构设立工作平台，为其实施监督和管理提供必要的办公设施和窗口，办理建设项目报建、招标登记、承包人资质审查、合同登记、质量报建、施工许可证发放等。

4. 专家管理功能

为建设工程评标提供可选择的专家库的成员名册，配合有关行政主管部门对评标专家的评标活动进行记录和考核，接受委托定期对评标专家进行培训。

（三）建设工程交易中心的运行和管理原则

1. 建设工程交易中心的运行原则

（1）信息公开原则。中心必须掌握工程发包、政策法规、招标单位资质、造价指数、招标规则、评标标准等各项信息，并保证市场各方主体均能及时获得所需要的信息资料。

（2）依法管理原则。中心应建立和完善建设单位投资风险责任和约束机制，尊重建设单位按经批准并事先宣布的标准、原则，选择投标单位和选定中标单位的权利。尊重符合资质条件的建筑业企业提出的投标要求和接受邀请参加投标的权利。尊重招标范围之外的工程业主按规定选择承包单位的权利，严格按照法规和政策规定进行管理和监督。

（3）公平竞争原则。建立公平竞争的市场秩序是中心的一项重要原则，中心应严格监督招投标单位的市场行为，反对垄断，反对不正当竞争，严格审查标底，监控评标和定标过程，防止不合理的压价和垫资承包工程，充分利用竞争机制、价格机制，保证竞争的公平和有序，保证经营业绩良好的承包人具有相对的竞争优势。

（4）闭合管理原则。建设单位在工程立项后，应按规定在中心办理工程报建和各项登记、审批手续，接受中心对其工程项目管理资格的审查，招标发包的工程应在中心发布工程信息；工程承包单位和监理、咨询等中介服务单位，均应按照中心的规定承接施工和监理、咨询业务。未按规定办理前一道审批、登记手续的，任何后续管理部门不得给予办理手续，以保证管理的程序化和制度化。

（5）办事公正原则。中心是政府建设行政主管部门授权的管理机构，也是服务性的事业单位。因此，要转变职能和工作作风，建立约束和监督机制，公开办事规则和程序，提高工作质量和效率，努力为交易双方提供方便。

2. 建设工程交易中心的管理原则

各地建设行政主管部门根据当地具体情况确定中心的组织形式、管理方式和工作范围。

（1）以建设工程发包和承包为主体，授权招投标管理部门负责组织对建设工程报建、招标、投标、开标、评标、定标和工程承包合同签订等交易活动进行管理、监督和服务。

（2）以建设工程发包、承包交易活动为主要内容，授权招投标管理部门牵头组成中心管理机构，负责办理工程报建、市场主体资格审查、招投标管理、合同审查与管理、中介服务、质量安全监督和施工许可等手续。有关业务部门保留原有的隶属关系和管理职能，在中心集中办公，提供"一条龙"服务。

（3）以工程建设活动为中心，由政府授权建设行政主管部门牵头组成管理机构，负责办理工程建设实施过程中的各项手续。有关业务部门和管理机构保留原有的隶属关系和管理职能，在中心集中办公，提供综合性、多功能、全方位的管理和服务。

（4）根据当地实际情况，还可以采用能够有效地规范市场主体行为，按照有关规定，办理工程建设各项手续，精干高效的其他方式。

第三节　我国工程招标投标概述

一、我国工程招标投标的基本概念

招标投标是在市场经济条件下商品交易采购合同订立的一种过程、手段和方式。在这种方式下，通常是由特定商品（包括货物、工程和服务等）的买方作为招标人，通过发布招标公告或者向一定数量的特定卖方发出招标邀请两种方式发出招标信息，提出所需采购商品的性质及其数量、质量、技术或规格要求、交付时间、合同商务条件等，通过法定程序按规定的秩序与标准，根据对投标人对招标人设定的采购合同条件响应程度，一次性地从多个投标人中择优选择最能够满足其采购要求的交易对象或卖方，并按约定的合同条件与之签订采购合同的过程。

招标投标作为一种特定的采购合同订立的过程和方式，是由招标人提出采购合同意向即要约邀请，然后由多个投标人向招标人发出书面采购合同要约，招标人根据多份要约的技术与商务条件，经过评审，向技术与商务条件最优的特定要约人发出书面承诺并与之签订采购合同的过程。

二、工程招标投标的特征

招标投标是一种商品经营方式，体现了购销双方的买卖关系，只要是存在商品的生产就必然有竞争，在不同的社会制度下，竞争的目的、性质、范围和手段也不同。在社会主义制度下，建筑工程招标投标的竞争有如下特征：

（1）社会主义的招标投标是在国家宏观领导下，在政府监督下的竞争。招投标活动及其当事人应当接受依法实施的监督。建筑工程的投资受国家宏观计划的指导，建设投资必须列入国家固定资产投资计划。工程的造价在国家允许的范围内浮动。

（2）投标是在平等互利的基础上的竞争。在国家招标投标法的约束下，各建筑企业以平等的法人身份展开竞争，这种竞争是社会主义商品生产者之间的竞争，不存在根本利益上的冲突。

（3）竞争的目的是相互促进，共同提高。建筑业企业之间的投标竞争，可使建筑业企业改善经营管理，加强经营管理，增强管理储备和企业弹性，使企业择优发展。

三、工程招标投标的意义和作用

市场经济是以市场为导向，按价值规律、竞争机制、供求关系的各种要求来实现社会经济运行的经济模式。以招标投标制度进行交易的方式，对于规范市场秩序、提高经济效益、促进公平竞争和建立市场信用体系具有重要意义。

（一）招标投标机制体现了竞争的市场经济的基本特征

招标投标机制有利于社会主义市场经济的公开、公平、公正、有序地竞争，促进社会主义市场经济体制的不断完善。竞争是市场经济的基本特征。它作为市场功能的核心和经济运行的主要调节机制，是提高社会经济效益的关键所在。实行招标投标制对市场经济运行的一个重要作用就是创造一个公开、公平、公正、诚实信用的竞争环境，使得市场价值通过竞争来实现，促进生产力水平的提高，推动社会进步。招标投标活动的制度化、规范化、程序化的运作机制可起到规范市场的行为，促进市场经济体系的发育和完善，保证市场在价值规律的作用下，有效调节供需关系，实现社会资源的优化配置。

（二）招标投标制具有法律的强制性

招标投标制的强制性有利于提高经济效益、保证项目质量、保护国家和社会公共利益。招标投标法规定，工程建设项目包括勘察、设计、施工、监理以及与工程建设有关的重要设备、材料等的采购，凡属使用国有资金投资或者国家融资的项目、大型基础设施、公用事业等关系社会公共利益、公众安全的项目，使用国际组织或者外国政府贷款、援助资金的项目都必须进行招标。通过招标投标方式进行交易，对于促进市场竞争，保障国有资金的有效使用，节约投资，有效地减少国有资产的流失与浪费；对于打破行业、地方垄断，开展竞争，促进企业转变经营机制，加快技术进步、技术改造，提高生产效率，提升产品质量和服务标准，增强企业市场竞争力，具有重要的现实意义。

（三）招标投标制有利于净化市场、防止腐败

以招标投标方式进行交易的最大特点是其过程是在透明的环境下进行的。它的制度化、规范化、程序化的运作机制，具有透明度高、程序规范、监督机制有效的特点．客观上起到对交易行为人的约束作用，制约了行政干预、政企不分、地方保护主义和部门保护主义，从制度上规范了交易行为，为克服不正当交易行为的产生创造了基本条件。

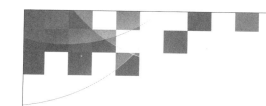

第十五章
建设工程招标

第一节　工程招标的组织与准备

一、工程招标的概念和必须具备的条件

（一）工程招标的概念

建筑工程招标，是指招标人将其拟发包工程的内容、要求等对外公布，招引和邀请多家承包单位参与承包工程建设任务的竞争，以便择优选择承包单位的活动。

工程施工招标必须符合主管部门规定的条件。

（二）工程招标必须具备的条件

1. 建设单位自行招标应具备的条件

（1）具有项目法人资格（或法人资格）。

（2）具有与招标项目规模和复杂程序相适应的工程技术、概预算、财务和工程管理等方面专业技术人员。

（3）有从事同类工程建设项目招标的经验。

（4）设有专门的招标机构或者拥有3名以上专职招标业务人员。

（5）熟悉和掌握《招标投标法》及有关法律规章。

不具备上述条件的，招标人应当委托具有相应资质的工程招标代理机构代理施工招标。

2. 建设项目招标应具备的条件

（1）招标人已经依法成立。

（2）初步设计及概算应当履行审批手续的，已经批准。

（3）招标范围、招标方式和招标组织形式等应当履行核准手续的，已经批准。

（4）有相当资金或资金来源已经落实。

（5）有招标所需的设计图纸及技术资料。

二、工程招标的种类和范围

（一）建设工程招标的种类

建设工程项目的实施可以按基本建设程序、行业、项目构成等因素，进行不同类别的招标投标活动，一般来说大致分为下述五个类别（表15-1），但其中的一些类别某些时候可同时进行，或者合并进行。

表 15 - 1　　　　　　　　　　　　　　建设工程招标的种类

序号	建设工程招标分类	范　围	备　注
1	按工程建设程序分类	勘察、设计招标投标	
		工程施工、监理招标投标	
		设备、材料采购招标投标	
2	按工程建设行业分类	勘察、设计招标投标	
		土建施工招标投标	
		设备安装招标投标	
		装饰装修招标投标	
		设备、材料采购招标投标	
		工程咨询和建设监理招标投标	
3	按建设项目的组成分类	建设项目招标投标	
		单项工程招标投标	
		单位工程招标投标	
		（特殊专业）分部分项工程招标	如金结防腐、施工监测、基础处理等
4	按工程发包承包的范围分类	建设工程总承包招标投标	
		建设工程分包招标投标	
5	按涉外关系因素分类	国内建设工程招标投标	
		国际建设工程招标投标	

（二）建设工程招标范围

1. 招标投标法规强制招标范围

2000 年 1 月 1 日起施行的《招标投标法》中规定：在中华人民共和国境内进行下列工程建设项目，包括项目的勘察、设计、施工、监理及与工程建设有关的重要设备、材料等的采购，必须进行招标：

（1）大型基础设施、公用事业等关系社会公共利益、公共安全的项目。

（2）全部或者部分使用国有资金投资或者国家融资的项目。

（3）使用国际组织或者外国政府贷款、援助资金的项目。

依据国家招标投标法，原国家发展计划委员发布的《工程建设项目招标范围和规模标准规定》（2000 年第 3 号），以及其他法规的相关规定，建设工程项目招标范围见表 15 - 2。

表 15－2　　　　　　　　　　　　　　工程建设项目招标范围

序号	分类依据	项目类别	具体范围
1	项目性质与功能	关系社会公共利益、公共安全的基础设施项目	①煤炭、石油、天然气、电力、新能源等能源项目
			②铁路、公路、管道、水运、航空及其他交通运输业等交通运输项目
			③邮政、电信枢纽、通信、信息网络等邮电通信项目
			④防洪、灌溉、排涝、引（供）水、滩涂治理、水土保持、水利枢纽等水利项目
			⑤道路、桥梁、地铁和轻轨交通、污水排放级处理、地下管道、公共停车场等城市设施项目
			⑥生态环境保护项目
			⑦其他基础设施项目
2		关系社会公共利益、公共安全的公用事业项目	①供水、供电、供气、供热等市政工程项目
			②科技、教育、文化等项目
			③体育、旅游等项目
			④卫生、社会福利等项目
			⑤商品住宅，包括经济适用房
			⑥其他公用事业项目
1	项目资金来源	使用国家资金的投资项目	①各级财政预算资金的项目
			②纳入财政管理的各种政府性专项建设资金项目
			③国有企业、事业单位自有资金，并且国有资产投资者实际拥有控制权的项目
2		国家融资项目	①国家发行债券所筹资金的项目
			②国家对外借款或者担保所筹资金的项目
			③国家政策性贷款的项目
			④国家授权投资主体融资的项目
			⑤国家特许的融资项目
3		国家组织或者外国政府资金的项目	①世界银行、亚洲开发银行等国际组织贷款资金的项目
			②外国政府及其机构贷款资金的项目
			③国际组织或者外国政府援助资金的项目

上述招标范围的具体金额限制内的各类工程建设项目，达到下列标准之一的，必须进行招标：

（1）施工单项合同估算在 200 万元人民币以上的。

（2）重要设备、材料等货物的采购，单项合同估算价在 100 万元人民币以上的。

（3）勘察、设计、监理等服务的采购，单项合同估算在 50 万元人民币以上的。

（4）单项合同估算价低于第（1）项、第（2）项、第（3）项规定的标准，但项目总投资额在 3000 万人民币以上的。

2.可以不进行招标的建设工程项目

（1）建设工程勘察设计。

1）涉及国家安全、国家秘密的。

2）抢险救灾的。

3）主要工艺、技术，采用特定专利或者专有技术的。

4）技术复杂或专业性强，能够满足条件的勘察设计单位少于3家，不能形成有效竞争的。

5）已建成项目需要改、扩建或者技术改造，由其他单位进行设计影响项目功能配套性的。

（2）建设工程施工项目。

1）涉及国家安全、国家秘密或者抢险救灾而不适宜招标的。

2）属于利用扶贫资金实行以工代赈需要使用农民工的。

3）施工主要技术采用特定的专利或者专有技术的。

4）施工企业自建自用的工程，且该施工企业的资质等级符合工程要求的。

5）在建工程追加的附属小型工程或者主体加层工程，原中标人仍具备承包能力的。

（3）建设工程机电设备国际采购项目。

1）国（境）外赠送或无偿援助的机电产品。

2）供生产配套用的零件及部件。

3）旧机电产品。

4）供生产企业及科研机构研究开发用的样品样机。

5）国务院确定的特殊产品或者特定行业以及为应对国家重大突发事件需要的机电产品。

6）产品生产商优惠供货时，优惠金额超过产品合同估算价格50％的机电产品。

7）供生产企业生产需要的专用模具。

8）提供产品维修用的零件及部件。根据我国的实际情况，省、自治区、直辖市人民政府根据实际情况，可以规定本地区必须进行招标的具体范围的规模标准，但不得缩小国家发展和改革委员会所确定的必须招标的范围。国家发展和改革委员会也可以根据实际需要，会同国务院有关部门对本规定确定的必须进行招标的具体范围和规模标准进行部分调整。

三、工程招标的机构和人员

（一）招标工作机构的组织

1. 我国招标工作机构的形式

我国招标工作机构主要有3种形式：

（1）自行招标，由招标人的基本建设主管部门（处、科、室、组）或实行建设项目业主责任制的业主单位负责有关招标的全部工作。这些机构的工作人员一般是从各有关部门临时抽调的，项目建设成后往往转入生产或其他部门工作。

（2）由政府主管部门设立"招标领导小组"或"招标办公室"之类的机构，统一处理招标工作。这种机构常常因政府主管部门过多干预而使其具有较强行政色彩。

（3）招标代理机构，受招标人委托，组织招标活动。这种做法对保证招标质量，提高招标效益起到有益作用。招标代理机构与行政机关和其他国家机关不得存在隶属关系或者其他利益关系。

2. 招标工作小组需具备的条件

招标工作小组由建设单位或建设单位委托的具有法人资格的建设工程招标代理机构负

责组建。招标工作小组必须具备以下条件：

（1）有建设单位法人代表或其委托的代理人参加。

（2）有与工程规模相适应的技术、经济人员。

（3）有对投标企业进行评审的能力。

招标工作小组成员组成要与建设工程规模和技术复杂程度相适应，一般以5～7人为宜，招标工作小组组长应由建设单位法人代表或其委托的代理人担任。

3. 招标工作机构人员构成

招标工作机构人员通常由3类人员构成：

（1）决策人，即主管部门任命的招标人或授权代表。

（2）专业技术人员，包括建筑师，结构、设备、工艺等专业工程师和估算师等，他们的职能是向决策人提供咨询意见和进行招标的具体事务工作。

（3）助理人员，即决策和专业技术人员的助手，包括秘书、资料、档案、计算、绘画等工作人员。

（二）工程招标代理机构

招标代理机构是依法设立、从事招标代理业务并提供相关服务的社会中介组织。招标代理机构是独立法人，实行独立核算、自负盈亏，在实践中主要表现为招标公司、咨询公司等，一些监理公司或设计公司（院）在建设工程招标代理行业开展一定业务后，经过必要的审批程序并得到批准后，也具有甲级或乙级资质。

1. 民事代理行为的特征

代理成为一种独立的法律制度，是商品经济发展的结果。代理制度的产生，能使民事主体不仅可利用自己的能力和知识参加民事活动，而且可利用他人的能力和知识进行民事活动，从而使民事主体从事民事活动的能力得到了极大的加强。代理制度有助于打破时间、空间的限制，降低交易成本，为民事主体增强竞争能力、更好地实现自己的权利、参与社会经济活动提供了方便。民事代理行为具有以下特征：

（1）代理人以自己的技能为被代理人的利益独立的意思表示。换句话说，代理人的使命是代他人的法律行为，如订立合同、履行债务、请求损害赔偿等。

（2）代理人必须以被代理人的名义实施法律行为，即所谓的"直接代理"。

（3）代理行为的法律效果直接归属于被代理人。代理的适用，仅限于不具有人身性质的行为，依据法律规定或双方约定应由本人实施的民事法律行为不得代理。

从产生代理权的不同根据划分，我国《民法通则》规定了三类代理：基于被代理人的委托授权发生的委托代理、基于法律的直接规定而发生的法定代理、基于法院或有关机关的指定行为发生的指定代理。委托代理作为一种最常见、最广泛适用的代理形式，受托人与委托人签订委托合同以及委托人做出委托授权行为是其产生的前提。代理行为最根本的一点是，代理人必须在委托的权限范围（代理权限范围）内实施代理行为，只有在此范围内进行的民事活动，才能被视为被代理人的行为，被代理人对代理行为的法律后果承担民事责任。

2. 招标代理机构的条件

招标代理机构是依法设立、从事招标代理业务并提供相关服务的社会中介组织。其主要职责是接受招标人的委托，代为办理有关招标事宜，如编制招标文件、组织评标、协调合同的签订和履行等。因此，从法律意义上说，招标代理属于委托代理的一种，应遵守法律的有关规定，所以招标代理机构必须在招标人委托的范围内办理招标事宜。招标代理机构在招标人委托的权限范围内，以招标人的名义办理招标事宜，为招标人取得权利、设定义务。因此，在招标投标活动中，尽管投标人是与招标代理机构进行联系的，但其代表的是招标人的利益，行为后果也由招标人承担。

作为被代理人的委托授权发生的委托代理的招标代理机构，其主要作用或功能是：为招标人编制招标文件、审查投标人的资格、按程序组织评标、协调招标人与中标人的关系、监督合同的履行、对招标人进行后期服务等。招标代理机构应当具备下列条件：

（1）有从事招标代理业务的营业场所和相应资金。具有营业场所和相应资金是开展业务所必需的物质条件，也是招标代理机构成立的外部条件。营业场所，是提供代理服务的固定地点。相应资金，是开展代理业务所必要的资金。对于具备法人资格的招标代理机构而言，《中华人民共和国公司法》规定，科技开发、咨询、服务性有限责任公司的注册资本不得少于 10 万元。实践中，国家相关部门规定的各类招标代理所代理的项目规模是不同的，所需的注册资金也不一样，一般大于公司法规定的下限。如受招标人的委托，从事工程建设项目招标代理的代理机构，按其具备的条件分为甲级、乙级和暂定级资质。甲级、乙级招标代理要求的注册资金分别为 200 万元和 100 万元。

（2）有能够编制招标文件和组织评标的相应专业力量。是否能够编制招标文件和组织评标，既是衡量招标人能否自行办理招标事宜的标准，也是招标代理机构必须具备的实质要件。从整个招标投标程序看，编制招标文件和组织评标是其中最重要的两个环节。招标文件是整个招标过程所遵循的基础性文件，是投标和评标的依据，也是合同的重要组成部分。一般情况下，招标人与投标人之间不进行或进行有限的面对面交流，投标人只能根据招标文件的要求编写投标文件。因此，招标文件是联系、沟通招标人与投标人的桥梁。能否编制出完整、严谨的招标文件，直接影响到招标的质量，也是招标成败的关键。组织评标，即组织评标委员会，严格按照招标文件所确定的标准和方法，对所有投标文件进行评审和比较，从中确定中标人。能否顺利地组织评标，直接影响到招标的效果，也是体现招标公正性的重要保证。所以说编制招标文件和组织评标是招标代理机构应具备的最基本的业务能力。

（3）有符合招标投标法规定的作为评标委员会成员的技术、经济等方面的专家库。招标投标法规定了评标委员会的组成办法，并对能进入评标委员会的专家的条件进行了限定。评标专家应当从事相关领域工作满八年并具有高级职称或者具有同等专业水平，由招标人从国务院有关部门或省、自治区、直辖市人民政府有关部门提供的专家名册或者招标代理机构的专家库内的相关专业的专家名单中确定。也就是说，作为招标代理机构，具有符合法规限定的专家库是具备招标代理及开展招标工作的必要条件。

3. 申请建设工程招标代理机构资质的条件

建设工程招标代理机构，是指在土木工程、建筑工程、线路管道和设备安装工程及装饰装修工程项目招标中，接受招标人的委托，从事工程的勘察、设计、施工、监理以及与工程建设有关的重要设备（进口机电设备除外）、材料采购招标的代理业务的中介机构。

该中介服务机构在招标人委托授权的范围内以委托人的名义同他人独立进行工程招标投标活动，法律后果由委托人承担。建设工程招标代理机构应具备相应的资质，必须依法取得相应的招标代理资质证书，并在资质等级证书许可的范围内开展招标代理业务。

我国对招标代理机构的条件和资质有专门的规定。国家建设部令 2007 年第 154 号《工程建设项目招标代理机构资格认定办法》第八条规定，申请工程建设招标代理机构资格的单位应当具备下列条件：

（1）是依法设立的中介组织，具有独立法人资格。

（2）与行政机关和其他国家机关没有行政隶属关系或者其他利益关系。

（3）有固定的营业场所和开展工程招标代理业务所需设施及办公条件。

（4）有健全的组织机构和内部管理的规章制度。

（5）具备编制招标文件和组织评标的相应专业力量。

（6）具有可以作为评标委员会成员人选的技术、经济等方面的专家库。

（7）法律、行政法规规定的其他条件。

实践中，由于属于地方政府投资的建设工程招标一般都是在固定的建筑工程交易场所进行，因此该固定场所（建设工程交易中心）所设立的专家库，必须作为各类招标代理人直接利用的专家库，招标代理人一般不需要另建专家库。但是，需要注意的一些国家投资的大型工程建设项目，如水电、火电、核电工程，（高速）铁路、高速公路、石油（管道）工程、港口码头、邮政、电信、南水北调工程等建设项目由国家相关部门直接管理，从事这些项目招标的代理机构则必须有自己的招标专家库。近期，国家招标投标协会也正在筹建相关类别的专家库。

工程建设代理机构可以跨省、自治区、直辖市承担工程招标代理业务，其代理资质分为甲级、乙级和暂定级三级。

（1）甲级资质。除了满足上述七个条件外，甲级招标代理机构，还要满足下列要求：

1）取得乙级工程招标代理资格满 3 年。

2）近 3 年内累计工程招标代理中标金额在 16 亿元人民币以上（以中标通知书为依据，下同）。

3）具有工程建筑类执业注册资格或者中级以上专业职称的专职人员不少于 20 人，其中具有工程建设类注册执业资格人员不少于 10 人（其中注册造价工程师不少于 5 人），从事工程招标代理业务 3 年以上的人员不少于 10 人。

4）技术经济负责人为本机构专职人员，具有 10 年以上从事工程管理的经验，具有高级技术经济职称和工程建设类注册执业资格。

5）注册资本金不少于 200 万元。

（2）乙级资质。乙级招标代理机构，还要满足下列要求：

1）取得暂定级工程招标代理资格满 1 年。

2）近 3 年内累计工程招标代理中标金额在 8 亿元人民币以上；具有中级以上职称的工程招标代理机构专职人员不少于 12 人，其中具有工程建设类注册执业资格人员不少于 6 人（其中注册造价工程师不少于 3 人），从事工程招标代理业务 3 年以上的人员不少于 6 人。

3）技术经济负责人为本机构专职人员，具有 8 年以上从事工程管理的经历，具有高级技术经济职称和工程建设类注册执业资格。

4）注册资本金不少于 100 万元。

招标代理机构从事招标代理业务，应当在其资质等级证书许可范围内办理招标事宜，并遵守法律关于招标人的规定。甲级招标代理资质证书的业务范围是，代理任何建筑工程的全部（全过程）或者部分招标工作。乙级招标代理只能代理工程总投资额 1 亿元以下的工程招标代理业务。暂定级工程招标代理机构，只能承担工程总投资 6000 万元人民币以下的工程招标代理业务。

四、工程招标的方式和方法

目前从世界各国和有关国际组织的有关招标法律、规则来看，招标方式有公开招标、邀请招标和议标三种。我国的招标投标法规定，招标分为公开招标和邀请招标两种方式，议标招标已不再被法律认可。在建设工程施工项目具备招标条件，且标段划分的同时，招标人应依据不同标段的施工特点和相关国家规定确定项目的招标方式。

（一）公开招标

公开招标，也称竞争性招标，是指招标人以招标公告的方式邀请不特定的法人或者其他组织投标，即招标人在指定的报刊、电子网络或其他媒体上发布招标公告，吸引众多的潜在投标人参加投标竞争，招标人从中选择中标单位的招标方式。

（二）邀请招标

邀请招标，也称有限竞争或选择性招标，是指招标人以投标邀请书的方式邀请特定的法人或者其他组织投标，即由招标人根据项目施工范围、规模和施工特点，依据承包人的承包资信和业绩，选择一定数目的潜在投标人（不能少于 3 家），向其发出投标邀请书，邀请他们参加投标竞争的一种招标方式。这种招标方式与公开招标方式的不同之处，在于它允许招标人向有限数目的特定的潜在投标人发出投标邀请书，而不必发布招标公告。按照国内外的通常做法，采用邀请招标方式的前提条件：一是招标项目的技术新而且复杂或专业性很强，只能从有限范围的供应商或承包人中选择；二是招标项目本身的价值低，招标人只能通过限制投标人数来达到节约和提高效率的目的；三是对类似建设工程市场供给情况或承包人的情况比较了解。

（三）公开招标与邀请招标方式的区别

1. 发布信息的方式不同

公开招标采用规定的公共媒介以公告的形式发布信息，邀请招标采用投标邀请书的形式发布。

2. 选择的范围不同

公开招标使用招标公告的形式，针对的是一切潜在的对招标项目感兴趣的法人或其他组织，招标人事先不知道投标人的数量；而邀请招标针对已经了解的潜在投标人，大致可以确定投标人的数量。

3. 竞争的范围不同

由于公开招标使所有符合条件的潜在投标人都有机会参加投标，竞争范围较广，竞争性体现得也比较充分，从理论上说招标人拥有对所有潜在投标人的选择余地，容易获得最佳招标效果；基于建设工程项目的特点、类似建设市场的条件或承包人条件，采用邀请招标时，投标人的数目较少，竞争范围有限，招标人拥有的选择余地相对较小，有可能导致中标的合同价较高，个别情况时，可能某些施工技术或报价上有竞争力的潜在投标人会被遗漏。

4. 时间和费用不同

公开招标要求招标信息能够达到所有的潜在投标人处，而从发布公告至投标人做出反应，以及资格审查、评标到签订合同，有许多时间上的要求；潜在投标人数量不定，有些建安工程施工项目招标时投标单位可达数十家，需准备较多文件，因而招标评标时间较长，费用也比较高。邀请招标是向特定对象发出，潜在投标人的数量较少而且资格已了解，投标文件数量有限，资格审查可简化，整个招投标的时间较公开招标有所缩短，招标费用可相应减少。

由此可见，两种招标方式各有千秋，从不同的角度比较，会得出不同的结论。至于采用何种方式招标取决于项目实施条件本身。国家发展和改革委员会确定的国家重点建设项目和各省、自治区、直辖市人民政府确定的地方重点建设项目，以及全部使用国有资金投资或者国有资金投资占控股或主导地位的工程建设项目，应当公开招标。有下列情形之一的，经批准可以进行邀请招标：

（1）项目技术复杂或有特殊要求，只有少量几家潜在投标人可供选择的。

（2）受自然地域环境限制的。

（3）涉及国家安全、国家秘密或者抢险救灾，适宜招标但不宜公开招标的。

（4）拟公开招标的费用与项目的价值相比，不值得的。

（5）法律、法规规定不宜公开招标的。

国家重点建设项目的邀请招标，应当经国务院发展计划部门批准；地方重点建设项目的邀请招标，应当经各省、自治区、直辖市人民政府批准。全部使用国有资金投资或者国有资金投资占控股或主导地位的并需要审批的工程建设项目的邀请招标，应当经项目审批部门批准，但项目审批部门只审批立项的，由有关行政监督部门审批。

第二节　工程招标的程序和要求

一、工程招标的程序

工程施工招标一般程序可分为 3 个阶段：一是招标准备阶段，二是招标投标阶段，三是决标成交阶段。其每个阶段具体步骤如图 15-1 所示。

一般情况下，施工招标应按下列程序进行：

（1）由建设单位组织一个招标班子。

（2）向招标投标办事机构提出招标申请书。

（3）编制招标文件和标底，并报招标投标办事机构审定。

（4）发布招标公告或发出招标邀请书。

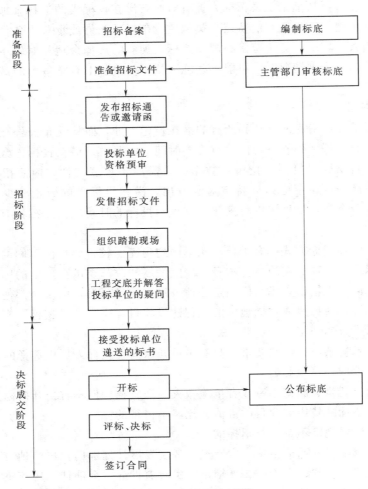

图 15-1 工程招标程序

（5）投标单位申请投标。

（6）对投标单位进行资质审查，并将审查结果通知各申请投标者。

（7）向合格的投标单位分发招标文件及设计图纸、技术资料等。

（8）组织投标单位踏勘现场，并对招标文件答疑。

（9）建立评标组织，制定评标、定标办法。

（10）召开开标会议，审查投标标书。

（11）组织评标，决定中标单位。

（12）发出中标通知书。

（13）建设单位与中标单位签订承发包合同。

二、工程勘测设计的招标程序

（1）招标人具备招标条件后，持项目审批部门批准的立项文件（其中包括对工程项目招标范围、招标方式和招标组织形式的核准意见书）和规划部门批准的规划意见书，及其他有关文件在发布招标公告或邀请书5个工作日之前，到市规划委招标投标办公室进行招标登记。受理人员于5个工作日内做出是否受理的决定，并对申报材料不合格的招标人一次性告知补正的全部材料（政府122号令第六条、第七条）。

（2）招标方式分为公开招标和邀请招标（《招标投标法》第十条）。

（3）确定招标组织形式应提交的有关材料。

1）招标组织机构和专职招标业务人员的证明材料。

2）专业技术人员名单、职称证书或者执业资格证书及其工作经历的证明材料（政府122号令第七条）。同时应提交办理此项目设计招标相关事宜的法人代表委托书。

3）委托招标的需提供招标方与委托代理机构签订的委托合同，并提供委托代理机构的资质证明材料。

（4）发布招标公告或投标邀请书。

1）依法应进行招标的项目，招标人在发出招标公告或招标邀请书5个工作日前向当地行政主管部门进行招标备案登记。

2）公开招标的项目，应填写勘察设计招标公告，招标公告可在当地的建设工程招投标交易管理中心的网上向社会公布招标信息，此信息将同时在国家批准的招标信息发布指定媒体"中国采购与招标网"与"中国建设报电子版"显示（国家计委4号令）。国际招标应由《中国日报》登载。

3）招标人应当按招标公告或者投标邀请书规定的时间、地点出售招标文件或者资格预审文件。自出售之日起至停止出售之日止，最短不得少于五个工作日（8部委2号令第十二条）。

（5）编制发售资格预审文件。

1）招标人对投标人进行资格预审的，应当根据建设工程的性质、特点和要求，编制资格预审的条件和方法，并在招标公告中载明。

2）公开招标的招标人拟限制投标人数量的，需要在招标公告中载明预审后的投标人数量。没有载明的，招标人不得限制符合资格预审条件的投标人投标。

（6）确定合格投标人。

1）公开招标经资格预审后应选择不少于3个合格的投标人参加投标（《招标投标法》第二十八条）。

2）邀请招标可直接邀请不少于3个具有相应资质的投标人参加投标（《招标投标法》第十七条）。

（7）编制发售招标文件。

1）招标人或者招标代理机构应当根据招标项目的特点和需要编制招标文件（8部委2号令第十五条）。

2）招标文件编制完毕后，招标人应报送招标办审核，经5个工作日审核后，未提出异议的，招标人可以发出招标文件，如在5个工作日内被告知存在问题，招标人应对招标文件进行修改，经确认后再发出。招标人发出招标文件前，须提供1份合格或修改后合格的招标文件送招标办备案（《招标投标法》第十九条、政府122号令第十二条）。

3）招标人应当确定潜在投标人编制投标文件所需要的合理时间。依法必须进行勘察设计招标的项目，自招标文件开始发出之日起至投标人提交投标文件截止之日止，最短不得少于二十日（8部委2号令第十九条《招标投标法》第二十四条）。

4）招标人对已发出的招标文件进行必要的澄清或者修改的，应当在提交投标文件截止日期15日前以书面形式通知所有招标文件的收受人（政府122号令第十二条）。

（8）组织现场踏勘和答疑。对于潜在投标人在阅读招标文件和现场踏勘中提出的疑问，招标人可以书面形式或召开投标预备会的方式解答，但需同时将解答以书面形式通知所有招标文件收受人。该解答的内容为招标文件的组成部分。

（9）接受投标文件。招标人在招标文件中规定的投标截止日期前接受投标人的投标文件，并检查密封情况。

（10）组织评标委员会。

1）评标由招标人依法组建的评标委员会负责，评标委员会由招标人的代表和有关技术、经济等方面的专家组成，成员人数为5人以上单数，其中技术、经济等方面的专家不得少于成员总数的2/3。评标专家应当从国务院或省级人民政府有关部门提供的专家名册或者建设工程招标代理机构的专家库中随机抽取确定。特殊项目的评标专家选取方式按照国家和本市有关规定执行。

2）有以下情形之一的，不得担任评标委员会成员：

a. 投标人或者投标人主要负责人的近亲属。

b. 项目主管部门或者行政监督部门的人员。

c. 与投标人有经济利益关系，可能影响对投标公正评审的。

d. 曾因在招标、评标以及其他与招标投标有关活动中从事违法行为而受过行政处罚或刑事处罚的（七部委第12号令第十二条）。

3）专家的抽取应在开标前两天进行。

4）评标委员会成员的名单在中标结果确定前应当保密（《招标投标法》第37条）。

（11）开标、评标。开标应当在招标文件确定的提交投标文件截止时间的同一时间公开进行；开标地点应当为招标文件中预先确定的地点。招标人应当接受市规划委、市建委或者区、县建委等有关行政监督部门对开标过程的监督（政府122号令第十五条）。评标工作由评标委员会负责。

三、工程建设项目施工招标程序

（1）建设工程项目报建。各类房屋建设（包括新建、改建、扩建、翻修、大修等）、土木工程（包括道路、桥梁、房屋基础打桩）、设备安装、管道线路敷设、装饰装修等建设工程在项目的立项批准文件或年度投资计划下达后，按照《工程建设项目报建管理方法》规定具备条件的，须向建设行政主管部门报建备案。

（2）提出招标申请，自行招标或委托招标主管部门备案。

（3）资格预审文件、招标文件备案。招标单位进行资格预审（如果有）相关文件、招标文件的编制报行政主管部门备案。

（4）刊登招标公告或发出投标邀请书。招标人采用公开招标方式的，应当发布招标公告。依法必须进行招标的项目招标公告，应当在国家指定的报刊和信息网络上发布。采用邀请招标方式的，招标人应当向三家以上具备承担施工招标项目的能力、资信良好的特定法人或其他组织发出投标邀请书。

（5）资格审查。资格审查分为资格预审和资格后审。资格预审，是指在投标前对潜在的投标人进行的资格审查。资格后审，是指在开标后对投标人进行的资格审查。进行资格预审的，一般不再进行资格后审，但招标文件另有规定的除外。采取资格预审的，招标人可以发出资格预审公告。经预审合格后，招标人应当向资格审查合格的潜在投标人发出资格预审合格通知书，告知获取招标文件的时间、地点和方法，并同时向资格预审不合格的潜在投标人告知资格预审结果。资格预审不合格的潜在投标人不得参加投标。经资格后审不合格的投标人的投标应作废标处理。

（6）招标文件发放。招标文件发放给通过资格预审获得投标资格或被邀请的投标单位。投标单位收到招标文件、图纸和有关资料后，应认真核对。招标单位对招标文件所做的任何修改或补充，须在投标截止时间至少15日前，发给所有获得招标文件的投标单位，修改或补充内容作为招标文件的组成部分。投标单位收到招标文件后，若有疑问或不清的问题需澄清解释，应在收到招标文件后7日内以书面形式向招标单位提出，招标单位应以书面形式或投标预备会形式予以解答。

（7）勘察现场。为使投标单位获取关于施工现场的必要信息，在投标预备会的前1～2天，招标单位应组织投标单位进行现场勘察，投标单位在勘察现场中如有疑问问题，应在投标预备会前以书面形式向招标单位提出。

（8）投标答疑会。招标单位在发出招标文件、投标单位勘察现场之后，根据投标单位在领取招标文件、图纸和有关技术资料及勘察现场提出的疑问问题，招标单位可通过以下方式进行解答：

1）收到投标单位提出的疑问问题后，以书面形式进行解答，并将解答同时送达所有获得招标文件的投标单位。

2）收到提出的疑问问题后，通过投标答疑会进行解答，并以会议纪要形式同时送达所有获得招标文件的投标单位。投标答疑会的目的在于澄清招标文件中的疑问，解答投标单位对招标文件和勘察现场中所提出的疑问问题及对图纸进行交底和解释。所有参加投标答疑会的投标单位应签到登记，以证明出席投标答疑会。在开标之前，招标单位不得与任何投标单位的代表单独接触并个别解答任何问题。

（9）接受投标书。投标人应当在招标文件要求提交投标文件的截止时间前，将投标文件密封送达投标地点。招标人收到投标文件后，应当签收保存，在开标前任何单位和个人不得开启投标文件。投标人少于3个的，招标人应该依法重新招标。在招标文件要求提交投标文件的截止时间后送达的投标文件，招标人应当拒收。投标人在招标文件要求提交投标文件的截止时间前，可以补充、修改或者撤回自己已提交的投标文件，并书面通知招标人。补充、修改的内容为投标文件的组成部分。

（10）开标、评标、定标。

（11）宣布中标单位。

（12）签订合同。

四、工程招标的法律责任

在招标投标的全过程中应遵守《招标投标法》的规定，按照《招标投标法》的规定依法进行招标投标，如果违反《招标投标法》的规定要受到经济、行政处罚以至追究刑事责任。

（一）招标投标过程

在招标投标过程中招标方和投标方如有下列行为将承担法律责任。

（1）依法必须进行招标的项目而不招标的，将必须进行招标的项目化整为零或者以其他任何方式规避招标的，有关行政监督部门责令限期改正，可以处项目合同金额5‰以上10‰以下的罚款；对全部或者部分使用国有资金的项目，项目审批部门可以暂停项目执行或者暂停资金拨付；对单位直接负责的主管人员和其他直接负责人员依法给予处分。

（2）招标代理机构非法泄露应当保密且与招标投标活动有关的情况资料的，或者与招标人、投标人串通损害国家利益、社会公共利益或者他人合法权益的，由有关行政监督部门处5万元以上25万元以下罚款，对单位直接负责的主管人员和其他直接负责人员处单位罚款数额5%以上10%以下的罚款；有违法所得的，并处没收违法所得；情节严重的，有关行政监督部门可停止其一定时期内参与相关领域的招标代理业务，资格认定部门可暂停直至取消招标代理资格；构成犯罪的，由司法部门依法追究刑事责任。给他人造成损失的，依法承担赔偿责任。

（3）招标人以不合理的条件限制或者排斥潜在投标人的，对潜在投标人实行歧视待遇的，强制要求投标人组成联合体共同投标的，或者限制投标人之间竞争的，有关行政监督部门责令改正，可处1万元以上5万元以下的罚款。

（4）依法必须进行招标项目的招标人向他人透露以获取招标文件的潜在投标人的名称、数量或者可能影响公平竞争的有关招标投标的其他情况的，或者泄露标底的，有关行政监督部门给予警告，可以并处1万元以上10万元以下的罚款；对单位直接负责的主管人员和其他直接责任人员依法给予处分；构成犯罪的，依法追究刑事责任。

（5）招标人在发布招标公告、发出投标邀请书或者售出招标文件或资格预审文件后终止招标的，除有正当理由外，有关行政监督部门给予警告，根据情节可处3万元以下的罚款；给潜在投标人或者投标人造成损失的，并应当赔偿损失。

（6）招标人或者招标代理机构有下列情形之一的，有关行政监督部门责令其限期改正，根据情节可处3万元以下的罚款；情节严重的，招标无效。

1）未在指定的媒介发布招标公告的。

2）邀请招标不依法发出投标邀请书的。

3）自招标文件或资格预审文件出售之日起至停止出售之日止，少于5个工作日的。

4）依法必须招标的项目，自招标文件开始发出之日起至提交投标文件截止之日止，少于20个工作日的。

5）应当公开招标而不公开招标的。

6）不具备招标条件而进行招标的。

7）应当履行核准手续而未履行的。

8）不按项目审批部门核准内容进行招标的。

9）在提交投标文件截止时间后接受投标文件的。

10）投标人数量不符合法定要求不重新招标的。

被认定为招标无效的，应当重新招标。

（7）投标人相互串通投标或者与招标人串通投标的，投标人以向招标人或者评标委员会成员行贿的手段谋取中标的，中标无效，由有关行政监督部门处中标项目金额 5‰以上10‰以下的罚款，对单位直接负责的主管人员和其他直接责任人员处单位罚款数额 5％以上 10％以下的罚款；有违法所得的，并处没收违法所得；情节严重的，取消其 1～2 年内的投标资格，并予以公告，直至由工商行政管理机关吊销营业执照；构成犯罪的，依法追究刑事责任。给他人造成损失的，依法承担赔偿责任。

（8）投标人以他人名义投标或者以其他方式弄虚作假，骗取中标的，中标无效，给招标人造成损失的，依法承担赔偿责任；构成犯罪的，依法追究刑事责任。依法必须进行招标项目的投标人有前款所列行为尚未构成犯罪的，有关行政监督部门处中标项目金额 5‰以上 10‰以下的罚款，对单位直接负责的主管人员和其他直接责任人员处单位罚款数额5％以上 10％以下的罚款；有违法所得的，并处没收违法所得；情节严重的，取消其 1～3年内的投标资格，并予以公告，直至由工商行政管理机构吊销营业执照。

（9）依法必须进行招标的项目，招标人违法与投标人就投标价格、投标方案等实质性内容进行谈判的，有关行政监督部门给予警告，对单位直接负责的主管人员和其他直接责任人员依法给予处分。

（二）评标过程

评标过程中，标书的评审对招标人和投标人都有着巨大的经济利益，对评标人员也提出了新的要求。客观、公正、具备良好的职业素质是必不可少的，招标投标法对评标过程中的法律责任也进行了明确的规定。

（1）评标委员会成员收受投标人的财物或者其他好处的，评标委员会成员或者参加评标的有关工作人员向他人透露对投标文件的评审和比较、中标候选人的推荐以及与评标有关的其他情况的，有关行政监督部门给予警告，没收收受的财物，并处 3000 元以上 5 万元以下的罚款，对有所列违法行为的评标委员会成员取消担任评标委员会成员的资格并予以公告，不得再参加任何招标项目的评标；构成犯罪的，依法追究刑事责任。

（2）评标委员会成员在评标过程中擅离职守，影响评标程序正常进行，或者在评标过程中不能客观公正地履行职责的，有关行政监督部门给予警告；情节严重的，取消担任评标委员会成员的资格，不得再参加任何招标项目的评标，并处 1 万元以下的罚款。

（3）评标过程有下列情况之一的，评标无效，应当依法重新进行评标或者重新进行招标，有关行政监督部门可处 3 万元以下的罚款：

1）使用招标文件没有确定的评标标准和方法的。

2）评标标准和方法含有倾向或者排斥投标人的内容，妨碍或者限制投标人之间竞争，且影响评标结果的。

3）应当回避担任评标委员会成员的人参与评标的。

4）评标委员会的组建及人员组成不符合法定要求的。

　　5）评标委员会及其成员在评标过程中有违法行为，且影响评标结果的。

　　（4）招标人在评标委员会依法推荐的中标候选人以外确定中标人的，依法必须进行招标的项目在所有投标被评标委员会否决后自行确定中标人的，中标无效。有关行政监督部门责令改正，可以处中标项目金额5‰以上10‰以下的罚款；对单位直接责任的主管人员和其他直接责任人员依法给予处分。

（三）合同签订过程

　　招标投标活动的最终目的是招标人和投标人签订合同，在合同签订过程中要受合同法和招标投标法的规范，如有下列行为承担一定的经济责任或行政处罚。

　　（1）招标人不按规定期限确定中标人的，或者中标通知书发出后，改变中标结果的，无正当理由不与中标人签订合同的，或者在签订合同时向中标人提出附加条件或者更改合同实质性内容的，有关行政监督部门给予警告，责令改正，根据情节可处3万元以下的罚款；造成中标人损失的，并应当赔偿损失。中标通知书发出后，中标人放弃中标项目的，无正当理由不与招标人签订合同的，在签订合同时向招标人提出附加条件或者更改合同实质性内容的，或者拒不提交所要求的履约保证金的，招标人可取消其中标资格，并没收其投标保证金；给招标人的损失超过投标保证金数额的，中标人应当对超过部分予以赔偿；没有提交投标保证金的，应当对招标人的损失承担赔偿责任。

　　（2）中标人将中标项目转让给他人的，将中标项目肢解后分别转让给他人的，违法将中标项目的部分主体、关键性工作分包给他人的，或者分包人再次分包的，转让、分包无效，有关行政监督部门处转让、分包项目金额5‰以上10‰以下的罚款；有违法所得的，并处没收违法所得；可以责令停业整顿；情节严重的，由工商行政管理机关吊销营业执照。

　　（3）招标人与中标人不按照招标文件和中标人的投标文件订立合同的，招标人、中标人订立背离合同实质性内容的协议的，或者招标人擅自提高履约保证金的，有关行政监督部门责令改正；可以处中标项目金额5‰以上10‰以下的罚款。

　　（4）中标人不履行与招标人订立的合同的，履约保证金不予退还，给招标人造成的损失超过履约保证金数额的。还应当对超过部分予以赔偿；没有提交履约保证金的，应当对招标人的损失承担赔偿责任。中标人不按照与招标人订立的合同履行义务，情节严重的，有关行政监督部门取消其2～5年参加招标项目的投标资格并予以公告，直至由工商行政管理机关吊销营业执照。

　　（5）招标人不履行与中标人订立的合同的，应当双倍返还中标人的履约保证金；给中标人造成的损失超过返还的履约保证金的。还应当对超过部分予以赔偿；没有提交履约保证金的，应当对中标人的损失承担赔偿责任。

（四）在招标投标过程中的其他法律责任

　　（1）依法必须进行施工招标的项目违反法律规定，中标无效的，应当依照法律规定的中标条件从其余投标人中重新确定中标人或者依法重新进行招标。中标无效的，发出的中标通知书和签订的合同自始没有法律约束力，但不影响合同中独立存在的有关解决争议方法的条款的效力。

　　（2）任何单位违法限制或者排斥本地区、本系统以外的法人或者其他组织参加投标的，为招标人指定招标代理机构的，强制招标人委托招标代理机构办理招标事宜的，或者以其他方式干涉招标投标活动的，有关行政监督部门责令改正；对单位直接责任的主管人员和其他直接责任人员依法给予警告、记过、记大过的处分，情节较重的，依法给予降级、撤职、开除的处分。

（3）对招标投标活动依法负有行政监督职责的国家机关工作人员徇私舞弊、滥用职权或者玩忽职守，构成犯罪的，依法追究刑事责任；不构成犯罪的，依法给予行政处分。

（4）任何单位和个人对工程建设项目施工招标投标过程中发生的违法行为，有权向项目审批部门或者有关行政监督部门投诉或举报。

第三节 工程招标文件的编制

一、招标公告和投标邀请书的功能与内容

招标公告是指采用公开招标方式的招标人（包括招标代理机构）向所有潜在的投标人发出的一种范围广泛的通告。招标公告的目的一是使所有潜在的投标人都具有公平竞争的投标机会；二是使有意愿参加投标的潜在投标人了解项目的背景情况，如招标人、项目资金来源、项目规模与范围、项目完成期限等内容，通过对项目的了解使得潜在投标人可以决策是否购买招标文件参与投标竞争；三是公开给出本项目投标人的资质要求；四是给出招标工作实施的具体步骤和相关信息，如购买招标文件的时间、地点、方式，以及招标工作人员的联系方式等。招标人采用公开招标方式的，必须在规定的公共媒介发布招标公告。需要注意的是招标人在招标公告中载明的项目施工单位的资格要求和标准，应平等地适用于所有的潜在投标人，不得规定任何并非客观上合理的标准、要求或程序，或地域行业要求，限制或排斥潜在投标人。

投标邀请书是指采用邀请招标方式的招标人，向三个以上具备承担招标项目能力、资信良好的潜在投标人发出的参加投标的邀请，是向特定的潜在投标人发出的关于招标事宜的文件。投标邀请书的内容与招标公告基本相同，只是不在公共媒介上发布。为了提高效率和透明度，投标邀请书须载明必要的招标信息，使潜在投标人能够确定所招标的条件是否为他们所接受，并了解如何参与投标程序。

招标公告或者投标邀请书应当至少载明下列内容：

（1）招标人的名称和地址。

（2）招标项目的内容、规模、资金来源。

（3）招标项目的实施地点和工期。

（4）获取招标文件或者资格预审文件的地点和时间。

（5）对招标文件或者资格预审文件收取的费用。

（6）对投标人的资质要求。

二、工程招标公告的发布

为了符合公开招标的目的，发布招标公告的报刊、网络必须在全国范围内发行量较

大，覆盖面较广，影响范围比较深远。为了引入竞争机制，并方便信息的传达与沟通，通常不能限定一种报刊或网络，而应根据招标项目的性质，以及可供选择的报刊、网络情况，确定招标公告发布媒介的合适数目。

依法必须进行招标的项目，即强制招标项目，依据国家相关部门规定的《招标公告发布暂行办法》，《中国日报》、《中国经济导报》、《中国建设报》、中国采购与招标网（http//www.chinabidding.com.cn）为指定的依法必须招标项目的招标公告的发布媒介。法定招标项目至少在其中一家媒介上发布招标项目的招标公告，国际招标项目的招标公告应在《中国日报》发布。各地方政府依照审批权限审批的依法必须招标的民用建筑项目的招标公告，可在省、自治区、直辖市人民政府发展计划部门指定的媒介上发布。使用国际组织或者外国政府贷款、援助资金的招标项目，贷款方、资金提供方对招标公告的发布另有规定的，适用其规定。

范例

_____工程_____项目招标公告（格式）

招标编号：_____

（采用资格预审方式）

一、_____工程是具有防洪、发电、航运多开发目标的大型水利水电工程，该工程已经由_____批准兴建。_____水利枢纽工程包括拦河混凝土大坝、左右岸水电站，永久船闸及表孔、底孔泄水建筑物等，枢纽工程分若干独立的标段分期通过招标段分期通过招标进行建设。电站的第一批机组将于_____年投产发电，目前各项工程建设正按计划有步骤地实施。受_____招标人的委托，_____作为本次招标的代理机构，将就_____工程项目建安工程施工进行国内公开招标。

二、招标人拟采用自有和自筹资金用于本合同项下的合格支付。

三、招标范围及标段

招标人邀请合格的投标人对本招标项目进行密封投标。

本次招标的工程项目为_____水利枢纽导流明渠截流，上、下游土石围堰填筑及防渗工程，下游土石围堰安全监测，围堰备料及料源开采，RCC围堰工程，基坑排水等工程。

本工程项目按_____划分成两个标段：

第一标段：_____

第二标段：_____

合格的投标人需对两个标段同时进行投标。

四、本招标项目两个标段合同工期为自开工之日起_____月。

五、投标人资质和条件：

1. 投标人可以是具有独立法人资格的公司、企业，也可以是联合体；

2. 具有水利水电一级施工企业资质，具有实施本所投标项目的技术能力、施工经验、施工装备、技术人员和技术工人力量、质量保证能力和资信；

3. 近10年独立承建过大江大河中围堰高度超过30米的截流及土石围堰工程。围堰高度超过 54m 的 RCC 围堰工程；拥有路上土石方挖运及填筑＿＿＿＿＿＿＿＿＿万 m³/月，水上土石方挖运及填筑＿＿＿＿＿＿＿＿＿万 m³/月的能力；

4. 质量保证体系通过了 ISO9000 系列认证；

5. 财务状况良好的水利水电施工企业。

6. 如投标人是联合体投标，还应符合下列要求：

①投标书及合同协议书（如中标）中的签署，应能合法地约束联合体中的每一个成员；

②应指定一成员方作为责任方，并提交联合体中各成员方的正式授权人共同签署的授权书以证明这一授权；

③应授权责任方代表联合体的任一和全体成员承担责任、接受指示及与招标人联系，并负责投标与履行合同（如中标）的全部职责；

④应在投标书中附有联合体中每一成员的完整资料，以及有关联合体的构成和为评估所需的全部资料；

⑤与投标书一起提交一份联合体内共同达成的协议书复印件。在该联合体协议中应声明联合体的构成或章程，并表明联合体内的各方面关系自行协调解决。

7. 投标人不能作为其他投标人的分包人同时参加投标；联营体内各成员不得单独投标，亦不得作为其他投标人的分包人同时参加投标。

六、凡具备承担本招标项目的能力并具备规定的资格条件的公司或企业或联合体，均需参加上述一个或两个标段的投标资格预审，只有资格预审合格的投标申请人才能参加投标。

七、有兴趣的投标人可以在＿＿＿＿＿年＿＿＿＿＿月＿＿＿＿＿日开始在下述招标代理机构的办公地址购买招标文件，或通过银行汇款至＿＿＿＿＿＿＿＿＿＿＿招标代理机构的＿＿＿＿＿省＿＿＿＿＿市工商银行＿＿＿＿＿路分理处（账号：＿＿＿＿＿＿＿＿＿＿＿＿），资格预审文件将凭银行汇款凭证传真件以快递方式邮寄。本资格预审文件（含印刷版和电子版）每套 1000 元人民币，邮购另加邮费 50 元，以同样价格多购不限，售后不退。

八、资格预审申请书封面上应清楚地注明"（招标工程项目名称）、（标段名称）投标申请人资格预审申请书"字样，并在密封后，于＿＿＿＿＿年＿＿＿＿＿月＿＿＿＿＿日＿＿＿＿＿时以前送至＿＿＿＿＿＿＿＿＿＿＿处，逾期送达或不符合规定的资格预审申请书将被拒绝。

九、凡是资格预审合格的投标申请人，请按照资格预审合格通知书中确定的时间、地点和方式获取招标文件及有关资料。

十、有关本项目投标的其他事宜，请与招标人或招标代理机构联系。

招标人：＿＿＿＿＿＿＿＿＿　　　　联系人：＿＿＿＿＿＿＿＿＿

办公地址：＿＿＿＿＿＿＿＿＿　　　电　话：＿＿＿＿＿＿＿＿＿

邮政编码：＿＿＿＿＿＿＿＿＿　　　传　真：＿＿＿＿＿＿＿＿＿

招标代理机构：＿＿＿＿＿＿＿＿＿　联系人：＿＿＿＿＿＿＿＿＿

办公地址：＿＿＿＿＿＿＿＿＿　　　电　话：＿＿＿＿＿＿＿＿＿

邮政编码：＿＿＿＿＿＿＿＿＿　　　传　真：＿＿＿＿＿＿＿＿＿

日期：＿＿＿＿＿年＿＿＿＿＿月＿＿＿＿＿日

三、投标邀请书的发出

国务院发展计划部门确定的国家重点项目和省、自治区直辖市人民政府确定的地方重点项目不适宜公开招标的，经国务院发展计划部门或者省、自治区、直辖市人民政府批准，可以进行邀请招标。招标人采用邀请招标方式的，应当向三个以上具备承担招标工程项目的施工能力、资信良好的特定法人或者其他组织发出投标邀请书。

范例

投标邀请书（格式）

致：（投标人名称）

一、＿＿＿＿＿＿＿＿＿＿＿＿水电站是××江下游河段规划开发的第＿＿＿＿＿＿个梯级电站，该工程以发电为主，兼有防洪、拦沙和改善下游航运条件等综合效益。已经国家核准建设，＿＿＿＿＿＿＿＿＿作为招标人，根据工程建设计划，委托＿＿＿＿＿＿＿＿招标公司作为招标代理，现就＿＿＿＿＿＿＿＿＿水电站 200m 高程混凝土生产系统工程的勘测设计、建安施工和生产运行进行国内邀请招标。

二、招标人拟采用自有资金和自筹资金用于本合同项下的合格支付。

三、招标工程项目为＿＿＿＿＿＿＿＿＿水电站 200m 高程混凝土生产系统工程，工作内容包括：

（1）200m 高程混凝土生产系统的勘测设计；

（2）200m 高程混凝土生产系统的建设（含所有设备采购和安装）；

（3）200m 高程混凝土生产系统的运行；

（4）200m 高程生产系统的拆除及清场。

四、投标人应同时具备以下资质条件：

（1）具有独立的法人资格；

（2）具有水利水电施工总承包一级及以上资质的水利水电施工企业；

（3）近 5 年内具有承担过同类工程的混凝土生产系统的设计、建设、运行管理的业绩。其中项目经理应具有同类项目的运行管理经验，技术负责人应具备主持设计或管理过同类项目的经历；

（4）具有实施投标项目的技术能力、施工及生产管理经验、施工装备、技术人员和技术工人力量、质量保证能力和资信；

（5）良好的财务状况。

五、本次招标采用资格后审方式。

六、有意向的投标人请于＿＿＿＿＿＿＿年＿＿＿＿＿＿月＿＿＿＿＿＿日起，携带法定代表人证明、营业执照和资质证书复印件到＿＿＿＿＿＿省＿＿＿＿＿＿县招标代理公司工地现场办公处购买招标文件。每套招标文件的售价为人民币 1000 元人民币整，可以同样价格多购，招标文件售后不退。

七、投标文件应附按招标文件规定的投标担保。

八、招标代理接受投标文件的截止时间为＿＿＿＿＿＿年＿＿＿＿＿＿月＿＿＿＿＿＿日上午 10：00，投标文件必须在此规定时间之前专人送达＿＿＿＿＿＿省＿＿＿＿＿＿市＿＿＿＿＿＿路＿＿＿＿＿＿号。迟到的投标文件或未按规定提交投标担保的投标文件无效。

九、招标人将于 _____ 年 _____ 月 _____ 日上午 10：00，在 _____ 省 _____ 市 _____ 路 _____ 号，在公证人员的现场公证下公开开标。届时各授标人应派法定代表人或授权代表参加。

上述时间如有变动，招标代理公司将及时发出书面通知。

招标代理公司

公司地址：	招标联系地址：
传　真：	传　真：
联系人：	联系人：
联系电话：	联系电话：
邮政编码：	邮政编码：
招标监督电话：	电子邮箱：

四、设计深度与工程招标文件的编制

建安工程施工招标文件的编制是依据项目的实际进展进行的。一般来说应与建设工程的建设程序相适应。即项目的初步设计及概算已经批准；招标人对项目的招标范围、招标方式已经确定。对于大型复杂建安工程项目的招标，一般需要在招标设计完成并经审查通过后，明确了招标边界条件、划分了标段、确定了主要施工方案及控制性进度等条件后方可进行。通过招标投标过程所订立的合同是对业主及施工单位权利义务约定的协议，合同的标的物是形成实物的建筑产品。所以，项目的设计深度是招标文件编制的决定性条件，设计深度是否达到国家设计规范、项目的边界条件是否清晰、主要技术条件及验收标准是否明确、大型临建工程是否满足施工要求等因素，决定了招标文件编制的成败。一项建设工程项目的施工合同，在实际履行时之所以产生较多的合同争议或价格调整，往往与招标文件编制时的设计深度不够、造成大量的合同边界条件的变化有关。近年来由于国家建设工程投资项目众多，招标人对于项目建设的迫切要求，造成设计单位同期开展的设计项目多，工作繁重，在编制招标文件前的设计深度常常不能满足招标文件的需要。如一些工程因地质资料不全面或不准确、地勘资料粗糙，造成实际施工时需大量增加基础工程施工工程量或改变施工方案，甚至有些需要部分改变上部建筑的结构形式或合同施工方式，由此造成合同争议的不在少数。又如，在水电工程招标中，个别电站由于设计深度不够，砂石系统、混凝土拌和系统仅进行粗略规划，招标文件编制中不能对系统的道路、场地以及其边界条件进行明确和限定，供应方式与强度也不能进行确定，造成投标文件技术方案具有可变性，投标报价难以准确，对评标和后续合同执行带来困难。所以对于招标人来说，必须认真对待设计深度问题，切实解决设计中的难点和疑点，为招标文件提出真实的设计要求打下良好的基础。

五、招标文件的主要内容

建安工程施工招标文件的内容从大的方面来说，基本是一致的，但具体到每个部分的具体内容则根据各个项目的特点而有所不同，下面以某水电站工程对外交通 ABC 标段电力、通风、照明系统安装与调试工程施工招标文件为例概括地介绍建安工程施工招标文件的基本框架和主要内容。

范例

××水电站工程对外交通 ABC 标段电力、通风、
照明系统安装与调试工程施工招标文件（格式）

投标邀请书

第一卷　商务条款

　第一章　投标须知

　第二章　合同格式

　第三章　合同条款

　第四章　投标报价书格式与附录

　第五章　工程量报价表

　第六章　投标辅助资料

第二卷　技术条款

　第七章　总则

　第八章　电力工程

　　8.1　工程范围

　　8.2　工程界面划分

　　8.3　技术要求

　　8.4　计量与支付

　第九章　隧道射流风机技术标准

　　9.1　给排水工程概述

　　9.2　施工范围

　　9.3　施工技术要求

　　9.4　施工质量标准

　　9.5　验收程序与标准

　　9.6　计量与支付

　第十章　给排水工程

　第十一章　临时工程及运行维护

　第十二章　环境、文物保护及安全、文明施工

第三卷　招标图纸

第四节　投标人的资格审查

　　资格审查分为资格预审和资格后审。资格预审是指在投标前对潜在投标人进行的资格审查。资格后审，是在开标后对投标人进行的资格审查。资格审查要求达到以下目的：

（1）了解投标者的财务能力、技术状况及类似本工程的施工经验。

（2）根据潜在投标人财务能力、专业人员资格、类似项目业绩、施工经验、施工设备、具备的专业资格等方面的情况，评审选择优秀的投标者参加投标。

（3）减少评标阶段的工作时间、减少招标资源的投入和费用。

（4）为不合格投标者节省投标的相关人力、物力、财力等资源投入。

一、资格预审的目的

招标人可以根据招标工程的需要，对投标申请人进行资格预审，也可以委托工程招标代理机构对投标申请人进行资格预审。实行资格预审的建安工程施工招标项目，招标人可以发布资格预审公告，招标人应当在资格预审文件中表明资格预审的条件、标准和方法；采取资格后审的，招标人应当在招标文件中表明对投标人资格要求的条件、标准和方法。

二、资格预审的程序

1. 刊登资格预审公告

资格预审公告应刊登在国内外有影响的、发行面较大的报纸或刊物上，内容应包括：工程项目名称、资金来源、工程规模、工程量、工程分包情况、投标者的合格条件；购买资格预审文件的日期、地点和价格；递交资格预审文件的日期、时间、地点等。法定招标项目应在规定的公共媒介上刊登。

2. 出售资格预审文件

在指定时间、地点出售资格预审文件。

3. 对资格预审文件的答疑

在资格预审文件发售后，购买者可提需澄清的问题，以书面形式提交招标人或招标代理。招标人或招标代理应以书面文件向所有潜在投标者解答疑问。

4. 报送资格预审文件

资格预审文件应在报送截止时间之前提交。招标人或招标代理将不接受迟到的资格预审文件。

5. 资格预审文件评审

招标人或招标代理应在规定的时间，依据评审因素和条件，由招标人代表、商务、财务、技术方面专家等人员组成资格评审委员会，对各投标人递交的资格预审文件进行评审。评审中可对其文件中含糊不清的内容，或无证明资料的内容进行澄清。

资格预审后，招标人应当向资格预审合格的潜在投标人发出资格预审合格通知书，告知获取招标文件的时间、地点和方法，并同时向资格预审不合格的潜在投标人告知资格预审结果。

三、编制资格预审文件

资格预审文件一般包括以下内容：资格预审公告、申请人须知、申请文件格式、项目简介。

四、资格预审评审方法

（一）资格预审评审主要因素

1. 资质评审

公司工商注册、批准的营业范围、资质等级、机构及组织、专业工程施工资质等是否与招标工程相适应，若为联营体投标，对联合体的各成员资质均需进行评审。

2. 商业信誉

主要审查在建设承包活动中完成过哪些工程项目；资信如何；是否发生过严重合同违约行为；施工质量与安全是否达到业主满意的程度；获得过多少施工荣誉证书等。

3. 财务能力

财务审查主要为投标人的资金能力能否顺利的履行合同，评审潜在投标人的经营管理水平。财务审查重点应放在近 3 年经过审计的报表中所反映的总资产、流动资金、总负债、流动负债、资产负债率、流动比与速动比，以及正在实施而尚未完成工程的总投资额、年均完成投资额等；审查其可能获得银行贷款的能力，或要求其提供银行出具的信贷证明文件。

4. 技术能力

主要是评审投标人实施工程项目的施工技术水平，包括人员能力和设备能力两方面。在人员能力方面，又可以进一步划分为管理人员能力和技术人员能力两个评价方面。管理人员能力主要评审管理的组织机构、施工管理模式、项目经理、与本项目相适应的工作经验等因素；技术人员能力主要评审技术负责人的施工经验、组成人员的专业等是否满足工程要求，这些内容可以通过投标人所报的人员情况调查表来反映。设备方面主要评审与本招标项目相符合的施工设备类别、型号、数量及新旧程度，以及对本项目可投入的设备能力。

5. 施工经验与业绩

评审投标人最近几年已完工程的数量、规模，与招标项目类似的工程施工经验与业绩。在资格预审中往往规定强制性合格标准（如业绩），但应注意强制性标准应合理，并与招标项目相适应，以免条件过高造成投标人数量小而形不成竞争，同时也不能条件过低造成合格投标人数量较多，失去资格预审的意义。

（二）资格预审合格投标人的评审与选择

资格预审一般采用评分法进行评审，步骤如下：

（1）淘汰资格预审文件达不到要求的潜在投标人。

（2）对各投标人进行综合评分。选定用于资格预审的评价因素，确定各因素在评价中所占权重值，对每项分别给予打分，用分值乘以权重值得到每个投标者的综合得分。

（3）淘汰总分低于及格线的投标者。对及格线以上投标者进行分项审查。为了将施工任务交给可靠承包人完成，不仅要对他的综合能力评分，还要评审他的各分项是否满足最低要求。

（4）同时，对于潜在投标人较多的项目，应按照须知说明的预先确定数量（一般不少于 7 家），从高分向低分进行选择。目前国内招标的一般建设工程项目，由于同一资质的施工企业之间的能力差异不是很大，如果不限定数量往往超过预定合格标准的投标人很多，不能达到突出投标竞争、减少评标工作的目的。

（三）资格预审报告

资格预审完成后，评审委员会应向招标人提交资格预审报告。评审报告的主要内容如下：

（1）工程项目概况。

（2）资格预审简介。

（3）资格预审评审标准。

（4）资格预审评审程序。

（5）资格预审评审结果。

（6）资格预审评审委员会名单及附件。

（7）资格预审评分汇总表。

（8）资格预审分项评分表。

（9）资格预审详细评审标准等。

第五节　工程标底与招标控制价的编制

一、工程标底的概念和作用

（一）标底的概念

标底是建安工程施工招标中进行价格评价，衡量投标人报价水平的参考依据，是依据招标文件提供的工程量，依据经过测定或实践的具有市场先进性水平的人工、材料、施工设备的消耗定额和相关费用计价办法计算出来的工程造价，是招标人对建设工程造价的期望值。我国台湾将其称为"底价"。标底由招标人（业主）自行编制，或委托具有编制标底能力的工程造价咨询中介机构进行编制。在国外，标底一般被称为"估算成本"（如世界银行、亚洲开发银行等）、"合同估价"（如世贸组织《政府采购协议》）。

（二）标底的作用

标底是招标评标中衡量报价水平的重要依据之一，标底一般具有以下作用：

（1）标底是招标人为招标项目确定的预期价格，能预先测算投资方在拟招标项目工程中应该承担的财务义务。

（2）标底是衡量投标单位报价合理性的重要参考依据，能相对准确地判断投标者报价的合理性和可靠性。

（3）标底是评标的重要尺度。准确的标底，在定标时能做出正确的选择，防止评标的盲目性，避免投标报价过高或低于成本价，以减少或免除合同履约中的价格变更风险。在招标投标活动中，并不一定需要编制标底，招标人有权决定标底的编制与否。当前也有无标底评标的做法，即在招标活动中不编制标底或在评标过程中标底不直接参与对报价的评价和计分。

二、招标控制价

（一）招标控制价的概念

招标控制价是 GB 50500—2008《建设工程工程量清单计价规范》新增的术语。招标控制价是指招标人根据国家或者省级、行业建设主管部门颁发的有关计价依据和办法，按设计施工图纸计算的，对招标工程限定的最高工程造价，是中标人对招标工程的最高限价。

（二）招标控制价的适用原则

GB 50500—2008《建设工程工程量清单计价规范》中规定，国有资金投资的工程建设项目应实行工程量清单招标，并应编制招标控制价。招标控制价超过批准的概算时，招标人应将其增加部分报原概算审批部门审核。投标人的投标报价高于招标控制价，其投标应予以拒绝。该调皮规定包含如下三方面原则：

（1）有利于客观合理地评审投标报价，避免哄抬标价，造成国有资产的流失，国有资金投资的工程建设项目应编制招标控制价，作为招标人能够接受的最高控制价格。

（2）我国对国有资金投资的工程建设项目的投资控制实行的是投资概算控制制度，因此，当招标的控制价超过批准的概算时，招标人应当将其报原概算审核部门审核。

（3）国有资金投资的工程其招标控制价相当于政府采购中的采购预算，根据《中华人民共和国采购法》中"投标人的报价均超过了采购预算，采购入不能支付"的精神，规定在国有资金投资工程的招投标活动中，投标人投标报价不能超过招标控制价，否则其投标将被拒绝。

招标控制价应由具有编制能力的招标人，或受其委托具有相应资质的工程造价咨询人编制。

（三）招标控制价的编制依据

（1）《建设工程工程量清单计价规范》。

（2）国家或省级行业建设主管部门颁发的计价定额和计价办法。

（3）建设工程设计文件及相关资料。

（4）招标文件中的工程量清单及有关要求。

（5）与建设项目相关的标准、规范、技术资料。

（6）工程造价管理机构发布的工程造价信息；工程造价信息没有的参照市场价格。

（7）其他的相关资料。

（四）招标控制价的组成

招标控制价由五部分组成：分部分项工程计价清单、措施项目清单计价、其他项目清单计价、规费和税金。招标控制价编制单位按工程量清单计算组价项目，并根据项目特点进行综合分析，然后按市场价格和取费标准、取费程序及其他条件计算综合单价，包含完成该项工程内容所需的所有费用，最后汇总成招标控制价。其中措施项目费的编制要根据工程所在地常用的施工技术与施工方案计取。

各省、地区对招标控制价编制的方法和内容要求均作了详细的规定。对招标控制价公布的时间也做了相应的要求。

（五）招标控制价的特点

（1）可有效控制投资，防止恶性哄抬报价所带来的投资风险。

（2）提高了透明度，避免了暗箱操作、寻租等违法活动的产生。

（3）使各投标人自主报价、公平竞争，符合市场规律。投标人自主报价，不受标底的左右。

（4）既设置了控制上线，又尽量地减少了业主对评标基准价的影响。

（六）招标控制价与标底关系

自 1983 年建设部实行施工招投标制度至 2003 年 7 月 1 日推行工程量清单计价制度期间，各省市对中标价基本上采取在标底的一定百分比范围内（如±3％或±5％）等限制性措施评标定价。在 2000 年实施的《中华人民共和国招标投标法》中规定，招标工程如设有标底的，标底必须保密。但自 2003 年 7 月 1 日起施行工程量清单计价制度后，对招标时评标定价的管理方式已发生了根本性的变化。有的省市基本取消了中标价不得低于标底的做法，但这又出现了新的问题，即根据什么来确定合理报价。在实践中，一些工程在施工招标中也出现了所有投标人的投标价均高于招标人的标底的情况，即使是最低价，招标人也不能接受。这种招标人不接受最低价投标人的现象，又对招标的合法性提出了新的问题，急需解决。在工程招标中，投标竞争的焦点反映在报价的竞争上，投标企业为争取更大的效益，会在报价上做文章，也会使用各种手段获取标底信息，最直接的方式是串标与围标。

针对这一问题，为遏止投标人围标、串标、哄抬标价，许多省市相继出台了控制最高限价的规定，名称不一，有的命名为拦标价、最高报价，有的命名为预算控制价、最高限价等，均要求在招标文件中同时公布，并规定投标人的报价如超过公布的最高限价，其投标将作为废标处理，以解决这一新的问题。由此可见，在工程量清单计价模式下，不再使用标底的称谓，寻求新的称谓已基本形成共识。

2005 年，建设部建市颁布了〔2005〕208 号文《关于加强房屋建筑和市政基础设施工程项目施工招标投标行政监督工作的若干意见》。其中规定国有资金投资的工程项目推行工程量清单计价方式，提倡在工程项目的施工招标中设立投标报价的最高限价，以防止和遏制串通投标和哄抬标价的行为，招标人设定最高限价的，应在投标截止日前三天公布。这一意见颁布后各地区也对清单招标相继出台了相应的办法与规定。但在 GB 50500—2008《建设工程工程量清单计价规范》出台后对此有了统一说法。

为避免与《招标投标法》关于标底必须保密的规定相违背，GB 50500—2008《建设工程工程量清单计价规范》将其定义为"招标控制价"。招标控制价应采用工程量清单计价法编制。

招标控制价（最高限价）的编制可参照标底编制的原理与方法。近年来，有些地区规定对依法必须招标的工程，招标人设定投标报价最高限价（招标控制价）的，应当由有资质的中介机构编制一个标底，以标底价为基础，浮动一定幅度后确定招标控制价（最高限价），且浮动幅度不应超过当期发布的合理浮动幅度指标。

第六节　开　　标

一、开标的时间与组织

关于招标投标活动的开标过程应该公开。我国《招标投标法实施条例》规定招标人应当按照招标文件规定的时间、地点开标。投标人少于 3 个的，不得开标；招标人应当重新招标。投标人对开标有异议的，应当在开标现场提出，招标人应当当场做出答复，并做好记录。

开标由招标人主持。在招标人委托招标代理机构代理招标时，开标也可由该代理机构主持。主持人按照规定的程序负责开标的全过程。可以邀请上级主管部门和有关单位及监督部门或公证机关派员参加。

开标人员至少由主持人、监标人、开标人、唱标人、记录人组成，上述人员对开标负责。

二、开标的程序

1. 招标人或代理签收投标人递交的投标文件

组织办理在开标地点递交的投标文件的签收，招标人或代理专人负责接收投标人递交的投标文件，填写投标文件递交签收表。在招标文件规定的截标时间后递交的投标文件将不予接收，原封退还给有关投标人。

在截标时间前递交投标文件的投标人少于 3 家的，开标会立即终止，招标人应当依法重新组织招标。

2. 投标人出席开标会的代表签到

投标人授权出席开标会的代表本人填写开标签到表，招标人或代理专人负责核对签到人身份，并应与签到的内容一致。

3. 会议程序

（1）开标会主持人宣布开标会开始，主持人宣布开标人、唱标人、记录人、公证人和监督人员。

（2）主持人宣布开标会程序、开标会纪律。

（3）宣布开标顺序。

（4）宣布废标的条件。

（5）告知所有投标人标明"撤回"和"替代"的信封将被首先开封并宣布投标者名称。

（6）宣布已递交了可接受的撤回通知函的投标文件将不予开封。

（7）宣布在开标拆封前，由公证人员或投标者代表检查所有投标文件是否密封完好。

（8）告知所有投标人代表，每开完一个标，将请投标人代表予以确认，如无异议则进行下一个标的开标。

（9）主持人宣布投标文件截止时间和实际送达时间，检查各投标书密封情况。

（10）工作人员就位，进行开标、唱标。

（11）开标记录签字确认。

三、废标

投标文件有以下情形之一的，应当场宣布为废标。

（1）逾期送达的或者未送达指定地点的。

（2）未按招标文件要求密封的。

对于投标文件的开标，一般按投标书送达时间逆顺序开标、唱标。开标由指定的开标人在监督人员及与会代表的监督下当众拆封，拆封后将检查投标文件的组成情况并记入开标会议记录。唱标内容一般包括投标报价、投标保证金、折扣或降价函、替代方案报价等内容。开标会记录应当如实记录开标过程中的重要事项，包括开标时间、开标地点、出席开标会的各单位及人员、唱标记录等，有公证招标项目的还应由公证人员对开标做出公证记录和公证词。投标人的授权代表、开标人、审核人及公证和监督人员应当在开标记录上签字确认。

第七节　评　　标

一、评标的组织和人员的要求

评标是依据招标文件的规定和要求，对投标文件所进行的审查、评审和比较。评标是招标工作中审查确定中标人的必经程序，是分析、评价投标人施工方案的优劣、报价的合理性与竞争性、合同商务条件的符合性的重要工作，是保证招标成功的重要环节。

（一）评标组织的构成及主要职责

评标组织是由招标人或其代理机构代表、技术、商务、财务、法律等方面的专家组成的 5 人以上的评标委员会。对于大型建安工程施工项目的招标，由于项目的复杂性，在技术专业上可能涉及土石方、基础处理、混凝土施工、混凝土温控、金属结构及设备、施工设备、施工材料、大型临时设施等多种专业，在商务方面也会涉及工程造价、商务合同、保险、税务、法律方面的专业，从专业评审方面的考虑，评标委员会人员可能大大多于 5 人。评标委员会由招标人负责组织，一般分技术与商务两个专家组，依据招标文件规定的评标标准和方法，各组专家在组长主持下对所有投标文件进行评审，经澄清、评审、打分形成商务、技术评标报告；经评委会综合两组报告并通过后形成项目综合评标报告，向招标人推荐中标候选人或者直接确定中标人。需要注意的是，评标委员会成员的名单，在中标结果确定前，属于应当保密的内容，不得泄露。

1. 评标委员会主任的主要职责

（1）主持评标委员会全体会议，组织协调技术组、商务组和综合组的工作，控制评标工作进度，指导、监督评标期间的保密工作。

（2）审查解决评标过程中的重要问题。

（3）审查评分结果和推荐的候选中标人排序名单，主持编审评标报告。

2. 技术专家组的主要职责

（1）检查投标文件技术部分的完整性和响应性。

（2）分析、比较、评价投标人的技术资信、技术方案以及施工管理。

（3）提出澄清问题清单，并进行技术澄清。

（4）负责技术部分的定量评分。

（5）提出技术评审意见，并编写技术专家组评标报告。

（6）评标委员会交办的其他工作。

3. 商务专家组的主要职责

（1）检查投标文件商务部分的符合性和完整性。

（2）检查投标报价的算术计算有无错误，确定投标人评标价，分析比较各投标人报价并评审其合理性，对重大报价偏差提出处理意见。

（3）分析、比较、评价投标人主要工程单价水平的合理性与平衡性。

（4）分析、比较、评价投标人报价费用构成、主要基础价格和取费的合理性。

（5）分析投标人商务条件，是否提出了与招标文件中的合同条款相悖的要求。

（6）提出澄清的商务问题清单，并组织进行商务澄清。

（7）负责商务部分的定量评分。

（8）提出商务评审意见，并编写商务组评标报告。

（9）评标委员会交办的其他工作。

（二）评标专家的选定

由于评标是复杂的专业活动，非专业人员无法对投标文件进行评审和比较，为了保证评标的公正性和权威性，根据招标法规规定，评标专家一般应具备高级职称且具有 8 年以上专业经验背景，同时评标委员会中专家人数不得少于成员总数 2/3。为了防止选定评标专家时的主观随意性，招标人应从国务院或省级人民政府有关部门提供的专家名册或者招标代理机构的专家库中，采取随机抽取的方式确定。对于技术特别复杂的项目、采用新技术的项目等，由于采取随机抽取的方式确定的专家难以胜任，或者只有少数专家在专业上能够满足评标工作，招标人可以直接确定专家人选。

（三）评标专家的要求与回避

为保证招标工作的公正性，评标专家应当客观、公正地履行职责，遵守职业道德，准时出席评标活动，并客观公正地进行评标工作，对所提出的评审意见承担个人责任。评标专家应遵守评标纪律，不得私下接触投标人，不得收受他人的财物或者其他好处，不得透露对投标文件的评审和比较、中标候选人的推荐情况以及与评标有关的其他情况。参与评标的人员如与投标人有利害关系的，即评标人员是投标人或其代理人的近亲属，或与投标人有其他社会关系或经济利益关系，或项目主管部门或者行政监督部门的人员，这些人员可能影响对投标的评审公正，为此应当回避并不得进入评标委员会。当然，曾因在招标、评标以及其他与招标投标有关活动中从事违法行为而受过行政处罚或刑事处罚的人员也是不能进入评标委员会的。

二、评标方法的确定

（一）评标办法的基本要求

采取科学、合理的评标办法，能够最大限度地达到招标投标的目标。评标办法应符合以下要求：

（1）公正性。公正性指为参加投标的单位创造公平竞争的条件。

（2）适应性。适应性指要针对具体项目合理确定评标标准（评标指标及指标权数）。

（3）科学性。科学性指评标所采用的评标标准和评价方法必须清楚、明确、具体、详细。评价指标过少、过粗，难以全面反映投标人的全貌，但对于综合性质的方法又不可过分约束，要留有一定的灵活性，以确保达到综合评价的主要目标。

（二）常见的评标办法

常见的评标办法有：专家评议法、最低投标价法、经评审的最低投标价法、综合评估法、设备寿命期费用评标法等。

1. 专家评议法

专家评议法也称定性评议法，评标委员会根据预先确定的评审内容，如报价、工期、技术方案和质量，对各投标文件共同分项进行定性的分析、比较，进行评议后，选择投标文件在各指标都较优良者为候选中标人，也可以用表决的方式确定候选中标人。

专家评议法一般适用于小型项目，或在无法量化投标条件的情况下使用。

2. 最低投标价法

最低投标价法是价格法的一种，也称合理最低投标价法，即能满足招标文件的各项要求，且投标价格最低的投标可作为中选投标。但不包括报价低于成本价的投标。同时，评审所用报价是开标时宣读的投标价，且对计算上的错误应按招标文件的规定进行调整和纠正。但评标时一般不考虑适用于合同执行期的价格调整规定。

最低投标价法一般适用于简单商品、半成品、原材料，以及其他性能、质量相同或容易进行比较的货物招标。这些货物技术规格简单，技术性能和质量标准及等级通常可采用国际（国家）标准规范，此时仅以投标价格的合理性作为唯一尺度定标。

3. 经评审的最低投标价法

这是一种价格加其他因素评标的方法。以这种方法评标，一般做法是将报价的商务部分数量化，并以货币折算成价格，与报价一起计算，形成评标价，然后以此价格按高低排除次序，能够满足招标文件的实质性要求、"评标价"最低的投标应当作为中选投标。

采用经评审的最低投标价法，中标人的投标应当符合招标文件规定的技术要求和标准，但评标委员会无需对投标文件的技术部分进行价格折算。

除报价外，评标时应考虑的因素一般有以下几种：

（1）内陆运输费用及保险费。

（2）交货或竣工期。

（3）支付条件。

（4）零部件以及售后服务。

（5）价格调整因素。

（6）设备和工厂（生产线）运转和维护费用。

经评审的最低投标价法一般适用于具有通用技术、性能标准或者招标人对其技术、性能没有特殊要求的招标项目。

4. 综合评估法

在采购机械、整套设备、车辆及其他重要固定资产如工程时，如果仅仅比较各投标人的报价或报价加商务部分，对竞争性投标之间的差别不能做出恰如其分的评价。因此，在这种情况下，必须以价格加其他全部因素综合评标，即应用综合评估法评标。

以综合评估法评标，一般是将各个评审因素在同一基础或者统一标准上进行量化，量化指标可以采取折算为货币的方法、打分的方法或者其他方法，使各投标文件具有可比性。对技术部分和商务部分的量化结果进行加权，计算出每一投标的综合评估价或者综合评估分，以此确定候选中标人。最大限度地满足招标文件中规定的各项综合评价标准的投标，应当推荐为中标候选人。

综合评估法常用的是最低评标价法和综合评分法。

(1) 最低评标价法，也称综合评标价法，是把除报价外其他各种因素予以数量化，用货币计算其价格，与报价一起计算，然后按评标价高低排列次序。以这种方法评标，一般做法是以投标报价为基数，将报价以外的其他因素（既包括商务因素也包括技术因素）数量化，并以货币折算成价格，将其加（减）到投标价上去，形成评标价，以评标价最低的投标作为中选投标。

(2) 综合评分法，也称打分法，是指评标委员会按预先确定的评分标准，对各投标文件需评审的要素（报价和其他非价格因素）进行量化，评审记分，以投标文件综合分的高低确定中标单位的评标方法。综合评分法可以较全面地反映投标人的素质。

使用综合评分法，评审要素确定后，首先将需要评审的内容划分为几大类，并根据招标项目的性质、特点，以及各要素对招标人总投资的影响程度具体分配分值权重（即"得分"）。然后再将各类要素细化成评定小项，并确定评分的标准。这种方法往往将各评审因素的指标分解成 100 分，因此也称百分法。

打分法一般适用于采购价格不太大的采购，或无法将重要的评标标准数量化的设备。采购成套工厂设备不宜采用打分法。

5. 设备寿命期评标法

这种方法是在综合评标价法的基础上，再加上一定运行年限内的费用作为评标价格。

有时候，采购整座工厂成套生产线或设备、车辆等，采购后若干年运转期内的各项后续费用（零件、油料及燃料、维修等）很大，有时甚至超过采购价。不同投标文件提供的同一种设备，运转期后续费用的差别可能会比采购价格的差别更为重要。在这种情况下，应采取寿命期全部费用评标法。

采用设备寿命期费用评标法，应首先确定一个统一的设备评审寿命期，然后将投标报价和因为其他因素而需要调整（增或减）的价格，加上今后一定的运转期内发生的各项运行和维护费用，再减去寿命期末设备的残值。计算运转期内各项费用，都应按招标文件规定的贴现率折算成净现值，再计入评标价中。

三、评标活动中的有关事宜

(一) 投标人对投标文件的澄清

提交投标截止时间以后，投标文件就不得被补充、修改，这是招标投标的基本规则。但评标时，若发现投标文件的内容有含义不明确、不一致或明显打字（书写）错误或纯属计算上的错误的情形，评标委员会则应通知投标人做出澄清或说明，也确认其正确的内容。对明显打字（书写）错误或纯属计算上的错误，评标委员会应允许投标人补正。澄清的要求和投标人的答复均应采取书面的形式。投标人的答复必须经法定代表人或授权代理人签字，作为投标文件的组成部分。

但是，投标人的澄清或说明，仅仅是对上述澄清的解释和补正，不得有下列行为：

（1）超出投标文件的范围。如投标文件没有规定的内容，澄清时候加以补充；投标文件规定的是某一特定条件作为某一承诺的前期，但解释为另一条件，等等。

（2）改变或谋求、提议改变投标文件中的实质性内容。所谓改变实质性内容，是指改变投标文件的报价、技术规格（参数）、主要合同条款等内容。这种实质性内容的改变，目的就是为了使不符合要求的投标成为符合要求的投标，或者使竞争力较差的投标变成竞争力较强的投标。例如，在挖掘机招标中，招标文件规定发动机冷却方式为水冷，某一投标人用风冷发动机投标，但在澄清时，该投标人坚持说是水冷发动机，这就改变了实质性内容。

如果需要澄清的投标文件较多，则可以召开澄清会。澄清会应当在招标投标管理机构监督下进行。在澄清会上由评标委员会分别单独对投标人进行质询，先以口头形式询问并解答，随后在规定的时间内投标人以书面形式予以确认，做出正式书面答复。

另外，投标人借澄清的机会提出的任何修正声明或者附加优惠条件不得作为评标定标的依据。投标人也不得借澄清的机会提出招标文件内容之外的附加要求。

（二）禁止招标人与投标人进行实质性内容的谈判

《招标投标法》规定："在确定中标人前，招标人不得与投标人就投标价格、投标方案等实质性内容进行谈判。"其目的是为了防止出现所谓的"拍卖"方式，即招标人利用一个投标人提交的投标对另一个投标人施加压力，迫其降低报价或使其他方面变为更有利的投标。许多投标人都避免参加采用这种方法的投标，即使参加，他们也会在谈判过程中提高其投标价或把不利合同条款变为有利合同条款。

虽然禁止招标人与投标人进行实质性谈判，但是，在招标人确定中标人前，往往那个需要就某些非实质性问题，如具体交付工具的安排，调试、安装人员的确定，某一技术措施的细微调整等等，与投标人交换看法并进行澄清，则不在禁止之列。另外，即使是在中标人确定后，招标人与中标人也不得进行实质性内容得谈判，以改变招标内容和投标文件中规定的有关实质性内容。

（三）评标无效

评标过程有下列情况之一，评标无效，应当依法重新进行评标或者重新进行招标，有关行政监督部门可处 3 万元以下的罚款：

（1）使用招标文件没有确定的评标标准和方法的。

（2）评标标准和方法含有倾向或者排斥投标人的内容，妨碍或者限制投标人之间竞争，且影响评标结果的。

（3）应当回避担任评标委员会成员的人参与评标的。

（4）评标委员会的组建及人员组成不符合法定要求的。

（5）评标委员会及其成员在评标过程中有违法行为，且影响评标结果的。

（四）废除所有投标及重新招标

通常情况下，招标文件中规定招标人可以废除所有的投标，但必须经评标委员会评审。评标委员会经评审，认为所有投标都不符合招标文件要求的，可以否决所有招标。

废除所有的投标一般有两种情况：一是缺乏有效的竞争，如投标人不足 3 个；二是大部分或全部投标文件不被接受。

《招投标法实施条例》第51条规定有下列情形之一的，评标委员会应当否决其投标：

（1）投标文件未经投标单位盖章和单位负责人签字。

（2）投标联合体没有提交共同投标协议。

（3）投标人不符合国家或者招标文件规定的资格条件。

（4）同一投标人提交两个以上不同的投标文件或者投标报价，但招标文件要求提交备选投标的除外。

（5）投标报价低于成本或者高于招标文件设定的最高投标限价。

（6）投标文件没有对招标文件的实质性要求和条件做出响应。

（7）投标人有串通投标、弄虚作假、行贿等违法行为。

判断投标是否符合招标文件的要求，有两个标准：一是只有符合招标文件中全部条款、条件和规定的投标才是符合要求的投标；二是投标文件有些小偏离，但并没有根本上或实质上偏离招标文件载明的特点、条款、条件和规定，即对招标文件提出的实质性要求和条件做出了响应，仍可被看做是符合要求的投标。这两个标准，招标人在招标文件中应事先列明采用哪一个，并且对偏离尽量数量化，以便评标时加以考虑。

依法必须进行招标的项目的所有投标被否决的，招标人应当依照《招标投标法》重新进行招标。如果废标是因为缺乏竞争性，应考虑扩大招标公告的范围。如果废标是因为大部分或全部投标不符合招标文件的要求，则可以邀请原来通过资格预审的投标人提交新的投标文件。这里需要注意的是，招标人不得单纯为了获得最低价而废标。

四、评标报告

评标委员会完成评标后，应向招标人提出书面评标报告。评标报告由评标委员会全体成员签字。评标报告应如实记载以下内容：

（1）评标组织机构及评标委员会成员名单。

（2）评标工作程序和实施情况。

（3）开标记录及基本情况和数据表。

（4）符合要求的投标一览表。

（5）废标情况说明。

（6）评标标准、评标方法或评标意见一览表。

（7）商务评估意见、技术评估意见。

（8）经评审的价格或评分比较一览表。

（9）经评审的投标人排序。

（10）推荐的中标候选人名单与签订合同前要处理的事宜。

（11）澄清、说明、补正事项纪要。

第八节　定　　标

一、中标的条件

《招标投标法》规定："中标人的标价应当符合下列条件之一：（一）能够最大限度地

满足招标文件中规定的各项综合评价标准；（二）能够满足招标文件的实质性要求，并且经评审的投标价格最低；但是投标价格低于成本的除外。"从规定可以看出中标的条件有两种，即获得最佳综合评价的投标中标，最低投标价格中标。

（一）获得最佳综合评价的投标中标

所谓综合评价，就是按照价格标准和非价格标准对投标文件进行总体评估和比较。采用这种综合评标法时，一般将价格以外的有关因素折成货币或给予相应的加权计算，也确定最低评标价，即可认定该投标获得最佳综合评价。所以，投标价格最低的不一定中标。采用这种评标方法时，应尽量避免在招标文件中只笼统地列出价格以外的其他有关标准。如对如何折成货币或给予相应的加权计算没有规定下来，而在评标时才制定出来具体的评标计算因素及其量化计算方法，这样做会使评标带有明显有利于某一投标的倾向性，违背了公平、公正的原则。

（二）最低投标价格中标

所谓最低投标价格中标，就是投标报价最低的中标，但前提条件是该投标符合招标文件的实质性要求。如果投标文件不符合招标文件的要求而被招标人所拒绝，则投标价格再低，也不在考虑之列。

在采用这种条件选择中标人时，必须注意的是，投标价不得低于成本。这里所指的成本，是招标人和投标人自己的个别成本，而不是社会平均成本。由于投标人技术和管理等方面的原因，其个别成本有可能低于社会平均成本。投标人以低于社会平均成本，但不低于其个别成本的价格投标，应该受到保护和鼓励。如果投标人的价格低于招标人的个别成本或自己的个别成本，则意味着投标人取得合同后，可能为了节省开支而想方设法偷工减料、粗制滥造，给招标人造成不可挽回的损失。如果投标人以排挤其他竞争对手为目的，而以低于个别成本的价格投标，则构成低价倾销的不正当竞争行为，违反我国《价格法》和《反不正当竞争》。

二、中标与合同的签订

《招标投标法实施条例》第五条规定："设区的市级以上地方人民政府可以根据实际需要，建立统一规范的招标投标交易场所，为招标投标活动提供服务。招标投标交易场所不得与行政监督部门存在隶属关系，不得以营利为目的。"

1. 内部评标与定标

（1）评标应在封闭场所进行，评标开始前先由评标委员会主任组织专家组学习评标办法和细则，细化各标段评审要素和评分标准分值。

（2）评审专家分组阅读招标文件、投标文件及相关资料。

（3）评审专家讨论和评议，评标委员会应安排投标人进行问题澄清或答疑，答疑记录应签名保存。

（4）在澄清会后，评委即分组对投标文件经济和技术部分进行记名（或不记名）打分，各评委独立打分完毕后当场由工作人员和公证员复核计算无误后密封保存。

（5）评委会分组起草技术和经济初评报告，评审报告由评委会通过后由评审小组长签名。

2. 招投标交易中心评标与定标

（1）定标会在交易中心召开，施工招投标领导小组成员参加，由组长主持定标会，市建设局、审计中心、反贪局、公证处等参加。

（2）听取评标委员会评审意见，审查评标报告；对重大问题做出决定，进行打分，评分表由公证处保存。

（3）投标单位进场。

（4）市政府项目审计中心当场公布标底。

（5）由公证处检查报告书密封情况，当众公布各家报价，按照打分标准计算出报价分。

（6）由公证处负责统计技术、经济、财务得分，将技术、经济、财务得分并按权重计算投标人总分，按得分高低确定中标人。

（7）建设局（厅）填写定标书。

招标单位应当依据评标委员会的评标报告，并从其推荐的中标候选人名单中确定中标单位，也可以授权评标委员会直接定标。

实行合理低标价法评标时，在满足招标文件各项要求的前提下，投标报价最低的投标单位应当为中标单位，但评标委员会可以要求其对保证工程质量、降低工程成本拟采用的技术措施做出说明，并据此提出评价意见，供招标单位定标时参考；实行综合评议法时，得票最多或者得分最高的投标单位应当为中标单位。

招标单位未按照推荐的中标候选人排序确定中标单位的，应当在其招标投标情况的书面报告中说明理由。

在评标委员会提交评标报告后，招标单位应当在招标文件规定的时间内完成定标。定标后，中标人已确定后，招标人将于 15 日内向工程所在地县级以上地方人民政府建设行政主管部门提交施工招标情况的书面报告。建设行政主管部门自收到书面报告之日起 5 日内，未通知招标人在招投标活动中有违法行为的，招标人将向中标人发出《中标通知书》，同时将中标结果通知所有未中标的投标人。《中标通知书》的格式如下：

范例

中标通知书（格式）

（中标人名称）：

　　　　（招标人名称）的　　　　　　　　　　（工程项目名称）工程，与　　　　年　　　　月　　　　日公开开标后，已完成评标工作和向建设行政主管部门提交该施工招标投标情况的书面报告工作，现确定你单位为中标人，中标标价为　　　　（币种，金额，单位），中标工期自　　　　年　　　　月　　　　日开工，　　　　年　　　　月　　　　日竣工，总工期为　　　　日历天，工程质量要求符合（工程施工质量验收规范）。项目经理为　　　　。

　　　　你单位收到中标通知书后，须在 　　　　年 　　　　月 　　　　日 　　　　时　　　　分前到（地点）　　　　　　与招标人签订合同。

招标人：　　　　　　　　　　　　　　（盖章）

法定代表人或其委托代理人：　　　　　　　　　（签字、盖章）

招标代理机构：　　　　　　　　　　　　（盖章）

自《中标通知书》发出之日 30 日内，招标单位应当与中标单位签订合同，合同价应当与中标价相一致；合同的其他主要条款，应当与招标文件、《中标通知书》相一致。

中标后，除不可抗力外，中标单位拒绝与招标单位签订合同，招标单位可以不退还其投标保证金，并可以要求赔偿相应的损失；招标单位拒绝与中标单位签订合同的，应当双倍返还其投标保证金，并赔偿相应的损失。

中标单位与招标单位签订合同时，应当按照招标文件的要求，向招标单位提供履约保证。履约保证可以采用银行履约保函（一般为合同价的 5%～10%），或者其他担保方式（一般为合同价的 10%～20%）。招标单位应当向中标单位提供工程款支付担保。

三、工程招投标中标的无效认定

《招标投标法》中规定标无效主要有以下 6 种情况：

（1）招标代理机构违反本法规定，泄露应当保密的与招标投标活动有关的情况和资料，或者与中标人、投标人串通损害国家利益、社会公共利益或者他人合法权益的行为影响中标结果的，中标无效。

（2）招标人向他人透露已获得招标文件的潜在投标人的名称、数量或者可能影响公平竞争的有关招标投标的其他情况，或者泄露标底的行为影响中标结果的，中标无效。

（3）投标人相互串通投标，投标人与招标人串通投标的，投标人以向招标人或者评标委员会行贿的手段谋取中标的，中标无效。

1）《工程建设项目施工招标投标办法》规定，下列行为均属于投标人串通投标报价：

a. 投标人之间相互约定太高或压低投标报价。

b. 投标人之间相互约定，在招标项目中分别以高、中、低价位报价。

c. 投标人之间先进行内部竞价，内定中标人，然后再参加投标。

d. 投标人之间其他串通投标报价的行为。

2）下列行为均属招标人与投标人串通投标：

a. 招标人在开标前开启招标文件，并将投标情况告知其他投标人，或者协助投标人撤换投标文件，更改报价。

b. 招标人向投标人泄露标底。

c. 招标人与投标人商定，投标时压低或者太高标价，中标后再给投标人或招标人额外补偿。

d. 招标人预定内定中标人。

e. 其他串通投标行为。

（4）投标人以他人名义投标或者以其他方式弄虚作假，骗取中标的，中标无效。以他人名义投标，指投标人挂靠其他施工单位，或从其他单位通过转让或租借的方式获得资格或资质证书，或者由其他单位及法定代表人在自己编制的投标文件上加盖印章和签字等行为。

（5）依法必须进行招标的项目，招标人违反本法规定，与投标人就投标价格、投标方案等实质性内容进行谈判的行为影响中标结果的，中标无效。

（6）招标人在评标委员会依法推荐的中标候选人以外确定中标人的，依法必须进行招标的项目在所有投标被评标委员会否决后确定中标人的，中标无效。

从以上6种情况来看，导致中标无效的情况可分为两大类：一类为违法行为直接导致中标无效；另一类为只有违法行为影响了中标结果时，中标才无效。

第十六章
工程投标

第一节 工程投标程序

建设工程投标的程序如图 16-1 所示。

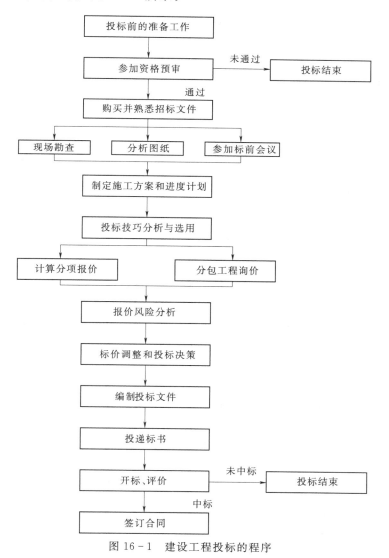

图 16-1 建设工程投标的程序

第二节　投标前期准备

投标的前期工作包括获取投标信息与前期投标决策，即从众多市场招标信息中确定选取哪个（些）项目作为投标对象。这方面需注意以下几个问题。

一、获取并查证招标信息

虽然改革开放已经 30 多年，但国内工程的招投标目前仍与国际招投标存在一定差距，特别是在信息的真实性、公平竞争的透明度、业主支付工程价款的可信度、承包商承包履约的诚意、合同的履行等方面存在不少问题。因此要参加投标的企业，在决定投标对象时，必须认真分析验证所获信息的真实可靠性。这在国内并不困难，通过与招标单位直接洽谈，证实其招标项目确实也立项批准和资金是否落实即可。

二、调查业主

对业主的调查了解是确信实施工程的酬金能否回收的前提。许多业主单位依仗手的权势，蛮不讲理，长期拖欠工程巨款，致使承包企业不仅不能获取利润，而且连成本都无法回收。还有些业主单位的工程负责人与外界勾结，索要巨额回扣，中饱私囊，致使承包企业苦不堪言。承包商必须对获得该项目之后，履行合同的各种风险进行认真的评估分析。机会可以带来效益，但不良的业主同样有可能使承包商陷入泥潭而不能自拔。利润与风险总是并存的。

三、成立投标工作机构

如果已经核实了信息，证明某项目的业主自信可靠，没有资金不到位及拖欠工程款的风险，则施工企业可做出投该项目标的决定。

为了确保在投标竞争中获胜，施工企业必须精心挑选精干且富有经验的人员组成投标工作机构。该工作机构应能及时掌握市场动态，了解价格行情，能基本判断拟投标项目的竞争态势，注意收集和积累有关资料，熟悉工程招投标的基本程序，认真研究招标文件和图纸，善于运用竞争策略，能针对具体项目的各种特点制定出恰当的投标报价策略，至少应能使其报价进入预选圈内。

投标工作机构通常应有以下人员组成：

（1）决策人。通常由部门经理或副经理单人，也可由总经济师负责。

（2）技术负责人。可由总工程师或主任工程师单人、其主要责任是制定施工方案和各种技术措施。

（3）投标报价人员。由经营部门的主管技术人员、预算师等负责。

此外，物资供应、财务计划等部门也应积极配合，特别是在提供价格行情、工资标准、费用开支及有关成本费用等方面给予大力协助。

投标机构的人员应精干、富有经验且受过良好培训。有娴熟的投标技巧和较强的应变能力。这些人应渠道广、信息灵、工作认真、纪律性强，尤其应对公司绝对忠诚。投标机构的人员不宜过多。特别是最后决策阶段，参与的人数应严格控制，以确保投标报价的机密性。

四、寻求合作伙伴

有些国家规定，外国承包商进入该国，必须与当地企业或个人合作，才能开展经营活动。实际上，这些当地的合作者并不参加控投，也不对经营的盈亏负责，而只是做些代理人的工作，有外国承包商按协议付给一定酬金。对于此类合作者的选择，可参照代理人的条件去处理。

另有一类合作者，通常是当地有权势、地位的人物，在合作企业中担任董事甚至董事长，支取一定的报酬，但既不参加股份，也不过问日常的经营活动，只是在某些特殊情况下运用他的影响，帮助承包商解决困难问题，维护企业利益。此类合作者实质上是承包商的政治顾问。其选择，主要应着眼于社会关系和活动能力。

至于有些国家规定，本国的合作者必须参加一定的股份（例如51％），并担任一定的职位参加经营管理的，则须详细研究该国的有关法规，了解外国承包商的权利义务和各种限制条件，再去选择资信可靠、能真诚合作的当地合作者，签订合作协议。

五、办理注册手续

（一）我国异地投标的登记注册

我国建筑企业跨越省、自治区、直辖市范围，去其他地区投标，应到招标工程所在建筑市场管理部门登记，领取招标许可证。登记时应交验企业营业执照、资质等级证书和企业所在地区省级建筑业主管部门批准赴外地承包工程的证件。中标后办理注册手续。注册期限按承建工程的合同工期确定；注册期满，工程未能按期完工的，需办理注册延期手续。

（二）国际工程投标注册

外国承包商进入招标工程所在国开展业务活动，必须按照该国的规定办理注册手续，取得合法地位。有的国家要求外国承包商在投标之前注册，才准许进行业务活动；有的国家则允许先进行投标活动，待中标后再办理注册手续。

外国承包商向招标工程项目所在国政府主管部门申请注册，必须提交规定的文件。各国对这些文件的规定大同小异，主要为下列各项：

（1）企业章程。包括企业性质、资本、业务范围、组织机构、总部所在地等。

（2）营业证书。我国对外承包工程公司的营业证书由国家或省、自治区、直辖市的工商行政管理局签发。

（3）承包商在世界各地的分支机构清单。

（4）企业主要成员（公司董事会）名单。

（5）申请注册的分支机构名称和地址。

（6）企业总负责人（总经理或董事长）签署的分支机构负责人的委任状。

（7）招标工程项目业主与申请注册企业签订的施工合同、协议或有关证明文件。

第三节 工程投标决策

一、投标决策的含义

投标人通过投标取得项目，是市场经济条件下的必然。但是，作为投标人，并不是每标必投，这就需要研究投标决策。投标决策是解决投不投标和如何中标问题。投标决策包括三方面内容：

(1) 针对项目招标是投标，或是不投标。

(2) 倘若投标，是投什么性质的标。

(3) 投标中如何采用以长制短、以优胜劣的策略和技巧。

投标决策的正确与否，关系到能否中标和中标后的效益，关系到承包者的发展前景和单位的经济利益，甚至关系到国家的信誉和经济发展的问题。因此，企业的决策班子必须充分认识到投标决策的重要意义，把这一工作摆到企业的重要议事日程上来着重考虑。

二、投标决策阶段的划分

根据工作特点，投标决策可以分为决策前期和决策后期两个阶段。

1. 决策前期阶段

投标决策的前期阶段，在购买资格预审资料前（后）完成。

这个阶段决策的主要依据是招标公告（资格预审公告），以及单位对招标项目、业主情况的调研和了解。

前期阶段决定是否参与投标。

通常情况下，对下列招标项目应放弃投标：

(1) 本单位营业范围之外的项目。

(2) 工程规模、技术要求超过本单位技术等级的项目。

(3) 本单位生产任务饱满，招标项目的盈利水平较低或风险较大的项目。

(4) 本单位技术水平、业绩、信誉明显不如竞争对手的项目。

2. 决策后期阶段

决定投标，即进入投标决策的后期，具体是指从申报资格预审至封送投标文件前完成的决策研究阶段。这个阶段主要决定投什么性质的标，以及在投标中采取什么策略。当然，也存在经过资格预审合格，购买招标文件后放弃投标的情况。

承包者的投标按性质可分为风险标和保险标两类。风险标是指企业明知承包难度大、风险大，且技术、设备、资金上都有未解决的问题，但由于队伍窝工，或因为项目盈利丰厚，或为了开拓新技术领域而决定参加投标，这时要设法解决存在的问题。投标后，如问题解决得好，可取得较好的经济效益，可锻炼出一支好的队伍，使单位更上一层楼；解决得不好，单位的信誉会受到损害，严重者可能导致亏损以至破产。因此，投风险标必须审慎。

保险标是指对可以预见的情况从技术、设备、资金等重大问题都有了解决的对策之后，而投出的标。单位经济实力较弱，经不起失误的打击，则往往投保险标。

三、影响投标决策的因素

影响投标决策的因素很多，需要投标人广泛、深入地调查研究，系统地积累资料，进行全面分析，才能对投标做出正确决策。决定投标与否，更重要的是效益性。投标人应对承包项目的成本、利润进行预测和分析，以供投标决策之用。

(一) 影响投标决策的主观因素

投标或是弃标，首先取决于投标单位的实力。实力表现在以下方面：

（1）技术实力。

（2）经济实力。

（3）管理实力。

（4）信誉实力。

（二）影响投标决策的客观因素

（1）项目的难易程度，如质量要求、结构形式、工期要求。

（2）业主及其合作伙伴情况。业主的合法地位、支付能力、履约能力；合作伙伴，如监理工程师处理问题的公正性、合理性，都是影响投标决策的因素。

（3）竞争对手的实力、优势及投标环境的优劣情况。竞争对手的在运作项目情况也十分重要，如果对手进行中的项目即将完工，可能急于获得新项目。

（4）法律法规情况，主要是法律适用问题。

（5）风险问题。自己熟悉区域的承包项目，其风险相对要小一些，不熟悉区域的项目、风险要大得多。

四、投标决策的方法

进行投标决策时，只有把定性分析和定量方法结合起来，才能得出正确的决策。决策的分析方法有很多，专家评分在进行投标决策时仍然适用。利用专家评分法进行投标决策，步骤如下：

（1）按照确定的指标对本单位完成该项目的相对重要程度分别确定权数。

（2）用各项指标对投标项目进行衡量，可将标准划分为好、较好、一般、较差、差5个等级，各等级赋予定量数值，如按 1.0、0.8、0.6、0.4、0.2 打分。

（3）将每项指标权数与等级分相乘，求出该指标得分。全部指标得分之和即为此项目投标机会得分。

（4）将总得分与过去其他投标情况进行比较，或与预先确定的准备接受的最低分数比较，决定是否参加投标。

专家评分法适用的情况为：①对某个项目投标机会做出评价，总得分和权数较大的几个指标的得分在可接受的范围，即可认为适宜投标；②从若干个可以同时考虑的项目中选择优先投标的项目，以总得分的高低决定优先顺序。

第四节　工程投标策略及报价的技巧

一、工程投标策略的含义

投标策略是指承包人在投标竞争中的系统工作部署及其参与投标竞争的方式和手段。承包者要想在投标中获胜，既中标得到承包项目，又要从项目中盈利，就需要研究投标策略，以指导其投标全过程。在投标和报价中，选择有效的报价技巧和策略，往往能取得较好的效果。

二、投标策略的内容

由于招标内容不同、投标人性质不同，所采取的策略也不同。工程投标策略的内容如下所述：

（1）以信取胜。这是依靠单位长期形成的良好社会信誉、技术和管理上的优势、优良的工程质量和服务措施、合理的价格和工期等因素争取中标。

（2）以快取胜。通过采取有效措施缩短施工工期，并能保证进度计划的合理性和可行性，从而使招标工程早投产、早受益，吸引业主。

（3）以廉取胜。其前提是保证施工质量，这对业主一般都具有较强的吸引力。从投标人的角度出发，采取这一策略也可能有长远的考虑，即通过降价扩大任务来源，从而降低固定成本在各个工程上的摊销比率，既降低工程成本，又为降低新投标工程的承包价格创造了条件。

（4）靠改进设计取胜。在这种情况下，一般仍然要按原设计报价，再按建议的方案报价。

（5）采用以退为进的策略。当发现招标文件中有不明确之处并有可能据此赔偿时，可报低价先争取中标，在寻找索赔机会。采用这种策略一般要在索赔事务方面相当有经验。

（6）采用长远发展的策略。其目的不在于从当前的招标工程上获利，而是着眼于发展，争取将来的优势。如为了开辟新市场、掌握某种有发展前途的工程施工技术，宁可在当期招标工程上以微利甚至无利的价格参与竞争。

以上这些策略不是相互排斥的，根据具体情况，可以灵活运用。

三、投标报价的技巧

投标报价技巧是指在投标报价中采用一定的手法或技巧使业主可以接受，而中标后又能获得更多的利润。具体估价时，要贯彻总得报价策略意图，如整个投标工程采用"低利策略"，则利润率要定得较低或很低，甚至管理费率也要定得较低。报价有其自身规律和技巧，策略和技巧两者必须相辅相成，互相补充。常用的工程投标报价技巧主要有：

1. 灵活报价法

灵活报价法是指按照招标工程的不同特点、类别、施工条件等灵活报价。

（1）报价可高一些的情况。

1）施工条件差的工程。

2）专业要求高的技术密集型工程，而本单位在这方面有专长，声望也较高。

3）规模较小的工程，以及自己不愿做又不方便不投标的工程。

4）特殊的工程。

5）工期要求紧的工程。

6）投标对手少的工程。

7）支付条件不理想的工程。

（2）报价可低一些的情况。

1）施工条件好的工程，工作简单、工程量大，而且一般单位都可以做的工程。

2）本单位目前急于打入某一市场、某一地区，或面临工程结束，机械设备等无工地转移时。

3）本单位在附近有工程，而本项目又可利用该工程的设备、劳务，或有条件短期内突击完成。

4）投标对手多，竞争激烈的工程。

5）非急需工程。

6）支付条件好的工程。

（3）报价可采用无利润估价的情况。

1）有可能在得标后将大部分工程分包给索价较低的分包商。

2）对于分期建设的项目，先以低价获得首期工程，赢的机会创造第二期工程中的竞争优势，并在以后得实施中赚的利润。

3）较长时间内，承包商没有在建的工程项目，如果再不得标，就难以维持生存，因此，虽然本工程无利可图，只要能有一定管理费维持公司的日常运转，就可渡过暂时的困难，以图将来东山再起。

2．不平衡报价法

不平衡报价或称前重后轻报价，是指与正常的估算比较，有些分项的投标报价明显过高，有些则过低的投标文件。投标人采用不平衡报价的目的一般是通过调整各个项目的报价，以期既不提高总报价、不影响中标，又能在结算时得到更理想的经济效益。一般可以考虑在以下方面采用不平衡报价。

（1）能够早日结账收款的项目可适当提高。

（2）预计今后工程量会增加的项目，单价适当提高，这样在最终结算时可多赚钱。将工程量可能减少的项目单价降低，工程结算时损失不大。

（3）设计图纸不明确，估计修改后工程量要增加的，可以提高单价；工程内容解说不清楚的，则可适当降低一些单价，待澄清后再要求提价。

（4）暂定项目，又叫任意项目或选择项目，对这类项目要具体分析。因为这类项目要在开工后，再由业主研究决定是否实施，以及由哪家承包商实施。如果工程不分标，则其中肯定要做的单价可高些，不一定做的则应低些。如果工程分标，该暂定项目也可能由其他承包商施工时，则不宜报高价，以免报高总报价。

3．突然降价法

报价是一种保密的工作，但是对手往往通过各种渠道、手段刺探情况，因此在报价是可以采取迷惑对手的方法，即先按一般情况报价或表现出自己对该工程兴趣不大，到投标快截止时，在突然降价。突然降价法是针对竞争对手的，其运用的关键在于突然性，且需保证降价幅度在自己的承受范围之内。

降价文件投出的方法有两种：一是在投标截止前一刻，用降价的投标文件换掉正常的投标文件，封存后交给招标人；二是先投出正常的投标问价，在投标截止前一刻再递交一份投标文件的修改文件。后一种方法更具有迷惑性。无论如何，采用突然降价法，一定是在准备投标报价的过程中考虑好降价的幅度，根据信息与分析判断，再作最后决策。同时，确保在投标截止时间最后一刻，报出符合招标文件要求的投标文件。

4．增加建议法

在一般的招标中，一个投标人只能投一份投标文件，即"一标一投"，这是招标投标活动的惯例。但在一些招标中，招标文件规定投标人"除按原方案报价外，允许投标人提出新的建议方案和报价"，即投标人在一个项目中，可以提供两份投标文件。但必须注意的是，两份投标文件一份是招标文件在一个项目中，可以提供两份投标文件。但必须注意的是，两份投标文件一份是对招标文件所提供方案的投标，另一份是对投标人自己所提方案的投标，而不能对招标文件所提供方案投两个标。

5．分包商报价的应用

总承包商通常应在投标前先取得分包商的报价，并增加总承包商摊入的一定的管理费，而后作为自己投标总价的一个组成部分一并列入报价单中。具体为，总承包商在投标前找 2～3 家分包商分别报价，而后选择其中一家信誉较好、实力较强、报价合理的分包商签订协议，同意该分包商作为本分包工程的唯一合作者，并将分包商的姓名列到投标文件中，但要求该分包商相应的提交投标保函。

第五节　资　格　预　审

一、物色投标代理人

物色代理人或合作伙伴是国际工程投标必要的准备工作之一。因为国际工程承包活动中通行代理制度，外国承包商进入工程项目所在国，须通过合法的代理人开展业务活动；有些国家还规定，外国承包商进入该国，必须与当地企业或个人合作，才允许开展业务活动。国内工程投标一般不需此项准备工作。

（一）代理人服务的内容

代理人实际上是工程项目所在国为外国承包商提供综合服务的咨询机构或个人开业的咨询工程师。其服务内容主要有以下方面：

（1）协助外国承包商争取参加本地招标工程项目投标资格预审和取得招标文件。

（2）协助办理外国人出入境签证、居留证、工作证以及汽车驾驶执照等。

（3）为外国公司介绍本地合作对象和办理注册手续。

（4）提供当地市场信息和有关商业活动的知识。

（5）协助办理建筑器材和施工机械设备以及生活资料的进出口手续。

（6）促进与当地官方及工商界、金融界的友好关系。

（二）代理人的条件

代理人的活动往往对一个工程项目的投标成功与否，起着相当重要的作用。因此，对物色代理人应给予足够的重视。一个优秀的代理人应该具备下列条件：

（1）有丰富的业务知识的工作经验。

（2）自信可靠，能忠实地为委托人服务，尽力维护委托人的合法利益。

（3）交际广，活动能力强，信息灵通，甚至有强大的政治、经济界的背景。

（三）代理合同和代理费用

找到适当的代理人以后，应及时签订代理合同，并颁发委托书。

（1）代理合同应包括下列内容：

1）代理的业务范围和活动地区。

2）代理活动的有效期限。

3）代理费用和支付方法。

4）有关特别酬金的条款。

（2）代理费用，一般为工程标价的 2%～3%，视工程项目的大小和代理业务繁简而定。通常工程项目较小或代理业务繁杂的代理费用率较高；反之则较低。在特殊情况下，代理费也有低到 1% 或高达 5%。代理费的支付以工程中标为前提条件。不中标者不付给代理费。代理费应分期支付或在合同期满后一次支付。不论中标与否，合同期满或由于不可抗力的原因而中止合同，都应付给代理人一笔特别酬金。只有在代理人失职或无正当理由而不履行合同的条件下，才可以不付给特别酬金。

二、编制投标资格预审文件

1. 熟悉投标资格预审文件

投标人要结合招标项目的概况熟悉以下内容：

（1）清楚招标项目的资金来源、额度和采购范围。

（2）招标项目的规模、数量性质和特点。

（3）项目分标及各标段的关系。

（4）合同概况。采用何种合同范本、款项支付、工期约定、质量标准、风险及争议处理。

（5）资质和资格的具体要求。

（6）注意资格预审文件中标明的评审合格的内容。

（7）所填报表格内容。

2. 投标资格预审申请文件的内容与格式

（1）投标资格预审申请文件的内容。根据住房和城乡建设部颁布的〔2010〕88 号文《房屋建筑和市政工程标准施工招标资格预审文件》（2010 年版）规定，投标资格预审申请文件包括以下内容：

1）资格预审申请函。

2）法定代表人身份证明和授权委托书。

3）联合体协议书。

4）申请人基本情况表。

5）今年财务状况表。

6）今年完成的类似项目情况表。

7）正在施工的和新承接的项目情况表。

8）今年发生的诉讼和仲裁情况。

9）其他材料。

a. 其他企业信誉情况表（年份同诉讼及仲裁情况年份要求）。

b. 拟投入主要施工机械设备情况表。

c. 拟投入项目管理人员情况表。

d. 其他。

（2）投标资格预审申请文件的格式。

1）封面、目录、资格预审申请函、法定代表人身份证明和授权委托书、联合体协议书格式如下。

范例

_____（项目名称）_____标段施工招标

资格预审申请文件（格式）

申请人：_____（盖单位章）

法定代表人或其委托代理人：（签字）

_____年_____月_____日

范例

目录（格式）

一、资格预审申请函

二、法定代表人身份证明

三、授权委托书

四、联合体协议书

五、申请人基本情况表

六、今年财务状况表

七、今年完成的类似项目情况表

八、正在施工的和新承接的项目情况表

九、今年发生的诉讼和仲裁情况

十、其他材料

（一）其他企业信誉情况表

（二）拟投入主要施工机械设备情况表

（三）拟投入项目管理人员情况表

（四）其他

范例

资格预审申请函（格式）

_____（招标人名称）：

1. 按照资格预审文件的要求，我方（申请人）递交的资格预审申请文件及有关资料，用于你方（招标人）审查我方参加_____（项目名称）_____标段施工招标的投标资格。

2. 我方的资格预审申请文件包含第二章"申请人须知"第3.1.1项规定的全部内容。

3. 我方接受你方的授权代表进行调查，以审核我方提交的文件和资料，并通过我方的客户，澄清资格预审申请文件中有关财务和技术方面的情况。

4. 你方授权代表可通过＿＿＿＿＿＿（联系人及联系方式）＿＿＿＿＿得到进一步的资料。

5. 我方在此声明，所递交的资格预审申请文件及有关资料内容完整、真实和准确，且不存在第二章"申请人须知"第1.4.3项规定的任何一种情况。

申请人：＿＿＿＿＿＿＿＿＿＿＿（盖单位章）

法定代表人或其委托代理人：＿＿＿＿＿（签字）

电话：＿＿＿＿＿＿＿＿＿＿＿＿＿＿

传真：＿＿＿＿＿＿＿＿＿＿＿＿＿＿

申请人地址：＿＿＿＿＿＿＿＿＿＿

邮政编码：＿＿＿＿＿＿＿＿＿＿＿

＿＿＿＿年＿＿＿＿月＿＿＿＿日

范例

法定代表人身份证明（格式）

申请人：＿＿＿＿＿＿＿＿＿＿＿＿＿＿＿＿

单位性质：＿＿＿＿＿＿＿＿＿＿＿＿＿＿

地　址：＿＿＿＿＿＿＿＿＿＿＿＿＿＿＿

成立时间：＿＿＿＿年＿＿＿＿月＿＿＿＿日

经营期限：＿＿＿＿＿＿＿＿＿＿＿＿＿＿

姓　名：＿＿＿＿＿＿＿＿　　性别：＿＿＿＿＿＿＿

年　龄：＿＿＿＿＿＿＿＿　　职务：＿＿＿＿＿＿＿

系：＿＿＿＿＿＿＿＿＿＿＿（申请人名称）的法定代表人

特此证明。

申请人：＿＿＿＿＿＿＿＿＿＿（盖单位章）

＿＿＿＿年＿＿＿＿月＿＿＿＿日

范例

授权委托书（格式）

本人＿＿＿＿＿（姓名）系＿＿＿＿＿（申请人名称）的法定代表人，现委托＿＿＿＿＿（姓名）为我方代理人。代理人根据授权，已我方名义签署、澄清、说明、补正、递交、撤回、修改＿＿＿＿＿（项目名称）＿＿＿＿＿标段施工招标资格预审文件，其法律后果由我方承担。

委托期限：＿＿＿＿＿＿＿＿＿＿＿＿＿＿

＿＿＿＿＿＿＿＿＿＿＿＿＿＿＿＿＿＿

代理人无转委托权。

附：法定代表人身份证明

申请人： _____ （盖单位章）

法定代表人： _____ （签字）

身份证号码： _____

委托代理人： _____ （签字）

身份证号码： _____

_____年_____月_____日

范例

联合体协议书（格式）

牵头人名称： _____

法定代表人： _____

法定住所： _____

成员二名称： _____

法定代表人： _____

法定住所： _____

鉴于上述各成员经过友好协商，自愿组成_____（联合体名称）联合体，共同参加_____（招标人名称）（以下简称招标人）_____（项目名称）标段（以下简称合同）。现就联合体投标事宜订立如下协议：

1. _____（某成员单位名称）为_____（联合体名称）牵头人。

2. 在本工程投标阶段，联合体牵头人合法代表联合体各成员负责本工程资格预审申请文件和投标文件编制活动，代表联合体提交和接收相关的资料、信息及指示，并处理与资格预审、投标和中标的一切事务；联合体中标后，联合体牵头人负责合同订立和合同实施阶段的主办、组织和协调工作。

3. 联合体将严格按照资格预审文件和招标文件的各项要求，递交资格预审申请文件和投标文件，履行投标义务和中标后的合同，共同承担合同规定的一切义务和责任，联合体各成员单位按照内部职责的划分，承担各自所负的责任和风险，并向招标人承担连带责任。

4. 联合体各成员单位内部的职责分工如下：_____
_____。

按照本条上述分工，联合体成员单位各自所承担的合同工作量比例如下：_____
_____。

5. 资格预审和投标工作以及联合体在中标后工程实施过程中的有关费用按各自承担的工作量分摊。

6. 联合体中标后，本联合体协议是合同的附件，对联合体各成员单位有合同约束力。

7. 本协议书自签署之日起生效，联合体未通过资格预审、未中标或者中标时合同履行完毕后自动失效。

8. 本协议书一式_____份，联合体成员和招标人各执一份。

牵头人名称： _____ （盖单位章）

法定代表人或其委托代理人：＿＿＿＿＿＿＿＿＿＿＿＿　（签字）

成员二名称：＿＿＿＿＿＿＿＿＿＿＿＿＿＿＿＿　（盖单位章）

法定代表人或其委托代理人：＿＿＿＿＿＿＿＿＿＿＿＿　（签字）

……

＿＿＿＿＿＿＿年＿＿＿＿＿月＿＿＿＿＿日

2）申请人基本情况表见表 16-1。

表 16-1　　　　　　　　　　　　申 请 人 基 本 情 况 表

申请人名称					
注册住址			邮政编码		
联系方式	联系人		电话		
	传真		网站		
组织结构					
法定代表人	姓名		技术职称	电话	
技术负责人	姓名		技术职称	电话	
成立时间			员工总人数		
企业资质等级		其中	项目经理		
营业执照号			高级职称人员		
注册资本金			中级职称人员		
开户银行			初级职称人员		
账号			技工		
经营范围					
体系认证情况	说明：通过的认证体系、通过时间及运行状况				
备注					

3）今年财务状况表。今年财务状况表指经过会计师事务所或者审计机构的审计的财务会计报表，以下各类报表中反映的财务状况数据应当一致，如果有不一致之处，以不利于申请人的数据为准。

a. 近年资产负债表。

b. 近年损益表。

c. 近年利润表。

d. 近年现金流量表。

e. 财务状况说明书。

除财务状况总体说明外，近年财务状况表应特别说明企业净资产，招标人也可以根据招标项目具体情况要求说明是否拥有有效期内的银行 AAA 资信证明、本年度银行授信总额度、本年度可使用的银行授信余额等。

4）近年完成的类似项目情况表、正在施工的和新承接的项目情况表、近年发生的诉讼和仲裁情况见表 16-2～表 16-4。

表 16 - 2　　　　　　　　　　近年完成的类似项目情况表

项目名称	
项目所在地	
发包人名称	
发包人地址	
发包人电话	
合同价格	
开工日期	
竣工日期	
承包范围	
工程质量	
项目经理	
技术负责人	
总监理工程师及电话	
项目描述	
备注	

注　类似项目业绩须附合同协议书和竣工验收备案登记表复印件。

表 16 - 3　　　　　　　　　　正在施工的和新承接的项目情况表

项目名称	
项目所在地	
发包人名称	
发包人地址	
发包人电话	
签约合同价	
开工日期	
计划竣工日期	
承包范围	
工程质量	
项目经理	
技术负责人	
总监理工程师及电话	
项目描述	
备注	

注　正在施工和新承接项目须附合同协议书或者中标通知书复印件。

表 16 - 4　　　　　　　　　　近年发生的诉讼和仲裁情况

类别	序号	发生时间	情况简介	证明材料索引
诉讼情况				

续表

类别	序号	发生时间	情况简介	证明材料索引
仲裁情况				

注 近年发生的诉讼和仲裁情况仅限于申请人败诉的，且与履行施工承包合同有关的案件，不包括调解结案以及未裁决的仲裁或未终审裁决的诉讼。

5）其他材料包括其他企业信誉情况表、拟投入主要施工机械设备情况表、拟投入项目管理人员情况表、其他等内容。

a. 其他企业信誉情况表（年份同诉讼及仲裁情况年份要求）包括近年不良行为记录情况、在施工程以及近年已竣工工程合同履行情况和其他，其格式见表 16 - 5 和表 16 - 6。

表 16 - 5 近年不良行为记录情况

序号	发生时间	简要情况说明	证明材料索引

表 16 - 6 在施工程及近年已竣工工程合同履行情况

序号	工程名称	履约情况说明	证明材料索引

企业不良行为记录情况主要是近年申请人在工程建设过程中因违反有关工程建设的法律、法规、规章或强制性标准和执业行为规范，经县级以上建设行政主管部门或其委托的执法监督机构查实和行政处罚，形成的不良行为记录。

合同履行情况主要是申请人在施工程和近年已竣工工程是否按合同约定的工期、质量、安全等履行合同义务，对未竣工工程合同履行情况还应重点说明非不可抗力原因解除合同（如果有）的原因等具体情况等。

b. 拟投入主要施工机械设备情况表见表 16 - 7。

表 16 - 7 拟投入主要施工机械设备情况表

机械设备名称	型号规格	数量	目前状况	来源	先停放点	备注

注 "目前状况"应说明已使用年限、是否完好以及目前是否正在使用，"来源"分为"自有"和"市场租赁"两种情况，正在使用中的设备应在"备注"中注明合适能够投入本项目，并提供相关证明材料。

c. 拟投入项目管理人员情况表及其附表项目经理简历表、主要项目管理人员简历表、承诺书格式分别见表 16-8～表 16-10。

表 16-8　　　　　　　　　　　　　拟投入项目管理人员情况表

姓名	性别	年龄	职称	专业	资格证书编号	拟在本项目担任的工作或岗位

表 16-9　　　　　　　　　　　　　项 目 经 理 简 历 表

姓名		年龄		学历		
职称		职务		拟在本工程任职	项目经理	
注册建造师资格等级			级	建造师专业		
安全生产考核合格证书						
毕业学校		年毕业于	学校	专业		
主要工作经历						
时间	参加过的类似项目名称		工程概况说明		发包人及联系电话	

注　项目经理应附建造师执业资格证书、注册证书、安全生产考核合格证书、身份证、学历证、养老保险复印件以及未担任其他在施建设工程项目项目经理的承诺，管理过的项目业绩须附合同协议书和竣工验收备案登记表复印件。类似项目＝限于以项目经理身份参与的项目。

表 16-10　　　　　　　　　　　　主要项目管理人员简历表

岗位名称			
姓名		年龄	
性别		毕业学校	
学历和专业		毕业时间	
拥有的执业资格		专业职称	
执业资格证书编号		工作年限	
主要工作业绩及担任的主要工作			

注　主要项目管理人员指项目副经理、技术负责人、合同商务负责人、专职安全生产管理人员等岗位人员。应附注册资格证书、身份证、职称证、学历证、养老保险复印件，专职安全生产管理人员应附有效的安全生产考核合格证书，主要业绩须附合同协议书。

范例

承诺书（格式）

_____（招标人名称）

我方在此声明，我方拟派往_____（项目名称）_____标段（以下简称"本工程"）的项目经理_____（项目经理姓名）现阶段没有担任任何在施建设工程项目的项目经理。

我方保证上述信息的真实和准确，并愿意承担因我方就此弄虚作假所引起的一切法律后果。

特此承诺

申请人：_____（盖单位章）

法定代表人或其委托代理人：_____（签字）

_____年_____月_____日

三、填写并提交资格预审文件

填表时宜重点突出，除满足资格预审要求以外，还应能适当地反映出本企业的技术管理水平、财务能力和施工经验。投标资格预审文件必须在招标人规定的截止时间以前递交到招标人指定地点，超过截止时间递交的资格预审文件将不被接受。投标资格预审文件一般应递交正本一份，副本三份（通常在投标资格预审文件中做规定），并分别密封。在密封外包装封面上要写明"某某标段投标资格预审文件"，还应写明潜在投标人的名称、地址和联系电话。所有投标资格预审文件的有关表格都要由法定代表人签字和盖章，或由法定代表人授权的委托代理人签字和盖章，同事要附授权委托书。资格预审表格呈交后，应注意信息跟踪工作，发现不足之处，及时补送资料。

第六节　调查研究、现场踏勘和参加标前会议

一、投标前的调查研究

在投标决策的前期阶段应对拟去的地区进行较为深入的调查研究，这样拿到招标文件后就只需进行有针对性的补充调查。否则，应进行全面的调查研究。

二、现场踏勘

现场踏勘主要指的是去工地现场进行考察，招标单位一般在招标文件中注明现场踏勘的时间和地点，在文件发出后就应安排投标者进行现场勘查的准备工作。

施工现场踏勘是投标者必须进行的投标程序。按照国际惯例，投标者提出的报价单一般被认为是在现场踏勘的基础上编制报价的。一旦报价单提出之后，投标者就无权因为现场踏勘不周，情况了解不细或有关因素考虑不全面而提出修改投标、调整报价或提出补偿等要求。

现场踏勘既是投标者的权利又是职责。因此，投标者在报价以前必须认真地进行施工

现场踏勘，全面地、仔细地调查了解工地及范围的政治、经济、地理等情况。现场踏勘之前，应先仔细地研究招标文件，特别是文件中的工作范围、专用条款，以及设计图纸和说明，然后拟定出调研提纲，确定重点要解决的问题，做到事先有准备，因有时业主只组织投标者进行一次工地现场踏勘。

现场踏勘费用均由投标者自费进行，业主应为现场踏勘创造一切条件。

进行现场踏勘应从下述五方面调查了解：

（1）工程的性质以及与其他工程之间的关系。

（2）投标人投标的那一部分工程与其他承包商或分包商之间的关系。

（3）工地地貌、地质、气候、交通、电力、水源、有无障碍物等情况。

（4）工地附近有无住宿条件，料场开采条件，其他加工条件，设备维修条件等。

（5）工地附近环境与治安情况。

三、参加标前会议

标前文件一般均规定在投标前召开标前会议。投标人应在参加标前会议之前把招标文件中存在的问题以及疑问整理成书面文件，按照招标文件规定的方式、时间和地点要求，送到招标人或招标代理机构处。在接到招标人的书面澄清文件后，把其内容考虑进投标文件中。有时招标人允许投标人现场口头提问，但投标人一定以接到招标人的书面文件为准。

提出疑问时，应注意提问的方式和时机，特别要注意不要对招标人的失误和不专业进行攻击和嘲笑，并考虑存在的问题对承包商履行合同的影响。同时投标人就招标文件和现场考察提出的问题，招标人和工程师先以口头方式答复，再以书面方式正式解答和澄清。书面通知书应发给所有购买招标文件并参与了现场考察的投标人。

第七节 投 标 报 价

一、投标报价的依据

《建设工程工程量清单计价规范》规定，投标报价应根据下列依据编制：

（1）工程量清单计价规范。

（2）国家或省级、行业建设主管部门颁发的计价办法。

（3）企业定额，国家或省级、行业建设主管部门颁发的计价定额。

（4）招标文件、工程量清单及其补充通知、答疑纪要。

（5）建设工程设计文件及相关资料。

（6）施工现场情况、工程特点及拟订的投标施工组织设计或施工方案。

（7）与建设项目相关的标准、规范等技术资料。

（8）市场价格信息或工程造价管理机构发布的工程造价信息。

（9）其他的相关资料。

二、投标费用的组成

投标费用是项目投标范围内支付投标人为完成承包工作应付的总金额。

工程招标文件一般都规定，关于投标价格，除非合同中另有规定，具有标价的工程量清单中所报的单价和合价，以及报价汇总表中的价格应包括施工设备、劳务、管理、材料、安装、维护、保险、利润、税金、政策性文件规定及合同包含的所有风险、责任等各项应有的费用。投标人应按招标人提供的工程量计算工程的单价和合价。工程量清单中的每一单项均需计算填写单价和合价，投标单位没有填写出单价和合价的项目将不予支付，并认为此项费用已包括在工程量清单的其他单价和合价中。

三、投标报价的计价方法

我国现行工程造价计价的方式分为工程量清单计价和定额计价两种。

定额计价是我国长期使用的一种基本方法，它是根据统一的工程量计算规则，依据施工组织设计和施工图纸计算工程量、套取定额，确定直接工程费，再根据建筑工程费用定额规定计算工程造价的方法。

工程量清单计价是国际上通用的方法，也是我国目前推行的计价方式，是指有招标人按照 GB 50500—2013《建设工程工程量清单计价规范》等规定的工程量计算规则计算出工程数量，由投标人依据企业自身的实力，根据招标人提供的工程数量自主报价的一种方式。这种计价方式与工程招投标活动有着很好的适应性，有利于促进工程招投标公平、公正和高效的进行。

不论是哪种计价方式，在确定工程造价时，都是先计算工程量，再计算工程价格。

定额计价是我国传统的计价方式，在招投标时，不论是作为招标标底还是投标报价，其招标人和投标人都需要按国家规定的统一工程量计算规则计算工程数量，然后按建设行政主管部门颁布的预算定额或单位估价表计算工、料、机的费用，再按有关费用标准计取其他费用，汇总后得到工程造价。

在整个计价过程中，计价依据是固定的，即权威性"定额"。定额是计划经济时代的产物，在特定的历史条件下，起到了确定和衡量工程造价标准的作用，规范了建筑市场，使专业人士在确定工程造价时有所依据，但定额指令性过强，不利于竞争机制的发挥。

第八节　投标文件的编制与报送

一、投标文件的编制

（一）投标文件组成

（1）投标书。

（2）投标担保。

（3）法定代表人授权委托书。

（4）具有标价的工程量清单与报价表。

（5）辅助资料表。

（6）资格文件。

（7）对招标文件中的合同协议条款内容的确认。

（8）施工组织设计。

（9）按招标文件规定提交的其他资料。

（二）投标文件编制步骤

投标人在按规定的方式获取招标文件以后，要对投标文件的编制进行规划和安排，编制投标文件的一般步骤如下。

（1）编制投标文件的准备工作：

1）熟悉招标文件、合同条件、报价的范围与规定、投标文件的构成。对招标文件及资料有不清楚、不理解的地方，需进行分类记录和分析。招标文件是投标编制的主要依据，因此应该仔细地分析研究。首先应仔细阅读招标文件，详细了解招标范围，除主要工程项目、控制性工期节点、特殊的施工工艺、采用的大型施工设备、特殊的质量要求外，同时要清楚项目施工的边界条件、现场施工条件，与其他项目在空间和时间上的衔接，这些因素往往是确定工程施工方案的控制性因素，也是报价计算容易遗漏和考虑不周的地方。

2）参加招标人组织的施工现场勘察后，应根据阅读招标文件与查勘情况对招标文件表述含糊不清的地方、未明确的情况或现场条件进行书面澄清。

3）调查当地材料供应和价格情况。当地材料的情况调查应注重材料的规格品种、供应能力和供应强度、交货方式、当地建筑市场整体开发对建筑材料的需求情况，在此基础上了解材料的现行价格，合理考虑材料价格的预期上涨幅度，确定报价计算采用的材料单价。

4）了解施工工地的交通条件。大型施工项目由于涉及大宗材料和大型施工设备的运输问题，为此还应了解周边的道路交通条件。

（2）响应性文件的编制。在对技术、商务、报价无偏差的条件下，实质性响应文件比较简单，一般在投标书中概括性叙述即可。通常来说，国内的建安工程施工招标，投标人一般不会专门对招标文件提出技术和商务偏差，这是因为招标文件规定涉及对招标文件响应性的实质性偏差将作为废标，而一些细微偏差一般可在投标文件的叙述中进行个别描述，这样有利于对投标文件的评价，也有利于后续合同执行。如某大型建安工程施工项目，在招标文件中说明混凝土浇筑的温控措施费，即设备、通水管路等可报价，但分摊在混凝土单价中，报价表不单独出现。然而，招标文件忽视了混凝土施工过程中温控设施运行操作的费用如何报价，即在通冷水过程中的设备、人员、管理等费用如何分摊问题。投标人在报价时发现了此细节，为此在报价单说明中明确，混凝土工程费用中不包括混凝土温控运行费用，中标后获得该项费用的增加，避免了争议的产生。

（3）编制施工组织设计、确定施工方案。在确定的施工方案的基础上，复核、计算工程量，编制投标报价。

1）施工组织设计是技术文件的核心内容，如果其在总体施工方案、施工设备配备、人员安排、控制性工期、质量验收等方面有重大缺陷，整个投标即失去评审基础。因为，在此条件下招标人不能得到招标文件要求的标的物，招标已经失去意义，投标文件已失去了效力。因此投标人应根据招标文件的招标范围，施工项目的规模、特点合理编制施工方案，设定完善的质量保证体系，确保达到控制性工期和总工期要求。施工方案的编制力求全面完善、重点突出对施工技术难点的保证措施和手段，反映投标人的技术特点和优势。对于大型建安工程施工项目，施工设备、劳动力的配备应有一定的余度。

2）商务文件编制的重点应放在报价编制方面。对于招标文件中的合同条件、工程量清单文件，投标者一定要认真分析、复核，原因如下：

a. 招标文件工程量清单一般不会完全按工程概预算的定额进行编制，需考虑合同执行中计量与支付的方便，为此一些在预算定额中的子项及工程量，可能分摊在其他项目中，在投标报价时应注意进行计价，不得漏项。

b. 除国家规定的强制保险外，招标文件对于投标人需考虑的工程保险、第三者责任险、员工人身意外伤害险等要求，一般在合同条款中有规定，但报价表中并不出现，因此计价时应合理分摊。

c. 对于工期较长的项目，往往给定了调价公式。投标人应认真按规定的公式测算调价因素的各项权重，并与投标报价的人工、机械、材料、费用的基准值进行比较，如两者不一致出入较大，则报价时应考虑调整基准值的不同分配比例。

d. 招标文件一般均规定了安全文明施工和环境保护等要求，但报价表中往往没有给定项目，技术文件也没有具体的项目子项或工程量，或具体的范围与标准。投标报价中一方面要考虑将来合同执行中的承包人的投入，但另一方面在报价阶段更多的考虑是，根据投标策略用这些有不确定因素的项目调整总体报价水平。竞争较强可调低费用，竞争性一般或投标人在竞争中具有技术优势，可调高项目费用。

e. 建安工程项目招标一般多存在与其他项目在时间和空间上的衔接问题，如临时工程与主体的衔接、建安工程项目与建筑物施工监测的衔接、基础工程交面与上部工程的衔接、安装工程与设备的衔接等问题。这些工序、工期、移交等问题，在招标文件中难以明确相互之间的责任范围和协调工作量，也不会在报价表中列出具体的子项进行报价（如果有，是按项报价）。这些问题是合同执行完毕才能理清的问题，往往是履行合同时价格变更的主要因素，因此在报价阶段也是投标人依据投标策略，在报价上可以调节的因素。

f. 投标报价是预期合同履行中投标人所获得的所有直接效益。编制中一定要依据确定的施工方案，依据合同条件要求仔细分析需投入的资源，计算相关费用，不得遗漏和错算。

（4）准备资格文件、投标担保文件及其他规定的文件。

（5）装订成册、签署、盖章、密封、标记。

（6）编制投标文件的注意事项。编制投标文件的注意事项如下：

1）编制投标文件时必须毫无例外地使用招标文件提供的投标文件格式。填写时，凡要求编写和填写的内容都必须按要求进行，否则，即被视为放弃该项要求。重要的项目或数字（如工期、质量等级、价格等）未描述的，将被作为无效或作废的投标文件处理。

2）编制的投标文件正本一份，副本则按招标文件中要求的份数提供，同时要明确标明"投标文件正本"和"投标文件副本"字样。投标文件正本和副本如有不一致之处，以正本为准。

3）投标文件正本与副本均应使用不能擦去的墨水打印或书写。投标文件的书写要字迹清楚、整洁、美观。

4）所有投标文件均由投标人的法定代表人签署、加盖印鉴，并加盖法人单位公章。应注意签署的无误和印章的清晰。

5）填报的投标文件应反复校核，保证分项和汇总计算均无错误，有些招标文件规定，当报价计算错误额度大于投标总价的5％时，评标时将作为废标处理。

6）全套投标文件均应无涂改和行间插字，除非这些删改是根据招标人的要求进行的，或者是投标人造成的必须修改的错误。修改处应由投标文件签字人签字证明并加盖印鉴。

7）投标文件应严格按照招标文件的要求进行包封，避免由于包封不合格造成废标。一些地方的评标也时有因包封未按招标文件要求被拒绝的情况。

（三）投标文件的格式

国内投标书的基本格式可参照《标准施工招标文件》（2007 年版）《简明标准施工招标文件》（2012 年版）、《标准设计施工总承包招标文件》（2012 年版）和《水电工程施工招标文件和合同文件示范文本》（2010 年版），国际投标书的基本格式可参考《世界银行贷款项目招标文件范本》中的《土建工程国际竞争性招标问价范本》。

（1）封面、投标函等内容的格式。封面、投标函及投标函附录、价格指数权重表、法定代表人身份证明、授权委托书、联合体协议书、投标保证金格式下列范例和表 16 - 11、表 16 - 12。

范例

_____（项目名称）
投标文件（格式）

投标人：_____（盖单位章）
法定代表人或其委托代理人：_____（签字）
_____年_____月_____日

范例

投标函（格式）

致：_____（投标人名称）
在考察现场并充分研究_____（项目名称）_____ 标段（以下简称"本工程"）施工招标文件的全部内容后，我方兹以：

人民币（大写）：_____元
RMB¥：_____元

的投标价格和按合同约定有权得到的其他金额，并严格按照合同约定，施工、竣工和交付本工程并维修其中的任何缺陷。

在我方的上述投标报价中，包括：

安全文明施工费 RMB¥：_____元。

暂列金额（不包括计日工部分）RMB¥：_____元。

专业工程暂估价 RMB¥：_____元。

如果我方中标，我方保证在_____年_____月_____日或按照合同约定的开工日期开始本工程的施工，_____天（日历日）内竣工，并确保工程质量达到_____标准。我方同意本投标函在招标文件规定的提交投标文件截止时间后，在招标文件规定的投标有效期期满前对我方具有约束力，且随时准备接受你方发出的中标通知书。

随本投标函递交的投标函附录是本投标函的组成部分，对我方构成约束力。

随同本投标函递交投标保证金一份，金额为人民币（大写）：_____元（¥：元）。

在签署协议书之前，你方的中标通知书连同本投标函，包括投标函附录，对双方具有约束力。

投标人（盖章）：_____

法人代表或委托代理人（签字或盖章）：_____

日　期：_____年_____月_____日

表 16－11　　　　　　　　　　投 标 函 附 录

工程名称：_____（项目名称）_____标段

序号	条款内容	合同条款号	约定内容	备注
1	项目经理	1.1.2.4	姓名：	
2	工期	1.1.4.3	___日历天	
3	缺陷责任期	1.1.4.5		
4	承包人履约担保金额	4.2		
5	分包	4.3.4	见分包项目情况表	
6	逾期竣工违约金	11.5	___元/天	
7	逾期竣工违约金最高限额	11.5	—	
8	质量标准	13.1		
9	价格调整的差额计算	16.1.1	见价格指数权重表	
10	预付款额度	17.2.1		
11	预付款保函金额	17.2.2		
12	质量保证金扣留百分比	17.4.1		
13	质量保证金额度	17.4.1		
⋮				

注　投标人相应招标文件中规定的实质性要求和条件的基础上，可做出其他有利于招标人的承诺。此类承诺可在本表中予以补充填写。

投标人（盖章）：_____

法人代表或委托代理人（签字或盖章）：_____

日期：_____年_____月_____日

表 16 – 12 　　　　　　　　　　价 格 指 数 权 重 表

	名称	基本价格指数		权重		价格指数来源
		代号	指数值	代号	允许范围	投标人建议值
定值部分				A		
变值部分	人工费	F_{01}		B_1	至	
	钢材	F_{02}		B_2	至	
	水泥	F_{03}		B_3	至	
	⋮	⋮			⋮	
合计				1.00		

注　在专用合同条款16.1款约定采用价格指数法进行价格调整时适用本表。表中除"投标人建议值"由投标人结合其投标报价情况选择填写外，其余均由招标人在招标文件发出前填写。

范例

法定代表人身份证明（格式）

投标人名称：＿＿＿＿＿＿＿＿＿＿＿＿＿＿＿＿

单位性质：＿＿＿＿＿＿＿＿＿＿＿＿＿＿＿＿＿

地址：＿＿＿＿＿＿＿＿＿＿＿＿＿＿＿＿＿＿＿

成立时间：＿＿＿＿＿年＿＿＿＿月＿＿＿＿日

经营期限：＿＿＿＿＿＿＿＿＿＿＿＿＿＿＿＿＿

姓名：＿＿＿＿＿　性别：＿＿＿＿　年龄：＿＿＿＿＿　职务：＿＿＿＿＿

系＿＿＿＿＿＿＿＿＿＿（投标人名称）的法定代表人。

　　特此证明

附：法定代表人身份证复印件。

投标人：＿＿＿＿＿＿＿（盖单位章）

＿＿＿＿年＿＿＿＿月＿＿＿＿日

范例

授权委托书（格式）

本人＿＿＿＿＿＿（姓名）系＿＿＿＿＿＿＿（投标人名称）的法定代表人，现委托＿＿＿＿＿（姓名）为我方代理人。代理人根据授权，以我方的名义签署、澄清、说明、补正、递交、撤回、修改（项目名称）设计施工总承包投标文件、签订合同和处理有关事宜，其法律后果由我方承担。

　　委托期限：＿＿＿＿＿＿＿＿＿＿。

　　代理人无转委托权。

　　附：法定代表人身份证明

投标人：＿＿＿＿＿＿＿＿＿＿＿＿＿＿（盖单位章）

法定代表人：＿＿＿＿＿＿＿＿＿＿＿＿（签字）

身份证号码：＿＿＿＿＿＿＿＿＿＿＿

委托代理人：＿＿＿＿＿＿＿＿＿＿＿＿（签字）

身份证号码：＿＿＿＿＿＿＿＿＿＿＿＿＿＿＿＿＿＿＿＿

＿＿＿＿＿＿年＿＿＿＿＿＿月＿＿＿＿＿日

范例

投标保证金（格式）

＿＿＿＿＿＿＿（招标人名称）：

鉴于＿＿＿＿＿（投标人名称）＿＿＿＿＿（以下称"投标人"）于＿＿＿＿＿年＿＿＿＿＿月＿＿＿＿＿日参加（项目名称）的投标，＿＿＿＿＿（担保人名称）（以下简称"我方"）保证：投标人在规定的投标有效期内撤销或修改其投标文件的，或者投标人在收到中标通知书后无正当理由拒签合同或拒交规定履约担保的，我方承担保证责任。收到你方书面通知后，在 7 日内向你方支付人民币（大写）＿＿＿＿＿＿＿＿。

本保函在投标有效期内保持有效。要求我方承担保证责任的通知应在投标有效期内送达我方。

担保人名称：＿＿＿＿＿＿＿＿＿＿＿＿（盖单位章）

法定代表人或授权人：＿＿＿＿＿＿＿＿＿（签字）

地址：＿＿＿＿＿＿＿＿＿＿＿＿＿＿＿＿＿＿

邮政编码：＿＿＿＿＿＿＿＿＿＿＿＿＿＿＿＿

电话：＿＿＿＿＿＿＿＿＿＿＿＿＿＿＿＿＿＿

＿＿＿＿＿＿年＿＿＿＿＿＿月＿＿＿＿＿日

（2）已标价工程量清单。已标价工程量清单按 GB 50500—2013《建设工程量清单计价规范》规定的"工程量清单计价表"填写。

（3）施工组织设计。投标人编制施工组织设计的要求：编制时应简明扼要的说明施工方法、工程质量、安全生产、文明施工、环境保护、冬雨季施工、工程进度、技术组织等主要措施。

用图表形式阐明本项目的施工总平面、进度计划表以及拟投入主要施工设备、劳动力等。图表格式附表——拟投入本项目的主要施工设备见表 16 - 13，劳动力计划见表 16 - 14，临时用地见表 16 - 15。附表计划开、竣工日期和施工进度网络图，投标人应递交施工进度网络图或施工进度表，说明按招标文件要求的计划工期进行施工的各个关键日期。施工进度表可采用网络图或横道图表示。附表施工中总平面图，投标人应递交一份施工总平面图，绘出现场临时设施布置图表，并注明临时设施、加工车间、现场办公、设备及仓储、供电、供水、卫生、生活、道路、消防等设施的情况和布置。

表 16 - 13　　　　　　　　　　　**拟投入本项目的主要设备表**

序号	设备名称	型号规格	数量	国别产地	制造年份	额定功率/kW	生产能力	用于施工部位	备注

表 16 - 14　　　　　　　　　　　　　劳 动 力 计 划 表

工种	按工程施工情况投入劳动力情况						

表 16 - 15　　　　　　　　　　　　　临 时 用 地 表

用途	面积/m²	位置	需用时间

（4）项目管理机构。项目管理机构包括项目管理机构组成表、项目经理简历表和主要项目管理人员的简历表。

（5）资格审查资料。

二、投标文件的报送

投递投标文件也称递标，递标注意事项如下：

（1）投标文件的递送应在招标文件规定的投标截止日期以前，否则即不接受。但也不宜过早投递，以免泄漏信息。

（2）应注意投标文件函的密封。某些国际工程的招标文件往往规定了投标函的密封方法。如投标文件的正本、应提交的各份副本和其他文件应密封装在内层投送函内，再密封在一个外层包封内。内层和外层包封外皮上应写明招标人名称和地址、合同名称、工程名称、招标编号，并注明开标时间以前不得拆封。在内层包封外皮上还应写明投标人的名称和地址、邮政编码等，以便投标文件送达时间超出截标日期时，招标单位能原封退回。有的招标文件允许投标人中途撤回已投的投标文件以便投标人修改后在截标日期前再递送给招标单位时，则可拆开外封包而将内封包退回。

（3）投标文件函应在投标截止期以前。投递送达招标文件指定的单位及地址。招标单位收到投标人所递送的投标文件后，应签收或通知投标人，并记录收到日期和时间，并采取措施保证投标文件不会被启封或遗失。

第九节　EPC 招标与投标简介

一、EPC 及其背景

所谓 EPC，是 Engineer Purchase Construction 的英文缩写，它是指工程的设计、采购和施工。EPC 招标书是指工程建设方（业主）按照国家招投标法等有关规定，对即将建设的工程项目在设计、采购和施工等方面，给出基础信息和数据条件，并对 EPC 总承包商提出需要响应的要求。

（一）EPC 产生背景

由于工程项目本身具有实施时间长、合同各方关系复杂和一次性的特性，从理论上讲，如果能够在业主与承包商之间恰当合理地分配工程实施过程中的各种责任和风险，即达到目前项目管理倡导的"双赢"目标，这不论是对业主还是承包商都有益。国际工程合同对于风险的分担，理论界已总结出一些基本的原理，即合同中哪一方能够最好地控制某一风险，从而产生最多的总体效益，则此项风险就应分配给那一方。该原理可以具体简化为以下几项风险分担原则：

（1）该方的风险承担能力。

（2）风险在该方控制之内。

（3）该方可以通过某种方式转移或避免该项风险。

（4）由该方处理该风险是最经济有效的。

（5）该方可以享有处理此风险的最大收益。

（6）若风险发生，损失将归于该方。

FIDIC 在编制《施工合同条件》时就是力图反映这些原则。但是，在实践中，这种风险的分担，使业主在项目实施之前无法把握工程最终的造价以及竣工的时间。对业主来说，尤其是私人商业项目的业主（如 BOT 项目），显然是一种缺憾，因为绝大多数项目的业主投资某一项目是为了获得经济效益，其投资该项目的前提是基于项目的一个固定投资金额和项目开始投产的确定时间。只要在预计的投资金额和投产时间的范围内，业主会盈利，项目对他们来说就可行。因此，业主希望承包商投标价格是固定不变的包干总价，并将工程实施过程中的绝大部分风险让承包商来承担。这样，在实践中逐渐出现了 EPC 合同总承包模式。

（二）EPC 合同的风险分担

国际工程承包合同中一般都将工程的风险划分为业主的风险、承包商的风险、不可抗力风险（亦称为"特殊风险"），有时是明示的规定，有时是隐含在合同条款中。一般来说，在《施工合同条件》模式下，业主的风险大致包括：政治风险（如战争、军事政变等）、社会风险（如罢工、内乱等）、经济风险（如物价上涨、汇率波动等）、法律风险（如立法的变更）、外界（包括自然）风险等，其余风险均由承包商承担。另外，出现不可抗力风险时，业主一般负担承包商的直接损失。但在 EPC 合同条件下，上述合同模式中的外界（包括自然）风险、经济风险一般都要求承包商来承担，这样，项目实施过程的风险大部分转嫁给了承包商。因此，一般来说，承包商在 EPC 模式下的报价要比在《施工合同条件》模式下的报价高。对业主来说，只要承包商的报价在其投资预算的范围内，他就可能接受，因为基本上固定不变的合同价使得业主要投资可行性和收益得到保证，但有时也可能会出现承包商报价太高，导致整个项目不可行的情况。

在 EPC 合同下，承包商承担工程的设计，但有时业主在招标时，提供业主的初步设计，承包商只负责工程的详细设计；有时，业主只在招标文件中提出项目的功能性要求（概念设计），要求承包商负责初步设计以及详细设计。业主在招标过程中对承包商的投标文件提出要求时，一般明确提出对承包商的设计要求的深度。一般来说，考虑到投标时的时间以及承包商愿意为投标付出的投入，业主有时只要求承包商在其投标文件中提出自己的设计方案。有的项目业主要求承包商在其投标文件中提出完整的初步设计，但这种项目业主会根据项目的大小与复杂程度，给予承包商较长的标书编制时间。对于承包商来说，EPC 合同项目的投标风险相对《施工合同条件》下的项目是比较大的。因此，首先，承包商在投标前一定要仔细阅读业主的招标文件，从中找出并分析潜在的风险，制定处理这些风险的策略，对一些不清楚的地方要及时找业主澄清，不要轻易相信业主提供的资料；其次，如果决定投标，在时间和费用允许的情况下，要进行详细的标前现场勘察，核实业主提供的资料，特别是一些地质资料。在无法搞清楚某些风险的情况下，结合自己的竞争能力，在报价中考虑一定的风险费常常是必要的。

二、EPC 合同的招投标

（一）EPC 的招标

由于国内完全适应市场经济的 EPC 总承包运行模式还在不断完善，工程建设方对 EPC 总承包的要求不尽相同，因此 EPC 招标书的构成不同。

EPC 招标书的内容安排要把业主招标要求、工作范围与技术要求、项目管理要求与规定、投标人投标要求等内容系统简洁地描述清楚，逻辑结构清晰，权责分工明确。

业主的管理主要应侧重于 EPC 中的 EP，并要做到以下几点：①取得政府批文；②把握基础设计全面，少改动；③最终确定分包商；④确认详细施工设计图纸；⑤最终确定供货厂商；⑥提供施工的外部条件；⑦把握变更控制点；⑧最终确认变更。

EPC 招标书要充分以待建项目的特点和业主的自身实际情况来编写，而不能照搬照套。编制出一本好的 EPC 招标书，将有助于控制好实际的建设项目投资和更好地开展项目的运行管理。

（二）EPC 模式的分包合同招投标

水利水电工程招投标制度是我国用法律方式规定的一种制度，按照法律规定：招标和投标活动属于当事人在法律规定的范围内自主进行的市场行为。EPC 模式下的分包合同招投标是由总承包方编制招标文件，分包方进行报价竞争，分包方中标后与总承包方通过谈判签订合同，以合同价格为建设工程价格的定价方式，这种方式属于企业自主定价，也是市场调节价。所以，能否控制好投标人的投标报价，是水利水电工程招标工作能否达到预期目标的关键，也是对工程造价进行有效控制的关键。

1. 仔细编写分包合同及招标文件

分包合同招标文件，是 EPC 模式下的分包合同在招投标阶段的控制和管理中非常重要的一环，总承包方应根据工程现场的实际情况，仔细编写分包合同招标文件，做到合同条款格式规范、文字严谨，预测工程中有可能发生的情况，尽量避免工程在实施过程中发生索赔。

2. 严格进行资格审查

对分包方必须进行严格的资格审查，根据相应的对分包方资质要求、组织结构、财务状况、资源投入、信誉情况等做出评审，防止施工质量差、财务状况差、信誉差的施工单位参加投标。必要时，还可进行实地考察，详细了解分包方情况。

3. 选择最优分包方

总承包方在资格审查后，应对分包方投标文件的技术和商务部分做出详细的评审，包括对分包方的施工总体布置、施工进度计划、施工方法和措施、材料和设备、报价构成、管理和技术能力等做出综合的评价，选择出最优分包方。

4. 签订分包合同

签订分包合同时，要详细的界定合同双方的责任和义务，避免日后引起纠纷，以保证工程建设的投资控制工作。

（三）EPC 的投标

一般来说，招标文件要求承包商的投标文件包括技术标和商务标两个部分。

技术标内容包括承包商的组织机构、设计方案、采购计划、施工方案、进度计划等。在编制技术标时，承包商尽可能给自己在工程实施中留有自由选择的余地。在符合业主要求的情况下，设计标准不要定太高，因为设计标准的高低直接关系到承包商在工程实施中投入的费用的大小，这反过来又影响承包商的合同价格；在采购计划中，尽量多附一些拟采用的供货商名单，以便在工程实施过程中选择的余地大些。同时，要注意合同中关于业主对承包商的工程设施过程中施工文件报批程序的规定。如果在其他文件中没有明确的规定，则承包商可在技术标中对业主返回报批文件的时间和次数提出要求，否则，即使由于业主对文件批复拖延而影响工程进度，承包商也没有索赔的依据。

商务标是在技术标的基础上，以匡算出的工程量为基础，对将实施的整个工程进行报价，同时应考虑一定的利润空间以及部分不可预见费用，以弥补万一匡算工程量不准或修改设计工程量增大给项目带来的损失。业主一般在招标文件中附有商务标的报价表格式，分总报价表、分项报价表、额外工作报价表。承包商要注意商务标与技术标的统一，总报价与分项报价的统一。

1. 标书的编制

（1）工程设计、核算工程量。工程设计是核算工程量和估算报价的基础，是编制施工方案的依据，也是影响投标成败的关键。因此，工程设计必须按照招标文件的有关要求和相关技术规范的标准，根据工程的特点和当地的自然地理条件选择科学的工艺和流程，最大限度地实现质量、进度和投资三者之间的完美结合。如果承包商并不具备自行设计的能力，那么此部分的工作应分包给具有相应能力的设计公司完成。工程设计完成后，承包商需要按照设计文件核算工程量，以此作为报价的依据。

（2）就有关问题向业主和监理工程师质疑。投标阶段的技术澄清是相当重要的。"投标者须知"本身肯定会有缺陷或问题，有些问题可能是由于技术水平的局限、方案的不成熟或出版打印的错误造成的，有些问题则是业主有意模糊或掩饰，给投标者一个比实际情况要好的错误印象，如标书中对沿线地质地貌的描述等，所以投标人必须对这些问题提出质疑，不能以不确切的信息进行投标报价，以免在日后实施工程时蒙受损失。

（3）编制施工方案。施工方案是承包商技术"经验"资源状况和管理能力的体现，也是工程质量达标、按期完成和节约成本的途径，因此承包商必须依据设计文件和已核算的工程量，参照工地现场的水文地质条件以及劳动力、材料和机械设备的供应情况等，在满足工期的前提下制定出科学合理的施工方案。

（4）市场询价。承包商应对工程建设所需的人、机、料在当地询价，并且还应根据其历史变化预测出未来的市场价格。工程物资询价还涉及物资的供货、运输、保险、保存等方面，采购必须满足施工进度的要求，这也是在询价中必须考虑的问题。如果建设项目的施工点比较分散，特别是像管道工程这样的线形项目，其所需货物的供货地点应该是分散的，在充分考虑供货能力、运输条件、仓储条件和采购成本后，供货地点易就近选择和分散布置。

（5）计算和确定报价。目前在我国长输管道建设工程领域内，项目投标程序及报价体系框架正在建立，但不完善，尤其在国际工程投标报价上，所采用的计价方法仍是套算定额的模式，无法反映本企业的施工技术特色、施工工效及建造成本水平，也使得报价不具有竞争力。因此承包商必须开展国际市场调研，搜集和整理国际价格信息资料，建立市场经济的观念和适应市场经济的计价方法。

（6）编制投标文件。标书的内容在达到招标文件基本要求的基础上应力求工作界面清楚，工作范围明确，做不到的事情不可随意乱写，避免一些对承包商不利的数字、文字出现。关键技术的描述一定要注意不能过于详细，以免投标失败后该技术成为中标者的"免费果实"；在不与商务标自相矛盾的情况下，对技术标中一些工作的描述要有利于承包商。对 EPC 项目来说，投标书技术文件的编制应紧密结合招标文件，不宜细化和引申，更不应作过多的承诺。如果为中标而做了某些承诺，也应该有条件，以免带来被动局面。对于不能确定的事项，最好给出单位、数量和单价，一旦实际发生量和投标量有出入，可以有据可循，取得业主的认可与补偿。在标书的汇总和审定过程中，应能统一格调，消除矛盾，使工作内容、有关数字、图纸和技术文件能协调一致，同时应特别留意业主的技术变更和部门间的变更。

2. 递交标书

（1）办理投标保证。投标人在提交标书时应遵照招标文件中有关投标保证格式的要求递交投标保证，一般表现为保函或担保的形式。按照国际惯例，投标保证的额度一般为报价的 1%～3%，具体额度的大小视项目规模大小而定，其有效期一般为投标有效期满后28 天以内。如果由于某种原因拖延了开标时间，那么投标保证的有效期也应相应延长。设置投标保证的目的是：防止投标人在投标有效期间随意撤回标书；投标人在评标期间拒绝修改其标书中的错误；中标人拒绝签署合同协议书；中标人不办理履约保证。

（2）递交投标文件。投标人必须根据"投标者须知"中的有关规定在投标截止日期和时刻前以密封方式投送投标文件，未按规定书写或密封以及迟到的标书一般将被视为废标处理。为保密起见，最好在投标截止日期当天递送标书，以免己方的施工方案和报价外泄。在投标截止日期和时刻前，投标人可以通过书面形式修改、替代和撤销标书，其格式与投标文件的格式相同。

（3）参加开标会议。投标人可以在"投标者须知"中规定的开标时间参加开标会议，国际上通常的做法是对此不作强制规定，但也有一些招标文件要求所有投标人必须参加开标会议，否则其标书将被视为废标。

水利水电工程具有规模大、工期长和技术复杂等特点，影响水利水电工程投资的原因也很多，而在 EPC 模式下，水利水电工程投资控制和管理更是一项全面的系统工程，总承包方对工程造价的控制和管理应始终贯穿于项目建设的全过程。在工程建设的各个阶段，要采用各种方法、手段实行目标管理，最大限度地提高建设资金的投资效益。

第十七章
工程合同管理

第一节 工 程 合 同 履 行

一、工程合同履行的含义

工程合同履行是指工程建设项目的发包方和承包方根据合同规定的时间、地点、方式、内容及标准等要求，各自完成合同义务的行为。根据当事人履行合同义务的程度，合同履行可分为全部履行、部分履行和不履行。

对于发包方来说，履行工程合同最主要的义务是按约定支付合同价款，而承包方最主要的义务是按约定交付工作成果。但是，当事人双方的义务都不是单一的最后交付行为，而是一系列义务的总和。如对工程设计合同来说，发包方不仅要按约定支付设计报酬，还要及时提供设计所需要的地质勘探等工程资料，并根据约定给设计人员提供必要的工作条件等；而承包方除了按约定提供设计资料外，还要参加图纸会审、地基验槽等工作。对施工合同来说，发包方不仅要按时支付工程备料款、进度款，还要按约定按时提供现场施工条件，及时参加隐蔽工程验收等；而承包方义务的多样性表现为工程质量必须达到合同约定标准、施工进度不能推迟合同工期等。

二、工程合同履行的原则

（一）实际履行原则

当事人订立合同的目的是为了满足一定的经济利益，满足特定的生产经营活动的需要。当事人一定要按合同约定履行义务，不能用违约金或赔偿金来代替合同的标的。

（二）全面履行原则

当事人应当严格按合同约定的数量、质量、标准、价格、方式、地点、期限等完成合同义务。全面履行原则对合同的履行具有重要意义，它是判断合同各方是否违约以及违约应当承担何种违约责任的根据和尺度。

（三）协作履行原则

即合同当事人各方在履行合同过程中，应当互谅、互助，尽可能为对方履行合同义务提供相应的便利条件。

贯彻协作履行原则对工程合同的履行具有重要意义，因为工程承包合同的履行过程是一个经历时间长、涉及面广、质量、技术要求高的复杂过程，一方履行合同义务的行为往往就是另一方履行合同义务的必要条件，只有贯彻协作履行原则，才能达到双方预期的合同目的。因此，承发包双方必须严格按照合同约定履行自己的每一项义务；本着共同的目的，相互之间应进行必要的监督检查，及时发现问题，平等协商解决，保证工程顺利实施；当一方违约给工程实施带来不良影响时，另一方应及时指出，违约方应及时采取补救措施；发生争议时，双方应顾全大局，尽可能不采取极端化行为等。

（四）诚实信用原则

诚实信用原则是《合同法》的基本原则，它是指当事人在签订和执行合同时，应讲究诚实，恪守信用，实事求是，以善意的方式行使权利并履行义务，不得回避法律和合同，以使双方所期待的正当利益得以实现。

对施工合同来说，业主在合同实施阶段应当按合同规定向承包方提供施工场地，及时支付工程款，聘请工程师进行公正的现场协调和监理；承包方应当认真计划，组织好施工，努力按质、按量在规定时间内完成施工任务，并履行合同所规定的其他义务。在遇到合同文件没有做出具体规定或规定矛盾或含糊时，双方应当善意地对待合同，在合同规定的总体目标下公正行事。

（五）情事变更原则

情事变更原则是指在合同订立后，如果发生了订立合同时当事人不能预见并不能克服的情况，改变了订立合同时的基础，使合同的履行失去意义或者履行合同将使当事人之间的利益发生重大失衡，应当允许受不利情况影响的当事人变更合同或者解除合同。情事变更原则实质上是按诚实信用原则履行合同的延伸，其目的在于消除合同因情事变更所产生的不公平后果。理论上一般认为，适用情事变更原则应当具备以下条件：

（1）有情事变更的事实发生。即作为合同环境及基础的客观情况发生了异常变动。

（2）情事变更发生于合同订立后履行完毕之前。

（3）该异常变动无法预料且无法克服。如果合同订立时，当事人已预见该变动将要发生，或当事人能予以克服的，则不能适用该原则。

（4）该异常变动不可归责于当事人。如果是因一方当事人的过错所造成或是当事人应当预见的，则应由其承担风险或责任。

（5）该异常变动应属于非市场风险。如果该异常变动是市场中的正常风险，则当事人不能主张情事变更。

（6）情事变更将使维持原合同显失公平。

在施工合同中，建筑材料涨价常常是承包方要求增加合同价款的理由之一。如果合同对材料没有包死，则按合同约定补偿差价。如果合同已就工程总价或材料价格一次包死，若发生建筑材料涨价是否补偿差价，应当判断建筑材料涨价是属于市场风险还是情事变更。可以认为，通货膨胀导致物价大幅上涨及因国家产业政策的调整或国家定价物资调价造成的物价大幅度上涨，属于情事变更，涨价部分应当由发包方合理负责一部分或全部承担，处于不利地位的承包方可以主张增加合同价款。如果属于正常的市场风险，则由承包方自行负担。

第二节 工程合同分析

一、工程合同分析概述

（一）合同分析的概念

合同分析是指从执行的角度分析、补充、解释合同，将合同目标和合同规定落实到合同实施的具体问题上和具体事件上，用以指导具体合同履行，使合同能符合日常工程管理的需要。

从项目管理的角度来看，合同分析就是为合同控制确定依据。合同分析确定合同控制的目标，并结合项目进度控制、质量控制、成本控制的计划，为合同控制提供相应的合同工作、合同对策、合同措施。从这一方面看，合同分析是承包商项目管理的起点。

合同履行阶段的合同分析不同于合同谈判阶段的合同审查与分析。合同谈判时的合同分析主要是对尚未生效的合同草案的合法性、完整性和公正性进行审查，其目的是针对审查发现的问题，争取通过合同谈判改变合同草案中于己不利的条款，以维护自身的合法权益。而合同履行阶段的合同分析主要是对已经生效的合同进行分析，其目的主要是明确合同目标，并进行合同结构分解，将合同落实到合同实施的具体问题上和具体事件上，用以指导具体工作，保证合同能够顺利履行。

（二）合同分析的作用

1. 分析合同漏洞，解释争议内容

工程的合同状态是静止的，而工程施工的实际情况千变万化，一份再完备的合同也不可能将所有问题都考虑在内，难免会有漏洞。同时，合同一般是由发包方起草的，条款较简单，诸多合同条款的内容规定得不够详细、合理，常常过于保护自身的利益。在这种情况下，通过分析这些合同漏洞，并将分析的结果作为合同的履行依据是非常必要的。

当合同中出现错误、矛盾和多义性解释，以及施工中出现合同未做出明确约定的情况，在合同实施过程中双方会有许多争执。要解决这些争执，首先必须作合同分析，按合同条款分析它的意思，以判定争执的性质。其次，双方必须就合同条款的解释达成一致。特别是在索赔中，合同分析为索赔提供了理由和根据。

2. 分析合同风险，制定风险对策

工程承包是高风险的行业，存在诸多风险因素，这些风险有的可能在合同签订阶段已经经过合理分摊，但仍有相当的风险并未落实或分摊不合理。因此，在合同实施前有必要作进一步的全面分析，以落实风险责任，并对自己承担的风险制定和落实风险防范措施。

3. 分解合同工作，落实合同责任

合同事件和工程活动的具体要求（如工期、质量、技术、费用等）、合同双方的责任关系之间的逻辑关系极为复杂，要使工程按计划有条理地进行，必须在工程开始前将它们落实下来，这都需要进行合同分析分解合同，以落实合同责任。

4. 进行合同交底，简化合同管理工作

在实际工作中，由于许多工程小组、项目管理职能人员所涉及的活动和问题并不涵盖整个合同文件，而仅涉及小部分合同内容，因此他们没有必要花费大量的时间和精力全面把握合同，而只需要了解自己所涉及的部分合同内容。为此，可采用由合同管理人员先作全面的合同分析，再向各职能人员和工程小组进行合同交底的方法。

此外，由于合同条款往往不直观明了，一些法律语言不容易理解，使得合同内容较难准确地把握。只有由合同管理人员通过合同分析，将合同约定用最简单易懂的语言和形式表达出来，使大家了解自己的合同责任，从而使合同管理工作简单、方便。

（三）合同分析的要求

1. 准确客观

合同分析的结果应准确、全面地反映合同内容。如果不能透彻、准确地分析合同，就不可能有效、全面地执行合同，从而导致合同实施产生更大失误。事实证明，许多工程失误和合同争议都起源于不能准确地理解合同。

对合同中工作内容的分析，划分双方合同责任和权益，都必须实事求是，根据合同约定和法律规定，客观地按照合同目的和精神来进行，而不能以当事人的主观愿望解释合同，否则必然导致合同争执。

2. 简明清晰

合同分析的结果应采用使不同层次的管理人员、工作人员都能够接受的表达方式，使用简单易懂的工程语言，如图表等形式，对不同层次的管理人员提供不同要求、不同内容的合同分析资料。

3. 协调一致

合同双方及其所有人员对合同的理解应一致。合同分析实质上是双方对合同的详细解释，由于在合同分析时要落实各方面的责任，因此，双方在合同分析时应尽可能协调一致，分析的结果能为对方认可，以减少合同争执。

4. 全面完整

合同分析应全面，对全部合同文件进行解释。对合同中的每一条款、每句话，甚至每个词都应认真推敲、细心琢磨、全面落实。合同分析不能只观大略，不能错过一些细节问题，这是一项非常细致的工作。在实际工作中，常常一个词甚至一个标点就能关系到争执的性质，关系到一项索赔的成败，关系到工程的盈亏。同时，应当从整体上分析合同，不能断章取义，特别是当不同文件、不同合同条款之间规定不一致或有矛盾时，更应当全面整体地理解合同。

合同分析应当在前述合同谈判审查分析的基础上进行。按其性质、对象和内容，合同分析可分为合同总体分析与合同结构分解、合同缺陷分析、合同工作分析及合同交底。

二、合同总体分析与结构分解

（一）合同总体分析

合同总体分析的主要对象是合同协议书和合同条件。通过合同的总体分析，将合同条款和合同规定落实到一些带有全局性的具体问题上。对工程施工合同来说，承包方合同总体分析的重点包括承包方的主要合同责任及权利、工程范围，业主方的主要责任和权利，合同价格、计价方法和价格补偿条件，工期要求和顺延条件，合同双方的违约责任，合同变更方式、程序，工程验收方法，索赔规定及合同解除的条件和程序，争执的解决等。

在分析中应对合同执行中的风险及应注意的问题做出特别的说明和提示。

合同总体分析的结果是工程施工总的指导性文件，应将它以最简单的形式和最简洁的语言表达出来，以便进行合同的结构分解和合同交底。

（二）合同结构分解

合同结构是指一个项目上所有合同之间的构成状况和相互联系。对合同结构进行分解则是按照系统规则和要求将合同对象分解成相互独立、互相影响、互相联系的单元。合同结构分解应与项目的合同目标相一致。根据结构分解的一般规律和施工合同条件自身的特点，施工合同条件结构分解应遵循以下规则：

（1）保证施工合同条件的系统性和完整性。施工合同条件分解结果应包括所有的合同要素，这样才能保证应用这些分解结果时等同于应用施工合同条件。

（2）保证各分解单元间界限清晰、意义完整，保证分解结果明确有序。

（3）易于理解和接受，便于应用。即要充分尊重人们已经形成的概念和习惯，只在根本违背合同原则的情况下才做出更改。

（4）便于按照项目的组织分工落实合同工作和合同责任。

当前国内外施工合同的结构分解一般都如图 17-1 所示。

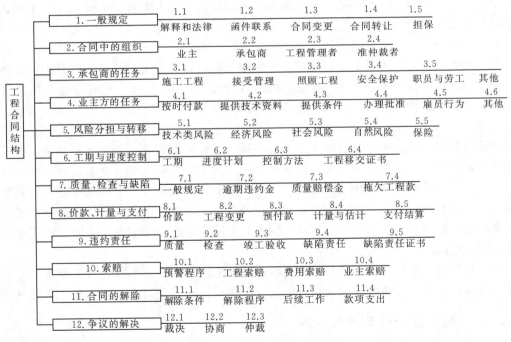

图 17-1　施工合同的结构分解

三、合同缺陷的处理

在合同总体分析及进行合同结构分解时，可能会发现已订立的合同有缺陷，如合同条款不完整或约定不明、合同条款规定含糊甚至相互矛盾等，这就需要合同当事人根据法律规定及行业惯例对这些合同缺陷进行修正，做出特殊的解释，以保证合同能够公正、合理、顺利地履行。合同缺陷的修正包括漏洞的补充和歧义分析。

（一）合同漏洞的补充

合同漏洞是指当事人应当约定而未约定或者约定不明确，或是约定了无效和可能被撤销的合同条款而使合同处于不完整的状态。为鼓励交易，节约交易成本，法律要求对合同漏洞应尽量予以补充，使之足够明确、清楚，达到使合同能够全面适当履行的条件。根据《合同法》第61条、第62条的规定，补充合同漏洞有以下三种方式。

1. 约定补充

当事人享有订立合同的自由，也就享有补充合同漏洞的自由，《合同法》规定，当事人可以通过协议补充合同漏洞。即当事人对合同的疏漏之处按照合同订立的规则，在平等自愿的基础上另行协商，达成合同的补充协议，并与原合同共同构成一份完整的合同。

2. 解释补充

解释补充是指以合同的客观内容为基础，依据诚实信用原则并考虑到交易惯例，来对合同的漏洞做出符合合同目的的填补。解释补充分为两种：

（1）按照合同有关条款确定。合同条款虽然可相互独立，但也相互关联。如履行方式条款与履行地点条款、合同价款等就存在较为密切的联系。如果履行地点不明，但合同规定了履行方式，就有可能从中确定履行的地点。

（2）根据交易习惯确定。交易习惯既包括某种行业或交易的惯例，也包括当事人之间已经形成的习惯做法。

3. 法定补充

在当事人意见不一，不能达成补充协议，而解释补充仍不足以补充合同漏洞时，适用《合同法》关于法定补充的规定。所谓法定补充，是指根据法律的直接规定，对合同的漏洞加以补充。

主要包括以下几方面。

（1）质量要求不明确的，按照国家标准、行业标准履行；没有国家标准、行业标准的，按照通常标准或者符合合同目的的特定标准履行。质量等级要求不明确的，最低应当按质量合格的标准进行施工。如发包方要求质量等级优良的，承包方可适时主张优质优价。

（2）价款或报酬不明确的，按照订立合同时履行地的市场价格履行。

（3）合同工期不明确的，除国务院另有规定外，应当依据各省、自治区、直辖市和国务院主管部门颁发的工期定额计算得出合同工期。工期定额法律暂时没有规定的特殊工程，其合同工期由双方协商。

（4）付款期限不明确的，开工前发包方即应支付进场费和工程备料款；施工过程中，承包方的工作报表一经审核后即应拨付工程进度款；工程竣工后，工程造价一经确认，即应在合理的期限内付清全部工程款。

（5）履行方式不明确的，按照有利于实施合同目的的方式履行。

（6）履行费用的负担不明确的，由履行义务一方负担。

（二）歧义解释

合同应当是合同当事人双方完全一致的意思表示。但是，在实际操作中，由于各方面的原因，如当事人的经验不足、素质不高、出于疏忽或故意，对合同中应当包括的条款未作明确规定，或者对有关条款用词不够准确，从而导致合同内容表达不清楚，使合同中出现错误、矛盾以及多义性解释；或在合同履行过程中发生了事先未考虑到的事及出现合同全部或部分无效的后果等等。

一旦在合同履行过程中产生上述问题，合同当事人双方往往就可能会对合同文件的理解出现偏差，从而导致双方产生合同争执。因此，对内容表达不清楚的合同进行正确的解释就显得尤为重要。

1. 解释原则

根据工程施工合同的国际惯例，合同文件间的歧义一般按"最后用语规则"进行解释，合同文件内的歧义一般按"不利于文件提供者规则"进行解释。前者是 FIDIC 在合同文件的优先解释顺序中确立的规则，即认为"每一个被接纳的文件都被看做一个新要约，这样最后一个文件便被看做为收到者以沉默的方式接受"，也就是后形成的合同文件优先于先形成的合同文件。后者为英国土木工程师学会制定的新版施工合同文本 NEC 确立的规则，实质是对定式合同的一种限制，也是防范一方凭借自己的实力将有歧义条款强加给另一方的一种平衡手段。

我国《合同法》第 125 条规定："当事人对合同条款的理解有争议的，应当按照合同所使用的词句、合同的有关条款、合同的目的、交易习惯以及诚实信用原则，确定该条款的真实意思。合同文本采用两种以上文字订立并约定具有同等效力的，对各文本使用的词句推定具有相同含义。各文本使用的词句不一致的，应当根据合同的目的予以解释。"合同的解释方法主要有以下类型。

（1）词句解释。即首先应当确定当事人双方的共同意图，据此确定合同条款的含义。如果仍然不能做出明确解释，就应当根据与当事人具有同等地位的人处于相同情况下可能做出的理解来进行解释。其规则有：

1）排他规则。如果合同中明确提及属于某一特定事项的某些部分而未提及该事项的其他部分，则可推定为其他部分已经被排除在外。

2）合同条款起草人不利规则。虽然合同是经过当事人双方平等协商而做出的一致的意思表示，但在实际操作过程中，合同往往是由当事人一方提供的，提供方可以根据自己的意愿对合同提出要求。因此，他对合同条款的理解应该更为全面。如果因合同的词义而产生争议，则起草人应当承担由于选用词句的含义不清而带来的风险。

3）主张合同有效的解释优先原则。当事人双方订立合同的根本目的就是为了正确完整地享有合同权利，履行合同义务，即希望合同最终能够实现。如果在合同履行过程中双方产生争议，若其中的一种解释可推断出按此解释合同仍然可以继续履行，而其他各种解释可推断出合同将归于无效而不能履行，则应当按照主张合同仍然有效的方法来对合同进行解释。

（2）整体解释。即当事人双方对合同产生争议后，应当从合同整体出发，联系合同条款上下文，从总体上对合同条款进行解释，而不能断章取义，割裂合同条款之间的联系。整体解释原则包括：

1）同类相容规则。即如果有两项以上的条款都包含同样的语句，而前面的条款又对此赋予特定的含义，则可以推断其他条款所表达的含义与前面一样。

2）非格式条款优先于格式条款规则。即当格式合同与非格式合同并存时，如果格式合同中的某些条款与非格式合同相互矛盾时，应当按非格式条款的规定执行。

（3）合同目的解释。即肯定符合合同目的的解释，排除不符合合同目的的解释。如在某装修工程合同中没有对材料防火阻燃等要求进行事先约定，在施工过程中，承包商采用了易燃材料，业主对此产生异议。在此案例中，虽然业主未对材料的防火性能做出明确规定，但根据合同目的，装修好的工程必须符合《中华人民共和国消防法》的规定，因此，承包商应当采用防火阻燃材料进行装修。

（4）交易习惯解释。即按照该国家、该地区、该行业所采用的惯例进行解释。运用交易习惯解释应遵循以下规则：

1）必须是双方均熟悉该交易时，方可参照交易习惯。

2）交易习惯是双方已经知道或应当知道而没有明确排斥者。

3）交易习惯依其范围可分为一般习惯、特殊习惯与当事人之间的习惯。在合同没有明示时，当事人之间的习惯应优先于特殊习惯，特殊习惯应优先于一般习惯。

（5）诚实信用原则解释。诚实信用原则是合同订立和合同履行的最根本的原则，因此，无论对合同的争议采用何种方法进行解释，都不能违反诚实信用原则。

2. 土木工程对合同文件解释的惯例

（1）合同文件优先顺序。如建设工程施工合同示范文本中规定的解释顺序为：

1）施工合同协议书。

2）中标通知书。

3）投标书及其附录。

4）施工合同专用条件。

5）施工合同通用条件。

6）标准、规范和其他有关的技术文件。

7）图纸。

8）工程量清单。

9）工程报价单或预算书。

双方有关工程的洽商、变更等书面协议或文件视为协议书的组成部分。

（2）第一语言规则。当合同文本采用两种以上的语言进行书写时，为了防止因翻译问题而造成两种语言所表达的含义出现偏差而产生争议，一定要在合同订立时预先约定何种语言为第一语言。如果在工程实施时两种语言含义出现分歧，则以第一语言解释的真实意思为准。

（3）其他规则。

1）具体、详细的规定优先于一般、笼统的规定，详细条款优先于总论。

2）合同专用条款、特殊条款优先于通用条款。

3）文字说明优先于图示说明，工程说明、规范优先于图纸。

4）数字的文字表达优先于阿拉伯数字表达。

5）手写文件优先于打印文件，打印文件优先于印刷文件。

6）对于固定价合同，总价优先于单价；对于可调价合同，单价优先于总价。

7）合同中的各种变更文件，如补充协议、备忘录、修正案等，按照时间最近的优先。

四、合同工作分析与合同交底

（一）合同工作分析

合同工作分析是在合同总体分析和合同结构分解的基础上，依据合同协议书、合同条件、规范、图纸、工程量表等，确定各项目管理人员及各工程小组的合同工作，以及划分各责任人的合同责任。合同工作分析涉及承包商签约后的所有活动，其结果实质上是承包商的合同执行计划，它包括：

（1）工程项目的结构分解，即工程活动的分解和工程活动逻辑关系的安排。

（2）技术会审工作。

（3）工程实施方案、总体计划和施工组织计划。

（4）工程详细的成本计划。

（5）与承包合同同级的各个合同的协调，包括各个分合同的工作安排和各个分合同之间的协调。

根据合同工作分析，落实各分包商、项目管理人员及各工程小组的合同责任，对分包商，主要通过分包合同确定双方的责权利关系，以保证分包商能及时保质、按期地完成合同责任。对承包商的工程小组可以通过内部的经济责任制来保证。落实工期、质量、消耗等目标后，应将其与工程小组经济利益挂钩，建立一套经济奖罚制度，以保证目标的实现。合同工作分析的结果是合同事件表。合同事件表反映了合同工作分析的一般方法，它是工程施工中最重要的文件之一，从各个方面定义了该合同事件，其实质上是承包商详细的合同执行计划，有利于项目组在工程施工中落实责任、安排工作，进行合同监督、跟踪、分析和处理索赔事项。合同事件表包括以下内容：

1. 事件编码

这是为了计算机数据处理的需要。计算机对事件的各种数据处理都靠编码识别，所以编码要反映事件的各种特性，如所属的项目、单项工程、单位工程、专业性质、空间位置等。通常它应与网络事件（或活动）的编码一致。

2. 事件名称和简要说明

对一个确定的承包合同，承包商的工程范围、合同责任是一定的，则相关的合同事件和工程合同也是一定的，在一个工程中，这样的事件可能有几百甚至几千件。

3. 变更次数和最近一次的变更日期

变更次数记载着与本事件相关的工程变更。在接到变更指令后，应落实变更，修改相应栏目的内容。根据最近一次变更日期可以检查每个变更指令的落实情况，既防止重复，又可避免遗漏。

4. 事件的内容说明

主要为该事件的目标，如某一分项工程的数量、质量、技术要求以及其他方面的要求。这由工程量清单、工程说明、图纸、规范等定义，是承包商应完成的任务。

5. 前提条件

该事件进行前应有哪些准备工作？应具备什么样的条件？这些条件有的应由事件的责

任人承担，有的应由其他工程小组、其他承包商或业主承担。这里不仅确定了事件之间的逻辑关系，而且确定了各参加者之间的责任界限。

6. 本事件的主要活动

即完成该事件的一些主要活动和它们的实施方法、技术与组织措施。这完全是从施工过程的角度进行分析的，这些活动组成该事件的子网络。

7. 责任人

即负责该事件实施的工程小组负责人或分包商。

8. 成本（或费用）

这里包括计划成本和实际成本，有以下两种情况：

（1）若该事件由分包商承担，则计划费用为分包合同价格。如果在总包和分包之间有索赔，则应修改这个值，而实际费用为最终实际结算金额总和。

（2）若该事件由承包商的工程小组承担，则计划成本可由成本计划得到，一般为直接成本，而实际成本为会计核算的结果，在事件完成后填写。

9. 计划和实际的工期

计划工期由网络分析得到，包括计划开始期、结束期和持续时间。实际工期按实际情况，在该事件结束后填写。

10. 其他参加人

即对该事件的实施提供帮助的其他人员。

（二）合同交底

合同交底指合同管理人员在对合同的主要内容做出解释和说明的基础上，通过组织项目管理人员和各工程小组负责人学习合同条文和合同总体分析结果，使大家熟悉合同中的主要内容、各种规定、管理程序，了解承包商的合同责任和工程范围、各种行为的法律后果等，使大家都树立全局观念，避免执行中的违约行为，使大家的工作协调一致。

在我国传统的施工项目管理系统中，人们十分注重"图纸交底"工作，但却没有"合同交底"工作，所以项目组和各工程小组对项目的合同体系、合同基本内容不甚了解。事实上，合同交底与图纸交底并不矛盾，而且合同交底包含了图纸交底，因为合同的内容包含了工程图纸和技术规范，而且合同交底还考虑了业主的要求、承包商的责任、工程实施步骤、工程界面，甚至承包商的目标。我国工程管理者和技术人员有十分牢固的按图施工的观念，但在市场经济中必须转变到"按合同施工"上来，特别是在工程使用非标准合同文本或本项目组不熟悉的合同文本时，合同交底工作就显得尤其重要。

合同交底应分解落实如下合同和合同分析文件：合同事件表（任务单、分包合同）、施工图纸、设备安装图纸、详细的施工说明等。并且对这些活动实施的技术和法律问题进行解释和说明。合同交底一般包括以下主要内容：

（1）工程概况及合同工作范围。

（2）合同关系及合同涉及各方之间的权利、义务与责任。

（3）合同工期控制总目标及阶段控制目标，目标控制的网络表示及关键线路说明。

（4）合同质量控制目标及合同规定执行的规范、标准和验收程序。

（5）合同对本工程的材料、设备采购、验收的规定。

（6）投资及成本控制目标，特别是合同价款的支付及调整条件、方式和程序。

（7）合同双方争议问题的处理方式、程序和要求。

（8）合同双方的违约责任。

（9）索赔的机会和处理。

（10）合同风险的内容及防范措施。

（11）合同进展文档管理的要求。

合同管理人员应在合同总体分析和合同结构分解、合同工作分析的基础上，按施工管理程序，在工程开工前，逐级进行合同交底，使得每一个项目参加者都能清楚地掌握自身的合同责任和自己所涉及的应当由对方承担的合同责任，以保证在履行合同的过程中不违约。同时，对于对方违约的情况，及时要求对方履行合同，并且可向对方提出索赔。在交底的同时，应将各种合同事件的责任分解落实到各分包商或工程小组直至每一个项目参加者，以经济责任制形式规范各自的合同行为，以保证合同目标能够实现。

第三节　工程合同控制

一、工程合同控制概述

（一）工程合同控制的概念

要完成目标就必须对其实施有效的控制，控制是项目管理的重要职能之一。所谓控制，就是行为主体为保证在变化的条件下实现其目标，按照实现拟定的计划和标准，通过各种方法，对被控制对象实施中发生的各种实际情况与计划情况进行检查、对比、分析和纠正，以保证工程按预定的计划进行，顺利实现预定目标。

合同控制是指承包商的合同管理组织为保证合同所约定的各项义务的全面完成及各项权利的实现，以合同分析的成果为基准，对整个合同实施过程进行全面监督、检查、对比和纠正的管理活动。它包括以下几方面内容。

1. 工程实施监督

工程实施监督是工程管理的日常事务性工作，首先应表现在对工程活动的监督上，即保证按照预先确定的各种计划、设计、施工方案实施工程。工程实施状况反映在原始的工程资料上，如质量检查报告、分项工程进度报告、记工单、用料单、成本核算凭证等。

2. 跟踪

即将收集到的工程资料和实际数据进行整理，得到能够反映工程实施状况的各种信息，如各种质量报告、各种实际进度报表、各种成本和费用收支报表以及它们的分析报告。将这些信息与工程目标进行对比分析，就可以发现两者的差异。差异的大小，即为工程实施偏离目标的程度。如果没有差异，或差异较小，则可以按原计划继续实施工程。

3. 诊断

即分析差异的原因，采取调整措施。差异表示工程实施偏离目标的程度，必须详细分析差异产生的原因和它的影响，并对症下药，采取措施进行调整。在工程实施过程中要不断进行调整，使工程实施一直围绕合同目标进行。

（二）工程合同控制与其他项目目标控制的关系

工程施工合同定义了承包商项目管理的主要目标，如进度目标、质量目标、成本目标、安全目标等。这些目标必须通过具体的工程活动实现。由于在工程施工中各种干扰的作用，常常使工程实施过程偏离总目标。整个项目实施控制就是为了保证工程实施按预定的计划进行，顺利地实现预定的目标。一般而言，工程项目实施控制包括成本控制、质量控制、进度控制和合同控制。其中，合同控制是核心，它与项目其他控制的关系如下：

1. 成本控制、质量控制、进度控制由合同控制协调一致

成本、质量、工期是由合同定义的三大目标，承包商最根本的合同责任是达到这三大目标，所以合同控制是其他控制的保证。通过合同控制可以使质量控制、进度控制和成本控制协调一致，形成一个有序的项目管理过程。

2. 合同控制应超越成本控制、质量控制、进度控制范围

承包商除了必须按合同规定的质量要求和进度计划完成工程的设计、施工和进行保修外，还必须对实施方案的安全、稳定负责，对工程现场的安全、清洁和工程保护负责，遵守法律，执行工程师的指令，对自己的工作人员和分包商承担责任，按合同规定及时地提供履约担保和购买保险等。

3. 合同控制较成本控制、质量控制、进度控制更具动态性

这种动态性表现在两个方面。一方面，合同实施受到外界干扰，常常偏离目标，要不断进行调整；另一方面，合同目标本身不断改变，如在工程过程中不断出现合同变更，使工程的质量、工期、合同价格发生变化，导致合同双方的责任和权益发生变化。

各种控制的目的、目标和依据可见表 17-1。

表 17-1　　　　　　　　　　　　工程实施控制的内容

序号	控制内容	控制目的	控制目标	控制依据
1	成本控制	保证按计划成本完成工程，防治成本超支和费用增加	计划成本	各分部分项工程、总工程的计划成本、人力、材料、资金计划，计划成本曲线
2	质量控制	保证按照合同规定的质量完成工程，使工程顺利通过验收，交付使用，达到预定的功能要求	合同规定的质量标准	工程说明、规范、图纸、工作量表
3	进度控制	按预定进度计划进行施工，按期交付工程，防止承担工期拖延责任	合同规定的工期	合同规定的总工期计划、业主批准的详细施工进度计划
4	合同控制	按合同全面完成承包商的责任，防止违约	合同规定的各项责任	合同范围内的各种文件、合同分析资料

二、工程合同控制的日常工作

工程合同控制应贯彻到工程实施的各项工作之中，其日常工作主要有以下内容：

（1）参与落实计划。合同管理人员与项目的其他职能人员一起落实合同实施计划，为各工程小组、分包商的工作提供必要的保证，如施工现场的安排，人工、材料、机械等计划的落实，工序间的搭接关系和安排以及其他一些必要的准备工作。

（2）协调各方关系。在合同范围内协调业主、工程师、项目管理各职能人员、所属的

各工程小组和分包商之间的工作关系，解决相互之间出现的问题，如合同责任界面之间的争执、工程活动之间时间上和空间上的不协调。合同责任界面争执在工程实施中是很常见的。承包商与业主、与业主的其他承包商、与材料和设备供应商、与分包商，以及承包商的各分包商之间、工程小组与分包商之间常常互相推卸一些合同中或合同事件表中未明确划定的工程活动的责任，这就会引起内部和外部的争执。

（3）指导合同工作。合同管理人员对各工程小组和分包商进行工作指导，作经常性的合同解释，使各工程小组都有全局观念，对工程中发现的问题提出意见、建议或警告。合同管理人员在工程实施中起"漏洞工程师"的作用，但他不是寻求与业主、工程师、各工程小组、分包商的对立，他的目标不仅仅是索赔和反索赔，而且还要将各方面在合同关系上联系起来，防止漏洞和弥补损失，更完善地完成工程。

（4）参与其他项目控制工作。合同项目管理的有关职能人员每天检查、监督各工程小组和分包商的合同实施情况，对照合同要求的数量、质量、技术标准和工程进度，发现问题并及时采取对策措施。对已完工程作最后的检查核对，对未完成的或有缺陷的工程责令其在一定的期限内采取补救措施，防止影响整个工期。按合同要求，会同业主及工程师等对工程所用材料和设备开箱检查或作验收，看是否符合质量、图纸和技术规范等的要求，进行隐蔽工程和已完工程的检查验收，负责验收文件的起草和验收的组织工作，参与工程结算，会同造价工程师对向业主提出的工程款账单和分包商提交的收款单进行审查和确认。

（5）合同实施情况的追踪、偏差分析及参与处理。

（6）负责工程变更管理。

（7）负责工程索赔管理。

（8）负责工程文档管理。对分包商发出的任何指令，向业主发出的任何文字答复、请示，业主方发出的任何指令，都必须经合同管理人员审查，记录在案。

（9）争议处理。承包商与业主、与总（分）包的任何争议的协商和解决都必须有合同管理人员的参与，对解决方法进行合同和法律方面的审查、分析及评价，这样不仅保证工程施工一直处于严格的合同控制中，而且使承包商的各项工作更有预见性，更能及早地预测合同行为的法律后果。

三、工程合同跟踪

在工程实施过程中，由于实际情况千变万化，导致合同实施与预定目标（计划和设计）的偏离，如果不及时采取措施，这种偏差常常由小到大，日积月累。这就需要对合同实施情况进行跟踪，以便及时发现偏差，不断调整合同实施，使之与总目标一致。

（一）合同跟踪的依据

合同跟踪时，判断实际情况与计划情况是否存在差异的依据主要有：合同和合同分析的结果，如各种计划、方案、合同变更文件等；各种实际的工程文件，如原始记录、各种工程报表、报告、验收结果等；工程管理人员每天对现场情况的直观了解，如对施工现场的巡视、与各种人员谈话，召集小组会谈、检查工程质量，通过报表、报告等。

（二）合同跟踪的对象

合同实施情况追踪的对象主要有以下几个方面：

1. 具体的合同事件

对照合同事件表的具体内容，分析该事件的实际完成情况。如以设备安装事件为例分析：

（1）安装质量。如标高、位置、安装精度、材料质量是否符合合同要求，安装过程中有无损坏。

（2）工程数量。如是否全都安装完毕，有无合同规定以外的设备安装，有无其他的附加工程。

（3）工期。是否在预定期限内施工，工期有无延长，延长的原因是什么。

（4）成本的增加和减少。将上述内容在合同事件表上加以注明，这样可以检查每个合同事件的执行情况。从这里可以发现索赔机会，因为经过上面的分析可以得到偏差的原因和责任。

2. 工程小组或分包商的工程和工作

一个工程小组或分包商可能承担许多专业相同、工艺相近的分项工程或许多合同事件，所以必须对它们实施的总情况进行检查分析。在实际工程中常常因为某一工程小组或分包商的工作质量不高或进度拖延而影响整个工程施工。合同管理人员在这方面应给他们提供帮助，如协调他们之间的工作，对工程缺陷提出意见、建议或警告，责成他们在一定时间内提高质量、加快工程进度等。

作为分包合同的发包商，总承包商必须对分包合同的实施进行有效的控制，这是总承包商合同管理的重要任务之一。分包合同控制的目的如下：

（1）控制分包商的工作，严格监督他们按分包合同完成工程责任。分包合同是总承包合同的一部分，如果分包商完不成他的合同责任，则总承包商也不能顺利完成总包合同。

（2）为向分包商索赔和对分包商的反索赔做准备。总包与分包之间的利益是不一致的，双方之间常常有尖锐的利益冲突。在合同实施中，双方都在进行合同管理，都在寻求向对方索赔的机会，所以双方都有索赔和反索赔的任务。

（3）对分包商的工程和工作，总承包商负有协调和管理的责任，并承担由此造成的损失。分包商的工程和工作必须纳入总承包工程的计划和控制中，防止因分包商的工程管理失误而影响全局。

3. 业主和工程师的工作

业主和工程师是承包商的主要工作伙伴，对他们的工作进行监督和跟踪十分重要。

（1）业主和工程师必须正确、及时地履行合同责任，及时提供各种工程实施条件，如及时交付图纸、提供场地、及时下达指令、做出答复，及时支付工程款等，而这常常是承包商推卸工程责任的托词。在这里，合同工程师应寻找合同中以及对方合同执行中的漏洞。

（2）在工程中承包商应积极主动地做好工作，如提前催要图纸、材料，对工作事先通知。这样不仅可以让业主和工程师及时准备，以建立良好的合作关系，保证工程顺利实施，而且可以推卸自己的责任。

（3）有问题及时与工程师沟通，多向工程师汇报情况，及时听取他的指示（书面的）。

（4）及时收集各种工程资料，对各种活动、双方的交流做好记录。

（5）对有恶意的业主提前防范，并及时采取措施。

4. 工程总的实施情况

（1）工程整体施工秩序状况。如果出现以下情况，合同实施必定存在问题：现场混乱、拥挤不堪，承包商与业主的其他承包商、供应商之间协调困难，工程小组之间协调困难，出现事先未考虑到的情况和局面，发生较严重的工程事故等。

（2）已完工程没有通过验收、出现大的工程质量事故、工程试运行不成功或达不到预定的生产能力等。

（3）施工进度未达到预定计划，主要的工程活动出现拖期，在工程周报和月报上计划和实际进度出现大的偏差。

（4）计划和实际的成本曲线出现大的偏离。计划成本累计曲线与实际成本曲线对比，可以分析出实际和计划的差异。

通过合同实施情况追踪、收集、整理，能反映工程实施状况的各种工程资料和实际数据，将这些信息与工程目标，如合同文件、合同分析的资料、各种计划、设计等进行对比分析，可以发现两者的差异。根据差异的大小确定工程实施偏离目标的程度。

四、工程合同实施情况偏差分析与处理

合同实施情况偏差表明工程实施偏离了工程目标，应加以分析调整，否则这种差异会逐渐积累，越来越大，最终导致工程实施远离目标，使承包商或合同双方受到很大的损失，甚至可能导致工程的失败。

（一）合同实施情况偏差分析

合同实施情况偏差分析，指在合同实施情况追踪的基础上，评价合同实施情况及其偏差，预测偏差的影响及发展的趋势，并分析偏差产生的原因，以便对该偏差采取调整措施。

合同实施情况偏差分析的内容包括：

1. 合同执行偏差的原因分析

通过对不同监督跟踪对象计划和实际的对比分析，不仅可以得到合同执行的差异，而且可以探索引起这个差异的原因。原因分析可以采取鱼刺图、因果关系分析图（表）、成本量差、价差、效率差分析等方法定性或定量地进行。例如，通过计划成本和实际成本累计曲线的对比分析，不仅可以得到总成本的偏差值，而且可以进一步分析差异产生的原因。引起上述计划和实际成本累计曲线偏离的原因可能有：整个工程加速或延缓；工程施工次序被打乱；工程费用支出增加，如材料费、人工费上升；增加新的附加工程，使主要工程的工程量增加；工作效率低下，资源消耗增加等。

上述每一类偏差原因还可进一步细分，如引起工作效率低下可以分为内部干扰，如施工组织不周，夜间加班或人员调遣频繁；机械效率低，操作人员不熟悉新技术，违反操作规程，缺少培训；经济责任不落实，工人劳动积极性不高等。外部干扰，如图纸出错，设计修改频繁；气候条件差；场地狭窄，现场混乱，施工条件差等。

在上述基础上还应分析出各原因对偏差影响的权重。

2. 合同执行偏差责任分析

即这些原因由谁引起？该由谁承担责任？这常常是索赔的理由。一般只要原因分析有

根有据，则责任分析自然清楚。责任分析必须以合同为依据，按合同规定落实双方的责任。

3. 合同实施的趋向预测

分别考虑不采取调控措施和采取调控措施，以及采取不同的调控措施情况下，合同的最终执行结果。

（1）最终的工程状况，包括总工期的延误、总成本的超支、质量标准、所能达到的生产能力等。

（2）承包商将承担什么样的后果，如被罚款、被清算，甚至被起诉，对承包商资信、企业形象、经营战略的影响等。

（3）最终工程经济效益（利润）水平。

（二）合同实施情况偏差处理

根据合同实施情况偏差分析的结果，承包商应采取相应的调整措施。调整措施可分为：

（1）组织措施。如增加人员投入，重新进行计划或调整计划，派遣得力的管理人员。

（2）技术措施。如变更技术方案，采用新的更高效率的施工方案。

（3）经济措施。如增加投入，对工作人员进行经济激励等。

（4）合同措施。如进行合同变更，签订新的附加协议、备忘录，通过索赔解决费用超支问题等。合同措施是承包商的首选措施，该措施主要由承包商的合同管理机构来实施。承包商采取合同措施时通常应考虑以下问题：

1）如何保护和充分行使自己的合同权利，如通过索赔以降低自己的损失。

2）如何利用合同使对方的要求降到最低，即如何充分限制对方的合同权利，找出业主的责任。如果通过合同诊断，承包商已经发现业主有恶意、不支付工程款或自己已经陷入到合同陷阱中，或已经发现合同亏损，而且估计亏损会越来越大，则要及早确定合同执行战略。如及早解除合同，降低损失；争取道义索赔，取得部分补偿；采用以守为攻的办法拖延工程进度，消极怠工。因为在这种情况下，承包商投入的资金越多，工程完成得越多，承包商就越被动，损失会越大。

第四节　工程款支付与管理

一、工程进度款的结算方式

在施工阶段，通过对已完成的工程，按实际完成的工程进度，支付合同价款，用来补偿工程施工中的资金消耗。对已完成的工程进行结算是承包人回收资金和保证工程顺利进行的重要手段。工程进度款的结算方式应在合同中明确约定，目前我国工程进度款的结算方式主要有两种。

（一）按月结算与支付

即按照月完成的工程量进行结算，竣工后清算的方法。俗称月进度款。这种方法适应于工期一年以上的工程，水电工程一般采用这种结算方法。承包商每月末向业主提交该月的付款申请，其中包括完成工程量，使用材料等计价资料。收到申请以后，在限定时间内进行审核、签字、支付工程价款。并按合同约定的方式扣除工程预付款、材料预付款和保留金。

（二）分段结算与支付

按照形象进度分段进行结算。一般在合同约定每段的支付比例。这种结算方法一般适应于工期小于一年的工程。分段结算的优点在于支付相对简单，且可以促使承包人按计划完成形象进度，否则不能按时获得工程款。

除上述结算方法外，合同双方也可以约定其他形式的结算方法。

工程进度款的结算是合同双方共同关注的问题。对于发包人而言，不仅要选择合适的结算方法，通常也对结算条件进行必要的规定，以保证工程的质量和进度。如FIDIC合同条件除了对质量提出要求外，对最低支付金额也作了具体要求以督促承包人完成工程的进度计划。对于承包人而言，一方面，通过工程进度款的结算可以减少资金的占用时间而降低成本；另一方面，工程进度款的结算也是进度控制的重要指标，反映了已完工程的进度状况。

二、工程预付款

（一）工程预付款

工程预付款又称动员预付款，是发包人为了帮助承包人解决施工前期开展工作时的资金短缺，从未来的工程款中提前支付的款项。随着工程的进行，发包人按约定的方式在工程进度款中逐步扣还。水电工程由于其特殊性，其施工前期准备工作往往需要投入较多的资金。工程预付款的支付不仅可以缓解承包人的资金压力迅速开展工作，也可以加强发包人对承包人的管理使工程顺利进行。

1. 工程预付款的支付

工程预付款的数额应在合同条件中约定，水电工程一般不低于合同价的10%。工程预付款的支付分两次。

第一次付款。在签订合同协议的21天内，承包人需将银行出具的工程预付款保函交给发包人并通知监理人，监理人签发"预付款支付证书"，发包人按合同约定的数额支付工程预付款。工程预付款保函金额始终保持与工程预付款等额，即随着承包人对工程预付款的返还逐渐递减保函金额。第一次支付工程预付款的金额应不低于总额的40%。

第二次付款。承包人的主要设备进入工地后，其估算价值达到本次预付款金额时，承包人提出支付申请。监理人核实后签发支付证书，发包人接到付款证书后的14天内支付。

2. 工程预付款的扣还

工程预付款一般在工程进行到一定程度时开始在月进度款中逐次扣回。预付款的起扣点和终扣点在合同的专用条款中约定。一般情况下，起扣点为合同累计完成金额达到合同价的20%，终扣点为合同累计完成金额达到合同价的90%，即：完成合同价的20%时开始扣还，完成合同价的90%时扣还全部的预付款。工程预付款的扣还公式如下

$$R = \frac{A}{(F_2 - F_1)S}(C - F_1 S)$$

式中：A 为预付款；F_2 为扣清预付款达到的合同价比例；F_1 为起扣时达到合同价的比例；C

为合同价累计完成额；S 为合同价；R 为每次进度款中累计扣回的余额。

需要说明的是，合同价累计完成额不包括因工程变更而调整的合同价部分。

（二）材料预付款

由于承包人负责采购的材料和中小型设备，只能在材料和设备用于永久工程后才能在工程进度款中得到支付，承包人将投入较大数额的流动资金。为了帮助承包人缓解资金压力，当承包人采购的材料和设备运抵施工现场并经监理人确认合格后，按照合同约定的比例支付材料预付款。

1. 材料预付款的支付

专用条款中规定的材料和设备到达工地并满足以下条件后，承包人向监理人提交材料预付款的支付清单。

（1）材料的质量和储存条件符合技术条款的要求。

（2）材料已经到达工地并经承包人和监理人共同验点入库。

（3）承包人按要求提交了材料和设备订货单、收据价格证明文件。

材料预付款一般按监理人审核的实际价格的 90％ 在月进度款中支付。

2. 材料预付款的扣还

材料的采购批量应经济合理，避免储存时间过长而降低材料性能、变质或锈蚀，应尽快用于工程。材料预付款在付款后的 6 个月内平均扣回。

三、保留金

保留金是按合同约定从承包人应得的工程进度款中相应扣减的一笔金额保留在发包人手中，作为约束承包人严格履行合同义务的措施之一。当承包人有一般违约行为使发包人受到损失时，可以从该金额内直接扣除损害赔偿费。如承包人未能在监理人规定的时间内修复缺陷工程部位。发包人雇佣其他人完成后，可以直接从保留金中支付。

（一）保留金的扣留

保留金按照合同价的 3％～5％ 计算，具体比例一般在合同中约定。保留金的扣留从首次支付工程进度款开始，在每次工程进度款支付中按合同约定的百分比（一般为 5％～10％）扣留保留金，直至扣完保留金为止。保留金的计算基础是承包人月完成的合同价格不包括合同调整的价格，既不扣除预付款扣还的金额，也不增加预付款的支付金额。

（二）保留金的返还

保留金的返还一般分两次。

第一次返还。颁发工程移交证书后 14 天内，由监理人签发保留金付款证书，退还承包人一半保留金。如果颁发的是部分工程移交证书，也应退还部分永久工程占合同工程相应比例保留金的一半。

第二次返还。保修期满监理人签发剩余保留金的付款证书，发包人在 14 天内退还剩余的全部保留金。若保修期满时还有需承包人完成剩余工作，监理人有权在付款证书中扣留与剩余工作所需金额相应的保留金余额。

合同内以履约保函和保留金两种手段作为约束承包人忠实履行合同义务的措施，当承包人严重违约而使合同不能继续顺利履行时，发包人可以凭履约保函向银行获取损害赔偿；而因承包人的一般违约行为令发包人蒙受损失时，通常利用保留金补偿损失。履约保函和保留金的约束期均是承包人负有施工义务的责任期限（包括施工期和保修期）。

【例 17－1】某土方工程项目估算工程量 10 万 m^3，业主与承包商签订了施工合同，合同单价为 18 元/m^3，合同总价 180 万元，合同中约定：

（1）主向承包商支付合同价的 15％作为工程预付款，合同工期为 4 个月，当完成合同总价的 20％时开始扣回预付款，完成合同价的 90％时，全部扣清预付款。

（2）保留金按合同价的 5％计，在月进度付款中扣回，每月按进度款的 10％计扣。

（3）若实际工程量超过估算的 15％时，应进行调价，若超过估算工程量 15％以上部分，单价为 16 元/m^3，若工程量减少 15％时，按下式估算

$$C = Q_1 P + (Q_0 - Q_1) \Delta P$$

式中：C 为估算款；Q_1 为实际完成工程量；Q_0 为估算工程量；P 为合同单价；ΔP 为补偿单价。

承包商实际完成工程量见表 17－2。

表 17－2　　　　　　　　　　　　实 际 完 成 工 程 量 表

月	2	3	4	5
月完成工程量	2.5	3.0	3.5	3.5

每月估算款和总估算款为多少？

解：（1）工程预付款＝合同总价×15％＝180×15％＝27（万元）

（2）二月结算情况：工程预付款 27 万元；扣保留金

$$2.5 \times 18 \times 10\% = 4.5（万元）$$

月进度款

$$2.8 \times 18 = 45（万元）> 合同价 \times 20\% = 36（万元）$$

由 $R = \dfrac{A}{(F_2 - F_1)S}(C - F_1 S)$ 可得

$$R = \frac{27 \times (45 - 36)}{(0.9 - 0.2) \times 180} = 1.93（万元）$$

二月结算款为

$$27 + 45 - 4.5 - 1.93 = 65.57（万元）$$

（3）三月结算情况：月进度款

$$3 \times 18 = 54（万元）$$

扣保留金

$$54 \times 10\% = 5.4（万元）$$

累计扣保留金 4.5＋5.4＝9.9（万元），超过保留金总额，实际扣 4.5 万元。累计扣预付款

$$R = \frac{27 \times (99 - 36)}{(0.9 - 0.2) \times 180} = 13.5（万元）$$

本月扣预付款

$$13.5 - 1.93 = 11.57（万元）$$

三月应结算款

$$54 - 4.5 - 11.57 = 37.93（万元）$$

（4）四月结算情况：月进度款

$$3.5 \times 18 = 63（万元）$$

累计扣预付款

$$R = \frac{27 \times (162 - 36)}{(0.9 - 0.2) \times 180} = 27（万元）（预付款已扣清）$$

本月扣预付款

$$27 - 13.5 = 13.5（万元）$$

四月结算款

$$63 - 13.5 = 49.5（万元）$$

（5）五月结算情况：到五月累计完成工程量的 $12.5 m^2 >$ 估算工程量 10 万 m^2，且

$$(12.5 - 10) \times 100\% / 10 = 25\% > 15\%$$

根据合同超过估算工程量 15% 以上的部分

$$12.5 - 10 \times (1 + 15\%) = 1（万 m^2）$$

应按 10 元 $/m^2$ 结算。本月结算款为

$$(3.5 - 1) \times 18 + [12.5 - 10 \times (1 + 15\%)] \times 16 = 61（万元）$$

总结算款为

$$65.57 + 37.93 + 49.5 + 61 + 9 = 223（万元）（包括保留金 9 万元）$$

如果总工程量减少为 8 万 m^2，假设 $\Delta P = 2$（元 $/m^2$），则总结算款为

$$C = Q_1 P + (Q_0 - Q_1)\Delta P = 8 \times 18 + (10 - 8) \times 2 = 148（万元）$$

四、工程量计量

工程量清单中所列的工程量仅是对工程的估算量，不能作为承包人完成合同规定施工义务的结算依据。每次支付工程月进度款前，均需通过测量来核实实际完成的工程量，以计量值作为支付依据。

采用单价合同的施工工作内容应以计量的数量作为支付进度款的依据，而总价合同或单价包干混合式合同中按总价来承包的部分可以按图纸工程量作为支付依据，仅对变更部分予以计量。

每个月末承包人应按合同规定的计量方法进行准确计量上个月 26 日至本月 25 日已完成合格工程的工程量，随同月付款申请单提交监理人。监理人进行复核后如有疑问，可通知承包人共同进行复核计量。监理人未通知承包人单方进行的计量无效，若提前通知但承包人未派人按时参加，则监理人单方计量结果有效。现场计量为承包人本阶段完成的实际有效工程量，即对超挖部分、涨线部分、返工部分的工程量不予计量。计量结束后，双方在计量记录上签字。

水利水电工程施工合同实施中，工程计量如下所述。

（一）计量方式

1. 监理工程师计量

计量工作由监理人员单独进行。监理人员计量后，应将计量的结果和有关记录送承包方，如果承包方对监理人员的计量有异议，可以书面的形式提出，再由监理工程师对承包方提出的质疑进行核实。并由监理工程师对计量结果做出决定。采用这种计量方式，监理

合同，如进场费或动员调遣费、临时工程、房建工程、某些导截流工程、观测仪器埋设等。

总价合同项目一般以总价控制、检查项目完成的形象面貌，逐月或逐季支付价款。但有的项目也可进行计量控制，其计量方式可按中间计量统计支付，同时也要严格按合同文件要求执行。总价合同一般在总价确定以后，其每月支付的工程价款也与当月实际完成的数量有关系。一般来讲，该项目工程在全部完成后，即应将规定的价款全部支付。要使总价合同支付的价款与实际施工完成情况基本吻合，以免造成该项目的超前或滞后支付。

五、完工结算与最终结清

(一) 完工结算

承包人按合同规定的内容全部完成所承包的工程后，应清理支付账目，包括已完工程尚未支付的价款，保留金的清退以及其他按合同规定需结算的账目，合同双方应按有关规定及时进行完工结算，其具体规定如下：

1. 完工付款申请单

在本合同工程移交颁发后的 28 天内，承包人应按监理人批准的格式提交一份完工付款申请单，并附有下述内容的详细证明文件。

(1) 至移交证书注明的完工日期止，根据合同所累计完成的全部工程价款金额。

(2) 承包人认为根据合同应支付给他的追加金额和其他余额。

2. 完工付款证书及支付时间

监理人应在收到承包人提交的完工付款申请单后的 28 天内完成复核，并与承包人协商修改后，在完工付款申请单上签字和出具完工付款证书报送发包人审批。发包人应在收到上述完工付款证书后 42 天内审批后支付给承包人，若发包人不按期支付，则按规定将逾期付款违约金加付给承包人。逾期付款违约金数额的计算，按同期中国人民银行规定的最高贷款利息率计算逾期付款金额的利息。

(二) 最终结清

最终结清是在保留责任期满后，承包人已完成全部承包工作（包括保修责任期的工作），但合同的遗留账目未结清，因此承包人向发包人提出最终工程价款的结算。承包项目最终结清后，形成该承包项目的实际工程造价。最终结清的有关要求如下：

1. 最终付款申请书

承包人在收到发包人或授权代理人签署和颁发的保修责任终止证书后的 28 天内，按监理人批准的格式向监理人提交一份最终付款申请单，该申请单应包括以下内容。并附有关的证明文件。

(1) 按合同规定已经完成的全部工程价款金额。

(2) 按合同规定应付给承包人的追加金额。

(3) 承包人认为应付给他的其他金额。

若监理人对最终付款申请单中的某些内容有异议时，有权要求承包人进行修改和提供补充资料，直至监理人同意后，由承包商再次提交经修改后的最终付款申请单。

2. 结清单

承包人向监理人提交最终付款申请单的同时，应向发包人提交份结清单，并将结清单的副本提交监理人。该结清单应证实最终付款申请单的总金额是根据合同规定应付给承包人的全部款项的最终结算金额。但结清单只在承包人收到退还履约担保证件和发包人已向承包人付清监理人出具的最终付款证书中应付的金额后才生效。

3. 最终付款证书和支付时间

监理人收到经其同意的最终付款申请单和结清单副本后的 14 天内，且一份最终付款证书报送发包人审批。最终付款证书应说明：

（1）按合同规定和其他情况应最终支付给承包人的合同总金额。

（2）发包人已支付的所有金额以及发包人有权得到的全部金额。

发包人审查最终付款证书后，若确认还应向承包人付款，则应在收到该证书后的 42 天内支付给承包人。若确认承包人应向发包人付款，则发包人应通知承包人，承包人应在收到通知后的 42 天内付还给发包人。不论是发包人或承包人，若不按期支付，均应按专用合同条款规定的方法将逾期付款违约金加付给对方。

若承包人和发包人始终未能就最终付款的内容和额度取得一致意见，监理人应对双方已同意的部分出具临时付款证书，双方应按上述规定执行。对于未取得一致的部分，双方均有权提出按合同争议处理的要求。

第五节　工程变更管理与合同价调整

一、工程变更及其控制的意义

（一）工程变更的概念

所谓工程变更包括设计变更、进度计划变更、施工条件变更、工程量变更以及原招标文件和工程量清单中未包括的"新增工程"。按照《合同条件》有关规定，在履行合同过程中，工程师根据工程的重要批示承包人进行的以下各种形式的变更，其内容包括：

（1）增加或减少合同中任何一项工作内容。

（2）增加或减少合同中关键项目的工程量超过专用合同条款规定的百分比。

（3）取消合同中任何一项工作（但被取消的工作不能转由发包人或其他承包人实施）。

（4）改变合同中任何一项工作的标准或性质。

（5）改变的工程有关部分的标高、基线、位置或尺寸。

（6）改变合同中任何一项工程的完工日期或改变已批准的施工顺序。

（7）追加为完成工程所需的任何额外工作。

（二）工程变更产生的原因

由于建设工程施工阶段条件复杂，影响的因素较多，工程变更是难以避免的，其产生的主要原因包括：

（1）发包方的原因造成的工程变更。如发包方要求对设计的修改、工期的缩短以及增加合同以外的"新增工程"等。

（2）工程师的原因造成的工程变更。工程师可以根据工程的需要对施工工期、施工顺序等提出工程变更。

（3）设计方的原因造成的工程变更。如由于设计深度不够、质量粗糙等导致不能按图施工，不得不进行的设计变更。

（4）自然原因造成的工程变更。如不利的地质条件变化、特殊异常的天气条件以及不可抗力的自然灾害的发生导致的设计变更、工期的延误和灾后的修复工程等。

（5）承包人原因造成的工程变更。一般情况下，承包人不得对原工程设计进行变更，但施工中承包人提出的合理化建议经工程师同意后可以对原工程设计或施工组织进行变更。

（三）工程变更控制的意义

工程变更的控制是施工阶段控制工程造价的重要内容之一，一般情况下，由于工程变更都会带来合同价的调整。而合同价的调整又是双方利益的焦点。合理地处理好工程变更可以减少不必要的纠纷、保证合同的顺利实施，也是有利于保护承包双方的利用。工程变更也分为主动变更和被动变更。主动变更是指为了改善项目功能、加快建设速度、提高工程质量、降低工程造价而提出的变更。这类变更是有重要意义的。被动变更是指为了纠正人为的失误和自然条件的影响而不得不进行的设计工期等的变更。工程变更控制是指为实现建设项目的目标而对工程变更进行的分析、评价以保证工程变更的合理性。工程变更控制的意义在于有效控制不合理变更和工程造价，保证建设项目目标的实现。

二、工程变更控制的程序

工程变更控制的程序如图 17-2 所示。

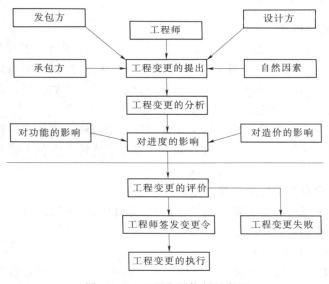

图 17-2　工程变更控制程序图

（一）工程变更的提出

工程变更的提出应遵守时间要求，一般应在 14 天前以书面形式向承包方发出变更通知。否则由此导致的损失由承包方有权获得补偿。尤其是业主提出的变更要求。如果超过原设计标准或批准的建设规模时，须经原审批单位重新审查批准。

（二）工程变更的分析

无论是谁提出的工程变更，都应该进行较全面的分析，分析的主要内容包括，工程变更对项目功能的影响，对建设工期的影响，对工程造价的影响等。实效就是对工程变更的技术经济分析。如果工程变更对建设项目目标产生较大影响显然是不可取的。如工程变更导致工程造价的较大增加，则会影响建设项目的经济效益。

（三）工程变更的评价

通过对工程变更的分析，对工程变更的可行性做出评价。在进行评价时应尽量使用明确的评价指数。如对功能的提高，经济上是否合算，对于加快施工进度的变更是否有效益等。

（四）工程师签发变更令

对于实行监理的建设项目，工程变更应由工程师签发。当工程变更确认后，一般会牵涉到合同价款的调整，这一点将在下面进行详细介绍。

三、工程变更处理的基本原则

工程变更的处理一般在合同中有明确的约定。合同约定也是处理工程变更的基本原则。工程变更处理的重要内容包括：变更工期的确定、变更合同价的确定、特殊情况下的变更处理。

（一）变更工期的确定

对于作承包人提出的工程变更而导致工期的改变。由承包人提出经工程师同意后，可以变更工期。若变更合同工作量减少或取消某项目，工程师认为应予提前变更项目的工期时，由工程师和承包人协商确定。

（二）变更合同价格的确定

（1）当工程变更确认后，变更合同价的处理有 3 个基本原则；①承包人提出变更合同价的要求。如果承包人不提出要求，则认为工程变更不涉及到合同价的调整；②承包人应在规定的时间内（14 天）提出变更合同的要求，超过规定的时间承包人提出变更合同价视为无效；③承包人自身原因导致的工程变更，承包人无权要求变更合同价。变更合同价在下列方式确定：

1）合同中已有适用于工程变更的价格，按合同已有的价格计算变更合同价款。

2）合同中只有类似于变更工程的价格，可以参照类似价格变更合同价款。

3）合同中没有适用和类似于变更工程的价格，有承包方提出适当的变更价格，经工程师确认后执行。

工程师在收到工程变更价款报告之日起 14 天内予以确认，工程师无正当理由不确认时，自变更价款报告送达之日起 14 天后视为变更工程价款报告已被确认。工程师不同意承包方提出的变更价款，可以与承包人协商或请有关主管部门调解。调解不成时，双方均可以用仲裁或向人民法院起诉。工程师确认增加的工程变更价款作为追加合同价款，与工程款同期支付。

（2）特殊情况下的变更处理。

1）工程变更的连锁影响。某一项工程变更可能会引起本合同工程或部分工程的施工组织和进度计划发生实质性变动，以至于影响本项目和其他项目的单价或总价。这就是工程变更的连锁影响。理论上讲，任何一项工程变更或多或少都会对合同工程或部分工程产生一定的影响。工程变更的连锁影响是指那些对变更工程以外的其他项目性的影响。如就进度而言，在做关键线路上的工程变更，只有影响总工期时才能称其为产生实质性的影响，即关键线路发生了改变。再如对于某些被取消的工程项目，由于摊销在该项目上的费用也随之被取消，这部分费用只能摊销到其他项目单价或总价之中，发生这种情况，承包人应有权要求调整受影响项目的单价或总价。

2）合同价格增减超过规定比例。在完工结算时，若出现全部变更工作引起合同价格增减额超过合同价格规定的比例时，除了已确定的变更工作的增减金额外，一般还需对合同价格进行调整，这种情况下，承包人可能从中获得额外利润或蒙受额外损失。因为承包人的现场管理费及其后方的企业管理费一般按一定的比例分摊在各子项目之中，完工结算时，若合同价格比签约时增加或减少。其管理费用也按比例相应增减，显然与实际不符，实际上承包人需要支出的管理费并不随着合同价格的增减而按比例增减。当合同价格增加时，如果管理费也同比例增加，则承包人获得了超额利润，反之，承包人遭受了利润损失。合同价格的增减幅度在专用条款中约定（一般取 15% 左右），合同价格的变动在规定的幅度之内时，由于其影响较小，风险由双方分担，不再为此调整合同价格，调整的范围是指超过幅度以外的部分。

四、合同价的调整

（一）价格调整的意义

在市场经济体制下，物价水平是动态的，经常发生变化，这是市场供需状况等因素产生的必然结果。这种价格的波动也使工程造价形成了一种动态的过程。因此在项目实施过程中，工程价款的支付应该而且必须适应这样一个动态变化。价格调整的意义在于：

（1）通过价格调整使工程造价更加符合市场变化，使价格较准确地反映其价值。

（2）通过价格调整避免发包人和承包人不必要的损失，维护了双方的正当权益，实现了商品的公平交易。

（3）价格调整减少了承包人的经营风险，使之能在质量和进度上下工夫，保证项目的顺利建设。

（二）价格调整的基本原则

价格调整实际上是承包人和发包人在物价风险上的分担方式。在可调合同价的合同中，应明确价格调整的方法，在固定合同价的合同中，虽然表面上对合同价不予调整，但实际上是把物价风险转嫁到承包方，而承包方在合同价中已经考虑了物价的风险，这种价格的调整不是在合同实施过程中进行的，而是在确定合同价时考虑的。因此无论什么形式的合同，价格调整都是确定合同价的重要内容之一。价格调整应遵循下列原则：

（1）价格调整要贴近市场的变化。价格调整不可能也没必要完全反映市场的变化。如建筑材料的价格是不断变化的，不同地点、不同时间、不同的采购渠道等都有不同的价格，要想完全反映这种情况几乎不可能。但在进行价格调整时，应尽量贴近市场的变化。

（2）价格调整要体现风险共担的原则。价格风险是双方共同面临的风险，在可调价合同中，一般约定一定的幅度，作为承包人的风险，超出约定幅度以外提出分担的方式和价格的调整方式。价格调整以及风险的分担方式均应在合同中明确。

（3）价格调整的方法应科学、合理。价格调整涉及合同双方的利益，要公平公正地解决价格的调整，就必须要求价格调整的方法科学、合理。按国际惯例，用公式调整法进行价格调整是比较科学合理的。当然，价格调整的方法可以根据项目的性质和大小的不同而不同。同时，价格调整的方法也需双方协商一致。

（三）价格调整的方法

目前我国工程建设实践中，价格调整的主要方法有：工程造价指数法、实际价格调整法、调整文件计算法和公式调整法。

1. 工程造价指数法

这种方法是合同双方采取当时的预算定额单价计算出承包合同价，在施工时根据合同的工期及当地工程造价管理部门所公布的每月度的工程造价指数，对原承包合同价予以调整。重点调整那些由于实际人工费、材料费、施工机械费等费用上涨及工程变更因素造成的价差，并对承包人给予调价补偿。

2. 实际价格调整法

由于建筑材料采购的范围越来越大，有些合同双方规定对钢材、木材、水泥等量大的材料价格按实际价格结算的办法。工程承包人凭发票按实报销，这种方法虽然简便，但是对工程造价的控制较为被动，同时价格风险完全由发包人承担也不合理。

3. 调价文件计算法

这种方法是合同双方采取按当时预算价格承包，在合同工期内按照造价管理部门调价文件的规定，进行抽料补差。价格一般依据工程造价管理部门发布的材料价格或市场价格进行。

4. 公式调整法

公式调整法是按约定的公式和调整因子进行价格调整的方法。公式调整法是国际上通行的价格调整方法，也是水电工程合同示范文本推荐的方法。其公式如下

$$\Delta P = P_0 \left(A + \sum B_0 \frac{F_n^t}{F_n^0} - 1 \right)$$

式中：ΔP 为需调整的价格差额；P_0 为付款证书中承包人应得到的已完成工程量的金额（不包括价格调整，不计保留金的扣留和支付、预付款的支付和扣还，变更价款若已按现行价格计价的亦不计在内）；A 为定值权重，即不可调部分的权重；B_0 为可调项的权重，如人工费，各材料费等于合同价的比例，在不同的工程，这些权重是不同的，$A + \sum B_0 F_n^t$，F_n^0 为报告期和基期各可调项的价格指数。其中基期价格指数指投标截止日 28 天前的各可调因子的价格指数。

以上价格调整的公式中各可调因子、定值和变值权重，以及基期价格指数及其来源规定在投标辅助资料的价格指数和权重表内。价格指数应首先采用国家或省、自治区、直辖市的政府物价管理部门或统计部门提供的价格指数。若缺乏上述价格指数时，可采用上述部门提供的价格或双方商定的专业部门提供的价格指数或价格代替。

公式调整法在适用中应注意以下问题：

三、索赔的证据

索赔是一项重证据的工作，索赔的证据应该具有真实性、全面性，并具有法律证明效力，即一般要求证据必须是书面文件。因此为了获得索赔成功，应十分注意收集具有法律效力的证据，在索赔实践中下列书面文件可作为索赔的证据：

(1) 根据文件，工程合同及附件，业主认可的施工组织设计、工程图纸技术规范等。

(2) 工程各项有关设计交底记录、变更图纸、变更施工指令等。

(3) 工程各项经业主或监理工程师签认的签证。

(4) 工程各项往来信件、指令、信函、通知、答复等。

(5) 工程各项会议纪要。

(6) 施工计划及现场实施情况记录。

(7) 施工日报及工长工作日志、备忘录。

(8) 工程送电、送水、道路开通、封闭的日期及数量记录。

(9) 工程停电、停水和各种干扰事件影响的日期及恢复施工的日期。

(10) 工程预付款、进度付款的数额及日期记录。

(11) 工程图纸、图纸变更、交底记录的送达份数及日期记录。

(12) 业主供材料、设备送达日期记录。

(13) 工程有关施工部位的照片及录像等。

(14) 工程现场气候记录等气象资料。

(15) 工程验收报告及各项技术鉴定报告等。

(16) 国家法律法规行业等有关文件资料等。

四、施工索赔的内容

(1) 在国内外工程索赔实践中，通常把承包方向发包方提出为了取得经济补偿或工期延长的要求，称为"施工索赔"。施工索赔在合同执行中较为普遍，一方面是由工程的复杂性决定的，另一方面也是由当前建筑市场的供求关系决定的，通常情况下，承包方所承担的风险较大，承包方提出的索赔数量多，也就不足为奇了。承包方提出的索赔内容可划分为费用索赔和工期索赔。

工期索赔的主要内容包括：

1) 发包方未能按时提交可进行施工的现场。

2) 发包方提供的工程设备不能按期交货。

3) 发包人未能按时提交施工图纸。

4) 发包人违约引起的暂停施工。

5) 发包人其他原因引起的暂停施工。

6) 不可抗力的自然或社会因素引起的暂停施工。

7) 发包人增加合同中任何一项的工作内容。

8) 合同中关键项目的工程量超过专用合同规定的百分比。

9) 发包人改变合同中任何一项工作的标准或特性。

10）异常恶劣的气候条件。

11）工程现场中其他承包人的干扰。

12）发包人提供工程设备不符合要求而造成的工期延误。

13）监理人未按时到场检查造成的工期延误。

14）现场发现文物、化石等造成的工期延误。

（2）工期索赔时，需特别注意两点：①凡属发包方和监理人的以及其他承包方造成的工期拖延，不仅要进行工期索赔，还要进行费用的索赔；②自然和社会因素造成的工期拖延。承包方一般只能得到工期的索赔。承包方在进行工期索赔时，若伴有费用的索赔，二者一般应分别编制索赔报告。

费用索赔的主要内容包括：

1）地质条件变化引起的索赔。

2）发包方或监理人要求加速施工的索赔。

3）因施工中断和工效降低引起的索赔。

4）发包方不正当地终止工程而引起的索赔。

5）物价上涨引起的索赔。

6）工程量变化引起的索赔。

7）拖欠支付工程款引起的索赔。

8）法规、货币及汇率变化引起的索赔。

9）合同条文错误引起的索赔。

10）发包方其他违约造成的索赔。

五、反索赔的主要内容

发包方向承包方提出的索赔（习惯称为"反索赔"）一般包括两个方面：其一是对承包方在履约中的缺陷责任，如部分工程质量达不到要求或拖延工期独立地提出损失补偿要求。这种补偿要求通常是要求承包方的行为达到合同的要求而不对承包方增加的投入予以补偿，如质量事故的返工、赶工措施费等，但有时也要求承包方予以经济补偿，如拖延工期的罚金。其二是对承包商提出的索赔要求进行详审、反驳与修正从而保护发包方自身的利益。

（一）对承包方履约中的违约责任进行索赔

（1）工期延误反索赔。在工程项目的施工过程中，由于多方面的原因，可能使竣工日期拖后，影响到发包方对该工程的利用，给其带来经济损失，按国际惯例若工期延期责任属于承包方，发包人有权对承包方进行索赔，即由承包方支付延期竣工违约金。违约金通常在合同中确定，其一般要考虑的因素包括：发包方的盈利损失；由于延期带来的建设期贷款利息增加；工程延期带来的监理费增加；发包方管理费用的增加等；其他由于工程延期带来的费用增加。

（2）施工缺陷的索赔。包括建设期和保修期内，由于承包方的原因造成的施工缺陷，发包方均有权追究责任。

（3）对额外利润的索赔。额外利润的产生有两种情况：①工程量发生实质性变量（超过合同价的 15％），由于承包方的固定成本并不增加，而产生了额外利润；②由于法规的变化可能导致承包方的成本降低，从而也会产生额外利润，上述情况下，应重新调整合同价格，收回部分额外利润。

（4）承包方不正当地放弃工程的索赔。

（二）对承包方提出索赔的评审

对承包方所提出的索赔要求进行评审、反驳与修正，是发包方索赔的重要内容：①审定承包方的索赔权问题，即承包方有无提出索赔的合同依据；②索赔事件发生的真正原因，即谁导致了索赔事件的发生；③索赔要求是否合理。为此应注意以下方面的问题：

（1）此项索赔是否具有合同的依据。

（2）索赔事件发生的真正原因是什么。

（3）索赔事件的发生是否为承包方的责任，或有多方面的原因。

（4）怎样区别责任，谁是主要责任，责任如何分担。

（5）在索赔事件的初发时，承包方是否采取了控制措施，避免事态的扩大。

（6）此项索赔是否属于承包方应承担的风险。

（7）承包方提出索赔是否遵守合同的时限。

（8）承包方的索赔计算是否合理。

六、索赔费用的组成与计算

索赔费用的组成尚无权威性的定论，但就其实际的损失而言，它的组成与建安工程造价的组成并无二致，因而索赔费用的组成一般包括：直接费用、间接费用、利润。由于税金是以承包方的产量计算上缴的，只要索赔费用获得成功，税金自然而然地要按规定计算上缴税务部门。

在索赔实践中，索赔费用的组成内容如下：

（1）人工费。人工费是工程直接费的重要组成之一，一般的索赔都会有人工费的发生。对于索赔费用中的人工费，主要是指由于索赔事件的发生而增加的人工费用支出。它包括：为完成额外工作增加的人工费；工效降低所增加的人工费；超过法定工作时间的加班费用；法定的人工费的增长；索赔事件造成的窝工费等。

人工费用的计算比较复杂，一般分门别类进行计算。完成额外工作增加的人工费以合同中的人工单价作为计算依据；工效降低所增加的人工费、超过法定工作时间的加班费用按实际发生的费用计算，一般应提供详细的资料和计算依据；法定的人工费的增长按国家相关规定进行计算；索赔事件造成的窝工费不能以人工单价作为计算依据，一般以窝工人员基本生活保障为依据，窝工的数量应该以人员合理调配后产生的数量为准。

（2）材料费。材料费的索赔包括：

1）额外工作的材料费用。

2）材料的价格差价。

3）由于非承包方原因，工程延误所带来的材料价格上涨。

4）非承包方原因导致的材料采保费上涨。

材料费的计算分两类：①材料用量增加的费用，一般按实际增加量和预算单价进行计算；②材料价格的调整，价格的调整需要提供详细的资料。

（3）机械使用费。机械使用费索赔包括：

1）由于完成额外工作增加的费用。

2）非承包方原因导致的机械降效增加的费用。

3）由于发包方或监理人等原因造成机械停工的窝工费。机械台时窝工费的计算，如系承包方自有设备，一般按折旧费计算，若系租赁设备则按实际租赁费用计算。

额外工作增加的机械使用费用以台时费用为基础进行计算；机械降效增加的费用需提供详细的资料；机械停工的窝工费一般按机械的折旧费进行计算。

（4）管理费用。当承包方完成的是额外工程时，可按类似工程的管理费用率计算。若因工程延长则一般将管理费可分为可变部分和固定部分；可变部分即在延长期内可以充实到其他工作岗位的人员和设施，这部分由于延长工期需增加管理费支出，即需索赔的范围。

（5）利息。在索赔款额的计算中，由于支付等原因，通常需计算利息。

1）发包方拖延支付工程进度款。

2）发包方支付错误或错误扣款。

3）不按期支付付款和最终付款。

《合同条件》规定：凡预期付款违约金，按中国人民银行规定的同货款最高利率计算逾期付款金额的利息。

（6）利润。索赔费用中利润的计算，应视索赔的性质决定。一般来说，由于工作范围的变更和施工条件变化引起的索赔，承包方可以列入利润，而对于工期延误的索赔则不宜计入利润。一般认为利润通常是包括在工程单价之内，工程延误并没有减少承包人的期望利润。国际工程中，也有"机会利润"索赔之说，即认为由于工程的延误导致了承包方失去了在其他项目承包中获得利润的机会。这种"机会利润"的损失，往往难以拿出强有力的证明，因而成功率并不高。

案例计算题

【案例 17-1】 企业决定参加某工程的投标，经造价人员分析，在建设期 3 年里，按投标时期的价格水平计算，各年主要材料的成本分别为：3600 万、4200 万、4500 万元。根据当前物价水平的上涨趋势，预计三年内主要材料价格平均上涨幅度大约为 10%。

问题：（1）如果招标文件规定采用固定价合同，则主要材料的报价是多少？

（2）如果招标文件规定采用可调价合同，且规定主要材料费上涨 10% 以内属于承包人风险，10% 以上的部分由业主承担 80%，承包人承担 20%，则业主和承包人分别承担的主要材料上涨费用是多少？

解：（1）固定价合同材料上涨的风险由承包人承担。

第一年：$3600 (1+10\%) = 3960.0$（万元）

第二年：$4200 (1+10\%)^2 = 5082.0$（万元）

第三年：$4500 (1+10\%)^3 = 5989.5$（万元）

$3960.0 + 5082.0 + 5989.5 = 15031.5$（万元）

主要材料的报价是 15031.5 万元。

（2）不考虑材料上涨的总费用：3600＋4200＋4500＝12300.0（万元）

上涨 10% 后的总费用：12300.0×（1＋10%）＝13530.0（万元）

上涨 10% 以上的费用：15031.5－13530.0＝1501.5（万元）

业主承担 80% 的费用：1501.5×80%＝1201.2（万元）

承包人承担 20% 的费用：1501.5×20%＝300.3（万元）

承包人共承担的费用：12300.0×10%＋300.3＝1530.3（万元）

业主承担 1201.2 万元，承包人承担 1530.3 万元。

【案例 17-2】 某工程的总造价为 20000 万元，其人工、主要材料、机械费用及其上涨指数见下表。

问题：合同价调整额为多少。

人工、主要材料、机械费用及其上涨指数

类别	人工	机械	钢材	水泥	炸药
费用/万元	3000	3600	3500	4000	1000
物价指数/%	10	8.0	15	12	6

解：（1）人工、主要材料机械费用所占比重分别为：

人工：$\dfrac{3000}{20000}=0.15$

机械：$\dfrac{3600}{20000}=0.18$

钢材：$\dfrac{3500}{20000}=0.175$

水泥：$\dfrac{4000}{20000}=0.20$

炸药：$\dfrac{1000}{20000}=0.05$

定值权重为：$A=1-(0.15+0.18+0.175+0.2+0.05)=0.245$

（2）根据调值公式，合同价调整额为

$$\Delta P = P_0 \left(A + \sum B_n \frac{F_n^t}{F_n^0} - 1 \right)$$

$$=20000 \left[0.245 + (0.15 \times 1.1 + 0.18 \times 1.08 + 0.175 \times 1.15 + 0.2 \times 1.12 + 0.05 \times 1.06) - 1 \right]$$

$$=1653.09 \text{（万元）}$$

合同价调整额为 1653.09 万元。

【案例 17-3】 某施工企业承包某电站对外交通项目，原计划定于 8 月 1 日正式开工，由于业主不能及时提交可进行施工的现场，直至 8 月 20 日才移交施工现场。承包人的主要机械设备和人员 8 月 15 日进场。8 月 18 日至 22 日，该地区出现罕见的特大暴雨，致使开工时间推迟到 8 月 23 日。根据以上情况回答下列问题。

（1）承包人能够提出多少天的工期索赔并简要说明理由。

（2）如果机械设备闲置费用为每天 2 万元，人员窝工费每天 1.5 万元（其他费用均不计），承包人可以提出多少索赔额。为什么？

解：（1）业主提交现场推迟 20 天，属于业主责任，可获得工期延长 20 天；特殊异常天气属于不可抗力，共 5 天，但与前项搭接 2 天，故可获得工期延长 3 天。

（2）承包人可获得索赔费用为

$$5(2＋1.5)＝17.5（万元）$$

业主原因造成的工期延误除了可获得工期索赔外，也可以获得费用索赔；特殊异常天气造成的工期延误一般只能获得工期索赔，其属于共同风险；索赔是对损失的补偿，承包人的实际损失只能从 8 月 15 日—20 日计算。

第七节　工程合同损害赔偿与缺陷责任

一、损害赔偿责任

（一）损害赔偿的涵义

损害赔偿是指违约方不履行合同义务或履行合同义务不符合约定而给对方造成损失时，按照法律规定或合同约定，违约方就对方所受损害给予补偿的一种方法。

我国现行法律认为，损害赔偿责任的确定依据，必须具备下列条件：

（1）必须有损害的事实。如果没有发生损害，就谈不上赔偿。受损害的一方应就其所受的损害，提供事实证明。

（2）损害行为与事实之间必须有因果关系，即损害是由于债务人的过错行为所造成。英美法认为，只要一方当事人违约，另一方就有权起诉要求损害赔偿，而不以一方有无过失为条件，也不以是否发生实际损害为前提。即使违约结果没有造成损害，债权人仍可请求名义上的损害赔偿，即在法律上承认他的合法权利受到了侵犯。

（二）损害赔偿的基本原则

1. 完全赔偿原则

完全赔偿原则是指违约方应当对其违约行为所造成的全部损失承担赔偿责任。其目的是补偿债权人因债务人违约所造成的损失，所以，损害赔偿范围除了包括该违约行为给债权人所造成的直接损失外，还包括债权人可得利益的损害。

2. 合理限制原则

完全赔偿原则是为了保护债权人免于遭受违约损失，因此是完全站在债权人的立场上，根据公平合理原则，债权人也不能擅自夸大损害事实而给违约方造成额外损失。对此，《合同法》也对债权人要求赔偿的范围进行了限制性规定，包括：

（1）应当预见规则。《合同法》规定，当事人一方不履行合同义务或履行合同义务不符合约定，而给对方造成损失的，损失赔偿额应当相当于因违约造成的损失，包括合同履行后可获得的利益，但不能超过违反合同一方订立合同时预见到或应当预见到的因违反合同可能造成的损失。

（2）减轻损害规则。《合同法》规定，当事人一方违约后，对方应当采取适当措施防止损失的扩大；当没有采取适当措施而致使损失扩大时，不得就扩大部分要求赔偿。当事人因防止损失扩大而支出的合理费用，应由违约方承担。

（3）损益相抵规则。损益相抵规则是指受损方基于违约行为而发生违约损失的同时，又因违约行为而获得一定的利益或减少了一定的支出，则受损方应当在其应得的损害赔偿费中，扣除其所得的利益。

（三）损害赔偿的方法

根据各国的法律规定，损害赔偿的方法一般有恢复原状和金钱赔偿两种。

恢复原状是指恢复到损害发生前的原状；金钱赔偿是以支付金钱来弥补对方所受到的损害；德国法以恢复原状为原则，以金钱赔偿为例外；法国法则以金钱赔偿为原则，以恢复原状为例外；英美法一般都是判处金钱赔偿。

（四）损害赔偿的范围

损害赔偿的范围，一般都是按合同中双方所约定的违约方法办理。如果合同中没有规定，就按法律规定办理。

各国法律对损害赔偿范围的规定：

（1）德国民法典规定，损害赔偿的范围包括违约所造成的实际损失和失去的利益。

（2）法国民法典规定，对债权人的损害赔偿一般应包括债权人所受的现实的损害和所失去的可获得的利益。

（3）英国法对损害赔偿的范围规定了两项原则：第一，这种损失必须是违约过程中直接而自然发生的损失；第二，这种损失必须是双方当事人在订约时可以合理地预见到的。

（4）美国统一商法典规定，损害赔偿的范围除包括一般的损失，还包括附带损失和间接损失。

（5）我国《合同法》规定，当事人一方违反合同的赔偿责任，应当相当于另一方因此所受到的损失，但是不得超过违反合同一方订立合同时应当预见到的因违反合同可能造成的损失。

二、工程合同损害赔偿责任

（一）承包商的损害赔偿责任

1. 对工程照管的损害赔偿责任

从工程开始到颁发工程的移交证书为止，承包商对工程的照管负全部责任。在此期间，如果发生任何损失或损坏，除属于业主风险情况外，应由承包商对该损失负责。对于颁发移交证书后发生的损失，若该损失是在移交证书颁发之前因承包商的原因所致，则承包商仍对该损失负责。

2. 误期损害赔偿责任

依据 FIDIC 合同条件的有关规定，如果承包商未能在合理竣工的时间内完成整个工程，或未在投标书附件中规定的相应时间内完成任何部分工程，并通过竣工检验，承包商应向业主支付投标书附件中注明的相应金额，作为合理的竣工时间起至移交证书注明的实际竣工日期为止之间每日或不足一日的误期损害赔偿费。但全部交付款不得超过投标书附件中注明的限额。按照英美法律规定，承包商向业主支付的误期损害赔偿费实质是赔偿由误期给业主造成的损失，而不是罚金。

如果对工程的任何部分支付赔偿费以后，工程师发布了变更令或出现了不利的外界条件、人为障碍或承包商不能控制的任何情况，在工程师看来导致了该部分工程的进一步延误，则工程师应书面通知承包商和业主，暂停业主获得进一步延误工期的赔偿费的权利。

3. 未能正确履行合同的责任

工程质量达不到约定的质量标准，或由于承包商的原因致使合同无法履行或不能正确履行，则承包商应承担违约责任，赔偿因其违约给业主造成的损失。承包商无法履行或不能正确履行合同的情况如下：

（1）承包商未取得业主的事先同意将合同或合同的一部分转让出去。

（2）在接到工程师的开工通知后，无正当理由拖延开工。

（3）无视工程事先的书面警告，固执、公然地忽视履行合同规定的义务。

（4）承包商擅自将工程的某些部分分包出去等。

（二）业主的损害赔偿责任

1. 业主风险

在承包商负责照管工程期间（即交付前），如果发生以下情况造成工程、或其他部分、或材料、或待安装的设备损坏或损失，承包商有责任修补，但由业主承担费用。

（1）战争、敌对行为等。

（2）工程所在国内部起义、恐怖活动、革命等内部战争或动乱。

（3）非承包商（包括其分包商）人员造成的骚乱和混乱等。

（4）军火和其他爆炸性材料放射性造成的离子辐射或污染等造成的威胁，但承包商使用此类物质导致的情况除外。

（5）飞机以及其他飞行器造成的压力波。

（6）业主占有或使用部分永久工程。

（7）业主方负责的工程设计。

（8）一个有经验的承包商也无法合理预见并采取措施来防范的自然力的作用。

2. 业主承担责任

（1）FIDIC合同是业主与承包商之间的合同，业主必须为工程师的行为承担责任。如果工程师在工程管理中失误，如未及时地履行职责，发出错误的指令、决定、处理意见等，造成工期拖延和承包商的费用损失，业主必须承担赔偿责任。

（2）业主应按合同要求向承包商提供工程施工所需要的现场和道路，否则必须承担工期延误和费用赔偿责任。

（3）除属于业主风险外，业主对承包商的设备、材料和临时工程的损失或损坏不承担责任。

（4）对出现业主无力、无法或不能正确履行合同的情况，例如：

1）在合同规定的付款期满后28天内，未能按工程师出具的付款证书向承包商付款。

2）无理地干扰、阻挠或拒绝批准工程师颁发上述付款证书。

3）破产或停业整顿。

4）通知承包商，由于不可预见的原因或经济混乱，使其不可能继续履行合同义务。

在出现上述业主无力、无法或未能正确履行合同的情况时，承包商有权根据合同的相关规定终止雇佣关系，并通知业主和工程师，这种终止在通知发出后 14 天生效。在上述情况下，业主不仅有义务向承包商支付这种终止前完成的全部工作的费用，而且还应赔偿由于这种终止所引起的，或与之有关的，或其后果造成承包商损失或损害的费用。

（三）工程质量缺陷的损害赔偿责任

1. 工程质量缺陷的损害赔偿责任主体

按照《中华人民共和国建筑法》（以下简称为《建筑法》）第 80 条规定："在建筑物的合理使用寿命内，因建筑工程质量不合格受到损害的，有权向责任者要求赔偿"。关于"责任者"的范围，该条没有明确。但《建设工程质量管理条例》第 3 条对此作了明确规定："建设单位、勘察单位、设计单位、施工单位、工程监理单位依法对建设工程质量负责"。因这些主体的原因产生的建筑质量问题，造成他人人身、财产损失的，这些单位应当承担相应的赔偿责任。受损害人可以向上述主体中对建筑物缺陷负有责任者要求赔偿，也可向各方共同提出赔偿要求，在查明原因的基础上由真正的责任者承担赔偿责任。

根据《建筑法》《建设工程质量管理条例》的规定，承包商承担质量损害赔偿责任的情况如下：

（1）施工企业转让、出借资质证书或者以其他方式允许他人以本企业的名义承揽工程，对因该项承揽工程不符合规定的质量标准造成的损失，施工企业与使用本企业名义的单位或者个人承担连带赔偿责任。

（2）承包单位将承包的工程转包的，或者违反《建筑法》规定进行分包，对因转包工程或者违法分包的工程不符合规定的质量标准造成的损失，与接受转包或者分包的单位承担连带赔偿责任。

（3）施工企业在施工中偷工减料，使用不合格的建筑材料、建筑构配件和设备，或者有其他不按照工程设计图纸或施工技术标准施工的行为，造成建筑工程质量不符合规定的质量标准的，负责返工、修理，并赔偿因此造成的损失。

（4）施工企业违反《建筑法》规定，不履行保修义务或者拖延履行保修义务的，对在保修期内因屋顶、墙面渗漏、开裂等质量缺陷造成的损失，承担赔偿责任。

（5）施工企业未对建筑材料、建筑构配件和设备、商品混凝土进行检验，或者未对涉及结构安全的试块、试件以及有关材料取样检测，造成损失的，依法承担赔偿责任。

2. 工程质量缺陷的损害赔偿责任范围

（1）损害范围。因质量不合格所造成的损害是指因工程质量不合格而导致的人员死亡、人身伤害和财产损失及其他重大损失。

（2）赔偿范围。对于财产损失，由侵害人按损失金额赔偿，可以金钱赔偿，也可以恢复原状。对于人身伤害损失，由侵害人赔偿医疗费、因误工减少的收入、残废者生活补助费等费用。造成受害人死亡的，还应支付丧葬费、抚恤费、死者生前抚养人的必要的生活费等费用。

三、工程合同缺陷责任

（一）工程合同缺陷责任的内容

1. 完成收尾工作与修复缺陷

（1）为了保证在合同缺陷责任期期满之时或之后，尽快保证工程及承包商的文件（包括承包商递交的全部图纸、计算书、操作及维修手册等资料）达到合同要求的状态，即：完成全部合同义务，承包商应在工程师指示的合理时间内完成签发工程接受证书时还剩下的扫尾工作，若发现了缺陷或发生了损害，业主应及时通知承包商，而承包商应在合同期内修复业主方在缺陷责任期期满之时或之前通知的缺陷。

（2）如果工程出现了问题，承包商应在工程师的指导下调查工程缺陷的起因，如果工程缺陷是由于承包商负责的设计工作，承包商所用材料、设备或工艺不符合合同规定，承包商没有遵守其他合同义务的原因造成的，则承包商承担完成维修工作的费用，相关的调查费用也由承包商承担。如果工程缺陷不是上述原因造成的，业主方应支付承包商调查费以及合理的利润，并立即通知承包商，同时将承包商修复缺陷的工作以变更方式处理。

（3）如果缺陷或损害的部分在现场无法及时修复，在业主的允许下，承包商可以将此类工程部分（如工程中安装的一些大型设备）移出现场进行修复；但业主在允许这样做的同时，可要求承包商增加履约保函的额度，增加部分等于移出工程部件的全部重置成本；如果不增加履约保函额度，也可以采用其他类似保证。这是因为将此类永久设备移出现场，造成业主无法控制承包商对该设备的处置，因此，业主可以在此情况下要求承包商追加担保额度或提供其他担保。

但追加履约保函额度或提供其他担保会导致承包商的额外费用。如果业主对承包商比较信赖，业主也许不会对承包商提出此类要求。因此，承包商的信誉在此情况下会给承包商带来一定的"收益"。

（4）如果对任何缺陷或损害的修复影响到了工程的性能，工程师可要求重复合同中规定的任何检验，并且工程师应在维修工作结束后的28天内将此要求通知承包商，检验的风险和费用由承担维修费用的责任方承担。

2. 对未修复缺陷的处理

（1）如果承包商未在合理的时间内修复工程出现的问题（包括缺陷和损害，下同），业主方可以确定一个截止日期，要求承包商必须到该日期前完成此类修复工作，但业主方应及时通知承包商该日期。

（2）如果承包商在截止日期仍不修复出现的问题，并且此工作本应由承包商自费完成，则业主可采用以下三种方式之一来处理：

1）业主可自行或委托他人完成修复工作，费用由承包商承担，但承包商对修复工作不再承担责任。

2）要求工程师与双方商定或决定从合同价格中进行相应的价款减扣。

3）如果出现的问题致使业主基本上不能获得工程和其主要部分预期的使用价值，业主可终止全部合同或涉及该主要部分的合同，业主还有权收回其支付的所有工程款或就该主要部分的合同款，加上业主的融资费和工程拆除清理等相关费用，同时保留合同或法律赋予业主的其他权利。

业主有权雇佣他人完成上述修理工作。如果缺陷的原因由承包商责任引起，则费用由保留金中扣除或由承包商支付。

3. 履约证书的签发

（1）如果在缺陷责任期内承包商完成了收尾工作，没有发生工程缺陷，或发生了缺陷，但及时在该期间修复并得到认可，则工程师应在缺陷责任期届满后的 28 天内将履约证书签发给承包商。

（2）如果缺陷责任期届满时，承包商还有些工作没有完成，如提交文件、修复缺陷等，则工程师应在此类工作完成之后尽快签发履约证书给承包商。

（3）履约证书中应载明承包商完成其合同义务的日期，并将履约证书的副本提交给业主。

（4）只要当工程师向承包商签发了履约证书之后，才能认为承包商的义务已经完成。

（5）在履约证书签发之后，承包商及业主对在签发履约证书时尚未履行的义务（如业主尚未完成支付、履约保函尚未退回等）仍有责任继续履行，此时合同应被认为仍然有效。

4. 承包商的进入权

承包商在缺陷责任期内要进行修复或必要的检查工作，就必须进入工程现场，因此，在签发履约证书之前，只要是为了履行合同的缺陷责任，承包商有权进入工程，但业主基于保安方面的原因，可对承包商的进入权进行合理限制。

5. 现场清理

为防止承包商长期占用业主的场地，承包商在收到履约证书之时，应随即将仍留在现场的承包商的设备、剩余材料、垃圾和废墟等清理走；如果承包商在收到履约证书 28 天内仍没有清理，业主可将此类物品出售或处理掉，进行现场整理；并且业主为上述工作付出的费用应由承包商支付，从所售收入中扣取，多退少补。

（二）工程合同缺陷责任期

1. 缺陷责任期

缺陷责任期一般也叫保修期，指正式签发的移交证书中注明的缺陷责任期开始日期（一般为通过竣工验收的日期）后一段时期（一般为一年或更长）。对有不同竣工期的部分工程，则有不同的缺陷责任期，而对保修期的最低年限，我国《建设工程质量管理条例》有十分明确的规定。

2. 缺陷责任期的延长

（1）工程移交后，如果由于施工或设备安装缺陷，缺陷责任期可延长一个时间段，其长度相当于工程或任何区段或工程设备项目因某种缺陷或损害不能如期投入使用的时间长度的总和，但在任何情况下，延长的时间不得超过 2 年。

（2）如果由于业主负责的原因导致暂停了材料和永久设备的交付或安装，在此类材料或设备原定的缺陷责任期届满 2 年后，承包商不再承担任何修复缺陷的义务。

第十八章
常见招标文件和合同示范文本应用

第一节　FIDIC《土木工程施工合同条件》简介

一、FIDIC 简介

　　FIDIC 是国际咨询工程师联合会的法文缩写（英文名称为 International Federation of Consulting Engineers）。该联合会是被世界银行认可的国际咨询服务机构，总部设在瑞士洛桑。这个国际组织在每个国家只吸收一个独立的咨询工程师协会作为成员。从 1913 年由欧洲四个国家的咨询工程师协会组成 FIDIC 以来，已拥有了世界上近 60 个会员团体，形成了国际上最具权威性的咨询工程师组织。FIDIC 下设许多专业委员会，如业主咨询工程师关系委员会（CCRC）、土木工程合同委员会（CECC）、职业责任委员会（PLC）等，不断总结国际工程承包活动的经验，规范国际工程承包活动的管理，先后发表过很多重要的管理性文件，编制了规范化的标准合同文件示范文本。这些文件不仅被 FIDIC 成员国采用，世界银行、亚洲开发银行等也要求在其贷款建设的工程项目中采用。

　　《土木工程施工合同条件》是由国际咨询工程师联合会（FIDIC）在英国土木工程师学会（ICE）的合同条款基础上制订的。该文本是为了圆满完成土木工程施工项目，为了技术和管理的标准化而编制的合同文件范本。FIDIC 的合同条件虽然不是法律，也不是法规，但它是一种国际惯例。

二、FIDIC《土木工程施工合同条件》的特点

　　FIDIC《土木工程施工合同条件》是进行建筑类工程项目建设，由业主通过竞争性招标选择承包商承包，并委托监理工程师执行监督管理的标准化合同文件范本，具有以下几方面特点。

（一）合同内容完整、严密

　　在合同正常的履行过程中可能发生各种情况和问题，合同条件中明确划分了责任界限并规定了管理程序。合同条件将技术、法律规定等有关内容有机地结合在一起，对业主、工程师（国内可称为监理工程师）和承包商的行为，都以相应的条件予以规范，以保证工程建设项目按照合同约定顺利实施。

（二）责任明确、公正

　　合同条件力求使合同当事人的权利义务平衡，风险负担合理。它不仅规定了双方的行为责任，而且明确了双方各自应承担的风险责任。

（三）由业主委托工程师根据合同条件进行项目的质量、投资和进度控制

在合同履行过程中，建立以工程师为核心的管理模式。合同条件的许多条款都规定了工程师应享有的权利和应尽的职责，工程师根据合同条件进行项目的质量、投资和进度的控制，在合同履行过程中负责监督、管理和协调，其决定对承包商和业主都有约束力。这样有助于高效率的项目管理，尽量减少或避免合同纠纷。

（四）根据公开招标规则的国际惯例选择承包商

公开招标有利于业主将工程建设项目交予可靠的承包商实施，同时使具有承包能力的承包商广泛地获得公平投标竞争机会。由于采用严谨的标准合同条件，投标人在投标时有一个细致而稳定的依据，因而容易形成较低的标价。

（五）FIDIC 合同为固定单价合同

合同条件适用于固定单价合同，合同中的工程进度款支付、变更工程估价等的规定，都是基于单价合同的承包形式。合同条件不适用于采用固定总价合同的项目。

三、FIDIC《土木工程施工合同条件》内容简介

FIDIC《土木工程施工合同条件》包括通用条件、专用条件、标准化附件。

（一）通用条件

通用条件的内容涉及工程项目施工阶段业主和承包商各方的权利和义务、工程师的权力和职责、各种可能预见的事件发生后的责任界限、合同履行过程中各方应遵循的工作程序等。合同条件适用于工业民用建筑、水电工程、公路铁路交通等各建筑行业，共 72 条 194 款。大致可分成权义性条款、管理性条款、经济性条款、技术性条款和法规性条款等。相关的条款之间，既相互联系起到补充作用，又相互制约起到保证作用。

通用条件内容包括定义与解释，工程师及工程师代表，转让与分包，合同文件，一般义务，劳务，材料、工程设备和工艺，暂时停工，开工和延误，缺陷责任，变更、增添省略，索赔程序，承包商的设备，临时工程和材料，计量，暂定金额，指定的分包商，证书与支付，补救措施，特殊风险，解除履约合同，争议的解决，通知，业主的违约，费用和法规的变更，货币和汇率等。

（二）专用条件

第一部分的通用条件和第二部分的专用条件一起，构成了决定合同各方权利义务的条件。专用条件是根据建设项目的工程专业特点，针对通用条件中条款的规定，进行选择、补充或修改，使通用条件和专用条件两部分相同序号组成的条款内容更加完备。专用条件中条款的约定通常为以下几种情况：

（1）通用条款中要求在专用条款中提供具体的信息。

（2）通用条款中提到在专用条款中有包括补充材料的地方。

（3）修改或者删除通用条件中对本工程不适用的条款。

（4）增加通用条件中没有约定的条款。

（5）要求承包商使用的标准文件格式规定。

（三）标准化附件

合同文件除了通用条件和专用条件以外，还包括标准化附件，即投标书和协议书。

投标书中的空格只需投标人填写具体内容，就可与其他材料一起构成投标文件。投标书附件是针对通用条件中某些具体条款需要做出具体规定的明确条件，如工期、费用的明确数值，以便承包商在投标时予以考虑，并在合同履行期间作为双方遵照执行的依据。这些详细数字，要求在标书发出之前由招标单位填写好。

协议书是业主和中标的承包商签订施工合同的标准文件，只要双方在空格内填入相应的内容，并签字或盖章后即可生效。

第二节　2007年版《标准施工招标文件》简介

2007年版的《标准施工招标文件》是由国家发展和改革委员会、建设部、铁道部、交通部、信息部、水利部、民用航空总局、广播电影电视总局联合编制的，2007年11月1日国家发展改革委令56号发布，于2008年5月1日试行。该书是《标准文件》编制组特别授权出版，同时也是唯一获得合法授权的正式文本。它面向项目招标人、设计、施工单位和相关主管部门，适用于一定规模以上，且设计和施工不是由同一承包商承担的工程施工招标。

1. 《标准施工招标文件》主要内容

《标准施工招标文件》包括：招标公告（投标邀请书）、投标人须知、评标办法（最低投标价法、综合评估法）、合同条款及格式、工程量清单、图纸、技术标准和要求、投标文件格式。它既是项目招标人编制施工招标资格预审文件的范本，也是有关行业主管部门编制行业标准施工招标资格预审文件的依据。

（1）招标公告。《标准施工招标文件》的招标公告分三种类型：招标公告（未进行资格预审）、投标邀请书（适用于邀请招标）、投标邀请书（代资格预审通过通知书）。

以上三种类型与我国现行的公开招标与邀请招标的方式相对应，也与《标准施工招标文件》中的《标准施工招标资格预审文件》相协调。招标公告采用统一的格式，简明扼要，内容全面具体，使用单位只需将项目具体内容填在空白线上就可完成。采用统一格式的招标文件，大大减少了招标人或招标代理机构的工作量，提高了招标公告编制的效率和质量。

（2）投标人须知。投标人须知由投标人须知前附表和投标人须知正文组成。投标人须知前附表是《标准施工招标文件》的特色，采用表格的形式，简单又清楚，使投标人明确了招标项目的相关情况和有关投标的相应要求。投标人须知正文是招标文件中不可修改的部分，在招投标的过程中应无条件引用。

（3）评标办法。评标办法规定了经评审的最低投标价法和综合评估法两种评标办法，供招标人根据招标项目的具体特点和实际需要选择使用。

各评标办法由评标办法前附表和评标办法正文组成，评标办法前附表详细列出了每一步的评审因素和评审标准。评标办法正文是招标文件中不可修改的部分。评标办法细化了初步评审和详细评审的项目内容，评标程序更加合理，评标项目更加完善。

（4）合同条款及格式。合同条款及格式是《标准施工招标文件》中篇幅最多的部分，包括了通用合同条款、专用合同条款和合同协议书等内容。其中通用合同条款设招标文件中不可修改的部分，在招投标过程中应无条件引用。

通用合同条款结合我国实际情况做了较为系统的规定，相比1999年的《合同示范文本》更为契合和适用于我国实际。比如监理人取代监理单位，用总监理工程师取代工程师，重新规定了监理人的角色，工程价款方面的内容与2008年工程量清单计价规范的内容衔接，完善和明确了工程保险的有关内容，细化了承包人和发包人违约的情形及违约的处理，增加了争议评审的解决办法。

专用合同条款中，监理工程师的姓名、职务不再出现，强化了工期、质量、价款支付等方面的内容。

合同协议书中项目、词语等内容更加详细，增加了安全文明施工费、暂列金额、暂估价等内容，与我国工程计价的最新规范相统一。

2.《标准施工招标文件》的特点

（1）实现了格式、标准、方法、编码的四统一。以往由于条块分割、政出多门，各行业、各招标人、各招标代理机构、各招标项目的招标文件没有统一的格式和内容要求，招标文件版本繁多。《标准文件》统一了招标文件编制依据，统一了各个行业对招标投标相关的法律法规的理解和应用，不再分行业而是按施工合同的性质和特点编制招标文件，招标文件采用统一的格式、统一的标准、统一的评标方法和统一编码，有利于促进统一开放、竞争有序的招投标大市场的形成。

（2）对资格预审部分进行单独规定。《标准文件》将资格预审单独作为一部分，对资格预审的程序、内容、审查方法及资格预审申请文件的格式等内容进行了细致规定，极大地提高了资格预审在招标过程中的重要性，有利于进一步规范资格预审行为，有效避免资格预审走形式、不规范等问题。

（3）对监理单位的角色重新进行定位。《标准文件》对监理人的定义是"在专用合同条款中指明的，受发包人委托对合同履行实施管理的法人或其他组织"，该规定打破了多年来我国建设领域将监理人作为发包人和承包人之外独立第三方的提法。实践表明，由于与发包人的委托关系，监理人不可能成为工程管理过程中独立的第三方，不可能独立于发包人之外行使其权力，这种情况在国内的工程管理实践中尤为突出。《标准文件》借鉴了《FIDIC施工合同条件》（1999版）的方法，将监理人定位为发包人聘请的合同管理人，明确了监理人的定位和职责。

（4）引入了争议评审制度。我国的《合同法》及有关合同示范文本规定，合同双方在履行合同过程中发生争议后解决的途径有：①和解或调解；②仲裁或诉讼。采用这些途径，如果双方和解或调解不成，对争议的解决往往依赖于国家和社会力量进行干预。《标准文件》将合同双方争议的解决方式约定为：①友好协商解决；②争议评审组评审；③仲裁或诉讼。将争议评审制度作为一个可选项，由合同双方决定是否采用。争议评审制度的引入，有利于有效、快速地处理工程合同管理中的纠纷，对工程项目的顺利实施起到一定的积极作用。

（5）完善了适用范围。《标准文件》适用范围宽泛，基本涵盖了我国国内各行业能够涉及的施工工程的招标。

第三节 2010年版《水电工程施工招标和合同文件示范文本》简介

《水电工程施工招标和合同文件示范文本》（以下简称本示范文本）是水电行业参照2007年版《标准施工招标文件》的内容和格式，并根据水电行业的管理要求和大中型水电工程的施工特点进行编制的。本示范文本适用于大中型水电工程的施工招标和合同文件编制，其他水电建设工程可参照使用。

2010年版《水电工程施工招标和合同文件示范文本》的特点是将招标文件各部分应该填写的内容以"使用说明"的形式标注于各章、节、条、款的下面，便于招标人编制时使用。同时也应注意，在编制具体项目招标文件时，应注意将这些"使用说明"删除。使用时应注意：

一、招标公告

（一）项目概况

对水电工程而言，地处边远，对外交通情况介绍非常重要。

（二）节点工期

工程复杂，关键线路可能随工程的进展发生变化，对进度计划中的关键节点工期，必须予以控制，才能保证施工总进度计划如期实施。

（三）招标人资格要求

水电工程招标应着重说明要求投标人提供类似本工程（或标段）建筑物的业绩要求；招标人应根据本招标工程（或标段）的具体特点设置相应的业绩要求，可采用比招标项目相似或略低的指标要求。

如招标标段为挡水建筑物，要求的业绩为大坝工程业绩；根据招标的大坝材料分为混凝土坝（拱坝）、碾压混凝土坝、面板堆石坝、土坝等，要求的业绩建议以坝型及坝高控制。

如招标标段为引水建筑物，要求的业绩为引水工程业绩；根据招标的引水建筑物结构分为压力引水隧洞、长引水明渠（包括越沟渡槽和涵管）、交通运输隧洞等，要求的业绩如压力引水隧洞以断面尺寸；交通运输隧洞和长引水明渠以断面尺寸控制。

如招标标段为厂区建筑物，要求的业绩为厂房工程业绩；根据招标的厂房型式分为地下厂房、地面式厂房、河床式厂房等。

如招标标段为机电安装工程，要求的业绩应为同类型水轮发电机组业绩，建议以机组的容量和承压水头控制。

如招标标段为人工砂石料系统，要求的业绩应以单位时间内的生产能力控制。

（四）招标文件的获取

（1）招标文件的售价以收取工本费为原则。水电工程采用招标设计图纸招标，一般提供图纸不要求图纸押金，也不要求退还招标图纸。

（2）水电工程施工现场情况复杂，在招标时要求踏勘现场，一般不采用邮购方式出售招标文件。

（五）现场踏勘及投标预备会

根据水电工程特点和实际需要，增加本节内容。

二、投标邀请书

（1）项目概况、节点工期、招标人资格要求、招标文件的获取和现场踏勘及投标预备会的使用说明同招标公告。

（2）投标邀请书的确认。根据水电工程特点要求投标人在收到投标邀请书后，明确是否参加本次投标。

三、投标人须知

（1）投标人须知表。根据水电工程的招标工作特点，为严密招标文件编制结构，并要求投标人仔细阅读投标人须知，本范本将需要投标人获知的招投标规则及招标工作内容均编入投标人须知正文中。投标人须知前附表仅作为投标人须知正文的索引，以方便阅读。

（2）投标人资格要求。招标公告或投标邀请书已明确的内容，本处内容与招标公告或投标邀请书应保持一致。

（3）费用承担。投标人准备和参加投标活动发生的费用可由投标人自理，或考虑到水电工程地处偏远、现场情况复杂、投标准备发生的费用较大，发包人也可对未中标的投标人准备和参加投标活动发生的费用进行补偿。

（4）分包。招标人明确允许分包的具体工作，并对分包企业的资格提出要求，如_____专业承包____级资格。

（5）偏离。招标人如允许偏离，应明确允许偏离的范围和幅度。

（6）资格审查资料。水电工程施工工期长，近年完成的类似项目应根据招标工程的具体情况，可明确为"近八年或近五年"，不宜采用"近三年"。

（7）开标程序。目前出现开标后投标人未签字确认的情况，为避免扰乱正常的评标工作，增加只要开标记录与投标函中的内容一致，无论投标人代表是否在开标记录上签字，开标有效。

四、评标办法

（1）资格审查。无论采用资格预审和资格后审方法，建议在评审（标）阶段增加招标人对投标人（项目经理）申报的业绩进行考察或核实，并根据考察或核实情况对投标人的履约情况进行评价。对投标人（项目经理）业绩和履约情况核实可采用考察、录音电话、书面传真、电子邮件等形式进行。

（2）评分标准。对水电工程而言，施工组织设计最为重要，建议在四部分中占最大的分值比重。评分点由招标人根据工程的具体情况，建议从以下几方面考虑设置。

1）现场施工总布置的合理性。

2）安全度汛措施。

3）单项工程主要施工方案、施工方法和技术措施是否科学、合理、先进、可靠。

4）配备的施工设备数量、型号及进场时间能否满足本工程施工及进度的要求。

5）根据招标文件要求的节点进度，编制的施工进度计划是否合理、可行。

6）施工质量保证体系及措施（包括原材料、半成品、外购件的检验、试验，检测中心的设置等）。

7）施工安全保证体系及措施。

8）环境保护及水土保持措施。

9）工程信息管理。

10）其他技术方面。

（3）项目管理机构评分标准。使用说明：要重视对项目经理业绩的考察和核实，招标人根据工程的具体情况和侧重设定，建议从以下几方面考虑设置。

1）项目经理任职与业绩。

2）技术负责人任职资格与业绩。

3）其他主要人员。

五、合同条款

（1）通用合同条款。全文引用《中华人民共和国标准施工招标文件2007年版》的通用合同条款。

（2）专用合同条款。水电工程施工的专用合同条款根据水电行业建设管理的要求，以及水电工程建设项目的特点和实际需要，对通用合同条款进行补充、细化和修改。

六、工程量清单

常用的分组形式有按单位分组和按技术条款各章的专业工程分组两种模式，使用较多的是前一种。

第四节　2012年版《中华人民共和国简明标准 施工招标文件》和2012年版《中华人民共和国 标准设计施工总承包招标文件》简介

《中华人民共和国简明标准施工招标文件》（2012年版）和《中华人民共和国标准设计施工总承包招标文件》（2012年版）（以下简称这两个文件为《标准文件》）是由国家发展改革委员会、工业和信息化部、财政部、住房和城乡建设部、交通运输部、铁道部、水利部、广电总局和中国民用航空局联合编制的，自2012年5月1日起实施。

《简明标准施工招标文件》（2012年版）是《标准施工招标文件》的配套文件，适用于工期不超过12个月、技术相对简单、且设计和施工不是由同一承包商承担的小型项目施工招标。《标准设计施工总承包招标文件》适用于设计施工一体化的总承包招标。

《标准文件》中的"投标人须知"（投标人须知前附表和其他附表除外）、"评标办法"（评标办法前附表除外）、"通用合同条款"，应当不加修改地引用。

国务院有关行业主管部门可根据本行业招标特点和管理需要，对《简明标准施工招标文件》中的"专用合同条款""工程量清单""图纸""技术标准和要求",《标准设计施工总承包招标文件》中的"专用合同条款""发包人要求""发包人提供的资料和条件"做出具体规定。其中,"专用合同条款"可对"通用合同条款"进行补充、细化,但除"通用合同条款"明确规定可以做出不同约定外,"专用合同条款"补充和细化的内容不得与"通用合同条款"相抵触,否则抵触内容无效。

"投标人须知前附表"用于进一步明确"投标人须知"正文中的未尽事宜,招标人或者招标代理机构应结合招标项目具体特点和实际需要编制和填写,但不得与"投标人须知"正文内容相抵触,否则抵触内容无效。

"评标办法前附表"用于明确评标的方法、因素、标准和程序。招标人应根据招标项目具体特点和实际需要,详细列明全部审查或评审因素、标准,没有列明的因素和标准不得作为资格审查或者评标的依据。

招标人或者招标代理机构可根据招标项目的具体特点和实际需要,在"专用合同条款"中对《标准文件》中的"通用合同条款"进行补充、细化和修改,但不得违反法律、行政法规的强制性规定,以及平等、自愿、公平和诚实信用原则,否则相关内容无效。

与之相配套的有《简明标准施工招标文件合同条款评注》(2012 年版)和《标准设计施工总承包招标文件合同条款评注》(2012 年版),它们对《标准文件》(2012 年版)的《合同协议书》、《通用合同条款》、《专用合同条款》进行了解读并对应用《标准文件》(2012 年版)合同条款提供了填写范例、简明指南和附录文件。

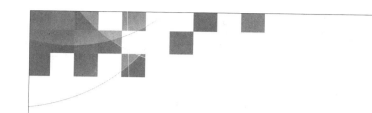

第十九章
工程合同风险管理

第一节　工程项目风险概述

一、工程项目风险的概念

工程项目的构思、目标设计、可行性研究、设计和计划都是基于对将来情况（政治、经济、社会、自然等）预测基础上的，基于正常的、理想的技术、管理和组织之上的。而在项目实施以及运行过程中，这些因素都有可能会产生变化，在各个方面都存在着不确定性。这些变化会使得原定的计划、方案受到干扰，使原定的目标不能实现。这些事先不能确定的内部和外部的干扰因素，人们将它们称之为风险。风险来自于未来因素的不确定性。

工程中常见的风险有如下几类：

（一）外界环境的风险

由于环境的变化使实际成本的风险和工期风险加大。

（1）在国际工程中，工程所在国政治环境的变化，如发生战争、禁运、罢工、社会动乱等造成工程中断或终止。

（2）经济环境的变化，如通货膨胀、汇率调整、工资和物价上涨。物价和货币风险在工程中经常出现，而且影响非常大。

（3）合同所依据的法律的变化，如新的法律颁布、国家调整税率或增加新税种、新的外汇管理政策等。在国际工程中，以工程所在国的法律作为合同的法律基础，这本身对承包商就有很大的风险。

（4）自然环境的变化，如百年未遇的洪水、地震、台风等，以及工程水文、地质条件存在不确定性，复杂且恶劣的气候天气条件和现场条件，可能存在其他方面对项目的干扰等。环境风险是工程项目中的其他风险的根源。

（二）工程的技术和实施方法等方面的风险

现代工程规模大，系统复杂，功能要求高，施工技术难度大，需要新技术、特殊的工艺和施工设备。

（三）项目组织成员资信和能力风险

（1）业主（包括投资者）资信与能力风险。例如：

1）业主企业的经营状况恶化，濒于倒闭，支付能力差，资信不好，恶意拖欠工程款，撤走资金，或改变投资方向，改变项目目标。

2）业主为了达到不支付，或少支付工程款的目的，在工程中苛刻刁难承包商，滥用权力，施行罚款或扣款，或对承包商的合理的索赔要求不作答复，或拒不支付。

3）业主经常随便改变主意，如改变设计方案、实施方案，打乱工程施工秩序，发布错误的指令，非程序地干预工程，但又不愿意给承包商以补偿等。

4）业主不能完成他的合同责任，如不及时供应他负责的设备、材料，不及时交付场地，不及时支付工程款；在国内的许多工程中，拖欠工程款已成为承包商最大的风险之一，成为妨碍施工企业正常生产经营的主要原因之一。

5）业主的工作人员存在私心和其他不正之风等。

（2）承包商（分包商、供应商）资信和能力风险。承包商是工程的实施者，是业主的最重要的合作者。承包商的资信和能力情况对业主的工程总目标的实现有决定性影响。属于承包商能力和资信风险的有如下几方面：

1）承包商的技术能力、施工力量、装备水平和管理能力不足，没有适合的技术专家和项目经理，不能积极地履行合同。

2）财务状况恶化，企业处于破产境地，无力采购和支付工资，工程被迫中止。

3）承包商的信誉差，不诚实，在投标报价和工程采购、施工中有欺诈行为。

4）设计单位设计错误，工程技术系统之间不协调、设计文件不完备、不能及时交付图纸，或无力完成设计工作。

5）在国际工程中还常常出现对当地法律、语言不熟悉，对技术文件、工程说明和规范理解不正确或出错的现象。

6）承包商的工作人员、分包商、供应商不积极地履行合同责任，罢工、抗议或软抵抗等。

（3）项目管理者（如监理工程师）的信誉和能力风险。例如：

1）监理工程师没有与本工程相适应的管理能力、组织能力和经验。

2）他的工作热情和积极性、职业道德、公正性差。

3）他的管理风格、文化偏见导致他不正确地执行合同，在工程中苛刻要求承包商。

（4）其他方面。如中介人的资信、可靠性差；政府机关工作人员、城市公共供应部门（如水、电等部门）的干预、苛求和个人需求；项目周边或涉及的居民或单位的干预、抗议或苛刻的要求等。

（四）管理过程风险

（1）业主的项目决策错误，工程相关的产品和服务的市场分析错误，进而造成项目目标设计错误。业主对投资预算、质量要求、工期限制得太紧，无法按时、按质、按量完成项目。

（2）对环境调查和预测的风险。

（3）在工程中起草错误的招标文件、合同条件。合同条款不严密、错误、二义性，过于苛刻的单方面约束性的、不完备的条款。工程范围和标准存在不确定性。

（4）承包商错误地选择投标工程，错误的投标策略，错误理解业主意图和招标文件，导致实施方案错误、报价失误等。

（5）承包商的技术设计、施工方案、施工计划和组织措施存在缺陷和漏洞，计划不周。

（6）实施控制中的风险。例如：

1）合同未履行，合同伙伴争执、责任不明，产生索赔要求。

2）没有得力的措施来保证进度、安全和质量要求。

3）由于分包层次太多，造成计划执行和调整、实施控制的困难。

4）监理工程师下达错误的指令等。

二、建设工程项目风险管理概述

（一）风险管理的重要性

风险是客观存在的，不以人的意志为转移。因此，风险管理必不可少。

所谓风险管理（Risk Management），就是人们对潜在的意外损失进行辨识、评估，并根据具体情况采取相应的措施进行处理，即在主观上尽可能有备无患或在无法避免时亦能寻求切实可行的补偿措施，从而减少意外损失或进而使风险为我所用。

风险管理的重要性具体表现在以下几方面：

（1）风险管理事关企业的存亡。不少企业家特别是投资商因忽视了风险管理或因对风险估计不足或判断错误，从而在经营或在投资活动中遭受巨额亏损，甚至导致企业破产倒闭。

（2）风险管理直接影响企业的经济效益。做好风险管理工作，可避免许多不必要的损失，从而降低成本，增加企业利润。通过转移风险，可将潜在的重大损失转移给他人，如保险公司。通过对风险进行恰当的分析，做出正确的预测，可采取断然措施以获取意外利益。如果企业很好地管理了它可能遭遇的风险，就会产生安定和充满信心的局面，企业的管理者就可以放心地研究并大胆地承担有利可图的业务。否则，就只能束手束脚，错过盈利的大好时机。如当承包商不得不考虑其工程用材料可能涨价，他就势必要囤积足够的材料，从而占用大量资金。如果他同业主签署的合同中，写有对通货膨胀的补救措施，如对材料按实结算或根据价格调值公式对材料差价给予补偿，则该承包商就不必为此而担忧，他可以将大笔资金用到更需要的地方。

（3）做好风险管理有助于提高重大决策的质量，例如，承包商考虑按租赁（Leasing）办法解决施工所需机具问题，如果他忽视了租赁办法可能带来的除租金以外的麻烦问题，如损坏赔偿（Indemnity for Damage），他很可能做出错误的决定。

（4）当投资者或承包商做出投机冒险的决策时，如果能妥善地处理好采取这种决策时可能出现的一般风险，那么他就能更有效地处理该冒险（Adventure）举动中的特殊风险。例如，一个企业有充分把握防止或应付进入某一承包市场可能遇到的风险，他就可能更积极地扩大业务面，大胆地承揽大型工程。

（5）风险管理能减弱企业的年利润和现金流量（Cash Flow）的波动。如果企业管理人员能把这种波动控制在一定的幅度内，其制订的计划将会更加周密完善、实用可行。

（6）如果企业家事前已有高度的风险意识，即使企业遭到一定的损失，也会临危不乱，采取有效的补救措施。

（7）做好风险管理，有助于确立企业的良好信誉，从而为企业的广泛开拓业务打下良好的基础。

（8）风险管理还有助于加强企业的社会地位，有助于其履行社会责任，自然也有助于企业发展与其他合作者的友好协作关系。

随着社会的不断发展，行业间相互依赖日趋紧密，但彼此间的商业关系却因竞争激烈而变化无常。永恒的信任不复存在，新的损失风险也不断增加。因此风险管理已成为企业的重要工作。

（二）风险的分类

风险可根据其造成的不同后果而分为纯风险（Pure Risks）和投机风险（Speculative Risks）。纯风险系指只会造成损失而不会带来收益的风险。例如自然灾害，一旦发生，将会造成重大损失，甚至人员伤亡。如果不发生，只是不造成损失而已，但不会带来额外的收益。这种只有损失机会而没有意外收益可能的风险称为纯风险。投机风险则不同，它可能造成损失，但也可能创造额外收益。一项重大投资活动可能因决策错误或因碰上不测事件而使投资者蒙受灾难性的损失。但如果决策正确，经营有方或赶上大好机遇，则有可能给投资人带来巨额利润。如房地产经营，有些人因善于利用机遇，决策果断，因而成为暴发户；而另一些人则走投无路，只好破产倒闭。投机风险具有极大的诱惑力，人们常常注重其有利可图的一面，却忽视其带来厄运的可能。

纯风险与投机风险还有另外的区别。在相同的条件下，纯风险一般可重复出现，因而人们更能成功地预测其发生的概率，从而相对容易采取防范措施。投机风险则不然，其重复出现的概率小，因而预测的准确性相对较差。所谓铤而走险的"险"，通常指的就是投机风险，铤而成功就能投机，这种风险主要出现在政治领域或商场上。

纯风险和投机风险两者常常同时存在。如房产所有人就同时面临纯风险（如财产损坏）和投机风险（如一般经济条件变化所引起的房产价值的升降）。

风险可根据其产生的根源分为政治风险（Political Risks）、经济风险（Economic Risks）、金融风险（Financial Risks）、管理风险（Administrative Risks）、自然风险（Physical Risks）和社会风险（Social Risks）等。政治风险系指因政治方面的各种事件和原因而导致企业蒙受意外损失；经济风险则指在经济领域潜在或出现的各种可导致企业的经营遭受厄运的风险；金融风险系指在财政金融方面内在的或因主客观因素而导致各种风险，风险管理通常指人们在经营过程中，因不能适应客观形式的变化或主观判断失误或对已发生的事件处理欠妥而构成的威胁；自然风险系指因自然环境如气候、地理位置等构成的障碍或不利条件；社会风险包括企业所处的社会背景、秩序、宗教信仰、风俗习惯及人际关系等形成的影响企业经营的各种束缚或不便。

风险按分布情况又分为国别风险和行业风险。国别风险系指在不同的国家从事经营或兴办企业可能遭受的风险。而行业风险则是因行业的特殊性可能面临的具有行业特征的风险。例如建筑业会出现房屋倒塌，采矿业会发生瓦斯爆炸，农业难免旱涝灾害、商业交易则躲不过坑蒙拐骗。

从风险控制的角度又可分为不可避免又无法弥补损失的风险（如天灾人祸）和可避免或可转移的风险（Transferable Risks）以及有利可图的投机风险。

（三）风险管理目标与责任

风险始终对企业构成威胁，因此，风险管理是企业的一项必不可少的重要工作。一个企业要想兴旺发达，必须扎扎实实地抓好风险管理工作，不能只停留在口号上，或每年规定事故的百分率限制，必须确立具体的目标，制订具体的指导原则，规定风险管理的责任范围。

1. 风险管理目标

一个企业从创立、巩固到发展壮大要经历若干阶段。在不同的阶段，企业的处境及所追求的目标不一样，所面临的风险也不同。例如，希望进入某一承包市场的承包公司所追求的首要目标不是如何赢取巨额利润，而是如何以最小的代价进入该市场，在最短的时间内争得项目，以取得立足之地，精心设计，精心施工，从质量上建立信誉，从速度上显示实力，从管理上赢取效益，便是其工作的首要原则。这个阶段，承包公司的主要目标是进入市场。在风险管理方面，承包公司应重点研究各种不可知、不确定或不稳定因素，例如该市场的价格行情，政局稳定程度，政策是否多变，法规是否完善，业主的心理、监理的习性，技术要求是否苛刻，市场的潜力等。在进入市场阶段，承包商主要关心的是如何获取第一个项目。赢利不应该是主要目标，承包商通常以低价夺标，以微利或不盈利甚至可以略为亏本为原则。在风险管理方面应主要考虑维持生存，安定局面，避免经营中断。当承包商已经获取项目，取得立足之地后，他所追求的目标随之发生改变。这个阶段，承包商不能再采用低价竞标的策略，不能再冒亏本风险，而应该考虑巩固阵地，提高利润，拓展市场以图不断发展壮大。这个时期的风险管理应以降低风险管理成本，提高利润，拓宽业务渠道为主要目标。如果承包商已牢固站稳脚跟，业务已全面拓宽，且积累了一定的资本或在某一领域已占据优势，则应采取战略的第三步，即击退对手，占领市场。这时，承包商应该敢于冒一定的风险，可以同强手对垒较量，并通过较量逐步扩大市场占有面，以达到最后独占或在相当程度上垄断市场的目标。为了确保击败对手、占领市场的目标能够实现，其风险管理目标亦应调整或改变，重点应该是管理控制纯风险，作为应付特殊风险的准备，完善对投机风险的预防和利用措施，避免前功尽弃甚至彻底垮台。

风险管理目标可综合概括如下：①维持生存；②安定局面；③降低成本，提高利润；④稳定收入；⑤避免经营中断；⑥不断发展壮大；⑦树立信誉，扩大影响；⑧应付特殊变故。

风险管理目标必须与企业总目标一致，必须与企业的环境和企业的特有属性相一致。企业的总目标包括企业利润、企业的生存和发展、企业的社会义务和权利。决定企业的环境的重要因素是雇主或顾客、竞争对手、材料供应商以及政府主管机构。这些因素可能是相对稳定的，也可能是变幻不定的。企业的特有属性包括：企业的发展和历史，企业主要决策人的个性与经历，企业资产的性质和数量，企业经营的性质等。在确定风险管理目标时，必须充分考虑这些因素，否则，即使在理论上业经确立目标而在实践中却无法实现。

2. 风险管理的指导原则

要实现风险管理目标，不能只凭决心或者口号，必须确立具体的指导原则，明确企业内部规定的风险管理，职能的分目标和总目标，规定风险管理部门的任务、权力和责任，协调组织内各部门之间的风险处理，建立和改进信息渠道和管理信息系统，保证计划不受人事变动的影响。

风险管理应受公司总的经营原则的指导。这些原则可概括如下：

（1）消除或尽量减少引起损失的条件和活动。

（2）当风险不能消除或降至可承受的水平时，应购买可补偿巨额损失的商业保险（Commercial Insurance），对那些与公司经营或财务状况无重大关系的风险，应根据如何对公司最有利，决定投保或自己承担。

但无论何种情况，都应该根据本公司的利益，自留那些在经济上有利的任何风险。

3. 风险管理的责任

（1）风险管理必须具体落实到人，必须规定具体负责人的责任范围。企业中负责风险管理的人员的一般负责范围如下：

1）确定和评估风险，识别潜在损失因素及估算损失大小。

2）制定风险的财务对策（确定自负额水平和保险限额、投保还是自留风险，确定投保范围）。

3）采取预防措施。

4）制定保护措施，提出保护方案。

5）落实安全措施。

6）管理索赔，负责一切可索赔事项的准备、谈判并签订有关索赔的协议和文件。

7）负责保险会计、分配保费、统计损失。

8）完成有关风险管理的预算。

（2）除上述责任外，风险管理负责人还应与诸如营业、财务、物资、施工、设计及人事等部门保持密切联系，因为这些部门的业务均与业务可能遭受的风险有密切关系。此外，借助社会服务如保险公司（Insurance Company）、代理公司（Agent Firm）或经纪人（Broker）对风险管理也是必不可少的。通常情况下，社会服务可在以下方面为风险管理提供辅助：

1）识别和评估损失危险。

2）处理已发生的危险和事故。

3）控制损失。

4）理赔（Claim Settlement）。

5）履行法律义务。

6）管理服务。

还应指出，风险管理负责人还应认真研究分散和转移风险措施，确保本企业不受分散和转移措施的牵连，例如在签订材料设备供应合同和工程分包或转包合同时，一定要善于保护自己，绝不能只转移或分散权利而把风险留给自己。

三、工程风险

工程风险（project risk）系指一项工程在设计、施工及移交运行各个阶段可能遭受的风险。工程风险与国别风险的不同之处在于：国别风险具有普遍性，在一国之内，不管哪个行业，只要发生这类风险，各个行业都受其影响；而工程风险则不然，它仅能涉及工程项目，其他行业并不受其影响。鉴于篇幅有限，本章仅介绍与国际工程有关的风险，所涉及的当事人主要是工程业主或投资商、工程承包商和设计咨询监理人。

（一）业主或投资商的风险

工程业主（Owner）或投资商（Investor）通常遇到的风险可归纳为 3 种类型，即人为风险、经济风险和自然风险。

1. 人为风险（Artificial Risk）

人为风险系指因人的主观因素导致的种种风险。这些风险虽然表现形式和影响的范围各不相同，但都离不开人的思想和行为。这类风险有些起因于工程业主的主管部门乃至政府，有些来自工程业主的合作者，还有些则应归咎于其内部人员。归纳起来，人为风险可起因于以下诸方面：

（1）政府或主管部门的专制行为（Autocratic Acts）。一个国家的政府或某一行业的主管部门常常因为全局利益而采取一些带有全局性的决策，如调整国民经济计划，强行下令某些已开工的项目下马，或对一些企业实行关停并转，或强行征地，或颁发新的政策法规等。从全局考虑，这些决策无可非议，但任何全局性决策总是难免造成一些牺牲品。许多工程业主或投资商常常不得不因此而改变其投资计划或经营决策。由此，不可避免地要遭受重大损失，而这些损失常常无法取得补偿。这类风险有时可导致投资商或工程业主破产倒闭，尤其是私营企业。

（2）体制法规不合理。有不少国家实行的体制落后，颁布的法规非常不合理，严重地阻碍经济发展，损害工程业主的切身利益。如中央高度集权，则企业一切听命于中央，自己没有主动权，许多事情无法办理；权力过度分散，则难免地方各自为政，跨地区的项目实施常常会因一些地方政府不予配合而举步维艰；外汇垄断会大大限制市场竞争，从而加大工程造价，且工程业主难以选择理想的承包商；捐税繁重会使业主不堪负担；法制不健全会给投机分子提供种种可乘之机，从而扰乱市场；法规不合理会导致理想目标难以实现。所有这些都将大大降低其投资效益，常常使其事倍功半甚至一事无成。

（3）主管部门设置障碍。有些企业的主管部门常常有意无意地给企业设置重重障碍，致使企业或工程业主和投资商的种种努力付之流水。如工程业主或投资商根据其业务特征选好建房用地，而拥有地皮的当地政府却图谋私利，将周围的用地卖给另一家从事严重影响该业主或投资商经营目标的房地产经营商，从而严重破坏项目未来的外部环境条件。在实行计划经济的国家，一些主管部门随心所欲，为所欲为，不考虑业主企业的需要，不仅不为其业务提供方便，反而大行管卡压，致使业主或投资商无法正常经营。

（4）资金筹措无门。实施工程的前提条件是资金有保证。任何企业都离不开融资，靠自己的本金发展企业或兴建工程是极其有限的。得不到金融机构的支持，特别是在一些腐败风气盛行的国家，金融投资机构官商作风，顺我者扶，逆我者卡，投资商的资金筹措无门，工程无法动工，或者中途夭折，业主已投入的资金无法产生效益，已经购买的地皮会因长期不能开工而被政府收回，或不得不廉价卖出。如果出现全局性金融危机，则低价转手都不可能，借债无门，而债权人又不断催还债务，最后只有以破产告终。我国近年来许多房地产经营者一败涂地就是明显的例证。

（5）不可预见事件（Unforeseeable Event）。不可预见事件通指发生在经济领域里、且导致工程实施的经济条件发生变化的、有经验的工程承包商也无法预料的事件。若发生这类事件，工程成本无疑要加大，甚至远远超出原始投资估算。

不可预见事件可以因地质勘探取得的资料不准，也可以因对自然因素预测错误，还可以因政治因素如政府法规或政策变化导致经济条件改变而发生。若发生了这类事件，工程设计有可能不得不修改或变更，合同条件不得不被修改，承包商自然会提出索赔，因而工程成本必然加大。这种连锁反应自然加大了投资人或企业主的工程风险。

（6）合同条款不严谨。通常情况下，工程合同由咨询工程师负责起草，但也有不少合同是由业主根据政府规定的格式拟订。除了国际通用的合同条款外，多数合同条款都难免有不严谨或漏洞之处，实施过程中又常常发生不少超出预见的情况。有经验的承包商不会不充分利用以扩大利润。承包商的合法权利之一就是索赔（Claim），而索赔在许多情况下是基于合同条款不严谨而使业主无法拒绝。在当前国际工程承包竞争异常激烈的形势下，承包商靠报价而赢取利润几乎不可能。于是索赔就成为承包商的主要赢利手段。实践中常常有些合同条款含混不清或模棱两可以致给承包商以可乘之机。承包商根据合同条款据理索赔是完全正常的。如果合同条款严谨，可以保护业主的正当利益；但若是合同条款有空子可钻，则业主就只好自吞苦果了。

（7）道德风险（Moral Risk）。道德风险系指业主或投资商的执行人员应有的品行道德发生背离，失去应有的事业心和责任感，道德败坏、贪污受贿，对工程材料设备明取暗偷，玩忽职守等行为不轨，致使业主或投资商的财产遭受损失，或工程质量缺乏监督保证。在人类社会中，离经叛道、行为恶劣、利欲熏心、道德败坏等自古有之。这种道德风险对业主威胁极大，它犹如蛀虫一般毁损工程业主或投资商的事业肌体，甚至断送他们的事业。

（8）群体行为（Group Action）越轨。群体行为越轨通常有两种情况：一种是来自社会的越轨行为，如全国性、地区性或行业性的罢工或骚乱甚至暴乱。这类事件一旦发生，社会将不得安宁，正常的秩序将被打乱，直接或间接地影响工程的施工，甚至使工程瘫痪。发生这类事件，业主或投资商只有自认命运不佳，因为他们的损失无从获得补偿。另一种群体越轨行为是来自业主的直接合作者——工程承包商。通常可见于因承包商克扣或拖欠工人的工资或处事不公引起公愤。发生这类事件，虽然业主可以通过罚款以减少工程开支，但于事无补。因为通过罚款所省下的钱绝对不能弥补工程拖延、竣工误期、投产推迟所造成的损失。何况一旦承包商的雇员举行罢工或发生暴乱，势必会造成许多意外损失，如需要连续作业的工程部分不得不中断，设备材料长期搁置无人保管会发生损毁或变质，从而影响工程的质量。群体行为越轨给工程业主或投资商造成的风险是十分严重的，不可等闲视之。

（9）承包商缺乏合作诚意。商场如战场，交易双方常常是互相斗智。自古以来无商不奸。为了谋取最大的利益，交易者总是千方百计地给对方设计圈套。工程承包商又何尝不是如此。由于当前的国际竞争激烈加剧，承包商既要获取项目，又必须确保最起码的利润，争取最大的效益，而这些效益又不能明显露在明处，只能分散潜伏于承包工程的各个环节。有经验的承包商通常善于做出姿态，以低报价诱惑业主授予项目，而一旦合同签订，则使尽心计，甚至耍弄手腕，制造索赔机会，使工程的实际价格远远超出投资估算，从而加大业主或投资商的风险。

（10）承包商（Contractor）履约不力或不履约。承包商履约不力是常见的。虽然工程承包合同对承包商规定了种种义务和惩罚措施，但实际操作时常有很多情况使得合同不能圆满履行。除了客观原因导致履约不完全外，承包商有意无意地履约不力也是常见的。

当然，有经验的承包商不会明显地给业主造成履约不力的印象或让业主找到可以认定其履约不力的机会，他们会以种种借口掩盖其履约不力的真相。他们常常以种种理由推卸其履约不力的责任。如工程进度缓慢时，他们会推说业主没有采取保证措施，或者推说材料不到位，或者推说工程师未能及时检验已竣工部分或未能及时下达指令等。总之，他们随时都可以找出借口以推卸自己应尽的责任。

承包商不履约的事也时有发生。有些承包商因投标报价失误或因当初出于竞争需要报价过低，合同谈判时对业主比较迁就，一旦合同到手随即态度大变，千方百计地迫使业主追加合同价格。这种情况下，业主常常不能断然拒绝，只好做出让步，特别是当业主骑虎难下时，承包商更是层层加码，扩大收益。其结果只能是加大业主和投资商的风险。

（11）工期拖延。虽然国际工程承包合同中都明确规定了合同工期及误期罚款，但罚款总额通常最多不超过合同总价的10％。如果误期不严重，业主尚能通过误期惩罚条款以弥补其遭受的损失，但如果工程严重拖期，则不仅加大工程开支，还会因工程投入服务推迟而使项目不能很快产生效益。如一项高级宾馆工程，如果晚一个月投入服务，则给投资人造成的间接损失（Indirect Loss）远非对承包商误期罚款所得可弥补。这种情况下，工程业主除了要承担直接损失（Direct Loss）风险外，还要承受间接损失风险。

（12）材料供应商（Supplier）履约不力或违约。多数发展中国家政府出于保护民族工业的动机，要求工程材料由当地采购，而当地的材料供应商无论在产品质量还是交货期方面都很难保证，承包商常常可以把质量不合格或工程进度慢的责任推给材料供应商，业主也无可奈何。

有些工程业主出于节省工程开支或照顾伙伴关系，采取包工不包料办法发包工程。这种情况下，材料供应商常常只顾自己的利益而不考虑业主的急迫需要或全局利益，我行我素，致使工程常常停工待料，或因材料质量不合要求而导致返工，承包商不仅不承担责任，还得向业主提出索赔，而业主又难于向材料供应商转嫁风险，只好独自承担。

当然，有些时候，业主可以对材料供应商采取惩罚措施，但所得的局部补偿却难抵消全局性的损失，因为材料供应商履约不力或违约可能产生连锁反应。

（13）指定分包商（Sub-Contractor）履约不力。指定分包商常常有一定背景，他们或者与业主有着千丝万缕的联系，或者有政治上的后台，在技术或施工能力方面很难使业主满意，但因某种背景，业主不得不起用。然而，许多情况下，他们并不能给工程施工以较大的促进。恰恰相反，他们常常在客观上影响工程的正常进展或不能达到要求标准。由于是指定分包商，多数情况下，总包商要求他们直接向业主承担责任。虽然总包商有责任对其进行管理，但他们通常没有义务代指定分包商承担施工不合格的责任。因此，指定分包商造成的麻烦或者不履约应由业主承担。这种情况无疑加大了业主的风险。

（14）监理工程师（Engineer）失职。监理工程师作为业主按契约聘用的工程技术负责人，本应保护业主的利益，对业主尽职尽责以确保工程的质量和进度。行为公正、认真负责是监理工程师的行为准则。但监理工程师并不是业主的全权代表，在技术及工程管理上他有其特殊的地位。如果监理工程师失职或缺乏应有的职业道德，则业主将大受其害。

在工程承包实践中，并非所有的监理工程师都能办事公正，操行廉洁。有相当数量的监理工程师以权谋私，拿原则做交易。承包商则往往善于利用其弱点，拉拢腐蚀以达偷工减料蒙混过关之目的，而业主而蒙在鼓中。许多情况下，工程的隐蔽性缺陷并不能立即被察觉。一旦正式移交后，承包商和监理工程师各奔东西，潜伏的危险只能由业主来承受了。

（15）设计错误。工程设计是工程质量的根本。虽然工程实施前，设计方案或图纸都应交付业主审核批准，但许多情况下，业主不具备审核能力，常常任凭设计师解释或做出有关决定。如果设计出现错误，轻则返工修复，重则可能导致工程毁损。虽然设计师要为其错误承担法律和民事责任（Civil Liability）但这不能完全抵消业主所遭受的损失，特别是因设计师对基础设计资料掌握不准，做出的，施工设计无法实施，施工时临时修改，从而导致工程延误，给业主造成重大损失。

2. 经济风险（Economic Risk）

对于所有从事经济活动的行业来说，经济风险都在所难免。而对于工程业主或投资商则更是难以避免。通常情况下，工程业主或投资商所遇到的经济风险主要产生于以下原因：

（1）宏观形势不利。任何经济活动都离不开宏观形势。在世界经济萧条的形势下很难有某一区域的微观形势不受丝毫影响。近几年来，除亚洲外，大半个世界经济滑坡（Economic Downturn），因此，世界总体经济形势下滑。虽然有亚洲若干国家的经济飞跃，但从总体上看，世界经济还是大不如前。这种规律在一个具体国家里显得更为明显。苏联的解体，其社会制度的彻底变革导致独联体诸国的经济濒于崩溃，大批在建工程下马，物价飞涨，面对这种形势的工程业主或投资商也只能望天兴叹，毫无办法。

（2）投资环境恶劣。投资环境是投资能否取得成功的关键因素。如前所述，投资环境包括硬环境和软环境。对于工程业主或投资商来说则更为具体，就是说与具体行业区域的软硬环境都分不开。如房地产经营既需要有较好的全局性软硬环境，也需要良好的局部环境，比如销售市场形势、资金渠道等。目前在中国，各地房地产经营效果不一样就是很好的例证。至于工业项目投资，则既要考虑市场需要，又要考虑国家的工业发展政策。有些项目虽然在经济效益方面具有可观的前景，但与国家的工业发展政策有抵触，同样会带来风险。

（3）市场物价不正常上涨。在正常情况下，人们通常能比较准确地做出投资估算，但如果经济形势不稳，物价飞涨，则投资人将很难做出较为准确的预测，其结果将是工程决算大大超过预算。这种局面无疑导致工程费用猛增。如果投资商没有足够的应变能力，势必会出现工程追加资金无着落，而承包商将会因为资金不足而中途停工。这种后果对业主来说将是不堪设想的。

（4）通货膨胀（Currency Inflation）幅度过大。在市场经济的情况下，通货膨胀是难免的。一般来说，一定幅度的通货膨胀是可以理解的，也是可以接受的，只要这个幅度符合正常规律。但是如果幅度过大，比如超过警戒线（Warning Line）（即高于50％），则经济秩序（Economic Order）将会完全搞乱，承包商和业主都将苦不堪言。承包商的损失通常可以向业主索赔以获得补偿，而业主则只有追加投资。若是政府工程，尚可向政府要求增加拨款，从而将风险转移给政府，但如果是私营工程或与外商合资的工程，则只有投资人自己承担这笔增加的款额了。

（5）投资回收期（Investment Recovery Period）长。有些工程属于长线工程，投资规模大，回收期长。虽然总利润可能比较高，但由于资金具有时间价值，加之商场上风云多变，很可能因周期长而出现各种不测事件，从而导致预期的利润不能实现。

投资回收期长还有可能降低单位回报率（Rate of Return）或降低投资利润现值（Present Worth of Profit），特别是在经济实力脆弱、政策多变的国家。

（6）基础设施落后。基础设施对于工程建设项目的投资具有重要影响。任何一项工程都不是与世隔绝可独立存在的，其施工所要求的条件也不是仅仅局限于工地周围的小范围。外部的客观环境，尤其是公共基础设施的好坏对工程影响极大。交通落后，能源不足，必然严重制约工程的正常进行。如公路质量太差会影响材料供应的及时性，会加大运输设备的损耗；能源供应不足会影响施工进度，延误工期，而这些制约因素（Restrictive Element）无疑会导致加大承包商的报价。这笔增加费用只能由业主或投资商承担。

（7）资金筹措困难。资金筹措困难是业主经常碰到的重大风险。国际金融机构贷款项目通常需要借款国自筹配套资金；政府项目存在审批预算和增加预算的问题；至于私营项目或合资项目，则风险更大，因为这类项目通常靠商业贷款（Commercial Loan）解决资金问题。商业贷款并不是任何人都能借得到的，因为贷款银行要对借款人严加审核，确信其具有偿还能力，要求借款人出具保函，在利息及偿还期限方面要求往往较严。如果一切操作都能按既定的借贷合同进行，其风险尚可在预料之中。但事情往往不是如人们所预料，尤其是当前世界盛行借贷投机，常常置投资人于困境。借贷投机系指以投机为目的的借贷行为。当贷款人发现有利可图，他可以主动出借；但若是形势不妙，则可能中途变卦。这种情况一旦发生，则投资人将骑虎难下，后果不堪设想。

资金筹措还可以因合伙投资人中途撤资而失败。特别是在多方合资情况下，合伙人各怀鬼胎，一旦形势不利或意识到自己可能得不到理想的利益，很可能会采取种种不合作的态度。这种情况下，主要投资商很可能成为合作失败的牺牲品。

3. 自然风险（Physical Risk）

自然风险系指工程项目所在地区客观存在的恶劣自然条件，工程实施期间可能碰上的恶劣气候，工程项目所在地的周围环境和恶劣的现场条件等因素可能给工程业主或投资商构成的威胁。自然风险通常由下列人为或非人为原因所致：

（1）恶劣的自然条件。项目工程所处地域的自然条件对项目成本影响很大。不同地域的自然条件各不相同。如寒带地区严冬无法施工；酷暑地带施工作业时间短；火山影响区域、地震多发带、洪水、海啸、泥石流多发区都潜伏着直接威胁工程的严重自然灾害。这些灾害轻则破坏已竣工程，重则完全摧毁工程项目。即便不发生自然灾害，基于防止受灾害侵袭，必须在设计方面考虑加固措施，从而加大工程造价。施工期间，如果发生这类自然灾害，其损失都将由业主或投资商承担，即使投保，在时间上也将造成重大损失。

（2）恶劣气候与环境。除了自然条件会构成项目的自然风险外，恶劣的气候或环境也会导致业主或投资商蒙受风险。恶劣气候系指偶尔发生的超出正常规律的气候变化，如长时间的暴雨、台风、酷暑等都会给工程实施带来不便，从而增加工程成本。

恶劣的环境系指施工现场周围客观存在的严重制约因素。例如施工地点距离核反应堆过近，有可能受核辐射威胁，工程选址于震后灾区，周围场地或交通要道堵塞。

（3）恶劣的现场条件。工程的现场条件受多种因素影响，特别是进出场通道、供排水设施、供电、供气的可能性，夜间或节假日加班作业的可能性等。位于闹市区的工程项目虽然供排水、供电、供气都不成问题，但材料进出及夜间或节假日加班就没有可能。这样，工程的施工期必然拖长，从而推迟了投产时间，加大成本；位于偏僻地区的工程，则存在供电、供水困难，同样构成施工制约条件。

现场条件中更大的制约因素是工程地质条件差。如果钻探资料与实际情况相符倒不用担心，因为设计施工人员已有思想准备，已预先采取了各种应急措施。问题是土壤地质水文条件属于未知或已有资料不准确，这种情况轻则导致修改设计和施工方案，重则发生工程毁坏、人员伤亡。这类事故一旦发生，虽然可以向保险公司索赔，但业主或投资商也难免不受其害。

（4）地理环境不利。地理环境系指工程所在地的位置及周围环境。地理位置是相当重要的施工条件。如果工地远离港口或处于内陆国家，进口设备材料不仅因远距离运输而加大成本，而且还会受制于国家对外关系，特别是与卸货港所在国的关系，因为一旦边际关系紧张，邻国可能封锁边境，承包商的设备机械无法运抵工地，工程将无限期拖延，而承包商却有权通过索赔将风险转嫁给业主或投资商。

4. 特殊风险（Special Risks）

特殊风险系指根据 FIDIC 条款应由业主承担的风险。这些风险包括：

（1）在工程所在国发生的战争、敌对行动（不论宣战与否）、外敌入侵等。

（2）在工程所在国发生的叛乱、暴力革命、军事政变或篡夺政权，或发生内战。

（3）由于任何核燃料燃烧后的核废物、放射性毒气爆炸，或任何爆炸性装置或核成分的其他危险性能所引起的离子辐射或放射性污染。

（4）以音速或超音速飞行的飞机或其他飞行装置产生的压力波。

（5）在工程所在国发生的不是局限在承包商或其分包商雇佣人员中间，且不是由于从事本工程而引起的暴乱、骚乱或混乱。

（6）由于业主使用或占用非合同规定提供的任何永久工程的区段或部分而造成的损失或损害。

（7）因工程设计不当而造成的损失或损坏，而这类设计又不是由承包商提供或由承包商负责的。

（8）不论何时何地发生任何因地雷、炸弹、爆破筒、手榴弹或是其他炮弹、导弹、弹药或战争用爆炸物或冲击波引起的破坏、损害、人身伤亡，均应视为特殊风险的后果。

发生上述特殊风险事件，承包商对其后果都不承担责任。因此，这类风险损失只能由工程业主或投资商承担。而且这类特殊风险给承包商造成的任何损失也都应由业主给予补偿。

以上所列风险系指工程实施过程中最经常发生的风险根源和风险事件。就某项具体工程而言，不一定每种风险事件都注定要发生，但作为工程业主或项目投资人必须预先考虑到这些风险因素，以便采取预防措施，防患于未然。

（二）承包商的风险

承包商作为工程承包合同的一方当事人，所面临的风险并不比业主或投资商小。尤其是 20 世纪 80 年代以来，世界经济滑坡，资金投向不再集中于经济基础建设，已转向高利率的金融交易（Financial Transaction），国际承包公司日益增多，市场上僧多粥少，竞争愈趋激烈。承包商要图生存、求发展，不得不加强竞争，甚至于冒险搏击。这样，其面临的风险也就大大增加了。

承包商与业主是合作者，但在各自利益方面则又是对立的两方，双方既有共同利益、同样的风险，但又有各自独特的风险。承包商的行为固然会对业主构成风险，但业主的处事也会威胁着承包商的利益。承包商所面临的风险贯穿于项目的始终。

1. 决策错误风险

承包商在考虑是否进入某一市场、是否承包某一项目时，首先要考虑是否能承受进入该市场或承揽该项目可能遭遇的风险。承包商首先要对此做出决策。而在做出决策之前，承包商必须完成一系列的工作。所有这些工作无不潜伏着各具特征的风险。

（1）信息取舍失误或信息失真风险。国际承包市场上信息颇多，几乎所有的国家每天都会发布一些工程招标或发包信息。这些信息虽然有相当一部分是真实的，但是否都值得捕捉和追踪却不见得。有些承包商因急于走出国门，或急于揽到工程以摆脱困境，难免饥不择食，头脑缺乏冷静或不自量力，见标就投。在这种背景下参与竞争，所采取的态度自然缺乏求实精神。即使中标，获取的项目也是极具亏本风险的。

除了官方信息外，当前国际承包市场上不乏假信息。这些假信息并非完全无中生有或虚无缥缈，而是一些业已过时或尚不成熟的项目信息，如有些项目已经实施，有些项目资金不落实，而一些以贩卖信息为业的骗子则将它描述得活灵活现，诱使承包商支付信息费；还有些国际骗子则干脆无中生有，伪造一些假资料，诱使一些未曾涉足国际承包市场，但急于走出国门的承包商上当以骗取钱财。近年来颇有不少"海外赤子"怀着拳拳"报国"之心，源源不断地给国内承包企业送来项目信息。而国内一些以中介为业的活跃分子立即响应，且不遗余力地添油加醋，把一些想象中的项目描绘得栩栩如生，诱惑着大批善良的承包商竭诚相待。其结果是赔本受骗，苦不堪言。

（2）中介与代理风险。中介业务（Intermediary Business）虽然自古已有，但真正获得发展只是近代。尤其是近 20 年来，随着商业交易的日益复杂，许多业务需要借助中介业务而促成。诚然，中介业务对商业交易有其独特的贡献，但人们越来越清楚地认识到中介业务会给交易带来风险。在近代社会，许多从事中介业务的人以谋取私利为目的，凭着三寸不烂之舌，以种种不实之词诱惑交易双方成交，从中渔利。至于交易中双方可能蒙受的损失则与其无关。为了达到谋利的目的，中间人（Intermediary）通常不让交易双方直接见面，全凭其一人穿梭往来，而承包商常常因夺标心切，对其破绽较少察觉，甚至任凭其摆布。有些国家的中介业务相当活跃，一个项目发包，常常会有数十个中间人四处活动，几乎每一个中间人都拍胸脯保证能拿下项目，以此骗取许多缺乏经验的承包商的巨额佣金。

除中介外，代理人也常常是风险之源。

代理人与中间人在地位和使命方面有着根本区别。代理业务遍及世界各地，有些国家如阿拉伯地区强行规定实行代理制，规定外国承包公司必须通过当地代理（Agency）承揽业务。

对代理人的选择极其重要。选择不当或代理协议不严谨会给承包商造成重大损失。许多代理人要求承包商委托其作为某一国或某一地区的独家代理（Sole Agent），而他本人则并不只是代理独家承包公司。当他代理的多家公司竞争同一项目时，他会凭着其特有的本领同时取得多家公司的信任，而他本人则活动于各家公司之间，故意造成激烈竞争的气氛，从而使承包商将标价一压再压。

根据代理职业的性质和通则，代理人的利益应该与承包商一致。也正因为这一点，承包商往往对其失去警惕。然而，事情往往是复杂的，代理人追求的是中标，而亏损则与其无关。如果承包公司能以低价中标，虽然其提取的佣金较之报高价会少一些，但如果承包商报高价而失去夺标机会，他便一无所获。

代理人多与业主有某种关系。业主为了能获取低价标，常常会授意代理人活动，诱使承包商降价，从而节省大笔资金。如果承包商不了解这一内幕，一味听从代理，其结果只能招致重大损失。曾有5家中国承包公司在某国通过同一家代理人活动，同住一家饭店，但由于各家都想夺标，因而彼此互相保密，但却都视代理人为自己利益的代表者，任何商业机密都坦诚地告诉代理人，而代理人则充分利用这一有利地位，恣意愚弄这5家中国公司，使他们自觉地将标价压至超出常规水平。最后，虽然中国公司夺得项目，但标价却比标底低出40％以上，无疑亏本风险将无法避免。而这一风险之源却来自代理人。

（3）保标与买标风险。近年来，随着国际工程承包市场竞争日趋激烈，工程风险日益加大，业主和承包商为了保护自身的利益，都在不断地变换手段，业主买标和承包商联合保标当算现今招投标活动中的绝招。

业主买标系指业主为了压低标价，花钱雇佣一两家投标人投低标，开标后要求报价较高但又很想得标的承包商降价至最低标以下方予受标。这一绝招常常能收到特殊的效果，因为承包商一旦投标，多数得标心切，在其未曾识别圈套情况下，让其降价至一定程度并不太难。这种情况多见于业主已有意中得标人，或出于政治原因必须授项目于某一承包商，但该承包商的报价却难以降下来。为达到既能授项目于意中投标人，又能获得低价标，业主便暗中出资让一些有特殊关系的投标商故意报低价，开标后再要求报价较高的意中投标人降价至最低标以下，继而授予项目。当然采用这种手段仅限于有限招标，而且是在秘密开标的前提下。采用这种手段常常能轻而易举地达到既能选择意中承包商，又能达到低价成交之目的。这一绝招之所以能获得成功，关键在于成功地利用了承包商夺标的迫切心情。

承包商联合保标系指同一国家的若干家承包商出于统一策略，内定保举某一家公司中标且不冒标价过低风险。因此除被保举中标的公司外，其他各家报价普遍较高，从而定下高价基调，而被保举的公司则报价相应较低。在没有较多的强有力的外国竞争对手情况下，这种策略常常能够奏效。

无论是业主买标，还是承包商保标，都会给承包商带来风险，因为前一种情况会导致承包商降低标价，而后一种情况则限制了非保举对象的承包商的得标机会，而损失只能由承包商承担。

（4）报价失误风险。报价策略是承包商中标获取项目的保证。策略正确且应用得当，承包商自然会获取很多好处，但如果出现失误或策略应用不当，则会造成重大损失。

潜伏有风险的报价策略主要有以下情况：

1）低价夺标寄赢利希望于索赔。这是当前国际承包商普遍采用的基本策略。在遵循国际惯例的承包市场上，这种策略应该说是可行的，且一般都能奏效。但世界上毕竟还有为数不少的国家缺乏惯例意识。

2）低价夺标进入市场，寄赢利希望于后续项目。这种策略多在进入市场时采用。在对市场形势判断比较准确的前提下，这种策略应该说是正确的，而且是必需的。但是，如果承包商判断失误，或者工程所在国政策多变，承包商花了血本完成第一个项目后，未能获得后续项目，其购置的大批机械设备下场后将不得不转移，前一个工程的亏损额难以找到补偿机会，最后不得不付出巨大代价接受更为苛刻的条件。

3）倚仗技术优势拒不降价。有些承包商自恃拥有优越于旁人的技术和实力，在竞标时不愿降价。这种做法在 20 世纪 70—80 年代初期尚且可行，但近年来却已失灵。因为自 20 世纪 80 年代起，国际承包市场已涌现出大批第三世界国家的承包商，特别是近年来，国际上已强手如林，拥有技术优势的第三世界国家承包商已为数颇多，而且多数发包人在决标时常常置价格因素于首位。这种形势下，若倚仗技术优势不愿降价，只能失去得标机会。日本和韩国的承包商在国际上大都是以价格低廉再辅之以技术优势而夺得项目的，而欧洲许多承包商则每况愈下，其主要原因就是不愿降价而不断失去优势。

4）倚仗关系优势拒不降价。国际竞标当然离不开渠道和关系，若是政府工程，自然可以倚仗政府协议或两国之间的关系，甚至可以借助政府力量施加影响。但是国际金融机构提供贷款的项目则很难凭关系取胜。如果承包商意识不到这一点，寄希望于打通关系和疏通渠道，甚至赠以重金，其结果只能是徒耗钱财，而且一旦事情败露，无疑将被取消得标资格。

5）对合作对象失去警惕。第三世界国家的承包商常常无权单独承揽本国的世界银行贷款项目，必须与外国承包公司合作方可得标，这种合作自然都是以外国公司提供技术、借款国公司提供劳务的方式，但在实际操作时，借款国的承包公司常常是夺标心切，对合作对象依赖过多，而较少警惕，在合作中往往自觉地听命于人。结果是好处被人占尽，而风险全落自身。

6）盲目用计，弄巧成拙。报价技巧是获得理想的经济效益的重要手段，但技巧使用不当则有可能弄巧成拙。

弄巧成拙常见于以下情况：

a. 吊胃口策略。为了获取项目或争得预想的好处，承包商常常采用吊胃口策略，即许诺对方以种种好处。一般情况下，这种策略是可以奏效的。但有些时候，业主非常精明，识破了承包商的意图，将计就计，胃口越来越大，甚至贪得无厌，最后弄得承包商无法招架。

b. 不平衡报价。出于索赔目的，承包商在报价时采取不平衡报价办法，这是完全正确的。但如果估算错误或因未曾复核图纸而对一些本来可追加工程量的子项内容报价过低，在追加工程款时以该报价为计算基础。这对于承包商将无疑是雪上加霜。

c. 抽象报价（Abstract Quotation）。抽象报价是指承包商在夺标时为给业主造成低标印象，有意识地对一些子项报出抽象笼统的价格，留待履约时再逐步具体化，进而层层加码要价。这种手法多用于议标项目。一般说来，采用此法的确能达到目的。但如果履约时不注意积累资料，不能找出适当的依据，且与监理工程师合作不好，则当初的抽象报价将很难通过具体化内容而追加款额，从而导致增加的开支无法收回。

d. 背水一战。竞标后期，承包商常常被置于欲罢不能的处境，无奈之下狠下决心，背水一战。这种策略并非不可行，但背水一战的结局并不都是胜利，掉进水里淹死的并不罕见。关键是背水一战的辅助条件是否具备。例如硬行压价，价差将通过什么途径予以弥补？压缩工期，将采取何种手段赢得时间？如果不准备好备用措施，则背水一战的后果将是十分可怕的。

2. 缔约和履约风险

缔约和履约是承包工程的关键环节。许多承包商因对缔约和履约过程的风险认识不足，致使本不该亏损的项目亏得一塌糊涂，甚至破产倒闭。

缔约和履约风险主要潜伏于以下方面：

（1）合同条款。国际工程承包所遵循的合同条款多种多样。几乎各国都制定了合同范本，而任何合同范本都离不开当事人的责权利 3 项主要内容。合同条款中潜伏的风险往往是责任不清、权利不明所致。通常表现在以下方面：

1）不平等条款（Unequal Term）。国际工程承包本来应以合同为约束依据，而合同的重要原则之一就是平等性，但在工程承包实践中，业主与承包商很少有平等可言。鉴于当前的国际工程承包买主市场的特点，业主常常倚仗着僧多粥少这一于其有利的优势，对承包商蛮不讲理，甚至缺乏商业道德，特别是政府工程的业主部门。在制定合同时，业主常常强加种种不平等条款，如合同中只有罚则而没有奖励办法，规定只许在工程所在国裁决争端，不写汇率保值条款等，赋予业主种种不应有的权力，对承包商则只强调义务，而不提其应有的权利。例如索赔条款本应是合同的主要内容，但许多合同中却闭口不提；又如误期罚款条款，几乎所有合同中都有详细规定，而且罚则极严。承包商如果在拟定合同条款时不坚持合理要求，则给自己留下隐患。

2）合同中定义不准确。有不少合同由于人为或非人为原因，对一些问题定义不准或措辞含混不清。一旦事件发生，业主往往按其自己意图歪曲解释。特别是涉及质量标准时，合同中虽然也规定按照某某规范，但都加上"要达到工程师满意"这类字句，而在实施期间，则只强调达到工程师满意，而不提遵循规范。还有些合同对承包商的义务规定得非常具体，而对其应享有的权利则只是笼统地一笔带过，甚至对有些关键事项含糊其辞。例如有些合同中关于追加款额条款写道："发生重大设计变更可增加款额"。那么，何为重大设计变更则并无细则说明。一旦发生这类情况，业主或监理工程师便随意解释。

3）条款遗漏。这种现象常见于发展中国家的承包合同。由于这些国家过分强调独立自创，通常不愿意沿用国际上普遍遵循的条款，自己制定一系列法规或合同条例，而这些条款常常很不完善，遗漏事项颇多。有些国家的合同条款则是东搬西抄，有意无意地漏掉或省略一些关键内容，致使履约时承包商常常找不到合法依据以保护自己的利益。如有些国家的合同中没有价格调值公式，致使承包商无法获取对因通货膨胀所造成损失的补偿；

另有些国家的合同中不允许或有意无意地不写明汇率保值条款，致使承包商遭受汇率贬值风险。

（2）工程管理。工程管理对于有经验的承包商来说通常并不算困难，但若是大型复杂工程，参与实施的分包公司太多，工序错综复杂。加上地质、水文及自然条件发生意外变化，总包商将面临很多风险。首先，总包商要做好协调，处理好交叉衔接问题，处理好人际关系，特别是对待一些有背景的当地分包公司，更非一般办法可行。其次，由于高科技的不断涌现，施工管理不能再依靠传统办法，要求用现代手段管理工程。如果承包商不掌握现代手段，如网络技术，则难以保证整个工程的进度，各个环节的配合也难以保证，其结果将导致工期延误或质量不合要求，由此而造成巨额损失。

（3）合同管理。合同管理是承包商赢取利润的关键手段。不善于管理合同的承包商是绝不可能获得理想的经济效益的。

合同管理主要是利用合同条款保护自己，扩大收益。要求承包商具有渊博的知识和娴熟的技巧，要善于开展索赔，精通纳税技巧（Technique of Paying Duty），擅长运用价格调值。不懂得索赔，只能自己承担损失；不掌握纳税技巧，又想逃税（Evade Tax），结果只会鸡飞蛋打；不善于运用价格调值办法，就无法挽回因通货膨胀所造成的损失，投标报价时也会因担心将来的通货膨胀而报高价，从而失去得标机会。所有这一切都会直接或间接地造成经济损失。

（4）物资管理。物资管理直接关系到工程能否顺利地按计划进行，材料能否充足供应，人员能否充分发挥效力等一系列问题。这些问题直接或间接地影响工程效益。物资管理同样要求科学化，既要保证工程的需要，又不能大量囤积材料而占用大笔资金，尤其是资金具有时间价值，材料早购与晚购结果大不一样。当今的国际市场充满着激烈竞争，如果物资管理人员不掌握准确的价格信息和可靠的货源，对物价变化趋势缺乏预见，其可能遭受的损失将是巨大的。

（5）财务管理。财务管理是承包工程获得理想经济效益的重要保证。财务工作贯穿工程项目的始终，任何一个环节的疏忽或差错都可能导致重大风险。

就一个具体项目而言，最初的财务工作是筹资。工程筹资的渠道很多：有承包商自己垫付资金的，有通过银行或信贷机构融资的，也有采取由股东投资或社会集资的……不管采取什么筹资手段，都需要周密计划部署，要认真比较利弊得失，还应充分考虑不同筹资办法所导致的效益差别和税负（Taxes Burden）情况。这里尤其要注意的是存款与借贷利息的正确比较和最终决策。如果筹划不当或计算不周，就会导致资金运用不当，从而造成损失。

财务管理工作还有一个重要环节，就是收款与支付的时机选择，通常是收款越早越好，而支出应尽量推迟。但工程承包则很难实现早收晚付的愿望。如果财务管理人员在这方面缺乏自觉主动意识，则不知不觉之中就会造成损失。

另一个值得注意的问题是付款条件（Terms of Payment）。有些负责人出于种种要求，对上级领导采取瞒天过海的办法，为了实现其预定的合同成交额或利润额，不考虑收取货币的实际价值，以当地货币代替外汇，或接受延期付款，在账面上掩盖事实真相，造成巨额的虚假利润。所有这些都会给公司利益造成重大损失。

（6）除了筹资和收款工作中潜伏着重大风险外，国际工程财务管理工作中还有成本失控风险及保函被没收风险。

成本失控主要有以下原因造成：

1）报价过低或费用估算错误。

2）难以遇见的通货膨胀。

3）项目规模过大，内容过于复杂。

4）技术困难超出预见。

5）工程进度过慢或各环节安排过紧。

6）合同管理不善。

7）劳务费用过高。

8）当地政府立法制约过多。

9）当地的基础实施落后。

10）贷款利率过高。

11）材料短缺或供货延误。

12）劳务素质太差。

13）汇率损失。

14）项目经理不胜任。

15）施工计划与现实差距太大。

上述因素有些超出承包商自身承受能力，但另一些则是由于承包商自己的错误所致。然而不管哪种原因，其结果都是造成承包商的损失。如果承包商在项目实施前或投标报价时不曾考虑到这些因素，必然难以防范成本失控的风险。

（7）保函被没收风险是承包商履约中的一大威胁。为数不少的承包商都饱尝保函被没收之苦，尤其是在中东地区承包工程的公司。

承包工程一般都要开出 5 种保函：

1）投标保函（Tender Guarantee）。投标保函占承包商报价总额 1％～5％，其用途是防止投标人中标后反悔拒不签约或签约后拒不开出履约保函，致使判标作废。若发生这些情况，业主将无条件没收投标保函或投标保证金。

2）履约保函（Performance Guarantee）。系指承包商为保证签约后圆满履行合同而向业主提供的担保，其担保总额为合同总价的 10％。履约期间，很多业主总是千方百计地寻找借口以没收这笔保证金。

3）预付款归还保函（Repayment Guarantee）。按照国际工程承包的例行做法，合同生效一个月内，业主应向承包商预付一笔款额，通常占合同总额的 10％～15％。由于是预付，承包商必须在合同中后期偿还，通常是由工程进度款中扣回。为保证承包商能如数偿还这笔预付款，业主要求承包商的担保银行出具等额的担保函。由于预付款的偿还是分批扣还，而预付款保函则是一次性开出，如果保函中未曾写明预付款保函的担保金额将随保函归还数目而相应减少，则很可能出现预付款已大部分偿还，而保函额不减的局面，业主随时都有可能全额没收保函，而承包商却并不拥有全额预付款（因为很可能在业主没收保函时，承包商已经偿还了部分预付款）。预付款保函的另一个风险是保函的生效时间先于承包商收到预付款，很可能出现业主已没收预付款保函，而承包商尚未收到预付款。还有一种可能的风险就是预付款已经扣还完毕，而预付款保函没有及时撤销，给业主留下没收保函之机。

4) 维修保函（Maintenance Guarantee）。维修保函亦称质量担保保留金保函。通常做法是施工期间，业主在支付每笔工程进度款时都扣留 10%，直至扣款数目达到合同总价的 5%。工程临时验收后，承包商通过其担保银行开出与保留金等额或占其 50% 的数额的保函，收回业主在施工期间扣留的保留金。这种保函旨在保证承包商圆满完成维修期内的缺陷维修任务，直至工程最后无保留验收移交。通常情况下，业主总是要找出这样那样的工程缺陷以达到没收或部分扣取保留金的目的。

5) 临时进口设备再出口保函（Interim Guarantee for Reexport of Equipment）。按国际工程承包惯例，凡承包商为施工而临时进口的设备机械可免关税，但完工后全部临时进口设备必须如数再运出工程所在国。为保证承包商的设备再出口，避免其就地倒卖，业主或当地海关要求承包商开具设备再出口保函，这笔保函额为进口设备总额的 20%。通常情况下，只要承包商能保证其施工用临时进口设备如数再出口，这笔保函一般不会构成风险。但如果承包商为避免须再出口的设备的回运费而就地处理这批下场设备且不缴纳关税，则这笔保函将被当地海关没收。

保函是一种或有负债（Contigent Liability），一旦开出，主动权即在保函受益人手中，随时都有可能被没收，特别是国际工程承包所采用的都是无条件保函（Inconditional L/G），规定担保银行见索即付，就是说担保银行一旦接到保函受益人的索偿要求，必须无条件立即支付不超过所担保总额的款项，无须征得承包商的同意。虽然 FIDIC 条款第四版对无条件保函的索偿办法做了改进。但也仅仅是要求保函受益人在向担保银行索取赔偿时应告知承包商。这种改进仍然不能保证承包商得以避免保函被没收的风险。

3. 责任风险

国际工程承包是基于合同当事人的责任、权利和义务的法律行为。承包商对其承揽的工程设计和施工负不可推诿的责任，而承担工程承包合同的责任是有一定风险的。

承包商的责任风险主要发生在以下方面：

(1) 职业责任。职业一词暗示在特殊学识方面有不同于纯粹技能的专业造诣。工程承包商被认为是运用专业知识为他人服务的职业，他对自己所从事的职业必须承担责任。

承包商的职业责任主要体现于工程的技术和质量。任何工程都有严格的质量要求，不具备相应的专业技术是无法承揽工程的。技术的高低、质量的好坏对工程具有相当重要的影响。

国际工程通常在技术方面具有相当的难度，对质量的要求相当严格。而承包商的技术人员及其工作责任心并不是任何时候都能令人绝对满意或绝对信服的，加之工程设备差异较大，常常会因某一局部的疏忽差错或施工拙劣而影响全局，甚至给工程留下隐患。这些失误都会构成承包商的职业责任风险。

(2) 法律责任（Legal Liability）。工程承包是法律行为，合同当事人负有不可推卸的法律责任。

法律责任包括民事责任和刑事责任（Criminal Responsibility）。承包商应承担的法律责任主要是民事责任。民事责任的起因可以有多种：

1）起因于合同（合同诉讼）。包括违约（Breach of Contract）废约（Invalidate the Contract）和不履约（Fail to Carry out the Contract）。

2）起因于行为或疏忽（侵权诉讼）。包括故意侵权、无意侵权和受绝对或严格责任约束的侵权和妨害私人利益、工业事故、汽车事故和残次产品等。

3）起因于欺骗和错误等。

4）起因于其他诉讼和赔偿。包括破产倒闭、财产扣押、工程被接管和被取消承包资格等。

民事责任的后果是经济赔偿，这对承包商无疑是一项不容忽视的风险。

除了民事责任外，承包商有时也难免承担刑事责任，特别是由于技术错误或人为造成房屋倒塌、伤害人命等，承包商都必须承担刑事责任。而这类责任的损失风险丝毫不比民事责任小。

（3）他人的归咎责任——替代责任（Substitute Obligation）。由于承包商的活动不是孤立的，离不开他人的合作或具体实施，而合作者或实施者是以承包商的名义活动或为其利益服务。因此，承包商还必须对以其名义活动或为其服务的人的行为承担责任。最常见的替代责任主要起因于代理人和承包商的雇员。因为根据代理原则，当代理人代表委托人的利益行事时，委托人要对代理人的侵权行为负责。至于承包商的雇员，如果属民事侵害行为，自然亦应由承包商承担责任。

如果实行工程分包，承包商还应承担因分包商过失或行为而造成损失的连带责任（Contiguous Obligations）。

此外，承包商还必须对由其活动产生的相关损失或过失承担责任。例如非法侵占土地、妨害公共利益或私人利益，进入工地的物资受损或被盗等。

（4）人事责任。承包商系企业之主，对企业的每个成员的人身安全、就业保证及福利待遇都负有责任。任何雇员，尤其是关键人员的潜在损失都将可能成为承包商的责任风险。承包商要想发展自己的事业，保证或提高其经济效益，必须吸引和稳定高水平的雇员，提高雇员的士气和生产率。而要达此目的，承包商必须承担最起码的经济支出。在西方国家，承包商还必须承受工会为提高雇员的福利待遇而施加的压力，由此必然导致费用加大。承包商的雇员由于死亡、失业、生病或衰老而面临着潜在收益能力的损失和意外支出的损失。承包商除了要关心每个雇员潜在的损失外，还必须处理由于雇员或业主的死亡或丧失能力而使其面临的潜在损失。这些损失可以分为以下几类：

1）关键人员损失。关键人员系指承包公司的经营或管理骨干。这些人员的调离、死亡或丧失能力可能导致其营业额下降、成本增加或信贷萎缩，从而使企业蒙受严重损失，还可能导致承包商不得不放弃争取只有该关键人才能争取得到的项目。当然，承包商可以另找人替代，但替代的成本将是相当大的，而且效果会有折扣。

2）信用损失。关键人员的调离、死亡或丧失工作能力有可能导致承包商偿还债务不力或履约能力下降。承包商的债权人或银行，公司债券购买者也会因关键人物离开原职岗位或死亡而怀疑承包商的债权能力。由此可能对承包商的信用产生不良影响。

3）企业清偿。由于关键人员的调离、死亡，或其合伙人可能不愿意接受继承人作为伙伴，或者后续的合作将很不成功，最终可能导致企业清偿。

承包商在人事责任方面所面临的风险有时可以被觉察或预料，但有时则可能是潜伏性的，到一定的条件下才显露出来，这也是一些人常常意想不到的原因，应引起承包商的重视。

四、工程保险

工程保险是对建设工程，安装工程及各种机器设备因自然灾害和意外事故造成物质损失和第三者责任进行赔偿的保险。工程保险是对工程风险的规避与转移。工程保险表面上由于投保使工程成本有所增加，但期望成本却降低。工程风险是对工程实施的风险管理措施。风险管理是经济单位透过对风险的认识，衡量和分析，以最小的成本取得最大安全保障的管理方法。因此，工程风险是对工程实施有效管理，保障工程建设顺利进行的有效措施。

工程保险的险种：①工程险（包括材料和工程设备）；②第三者责任险；③施工设备险；④人身意外伤害险。

（一）工程和施工设施险

工程险若由承包人负责投保，则承包人应按《工程量清单》各组项目的合计金额（不包括备用金等）专项列报。若合同规定由发包人负责工程险，则承包人不需列报。

设备险由承包人负责投保，其保险费用应计入施工设备的运行费用内，发包人不另行支付。

1. 工程险和施工设备险的保险责任范围

（1）从承包人进点至颁发工程移交证书期间，除保险公司规定的除外责任以外的工程（包括材料和工程设备）和施工设备的损失和损坏。

（2）在保修期间内，由于保修期以前的原因造成上述工程和施工设备的损失和损坏。

（3）承包人在履行保修责任的施工中造成上述工程和施工设备的损失和损坏。

2. 损失和损坏的费用补偿

虽然投保工程和施工设备险，当风险发生时可以从保险公司获得赔偿，但常常还不能完全补偿全部损失和损坏。因此《合同条件》专门对损失和损坏的费用补偿做出专门规定：

（1）自工程开工至完工移交期间，任何未保险的或从保险部门得到的赔偿费用不能弥补工程损失和修复损坏所需的费用时，应由发包人和承包人根据规定的风险责任，承担所需的费用，包括由于修复风险损坏过程中造成的工程损失和损坏所需的全部费用。

（2）若发生的工程风险属于发包人和承包人的共同风险，则应由监理人与发包人和承包人通过友好协商，按各自的风险责任分担工程的损失和修复损坏所需的全部费用。

（3）若发生承包人设备（包括其租用的施工设备）的损失和损坏，应由发包人和承包人自行承担其所需的全部费用。

（4）在工程完工移交给发包人后，除了在保修期内发现的由于保修期前承包人原因造成的损失和损坏，应由发包人承担任何风险造成工程（包括工程设备）的损失和修复损坏所需的全部费用。

（二）第三者责任险

第三者责任险是为了在工程实施过程中，因意外事故造成进入工地内或在工地毗邻地带的第三者人员伤亡或财产损失时，可以从保险人处得到约定的赔偿。承包人应以发包人的共同名义投保第三者责任险。第三者责任险的赔偿金额事先很难估计，其保险金额需工程规模、施工环境等因素参考类似工程的保险经验酌定，投保时可由承包人与发包人共同协商确定，由承包人投保第三者责任险时，承包人应按本合同的规定和《工程量清单》所列项目专项列报。若有发包人负责投保第三者责任险时，则承包人不需列报。投保第三责任险，不能免除承包人和发包人各自应负的在其管辖区内及毗邻地带发生的第三者人员人身伤害和财产损失的赔偿责任，其赔偿责任费用应包括赔偿费、诉讼费和其他有关费用。

（三）人身意外伤害

工程施工是工伤事故的多发作业。在合同实施期间，承包人应为其雇佣的人员投保人身意外伤害险。承包人可要求分包人投保其自己雇佣人员的人身意外伤害险。但此项投保不免除承包人根据法律、法规和规章以及承包人原因规定应负的责任。承包人投保人身意外伤害险的费用应摊入各项目的人工费用，发包人不另行支付。

（四）对各项保险的要求

（1）保险凭证和条件。承包人应直接到开工通知后的 84 天内向发包人提交按合同规定的各项保险单的复本，并通知监理人。保险单的条件应符合本合同的规定。

（2）保险单条件的变动。承包人需要变动保险单的条件时，应事先征得发包人同意，并通知监理人。

（3）未按规定投保的补救。若承包人在接到开工通知后的 84 天内未按合同规定的条件办理保险，则发包人可以代为办理，所需费用由承包人承担。

（五）遵守保险单规定的条件

发包人和承包人均应卷宗保险单规定的条件。任何一方违反保险单规定的条件时，应赔偿另一方由此造成的损失。

第二节　工 程 合 同 风 险

一、合同风险的概念

合同风险是指合同中的以及由合同引起的不确定性。工程合同风险可能有如下几种：

（一）由合同种类所定义的风险

合同风险首先与所签订的合同的类型有关。如果签订的是固定价合同，则承包商承担全部物价和工程量变化的风险；对可调价合同，风险由双方共同承担；而对成本加酬金合同，承包商不承担任何风险。

（二）合同中明确规定的应由一方承担的风险

即对上述列举的工程项目中的几类风险，通过合同定义和分配，明确规定或隐含的风险承担者，则成为合同风险。

（1）工程承包合同明确规定业主风险，如工程变更的范围、承包商的索赔、业主风险和不可抗力等条款。

（2）承包商风险。工程施工合同中，关于承包商的风险的规定比较具体，通常包括：

1）承包商对现场以及周围环境调查负责，并已取得对影响投标报价的风险、意外事件和其他情况的所有资料。承包商对环境条件应有一个合理预测，只有出现有经验的承包商（在投标时承包商总是申明他是"有经验的"）不能预测的情况，才能对他免责。

2）承包商是经过认真阅读和研究招标文件，并全面、正确地理解了合同精神，明确了自己的责任和义务，对招标文件的理解自行负责。

3）承包商对投标书以及报价的正确性、完备性满意。报价已包括了他完成全部合同责任的花费，如果出现报价问题，如错报、漏报，则均由他自己负责。

4）合同规定的其他承包商风险。业主为了转嫁风险提出单方面约束性的、过于苛刻的、责权利不平衡的合同条款，这在合同中经常表现为："业主对……不负任何责任"或"在……情况下不得调整合同价格"或"在……情况下，一切损失由承包商负责"。如业主对任何潜在的问题，如工期拖延、施工缺陷、付款不及时等所引起的损失不负责；业主对招标文件中所提供的地质资料、试验数据、工程环境资料的准确性不负责；业主对工程实施中发生的不可预见风险不负责；业主对由于第三方干扰造成的工期拖延不负责等。

（三）合同缺陷导致的风险

（1）条文不全面，不完整，没有将合同双方的责权利关系全面表达清楚，没有预计到合同实施过程中可能发生的各种情况。这样导致合同过程中的激烈争执，最终导致损失。如缺少工期拖延违约金的最高限额的条款或限额太高、缺少工期提前的奖励条款、缺少业主拖欠工程款的处罚条款。又如，对工程量变更、通货膨胀、汇率变化等引起的合同价格的调整没有具体规定调整方法、计算公式、计算基础；对材料价差的调整没有具体说明是否对所有的材料，是否对所有相关费用（包括基价、运输费、税收、采购保管费等）作调整，以及价差支付时间。

在合同订立时不可忽略对承包商权益的保护条款，如在工程受到外界干扰情况下的工期和费用的索赔权等。由于没有具体规定，如果发生这些情况，业主完全可以以"合同中没有明确规定"为理由，推卸自己的合同责任，使承包商受到损失。如在某国际工程施工合同中遗漏工程价款的外汇额度条款，结果承包商无法获得已商定好的外汇款额。

（2）合同表达不清晰、不细致、不严密，有错误、矛盾、歧义。

（3）合同签订、合同实施控制中的问题。对合同内容理解错误，不完善的沟通和不适宜的合同管理等导致的损失。

招标文件的语言表达方式、表达能力、承包商的专业理解能力或工作细致程度，以及做标期的长短等原因都可能导致合同风险。

二、合同风险的特性

（一）风险的不确定性

合同风险事件可能发生，也可能不发生，但一经发生就会给业主或承包商带来损失，给工程的实施带来影响。每个风险事件发生都有相关联并不可避免的费用，且这些费用必须在过程中由某一方承担。风险的对立面是机会，它会带来收益。

（二）风险的客观性

风险事件在工程实施过程中不以人们的意志为转移，即它是客观存在的。因此，在合同中客观的反映风险，合理的分配风险是合同的重要内容。在一个具体的环境中，双方签订一个确定种类和内容的合同，实施一个确定规模和技术要求的工程，则合同风险有一定的范围，它的发生和影响有一定的规律性。

（三）风险的损失性

合同风险的发生必然造成一定的损失，换句话说，如果某事件的发生不造成任何损失则不能归为风险。在合同中明确合同双方的责任、权利和义务有利于控制风险而减小风险损失。

（四）风险的相对性

如果在合同条文中定义风险及其承担者，则风险具有相对性。在工程中，如果风险成为现实，则由承担者主要负责风险控制，并承担相应损失责任。所以对风险的定义属于双方责任划分问题，不同的表达，有不同的风险，则有不同的风险承担者。

第三节　工程合同风险分配

一、风险分配的重要性

合同风险如何分配是决定合同形式的主要影响因素之一。合同的起草和谈判实质上很大程度上是风险的分配问题。作为一份完备的公平的合同，不仅应对风险有全面的预测和定义，而且应全面地落实风险责任，在合同双方之间公平合理地分配风险。

对合同双方来说，如何对待风险是个战略问题。由于业主起草招标文件、合同条件，确定合同类型，承包商必须按业主要求投标，所以对风险的分配业主起主导作用，有更大的主动权与责任。但业主不能随心所欲地不顾主客观条件，任意在合同中加上对承包商的单方面约束性条款和对自己的免责条款，把风险全部推给对方，都是非理性的行为。

公平合理地善待承包商、公平合理地分担风险责任是合同顺利实施的重要前提。一个苛刻的、责权利关系严重不平衡的合同往往是一个"双面刃"，不仅伤害承包商，而且最终会损害工程的整体利益，伤害业主自己。合理分配风险的好处在于：

（1）业主可以得到一个合理的报价，承包商报价中的不可预见风险费较少。

（2）减少合同的不确定性，承包商可以准确地计划和安排工程施工。

（3）可以最大限度发挥合同双方风险控制和履约的积极性。

（4）从整个工程的角度，使工程的产出效益最好。

现在由于买方市场而产生的傲慢心理，以及对承包商的不信任心理，业主在合同文件起草、合同谈判及合同执行中，常常不能公平地对待承包商。这可能产生如下后果：

（1）如果业主在合同中过于推卸风险、压低价格，用不平等的单方面约束性条款对待承包商，如采用固定总价合同让承包商承担所有风险，则通常承包商报价中的不可预见风险费加大，业主也会有损失。

（2）如果合同不平等，承包商没有合理的利润，不可预见的风险太大，则会对工程缺乏信心和缺乏履约的积极性。如果风险发生，不可预见风险费又不足以弥补承包商的损失，则他通常要想办法弥补损失，或减少开支。如偷工减料、减少工作量、降低材料设备和施工的质量标准以降低成本，甚至放慢施工速度，或停工要求业主给予额外补偿，最终影响工程的整体效益。

二、合同风险的分配原则

风险应该按照效率原则和公平原则进行分配。风险分配应遵循以下原则：

（1）谁受益谁承担的原则。风险既可能造成损失也可能获得收益，谁在风险中可能获得收益就应该承担相应的风险。另外，也有一些纯风险，即只造成损失不产生收益的风险，如自然风险。对于纯风险应该由业主承担，因为业主是工程的合法拥有者，也是工程的受益者。

（2）谁有利谁承担的原则。谁能最有效地（有能力和经验）预测、防止和控制风险，或能够有效地降低风险损失，或能将风险转移给其他方面，则应由他承担相应的风险责任。一方面，这样可以尽可能地减小风险所造成的损失；另一方面，承担者控制相关风险能够以最低的成本来承担风险损失，同时又是有效的、方便的、可行的。

（3）风险共担的原则。对于风险完全强加给任何一方都是不公平的，在公平和合理的情况下，对于一些风险应该采取风险共担的原则。比如物价风险，这是任何经济组织在市场经济条件下必须面临的风险，合同双方应该共同承担。

（4）责权利平衡的原则。风险责任与权利之间应平衡。风险作为一项责任，它应与权利相平衡。任何一方有一项责任则必须有相应的权利；反之有权利，就必须有相应的责任。防止单方面权利或单方面义务条款。

以上风险的分配原则不是孤立存在的，是相互联系、相互补充的一个整体，在实践中不能片面地强调某一个原则。风险分配不存在统一的评价尺度，即不存在最好的风险分配方法。每一种分配方法都有它的问题和不足，需要在实践中不断完善。

需要指出的是：在建筑市场是买方市场的情况下，业主占据主导地位。业主在起草招标文件时经常提出一些不公平的合同条款，风险分配不合理。但合同是双方自由签订的，是双方真实意思的表示，承包商也可以不接受业主的条件，这又是公平的；承包合同规定承包商必须对报价的正确性承担责任，如果承包商报价失误，造成漏报、错报或出于经营策略降低报价，这属于承包商的风险。这类报价是有效的，并不违反公平合理原则。

第四节　工程合同风险的对策

对于合同双方，在任何一份工程合同中，问题和风险总是存在的，没有不承担风险、绝对完美的合同。对分析出来的合同风险必须进行认真的对策研究，这常常关系到一个工程的成败，任何人都不能忽视这个问题。工程合同风险的对策可分为经济措施、合同措施等几大类。

一、经济措施

（一）业主在投资预算中采取的措施

（1）业主在投资预算中考虑可能的风险，留有一定的风险准备金。由于业主通过合同委托工程设计、施工、采购、项目管理任务，预算价格不等于合同价格，合同价格也不等于工程最终结算价格，所以在投资预算时要留有一定的余地。

（2）在单价合同中专门列"暂定金额"项，以考虑在本合同实施中可能有的遗漏的或不确定的工作的费用。

（二）承包商在报价中采用的措施

（1）提高报价中的不可预见风险费。对风险大的合同，承包商可以提高报价中的风险附加费，为风险作资金准备，以弥补风险发生所带来的部分损失，使合同价格与风险责任相平衡。风险附加费的数量一般根据风险发生的概率和风险一经发生承包商将要受到的损失量确定。所以风险越大，风险附加费就越高，但这受到很大限制，风险附加费太高对双方都不利：业主必须支付较高的合同价格；承包商的报价太高，失去竞争力，难以中标。

（2）采取一些报价策略。许多承包商采用一些报价策略，以降低、避免或转移风险。如多方案报价，提出多个报价供业主选择；在法律和招标文件允许的条件下，在投标书中使用保留条件、附加或补充说明，这样可以给合同谈判和索赔留下伏笔。

二、合同措施

（一）合同中的保全措施

业主除了通过合同严格规定承包商的风险，设置科学的管理程序以控制工程，而且可以设置一些保全措施，以防止承包商的风险。如：

（1）保留金。随着工程的进展，业主按照合同规定的保留金比例保留承包商的工程款，在工程竣工时，业主将保留金的一半归还给承包商，在工程保修期结束后再归还另一半。

（2）承包商材料进入现场就作为业主的财产，承包商不得再调出。当承包商严重违约情况下，业主在向承包商发出通知后，可以进驻现场，在不解除承包商的合同义务与责任，不影响业主或监理工程师合同权利和权力的情况下，终止对承包商的雇用。业主可自己完成该工程，或另雇他人去完成工程。在其中业主有权使用承包商的设备、临时工程和材料。当承包商的设备因需要维修临时调出现场时，业主可要求承包商提交相应的保函。

工程担保。为了解决承包商的诚实信用问题，减少承包商风险，业主采取担保措施。在工程合同的实施中，常见的担保有投标保函、预付款保函、履约保函等。

（二）通过谈判完善合同

合同双方都希望签订一个有利的、风险较少的合同，但在工程过程中许多风险是客观存在的，问题是由谁来承担。减少或避免风险，是承包合同谈判的重点。合同双方都希望推卸和转嫁风险，所以在合同谈判中常常几经磋商，有许多讨价还价。

通过合同谈判，完善合同条文，使合同能体现双方责权利关系的平衡和公平合理，这是在实际工作中使用最广泛，也是最有效的对策。

（1）充分考虑合同实施过程中可能发生的各种情况，在合同中予以详细、具体的规定，防止意外风险。所以，合同谈判的目标，首先是对合同条文拾遗补缺，使之完整。

（2）使风险型条款合理化，力争对责权利不平衡条款、单方面约束性条款作修改或限度，防止独立承担风险。如合同规定，承包商应按合同工期交付工程，否则，必须支付相应的违约罚款。合同同时应规定，业主应及时交付图纸、交付施工场地、行驶道路、支付已完工程款等，否则工期应予以顺延。

对不符合工程惯例的单方面约束性条款，在谈判中可列举工程惯例，如 FIDIC 条件的规定，劝说业主取消或修改。

三、工程保险

工程保险是业主和承包商转移风险的一种重要手段。当出现保险范围内的风险，造成财务损失时，承包商可以向保险公司索赔，以获得一定数量的赔偿。

一般在合同文件中，业主都已指定承包商投保的种类，并在工程开工后就承包商的保险做出审查和批准。通常承包工程保险有工程一切险、施工设备保险、第三方责任险、人身伤亡保险等。

现代工程采取较为灵活的保险策略，即保险范围、投保人和保险责任可以在业主和承包商之间灵活地确定。

承包商应充分了解这些保险所保的风险范围、保险金计算、赔偿方法、程序、赔偿额等详细情况，以做出正确的保险决策。

四、技术和组织的措施

在承包合同的签订和实施过程中，采取技术的和组织的措施，以提高应变能力和对风险的抵抗能力。例如：

（1）组织最得力的投标班子，进行详细的招标文件分析，作详细的环境调查，通过周密的计划和组织，作精细的报价以降低投标风险。

（2）对技术复杂的工程，采用新的，同时又是成熟的工艺、设备和施工方法。

（3）对风险大的工程派遣最得力的项目经理、技术人员、合同管理人员等，组成精干的项目管理小组。

（4）选择资信好、能力强、能够圆满完成合同责任的承（分）包商、设计单位和供应商。

（5）施工企业对风险大的工程，在技术力量、机械装备、材料供应、资金供应、劳务安排等方面予以特殊对待，全力保证该合同实施。

（6）对风险大的工程，应作更周密的计划，采取有效的检查、监督和控制手段。

（7）风险大的工程应该作为施工企业的各职能部门管理工作的重点，从各个方面予以保证。

五、在工程过程中加强索赔管理

用索赔和反索赔来弥补或减少损失，这是一个很好的，也是被广泛采用的对策。通过索赔可以提高合同价格、增加工程收益、补偿由风险造成的损失。

许多有经验的承包商在分析招标文件时就考虑其中的漏洞、矛盾和不完善的地方，考虑到可能的索赔，甚至在报价和合同谈判中为将来的索赔留下伏笔，人们把它称为"合同签订前索赔"，但这本身常常又会有很大的风险。

六、采取合作措施，与其他方面共同承担风险

在总承包合同投标前，承包商必须就如何完成合同范围的工程做出决定。因为任何承包商都不可能自己独立完成全部工程（即使是最大的公司），一方面没有这个能力，另一方面也不经济。通过与其他企业合作不仅可以提高工程实施的效率，而且可以通过充分发挥各自的技术、管理、财力的优势及各方面核心竞争力的优势互补降低风险。

在工程承包合同范围内可以采取不同的合作方式。合作方式不同，各方面风险的分担不同。

（一）分包

分包在工程中最为常见。分包常常出于如下原因：

（1）技术上需要。总承包商不可能，也不必具备总承包合同工程范围内的所有专业工程的施工能力。通过分包的形式可以弥补总承包商技术、人力、设备、资金等方面的不足。同时总承包商又可通过这种形式扩大经营范围，承接自己不能独立承担的工程。

（2）经济上的目的。对有些分项工程，如果总承包商自己承担会亏本，而将它分包出去，让报价低同时又有能力的分包商承担，总承包商不仅可以避免损失，而且可以取得一定的经济效益。

（3）转嫁或减少风险。通过分包，可以将总包合同的风险部分地转嫁给分包商。这样，大家共同承担总承包合同风险，提高工程经济效益。将一些风险大的分项工程分包出去，向分包商转嫁风险。分包合同明确规定，分包商必须承担主合同规定的与分包工程相关的风险。

（4）业主的要求。业主指令总承包商将一些分项工程分包出去，通常有如下两种情况：

1）对于某些特殊专业或需要特殊技能的分项工程，业主仅对某专业承包商信任和放心，可要求或建议总承包商将这些工程分包给该专业承包商，即业主指定分包商。

2）在国际工程中，一些国家规定，外国总承包商承接工程后必须将一定量的工程分包给本国承包商，或工程只能由本国承包商承接，外国承包商只能分包。这是对本国企业的一种保护措施。

当然，过多的分包，如专业分包过细、多级分包，会造成管理层次增加和协调的困难，业主会怀疑承包商自己的承包能力，这对合同双方来说都是极为不利的。

业主对分包商有较高的要求，也要对分包商作资格审查。没有监理工程师（业主代表）的同意，承包商不得随便分包工程。由于承包商向业主承担全部工程责任，分包商出现任何问题都由总包负责，所以分包商的选择要十分慎重。一般在总承包合同报价前就要确定分包商的报价，商谈分包合同的主要条件，甚至签订分包意向书。

（二）联营承包

联营承包是指两家或两家以上的承包商（最常见的为设计承包商、设备供应商、工程施工承包商）联合投标，共同承接工程。

1. 联营承包的优点

（1）承包商可通过联营进行联合，以承接工程量大、技术复杂、风险大、难以独家承

揽的工程，使经营范围扩大。

（2）在投标中发挥联营各方技术和经济的优势，珠联璧合，使报价有竞争力。而且联营通常都以全包的形式承接工程，各联营成员具有法律上的连带责任，业主比较欢迎和放心，容易中标。

（3）在国际工程中，国外的承包商如果与当地的承包商联营投标，可以获得价格上的优惠，这样更能增加报价的竞争力。

（4）在合同实施中，联营各方互相支持，取长补短，进行技术和经济的总合作。这样可以减少工程风险，增强承包商的应变能力，能取得较好的工程经济效果。

（5）通常联营仅在某一工程中进行。该工程结束，联营体解散，无其他牵挂。如果愿意，各方还可以继续寻求新的合作机会。所以它比合营、合资有更大的灵活性。合资成立一个具有法人地位的新公司通常费用较高，运行形式复杂，母公司仅承担有限责任，业主不信任。联营承包已成为许多承包商的经营策略之一，在国内外工程中都较为常见。

2. 联营承包的形式

联营承包是指几个承包商签订联营合同，组成联营体。每个承包商在联营关系上被称为联营成员。联营体与业主签订总承包合同，所以对外只有一个承包合同。外部联营合同关系如图 19－1 所示。

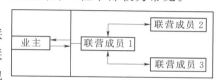

图 19－1　外部联营合同关系

在这里，联营体作为一个总体，有责任全面完成总承包合同确定的工程责任。每个联营成员作为业主的合同伙伴，不仅对联营合同规定的自己的工程范围负有责任，而且与业主规定的自己的工程范围负有责任，而且与业主有合同法律关系，对其他联营成员有连带责任。所以，对联营成员有双重合同关系，即总承包合同和联营合同关系。联营成员之间的关系是平等的，按各自完成的工程量进行工程款结算，按各自投入资金的比例分割利润。在该合同的实施过程中，联营成员之间的沟通和工程管理组织通常有两种形式：

（1）在联营成员中产生一牵头的承包商为代言人，具体负责联营成员之间，以及联营体与业主之间的沟通和工程协调。

（2）各联营成员派出代表组成一管理委员会，负责工程项目的管理工作，处理与业主及其他方面的各种合同关系。

3. 联营合同的特点

联营合同在实施和争执的解决等方面与承包合同有很大的区别，但这往往被人们忽略，容易带来不必要的损失和合同争执。联营合同有如下特点：

（1）联营合同在性质上区别于承包合同。承包合同的目的是工程成果和报酬的交换；而联营合同的目的是合同双方（或各方）为了共同的经济目的和利益而联合，所以它属于一种社会契约。联营具有团体性，但它在性质上又区别于合资公司，它不是经济实体，没有法人资格。

所以，工程承包合同的法律原则和一般公司法律原则都不适用于联营合同关系，它的法律基础是民法中关于联营的法律条文。

（2）联营合同的基本原则是，合同各方应有互相忠诚和互相信任的责任，在工程过程中共同承担风险，共享权益。

但"互相忠诚和互相信任"往往难以具体地、准确地定义和责难。联营成员之间必须非常了解和信赖，真正能同舟共济，否则联营风险较大。

由于在工程中共同承担风险，则在总承包合同风险范围内的互相干扰和影响造成的损失是不能提出索赔的，所以联营成员之间索赔范围很小，这往往特别容易被人们忽略而引起合同争执。

（3）联营各方在工程过程中，为了共同的利益，有责任互相帮助，进行技术和经济的总合作，可以互相提供劳务、机械、技术甚至资金，或为其他联营成员完成部分工程责任，但这些都应为有偿提供。在联营合同中应明确区分各自的责任界限和利益界限，不能有"联营即为一家人"的思想。

（4）联营合同受总承包合同关系的制约，属于它的一个从合同。通常联营合同先签订，但只有总承包合同签订，联营合同才有效；只有总承包合同结束，联营体才能解散。联营体必须完成它的总承包合同责任。

对于与业主的总承包合同，联营体各方具有连带责任，即任何一个联营成员因某一原因不能完成他的合同责任，或退出联营体，则其他联营成员必须共同完成整个总承包合同。

（5）由于联营合同风险较大，承包商应争取平等的地位。如果自身有条件，应积极地争取领导权，这样在工程中更为主动。

七、合同风险的对策

在合同的形成和实施过程中，上述这些针对风险的措施的选择不仅有时间上的先后次序，而且有不同的优先级别。一般考虑这个问题的优先次序如下：

（1）技术的和组织的措施。这是在合同签订前首先考虑的对待风险的措施。特别对地质条件风险、实施技术风险，以及报价的正确性、环境调查的正确性、实施方案的完备性、承包商的工作人员和分包商风险等。

（2）通过完善合同条件和在合同中采用保全措施防范风险。

（3）购买保险。这是由业主指定的。它不能排除风险，但可以部分地转移由保险合同限定的风险。

（4）采用合伙或分包措施，与其他企业共担风险。

（5）对承包商来说，可在报价中提高不可预见风险费。这里有两个方面问题：

1）上述几种措施都会对价格产生影响。

2）对于上述无法解决或包容的风险可以通过报价中的不可预见费考虑，但这会影响到报价的竞争力。

（6）通过合同谈判，修改合同条件。这主要有两个问题：

1）合同谈判是在投标后，签约前，在时间上比较滞后。

2）谈判的结果是不确定的，可能谈不成，可能双方都要作让步。而主动权常常在业主方，所以在投标中不能对它寄予太高的期望。

（7）通过索赔弥补风险损失。但索赔本身是有很大风险的，而且在合同执行过程中进行，所以在合同签订前不能寄希望于索赔。

第五篇
工程造价管理

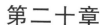

第二十章
工程造价管理的基本理论与方法

第一节 概　述

　　工程造价管理是一项有组织，有领导，有目标的管理实践活动，是管理学门类下的具体的应用型学科，它以管理学的原理和方法作为其基本理论指导。工程造价管理也是一门实践性强的学科。首先，工程造价管理是市场经济背景下的实践活动，其必须遵循市场经济的一般规律。工程建设既是人们改造自然的实践活动，也是人们改造社会的经济行为，建筑产品作为商品必须遵循价值规律、供求规律、货币流通规律等市场经济的一般规律，因而市场经济理论为工程造价管理活动提供行为准则；其次，工程造价管理是一门交叉学科，技术与经济的结合是工程造价管理的重要分析方法。技术经济学是研究技术实践的经济效果，寻求提高经济效果的途径与方法的科学，它是对项目的不同技术政策、技术措施和技术方案的经济效果进行预测、论证、评价和研究，从而选择出最佳方案。因而技术经济学为工程造价管理活动提供重要的分析手段；再次，工程造价管理具备系统成立的三个条件，即系统由两个以上的要素组成，要素与要素之间存在着一定的有机联系，系统有特定的功能。因而工程造价管理是一个系统工程。在工程造价管理活动中存在大量的整体与局部、要素与要素之间的相互制约、相互影响等问题，系统工程理论为解决这些问题提供了理论指导。

　　此外，工程造价管理学科，还与建筑经济学、工程经济学、投资管理学等学科有着密切的联系。如：建筑经济学主要研究建筑生产组织与管理及其经济活动规律。它研究的核心是建筑业的生产、计划与组织。它不研究建设产品的造价与管理问题；工程经济学以工程项目为研究对象，主要研究工程项目的经济性方面，它不涉及到具体的工程造价确定以及如何控制，但从整体而言，它与工程造价管理的目标是一致的；投资管理学是研究投资运动规律和对投资进行宏观管理的科学，以求用尽量少的投资取得国民收入的最大增长。经济管理学是研究对社会经济活动进行合理组织、合理调节的规律性的科学。它主要以"合理组织、合理调节"为功能，对国民经济和各类经济实体进行管理。既有宏观经济管理，也有微观经济管理。它不具体涉及工程造价控制与管理，但其"合理组织、合理调节"的功能，常被应用在工程造价管理过程中。这些相关学科为工程造价管理活动提供理论上的支撑和方法上的借鉴。

第二节　管理学与工程造价管理

一、管理学研究的基本问题

　　管理的出现是由人类活动的特点决定的，人类的任何社会活动都必定具有各种管理职能。如果没有管理，一切生产、交换、分配活动都不可能正常进行。管理是为了达到预期目的而进行的具有特殊职能的活动，是通过计划、组织、控制、激励和领导等环节来协调人力、物力和财力资源，以期更好地达到组织目标的过程。管理的基本矛盾是有限的资源与相互竞争的多种目标的矛盾，换句话说，管理就是要解决有限资源的合理分配。围绕着有限资源的合理分配，管理学研究计划、组织、控制、激励和领导这五大基本职能。所谓职能是指人、事物或机构应有的作用。

计划是对未来行动方案的一种说明，它告诉管理者和执行者未来的目标是什么，要采取什么样的活动来达到目标，要在什么时间范围达到这种目标，以及由谁来进行这种活动。计划工作是一种预测未来、设立目标、决定政策、选择方案的连续程序，以期能够经济地使用现有资源，有效地把握未来发展，获得最大组织效益。计划的作用是管理者指挥的依据，是降低风险、掌握主动的手段，是减少浪费、提高效益的方法，是管理者进行控制的标准。

组织是为了达到某些特定目标经由分工与合作及不同层次的权利和责任制度，而构成的人的集合。任何组织都是为目标而存在的，是组织存在的前提；没有分工和合作不能称其为组织；任何组织都是在一定的环境下生存和发展的。

控制就是检查工作是否按既定的计划、标准和方法进行，发现偏差，分析原因，进行纠正，以确保目标的实现。显然，控制与计划、标准有密切的关系，控制是为保证实际状况与计划一致所采取的一切活动，计划是控制所要达到的目标。根据控制的对象应该采取不同的控制方法。

激励就是创设满足职工各种需要的条件，激发职工的工作动机，使之产生实现组织目标的特定行为的过程。

领导是一个组织为确立目标和实现目标所进行的活动施加影响的过程。领导的本质是一种影响力。领导与领导者不能混同，领导者是实施领导的人，是利用影响力带领人们或群体达成组织目标的人。

二、工程造价管理的计划

计划是指为了实现决策所确定的目标，预先进行的行动安排。工程造价管理的计划就是为了实现工程造价管理的目标而进行的行动安排。工程造价管理的目标是以尽可能少的资源投入获得最大的投资效益。工程造价管理活动贯穿于工程建设的全过程，工程造价管理计划的中心工作是工程造价文件的编制。

(一) 工程造价管理计划的特征

多次性是工程造价计价的主要特征之一，在工程建设的每一个阶段都要对拟建工程项目进行计价。因此工程造价管理的计划也有多次性的特点，每个阶段的计划都会随着对工程项目认识的加深而越来越细致，这也是工程建设管理的特点决定的。

(二) 工程造价管理计划的作用

工程造价管理的计划具有以下作用：

（1）工程造价管理的计划是工程建设项目决策的重要依据。投资估算是立项建设的文件组成之一，也是评价项目经济效益的重要参数。

（2）工程造价管理的计划是制定工程建设项目的资源消耗量的依据。工程造价文件对工程项目所要消耗的人工、材料、机械、设备等都有明确而仔细的计算。通过工程造价文件的编制可以获得工程所消耗的资源数量及标准。

（3）工程造价管理的计划也是制定投资计划的依据。通过工程造价文件可以获得工程项目的总投资数量以及分年度的投资数量，因而工程造价文件是工程项目筹措资金和编制资金使用计划的直接依据。

三、工程造价管理的组织

就我国目前的状况而言，按照管理的权限和职责范围划分，工程造价管理的组织系统可划分为政府行政管理系统、行业协会管理系统及企业、事业机构管理系统。

（一）政府行政管理系统

政府在工程造价管理中既是宏观管理主体，也是政府投资项目的微观管理主体。从宏观管理的角度，政府对工程造价管理有一个严密的组织系统，设置了多层管理机构，规定了管理权限和职责范围。建设部标准定额司代表国家是工程造价管理的最高行政管理机构，它的主要职责是：

（1）组织制定工程造价管理有关法规、制度并组织贯彻实施。

（2）组织制定全国统一经济定额和部管行业经济定额的制订、修订计划。

（3）组织制定全国统一经济定额和部管行业经济定额

（4）监督指导全国统一经济定额和部管行业经济定额的实施。

（5）制定工程造价咨询单位资质标准并监督执行，提出工程造价专业技术人员执业资格标准。

（6）管理全国工程造价咨询单位资质工作，负责全国甲级工程造价咨询单位的资质审定。

省、自治区、直辖市和行业主管部门的工程造价管理机构，是在其管辖范围内行使管理职能；省辖市和地区的工程造价管理部门在所辖地区行使管理职能。其职责大体与国家建设部的工程造价管理机构相对应。

（二）行业协会管理系统

目前我国工程造价管理协会（学会）已初步形成了三级协会体系。即：中国建设工程造价管理协会、省、自治区、直辖市和行业工程造价管理协会（学会）以及工程造价管理协会（学会）分会。其职责范围也初步形成了宏观领导、中观区域和行业指导、微观具体实施的体系。

中国建设工程造价管理协会主要职责是：

（1）研究工程造价管理体制的改革、行业发展、行业政策、市场准入制度及行为规范等理论与实践问题。

（2）探讨提高政府和业主项目投资效益、科学预测和控制工程造价，促进现代化管理技术在工程造价咨询行业的运用，向国家行政部门提供建议。

（3）接受国家行政主管部门委托，承担工程造价咨询行业和造价工程师执业资格及职业教育等具体工作，研究工程造价咨询行业的职业道德规范、合同范本等行业标准，并推动实施。

（4）对外代表中国造价工程师组织和工程造价咨询行业与国际组织及各国同行组织建立联系与交往，签订有关协议，为会员开展国际交流与合作等对外业务服务。

（5）建立工程造价信息服务系统，编辑、出版有关工程造价方面刊物和参考资料，组织交流和推广先进工程造价咨询经验，举办有关职业培训和国际工程造价咨询业务研讨活动。

（6）在国内外工程造价咨询活动中，维护和增进会员的合法权益，协调解决会员和行业间的有关问题，受理关于工程造价咨询执业违规的投诉，配合行政主管部门进行处理，并向政府部门和有关方面反映会员单位和工程造价咨询人员的建议和意见。

（7）指导协会各专业委员会和地方造价协会的业务工作。

（8）组织完成政府有关部门和社会各界委托的其他业务。

省、自治区、直辖市和行业工程造价管理协会（学会）的职责是：负责造价工程师的注册，根据国家宏观政策和在中国建设工程造价管理协会的指导下，针对本地区和本行业的具体实际制定有关制度、办法和业务指导。

（三）企业、事业机构管理系统

企业、事业机构对工程造价的管理，属于微观管理的范畴。它所管理的对象是具体的，通常是针对具体的建设项目而实施工程造价管理活动。企业、事业单位工程造价管理的组织可分为业主方工程造价管理的组织、承包方工程造价管理的组织和技术服务方工程造价管理的组织。虽然它们都是进行微观的工程造价管理工作，但由于它们是不同利益的主体，因而它们的职责范围和重点有所不同。

1. 业主方工程造价管理组织的职责

业主是建设项目的合法拥有者，它对建设项目全过程的造价管理负责。其职责包括：可行性研究及估算的确定与控制；设计方案的选定和概算的确定与控制；施工招标文件与标底的编制；工程进度款的支付和工程结算及控制；合同价的调整；索赔与风险管理；竣工决算的编制等等。

2. 承包方工程造价管理组织的职责

承包方工程造价管理组织的职责包括：施工定额的编制；投标决策及投标文件的编制；施工项目成本的预测、控制与核算；工程计量与进度款的支付；工程索赔与风险管理；竣工结算等等。

3. 技术服务方工程造价管理组织的职责

技术服务方包括工程设计方和工程造价咨询方。其职责包括：按照业主或委托方的意图，在可行性和规划设计阶段合理确定和有效的控制建设项目的工程造价，通过限额设计、技术经济比较等手段实现控制工程造价的目标；在招标工作中编制标底，参加评标、议标；在项目实施阶段，通过对设计变更、工期、索赔和结算等项管理进行造价控制。

四、工程造价管理的控制

（一）工程造价控制的含义

控制就是检查工作是否按既定的计划、标准和方法进行，发现偏差，分析原因，进行纠正，以确保目标的实现。显然，控制与计划、标准有密切的关系：控制是为保证实际状况与计划一致所采取的一切活动，计划是控制所要达到的目标。它们的关系表现在：

（1）计划起着指导性的作用，控制是保证计划实现的手段之一。

（2）计划是预先期望的结果，而控制则是按计划指导实施的行为和结果。

（3）计划是基于过去和现在状况的信息制定的，而这些信息中的绝大多数都是通过控制过程得到的。

（4）如果没有计划表明控制的目标，那么控制就失去了依据。计划和控制都是为了实现目标，两者是相互依存的。

一般说来，控制过程中采取的更正措施是使实际状况符合原来的计划目标。但是有时也会导致更换目标和计划，这可能是因为实际状况与原来的计划产生了较大矛盾，及时修订目标和计划也是必要的。

传统的控制模型，包括三个基本假设：

（1）要有界限清楚的一致的标准，根据这种标准就能对实施情况进行度量；

（2）能够找到某种度量单位，以便清楚实际测量所达到的结果；

（3）当标准同实施情况比较时，任何差异都能够被用来作为更正的依据。

满足这三个基本假设是利用传统控制模型来设计控制系统的前提条件。然而，并不是所有控制活动都满足传统控制模型的三个基本假设的。这时人们不得不采用策略控制模型来设计控制系统。这种模型的基点不是要有界限清楚的一致的标准，而是利用协商和判断的办法进行控制。例如，对于某些一次性项目，由于以前对此毫无经验，因此信息反馈的作用十分有限，唯一的控制标准可能是资源是否被利用了，有没有资源挪做他用。

（二）工程造价控制的过程

工程造价控制过程如图 20-1 所示。

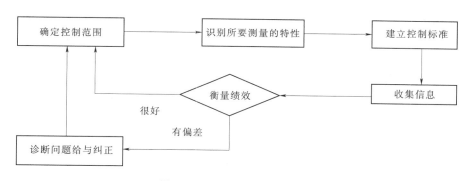

图 20-1　工程造价控制过程

1. 确定控制系统范围

即明确为谁指定的，目的是什么，确定控制系统的边界条件。如控制系统以单项工程为对象，或以单位工程为对象等。

2. 识别所要测量的特性

在控制过程中必须识别所要获得的信息的种类。这些信息的获得首先应是与目标相关的，而且获取这些信息的成本不能过高；第二，每个特性的变化都会影响系统的目标。比如，房屋建设工程中"三材"的消耗量，就具有影响工程造价的特性。

　　3. 建立控制的标准

　　控制的标准是衡量实际绩效的依据和准绳。比如，"三材"的消耗按不同的结构形式，有不同的定额标准，每平方米"三材"的消耗量就可以用来评判设计质量和控制工程造价的好坏。

　　4. 收集信息

　　即按照所要控制的标准，确定信息的种类，收集足够的信息。信息搜集的关键是真实性，信息失真就会导致控制的失败。

　　5. 衡量绩效

　　即找出实际情况与标准之间的偏差信息，根据这种信息来评判对实现目标的利弊。控制的目的不是为了衡量绩效，而是为了达到预定的目标。

　　6. 诊断问题给予纠正

　　诊断包括估价偏差的类型和数量，并寻找产生偏差的原因。一般情况下，诊断之后，就应该采取措施来更正实际与标准之间的差异。但并不是任何偏差都需要采取更正行为，仅在偏差较大又影响到目标的实现的时候，才需要采取行动。而且偏差也分为正偏差（有利于目标实现的偏差）和负偏差（不利于目标实现的偏差）。如在工程建设中通过采用新材料、新工艺、新技术和优化设计或施工方案，降低了工程造价，显然这是十分有利的。

（三）工程造价控制的类型

　　由于工程造价管理具有多主体性，而且工程建设的各个阶段所要解决的重点也是不同的，从不同的角度，不同的目标，不同的内容，工程造价的控制表现出多样性的特点。工程造价控制的种类很多，最为常用的有如下几种分类方法：第一、根据控制的性质可以分为预防性控制和更正性控制；第二、根据控制点位于整个活动过程中的位置划分为预先控制、过程控制和事后控制；第三、根据控制信息的性质划分为反馈控制和前馈控制；第四、根据控制所采用的手段划分为直接控制和间接控制。当然，上述各种分类方法不是孤立的，有时一个控制可能同时属于几种类型。比如变更合同价的调整，既可属于更正性控制，也可属于事后控制。

　　1. 按控制活动的性质划分

　　（1）预防性控制。采用预防性控制是为了避免产生错误，尽量减少今后的更正活动，如政府为了控制工程造价颁发的有关法律、法规，各工程造价管理主体制定的规章制度，以及招标文件中有关工程造价的界定等，都可以归结为预防性控制。例如，在招标文件中常常对投标方的报价作这样的界定：报价是为完成本招标工程所需的一切费用，并包含了合同规定的应承担的风险。在设计预防性控制措施时，人们所遵循的原则都是为了更有效地达到计划目标，避免产生偏差。

　　（2）更正性控制。实践中更正性控制使用得更多一些。其目的是当出现偏差时，使实施过程返回到预先确定的或所希望的水平。比如工程造价的审计制度。

　　2. 按控制点的位置划分类型

　　（1）预先控制。预先控制位于控制过程的起始点，这一点既是整个活动过程的开始点，又是整个活动时间的开始点，因此预先控制具有特殊的意义。它可以促使资源的合理利用，如投资估算、设计概算的审查审批，又如限额设计中的投资限额。这些预先控制的方式对于保证建设项目的投资效益和资源的有效利用具有重要的作用。

（2）过程控制。过程控制是对正在实施的工程建设项目进行的指导与监督，以保证按合同约定的条款进行。过程控制一般都是在现场进行，强调控制的行为，如工程计量与支付，工程变更与合同价的调整。过程控制一定要与被控制的对象的特点相适应，如隐蔽工程的计量，采取比较严厉的方法可以导致良好的效果。而对于创造性的劳动，如设计方案、施工方案的优化等尽量创造宽松的环境，以充分发挥被控对象的才智，不然就会远离控制目标。此外，过程控制的效果还与控制者的素质密切相关，一个高素质的工程造价管理人员可以较好的控制效果。

（3）事后控制。事后控制位于过程的终点，显然事后控制不能从根本上改变结果，但它仍有防止偏差扩大、接近目标的作用并可以对未来提供借鉴经验。如工程索赔处理、工程结算、工程造价审计等等。

3．按照控制信息的性质划分类型

（1）反馈控制。所谓信息反馈控制就是用过去的情况来指导现在和将来，即借助于工程造价的有关信息反馈来实现对工程造价的控制。如在限额设计中，根据反馈的有关技术经济指标，来评价和修正设计方案，以保证工程造价的限额不被突破。在实际工作中，在分析偏差产生的原因之后，必须设计出采取更正措施的程序或方法，以确保更正活动达到预期的目的。

（2）前馈控制。前馈控制是指对即将出现的偏差进行预测和分析，及时采取措施以预防出现偏差。前馈控制主要是基于反馈控制的不足，即时滞问题。当信息反馈后，要进行偏差产生的原因分析和判定纠正偏差的程序和方法。这时可能实际情况又发生了变化，反馈控制的时滞现象可能导致失败。而前馈控制是不断地利用最新的信息进行预测，把所期望的结果同预测的结果进行比较，采取措施使投入和实施活动与期望的结果相吻合。例如工程造价的动态管理。

4．控制的手段划分类型

（1）直接控制。直接控制一般是指通过强制性手段进行管理的活动，如行政命令。这是一种最直接、最简单的办法。当前我国定额的强制性作用，工程造价调整的文件调整法等均属于直接控制。这种直接控制的办法往往不能达到效果的最优，因为它会引起信息反馈的时滞，也不利于人的积极性、创造性、能动性和潜力的发挥。一般而言，直接控制的应用存在着某些界限，超出这个界限，势必会起副作用。

（2）间接控制。间接控制是指利用经济杠杆进行的控制活动。间接控制可以减少对信息量的处理，有利于调动企业或人的积极性，以获得控制的最优效果。如限额设计中的节奖超罚，允许在投标中提出替代方案，鼓励采用新技术、新工艺、新材料和优化施工方案，并分享利益等等。

（四）工程造价控制的方法

工程造价控制按不同的控制主体和不同的控制对象，有不同的控制方法。归纳起来有五类控制方法，即政策与法规控制、合同控制、组织控制、目标控制和评价激励控制。

1．政策与法规控制

政策与法规控制是实施控制的重要方法。这种控制方法有助于限定组织或个人的主观判断以及所采取的活动。政策与法规是一种宏观的、一般性的活动的指导，一般作为政府对工程造价控制的方法。国家的政策税收政策以及涉及工程造价的有关法律法规都属于此类控制方法，如"招标投标法""建设项目法人责任制""建筑工程施工发包与承包计价管理办法"等等。

2. 合同控制

合同控制是指以合同双方签订的条款进行工程造价控制的方法。合同控制的方法是工程造价控制最主要的方法，与政策与法规控制方法相比，它更加具体、细致，属于微观的控制方法。如合同中关于工程变更及合同价的确定、工程款的支付方式、工程索赔的处理、工程风险的分担以及合同型式的确定等等。合同控制的方法通过对双方责权利的约定，对合同目标的实现具有十分重要的意义。其适用范围仅限于工程项目建设的实施阶段。

3. 组织控制

组织控制是指以建立工程造价控制组织的方式对工程造价进行控制的方法。组织控制的内容包括组织的权利结构，即权利与责任的界定；信息沟通的渠道，即组织信息的获取渠道；控制的跨度，即确定合理的控制跨度，以增强控制的效果。组织控制方法有多种形式，如政府主管部门的控制、业主或承包商建立的组织控制机构。此外，建设监理、工程造价咨询，以及合同双方聘请的合同争议调解组，都属于组织控制的方法。

4. 目标控制

目标控制是指工程造价的控制者在确定控制目标后，无需去直接控制。这种控制的关键是控制目标确定的合理性问题。在实际中，限额设计的限额、固定合同总价、对项目实行的包干价等都属于目标控制的方法。这种方法控制的费用较低，但由于被控制者承担较多的风险，在控制目标中往往要考虑风险费用，工程造价的控制效果反而不一定好。

5. 评价激励控制

评价激励控制是指对被控制对象的行为效果进行评价，并以此作为奖励和惩罚的依据的控制方法。这种方法的应用有利于发挥被控对象的积极性和创造性，以保证目标的实现。如限额设计中的节奖超罚，优化施工方案后的利益分享等。

（五）工程造价控制的基本原则

选择合理的工程造价控制方法是保证控制效果的基础，但方法本身并不能自行达到这一目标，关键在于切实地把握住控制这一环节。如何有效地实施控制，达到控制工程造价的目的，要遵循以下四个基本原则：

1. 控制的目的性原则

控制是管理的一项重要职能，是为目标服务的。虽然在工程建设的各个阶段，工程造价控制的目的有所不同，但控制的目的性是不容置疑的。控制必须具有明确的目的性，不是为控制而控制。例如在建设项目的决策阶段，控制工程造价的目的是为建设项目的正确决策提供依据，而在建设项目的施工阶段，控制工程造价的目的是为了在满足项目功能的前提下，保证工程造价目标不被突破。每个阶段有每个阶段的控制重点和控制方法，而控制重点也好，控制方法也罢，其目的都是为了实现各个阶段的目标。控制的目的性在于在众多的甚至是相互矛盾的目标中选择出关键的反映目标特性和需要的因素，并加以重点控制。如在项目施工阶段有许多影响工程造价的因素，只有抓住重点，抓住关键，并施以严格控制，才能确保目标的实现。在设计阶段，设计方案的好坏；在施工阶段，材料的费用都是影响工程造价的敏感因素，也是工程造价控制的重要对象。

2. 控制的及时性原则

较好的控制必须及时发现偏差，并及时采取措施加以更正。如果信息滞后，往往可能造成不可弥补的损失。如在工程索赔中，当索赔事件发生时，应及时提出索赔意向，否则超过了索赔时限，就会导致索赔的失败。又如，进度款支付中也有时间的限制，超过期限，业主还将承担进度款的迟付利息。为了解决好控制的及时性，较好的办法是采用前馈控制或预防性控制措施，使之能预先预测可能出现的偏差，一旦发现了偏差，也能及时采取措施加以更正。一般而言，控制的越及时，偏差越小，反之，偏差越大。

3. 控制的经济性原则

控制活动是需要费用的，是否进行控制，控制到什么程度，都要考虑到费用的问题。要把控制所需要的费用同控制所产生的结果进行经济方面的比较，只有当有利可图时，才实施控制（图20-2），这就是控制的经济性原则。招标投标既是选择承包商的一种方式，同时也是控制工程造价的一种有效的方法。但只有招标工程达到一定规模，这种方法才是有效的，或者说经济的。因为招标需要花费一定的费用，只有在招标竞争中获得的收益比花费的

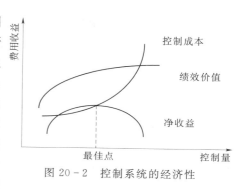

图20-2　控制系统的经济性

费用高时才具有意义。一个零星的小工程通常采取直接发包；对于工程量明确工期短而又造价不高的项目，通常采用固定总价的合同形式，其目的也是从控制的经济性考虑。这种合同形式管理简单、费用低。

4. 控制的弹性原则

工程建设的过程中有许多不确定因素的影响，如不利的地质条件的变化、不可抗拒的自然灾害和社会风险、不可准确预测的政策变化和物价波动，等等。控制的弹性原则就是为了保证这些因素发生时，控制工作仍然有效，不受影响。在实际中，对工程造价的敏感性分析，在工程造价中计入预备费用，对概算造价的调整，都是基于工程造价控制的弹性原则。

五、工程造价管理目标的优化

目标是组织和个人在一个时期内通过努力而期望获得的成果。工程造价管理的目标就是通过一系列行为和手段以获得最佳经济效益的成果。由于工程造价管理具有层次性和多主体性，因此，工程造价管理的目标也具有层次性，即宏观目标和微观目标。宏观目标是指政府实施工程造价管理的目标。政府行为所要达到的目标在于引导投资方向、规范建筑市场、制定工程造价管理有关的法律和制度。微观目标是指项目法人、施工企业以及与从事工程造价有关中介机构对于具体的工程造价建设项目实施工程造价管理的目标。虽然项目法人和施工企业是两个不同利益的主体，但是单就其实施工程造价管理的目标而言却是

以获得最佳效益为目标。中介机构则是以自身的服务行为服务对象获得最佳的经济效益。

工程造价管理目标的优化是指以系统工程等理论和方法为指导，从全局的观点出发，通过一系列的方法和手段以达到工程造价管理目标的行为。系统工程则是用科学的方法规划和组织人力、物力和财力，通过最优途径的选择以获得最合理、最经济、最有效的效果。所谓科学的方法就是从整体观念出发，通盘筹划，合理安排整体中的每一个局部，以求得整体的最优，使每一个局部都服从一个整体目标，做到人尽其才，物尽其用，以发挥整体的优势，力求避免资源的损失和浪费。系统工程以多种专业学科技术为基础，其所涉及的学科内容极为广泛，主要技术内容包括：运筹学，概率论与数理统计学，经济学，技术经济学等等。在工程造价管理的实践中存在大量问题需要以这些学科的理论与方法来解决。如经济规模的确定，资源限量的优化，设计方案的技术经济比较等等。工程造价管理目标的优化是相对的，现实中很难找到绝对的优化目标。如运筹学从数学上研究出了一套最优化的方法，这些方法对出理不十分复杂的问题或复杂问题中的局部性问题还是适用的。它为一些问题的决策提供了有力的理论依据。但现实的问题往往受到许多主观和客观条件的限制，如信息的限制，认识上的限制以及目标不易数量化的限制等等，从某个角度看是最优的，从另外一个角度看可能并非最优；从短期效果来看是最优的，从长期来看可能并不好。因此，工程造价管理目标的优化只是一个"有限合理性标准"或"令人满意的标准"，很难达到理想化的"最大"或"最小"。尽管如此，工程造价管理目标的优化仍然是有非常大的现实意义。首先，工程造价管理目标的优化能为我们提供解决问题的思路。能够使我们的行为和产生的效果更加接近最优目标。其次，工程造价管理目标的优化能够解决简单的或局部的优化问题，而且也有利于整体目标的优化。如线性规划所能解决的下料问题能有效节约资源，从而使整体目标（工程造价的控制目标）更加接近最优化的目标。再次，工程造价管理目标的优化也能较好地解决主观上难以决策的问题。如层次分析法的运用。

建筑行业作为我国的支柱产业，在整个国民经济运行中占有重要的地位。国民经济的增长与固定资产的投资有着密切的关系。工程造价管理目标的优化对于提高固定资产投资的效益具有十分重要的作用。因此认真做好工程造价管理目标优化工作具有显著的经济意义和社会意义。其主要表现在：

（1）工程造价管理目标的优化可以为决策提供可靠的依据。

（2）工程造价管理目标的优化可以提高工程项目的投资效益。

（3）工程造价管理目标的优化有利于促进资源的有效利用。

（4）工程造价管理目标的优化有利于降低工程成本。

第三节　市场经济理论与工程造价管理

一、市场

（一）市场的概念

市场，在狭义上指商品或服务交换的场所，如农产品交易市场、小商品市场或各城市建立的有形建筑市场。在广义上，市场是指一种交易关系和行为，是"卖者和买者相互作用并共同商品或劳务的价格和交易数量的机制"。无论是广义的市场或是狭义的市场，其形成都必须包括以下几个要素：一是市场主体。市场主体是指在市场从事交易活动的组织和个人。企业是最重要的市场主体，市场主体是市场存在的基本要素，没有市场主体就不可能有市场的交易活动。二是市场客体。市场客体是市场主体在市场活动中的交易对象，即市场上交易的商品。三是市场价格。市场价格是商品价值在一定交易条件下的货币表现。四是市场环境。市场环境就是指满足商品交易的各种条件。

市场作为一种资源配置方法，是商品经济长期发展的结果。市场是商品经济的必然产物。商品经济的发展水平决定着市场的范围、规模与完善程度。市场随商品交换的发展而发展。大体经历了原始萌芽状态的市场、不发达的市场和发达的市场三个阶段。原始萌芽状态的市场，是市场的最初级形态，它与原始社会末期简单的偶然的交换行为相适应。其主要特征是：交换方式是直接的物物交换；交换的场所不固定，具有多变性；交易活动并不经常，具有偶发性；交易数量较小，并不是所有的消费品都通过市场来交换。

不发达的市场，是简单商品经济阶段的产物。简单商品经济是自然经济条件下的一种经济现象，它只是自然经济的一种补充或附属。不发达的市场具有以下特征：市场主体主要是以个体手工业生产为特征的小商品生产者；市场上的交换客体主要是劳动产品，交换的目的在于换取自己需要的使用价值；市场体系不健全，交换的地域范围也十分狭窄；市场规则不统一，包括货币、规章、法律等，在不同地区的市场上都不完全统一，甚至采用不同的度量衡；市场机制的作用，在很大程度上受到法权制度的限制。

发达的市场是伴随着资本主义生产方式的产生而出现的，并随着资本主义生产方式的发展而完善。换句话说，发达的市场是伴随着商品经济进入高度发达阶段而产生的。即完善的商品经济产生发达的市场形态。发达的市场主要具有以下特征：一是，市场主体是以大机器生产为基础，以协作劳动为特征的自主经营的企业，它们以获取最大利润为动机，广泛依赖市场获取经济信息，并根据市场提供的信息进行生产活动，因而，它们为市场的发展注入了强大的活力。二是，市场的范围空前扩大，在地域、空间、时间、内容等多方面得到了极大的发展。三是，市场交换对象包括所有商品，市场体系高度完善，市场法规高度健全，市场秩序空前规范。四是，市场机制的作用领域十分广泛，市场对社会经济的调节和市场对社会经济资源的配置等，都发挥着基础性的作用。市场作为一种交换体系是一种分散决策的自然形成、自由竞争的经过长时间选择的一种有效的制度安排。

（二）市场的分类

在经济分析中，根据不同的市场结构的特征，可以将市场分为完全竞争市场、垄断竞争市场、寡头市场和垄断市场四种类型。决定市场类型划分的主要因素有一下四个：第一，市场上厂商的数目；第二，厂商所生产的产品的差别程度；第三，单个厂商对市场价格的控制程度；第四，厂商进入或退出一个行业的难易程度。其中，可以认为，第一个因素和第二个因素是最基本的决定因素。关于完全竞争市场、垄断竞争市场、寡头市场和垄断市场的划分及其相应的特征可以用表 20-1 来概括。

表 20 - 1　　　　　　　　　　　市场类型及其相应的特征

市场类型	厂商数目	产品差别程度	对价格控制的程度	进出一个行业的难易程度	接近哪种商品市场
完全竞争	很多	完全无差别	没有	很容易	一些农业品
垄断竞争	很多	有差别	有一些	比较容易	一些轻工产品、零售业
寡头	几个	有差别或无差别	相当程度	比较困难	钢、汽车、石油
垄断	唯一	唯一的产品，且无相近的替代品	很大程度，但受到管制	几乎不可能	水、电

资料来源：高鸿业，《西方经济学》（第二版），中国人民大学出版社，2001 年，第 187 页。

（三）建筑市场

　　完全竞争市场和垄断市场是理论分析中的两种极端的市场组织。在现实生活中，通常存在的是垄断竞争市场和寡头市场，其中，垄断竞争市场与完全竞争市场比较接近。建筑市场属于垄断竞争市场。建筑市场也有狭义和广义之分。狭义的建筑市场是指交易建筑商品的场所。由于建筑商品体型庞大、无法移动，不可能集中在一定的地方交易，所以一般意义上的建筑市场为无形市场，没有固定交易场所，是通过招标投标等手段，沟通甲乙双方达成协议，完成建筑商品的交易，交易场所随建筑工程的建设地点和成交方式不同而变化。为了进一步规范建筑市场的交易行为，近年来我国许多地方提出了建筑市场有形化的概念。即在一个地区设立统一固定的建筑商品交易场所，这个地区所有建筑工程的招标投标活动都在此进行，建筑商品的供需双方进入"有形市场"达成交易关系。这种做法提高了招标投标活动的透明度，有利于竞争的公开性和公正性，对于规范建筑市场有着积极的意义。但是，由于建筑商品的特殊性，建筑市场有形化的问题需要进一步完善，提高可操作性。

　　广义的建筑市场是指建筑商品供求关系的总和。包括狭义的建筑市场、建筑商品的需求程度、建筑商品交易过程中形成的各种经济关系等。广义建筑市场不仅指交易最终建筑产品的市场，还包括与之相关联的建筑材料市场、建筑劳务市场、建筑技术市场、建筑资金市场、勘察设计市场、中介服务市场等，这些内容同构成了广义建筑市场的体系，如图 20 - 3 所示。

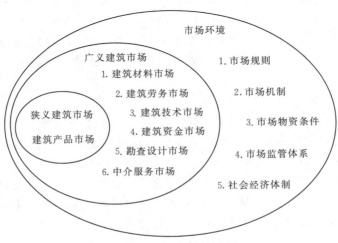

图 20 - 3　建筑市场的概念

二、市场经济及其特征

根据美国学者 D. 格林沃尔德主编的《现代经济辞典》中的解释，市场经济是"一种组织方式，在这种方式下，生产什么样的商品，采用什么方法生产以及生产出来以后谁将得到它们等问题，都依靠供求力量来解决"。市场经济具有平等性、竞争性、法制性和开放性等一般特征，通过市场可以有效地调节社会资源的分配，引导企业按照社会需要组织生产经营，并且可以对商品生产者实行优胜劣汰的选择。因此市场经济是实现资源优化配置的一种有效的形式。

市场经济的本质和基本特征表现为：第一，财产私有或产业独立与产权自由转移，此乃市场经济赖以存在的基础。第二，公平竞争，优胜劣汰。竞争是市场经济的核心与调节机制，是经济发展的外在压力。因此，有人认为，市场经济就是一种以市场取向为基础的竞争机制。第三，经济行为契约化。这是市场经济的制衡机制。由于市场经济主体的多元化，它们之间存在复杂的产权关系、经营关系和交换关系，只有通过签订得到法律保护的契约，这些关系才能有效地实现。也可以说，市场经济是一种法制经济。第四，市场在资源和经济运行中起基础性作用。第五，产品、劳动力和资本的所有权都进入市场，商品生产和交换覆盖全社会。第六，生产要素市场化和市场经济发展突破国界，形成了相互联系、相互制约的由产品市场、劳动力市场、资本市场和外汇市场四大基本市场构成的市场体系，市场机制在国内各个领域以及在国际范围内都对资源配置起基础性作用。而市场体制是以市场为中心的一种制度安排。在市场体制下，无论微观和宏观，无论物资或是人员流动，无论何种经济行为，都要面向市场以市场动态为基本依据，并通过市场环节来实现预期目标。作为一种制度安排，市场体制由市场运行机制、市场主体和市场规则构成。市场机制有利于资源的有效配置，对于促进经济发展具有不可替代的作用。

三、市场经济的基本规律

市场经济作为迄今为止人类社会最优的经济制度，有其自身的客观规律。市场经济最基本的规律就是价值规律，扩展开来就包括价值规律、供求规律和竞争规律。

(一) 价值规律

价值规律是商品经济的客观规律，只要存在商品生产和商品交换，就存在价值规律。价值规律也是市场经济的核心内容，市场经济就是由价值规律自发配置资源，使有限的资源优化合理地配置到各个生产部门，以实现供求平衡的资源配置方式。

价值规律的基本内容是：商品价值量是由生产商品的社会必要劳动时间决定的，商品交换要以价值量为基础，实行等价交换。是在供求影响下价格围绕价值上下波动，价值规律与价值规律的表现形式是内容与形式的关系，前者是后者的依据，后者是前者的表现。

价值规律的表现形式或者说实现形式为：价格受供求关系影响围绕价值上下波动，具体分析如下：

(1) 等价交换是商品交换的一个重要原则。"等价"是指交换双方商品的价值都要相等，即各自商品所消耗的社会必要劳动时间相等。货币出现以后，商品的价格却由货币来衡量，表现为价格。等价交换也就是要求商品的价格应该与价值相符合，因为价格由价值决定。

（2）在现实生活中，价格与价值经常不一致，这是由商品的供求关系的变化引起的，使价格上涨或下跌；反过来，价格的上涨或下跌也会影响供求关系，使供求趋于平衡，从而使价格接近价值。

（3）由于价格与供求之间存在着相互制约的关系，这样就会产生以下情况：

1）价格的上涨和下跌，都不会距离价值太远，它总是围绕价值上下波动。

2）从一个较长时间来看，从全社会来看，商品的平均价格还是与它的价值相一致。

（4）价格围绕价值上下波动表明：社会必要劳动时间决定价值量这一内容，始终作为一种趋势，作为一个规律在贯彻着。所以，价值规律的表现形式不仅不违背规律，反而正是价值规律的表现形式，而且是唯一的表现形式。价值规律基本内容和表现形式是一致的，价格围绕价值上下波动就是价值规律基本内容的外在表现，价格和价值相符的本质，在实际交换中只能通过价格围绕价值波动这种形式才能实现。价格最终还是由价值决定。

价值规律的作用，归结为一点是资源优化配置和提高经济效益。这是通过价格与供求相互制约的关系、通过价值量由社会必要劳动时间决定，生产者要提高劳动生产率，使自己的个别劳动时间低于社会必要劳动时间来实现的：

1）调节生产资料和劳动力在社会生产各部门的分配。商品的价格因供求关系变化围绕价值上下波动，当某种商品供不应求时，引起价格高于价值，获利较多，就会扩大生产，从而使生产资料和劳动力流入这个部门，反之退出这个部门，价值规律就是这样调节生产资料和劳动力的分配的，使社会生产各部门之间的比例关系大体上保持平衡的。

2）刺激商品生产者改进技术、改善经营管理，提高劳动生产率。商品是按照社会必要劳动时间决定的价值量进行等价交换的，当个别劳动生产率高的生产者的个别劳动时间低于社会必要劳动时间时，他在和别人相同的劳动时间内生产的商品数量就多，又由于同种商品出售时，价值量是由社会必要劳动时间决定的，因此他在商品交换中获利就多，反之就少，或亏本。这样就会刺激商品生产者改进技术，改善经营管理，提高劳动生产率来降低自己的个别劳动时间。

3）导致商品生产者优胜劣汰。由于生产条件好和努力程度高的企业和个人，生产商品的个别劳动时间少于社会必要劳动时间，在竞争中处于有利地位，获利就多，发展就快，反之，则会在竞争中失败。

（二）供求规律

供求规律是指商品的供求状况与价格变动之间的内在的必然联系，是描述市场上商品的供给与需求的相互关系及其同商品价格的关系的规律。供求关系就是供给和需求的对立统一，而供求规律就是关于供求关系变化的基本法则。

商品的供给和需求之间存在着一定的比例关系，其基础是生产某种商品的社会劳动量必须与社会对这种商品的需求量相适应。在商品经济条件下，生产某种商品的社会劳动量和社会对这种商品的需求量之间的关系主要表现为3种情况：①生产某种商品的社会劳动量和社会对这种商品的需求量相一致。在这种情况下，部门内部生产商品的劳动耗费与社会分配的劳动量相等在市场上就表现为商品的供求一致。②生产某种商品的社会劳动量大于社会对这种商品的需求量。在这种情况下，部门内部生产商品所耗费的劳动超过社会分配的劳动量。在市场上就表现为商品的供给大于需求。③生产某种商品的社会劳动量小于社会对这种商品的需求量，亦即社会供给不能满足社会需求。因此，社会各生产部门只有按社会对各生产部门的商品需求量的比例来分配社会总劳动量，商品的供给和需求才能趋于平衡。而商品的供给和需求必须趋于平衡，是供求双方矛盾运动的内在规律。

促使商品供给和需求趋于平衡的动力是由供求双方相互作用而决定的价格。商品的价格是由商品的价值决定的，但是商品的供给和需求之间的关系却影响着价格对价值的背离程度。当商品的供给大于需求时，社会所提供的商品超过社会的需求，商品的价格就会下跌，商品只能按照低于其价值的价格出售；较低的商品价格具有抑制供给、刺激需求的作用，从而使供给和需求逐渐趋于平衡。当商品的供给小于需求时，社会所提供的商品满足不了社会的需求，商品的价格就会上涨，商品就必然按照高于其价值的价格出售；较高的商品价格具有刺激供给、抑制需求的作用，从而促使商品的供给和需求逐渐趋于平衡。因此，由供求规律作用所反映的商品价格的上涨和下跌，也是价值规律在流通领域中贯彻自己时必然要通过的经济运动趋势。

在价值规律的作用下，价格自发地围绕价值上下波动，为市场提供不断变动的价格信号，使市场总量和结构状况得到调整，从而形成均衡与不均衡两种市场供求状态。

1. 不均衡状态

市场供求的不均衡状态有买方市场和卖方市场两种，买方市场是指供给持续超过需求，使买者在与卖者的讨价还价中处于特别有利地位的市场；卖方市场是指需求持续超过供给，使卖者在与买者的讨价还价中形成最有利的要价条件的市场。短缺是卖方市场的特征，由于需求总是大于供给，生产者和消费者在市场上的地位是非对等的，产品供给的紧张使生产者可以单方面定出对自己有利的价格，消费者则因此失去了与生产者讨价还价的余地。此种情况下，生产者易于轻视改进技术、降低成本、提高生产效率等长久之计，而采取一些靠提价获取利润等短期行为。生产过剩是买方市场的特征，由于供大于求，消费者在市场上有较大的选择余地。此种情况下，竞争主要发生在生产者之间，巨大的生产压力使生产者在技术改造、产品更新、加强管理等方面投入更多的时间和精力。

2. 均衡市场

均衡市场也有两种表现形式，即供大于求的市场和求大于供的市场。在供大于求的市场上，供求关系所影响的市场价格下降对消费者是有利的，它会促进生产者间的竞争，使生产者不断采取有效措施降低成本，打开销路。在求大于供的市场上，供求关系所影响的市场价格上升不利于消费者，由于销路有保证，生产者间的竞争相对缓和，生产者可能会放松质量管理，减慢技术进步的步伐。

从以上分析可以看出，供求规律的主要作用为：第一，促使价格围绕价值上下波动，为市场提供不断变动的价格信号。第二，直接决定市场总量与结构状况，推动市场在均衡和非均衡的状态中得到发展。

（三）竞争规律

竞争，从实质上说就是商品生产中劳动消耗的比较。竞争规律是指商品经济中各个不同的利益主体，为了获得最佳的经济效益，互相争取有利的投资场所和销售条件的客观必然性，它和价值规律一样，都是商品经济固有的规律。它起着如下作用：

（1）实现产品的价值与市场价格。商品的价值是在竞争即市场上商品生产者的劳动消耗比较中实现的，只有通过竞争，才能在现实上了解决定商品价值的社会必要劳动时间是多少，一个新的产品的价值也是在市场竞争中形成的。它还促使平均利润和生产价格的形成，说明它在促使资源的流动和配置方面的效率更加提高。

（2）通过竞争，促使各种商品生产实现优胜劣汰，不仅能够促进资源的最佳配置，而且实现了市场的新陈代谢。自然淘汰的法则在市场竞争中起着同样的作用。通过优胜劣汰，产业结构得到最迅速、最有效、最彻底的调整，促进社会经济更加迅速的、合理的发展。

（3）竞争能够推动社会技术进步，推动企业创新。企业的创新是社会发展的根本动力，而其中技术创新又是根本的，谁的技术先进，谁就在竞争中处于领先地位，立于不败之地。

价值规律是以上三个规律中最基本的规律，但是价值规律的实现又离不开其他两个规律。价值规律对生产和交换活动的支配作用是通过一定的形式表现出来的。价格是价值的货币表现形式，因此，价值规律具体是通过价格的运动来表现的，而价格的运动又离不开竞争规律、供求规律。价值规律在通过价格运动表现的过程中，也是和竞争机制联系在一起的。竞争是商品经济中经济行为主体为了维护和实现自己的经济利益而采取的各种自我保护和扩张行为的概括，它是商品经济固有的现象，由于价值规律反映的是人们在生产和交换活动中的经济利益关系，在处理这种经济利益关系过程中人们采取的各种行为，就形成了相互之间的竞争关系。首先，价值的决定离不开竞争，社会必要劳动时间就是在竞争过程中确定的；其次，价格的形成离不开竞争，没有生产者和消费者之间的竞争，就不会形成市场价格；再次，价格的运动离不开竞争，价格的变动、供求关系的变化，都是在竞争过程中实现的。因此，在现实经济生活中，价值规律与竞争是交织在一起发挥作用的。价格机制、供求机制、竞争机制的综合作用共同构成市场机制。价值规律对经济活动的调节，就是通过市场机制的作用来实现的，市场机制之所以能够对经济活动起调节作用，是因为背后的客观经济规律在起作用。

价值规律是商品经济的基本规律。只要存在着商品生产和商品交换，价值规律就必然存在并支配着商品生产和流通的全过程。所以价值规律在整个市场体系中都发挥着作用。市场体系是指市场经济中由商品市场、金融市场、劳动力市场、房地产市场和技术、信息市场等有机联系所构成的市场有机总体。建筑市场是市场体系的一部分，所以建筑产品的价格运动同样也受到价值规律、供求规律和竞争规律的支配。比如，当建筑市场繁荣时，承包商在成本中加上较大幅度的利润后，仍有把握中标；而在建筑市场萧条时，承包商的利润幅度较低甚至为零。据有关资料表明，美国在建筑市场繁荣期，利润可达20％，而在萧条期，则仅为5％左右。

四、政府干预

市场机制有利于资源的有效配置，对于促进经济发展具有不可替代的作用。但是市场机制作为一种经济形态和配置资源的方式并不是孤立存在的，市场机制要发挥作用，需要一系列社会条件的支持，国家力量或政府力量便是其中之一。由于任何经济制度都必须解决两个问题：一是确保资源在短期和长期的有效利用；二是确保作为生产结果的收入的公平分配。解决这两个问题，国家要参与，并起重要作用。❶ 解决这些问题的过程，同时也是一个政府参与市场成为重要的市场主体之一并干预市场的过程。当今没有一个国家的市场经济不受到政府机构的带有或多或少强制性的指导。此外，市场对于经济运行并不是万能的，它存在着自发性、盲目性和滞后性，或者说市场机制自身难以克服的缺陷，政府为此采取"看得见的手"与市场"看不见的手"并用的政策。政府干预或管制和市场机制是市场经济条件下可以相互替代的调节经济活动的两种方式。市场经济的发展和健康运行需要政府规范和系统的管制，同时，政府干预或管制不是一成不变的，随着市场条件的变化、市场结构的动态调整和管制绩效的变化，政府干预或管制行为也应相应进行调整。政府对经济的宏观调控主要依靠财政政策和货币政策实现。

（一）财政政策

财政政策是政府变动税收和支出以便影响总需求进而影响就业和国民收入的政策。变动税收是指改变税率和税率结构。例如：经济萧条时，政府采用减税措施，给个人和企业多留下可支配收入，以刺激消费需求从而增加生产和就业。改变所得税结构，使高收入者增加些赋税负担，使低收入者减少些负担，同样可起到刺激社会总需求的作用。变动政府支出指改变政府对商品与劳务的购买支出以及转移支付。例如，在经济萧条时，政府扩大对商品和劳务的购买，多投资些公共建设，就可以扩大私人企业产品销路，还可以增加消费，刺激总需求。政府还可以用减税或加速折旧等办法给私人投资以津贴，直接刺激私人投资，增加生产和就业。以上所有这些措施，都是积极性的财政政策。当然，在经济高涨、通货膨胀率上升太高时，政府也可以采用增税、减少政府支出等紧缩性的财政措施以控制物价上涨。政府的财政政策必然会对工程造价产生影响。例如亚洲金融风暴后，国家采取积极的财政政策，扩大了内需，客观上不仅保证了人民币不贬值，而且也极大地拉动了投资市场，同时也给建筑市场注入了活力。此外，税收政策会直接影响投资行为和工程造价。当税收较低时，投资者就会获得更多的利益，投资积极性增加，建筑市场也会繁荣起来，这时工程造价一般偏高，反之建筑市场就会萎缩，出现"僧多粥少"的局面，工程造价在激烈的竞争中就会压低。另外，在工程建设中，税金也是工程造价的组成部分，与工程有关的税收包括营业税、增值税、城市维护建设税、教育附加和固定资产方向调节税，如果政府改变与建筑产品有关的税种、税率，就会直接影响工程造价。

（二）货币政策

货币政策是政府货币当局即中央银行通过银行体系变动货币供给量来调节总需求的政策。例如，在经济萧条时增加货币供给，降低利息率，刺激私人投资，进而刺激消费，使生产和就业增加。反之，在经济过热通货膨胀率太高时，可紧缩货币供给量以提高利率，抑制投资和消费，使生产和就业减少些或增长慢一些。前者是积极性货币政策，后者是紧缩性货币政策。建设期利息的支付作为工程造价的组成部分，毫无疑问会对工程造价产生影响，尤其是建设周期长的工程，如三峡工程建设期的利息支出达 200 多亿元。

（三）税收政策

税收总政策是根据国家在一定历史时期税收所发生的基本矛盾所确定的，是用以解决这些基本矛盾的指导原则，亦称"税制建立原则"；税收具体政策是在税收总政策指导下，用以解决税收工作中比较具体的矛盾的指导原则。税收总政策在一定历史时期内具有相对稳定性，税收的具体政策则要随经济形势和政治形势的变化而变化。在工程造价组成中的税金包括营业税、城市建设维护税和教育费附加，当前，正在进行营业税改为增值税。税收政策及其变化都会直接或间接的影响工程造价。

（四）利率、汇率政策

利率政策是一国经济政策重要组成部分、是政府调节经济的重要杠杆，与其他经济杠杆配合使用。利率作为经济杠杆是货币当局可操纵的经济变量，其运用就在于可根据国家的货币政策所确定的利率政策等通过利率的变动达到影响经济运行的目的。利率及其变化首先表现为对工程造价组成中建设期贷款利息的影响，其次是对固定资产投资需求的影响。

汇率政策是指一个国家（或地区）政府为达到一定的目的，通过金融法令的颁布、政策的规定或措施的推行，把本国货币与外国货币比价确定或控制在适度的水平而采取的政策手段。汇率政策主要包括汇率政策目标和汇率政策工具。涉及利用外资的建设项目，其工程造价也必然受到汇率政策的影响。

第四节　技术经济学与工程造价管理

技术经济学是具有中国特色的应用经济学的一个分支，是一门研究技术领域经济问题和经济规律，研究技术进步与经济增长之间的相互关系的科学。一个工程的建设，既是一个投资的经济行为，也是采用一定技术的实践行为。所以工程造价管理也是一门综合性的学科，是一项技术性、经济性和实践性都很强的工作。在工程造价管理中经常要运用技术经济分析方法分析建筑技术方案（包括建设项目的投资方案、工程设计、施工方案、技术措施等）的经济效果，以达到技术与经济的最优结合点。

一、技术经济学的研究对象及研究方法

技术经济学是研究技术与经济的相互关系的学科。它通过技术比较、经济分析和效果评价，寻求技术与经济的最佳结合，确定技术先进与经济合理的最优经济状态。其研究对象主要有以下三个方面：

（1）技术经济学是研究技术实践的经济效果，寻求提高经济效果的途径和方法的科学。在这个意义上，技术经济学也可称为技术的经济效果学。技术的使用直接涉及生产生活中的投入与产出。技术的经济效果学就是研究在各种技术的使用过程中如何以最小的投入取得最大产出的一门学问。

（2）技术经济学是研究技术和经济的相互关系，探讨技术与经济相互促进、协调发展的途径的科学。技术和经济是人类社会发展不可缺少的两个方面，两者相互渗透、相互促进又相互制约。这种紧密联系使任何技术的发展和应用都不仅是一个技术问题，同时又是

一个经济问题。研究技术和经济的关系，探讨如何通过技术进步促进经济发展，在经济发展中推动技术进步，是技术经济学的一个重要研究领域。

（3）技术经济学是研究如何通过技术创新推动技术进步，进而获得经济增长的科学。技术经济学的重要研究内容之一，就是从实际出发，研究技术创新的规律及其与经济发展的关系，探讨推动技术创新与经济增长的途径。

由于技术经济学的重要特点是综合性、边缘性和多学科交叉性，因此技术经济分析的方法体系是定性和定量分析相结合，以定量分析为主。

技术经济的定性分析方法主要有：政策分析、政治影响分析、社会效果分析、环境效果分析等。

技术经济的定量分析方法主要有如下几种。

1. 系统分析方法

系统分析方法是把技术方案纳入整个系统中，经过分析、推理、判断与综合，建立起系统分析模型，并用最优化方法求得系统最佳的结果。

2. 可行性分析法

可行性分析法是计算、分析、评价各种技术方案、建设项目的经济效果和社会效果的一种科学方法。

3. 效益分析法

效益分析法是分析、评价经济效益的方法，其实质是从多个待选方案中，计算各方案的成本费用和产出效果，并加以比较，选择出满意的方案。

4. 投入产出法

投入产出法是一种国民经济综合平衡和经济预测的科学方法，它是应用数学方法和计算机来研究经济系统中投入与产出关系的理论和方法。

5. 预测法

根据不同的问题可以用不同的预测方法，应用较多的预测方法主要有专家评价法、趋势外推法、指数平滑法、类推法、回归法等。

6. 统筹法

即对项目的工作程序用一整套相互联系的方法来处理，以实现最优工期，达到最优经济效果。

二、技术经济比较的方法是造价管理的主要方法

一个工程的建设，既是一个投资的经济行为，也是采用一定技术的实践行为。从某种意义上说，技术问题归根结底是经济问题。没有纯技术问题，任何技术都和经济紧密相连。同样，在工程建设中也不存在纯经济问题，经济性靠技术手段来实现。在工程造价管理实践中，存在大量技术经济问题。技术经济比较的方法是将技术问题与经济结合起来，从经济的角度评价技术效果，从而找到合理的技术手段来实现经济的目标。技术经济比较的方法对于实现工程造价管理目标的途径有两个，一是使工程项目的效益最优化，如对投资方案的决策，在进行技术经济分析中，往往以净现值和净现值指数等指标作为评价依据来进行决策；二是使费用现值等指标来实现工程成本的控制，以实现效益的最大化。

技术经济比较的方法有效地解决了技术与经济的相互关系，因而它是工程造价管理的主要方法。

第五节 系统工程理论与工程造价管理

一、系统工程的概念与特点

（一）系统工程的概念

系统工程的概念到目前为止，由于观点不同，角度不同，国内外著名的系统工程学家对系统工程有不同的解释。但概括起来，系统工程是用科学的方法规划和组织人力、物力、财力，通过最优途径的选择，使工作在一定期限内收到最合理、最经济、最有效的效果。所谓科学方法就是从整体观念出发，通盘筹划，合理安排整体中的每一个局部，以求得整体的最优规划，最优管理和最优控制，使每一个局部都服从一个整体目标，做到人尽其才，物尽其用，以发挥整体优势，力求避免资源的损失和浪费。

（二）系统工程的特点

系统工程的特点是：

（1）研究思路的整体化。系统工程研究思路的整体化是既把所要研究的对象看做一个系统整体，又把研究对象的过程看作为一个整体。

（2）应用方法的综合化。系统工程强调综合应用各个学科和各个技术领域内所获得的成就和方法，使得各种方法相互配合达到系统整体最优化。

（3）组织管理上的科学化和现代化。系统工程研究思路的整体化要求管理上的科学化，其应用方法综合化要求管理上的现代化。

（三）系统工程方法论的基本原则

系统工程方法论是指运用系统工程研究问题的一套程序化方法，也就是为了达到系统的预期目标，运用系统工程思想及其技术内容，解决问题的工作步骤。其基本原则是：

1. 系统整体性原则

系统工程方法论要求把研究对象都看成由不同部分构成的有机整体，把全局观点、整体观点贯彻于整个项目的各个方面、各个部分、各个阶段，从整体上搞好局部的协调。整体化原则要求满足：不能从系统的局部得出有关整体的结论；子系统的目标必须服从于系统整体的目标；从优化系统出发开展各子系统之间的活动；从整体协调的需要来确定最优方案。

2. 系统有序相关原则

凡是系统都是有序的，系统的有序性是系统有机联系的反映，系统的任何联系都是按一定的等级和层次进行的，都是秩序井然，有条不紊的。

3. 系统目标优化原则

最优化的原则贯穿系统工程的始终，它是系统工程的指导思想和追求目标。

4. 系统动态性原则

系统工程往往是大型复杂的实践过程，研究对象内部复杂的相互作用和外部环境的多变性，使系统工程本身呈现出动态性特征。

5. 系统分解综合原则

分解是将具有比较密切相关关系的要素进行分组。对系统来说就是归纳出相对独立，层次不同的系统。综合则是完成新系统的筹建过程，即选择具有性能好，适用的子系统，设计出它们的相互关系，形成具有更广泛价值的系统，以达到预定的目标。

二、系统工程对工程造价管理的指导作用

（一）整体性及指导作用

所谓整体性是说：系统的各要素之间存在一定的组合方式，各要素之间是相互统一和协调的，系统整体的功能不是各组成要素功能的简单叠加，而是呈现出各组成要素所没有的新的功能，并且一般来说，系统的整体功能大于各组成要素的功能总和。

用公式表示即

$$F > \sum F_i$$

式中：F 为系统的整体功能；F_i 为系统第 i 个要素的功能（$i = 1, 2, 3, \cdots, n$）。

整体性实际上就是从整体着眼，部分着手，统筹考虑，各方协调，达到整体的最优化。在工程造价管理活动中存在大量局部与整体、系统与系统之间的优化问题。如进度与质量、进度与成本、成本与质量、以及诸多要素的协调等问题。系统整体功能大于其组成要素功能的总和，这不仅是在量的方面，更着重于质的方面。一个工程项目的成功实施比仅仅是在某一方面的成功，也不仅仅是在某一数量上的满足。现代项目管理认为，项目成功的标志是所有利益相关者的要求与愿望得到满足。这既是数量上的满足更是质量上的要求。

（二）相关性及指导作用

相关性是指：各要素是相互联系、相互作用、相互依存、又相互制约的。系统中每个要素的存在都依赖于其他要素的存在，系统中任一要素的变化都将引起其他要素的变化乃至整个系统的变化。各要素之间有着一定的组合关系、联系方式。必须努力建立起系统各要素之间的合理关系，以消除相互间的盲目联系和无效行动，工程造价管理是一个大系统，投资估算、设计概算（预算）、标底（报价）、工程结算和竣工决算组成了工程造价管理的系统，通过系统内的相互协调的运转去完成工程造价管理的特定目标。

系统的相关性原则对工程造价管理工作的指导意义在于：

（1）在实际管理工作中，当我们要想改变某些不合要求的要素时，必须注意考察与之相关要素的影响，使这些相关要素得以相应的变化。

（2）系统内部诸要素之间的相关性不是静态的，而是动态的。

（3）系统的组成要素，既包括系统层次间的纵向相关，也包括各组成要素的横向相关。协调好各要素的纵向层次相关和要素之间的横向相关，才能实现系统的整体功能最优。

（三）目的性及指导作用

任何一个系统都有它的目的，否则，也就失去了这个系统存在的价值和意义。例如，生物系统的目的性就是增殖个体、繁衍物种、保存生命；同样，人造系统也有它的目的

性，如企业的经营目的，就是以最少的资源消耗去取得最大的经济效益。

系统的目的性原则要求人们正确地确定系统的目标，从而运用各种调节手段把系统导向预定的目标，达到系统整体最优的目的。

工程造价管理的组织有明确的目标，是预测和控制工程造价、提高投资效益，所以我们要在这个目标的统一作用下，对工程造价进行全面管理。

（四）环境适应性及指导作用

系统不是孤立存在的，它要与周围事物发生各种联系。这些与系统发生联系的周围事物的全体，就是系统的环境，环境也是一个更高级的大系统。两者相互影响作用的结果，就有可能使系统改变或失去原有的功能。一个好的系统，必须不断地与外部环境产生物质的、能量的和信息的交换，才能适应外部环境的变化，这就是环境适应性。

任何一个系统都存在于一定的物质环境中，环境的变化对系统的变化有很大的影响，同时，系统对环境的适应并不总是被动的，也有能动的，那就是改善环境，系统的作用也会引起环境的变化。环境可以施加作用和影响于系统，系统也可施加作用和影响于环境。如构成社会系统的人类具有改造环境的能力，没有条件可以创造条件，没有良好的环境可以改造环境。这种能动地适应和改造环境的可能性，受到一定时期人类掌握科学技术知识和经济力量的限制。作为管理者既要有勇气看到能动地改变环境的可能，又要冷静地看到自己的局限，才能实事求是地做出科学的决策。

环境适应性原则告诉我们，不仅要注意系统内各要素之间相关性的调节，而且要考虑系统与环境的关系，只有系统内部和外部关系相互协调、统一，才能全面地发挥出系统的整体功能，保证系统整体向最优化方向发展。

工程造价管理是一个开放的系统，它会受到社会、经济、自然等环境的影响，由于环境因素的变化必然引起工程造价的变化，工程造价管理活动必须适应这种变化，对工程造价实行动态的管理。例如国家政策的调整、物价的涨跌、自然条件的变化等等。

三、工程造价管理系统及其应用

就工程造价管理活动而言，它具备系统成立的三个条件，即系统由两个以上的要素组成；要素与要素之间存在着一定的有机联系；系统有特定的功能。因而工程造价管理作为一个系统工程是无疑的，而且从建设项目整体来看，它又是整个建设项目大系统的一个子系统。

从工程造价管理的目标来看，它具有系统工程的特点，遵循系统工程方法论的基本原则。工程造价管理的目标是以尽可能少的投入取得最大的投资效益，即追求目标的最优化。在项目施工阶段，工程造价的确定问题，工程价款的结算问题，合同价的调整问题，工程索赔问题，变更工程价款的确定问题等等，组成了施工阶段工程造价管理的系统，施工阶段的工程造价管理工作，必须遵循工程造价管理系统的整体性原则、有序相关原则、目标优化原则、动态性原则、分解综合原则。只有运用系统工程的原理和方法进行工程造价管理工作，才能真正实现工程造价管理的目标。

系统工程综合利用多门学科的理论和方法，形成一个新的科学技术体系。如运筹学、概率论与数理统计等，这些理论与方法在工程造价管理实践中具有十分广泛的应用。

（一）运筹学在工程造价管理中的应用

运筹学是一门应用学科，它主要研究的内容是在既定条件下，对系统进行全面规划，用数量化方法来寻求合理利用现有人力物力财力的最优工作方案，统筹规划和有效地以期达到用最少的费用取得最大的效果。如线性规划和非线性规划对施工资源的合理配置与优化，材料消耗的优化等；运输问题对建筑材料和成品半成品的运输方案的优化等；库存论对建筑材料的最优储存量、经济订购量、采购和保管费用的优化等；网络理论对合理工期费用的优化等。

（二）概率论与数理统计在工程造价管理中的应用

概率论是研究大量偶然事件的基本规律的学科。数理统计学是用来研究取得数据、分析数据和整理数据的方法。在工程造价管理工作中，定额的编制，工程造价的预测，工程造价资料的收集整理和分析等，都要借助与概率论与数理统计的理论和方法。

第一节 概　述

决策是人们为实现预期的目标，采用一定的科学理论、方法和手段，对若干可行性的行动方案进行研究论证，从中选出最为满意的方案的过程。决策是行动的准则，正确的行动来源于正确的决策。项目投资决策是指对拟建项目的必要性和可行性进行技术经济论证，对不同建设方案进行比较、选择以及对拟建项目的技术经济问题作出判断和决定的过程。水电工程投资决策是对拟建项目的必要性和可行性进行技术经济论证，对可选的建设方案进行技术经济比较及作出判断和决定的过程。水电工程投资决策阶段造价管理，则是定性定量的分析工程造价对水电工程投资决策的影响，分析该阶段影响工程造价的因素，合理地确定工程造价及有效地控制工程造价为科学决策提供可靠的保证。

一、项目投资决策与工程造价管理

（一）项目投资决策

首先，资金或资源是有限的，这种有限性使得必须有效地合理地利用这些资金和资源，避免浪费和使用不当，这就要求在项目投资建设之前，对其是否建设，如何进行建设进行科学的决策。其次，同样数量的资金或资源由于组合和配置方式的变化，其所取得的社会经济效益也会产生很大的差异。这就是投资建设所需资金或资源的不等价的替代性，要充分发挥资金或资源的效益，也必须认真做好投资项目的科学决策。再次，由于投资项目建设的技术复杂性和投资经济效益的不确定性，也要求在投资项目之前，全面研究投资建设中的各个有关环节，认真分析投资建设过程中相关的有利与不利的各种因素，经过技术经济论证，选择最佳的投资方案。由此可见，项目投资决策是决定项目投资成败的关键。我国的水能资源单从量上来看是十分丰富的，但实际上我国是水能资源十分贫乏的国家，而且空间分布不均衡。合理开发水能资源，实现项目的科学决策是水利水电建设和发展的重要课题。

（二）项目投资决策与工程造价的关系

在项目投资决策阶段，工程造价习惯上称为投资估算。

投资估算在项目投资决策中具有十分重要的作用，是项目可行性评价的重要参数，投资估算与项目投资决策的关系表现在：

（1）投资估算的合理性是项目投资决策正确性的重要依据。众所周知，在计划经济时期，由于诸多的原因，导致"可行性"研究变为"可批性"研究，其要害就是在"投资估算"上做文章，即人为压低投资估算以使项目通过审查，其结果是投资失控，项目效益低下，甚至无效益可言，造成大量的资金和资源浪费。投资估算的合理性是指其反映项目未来资源实际投入量的贴近度。项目的投资额是影响项目经济效益最为敏感的因素之一，投资估算越贴近未来实际，经济评价的可靠度就越高，虽然投资估算的合理性并不能肯定项目的可行性，但它为项目的正确决策提供了可靠的科学依据。

（2）投资估算是项目决策过程中重要的经济评价指标。项目决策的实质是选择最优的投资方案，而对于方案优劣的比较，投资估算是其重要的经济评价指标。水电工程具有防洪、发电、航运、灌溉等综合效益，其经济评价的重点是站在国家和社会的角度，其评价的方法一般采用"有无"比较法。但无论怎样，水电工程的投资估算是项目决策的重要指标。

（3）项目决策的内容是决定投资估算的基础。虽然投资估算对项目的正确决策具有十分重要的意义，但投资估算的依据却与项目决策的内容有关，即投资估算要全面反映项目决策的内容。投资估算的合理性必须建立在项目决策内容的基础上，如项目的建设规模建设标准、工艺选择、建设地点选择、筹资方案、筹资结构、建设周期等等。这些都是投资估算的重要依据。

（4）项目决策的深度影响投资估算的精度。项目决策的过程是一个由浅入深的、不断深化的过程，随着决策深度的加深，未来不确定的因素逐渐减少，投资估算的精度也同时提高。如在机会研究阶段投资估算的精度只有±30%，在初步可行性研究阶段，投资估算的精度为±20%，而在详细可行性研究阶段，投资估算的精度为±10%。

二、项目投资决策阶段影响工程造价的主要因素

如前所述，项目投资决策的实质是选择最佳的投资方案，工程造价的多少并不能反映方案的优劣。即不能以工程造价的多少来否定或肯定某一方案，但这并不意味着项目投资决策与工程造价无关，实际上两者有密切的关系。首先，在项目规模一定的条件下，工程造价的多少决定了项目的经济效果。工程造价越少效果越好，而经济效果是项目决策的关键因素。其次，在投资资金有约束的条件下，工程造价也是决定投资方案取舍的重要因素。再次，工程造价的多少也反映了项目投资风险的大小。在项目投资决策阶段影响工程造价的主要有：项目合理规模的决策、建设标准的确定、建设地点的选择、生产工艺的确定、设备的选用、资金筹措等。

（一）项目规模与工程造价

一般而言，项目规模越大，工程造价越高；反之越低。但项目规模的确定并不依赖于工程造价的多少，而是取决于项目的规模效益、市场因素、技术条件、社会经济环境等。

1．项目的规模效益

项目的决策与项目的经济效益密切相关，而项目的经济效益与项目的规模也有密切的关系。在一定的条件下，项目的规模扩大一倍，而项目的投入并不会扩大一倍，这就意味着，单位产品的成本具有随着生产规模的扩大而下降的趋势，而单位产品的报酬随生产规模的扩大而增加，在经济学中，这一现象被称为规模效益递增。但同时，这一现象也不可能永久地持续下去。即当规模达到一定程度时，又会出现效益递减的现象。因此，项目规

模的确定不仅仅会影响工程造价，更重要的是会影响项目的经济效益，从而也影响项目的决策。对于水电工程，由于其具有防洪、发电、航运等综合效益，其建设规模的确定与流域规划、综合效益以及水电移民等因素有密切关系。如三峡工程集防洪、发电、航运、养殖、灌溉、旅游于一身，枢纽建筑物多，功能强大，因而工程造价也高。对于一些非生产性项目规模的确定，一般按其功能要求和有关指标来确定。如水利工程，按防洪或排涝标准及保护区的重要程度确定，一般按洪水频率考虑。

2. 市场因素

市场因素是制约项目规模的重要因素。市场的需求量是确定项目生产规模的前提。市场因素的影响表现在三方面：一是项目的生产规模以市场预测的需求量为限。在进行项目决策时，必须对市场的需求量作充分的调查；二是项目产品投放市场后引起的连锁影响。按需求理论，当供给增加时，价格就会降低，这对项目的效益必然产生影响。因此，项目规模的确定也要考虑供给增加所带来的影响；三是项目建设的资源消耗对建筑材料市场的影响，项目建设具有消耗资源量大的特点。项目的建设在一定范围内会引起建筑材料市场的波动，从而也会影响工程造价。一般来讲，项目的规模越大这种影响越大。

3. 投资条件

技术条件是项目决策的重要因素之一。技术上的可行性和先进性是项目决策的基础，也是项目经济效益的保证。技术上的先进性不仅能保证项目生产规模的实现，也能使生产成本降低以保障项目的经济效益。但技术水平的确定也应该适度。因为过高的技术水平也会带来获取技术成本的增加和管理难度的提高，盲目地追求过高的技术水平，也可能导致难以充分发挥技术水平，造成项目投资降低，达不到预期的投资效益，即便是工程投资估算再精确也毫无意义。

4. 社会经济环境

必须承认地区发展不平衡的客观规律。一定的经济发展水平和经济环境与项目的规模有一定的关系。在项目规模决策中要考虑的主要环境因素有土地与资源条件、运输与通信条件，产业政策以及区域经济发展规划等。实际上这些因素有时制约着项目规模的确定。

（二）建设标准与工程造价

建设标准是项目投资决策的重要内容之一，建设标准也是影响工程造价高低的重要因素。建设标准的主要内容包括：建设规模、占地面积、工艺装备、建筑标准、配套设施等方面的标准和指标。建设标准是编制、评价、审批项目可行性研究的重要依据，是衡量工程造价是否合理及监督检查项目建设的客观尺度。

建设标准能否起到控制工程造价、指导建设的作用，关键在于标准水平定得是否合理。标准定得过高会脱离我国的实际情况和财力、物力的承受能力，加大投资风险，造成投资浪费；标准定得过低，则会妨碍科学技术得进步，降低项目的投资效益。表面上控制了工程造价，实际上也会造成投资浪费。因此，建设标准的确定应与当前的经济发展水平相适应。对于不同地区、不同行业、不同规模的建设项目，其建设标准应根据具体实际合理地确定。一般以中等适用的标准为原则，经济发达地区，项目技术含量较高或有特殊要求的项目，标准可适当提高一些。

（三）坝址、坝型的选择与工程造价

坝址的选择决定了地质条件的好坏和基础工程量的大小，从而也影响了工程造价，此外，坝址的河谷条件，也决定了枢纽工程量的大小，也影响了工程造价。当然坝址的选择不完全取决于工程量的大小，如还要考虑枢纽布置、施工条件、坝型等因素，但坝址的选择必定对工程造价产生影响，坝型不同，筑坝材料、施工方案、施工技术等均会不同，坝型选择不完全取决于工程造价，但其对造价的影响是无疑的，工程造价也会影响坝型的选择，一般来讲当地材料坝造价较低，是首选的坝型之一。

（四）设备与工程造价

设备费是工程造价的组成部分之一，其对工程造价的影响是显而易见的。设备作为项目最积极、最活跃的投资，是项目获得预期效益的基本保证。随着科学技术的不断发展，设备投资占工程造价的比重越来越大。设备的选用不仅关系到工程造价，更关系到项目的技术先进性和投资效益。设备的选用也应该遵循先进适用、经济合理的原则。先进的设备具有较多的技术含量，它是实现项目目标的技术保证，同时技术含量高的设备附加值也高即投资大，在注意先进性的同时也要考虑其适用性，考虑其配套设备技术的稳定性等综合因素，既要经济又要能满足项目的要求。

（五）资金筹措与工程造价

项目资金的筹措是市场经济条件下投资多元化所必须面临的问题。筹资方式、筹资结构、筹资风险、筹资成本是项目中必须认真研究的问题，也是项目投资决策的内容之一。筹资成本（建设期贷款利息）也是工程造价的组成部分。

1. 筹资方式

筹资的方式包括：股份集资、发行债券、信贷筹资、自然筹资、租贷筹资以及建设项目的 BOT 方式，等等。

2. 筹资结构

即资金来源的构成。合理的筹资结构有利于降低项目的经营风险。

3. 筹资风险

筹资风险是指因改变筹资结构而增加的丧失偿债能力的可能和自有资金利润率降低的可能。

4. 筹资成本

筹资成本是指企业取得资金成本所付出的代价。筹资成本包括筹资过程中所发生的费用和使用过程中必须支付给出资者的报酬。前者为筹资费，如发行债券时支付的注册费、代办费等，贷款中的手续费、承诺费等。后者称为筹资的使用费，如利息支付、股息等。

三、决策阶段工程造价的控制

决策阶段工程造价控制的目的是按照决策的内容使工程造价能够全面地准确地反映建设项目所需地投资额，为建设项目地正确投资提供可靠地技术经济指标。

（一）选择合理地工程造价计价方法

选择合理的工程造价计价方法是提高工程造价精度的关键因素之一。第一，必须收集尽可能多的已建类似项目的工程造价资料。并对这些资料进行分析、整理以及已建类似项目的工程特点、工艺特点、技术水平的程度进行描述；第二，对拟建项目和已建项目进行比较、分析。重点是建筑工程的结构、地质地形条件、工艺选择及工艺水平以及设备选型等；第三，根据以上分析确定工程造价的计价方法。如：当拟建项目和已建项目生产能力相差不大、建筑结构形式相似、生产工艺相近时可考虑采用生产能力指数法计算；第四，计算方法确定后应重点对计算种所取的参数进行比较细致的测算。这些参数的确定对工程造价的精度由较大的影响。

生产能力指数法中的有关参数的确定方法如下。

综合调整系数的确定：综合因素包括物价上涨因素、定额水平的变化、政策性的调整等，其中物价上涨的影响最大。因此，综合调整系数 f 可表示为

$$f = f_1 f_2 f_3$$

式中：f_1 为物价上涨调整系数；f_2 为定额水平变化的调整系数；f_3 为政策变化的调整系数。

可根据拟建项目和已建项目期间的物价的平均上涨率来确定 f_2，即

$$f_2 = (1 + f_0)^n$$

式中：f_0 为拟建项目和已建项目期间物价的平均上涨率；n 为拟建项目和已建项目的间隔年数。

例如：某工程 1995 年建成，拟建项目投资估算年份为 2000 年，1995—2000 年期间物价平均上涨率为 6%，则

$$f_1 = (1 + 6\%)^5$$

f_2：若拟建项目和已建项目期间定额发生了修编，则可根据前后定额水平的变化确定 f_2 的取值，一般情况下定额水平不断提高，$f_2 < 1$；若定额水平没有发生变化则 $f_2 = 1$。

f_3：政策变化主要是对工程造价组成中有关费用的费率以及税率等的调整，这些调整都是可以进行量化计算的，在实际 f_3 的确定比较容易。

（二）决策阶段工程造价的控制过程

建设项目在决策阶段的主要任务是对项目建设的必要性、可行性和经济性作出评价。必要性取决于社会或市场的需求状况，可行性是指项目在建设和运营中的技术难易程度，经济性指项目投资的经济效果。项目的经济性是项目决策的核心问题，而项目的投资（工程造价）是影响项目经济效益最为敏感的因素之一。因此，决策阶段工程造价的控制具有十分重要的意义。

决策阶段工程造价控制的模型不同于传统的控制模型，其主要问题表现在没有界线清楚的一致标准。决策阶段工程造价控制的目的不在于控制工程造价数的多少，而在于控制项目投资效益的好坏。即工程造价控制的目标是动态的，它以满足项目获得最大效益为目标。决策阶段工程造价控制的步骤如图 21 - 1 所示。

（1）决策内容。即为工程造价计算提供依据。

（2）工程造价计算。即根据项目特点选定计算方法并准确计算工程造价。在计算中若发现偏差（主要是有关的技术经济指标的比较）可以及时反馈到决策内容之中，这时可以考虑对决策的内容进行修正。

（3）项目经济评价。包括财务评价和国民经济评价。

（4）经济效益识别。达到决策者期望的效益则完成了整个决策过程。如果达不到决策者期望的效益，则应分析原因，找出问题，比如，建设规模、建设标准、工艺选择等问题

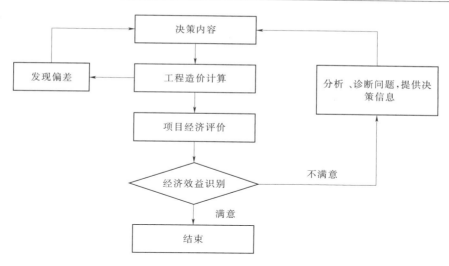

图 21-1　决策阶段工程造价控制步骤

是否影响了投资效益。

四、最佳建设规模的确定与建设方案的优化

建设规模是建设项目决策的重要内容，而建设规模的大小不仅仅是影响投资的多少，更重要的是它直接关系到投资效益的好坏。这就是人们常常说的规模经济问题，即确定一个什么样的建设规模是经济的。在社会主义市场经济条件下，重视建设规模的合理确定有利于提高投资效益，尤其是在建设资金短缺的今天，更应该重视建设规模的合理确定。当合理的建设规模确定后，建设方案的优化同样是一个十分重要的问题。众所周知，一定的生产规模具有不同的建设方案，而不同的建设方案其投资是不同的，在合理的建设规模确定后，经过优化的建设方案同样有利于提高投资效益。因此，最佳建设规模的确定与建设方案的优化是建设项目决策的关键问题之一。

（一）最佳建设规模的确定

1. 规模经济的概念

在技术水平不变的情况下，当两种生产要素（资本和劳动）按同样的比例增加，即生产规模扩大时，最初这种生产规模扩大会使产量的增加大于生产规模的扩大，从而使生产成本降低，出现规模报酬递增，即规模经济。但随着规模的不断扩大，生产成本不可能无限制的降低，当规模的扩大超过一定限度时，则会使产量的增加小于生产规模的扩大，甚至使产量绝对减少，生产成本也随之提高，规模报酬递减，出现规模不经济。

规模经济的出现绝不是偶然的，而是客观的经济规律。决定规模经济的主要原因是：大规模带来的规模报酬递增和资源的充分利用。在日常生活当中也不乏其例，如在容器状和管状设备的设计制造中的"0.6 经验原则"反映的就是这种现象。该原则是：当容量增加一倍时其材料消耗只增加 0.6 倍。

2. 最佳建设规模的确定

最佳建设规模是指当长期边际成本等于长期平均成本时的产量所对应的建设规模。要获得最佳的建设规模必须研究建设项目的投入要素，产量，长期总成本，长期平均成本，长期边际成本等因素。如图 21-2 所示，是投入要素（资本 K，劳动 L），产量（Q）的关系曲线，Q_1、Q_2、Q_3，分别是等产量曲线，OE 为生产扩张线，E_1、E_2、E_3，分别是产量 Q_1、Q_2、Q_3 时成本的要素组合点。这三个点对应的成本为

$$C_1 = \omega L_1 + \upsilon K_1$$

$$C_2 = \omega L_2 + \upsilon K_2$$

$$C_3 = \omega L_3 + \upsilon K_3$$

式中：ω 为劳动的价格；υ 为资本的价格。

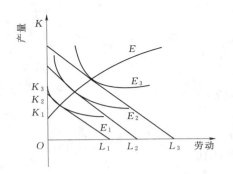

图 21-2　投入要素与产量的关系

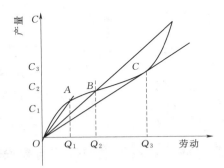

图 21-3　长期总成本

C_1、C_2、C_3 就是产量分别为 Q_1、Q_2、Q_3，时的长期总成本，把产量 Q_1、Q_2、Q_3 与其相应的长期总成本对应起来，就可以绘出长期总成本曲线 LTC，如图 20-3 所示。

长期平均成本（LAC）为

$$LAC = \frac{LTC}{Q}$$

显然 LAC_1、LAC_2、LAC_3 中 LAC_2 最小。

长期边际成本（LMC）为

$$LMC = \frac{\mathrm{d}LTC}{\mathrm{d}Q}$$

从图 21-2 中可以看出：

(1) $LMC_1 < LAC_1$ 说明增加产量（规模）会导致收益的增加，应该进一步增加产量。

(2) $LMC_2 = LAC_2$ 增加产量会导致 $LMC > LAC$，从而使收益减少。

(3) $LMC_3 > LAC_3$ 增加产量会进一步导致 $LMC > LAC$，使收益进一步减少。

所以，理论上讲，当 $LMC = LAC$ 时，产量为最佳，即最佳的建设规模。

（二）建设方案的优化

当建设项目确定以后，接下来就是要选择最佳的建设方案。项目的功能可以由多种不同的建设方案来实现。不同的建设方案，即一定建设规模下，不同的投入要素的组合方案。比如：一个建设项目的建设方案可以选择技术先进，自动化程度高的生产工艺，这种方案劳动投入少，但资本投入大；也可以选择技术相对落后的生产工艺，这种方案劳动投入多，但资本投入相对较少。投入要素包括资本、劳动、土地等。为了研究问题方便，投

入要素的组合简化为资本和劳动的组合方案。由于不同的投入要素的组合其投资的资金数量是不同的，虽然其生产能力（建设规模）相同，但其投资效益显然是不同。怎样寻求投入要素的最佳组合，是确定最佳建设方案，提高投资效益的关键。

1. 投入要素

投入要素是项目投入的资本和劳动。资本是指经过投资形成的生产要素，如机器、厂房、原材料、能源等。劳动是指生产活动中人类一切体力和智力的消耗。项目建设过程中的劳动，消耗在建设产品中，它包含在资本之中。

2. 等产量线

项目的投入要素的投入量是可以变动的，而且各种要素之间是可以相互替代的，所以同一个生产规模（产量）的建设方案，可以通过不同比例的投入要素来生产。如生产同样数量水泥的水泥厂建设方案，可以选择不同的生产工艺或生产装置，其资本的投入和劳动的投入组合虽然不同，但都能达到同样的生产规模。把这些不同的点连接起来形成的曲线就是等产量曲线。如图 21-4 所示。等产量线具有以下特征：曲线向右下方倾斜且凸向原点；曲线越靠近原点其产量水平越低，反之越高。

3. 等成本线

等产量线只是说明了一定的产出可以用许多个两种生产要素投入的组合来实现，但是，哪一种组合能带来最大的效益呢？为此还需考虑生产要素的成本。等成本线是项目可能的多种建设方案用于购买各种要素组合的轨迹，如图 21-5 所示。假定生产要素仍然为劳动和资本两种，其价格分别为 ω 和 υ，则总投入 TC 为：$TC = \omega L + \upsilon K$。

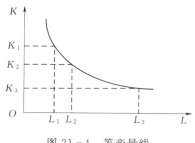

图 21-4　等产量线

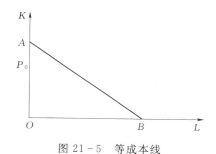

图 21-5　等成本线

4. 等成本线

等产量线只是说明了一定的产出可以用许多个两种生产要素投入的组合来实现，但是，哪一种组合能带来最大的效益呢？为此还需考虑生产要素的成本。等成本线是项目可能的多种建设方案用于购买各种要素组合的轨迹，如图 21-4 所示。假定生产要素仍然为劳动和资本两种，其价格分别为 ω 和 υ，则总投入 TC 为

$$TC = \omega L + \upsilon K$$

等成本线上任意一点 P_0，其劳动和资本的组合的成本都是相等的。等成本线的下方称为可行区，上方为不可行区，它超出了成本预算（即总投入的限量）。

5. 投入要素最优组合与最优建设方案的确定

如图 21-6 所示，假设项目的生产规模为 Q_0、C_1、C_2、C_3 为三种不同的建设方案的总投入成本，设 $C_1 < C_2 < C_3$，显然，C_1 不能满足生产规模的要求，应该舍去。成本 C_3 虽

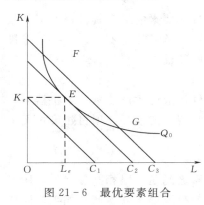

图 21-6 最优要素组合

然满足生产规模的要求，但是其总投入成本太高，不经济。成本 C_2 正好与等产量线相切，此时是满足生产规模的最小投入成本。这时资本 K_e 与劳动 L_e 的组合就是最佳组合（图 21-6）。即：最佳的建设方案。

由此可知，最佳的建设方案的选择实际上就是最优投入要素的组合，而投入要素组合的实质就是生产工艺的选择。如在选择生产工艺时可以是最先进的，较先进的和相对落后的，这些不同的生产工艺有不同的资本和劳动的投入量，即：一个建设项目的投资数。因此，一个最佳的建设方案不一定要选择最先进的生产工艺，这与资本和劳动的组合及价格密切相关。当资本和劳动的价格发生变化时，投入要素的最优组合也会随之发生变化。一般而言，先进适用，经济合理是选择生产工艺的基本原则，但这只是定性的分析，要想获得最佳的建设方案必须用定量的分析方法。

第二节 资金筹措与成本分析

资金筹措是水利建设项目的基础，只有确定了资金筹措的可能性，才能进行项目可行性研究，项目资金筹措方案是否得当决定了项目的风险性和可能性，并且影响到项目的经济效益，所以资金筹措是水利水电建设项目投资领域的重要问题。

一、资金筹措概述

资金筹措是指根据工程建设的需要，通过各种可利用的筹资渠道和资金市场，运用有效的筹资方式，为建设项目及时筹措和集中资金的一种行为过程，又称之为融资。

（一）筹资渠道与筹资方式

1. 筹资渠道

所谓筹资渠道是指企业所面临的筹资来源环境和可能的通道。它体现着企业可利用的资金的源泉及流量，是企业筹资的客观条件，为企业筹资提供了各种可能。一般企业筹资渠道有以下几种：

（1）国家财政资金，这是国有企业筹措资本金的主要源泉，也是国家按照投资规划对国有企业进行投资的核心资金来源，它可以拨款方式向企业投入，也可以用基建贷款的形式向企业投入，然后可能以减债增资的形式转变为企业的资本金等。

（2）银行信贷资金，这是各级各类企业均可经常利用的一个重要筹资渠道，并可用多种方式取得，期限也有长有短，有政策性和非政策性之分。

（3）非银行性质金融机构资金，主要是信托投资公司、信贷公司、保险公司、证券公司、企业集团的财务公司等可提供的融资租赁性资金。

（4）基金投资资金，这是先由基金投资公司将投资者的资金集中在一起后，并采用一定的方式向企业投入的资金。

（5）外商投资资金，形式多样，主要分为两大类，一类是间接利用外商投资，另一类是吸收外商的直接投资。

（6）社会民间闲散资金，主要是职工、家庭或个人投资。

（7）其他企业和经济组织的资金、企业自留资金和其他资金。

2. 筹资方式

所谓筹资方式是指企业筹资所采取的具体形式。研究、认识筹资方式有利于企业正确选择筹资方式和进行筹资方式的组合。

上述各种筹资渠道为企业展示了筹资的客观可能性，但在具体筹资时，还需借助筹资方式方可得以实现。筹资方式是指企业采用什么样的具体方法和形式来取得资金。筹资方式不仅受筹资渠道的制约，还会受到企业内外各种其他因素的制约。随着中国市场经济的不断发展和完善，资金市场的日趋活跃，筹资渠道的逐渐增多，企业可采用的筹资方式也将会越来越呈现出多元化。按照融资的性质，可分为权益融资和负债融资。

（1）权益性资本筹资方式是指以所有者的身份投入非负债性资金的方式进行融资。权益融资形成企业的"所有者权益"和项目的"资本金"。因此，权益融资在我国项目资金筹措中具有强制性。权益融资的特点是：

1）权益融资筹措的资金具有永久特点，无到期日，不需归还。项目资本金是保证项目法人对资本的最低需求，是维持项目法人长期稳定发展的基本前提。

2）没有固定的按期还本付息压力。股利的支付与否和支付多少，视项目投产运营后的实际经营效果而定，因此项目法人的财务负担相对较小，融资风险较小。

3）权益融资是负债融资的基础。权益融资是项目法人最基本的资金来源。它体现着项目法人的实力，是其他融资方式的基础，尤其可为债权人提供保障，增强公司的举债能力。

这种筹资方式还可分为吸收直接投资，如通过联营吸引外商资金举办合资、合营企业等方式筹资；发行股票资金，即股份有限公司经国家批准以发行股票的形式向国家、企业等经济组织或个人筹集资金。权益性资本筹资方式具有资本使用稳定性强，持有时间长，形成的企业财务结构稳健、资金成本高等特点，以发行股票筹资还具有持股人灵活、变现能力强等特点。

（2）债务性筹资方式这是指通过负债方式筹集各种债务资金的融资形式。负债融资是工程项目资金筹措的重要形式。根据国家计委《关于法人责任制的暂行规定》的要求，项目法人必须承担为建设项目筹集资金并为负债融资按时还本付息的责任。负债融资的特点主要体现在：

1）筹集的资金在使用上具有时间性限制必须按期偿还。

2）无论项目法人今后经营效果好坏，均需要固定支付债务利息，从而形成项目法人今后固定的财务负担。

3）资金成本一般比权益融资低，且不会分散对项目未来权益的控制权。

负债融资主要是通过资金市场进行各类负债性融资来解决。金融市场是各种信用工具买卖的场所，其职能是把某些组织或个人的剩余资金转移到需要资金的组织或个人，并通过利率杠杆在借款者和贷款者之间分配资金。

按照负债融资的信用基础可分为主权融资、企业信用融资和项目融资。

1）主权信用融资。即以国家主权的信用为基础进行的融资。

2）企业信用融资。即以企业自身的信用条件为基础，通过银行贷款、发行债券等方式，筹集资金用于企业的项目投资。

3）项目融资。这是一种目前受社会各界十分关注的新型融资方式，是投资项目资金筹措方式的一种。它是指某种资金需求量巨大的投资项目的筹资活动，而且以负债作为资金的主要来源。典型的项目融资包括 BOT、ABS、杠杆式融资租赁等多种形式。

项目融资又称无追索权（Non-Recourse）融资方式。其含义是：项目负债的偿还，只依靠项目自身的资产和未来现金流量来保证，即使项目实际运作失败，债权人也只能要求以项目本身的财产或盈余还债，而对项目以外的其他资产无追索权。因此，利用项目融资方式，项目本身必须具有比较稳定的现金流量和较强的盈利能力。在实际操作中，纯粹无追索权项目自身融资是无法做到的。由于项目自身的盈利状况受到多种不确定因素的影响，仅仅依靠项目自身的资产和未来现金流量为保证进行负债融资，债权人的利益往往难以保障。因此通常采用有限追索权融资方式，即要求由项目以外的与项目有利害关系的第三者提供各种形式的担保。

（二）项目筹资的基本要求

（1）合理确定资金需要量，力求提高筹资效果。

（2）认真选择资金的来源，力求降低资金成本。

（3）适时取得资金，保证资金投放需要。

（4）适当维持自有资金的比例，正确安排举债经营。

（三）筹资管理原则

1. 准确测定资金需要量的原则

筹措资金的客观动因，就是企业现有资金需要量与现有资金持有量之间存在一定的差异，即存在着资金供应上的短缺。

2. 资金的有效利用原则

筹集资金的直接目的，就是为了满足企业生产经营中对资金的使用，解决资金短缺的问题，即要保证满足需要，又要使资金充分有效的利用，资金有时间价值，不能闲置。

3. 优化资金结构

企业的资金结构是指企业各种资金的构成及其比例关系的资金有机组合。形成企业最优资金结构是优化企业正常经营和资金有效利用的前提。a. 应使资金的资金成本最优化；b. 保证各方面资金需求相对平衡；c. 保证企业财务风险最低；d. 有利于资金灵活调度。

4. 降低资金成本原则

筹资的种类和方式不同，所负担的资金成本也不一样，在筹资时，应首先考虑资金成本。

5. 合理选择筹资方式原则

筹资方式选择的合理性将直接影响筹资的难易程度和资金成本的大小。

6. 重视资金的时间价值原则

足额投入到最需，尽快加以利用，还应考虑及时性，对筹资偿还的约束性，筹资的合法性等。

二、水利水电工程资金筹措

不同性质的水利水电工程其筹资渠道和筹资方式都有所不同，公益性工程是指无收费机制、无资金流入的工程经营性工程是指有收费机制、有资金流入和收益的工程。综合利用水利建设工程主要是指既有防洪等公益性功能，又有供水、发电等经营性功能，因此，只有对不同的资产进行明确的界定之后，才能更好地解决资金筹措的问题。

根据国务院年颁布的《水利产业政策》，结合实际情况，这里将综合利用水利项目资产按照功能和作用划分为公益性和经营性资产。根据水利部《水利国有资产监督管理暂行办法》定义：

经营性资产对于在建或拟建工程称投资，下同是指国家对水利单位以谋求盈利和实现资本增值为目标，同时兼顾水利、水电以及其他社会公益目标的投资和投资收益所形成的各种形态资产。一般指企业占有、使用的资产和非企业单位非经营性资产经批准转化用于经营行为的资产。

公益性资产是指为了抵御洪、涝、旱等灾害以及为其管理服务的资产，国家对水利单位的事业费、基建、专项等拨款，以及水利单位为了完成防汛抗旱等事业任务按国家规定组织的行政事业性收费所形成各种形态的资产。

公益性资产和经营性资产的划分不是绝对的，一成不变的，而是随着具体环境条件的变化而变化的。

（一）公益性项目资金筹措

1. 公益性工程筹资渠道

（1）财政投资。财政投资是公益性投资的主要资金来源，主要包括以下三个方面：①各级政府拨款是公益性水利水电建设投资最主要的筹资渠道，它来源于国家的财政收入。要想扩大财政拨款就得增加财政收入，所以，目前应加快以"费改税"为核心内容的财税体制改革，取消不合理收费，但对一些应收的费用应将其改为税收形式，列入财政预算。加强财政管理，尤其是税款征收工作，将改收的税收及时足额缴入国库，以壮大财政实力，增加财政对水利基础设施建设的投资能力；②基础设施建设债券，基础设施建设债券作为财政收入的补充，是财政筹资的又一大来源。国家应当根据国内外金融形势的变化，适时适量地发行国债，投入水利水电建设，一方面直接增加了投资总额，另一方面带动了地方财政配套资金的增长，同时还有利于增强水利水电建设项目的资信和融资能力，吸收大量社会资金的投入；③水利水电建设基金和行政事业收费都是财政筹资渠道的有益补充。水利水电建设基金属于专项资金，由各级财政部门负责征收，纳入财政预算管理，专项列收列支。

（2）社会集资。目前，社会集资是公益性投资项目的又一个重要筹资渠道。实行公益性水利工程受益单位和个人收费，是符合市场规律的。在国际上，不少国家除政府负担公益性水利工程运行的部分费用外，也在受益的单位和个人间分摊投资费用。如美国规定，受益者必须全部或部分偿还政府为整治河道和修建堤防工程的初期投资。在日本，部分防洪经费由受益者根据受益大小按比例分摊。我国防洪也明确规定，防洪费用按政府投入同受益者合理承担相结合的原则筹集。

（3）劳动积累投资。群众投劳是水利投入的重要组成部分，在我国具有悠久的历史。公元前齐国国相管仲，在治水方面主张，水利工程施工民工要从百姓中抽调，秋季末期就要按人数、土地多少组织施工队伍。不要平均摊派，要区别男女大小，依劳力状况分工。北宋范仲淹，采取以工代赈的办法疏浚了港浦。

新中国成立以来，我国依靠社会集资和群众劳动积累修建了大量水利工程。实践证明，劳动力的投入是水利投入的一个重要部分。在当前经济体制改革的过程中，存在一种忽视水利劳动积累的倾向，甚至认为筹集不到劳动力，水利建设筹劳是给农民增加额外负担，在一定程度上削弱了群众投劳的积极性。在市场经济体制形成过程中，需要以经济手段为主，辅以必要的法规制度加大对水利的劳动力投入。建立健全劳动积累工制度，合理地使用农村义务工、积累工，使群众有计划、有目标地投入到自己受益的防洪、除涝等公益性水利建设中。因此，重新认识水利劳动投入在水利建设中的重要地位是非常必要的，也是有现实意义的。

（4）利用外资。充分利用外资，可对水利项目资金短缺给予弥补。公益性水利工程是基础设施建设，它对于国民经济的发展起着保护性作用。因为良好的水利设施建设，有利于流域范围的经济环境的改善和投资环境的改善，吸引外资并提高外债偿还能力，实现"引进外资—经济增长—扩大出口—清偿债务—扩大引进"的良性循环。正因为公益性水利工程对国民经济发展有着重要的作用，以及从整个国民经济角度来评价，它的投入产出比是超过许多其他基础产业，利用外资是完全可行的。

同时，由于公益性水利工程所具有的社会公益性，政府一般要参与建设和管理，政府也要给予一些优惠政策和适当的补贴，这样，公益性项目将有政府的信誉做保证，虽然投资于公益性项目的利润不高，但其收益比较稳定，所以对国际金融组织、外国政府有较强的吸引力。在申请贷款时必须充分考虑项目偿还资金来源，在现行的财政体制下，可通过设立水利专项发展基金，在专项发展基金中安排公益性水利工程利用外资的还贷资金。

（5）施行洪水保险。洪水保险属非营利的公益性保险，特点是由政府给予补贴，从宏观上调控，以促使防洪区内百姓，企事业单位参加洪水保险，从而弥补商业性保险的不足，同时减少政府在灾后的补贴压力，为灾区居民灾后重建和迅速恢复生产、生活提供有力保障。洪水保险作为非工程措施的一种，在发达国家的防洪实践中取得了宝贵的经验和良好的效果，在我国经济快速发展的今天，推行洪水保险不仅必要，而且可行。

（6）其他专项资金。水利水电建设资金的其他来源，主要包括水利专项基金、粮食生产发展专项基金、扶贫资金、农业银行贷款、乡镇企业收入集资、支援不发达地区发展基金等许多渠道。在这些资金中，有一部分是国家根据当时政策，在一定时期内扶持某地区、某项事业的资金。例如粮食生产发展专项基金、扶贫资金、支援不发达地区发展基金等。由于各地情况不同，这部分专项资金用于水利的数额也不尽相同。

（7）个人、企业捐赠物资。这部分资金相对来说较少，但它也是公益性水利工程投入的一种补充形式。

公益性水利工程投入逐步在向多渠道、多层次投资方式演变，这是经济发展和经济体制改革的必然结果，也是公益性水利投资应走之路。

2. 公益性工程融资方式

公益性水利工程，提供的是公共物品，公共物品的非排他性与非竞争性的性质，具有显著的外部效应。对其进行投资没有直接的收益，却会产生众多的"搭便车"现象。因此投资若由市场机制来运作，只能导致这类物品的供给不足，而投资主体由国家来担任最为合适，但国家财政资金有限，不能大小项目都由政府出资，只能重点投资大中型水利公益类工程和综合利用水利工程的公益性部分。

随着国家市场经济体制的建立，水利投入由过去单一靠国家投资改变为多渠道、多层次的投资方式，坚持走"水利为社会，社会办水利"的道路，按"谁受益，谁投资"的原则，调动起社会办水利的积极性。对于公益性水利工程应广泛吸收社会各界资金，根据中央与地方事权划分，由政府通过财政统筹安排，建立多元化投入的新格局，并借用新的融资手段，探索新的融资方式：

（1）"收益权"质押贷款方式。为弥补项目建设期内的资金需求缺口，政府必须设法以自身的财政信用作保障。在项目建设期内集中的从其他渠道如国有银行贷款筹措资金项目建成后的一段时间内，再用财政性资金慢慢地向银行偿还贷款本息。

公益性水利建设项目不具备收费条件或政府不允许其直接向受益人或使用者收费，而国有银行政策性和商业银行一般都是针对竞争性项目和半赢利项目的，故不可能直接向国有银行融资。但实践中可采用变通思路，由政府代替公益性项目的受益者或使用者向建设单位支付项目使用费用，从而"人为地"使公益性项目具备"收益权"，凭这种政府给予的"收益权"，项目建设单位就可以采取"收益权"质押贷款方式从银行获得贷款。这种方式有别于传统的向银行申请贷款，其实质是政府直接向银行贷款或向银行担保。运作思路如下：

政府授权或组建一个公司或事业机构，作为公益性基础设施项目建设单位。

政府以正式发文的方式，承诺一定时期内向该项目建设单位支付项目使用费，即按期拨付财政性资金作为项目的收入。

项目建设单位以这种来自于政府的"收益权"作为还款保障或质押担保，向银行申请贷款。

尽管该融资方式手续繁杂，国有政策性银行和商业性银行还是认可了这种公益性基础设施项目的融资方式，它在实践中是可行的。

（2）民间主动投资方式。随着市场经济的全面繁荣，社会上涌现出大量的民间资本。公益性水利项目明显的社会效益使其先天就缺乏民间资本的优势，政府应当制定优惠政策，探索适用于公益性水利项目的新融资方式，吸引民间投资，积极引导资金流向。现阶段，民间主动投资方式（Private Finance Initiative，PFI），就是一种适用的筹资形式。它是指政府以不同于传统的由政府负责提供公共项目产出的方式而采取促进私人部门有机会参与基础设施和公共物品的生产或提供公共服务的一种全新的公共项目产出方式。该方式是政府与私人部门合作，由私营部门承担部分公共物品的生产或提供公共服务，政府购买私营部门提供的产品、服务或赋予私营部门收费特许权，或与私营部门共同营运等方式，来实现公共物品产出中的资源配置最优化、效率和产出的最大化。

PFI起源于英国，主要用于解决政府基础设施建设资金不足问题，目前已被发达国家广泛用于公共项目和基础设施项目开发。

BOT（build operate transfer）的中文意思是建设-经营-转交，BOT方式是典型的融资方式，即把项目资产包括项目合同内制度的各种权利作为抵押，并把项目的预期收益作为偿还债务的最主要来源。

PFI 和 BOT 方式类似，也涉及项目的"建设-经营-转让"问题，但两者最大的区别在于：

PFI 适用于没有经营性收入或不具备收费条件的公益性基础设施项目，而 BOT 只适用于经营性或具备收费条件的基础设施项目。

在 PFI 方式中，最终要由政府支付项目建设、维护费用和承担项目还贷责任，而 BOT 是一种"项目融资"方式，项目投资主体以及债务资金的提供者如贷款银行、债务购买者等对政府并没有或只有有限追索权。

在 PFI 投资方式中，政府除需要支付公益性项目的正常运行、维护费用外，还需要每年向非政府投资主体支付必要的投资回报尽管在国内外实践中，该投资回报率一般较低，大约与贷款利率相当，故相比政府直接投资该公益性项目而言，政府在授权期限内对项目的财政总支出将会增加不少，这是民间主动投资方式的不足之处。但优点也是很明显的：

政府不必直接承担项目建设期的各种风险。

政府不必支付项目的投资费用，也无需为支付项目投资费用而负债或为项目担保，从而有助于降低政府财政风险。

政府只需在授权期限内相对比较均衡地支付报酬或租赁费，这使得政府易于平衡财政预算。

项目的"收入"直接来源于政府，比较有保障，在当前缺乏良好投资机会的形势下，这种投融资方式对稳健型非政府投资主体具有较大吸引力。

值得注意的是"收益权"质押贷款和民间主动投资两种融资方式，都建立在政府财政信用的基础上，并最终由政府承担还贷责任。因此，项目建设资金的提供者，无论是贷款银行还是 PFI 中的非政府投资主体，都必须十分注意分析地方政府的财政风险，特别是其对基础设施建设资金的支付能力。

（3）ABS 融资。ABS（Asset Backed Securitization）的中文意思是资产证券化。它是将缺乏流动性，但能够产生稳定、可预见的现金流收入的资产转换成在金融市场上可以出售和流动的证券的行为。具体来说，它是以待建项目所拥有的资产为基础，以该项目的未来收益为保证，通过在国内外资本市场发行高档证券来筹集资金的一种证券融资方式。

ABS 融资方式主要用于经营性项目，对公益性水利工程也可以试行，这就需要政府设立中介机构将公益性项目与其他赢利性基础设施项目如发电供水等捆绑在一起，并控制公益性工程项目证券化的数目，以保证整个基础设施资产的流动性。对以获取社会效益为主的公益性水利工程作为不动产证券化，其收益不足抵补投资部分，可考虑由赢利好的项目盈余以及财政补贴来支付，由此可获取新的低成本融资渠道，以缓解水利工程建设资金的供求矛盾。现阶段该方式的具体运作还不太成熟，需要进一步研究。但在水利建设市场化进程中，该方式不失为一种具有潜力的融资渠道。

（4）其他融资方式。内河航运具备公共物品非排他性与非竞争性的性质。"以电养航"是我国内河航运业筹集资金的一种新尝试，即以发电收入作为水运基础设施，尤其是航道整治、养护所需资金。目前"以电养航"大致有两种类型：一是像桂平航电枢纽工程等，航运和发电都由交通部门负责，以水养水，既没有部分之间的利益冲突，又解决了航道的资金来源问题；二是如四川一些水电站，合资办电，即将交通部门投入到新建电航工程船闸（闸坝）部分的投资，作为交通部门投入电站的入股资金，待电站建成投产后，按一定比例提取红利，用于水运基础设施建设及维护。但这些做法也是存在一些问题。解决办法就是以法律的形式明确产权关系，将电站和航运，以及水资源的其他利用方式统归一个专门机构主管。这个机构对水资源具有法定的规划、开发和利用的权利，且该权利有切实的法律保障，不受交通部门、水利电力部门及其他部门的影响。这样就不是按水资源利用方式来划分各部门产权，而是按地理的经济效益，只有投资的收益率能达到社会平均收益率，而且综合利用水利工程也能够在市场上实现良性运行，才可以与经营性项目捆绑。

（二）经营性工程资金筹措

随着国家投资体制改革的深入，公共财政的建立，国家将逐步从竞争性行业中退出，于是开辟新的多元化市场融资体系，成为解决水利基础设施建设资金短缺问题的必然选择。经营性项目如供水、发电等，由于其明显的经济效益，更有利于寻求多种筹资渠道，政府应在严格控制规划的前提下，充分放权，努力将其推向市场，鼓励和吸纳社会各界（包括内资和外资）参与。加入 WTO 之后，国内投资市场、金融市场加快开放步伐，加大水利水电建设对各种金融资金与工具的利用力度，使外资金融机构（包括银行、保险、信托、证券、基金等）进入金融市场，开发运用 BOT、TON、ABS 等多种投融资方式增加水利行业对国内外投资者的吸引力积极推进水利建设投融资体制的市场化进程。

1. 经营性工程资金筹措渠道

（1）国有银行贷款。一般分为政策性银行贷款和商业银行贷款。近十几年来，储蓄额的逐年增长，为水利水电建设工程融资提供了较大空间。银行贷款一般都是面对那些经营性项目，其特点决定了国有银行贷款只能是对水利水电基建工程建设起补充和临时救急作用。但这一资金来源也是不容忽视的，尤其是政策性银行贷款。

1）政策性银行贷款。政策性银行国家开发银行、中国农业发展银行和中国进出口银行主要是通过向国内金融机构发行金融债券作为贷款资金来源，主要投向国家的重点产业和基础设施建设，是水利建设筹资的一个重要渠道。但政策性银行要以保本微利为经营方针，加之融资成本较高和融资期限不匹配等问题，政策性银行仅可作为一条筹资的重要渠道，但不能成为主要筹资渠道。

2）商业银行贷款。一直以来，商业银行还保留着政策性金融业务，所以银行贷款在过去十年里以 10％的速度增长。但不容忽视的是，随着商业银行体制改革进程的加快，商业银行的行为约束机制越来越严格，贷款的谨慎程度以及盈利性要求越来越大，银行储蓄存款的期限也趋于缩短。这些都预示着商业银行不可能对水利水电基础设施项目建设提供大量长期贷款。因此，一般仅将商业银行贷款作为水利水电工程应急的短期资金或面向竞争性项目的贷款。

（2）民间资本。随着国家宏观政策的调整，国债逐年淡出，信贷逐年减少，农民积累和义务工逐步取消，水利建设面临"上级建设投入、本级难以投入、农民取消投入"的局面。随着经济的快速增长，社会上出现了大量的闲散的民间资本。完全可以走民营水利之路，在水利水电建设中发挥民营企业家的积极作用。

1）民间资本，可以加大对水利的投入，发挥工程效益。通过民营水利的发展，促进了民间资本、境外资本投资水利建设，形成国家、集体、个人多元化、多渠道的投入格局，从而有效解决制约水利建设的"瓶颈"问题。由于民营水利统一了投资主体、治理主体、经营主体、管理主体，老化的水利工程可以得到很好的养护，效益衰减的工程也能被有效的恢复。

2）有利于盘活水利资产，促进水利经济的发展。民营水利的发展，盘活了闲置的水利资产，使国有资产得到保值增值，原来无人问津的老化水利工程一夜之间成了摇钱树。

3）有利于提高服务意识，增强发展后劲。民间资本的注入，明确了部分水利工程的经营主体和收益主体，扭转了过去维修不经常、保养不及时、服务不到位等不良现象，有效地提高了服务质量，方便了群众生活。同时，民营水利为水利做大做强提供了强大的支持，有利于市、县级水利部门改变资金单一来源的模式，拓宽渠道。水利基层单位有了长效稳定的收入，可观的效益，为稳定水利队伍，服务社会提供了保障。

4）有利于减少水事纠纷，促进农村精神文明建设。民营水利由于实现了责、权、利的统一，经营者以提供服务获得约定收入，受益者以所享受的服务质量按质论价，双方容易协商一致，因而减少了水事纠纷，维护了社会稳定，促进了农村精神文明建设。

2. 经营性工程筹资方式

（1）运用新型融资方式，积极吸引外资。

1）BOT 融资方式。BOT（build operate transfer），意义为建设-运营-转让。BOT 融资方式在我国被称为"特许权融资方式"，其含义是即把工程资产（包括工程合同内制度的各种权利）作为抵押，并把工程的预期收益作为偿还债务的最主要来源。其特点是建设周期长，需要长期、巨额投资，资金来源问题决定工程能否按期完成。

2）TOT 融资方式。TOT（Transfer operate transfer）的意思是转让经营权。它是指主管部门或授权的经营公司通过和约的形式，经有关部门批准，将某项工程的全部或部分经营权，在一定时期内转让给境外具有法人资格的经营单位经营。转让期满后，受让方将该工程无偿地、完好地交还主管部门，其特点是主管部门一次获得转让经营权工程的投资。对于政府来说，在一个特定时期，建设资金比较紧张，其他融资方式难以实施的情况下，转让经营权利大于弊。转让水利水电工程经营权，在理论上或实践上对水利水电建设都是有意义的，也是必要的。主要表现在：①TOT 方式与我国现行经济体制改革相适应，符合国有企业改革的大方向，有利于加快水利水电事业改革的步伐；②TOT 方式可以减少外债，减轻财政负担，分散政府对水利建设的投资风险；③TOT 方式有利于提高水利工程的技术管理水平，加快我国水利水电现代化步伐，有利于打破水利工程的垄断经营状态，逐步建立起开放、有序、公平竞争的经营市场，加快水利水电事业的市场化进程。

（2）证券融资。证券融资是在国内外金融市场上发行各种股票、债券等证券筹集资金的一种直接融资方式。从国际资本市场的发展看，证券融资已成为资本运动的主流。证券融资以其融资主体主动、筹集资金广泛、资金用途灵活和使用期限长等特点较商业银行贷款优越。从中国的情况看，通过发行股票、债券筹集资金的规模已越来越大。

1）水利建设债券。目前主要包括政策性银行的金融债券，以及各地开发建设公司发行的水利建设债券。它参考基准率市场，比照银行储蓄利率进行定价，其稳定收益的安全性仅次于国债的安全性，是目前国内资本市场融资的主要方式。鉴于当前地方政府没有发行债券的权利，可以考虑利用"借壳"发债的形式来发行水利债券，即将要退出流通领域的某一只债券进行改造后发行水利债券。此外，也可向国外发行水利建设债券。它以国家信用为基础，且是以工程所属的资产为支撑的证券化融资方式，随着世界经济的复苏，应该说向国外发行水利建设债券具有一定的可行性。但我们也应该充分认识到，采取间接融资方式，会加大偿债压力，加重债务负担。

2）市政债券。市政债券是指地方政府或其授权代理机构发行，用于当地城市基础设施建设的有价证券，分为一般债务债券以税收收入来偿还和收益债券以项目收益偿还。

一般而言，市政债券有三大特点：一是融资成本低，所具有的免税特点使其比除国债之外的其他债券更具吸引力；二是期限长，可长达三四十年，能更好地同基础设施建设项目相匹配；三是流动性高。

3）可转换公司债券。在我国，除公司制企业或者国务院规定企业之外的其他企业是不具备发行债券资格的，于是可转换公司债券就成为我国上市公司和重点国有企业资本筹措的新方式。可转换公司债券是指发行人依照法定程序发行，在一定期间内依据约定的条件可以转换成股份的公司债券。发行可转换公司债券不受时间的限制，这样上市公司可以抓住最佳的筹资和投资时机；水利水电建设工程周期一般都很长，短期内没有效益，采取增发或配股集资，每年都会有股票收益的压力，而发行可转换公司债券不会增加总股本，可以缓解部分到期前的压力。同时可转换债券的筹集成本较为低廉，其利率一般低于其他债券和银行贷款，而且对已建成投入使用的水利资产予以有效管理，用部分优质水利资产的营运收入作为偿债基金，可以减轻水利投资的偿债压力。

（3）社会融资方式。

1）建立水利股份合作制，推进小型水利工程产权制度改革。水利股份合作制兼有股份制和合作制的双重特征，通过在不同所有制内或相互之间，实行资金、设备、场地、技术和劳动联合资金联合的统一。在水利建设和管理运行中推行的股份合作制，是在改革开放和市场经济中出现的新事物，既适合当前农村生产力的发展水平，又适用农民的觉悟程度，符合有中国特色社会主义市场经济方向和原则。

股份合作制在水利建设事业中有广泛的适应性和极强的生命力，是一种促进水利事业发展，引导水利事业走向市场的成功途径。其优点主要表现在以下几个方面：第一，有利于积聚农民手中闲散资金，增加水利投入，有效缓解水利建设资金缺乏与发展需求的矛盾。第二，有利于激发农民兴办水利的积极性，增强他们的责任心，同时也能分享工程效益和分担风险。第三，有利于工程的维修管理，有助于形成良性运行的机制。第四，有利于解决水利施工中占用土地和移民的难题，便于工程顺利进行，也可以减轻国家、集体的负担。

2）资源与资金置换。通过社会渠道融资，一个重要的方面就是要调动其积极性，从实际行动中让投资者获得收益。因此，国家应根据水利工程的特点，通过转让对水体、岸线、土地等国有资源的开发经营权，充分盘活国有存量资产，吸引投资者。这种资源与资金互换机制尚处于初期阶段，但从制度创新角度看，有广阔的发展天地。

3）建立企业化投资机制。企业化投资机制是一种在大城市中进行水利建设的有效投资方式，是主动适应市场、在市场经济的大环境中求发展的一种有益尝试，是对我国水利投资体制的一项有效补充。该体制的运行方式是首先成立代表政府行使职能的投资主体——实业单位企业，通过企业被事先赋予的生产资料，进行生产经营活动中所取得的经济效益，转而向城市的水利基础设施建设投资。从而实现"以企业化方式，减少政府对水利投入"的设想。

另外，随着改革的逐步深入和市场经济体制的建立，可通过利用国家制度的有关政策，诸如低息贷款、免税等，鼓励水利工程建设单位努力形成自我积累、自我滚动、自我发展、偿还贷款的运行机制，实现以企业化方式来弥补国家对水利建设投入的不足。

除了以上介绍的将综合利用水利工程分成公益性和经营性工程分别进行资金筹措之外，下面还有几种资金筹措方式也适合于综合利用水利工程：①财政贴息：为了鼓励更多的社会资金参与水利建设的投资，客观上要求制度清晰、规范、适度的财政贴息政策。②转移支付：政府转移支付主要是对其中的公益性部分进行补贴和对经济发展水平较差的地区进行水利扶贫。转移支付按其范围不同，又分为财政转移支付和政府间转移支付两种。③建立市场竞争机制：按照社会主义市场经济要求，建立合理分配和转让水使用权的经济管理模式，完善以法律制度为基础的水管理机制，利用经济手段进行调节，利用市场配置，使水的利用方式从低效益的经济领域转向高效益的经济领域，增强水利产业自身融资能力。

三、我国大型水电建设筹资渠道与筹资方式分析

（一）我国大型水电建设筹资渠道分析

我国大型水电工程的建设资金有几种主要的来源渠道，现分别介绍如下。

1. 国家财政资金

我国大型水电工程的建设资金主要来源于企业外部，其中国家财政资金占有较大的比重，主要的方式有：电力建设基金；三峡建设基金；国家拨款及拨改贷本息余额转为国家资本金；财政补拨，即所得税超交定额返还和优化资本结构试点城市补充流动资本的政策。

2. 金融机构信贷资金

主要包括：国家政策性银行贷款，主要是国家开发银行贷款，特点是利率较低但贷款额度有限；商业银行贷款，贷款额度较大但利率高、限制条件较多；非银行金融机构贷款。

3. 其他社会资金

主要包括来源于其他企业和居民个人的资金，这部分资金的筹集方式主要有以下几种：股票融资，优点是没有固定的股息负担，可以为企业提供稳定的资本供给，不存在偿付的风险，缺点是增加了公司对股东的责任，上市公司还要定期公布经营成果和状况，且公司的融资成本较高；债券融资，这种方式的优点体现在不影响原有的股权结构，具有财务杠杆作用，可以在税前支付利息，降低融资成本，缺点是增加了企业的财务风险、降低了企业的偿债能力且必须按期还本付息；流动负债融资，主要包括应付账款、商业票据、

预收账款、应付费用和应收账款贴现融资等方式。

4. 企业自留资金

建设资金的来源主要来自于企业内部，这部分资金的特点是，融资成本低，但融资额度有限。主要包括：企业税后收益，1993 年实行新财会制度后，电力企业每年的税后收益是所有者权益，不再上交国家，根据需要可以按照规定转增资本金；企业提取的折旧基金，折旧基金除了归还贷款以及企业必要的更新改造以外，可将其中一部分用作法人资本金；盘活存量资产，主要包括有偿转让部分电源存量资产、以存量资产入股，与境内外投资者进行合资合作等形式；资本公积金转增资本金。

5. 外国资金

主要渠道和方式有：中外合资经营；国际金融组织贷款，我国利用国际金融组织贷款主要来源于世界银行贷款和亚洲开发银行贷款；外国政府贷款，政府贷款是一国政府用其预算资金向另一国政府提供的优惠性贷款；出口信贷，出口信贷是一国为了支持和扩大本国大型设备的出口，加强国际竞争力，通过给予利息补贴并提供信贷担保来鼓励本国银行对本国出口商或外国进口商（或其银行）提供利率较低的贷款；商业银行贷款，商业银行贷款是一种商业性资金，其利率以国际金融市场利率为基础。

（二）我国大型水电建设筹资方式分析

1. 银行贷款融资

主要方式有：政策性金融机构贷款，1994 年，我国先后组建了国家开发银行、中国进出口银行、中国农业发展银行三家政策性金融机构，其特点是不以盈利为目的，贷款利率低且期限长。国家开发银行是我国电力资金市场上重要的资金供应者，对水电建设项目的贷款期限长达 15～30 年，这些贷款对于支持国家重点产业的建设和发展发挥了重要的作用；商业银行贷款，商业银行以盈利为目的，在我国电力资金市场中占有重要的地位，贷款额度大，但利率较高；短期银行贷款，它可分为信用贷款、抵押贷款等形式，利率可分为基准贷款利率和差别贷款利率等，具有方便灵活的特点，是我国电力企业重要的资金来源；长期银行贷款，在我国电力资金市场发展不够完善的情况下，银行长期贷款是我国电力建设资金的主要来源，根据我国项目建设的"二八原则"，项目法人除筹措 20％左右的资本金外，其余资金主要靠长期银行贷款解决。

2. 商业信用融资

通过商业信用融资的主要工具就是商业票据，一般分为本票和汇票，其中汇票由于承兑人的不同又分为商业承兑汇票和银行承兑汇票。我国企业由于信用意识淡薄，商业信用缺乏基础，票据市场的工具主要是银行承兑汇票，票据融资一般都是指汇票的贴现。与信誉良好的国外公司通过票据融资相比，我国的票据融资功能远没有得到开发。

3. 债券融资

企业债券是具有法人资格的企业依照法定程序发行，约定在一定期限内还本付息的有价证券。债券发行的价格可以平价发行、溢价发行或折价发行。债券的种类一般有普通债券、担保债券、有偿债基金债券、固定利率债券、浮动利率债券、可转换债券、贴现债券、提前偿还债券等。根据《中华人民共和国公司法》《中华人民共和国证券法》《企业债券管理条例》的规定，电力企业公开发行债券，应当符合下列条件：

股份有限公司的净资产不低于人民币 3000 万元，有限责任公司的净资产不低于人民币 6000 万元；累计债券余额不超过公司净资产的 40％；最近三年平均可分配利润足以支付公司债券一年的利息；筹集的资金投向符合国家产业政策；债券的利率不超过国务院限定的利率水平；上市公司发行可转换为股票的公司债券，除应当符合以上条件外，还应当符合本法关于公开发行股票的条件，并报国务院证券监督管理机构核准。

公司申请公司债券上市交易，应当符合下列条件：

公司债券的期限为一年以上；公司债券实际发行额不少于人民币 5000 万元；公司申请债券上市时仍符合法定的公司债券发行条件。

目前，我国债券市场取得了一定的发展，电力企业债券已从单一的固定期限、固定利率发展到多种形式，如 1999 年三峡浮动利率债券。发行方式采用承购包销、上市交易等。

4. 股票融资

股票是股份有限公司发给股东用以证明股东所持股份，并据此获得股息和红利的一种凭证。股票的分类有很多，可分为普通股和优先股、记名股和无记名股、面值股和无面值股、国家股、法人股和个人股等。股份有限公司可以采取发起设立和募集设立的方式。根据修改后的《中华人民共和国证券法》，公司公开发行新股，应当符合下列条件：

具备健全且运行良好的组织机构；具有持续盈利能力，财务状况良好；最近三年财务会计文件无虚假记载，无其他重大违法行为；经国务院批准的国务院证券监督管理机构规定的其他条件。

股份有限公司申请股票上市，应当符合下列条件：

股票经国务院证券监督管理机构核准已公开发行；公司股本总额不少于人民币 3000 万元；公开发行的股份达到公司股份总数的 25％以上；公司股本总额超过人民币 4 亿元的，公开发行股份的比例为 10％以上；公司最近三年无重大违法行为，财务会计报告无虚假记载。

我国电力公司通过股票融资已经取得了很大的成就，截至 2006 年 12 月底，我国电力上市公司已经达到 57 家，募集了大量的资金，极大地促进了我国电力工业的发展。

5. 国内外汇贷款

国内外汇贷款指外汇的借贷双方是国内的商业银行和国内的电力企业，银行一般是中国银行。贷款的种类主要是现汇贷款和出口信贷。如 1996 年，为提高我国发电设备在大容量、高参数机组的制造能力，我国利用国内外汇贷款实施了第一批电力试点项目。

6. 设立财务公司

财务公司的创立最早始于 18 世纪的法国，后来英美等国相继开办。我国企业集团的财务公司起源于 20 世纪 80 年代中期。2000 年 7 月，中国人民银行发布了《企业集团财务公司管理办法》，规定有实力的企业可以申请设立财务公司，申请人必须是具备一系列具体条件的企业集团。财务公司可经营的业务有：

吸收成员单位的本、外币存款，经批准发行财务公司债券，对成员单位发放本、外币贷款，对成员单位产品的购买者提供买方信贷等。电力财务公司在调剂集团内部资金余缺，盘活、优化使用资金方面发挥着重要的作用，如三峡工程总公司的财务公司在三峡建设过程中就起到了重要的融通资金的作用。

7. 中外合资经营

合资经营企业是指两个或两个以上不同国籍的投资者，在选定的国家或地区投资，并按照投资国或地区的有关法规组建起来的经济组织。目前合资的形式在我国以有限公司的形式较多，它是一种股权式合资经营，投资各方按照股份比例承担风险或分享利润。对于水电企业合资经营，国家规定经营期限不超过 30 年。我国目前利用中外合资经营方式建立的电厂中，最大的是大亚湾核电站（2×90 万 kW）。

8. 国际金融组织贷款

我国利用国际金融组织贷款主要来源于世界银行贷款和亚洲开发银行贷款。

世行贷款，世界银行主要向发展中国家提供长期贷款，借款期限最长可达 50 年，贷款主要集中于农业、能源等领域，利率低，其软贷款甚至无息。我国利用世行贷款起步较早，1983 年云南鲁布格水电站最早利用世行贷款，其后，福建水口水电站（7×20 万 kW）、浙江天荒坪抽水蓄能电站（6×30 万 kW）、广西岩滩水电站（121 万 kW）、四川二滩水电站（6×55 万 kW）等大型水电项目均是利用世行贷款。世行贷款对推动我国电力体制改革起了很大作用。亚行贷款，我国利用亚行贷款时间较晚，主要有广州抽水蓄能二期工程（120 万 kW）、湖南凌津滩水电站等项目。

9. 外国政府贷款

政府贷款是一国政府用其预算资金向另一国政府提供的优惠性贷款，贷款利率低、期限长（可达 30 年），具有双边经济援助的性质，它往往和商业贷款或出口信贷配合在一起投资于某个电力项目，又称为混合贷款。我国天生桥二级水电项目首批接受日本海外经济协力基金（OECF）贷款，此外，北京十三陵、湖南五强溪、广州丛化抽水蓄能电站一期工程（4×30 万 kW）等水电工程都利用了外国政府贷款。

10. 出口信贷

出口信贷是一国为了支持和扩大本国大型设备的出口，加强国际竞争力，通过给予利息补贴并提供信贷担保来鼓励本国银行对本国出口商或外国进口商（或其银行）提供利率较低的贷款，以解决本国出口商资金周转的困难，或满足外国进口商对本国出口商支付贷款需要的一种融资方式。这种贷款方式利率低于市场利率，但信贷资金只限于购买贷款国商品，一般分为卖方信贷、买方信贷、福费廷等类型。三峡工程建设在采购机组时就争取了买方信贷，有效利用了外资。

11. 商业银行贷款

商业银行贷款是一种商业性资金，其利率以国际金融市场利率为基础，一般是按伦敦银行间同业拆放利率（LIBOR）再加上加息率（Spread），其贷款的条件随行就市，比政府贷款和国际金融组织贷款容易获得，手续简便，限制条件较少。商业银行贷款中最典型的方式就是银团贷款。国际华能成立后首批融资建设的项目，其资金大部分来源于商业银行贷款，如辽宁大连电厂一期（2×35 万 kW）等，三峡工程也使用了这一贷款模式。表21-1 表明了我国具有代表性的大型水电建设工程资金来源情况。

表 21-1　　　　　　　　我国大型水电工程基本建设资金来源　　　　　　　单位：亿元

项目		预算总额		来源						备注
		静态	动态	国家财政	国内贷款	债券	股票	外资	自有资金	
三峡	金额		1205	530	221.2	170	187	76	21	截至 2004 年
	比重		100%	44%	18%	14%	16%	6%	2%	
二滩	金额		285.5	11	184.9			89.6		
	比重		100%	3.80%	64.8%			31.40%		
龙滩	金额	203.7	243	48.6	194.4					
	比重		100%	20%	80%					
洪家渡	金额	42.6	49.2	14.76	34.44					
	比重		100%	30%	70%					
乌江渡扩建	金额	7.92	8.33	1.67	6.66					
	比重		100%	20%	80%					

四、资金成本分析

(一) 资金结构

资金结构是指企业各种资金的构成及其比例关系。从财务角度分析，企业融资可分为权益融资和负债融资两大类，权益融资指企业通过发行股票、吸收直接投资、内部积累等方式筹集的资金，这些资金属于所有者权益类，不用还本付息。这类资金财务风险小，但资金成本较高。负债融资指企业通过发行债券、银行借款、融资租赁、商业票据等方式筹集的资金，这些资金要还本付息，相比较所有者权益类资金而言，财务风险较大，但是资金成本较低。

研究资金结构问题也就是研究负债融资的比例问题，即负债在企业全部资金中所占的比重。一个理想的融资战略要能够做到两点：一是资本结构合理，加权平均资金成本最低；二是实现企业价值最大化。

资金成本并不是企业筹资决策中所要考虑的唯一因素，企业筹资还需要考虑财务风险、资金期限、偿还方式、限制条件等。但资金成本作为一项重要的因素，直接关系到企业的经济效益，是筹资决策时需要考虑的首要问题。

(二) 资金成本

资金成本是指企业为筹集和使用资金而付出的代价，由资金占用费和资金筹集费用组成。其中资金占用费包括利息、股息等因占用资金而支付的费用；资金筹集费包括印刷费、发行手续费、资产评估费、公证费、担保费、广告费等为筹集资金发生的费用。不同来源的资金，其资金成本是不一样的，下面就几种主要来源渠道的资金成本计算方法作简要介绍。

1. 银行借款资金成本

银行借款的利息可以在税前支付，具有抵税的作用。其计算公式为

$$K_1 = \frac{I_1(1-T)}{L(1-F_1)}$$

式中：K_1 为银行借款的税后资金成本；I_1 为银行借款每年利息；T 为企业所得税税率；L 为银行借款总额；F_1 为银行借款筹资费用率。

2. 债券资金成本

由于债券利息可以在税前支付，因而具有抵税的作用。债券的发行价格可以采用平价、溢价、折价三种发行方式，其资金成本的计算公式相应有所区别。

（1）平价发行债券的资金成本计算公式为

$$K_2^1 = \frac{I_2^1(1-T)}{L(1-F_2^1)}$$

式中：K_2^1 为债券平价发行的税后资金成本；I_2^1 为债券每期利息；T 为企业所得税税率；L 为债券面值总额；F_2^1 为债券筹资费用率。

（2）溢价或折价发行债券的资金成本计算公式为

$$K_2^2 = \frac{\left(I_2^2 + \dfrac{L_0 - L_1}{n}\right)(1-T)}{L_1(1-F_2^2)}$$

式中：K_2^2 为债券溢价或折价发行的税后资金成本；I_2^2 为债券每期利息；L_0 为债券面值总额；L_1 为债券溢价或折价发行的价格总额；n 为债券期限；T 为企业所得税税率；F_2^2 为债券筹资费用率。

3. 普通股资金成本

普通股资金成本包括普通股的发行费用和向股东分派的股息。其资金成本计算公式为

$$K_3^1 = \frac{D}{P(1-F_3)} + G$$

式中：K_3^1 为普通股股本的资金成本；D 为预期每年支付的普通股股息；P 为普通股融资总额；F_3 为普通股筹资费用率；G 为普通股股利年增长率。

此外，计算普通股资金成本的方法还有资本定价模型法，公式为

$$K_3^2 = r_f + \beta(r_m - r_f)$$

式中：K_3^2 为普通股股本资金成本；r_f 为无风险报酬率，通常指国家发行的长期债券如国库券的年利率；β 为发行该股票企业所在行业的风险系数，其计算较为复杂，在西方国家一般由专职机构统计计算并定期公布，电力企业的 β 系数一般在 1.0 左右；r_m 为证券市场组合证券的平均期望报酬率。

4. 留存收益资金成本

留存收益是企业缴纳所得税并分派利润后形成的，属于股东权益的一部分。

留存收益的资金成本就是股东将部分利润留在企业而失去个人再投资机会所产生的机会成本。其计算公式类似于普通股公式，但没有筹资费用，公式为

$$K_4 = \frac{D}{P} + G$$

式中：K_4 为留存收益的资金成本；D 为预期每年支付的普通股股息；P 为普通股市价总额；G 为普通股股利年增长率。

5. 综合资金成本

企业的资金来源渠道和方式一般会有多种，不同来源渠道和方式的资金，其资金成本

各异，因此，有必要计算企业取得全部资金的综合资金成本，一般说来，综合资金成本计算公式为

$$K = \sum_{i=1}^{n} B_i k_i$$

式中：K 为综合资金成本；n 为资金种类数目；B_i 为第 i 种单项资金占全部资金总额的比重；k_i 为第 i 种单项资金的资金成本。

（三）最佳资金结构分析

最佳资金结构是指在一定条件下，企业加权平均资金成本最低、企业价值最大化的资金结构。从理论上讲，这一结构是存在的，但实际上，由于企业内部条件和外部环境处于不断变换之中，很难寻求最佳资金结构。本书探讨的资金结构也是从理论上进行分析，以期对实践操作有所帮助。确定最佳资金结构的方法主要有定量分析和定性分析法，其中定量分析法主要有每股利润无差别点法、比较资金成本法。

1. 定量分析法

（1）每股利润无差别点法。每股利润无差别点法又称息税前利润-每股利润分析法（$EBIT - EPS$ 分析法），是通过分析资金结构与每股利润之间的关系，进而确定合理的资金结构的方法。其基本原理是：有两个融资方案，假设一个方案是发行股票融资，另一个是发行债券融资，通过计算，得出执行不同方案时每股收益的数值，然后比较每股收益的大小，收益大者为优先选择方案。其计算公式为

$$\frac{(\overline{EBIT} - I_1)(1 - T) - D_1}{N_1} = \frac{(\overline{EBIT} - I_2) - D_2}{N_2}$$

式中：$\overline{EBIT}$ 为每股利润无差异点处的息税前利润；I_1、I_2 为两种筹资方式下的年利息；T 为企业所得税税率；D_1、D_2 为两种筹资方式下的优先股股利；N_1、N_2 为两种筹资方式下的流通的普通股股数。

利用公式，先计算出来两个方案每股收益相等时的 $\overline{EBIT}$，当预计的息税前利润（$EBIT$）大于每股利润无差别点的 $\overline{EBIT}$ 时，运用负债筹资可获得较高的每股利润；反之，当预计的息税前利润（$EBIT$）小于每股利润无差别点的 $\overline{EBIT}$ 时，运用权益筹资可获得较高的每股利润；当 $EBIT$ 和 $\overline{EBIT}$ 相等时，可任选其中一个融资方案。

使用这种方法来确定资金结构有一点要注意，就是能够预测出企业的息税前利润 $EBIT$，然后根据不同的融资方案，减去债券利息和所得税，最终计算出来每股利润 EPS。

这种方法也有其缺点，它只考虑了资金结构对每股利润的影响，并假定每股利润最大，企业的价值就越大，忽视了负债融资的所隐含的财务风险。根据西方融资理论，片面追求每股利润最大化，就会增加负债资金的比重，当负债逐渐增加时，投资者的风险也在逐渐加大，从而导致企业的价值出现下降的趋势。所以，单纯依靠 $EBIT - EPS$ 分析法来做融资决策，有时会做出错误的决策。我们在做融资决策时，要把握好负债融资和权益融资的比例关系，以免出现过犹不及的后果。当然，这个比例关系无法通过量化的方法来准确计算，只能是依靠管理者的经验和直觉来进行判断。

（2）比较资金成本法。比较资金成本法是通过计算各方案加权平均的资金成本，并根据加权平均资金成本的高低来确定最佳资金结构的方法。最佳资金结构亦即加权平均资金

成本最低的资金结构。其公式同上面我们已经介绍过的综合资金成本公式，此处不再赘述。

2．定性分析法

在实际工作中，准确确定最佳资金结构几乎是不现实的，管理者在进行定量分析的同时一般要进行定性分析。定性分析就是要考虑影响资金结构的各种因素，并根据这些因素来确定企业合理的资金结构。下面我们来分析影响资金结构的主要因素。

（1）产品销售状况。企业的产品销售若呈稳定的态势，则可以较多的负担固定的财务费用，利于采用负债融资。如果销售状况稳中有升，呈现逐渐递增的态势，则更有利于负债融资。反之，则负债融资风险较大，且融资较为困难。大型水电建设工程投产后的产品就是电能，依据我国现阶段的情况来看，电的需求应该是稳中有升的，因此，负债融资较为有利。

（2）企业所有者和管理者的态度。企业所有者对待控股权的态度直接影响了融资的方式，重视控股权的所有者一般喜欢采用优先股或者负债融资，尽量避免采用普通股融资。管理者对待财务风险的态度也影响着企业的融资决策，喜欢冒风险者一般安排较大的负债融资比例，稳健的管理者则安排较少的负债融资比例。三峡工程没有采用海外发行股票进行融资，或许就和所有者对待控股权的态度有关。

（3）贷款人和信用评估机构的影响。贷款人和信用评估机构对企业信用的评估级别直接影响着企业的融资能力，进而影响融资成本。信用状况良好者容易筹集资金，相反，信用较差者融资则较为困难。我国大型水电建设工程信用状况较好，利于融资。

（4）行业因素。不同的行业，其资金结构也有所不同，一般来说，工业产业资产负债率较低，贸易产业资产负债率则较高。电力行业的资产负债率较低，约为50％左右，具有进一步增加负债融资的空间。

（5）企业规模。企业的规模也是影响资金结构的一个因素，一般说来，企业规模越大，负债率越低，而中小规模企业的负债率则较高。造成这种现象的主要原因是大企业信用好，融资渠道和方式较多，中小企业融资渠道相对较为单一，一般只能通过银行贷款融资。从这一点上看，我国大型水电建设工程进行融资应该是有优势的。

（6）企业的财务状况。企业获利能力越强，财务状况越好就越利于融资，反之，则不利于融资。判断企业财务状况好坏的指标主要有：流动比率、固定费用周转倍数、资产报酬率等。

（7）所得税税率的高低。税法规定，企业债务利息可于税前支付。因此，企业利用负债融资能获得减税收益。理论上说，税率越高，负债的好处就越大，税率越低，负债的好处就越小。

（8）利率、汇率水平的变动趋势。利率的变动也影响着融资决策，若近期利率较低，将来有逐渐走高的趋势，这时发行有固定利率的长期债券，就有利于长期把融资成本固定在一个较低的水平上。同样，汇率的变动也对企业的融资决策产生一定的影响。三峡工程在融资战术上就很好地利用了这一因素。

定量分析和定性分析各有利弊，我国水电建设工程在进行融资决策时应综合利用这两种方法，以便获得合理的资金结构。

（四）资金结构的调整

要获得比较理想的资金结构，也可以对现有的资金结构进行调整，企业调整资金结构的方法有以下几种。

存量调整。存量调整就是在不改变现有资金总量的前提下，对股权和债权的比例进行调整。其方法主要有：债转股、股转债；增发新股偿还债务；调整现有负债结构；调整权益资金结构。

增量调整。增量调整要增加现有的资金总额，其主要途径是从外部取得增量资本，如发行新债、举借新贷款、进行融资租赁、发行新股票等，从而实现对现有资金结构的调整。

减量调整。减量调整要减少现有的资金总额，通过提前归还贷款、收回发行在外的可提前收回债券、股票回购减少公司股本，进行企业分立等手段，调整资金结构，使其达到合理化的状态。

五、长江三峡工程的融资战略

（一）三峡工程简介

1. 三峡工程的历史背景

《关于兴建长江三峡工程决议》于 1992 年 4 月 3 日在七届全国人大五次会议全体会议上通过，赞成票占全部票数的 67.1%。三峡工程的论证由来已久，最早提出三峡工程设想的是孙中山先生，1918 年，孙先生在《建国方略之二——实业计划》中就提出修建闸坝的设想。第一次比较具体的、可以充分利用三峡水能资源的计划应当说是"萨凡奇计划"。新中国成立后，于 1950 年在武汉成立了长江水利委员会，着手开展长江的综合治理工作。

三峡工程，没有雄厚的综合国力做支撑是难以付诸实施的。由于历史的原因，直至 1978 年改革开放，我们也没有把这一计划变为现实。改革开放以来，随着经济体制和政治体制改革的逐步深入，我国的综合国力有了极大的提高，三峡工程的脚步离我们越来越近了，凝聚了几代人的三峡工程梦想终于在 1992 年七届全国人大五次会议全体会议上变为现实。

2. 三峡工程总体概况

三峡水利枢纽位于湖北省宜昌县三斗坪、长江三峡的西陵峡中，距下游宜昌市约 40km。具有巨大的防洪、发电、航运等综合效益，是治理和开发长江的骨干工程选定"一级开发、一次建成、分期蓄水、连续移民"的建设方案。坝顶高程 185.00m，正常蓄水位 175.00m。混凝土重力坝，总库容 393 亿 m³，防洪库容 221.5 亿 m³，水电站装容量 1820 万 kW，保证出力 499 万 kW，多年平均发电量 846.8 亿 kW·h。设有双线五级连续船闸，年单向通过能力 5000 万 t，万吨船队可直达重庆。

电站厂房为坝后式，左右厂房分别安装 14 台和 12 台 70 万 kW 机组。电站出线共 13 个回路，左岸电站 7 回，右岸电站 6 回。后期准备扩机 6 台，共 420 万 kW，厂房布置在右岸山体下，采用地下厂房。

初步设计审定的枢纽工程主体建筑物工程量为：土石方开挖 10259 万 m³，土石方填筑 2933 万 m³，混凝土浇筑 2715 万 m³，金属结构安装 28 万 t，钢筋 35 万 t。

水库淹没总面积 1084km²，据 1991—1992 年调查，淹没人口 84.62 万人，考虑到各类影响和增长因素，规划动迁人口约 110 余万人。

根据 1993 年的投资预算，三峡工程静态投资额为 900.9 亿元人民币，动态投资额约 2039 亿元人民币。

长江是中国的重要水运交通干线，不允许施工期断航。经过多方案比较，采用分三期施工导流方案。计划总工期 17 年，1993 年开始施工，1998 年截流，2003 年 6 月水库开始蓄水，2009 年全部建成。施工准备期和一期工程共 5 年，二期工程 6 年，三期工程 6 年。

2006 年 5 月，大坝已全线建成，左岸 14 台机组全部投产。三峡水电站建成后无论从装机总容量来看，还是从多年平均年发电量来看，在一定时期内，都将是世界上第一大水电站。

（二）中国三峡总公司简介

三峡工程的建设与运营由中国三峡总公司全面负责，中国三峡总公司是由国务院批准成立的国有独资企业。公司的战略定位是以大型水电为主的清洁能源集团，主要经营范围是水利工程建设与管理、电力生产、相关专业技术服务，根据国家赋予的"建设三峡、开发长江"的历史使命，中国三峡总公司除建设三峡电站以外，还将滚动开发长江上游干支流的水力资源，计划 2024 年前在长江上游金沙江相继建成溪洛渡、向家坝、乌东德、白鹤滩四个巨型电站，四个电站装机容量 3850 万 kW。

（三）三峡工程融资战略研究

根据三峡工程总体筹资方案，三峡工程动态资金需求测算为 2039 亿元人民币，其中：静态投资概算为 900.9 亿元（按照 1993 年 5 月末价格水平计算），价差预备费 749 亿元（1993—2009 年，按预测物价指数测算），建设期利息 389 亿元（1993—2009 年，按总体筹资方案各融资渠道利率水平测算）。能否及时、足额的筹集到工程建设所需的资金关乎工程的成败，三峡总公司为此做出了极大的努力。

1. 三峡工程融资环境和特点分析

（1）一般环境分析。

有利因素。从国内来看，我国政治稳定，综合国力明显增强，为工程在国内筹资奠定了基础，1993 年我国国内生产总值达到 31380 亿元，是世界经济增长最快的国家之一，人民生活水平得到较大提高，居民储蓄存款余额近 15000 亿元。同时，我国社会主义市场经济体制正在逐步建立，金融体制改革逐渐深入，融资渠道得到拓宽，融资方式和金融工具向多元化、丰富化发展。国际上，随着对外开放的逐步展开，我国经济参与国际经济的范围越加广泛，国际信誉日益加强，1993 年吸收国外直接投资总额达 260 亿美元，在发展中国家居首位，当时西方国家经济增长缓慢，资本回报率低，中国市场成为国际资本关注的热点，许多外资希望到中国寻求投资机会。此外，三峡工程得到中国政府的大力支持，增加了外企投资的信心。

不利因素。1993 年，国内经济增长速度过快，投资规模过大，产生了通货膨胀的压力，经济有过热的迹象。国家为解决这一问题，加强了对宏观经济的调控，紧缩银根。这样造成资金供应紧张，利率上升，资金成本加大；同时因为通货膨胀，物资价格上扬，造成实际购买力下降。国际上，有些国家对于三峡工程存在不同的看法，也给工程融资带来一些负面影响。

（2）融资特点分析。

项目投资总额较大，但年度投资额并不很大。1993年，全社会固定资产投资达11800亿元人民币，而三峡工程当年准备投资20.2亿元，仅占全国固定资产投资的0.2%，就是到三峡工程投资高峰年也只会占很小的比重。因此，我国有足够的国力完成三峡工程建设，也不会因为三峡工程建设而刺激中国的通货膨胀。

国家注入的资本金只占部分比重，资金缺口要通过市场筹集。国家征收"三峡工程建设基金"，作为国家资本金的投入，不需还本，更不计息。相比较2039亿元的投资总额来说，资金缺口依然很大，余下的部分资金只能依靠市场筹集。

发电前资金缺口大，发电后有比较稳定、充足的现金流入。三峡工程资金缺口主要集中在前11年，从开工到2003年，工程静态投资约584亿元，加上利息和价差预备费，约需1100亿元，现有来源为400亿元，缺口达700亿元。此后至2010年，由于三峡机组陆续投产，资金需求压力可以大大缓解。

影响预算的不确定因素较多。枢纽工程和移民预算虽然已经批准，但由于工程规模大、工期长、技术复杂，影响因素难以确定，如通货膨胀因素、利率因素、汇率因素等，都构成了对预算总额的挑战。

2．三峡工程融资战略分析

在三峡工程开工之初，三峡总公司根据三峡工程筹资特点和国内外筹资环境提出了工程筹资的指导思想：

首先必须保证工程建设对资金的需求。三峡工程影响大，社会效益和经济效益大，若因资金短缺延误工期，造成的损失难以估计。其次，必须综合考虑资金的筹集、使用、管理、偿还等各个方面。筹资时就要考虑到资金的成本、运用和偿还，否则将会出现很大的问题。最后，必须保证国家对三峡工程的控制权，保证国有资产保值增值。这条规定很大程度上是因为三峡工程的特殊性产生的，因为关系到国家安全等因素。

三峡工程的筹资目标是：保证稳定可靠的资金来源；保持合理的资本负债结构尽可能降低融资成本；控制项目财务风险。

三峡工程的筹资原则是：国内融资与国外融资相结合，以国内融资为主；长期资金与短期资金相结合，以长期资金为主；债权融资与股权融资相结合，以债权融资为主。

3．三峡工程融资具体实施方案分析

（1）实施方案分析。

建立产权清晰的项目法人责任制。三峡工程采用了项目法人责任制。所谓项目法人责任制就是：法人对项目的筹划、筹资、建设、生产经营和归还贷款本息负责对资产保值增值全过程负责，其核心就是提高投资的经济效益。三峡总公司作为三峡工程的项目法人，全面负责三峡工程的资金筹措、工程建设、建成后的运行管理及贷款的偿还。与传统水电建设相比，三峡工程建设融资指导思想发生了根本转变。传统计划经济中，项目建设资金来源渠道有二，一是国家财政拨款，二是银行贷款，没有产权清晰的资本金概念，财政拨款使经营者不受资金成本约束，靠银行贷款又容易导致项目财务负担沉重，严重影响项目运营。

实施项目资本金制度。项目资本金制度是三峡工程融资模式中的创新点。即在项目总投资中，由投资者认缴的出资额，对投资项目来说是非债务性资金，项目法人不承担这部分资金的任何利息和债务，投资者可按其出资的比例依法享有所有者权益。1993 年，在国家投资体制实行"拨改贷"的情况下，三峡工程在我国水电项目中率先建立资本金制度，对于三峡工程来说，其投资者就是中国政府。

组建三峡财务公司。三峡工程资金需求量巨大，为了集中调度和管理来源于不同渠道、通过不同方式筹集到的资金，灵活吞吐，调剂余缺，经中国人民银行批准，三峡总公司于 1997 年组建了三峡财务有限责任公司。其性质是非银行金融机构，专门服务于三峡工程建设，服务于中国三峡总公司及其成员单位。是独立核算、自主经营、自负盈亏、独立承担民事责任的企业法人。实践证明，财务公司在服务三峡工程建设、促进三峡总公司及成员单位发展中起到了积极作用。

制定阶段性筹资方案。根据确定的筹资目标和筹资原则，三峡总公司制定了工程总体筹资方案，在执行总体方案的过程中，又根据项目的阶段性特点分别制定了阶段性筹资方案。

第一阶段（1993—1997 年）。本阶段的特点是：项目建设工期长，未来的不确定因素很多，项目建设的风险客观存在，投资者对该项目和风险无法在短期内做出合理判断，观望者较多。因此，本阶段筹资策略是：争取政府的直接投入和政策上的支持，国家注入的资本金和政策性银行贷款是这一阶段主要的资金来源。

第二阶段（1998—2003 年）。本阶段特点是：大江截流目标顺利实现，进口机电设备的招标采购工作顺利完成，项目建设初期的重大不确定性因素消除了，投资者对项目如期建成投产和项目投资控制有了进一步的把握，对项目建成后现金流有一个基本的预测，初期认定的风险因素得以大量释放。本阶段筹资策略是：逐步加大市场融资份额，在国内市场发行企业债券，使用国外出口信贷及国际、国内商业银行贷款。

这一阶段，公司的融资行为具有明显的项目融资特征，三峡总公司融资的信用基础并不是公司的资产负债表，而是项目未来的现金流，实质上类似于一种表外融资行为，同国际上项目融资的通行做法一样，政府的支持发挥着重要的作用。

第三阶段（2004—2009 年）。本阶段的特点是：项目开始产生现金流入，工程建设风险进一步释放，电价、电量分配等政策逐步明朗，投资者对项目、公司的财务能力和风险程度可以作出合理的评估与度量。本阶段融资策略是：通过资本市场运作将项目未来的现金流提前到当期使用，建立股权融资通道和资本运作的载体（2003 年长江电力上市）。

（2）融资渠道和融资工具分析。按三峡工程总体筹资方案，原来确定的资金来源渠道主要有：

三峡工程建设基金，1992 年国务院总理办公会议决定，全国每 kW·h 用电量征收 3 厘钱作为三峡工程建设基金，并免交各种税费，专项用于三峡工程建设，征收范围为全国除西藏以及国家扶贫的贫困地区的农业排灌以外的各类用电量，1994 年三峡基金征收标准提高到每 kW·h 为 4 厘钱，1996 年，三峡工程直接受益地区及经济发达地区征收标准提高到每 kW·h 为 7 厘钱，这些收入作为国家对三峡总公司的资本金投入，预计建设期（1993—2009 年）可征收 900 亿～1000 亿元；葛洲坝电厂利润及提价收入，预计建设期内可收入约 100 亿元；国家开发银行贷款，自 1994—2003 年每年安排 30 亿元，总额为 300 亿元人民币；三峡电厂建设期逐年投产发电收入自 2003—2009 年预计可收入 670 亿元。

以上诸项资金来源总和大约为 2070 亿元，基本满足动态预算 2039 亿元的要求。但是在实际执行过程中，三峡公司并没有按照这一筹资方案运作。笔者分析认为，主要原因就是成立了长江电力股份有限公司。

2002 年 9 月，中国三峡总公司作为主发起人，设立了中国长江电力股份有限公司，经营管理葛洲坝电厂和三峡电厂发电资产。三峡总公司改制重组的思路是：以葛洲坝电厂为基础，优化重组三峡总公司电力生产业务，改制成立长江电力股份公司，在 2003 年三峡首批机组投产发电期间，实现首次公开发行并上市的目标。之后，运用多种融资渠道募集资金，逐步收购三峡投产机组，三峡总公司将所筹集资金用于长江上游水力资源的滚动开发。2003 年 10 月，长江电力 A 股发行成功，11 月 18 日，长江电力 A 股在上海证券交易所上市。

因为新成立的长江电力经营管理葛洲坝电厂和三峡电厂发电资产，产生的利润自然归长江电力所有，长江电力要用这些收入去购买母公司的投产机组，这样一来原定的筹资方案中第二项和第四项资金来源就无法获得了。因此，事实上三峡工程的建设资金主要来源于以下几个渠道：

国家投入资本金。主要来源于三峡工程建设基金和改制前葛洲坝电厂的利润及提价收入。无须还本付息，但国家要按出资比例分享收益。

国家政策性银行贷款。主要是国家开发银行贷款，从 1994—2003 年，国家开发银行每年为三峡工程提供 30 亿元的贷款，总额为 300 亿元，贷款期限 15 年，宽限期 10 年。

国内商业银行贷款。1998 年三峡公司与中国建设银行、工商银行、交通银行签订贷款总额 110 亿元人民币的授信协议，为二期工程的资金来源提供了可靠的保证贷款期限 3 年，滚动使用，通过借新还旧、蓄短为长，降低了融资成本，并增加了资金调度的灵活性，长期资金与短期资金相结合，优化了负债结构，降低了总体融资成本。针对人民银行关于国有商业银行对国有企业贷款利率可以在基准利率上下 10% 范围内浮动的政策规定，2001 年年底，三峡公司通过与有关的商业银行进行贷款条件公开征询活动，取得了满意的结果，各商业银行均承诺可以在人民银行规定的基准利率基础上下浮 10%，首次在贷款利率上体现了公司信用的差别。

国内债券融资。从 1997 年开始，三峡总公司在国内债券市场发行企业债券，在债务融资安排中，充分考虑了期限、币种、固定利率与浮动利率以及提前还款条件的合理搭配，以适应三峡工程现金流的特点。到 2004 年底，三峡总公司共发行六期三峡债券，发行总额 190 亿元。三峡债的发行规模越来越大，期限越来越长，投资者逐步由以个人投资者为主向机构投资者为主转变，约 90% 的债券为机构投资者购买。三峡债券已成为我国债券市场上的中坚力量，被称为企业债券的"龙头债"视为准国债，已基本成为其他企业债券的定价基准，在市场上享有良好的声誉。六期三峡债的发行，使三峡总公司在财务上锁定了长期筹资成本，优化了债务期限结构，至 2004 年末已节约财务成本约 7.4 亿元人民币。

出售机组收入（股票融资）。长江电力通过上市，募集资金总额 100.018 亿元 2003 年年底，长江电力利用募集资金加上 87 亿元的负债和自有资金，收购了三峡首批投产的 4 台发电机组。三峡总公司出售 4 台机组获得 187 亿元现金，用于三期工程建设并提前偿还贷款 60 亿元，使三峡总公司合并资产负债率由 52％降至 48％，2003—2004 年即减少利息支出 6.08 亿元，改善了三峡总公司的财务结构。

国外出口信贷。三峡工程在国际融资活动中，最为成功、影响最大的就是 1997 年三峡左岸 14 台水轮发电机组的国际招标融资活动。招标中，三峡总公司充分利用竞争机制，采取了融资和商务招标同步进行的办法，成功地引进了外资 11.2 亿美元（其中出口信贷 7 亿美元，商业贷款 4.2 亿美元），且贷款覆盖面广，期限长，条件优惠。提供出口信贷的国家分别是德国、法国、加拿大、瑞士、西班牙、巴西、挪威等七个国家，七个国家的出口信贷总期限都是 21 年，其中用款期 9 年，还款期 12 年。用款期内进行利息资本化，还本付息从最后一台机组投产后开始，减轻了建设期资金压力。经综合计算，出口信贷融资成本为年利率 7.8％。这次利用机组招标引进外资，整体上优于国家批准的三峡工程总体筹资方案中的原定目标，国内商业银行普遍认为，这是我国大型项目近期利用外资条件最优惠的，是一次成功地引进外资的实践。

国外商业银行贷款。三峡总公司的国外商业银行贷款也是在上述机组招标过程中获得的。以德国德累斯顿银行为牵头行和以法国兴业银行与香港汇丰银行联合牵头组成的两个商业银团，提供的商业贷款为 4.2 亿美元，约占融资协议总金额（11.2 亿美元）的 40％，参与提供贷款的银行共有 26 家。商业贷款总期限分别是 15 年和 17 年，其中用款期 9 年，还款期 6 年和 8 年。德累斯顿银行商业贷款〔期限 17 年综合融资成本为 LIBOR＋85bp（basis points，即基本点）〕；法国兴业银行与香港汇丰银行商业贷款（期限 15 年）综合融资成本为 LIOBR＋80bp。如此长期稳定的资金符合三峡工程的工期特点和建设要求。

到 2004 年年底，三峡工程共筹集资金约 1205 亿元，其中：国家投入资本金 53 亿元，国家开发银行贷款 183 亿元（余额），企业债券 170 亿元（余额），国外出口信贷、国际商业贷款及国内银行外币贷款 76 亿元，国内商业银行中短期贷款 38.2 亿元，通过长江电力上市出售三峡工程首批投产 4 台机组筹集资金 187 亿元，三峡总公司经营活动产生现金流入 21 亿元。

4. 三峡工程融资方案评析

三峡工程融资几乎采用了我国目前资本市场上的所有手段，在融资渠道和融资方式上大胆创新，取得了很大的成功，其积累的经验值得我们学习和借鉴。总结起来，其成功的因素主要体现在以下几点。

项目法人责任制。三峡工程实行项目法人责任制，属于国内首创，也是三峡工程得以顺利实施的最基本前提。

项目资本金制度。是三峡融资模式设计中最根本的一条。水电是比较典型的资本密集型行业。资本金不足是制约全球特别是发展中国家水电资源开发的关键因素之一。三峡工程总公司成立后，国务院批准把三峡基金作为国家对三峡总公司投入的资本金。

构建持续融资和资本运作载体。改制重组设立长江电力，其主业突出、资产优良，可有效屏蔽水电工程建设风险，获得投资者认可，有利于顺利上市和持续融资。三峡总公司具有水电建设开发的核心竞争力，通过出让成熟资产给长江电力，以长江电力为资本运作载体，可实现实物资产与现金资产的有效快捷转换，屏蔽电力生产经营的市场风险，加快长江上游水力资源开发，更好地实现"建设三峡，开发长江"的战略目标。上述改制上市模式的设计，建立了将社会资金有效转化为建设资金的纽带，有利于三峡总公司与其控股的长江电力股份公司发挥各自的优势，形成良性互动，是大型水电工程建设融资模式的制度创新，对我国投融资体制改革有着重要的借鉴意义。

创新性使用国际资本。把融资招标与商务招标和技术引进同时进行，充分利用竞争，争取优惠的出口信贷和商业贷款条件，在我国利用外资中属于首创。

挑战"二八"模式。三峡工程融资模式打破了国家规定的一般项目资本金比例不得低于20%，否则不得开工、不给投资许可证、金融机构不予贷款的传统模式。

科学严格的投资管理体系。工程投资实行"静态控制、动态管理"的模式。静态控制就是要对国家批准的初设概算、执行概算、标底价、合同价层层控制，守住静态投资的"底线"；动态管理就是管理好价差和利率，结算价差实行报批制度，承包单位结算价差严格按合同办理，加强对国际资本市场的分析和预测，根据市场的变化灵活调整举债的方式，采用调期、互换等金融工具重组、优化债务结构，降低资金成本和风险。根据国家经济形势的变化和利率汇率的变化，合理进行债务置换，降低利息成本。1993年所借外债利率较高，2001年后美联储连续41次降低利率，三峡总公司抓住机会，从中国银行贷款置换了一批外债，融资成本降幅达71%。通过以上的管理办法，三峡工程投资总额得到有效控制，三峡总公司总经理李永安在接受记者采访时说，三峡工程投资总额完全可以控制在1800亿元以内，比原计划少用200多亿元。彻底打破了我国一些大型工程建设中经常出现的"投资无底洞"现象的怪圈。

三峡工程融资模式也存在一些不足之处，主要体现在：

国家投资比重较大。从图21-7可以看出，国家投入资本金530亿元，占三峡筹资总额的44%，国家开发银行投入183亿元贷款，占三峡筹资总额的15%，二者之和所占比重达到59%。从这一数字我们可以得到一个结论，三峡工程融资并没有彻底突破我国计划经济时期传统的投融资框架，在融资的指导思想和战略上仍然受到一些束缚。

外资比重较少。三峡工程引进外资的方式主要是出口信贷和商业银行贷款两种，虽然是开创了一个很成功的先例，但从引进外资的绝对量来看，数额仍然较少。图21-7显示，这部分额度只占到三峡融资总额的6%不到。

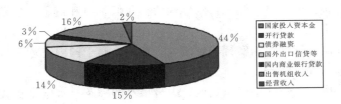

图21-7　各类资金占三峡工程融资总额的比重（截至2004年年底）

引进外资的方式较为单一。三峡总公司原来酝酿通过发行国际债券的方式进行国际融资，因受国家政策的控制及国际金融市场的动荡的影响，该方式目前并未得到实施，但是该方式应该是三峡总公司扩大利用外资的必然发展方向。国际股权融资方式可以吸收国际资本的直接投资，三峡工程也没有采用。三峡工程国际融资也没有运用国际金融机构贷款，也未从事申请活动。三峡工程建设初期曾有国外投资者提出以 BOT 方式参与三峡工程建设，但并未被接受。国际融资租赁等其他诸多方式也未采用。

造成这种现象的原因，或许是因为三峡工程的特殊性决定的。三峡工程在其国内资金来源有保障的情况下，未通过以上方式大量引进外资也是其融资的特点之一。

第三节　水电工程投资估算

投资估算在我国有特定的含义，即指立项和可行性研究阶段对拟建项目投资额的计算。投资估算是建设项目前期研究的重要内容，它关系到项目决策的正确性。投资估算也是工程造价的表现形式之一，它所包含的内容与工程造价基本一致。由于投资估算发生在立项或可行性研究阶段，这时对建设项目的研究主要是从项目建设的必要性、技术上的可行性和经济上的合理性进行广泛深入的研究，而对建设项目的具体建设方案等研究不深，还不能准确地计算实物工程量，因此水电工程投资估算的精度不高，对于估算的工程量往往要作出调整。一般是估算工程量乘以阶段调整系数。

一、投资估算的作用

投资估算是项目决策的重要依据之一。投资估算的准确性在一定程度上直接影响决策的正确性，因此水电工程投资估算在决策阶段具有十分重要的作用。具体表现在：

（1）投资估算是预可行性研究报告中不可缺少的组成文件之一。

（2）投资估算是项目资金筹措的依据。水电工程投资估算一般应对主体工程项目进行单价和指数的初步分析，估算主体工程、机电设备和金属结构设备投资，分析其他项目与主体工程费用的比例关系，估算静态总投资。这些都为资金筹措提供直接依据。

（3）投资估算是研究水电设计项目经济效益，对项目进行经济评价的重要经济指标，尤其是投资估算的准确性，是影响经济评价的关键因素之一。如果投资估算偏大，则项目的经济评价效益偏低，结果失真，甚至可能否定实际可行的控制方案；如果投资估算偏小，则同样评价结果失真，导致项目建设中投资失控。

（4）投资估算一经批准是项目投资控制的最高限额，对概算起控制作用。若实行限额设计，则投资估算是确定限额设计额度的依据。国家计委规定概算突破估算的 10%，则项目必须重新论证。在实行限额设计时，投资估算也是确定设计限额的依据。

（5）投资估算也是施工验收、考察项目建设经济性的宏观依据。

二、投资估算的组成

从体现建设项目投资规模的角度，根据工程造价的构成，投资估算包括固定资产投资估算和铺底流动资金估算。

固定资产投资估算的内容按照费用的性质划分，包括建筑安装工程费、设备及工器具购置费、工程建设其他费、预备费（分为基本预备费和价差预备费）、建设期贷款利息，及固定资产投资方向调节税（水电工程一般为 0 税率）。

铺底流动资金的估算是项目总投资估算中的一部分，它是项目投产后所需的流动资金的30%，根据国家现行规定要求，新建、扩建和技术改造项目，必须将项目建成投产后所需的铺底充动资金列入投资计划，铺底流动资金不落实的，国家不予批准立项，银行不予贷款。

三、投资估算的一般方法

（一）资金周转率法

资金周转率法是基于建设项目投资与正常年份年销售总额的一种稳定的相关性来计算投资估算的方法。即

$$投资额 = \frac{年销售总额}{资金周转率}$$

$$资金周转率 = \frac{年销售总额}{投资额} = \frac{产品产量 \times 产品单价}{投资额}$$

由上述公式可以看出：

（1）资金周转率的值依不同的行业不同而不同，这是由其相关性决定的。国外化学工业的资金周转率近似为1.0，生产合成甘油的化工装置资金周转率近似为1.41。

（2）拟建项目的资金周转率根据已建项目的有关数据计算，因此投资估算的精度取决于过去和现在资金周转率的稳定程度。资金周转率与投资估算成反向变动关系，即资金周转率估计偏小，投资估算偏大，反之则偏小。

（3）当资金周转率的值偏差在$-23.1\%\sim42.9\%$内时，投资估算的误差可在$\pm30\%$以内，当误差超出$-23.1\%\sim42.9\%$时，投资估算的误差将超出$\pm30\%$。

这种方法比较简便，估算速度快，精度低，拟建与已建项目相似程度多时适用，水电工程一般不采用此方法。

（二）生产能力指数法

生产能力指数法是指基于已建工程和拟建工程生产能力与投资额或生产装置投资额的相关性进行投资估算的一种方法，其特点是生产能力与投资额呈比较稳定的指数函数关系，其计算公式为

$$C_2 = C_1 \left(\frac{Q_2}{Q_1}\right)^n f$$

式中：C_1为已建类似项目或装置的投资额；C_2为拟建项目或装置的投资额；Q_1为已建类似项目或装置的生产能力；Q_2为拟建项目或装置的生产能力；f为已建项目年份与拟建项目年份期间有关定额、物价水平等因素的综合调整系数；n为生产能力指数，$0 \leqslant n \leqslant 1$。

若已建项目或装置的规模和拟建项目或装置的规模相差不大，生产规模比值在$0.5\sim2.0$之间，则指数n的取值近似为1。

若已建项目或装置的规模和拟建项目或装置的规模相差不大于50倍，且拟项目规模的扩大仅靠增大设备规模来达到时，则n的取值在$0.6\sim0.7$之间；若是靠增加相同规格设备的数量达到时，n的取值约在$0.8\sim0.9$之间。

此方法对类似的工业生产项目比较适合，对水电工程不适用。

四、水电工程投资估算的编制

水电工程预可行性研究阶段应编制预可行性研究投资估算。投资估算是水电工程预可行性研究报告的重要组成部分。水电工程预可行性研究投资估算是按预可行性研究设计成果、国家有关政策规定和行业标准编制的建设项目所需要的投资额，是进行项目国民经济初步评价及财务初步评价的依据，是国家为选定近期开发项目做出科学决策和批准进行可行性研究设计的重要依据。

根据《水电工程预可行性研究报告编制规程》规定的工作深度，水电工程投资估算的项目划分为枢纽工程、建设征地和移民安置补偿、独立费用三部分。枢纽工程包括施工辅助工程、建筑工程、环境保护和水土保持工程、机电设备及安装工程、金属结构设备及安装工程五项；建设征地和移民安置补偿包括农村部分、城市集镇部分、专业项目、库底清理、环境保护和水土保持五项；独立费用包括项目建设管理费、生产准备费、科研勘察设计费、其他税费四项，如图 21 - 8 所示。

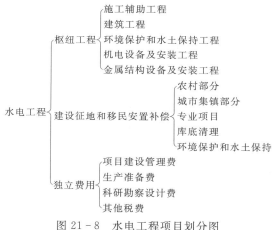

图 21 - 8 水电工程项目划分图

（1）施工辅助工程，指为辅助主体工程施工而修建的临时性工程。由施工交通工程、施工期通航工程、施工供电工程、导流工程、施工及建设管理房屋建筑工程和其他施工辅助工程等六个项目组成。

1）施工交通工程：指施工场地内外为工程建设服务的临时交通设施工程，包括公路、铁路、桥梁、施工支洞、架空索道、铁路转运站、水运码头、桥涵及道路加固，以及建设期间上述设施的维护等。

2）施工期通航工程：包括通航设施、助航设施、货物过坝转运费、施工期航道整治维护费、施工期临时通航管理费、断碍航补偿费等。

3）施工供电工程：包括从现有电网向场内施工供电的高压输电线路、施工场内 10kV 及以上线路工程和出线为 10kV 及以上的供电设施工程。其中供电设施工程包括变电站的建筑工程、变电设备及安装工程和相应的配套设施等。

4）导流工程：包括导流明渠、导流洞、施工围堰（含截流）及蓄水期下游临时供水工程等。

5) 施工及建设管理房屋建筑工程：指工程在建设过程中为施工和建设管理需要兴建的房屋建筑工程及配套设施，包括施工仓库及辅助加工厂、办公及生活营地、所需的场地平整，以及相应的维护与管理。

　　6) 其他施工辅助工程：指除上述所列工程以外，其他所有的施工辅助工程。包括：施工供水系统，施工供风系统，施工通信系统，施工管理信息系统，料场覆盖层清除及防护，砂石料生产系统，混凝土生产及浇筑系统（含缆机平台），施工场地平整，施工临时支撑，地下工程施工通风（包括施工期内需要建设的通风设施和施工期通风运行费），沟水处理（含泥石流治理），施工排水（包括施工期内需要建设的排水工程、经常性排水措施及排水费用），大型施工机械安装拆卸，大型施工排架、平台，施工期安全监测，施工期水情测报，施工区封闭管理措施，施工场地整理，施工期防汛、防冰等。其他施工辅助工程所包含的项目中，如有费用高、工程量大的项目，可根据工程实际需要单独列项处理。

　　(2) 建筑工程，指主体建筑工程、交通工程、房屋建筑工程和其他建筑工程。

　　1) 主体建筑工程：包括挡水工程、泄水工程、输水工程、发电工程、升压变电工程、航运过坝工程、灌溉渠首工程、近坝岸坡处理工程等。

　　2) 交通工程：包括上坝、进厂、对外及场内永久性的公路、铁路、桥涵、隧洞、码头等交通工程，以及对原有的公路、桥梁等的改造加固工程。

　　3) 房屋建筑工程：包括为现场生产运行管理服务和按有关文件规定需要建设的辅助生产建筑、仓库、办公室、值班公寓及附属设施等房屋建筑、室外工程。

　　4) 其他建筑工程：包括安全监测工程，水文、气象、泥沙监测工程，劳动安全与工业卫生工程，动力线路，照明线路，通信线路，厂坝区供水、供热、排水等公用设施工程，地震监测站（台）网工程及其他。

　　(3) 环境保护工程和水土保持工程，指在工程建设区内为减轻或消除项目兴建对环境的不利影响所采取的各种保护工程和措施。环境保护工程包括水环境保护工程、大气环境保护工程、声环境保护工程、固体废物处置工程、地质环境保护工程、土壤环境保护工程、陆生生态保护工程、水生生态保护工程、人群健康保护工程、景观及文物保护工程、环境监测工程及其他。水土保持工程包括永久工程占地区、施工营地区、弃渣场区、土石料场区、施工公路区、库岸影响区等水土流失防治区内的水土保持工程措施、植物措施、水土保持监测工程及其他。

　　(4) 机电设备及安装工程，包括主要机电设备及安装工程和其他机电设备及安装工程两项。

　　1) 主要机电设备及安装工程：包括水轮机（水泵水轮机）、发电机（发电电动机）、进水主阀、桥式起重机、发电机断路器、变频启动装置、离相封闭母线、主变压器和高压组合电器（或高压设备）、SF6管型母线、高压电缆等设备及安装工程。

　　2) 其他机电设备及安装工程：指除主要机电设备以外的其他所有机电设备及安装工程，如水力机械辅助设备、电气设备、控制保护设备、航运过坝设备、通信设备、通风采暖设备、机修设备、升压站其他设备、电梯，坝区馈电设备，厂坝区供水、供热设备，水文、气象、泥沙监测设备，安全监测设备，消防设备，交通设备，全厂保护网和接地工程等。

（5）金属结构设备及安装工程，指构成电站固定资产的全部金属结构设备及安装工程。金属结构设备及安装工程的扩大单位工程，应与建筑工程扩大单位工程或分部工程相对应。金属结构设备及安装工程包括闸门、启闭机、拦污栅等设备及安装工程，升船机设备及安装工程，压力钢管制作及安装工程和其他金属结构设备及安装工程。

（6）建设征地和移民安置补偿，包括农村部分、城市集镇部分、专业项目、库底清理、环境保护和水土保持等五项，具体执行现行水电工程建设征地移民安置补偿费用概（估）算编制规范中关于投资估算的项目划分。

（7）独立费用，包括项目建设管理费、生产准备费、科研勘察设计费、其他税费四项，具体内容同现行水电工程设计概算编制规定。

水电工程总费用由枢纽工程费用、建设征地和移民安置补偿费用、独立费用、基本预备费、价差预备费、建设期利息六部分组成。各部分的费用构成与现行水电工程设计概算编制规定一致。水电工程估算编制方法与《水电工程设计概算编制规定》（2007年版）基本相同。

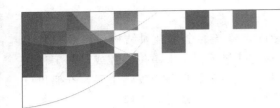

第二十二章
设计阶段的工程造价管理

第一节 概 述

水电工程设计是对建设项目进行全面规划和具体描述实施意图的过程，是工程建设的灵魂。所以设计过程中正确处理好技术与经济的关系是十分重要的，因此设计阶段是确定与控制工程造价的关键环节。从我国水电建设实践来看，超概算的现象还普遍存在。一方面说明设计阶段对工程造价具有较大影响；另一方面又说明了人们对设计阶段的工程造价控制还缺乏应有的重视。超概算的危害是显而易见的，它不仅使项目自身的投资失控而影响了投资的效益，也使宏观的投资规模失控，从而影响了整个国民经济的正常运行。

一、水电工程设计阶段的划分

设计阶段是根据设计内容、范围以及主要解决的问题进行划分的，一般建设工程设计阶段划分为初步设计，技术设计和施工图设计三个阶段，在基本建设程序中，统称为设计阶段。我国水电工程设计按上述要求划分为三个阶段。但由于水电工程的特殊如建设周期长、投资大、技术复杂等，加上水电建设体制的变化，水电工程设计划分为初步设计、技术设计、施工图设计已不适应水电工程这一较为特殊的基本建设的要求，根据水电工程的实际，在江河流域综合利用规划及河流水电规划选定的开发方案的基础上，根据国家与地区电力发展规划的要求，编制水电工程预可行性研究报告。预可行性研究报告经主管部门审批后，即可编报项目建议书。将原有可行性研究和初步设计两阶段合并，统称为可行性研究报告阶段，取消原初步设计阶段。现行的可行性研究报告阶段的设计深度，按原来的初步设计编制规程要求进行，这一阶段的造价文件，仍称为设计概算。增加招标设计阶段，取消原技术设计阶段，此阶段的设计深度暂按原技术设计要求进行勘测设计工作，并在此基础上编制招标文件。招标文件分三类：主体工程、永久设备和业主委托的其他工程的招标文件。保留原施工图设计阶段。

二、水电工程设计与工程造价的关系

水电工程设计具有技术难度大，地质水文条件复杂，设计内容广等特点，正因为有这些特点，水电工程设计与工程造价有着更为密切的关系。设计方案的选定，地质水文条件的勘测，施工方案的选优无不与工程造价有着密切的关系。同时设计质量的好坏，是否满足要求，也与工程造价的确定与控制十分相关，因此水电工程设计阶段是控制工程造价的关键环节。

（一）工程设计是项目建设过程中承上启下的重要阶段

一个项目的建设可分为项目决策、项目设计和项目施工等阶段。显而易见项目的设计既要准确地反映项目决策的内容和思路，又要指导项目的具体施工。设计思想如果偏离了决策的思路，再正确的决策也会失败。当工程项目决策之后，工程设计是将决策理想变为现实的唯一桥梁，能否贯彻决策的内容，怎样实现决策的目标，只能通过工程设计予以体现。设计成果作为指导施工的法律性文件，其重要性也是不言而喻的。设计阶段实际上在项目建设的过程中起到了承上启下的作用。

（二）工程技术与经济相结合是工程设计的重要内容

技术为经济服务，技术问题归根结底是经济问题，没有也不可能有脱离经济的纯技术，同样，经济必须以技术为物质基础，在工程设计过程中，时时处处都体现工程技术与工程经济的相结合，在一定程度上可以说工程设计就是合理地处理好工程技术与工程经济的相互关系。只有经济合理的技术，才会有生命力，同样的，只有技术的不断进步，才能更加趋近于经济合理。在水电工程设计中，坝址、坝型的选择，施工方案的比较、优化、结构的选型等，都必须将工程技术与工程经济结合起来，否则不可能获得优秀的设计成果。

（三）设计阶段是工程造价控制的关键环节

从国内外工程实践及工程造价资料分析表明，设计阶段对工程造价的影响程度为 $75\%\sim85\%$，而在施工阶段通过技术革新等手段，对工程造价的影响程度却只有 $5\%\sim10\%$。显然，设计阶段是控制工程造价的关键环节。设计方案选定、结构的优化、新材料的采用，先进的设计理念和方法等无一不是影响工程造价的重要因素。同时设计决定了工程量的大小，也决定了资源的消耗量，每一个标高、尺寸的确定都直接影响了工程量的大小，这就是人们常说的"图上一条线，投资千千万"。设计的质量、设计的深度也决定了工程造价的可靠程度。往往由于设计质量不高、设计深度不够，造成大量的设计变更，使工程造价失控。长期以来，尤其是在计划经济条件下，只负技术责任，不负经济责任的现象，使得工程造价一而再，再而三的被突破，继而造成投资效益低下。随着市场经济体制的逐步建立，人们对投资效益给予更大的关注，尤其是实行项目法人责任制以后，项目法人对项目的决策、资产的保值增值负全责。设计阶段越来越受到广泛重视，如在设计阶段开展限额设计、实行设计招标引入竞争机制、采取各种技术措施提高设计质量等等，以控制工程造价提高投资效益。我国建筑设计市场还存在许多问题，如竞争不够充分、机制不够完善等。

（四）设计者的素质对设计质量以及工程造价的影响

设计阶段既是控制工程造价最有效的阶段，也是最难以控制的阶段。首先，设计是一项创造性的劳动，建筑物既是物质产品，也是精神产品，对于创造性劳动很难把握控制的度；其次，设计质量受到设计者主观因素的影响。如设计者的技术水平、知识结构、经验、爱好习惯、风格等都对设计质量产生一定的影响，不同的设计者对问题的理解，对解决问题的切入点存在差异，因而设计的质量以及对工程造价的影响程度是不同的；再次，设计质量的好坏很难用一个尺度去度量。尽管如此，设计成果的优劣还是有一个客观的标准，即是否满足了功能要求，是否有效地控制了工程造价。因此在设计阶段应加强监督、控制和管理。如既要充分发挥设计者的聪明才智，又要集思广益，避免由于设计者个人素质的缺陷造成的影响。

三、设计阶段工程造价控制的主要措施

（一）推行设计招标制

设计招标制度的推行为开发企业在规划设计阶段提高设计质量，进行投资控制提供了契机。在设计招标过程中，开发企业就有权对投标方案的合理性、经济性进行评估和比较。在满足设计任务书的要求下，把设计的经济性也纳入评标条件。当前，一般评标所邀请的多为工程方面的专家，而懂建筑专业的经济师却很少参与，这就容易造成评标质量的偏差。所以，在确定中标方案后，开发企业仍有必要汇集开发、预算、工程管理和营销部门的专业人员，共同对中标方案再次提出优化意见，进一步提高设计的经济性和合理性。设计是工程建设的龙头，当一份施工图付诸于施工时，就决定了工程本质和工程造价的基础。一个工程在造价上是否合理，是浪费还是节约，在设计阶段大体定型。由设计不当造成的浪费，其影响之大是人们难以预料的。目前设计部门普遍存在"重设计、轻经济"的观念。设计概预算人员机械地按照设计图纸编制概预算，用经济来影响设计，优化设计，衡量、评价设计方案的优秀程序以及投资的使用效果只能停留在口头。设计人员在设计时只负技术责任，不负经济责任。在方案设计上很多单位都能做到两个以上方案进行比较，在经济上是否合理却考虑很少，出现了"多用钢筋，少动脑筋"的现象。特别在竞争激烈的情况下，设计人员为了满足建设单位的要求，为了赶进度，施工图设计深度不够，甚至有些项目出现做法与选型交代不清，使设计预算与实际造价出现严重偏差，设计文件不完整。因此，推行设计招标，引进竞争机制，迫使竞争者对建设项目的有关规模、工艺流程、功能方案、设备选型、投资控制等作全面周密的分析、比较，树立良好的经济意识，重视建设项目的投资效果，用最经济合理的方案设计参加竞赛。而建设单位通过应用价值工程理论等对设计方案进行竞选比较、技术经济分析，从中选出技术上先进、经济上合理、既能满足功能和工艺要求，又能降低工程造价的技术方案。为鼓励和促进设计人员做好方案选择，把竞争机制引入设计部门，这样才能激发设计者以最优化的设计，最合理的造价，赢得市场，从而有效地控制造价。

（二）实施限额设计

所谓限额设计，就是按照批准的设计任务书和投资估算来控制初步设计，按照批准的初步设计总概算控制施工图设计，同时各专业在保证达到使用功能的前提下，按分配的投资限额控制设计，严格控制技术和施工图设计的不合理变更，保证总投资额不被突破。

要求设计单位在工程设计中推行限额设计。凡是能进行定量分析的设计内容，均要通过计算，技术与经济相结合，用数据说话，在设计时应充分考虑施工的可能性和经济性，要和技术水平和管理水平相适应，要特别注意选用建筑材料或设备的经济性，尽量不用那些技术未过关、质量无保证、采购困难、运费昂贵、施工复杂或依赖进口的材料和设备；要尽量搞标准化和系列化的设计；各专业设计要遵循建筑模数、建筑标准、设计规范、技术规定等进行设计；要保证项目设计达到使用功能的前提下，按分配的投资限额控制设计，严格控制技术设计和施工图设计的不合理变更，保证总投资额不被突破。设计者在设

计过程中应承担设计技术经济责任，以该责任约束设计行为和设计成果，把握两个标准：即功能（质量）标准和价值标准，做到二者协调一致。将过去的"画完算"改为现在"算着画"，力保设计文件、施工图及设计概算准确无误，保证限额设计指标的实施。

（三）改变设计取费办法，实行设计质量的奖罚制度

现行的设计费计算方法，不论是按投资规模计价收费，没有任何经济责任，不管工程设计的质量好坏，不论投资超不超预算，甚至不管建设项目有没有实施，设计人员有没有到现场服务，只要出了图纸就获得收益。这种计费办法助长了设计单位只重视技术性，忽视科学性、经济性的观念。实际工作中经常会碰到设计过于保守或设计功能没有达到最优或在施工过程中随意变更，致使工程造价居高不下和决算价大大超出原概算，对建筑业的正常发展造成不良的影响。因此，应对现行设计费的计费方法和审核办法进行改革，建立激励机制。试行在原设计计费的基础上，对因设计而节约投资，按节约部分给予提成奖励，因设计变更而增加投资也按增加部分扣除一定比例的设计费，实行优质优价的计费办法，这样将有利于激励设计人员精益求精地进行设计，加强设计人员的经济意识，时刻考虑如何降低造价，把控制工程造价观念渗透到各项设计和施工技术措施之中。另一方面，对设计单位编制的概、预算实行送审后决算设计费的制度，对概预算编制项目不完整，估算指标不合理，没有进行限额设计，概预算超计划投资的责成设计单位重新设计；同时，设计费也预留一个百分数尾款，待工程竣工后再结清最后的尾款，这样就可防止设计人员在施工过程中不到现场进行技术指导的现象，同时迫使设计单位重视建设项目的投资控制，重视造价人员的工作。

（四）推行设计监理制度

目前，政府主管部门一直未出台设计监理机制，不利于价格控制。虽然我国推行建设监理制，但设计的监理工作还未强制执行。让一部分有经验的监理人员参与到设计阶段中，在一些开发单位已经实施，并取得了效果。推行设计监理，从项目可行性研究阶段就参与进去，协助开发商调研、考察、立项，论证方案的可行性并提出合理性建议。实行设计监理，可以减少设计过程中可能存在的缺陷与失误，提高设计质量，有效控制工程价格。

四、设计阶段工程造价文件的审查

设计阶段工程造价的审查主要是对设计概算的审查。

（一）设计概算的审查内容

（1）编制依据的审查。

1）审查编制依据的合法性。采用的各种编制依据必须是经过国家和授权机关批准的，未经批准的不能采用。

2）审查编制依据的时效性。编制依据具有很强的时效性，在编制设计概算时，必须采用经国家和有关部门批准的现行的有关依据，如定额、指标、费用标准等。由于水电工程建设周期较长，有时在工程建设过程中会遇到定额、费用、标准等依据发生变化。除有关特殊规定外，一般应按新的编制依据执行。

3）审查编制依据的适用范围。其包括两层含义：其一，各主管部门规定的各专业概算编制依据，只适用于该部门的专业工程，各地区规定的概算编制依据，只适用于该地区；其二，主管部门（如水电）规定的概算编制依据中，也存在只适用于各个地区的有关调整系数，地区差别等因素。

（2）概算编制内容深度的审查。概算编制是否按规定的内容进行编制，有否漏项，重复计算的问题。概算编制是否按规定的深度编制，有否任意简化、并项的情况。

（3）建设标准、规模的审查。概算编制的范围是否按审批的建设标准，规模进行的。有否超过审批建设规模和标准的现象。

（4）费用的审查。费用在概算造价中占有较大比例，其计算的正确性，直接影响概算造价的准确性。费用的审查重点是根据工程规模审查费取费基础是否正确，费率是否合理。

（二）设计概算审查的方式

设计概算审查的方式多采用多个专业组联合会审的方式。设计概算审查的基本方法有：

（1）重点审查法。即对关系到概算质量的重点问题进行重点审查，如编制依据，基础单价，费用等都是重要的因素。

（2）对比审查法。即纵向和横向的对比，通过比较发现问题。纵向对比，即设计概算与投资估算的对比；横向对比，即拟建项目与已建项目有关技术经济指标的对比。

（3）主要因素复核法。即对概算造价影响较大的因素进行复核，计算的方法。

第二节　设计招标与设计方案优化

一、设计招投标与工程造价的控制

"招标投标法"规定，在中华人民共和国境内进行下列工程建设项目包括项目的勘察、设计、施工、监理以及与工程建设有关的重要设备、材料等的采购，必须进行招标。

设计招投标与施工招投标从本质上讲是一致的，都是通过引入竞争机制来优选承包者。但它们毕竟是项目建设过程中两个不同的阶段，其要解决的问题是不同的。设计招投标与施工招投标相比，存在一些不同之处，这也正是在实行设计招投标时必须认识清楚的问题，区别其不同点有利于实施项目设计招投标。与施工招投标相比，设计招投标有如下特点。

1. 设计投标方需要进行实质性的具体设计工作

设计投标主必须按照招标方提出的设计范围、设计深度，完成足够的设计任务，以提供足以能够比较设计方案的优劣。而施工投标时，承包商只需编制投标文件。因而相对于施工招投标，设计投标方要投入相当的人力、物力和财力，才可能对设计招标方的要求作出实质性的响应，其经济风险明显高于施工投标。当前设计招标远没有施工招标普及，这不能不说是其影响因素。

2. 设计招标没有可供比选的，量化的评价指标

设计招标不可能像施工招标那样有客观的标底，因而评价设计方案的优劣，确定中标

设计方案的难度，较之施工招标缺乏量化的指示，所谓仁者见仁，智者见智。此外，设计受人们主观因素影响较大，设计者的阅历、经验、技术水平、设计风格、设计手段等不同，较难用量化的指标进行评价。因此设计招标的评标是技术性很强的工作，尤其需要组成以专家为主的评标委员会和制定科学合理的评标标准。

3. 投标报价（即设计费用）不是中标的主要因素

在施工招投标中，投标报价在评标指标中占有较大的权重，但在设计招投标中，由于设计费用只占建设工程投资的很小一部分，关键是设计方案的优劣和投入产出，经济效益的好坏等，设计投标方的报价一般不作为评价指标的重要内容。

（一）设计招投标

1. 设计招投标的概念

设计招投标是指招标单位根据拟建工程的设计任务发布招标公告，以吸引设计单位参加竞争，经招标单位审查符合招标资格的设计单位按照招标文件要求，在规定的时间内向招标单位填招标文件，招标单位择优确定中标设计单位来完成工程设计任务的活动称之为设计招投标。设计招投标的目的是：鼓励竞争，促使设计单位改进管理，采用先进技术，降低工程造价，提高设计质量，缩短设计周期，提高投资效益。设计招投标是招标方与招标方之间的经济活动，其行为受到我国"招标投标法"的保护和监督。

2. 实行设计招标的项目应具备的条件

（1）具有经过审批机关批准的设计任务书。

（2）具有开展设计必需的可靠设计资料。

（3）依法成立了专门的招标机构，并具有编制招标文件和组织评标的能力。或委托依法设立的招标代理机构。

3. 设计招标的方式

我国"招标投标法"第十条规定：招标分为公开招标和邀请招标。

公开招标：是指招标人以招标公告的方式邀请不特定的法人或者其他组织招标。

邀请招标：是指招标人以投标邀请书的方式邀请特定的法人或者其他组织投标。

无论是公开招标还是邀请招标都必须在3个以上单位进行，否则招标无效。

4. 设计招标的程序

（1）招标单位编制招标文件。

（2）招标单位发布招标公告或发出投标邀请书给特定的投标人。

（3）投标单位购买或领取招标文件，并按招标文件要求和规定的时间送投标文件。

（4）招标单位对投标单位进行资格审查。主要审查单位性质和隶属关系，工程设计证书等级和证书号，单位成立时间和近期承担的主要工程设计情况，技术力量和装备水平以及社会信誉等。

（5）招标单位向合格设计单位发售或发送招标文件。

（6）招标单位组织投标单位踏勘工程现场，解答招标文件中的问题。

（7）投标单位编制投标文件并按规定时间地点密封报送。投标文件内容一般应包括：方案设计综合说明书；方案设计内容和图纸；建设工期；主要施工技术和施工组织方案；工程投资估算和经济分析；设计进度和设计费用。

（8）招标单位当众开标，组织评标，确定中标单位，发出中标通知书；我国规定：开标、评标至确定中标单位的时间一般不得超过 1 个月。确定中标的依据是：设计方案优劣，投入产出经济效益好坏；设计进度快慢；设计资历和社会信誉等。

（9）招标单位与中标单位签订合同。我国规定：招标单位和中标单位应当自中标通知书发出之日起 30 日内签订书面设计合同。

5. 设计招标的优点

（1）有利于设计多方案的选择和竞争，从而择优确定最佳设计方案，达到优化设计方案提高投资效益之目的。

（2）有利于控制工程造价。工程造价的控制可以作为设计招标中的评价指标，因而投标方在优化设计方案的同时，也十分关注工程造价。

（3）有利于加快设计进度，提高设计质量，降低设计费用。

（二）设计招标文件编制中应该注意的问题

设计招标文件编制的质量是关系到设计招标成败的极为关键的问题。它是设计招标过程中极为重要的工作。其重要性体现在两个方面：一是设计招标文件规定了招标设计的内容、范围和深度；二是设计招标文件是提供给投标方的具有法律效力的投标和依据；三是设计招标文件是签订设计合同的重要内容。

1. 设计招标文件编制的基本原则

设计招标文件的编制必须做到系统、完整、准确、明了，使投标方正确全面地理论招标方的意图，避免产生误解，其编制的基本原则是：

应遵守国家的法律和法规。如招标投标法，合同法等严格按照规定的程序、内容、要求编制。

应注意公正地处理好招标投标双方的利益，合理地分担经济风险以提高投标方的积极性，在当前设计招标市场还不普及的情况下，尤其重要，这是设计招标的特点决定的。

招标文件要详细地说明工程设计内容，设计范围和深度，设计进度要求，以及设计文件的审查方式。评标标准应力求科学合理，具体明确，可操作性强。

2. 招标文件中的设计范围和深度问题

一般来说，设计的范围越广，深度越深，越有利于评定标时把握尺度，量化指标，比较优劣。但过度的要求可能会造成投标主过多的人力、物力、财力的投入，增加其经济风险而降低其投标的积极性。因此，确定适度的设计范围和深度是设计招标文件编制中一个十分重要的技术问题。在确定设计范围和深度时应考虑以下两个方面的问题：一是要选择能够反映本工程特点和主要功能的内容作为招标设计的范围，尽可能略去技术成熟，可比选优劣性差的设计内容，以尽可能减少设计范围。二是设计深度要与评标标准相适应，要以能够比较设计方案优劣，项目投资效益好坏的深度为原则，设计深度太深，会加大投标的经济风险，设计深度太浅又难以比较设计方案的优劣。

（1）评标标准问题。由于设计招投标有标底，因此评标标准在设计招标中具有十分重要的意义，评标标准是否科学合理，是否能客观地衡量设计方案，质量的优劣，是关系到设计招标成败的关键。

（2）先进性标准。判断设计方案优劣的标准要能够体现设计的技术水平，反映本行业或地区的先进水平，如技术经济指标的先进性。在坚持先进性原则的同时应注意所选择先进技术是成功的，成熟可靠的。

（3）适应性标准。适应性标准就是能够甄别设计方案，在技术先进的同时，具有符合该招标项目的特殊情况，即在该条件技术运用恰当，设计方案最能体现项目特点，以及与当地市场资源、技术水平、技术政策等的适应性。

（4）系统性标准。所有的技术方案都不是孤立存在的，判断设计方案的优劣，不是哪一个指标的优劣，而是整体最优。系统工程认为整体大于各部分之和。在评价设计方案优劣的指标中，应该而且必须遵循系统工程的观点，从整体上去判断设计方案的优劣。因此评标标准应该全面、系统。

（5）效益标准。作为招标方总希望找到一个技术上最先进可靠，同时造价又最低的设计方案，实际上这两种要求往往是相对立的，因此，最先进的未必最经济合理，在评标标准一定要体现效益原则，即技术先进、经济合理。

在确定评标标准的同时，还必须考虑评标标准的可操作性问题，即上述那些抽象、原则性的标准，怎样转化成可以量化的，且有可操作性的评价体系。在量化标准时应该注意两个方面的问题。一是评标标准的权重必须反映招标方的预期目标。权重的大小实际上反映了招标方的价值取向，如果强调技术上的先进性，则加大反映技术水平标准的权重。二是抽象标准的量化问题应借助定性定量的分析方法。

二、设计方案的优化

项目设计是一项政策性、技术性、综合性非常强的工作，是建设项目进行全面规划和体现其实施意图的过程，是工程建设的关键，对工程项目的造价起着决定性作用。设计方案对工程造价的影响是根本性的，而方案设计又是设计过程造价控制的第一道关口，因为设计方案一旦敲定，就已基本决定了建设布局、结构形式，形成了建筑产品的"雏形"。因而设计方案的选定是设计阶段的重中之重。设计方案的优化对建设项目的投资会产生巨大的影响：

（1）设计方案直接影响投资工程建设过程包括项目决策、项目设计和项目实施三个阶段。投资控制的关键在于决策和设计阶段，而在项目作出投资决策后，关键就在于设计。据分析，设计费一般只相当于建设工程全寿命费用的 1% 以下，但对投资的影响却高达 75% 以上。在单项工程设计中，建筑和结构方案的选择及建筑材料的选用对投资有较大影响。在满足同样功能的条件下，技术经济合理的设计，可降低工程造价 $5\%\sim20\%$。

（2）设计质量间接影响投资据统计，在工程质量事故的众多原因中，设计责任约占 40.1%，居第一位。不少建筑产品由于缺乏优化设计，而出现功能设置不合理，影响正常使用；有的设计图纸质量差，专业设计之间相互矛盾，造成施工返工、停工的现象；有的造成质量缺陷和安全隐患，给企业和单位带来巨大损失，造成投资的极大消费。

（3）设计方案影响经常性费用优化设计不仅影响项目建设的一次性投资，而且还影响使用阶段的经常性费用，如能源消耗、清洁、保养、维修费等，一次性投资与经常性费用有一定的反比关系，通过优化设计可努力寻求这两者的最佳结合，使项目建设的全寿命费用最低。

另外，设计深度也是影响工程造价的重要因素，设计越详细周密，报价所需的工程量和材料设备询价也就越准确，对控制工程造价越有利。

建立必要的设计竞争机制是实现设计方案优化的制度保证。目前已有《合同法》《建筑法》《招投标法》和《建筑工程质量管理条例》等法律法规在规范项目建设工作，但这些都是从项目建设的总体出发，对设计方面的规范不够具体，为更好地监督管理设计工作，还应建立和完善相应法律法规。设计方案的优化是一项综合性的工作，绝不是为了优化而优化，而是通过优化来提高投资效益。因此在实施设计优化工作中不能片面强调节约投资，要正确处理技术与经济的关系。

三、设计方案优化的一般方法

（一）技术经济分析法

设计方案的技术经济分析法是采用技术与经济的比较方法，按照工程项目经济效果，针对不同的设计方案，分析其技术经济指标，从中优选出经济效果最优的方法。不同的设计方案其功能、造价、工期和设备、材料、人工消耗等标准是不同的。工程造价管理的目标，不是追求造价最低，而是要获得最好的投资效益，技术经济分析法不仅要考察项目的技术方案，更要关注费用，即技术与经济相结合。在设计方案分析比较中一般采用最小费用法和多目标化选法。

（二）最小费用法

最小费用法是指在诸设计方案的功能（或产出）相同的条件下，项目在整个寿命周期内费用最低者为最优的比较方法，最小费用法可分为静态最小费用法和动态最小费用法。

（1）静态最小费用比较数学表达式为

$$C = \sum_{t=1}^{n} C_t$$

式中：C 为总寿命期总费用；C_t 为寿命期内（包括建设期）各年费用；n 为寿命期，年。

（2）动态最小费用比较数字表达式为

$$PC = \sum_{t=1}^{n} C_t (1+i)^t$$

式中：PC 为寿命期内总费用现值；其他同前。

【例 22-1】某水电工程坝型设计方案有三种，其寿命期内各年费用见表 22-1。

表 22-1　　　　　　　　三种坝型设计方案寿命期内各年费用　　　　　　　单位：万元

方案	年份					
	0	1	2	3	…	22
拱　坝	11000	19000	15000	4100	4100	4100
重力坝	11000	21000	14000	4000	4000	4000
土　坝	9000	25000	10000	4500	4500	4500

问题：（1）用静态最小费用法比较方案优劣。

（2）用动态最小费用法比较方案优劣。（$i_0 = 8\%$）

解：（1）静态最小费用法

$$C = \sum_{t=1}^{n} C_t$$

拱坝方案：$C_1 = 11000 + 21000 + 13000 + 20 \times 4100 = 12.7$（亿元）

重力坝方案：$C_2 = 11000 + 21000 + 14000 + 20 \times 4000 = 12.6$（亿元）

土坝方案：$C_3 = 9000 + 25000 + 1000 + 20 \times 4500 = 13.4$（亿元）

由于 $C_1 < C_2 < C_3$，所以重力坝方案最优，拱坝方案次之。

（2）动态最小费用法

$$PC = \sum_{t=1}^{n} C_t (1+i)^t$$

拱坝方案：

$PC_1 = 11000 + 21000(P/F, 8\%, 1) + 13000(P/F, 8\%, 2) + 4100(P/A, 8\%, 20)(P/F, 8\%, 2) = 75970.85$（万元）

重力坝方案：

$PC_2 = 11000 + 21000(P/A, 8\%, 1) + 14000(P/F, 8\%, 2) + 4000(P/A, 8\%, 20)(P/F, 8\%, 2) = 76023.45$（万元）

土坝方案：

$PC_3 = 9000 + 25000(P/A, 8\%, 1) + 10000(P/F, 8\%, 2) + 4500(P/A, 8\%, 20)(P/F, 8\%, 2) = 78607.34$（万元）

由于 $PC_1 < PC_2 < PC_3$，所以拱坝方案最优，重力坝次之。

以上计算结果表明，建设期投资最少，方案不一定最优，（拱坝方案：4.5 亿元，重力坝方案：4.6 亿元，土坝方案：4.4 亿元）；当用静态与动态方法时，其结论并不一致。这说明在进行设计方案优选时，只比较项目建设的一次性投资，可能会导致错误的选择，而且最好使用动态最小费用法进行优选。

（三）多目标优选法

在对设计方案评价中需要有费用指标，而有时很难获取的费用标准不准确，因而严重影响了优选的正确性，在一些情况下，可以采用多目标优选法，即对需要进行分析评价的设计方案设定若干的评价指标，按其重要程序配以权重，然后对每个指标进行赋值并乘以其权重汇总及出各设计方案的评价总分，以获得最高分者为最佳方案。这种方法是定性分析，定量打分相结合的方法。本方法的关键是评价指标的选取和指标的权重。其公式为

$$C = \sum_{i=1}^{n} W_i C_i$$

式中：C 为设计方案总得分；C_i 为各指标的标分；W_i 为各指标的权重，$\sum W_i = 1$；n 为评价指标的数量。

【例 22-2】某建设项目有 3 个设计方案，根据该项目的特点拟对设计方案的设计技术应用工程造价、建设工期、施工技术方案、三材用量等进行比较分析，各指标的权重及 3 个方案的得分情况见表 22-2。

表 22-2　　　　　　　　　　　　各指标的权重

指　标	设计技术应用	工程造价	建设工期	施工技术方案	三材用量
权重	0.3	0.25	0.1	0.2	0.15

试优选方案。

解：根据各方案的具体情况，组织专家进行评价，结果见表 22-3。

表 22-3　　　　　　　　　　　　各方案的得分

设计方案	指标				
	设计技术运用	工程造价	建设工期	施工技术方案	三材用量
方案 A	9	8	9	9	8
方案 B	8	9	7	8	7
方案 C	9	9	8	9	8

方案 A：$C_1 = \sum s \quad i = 1 \quad W_i C_i = 9 \times 0.3 + 8 \times 0.25 + 9 \times 0.2 + 8 \times 0.15 = 8.6$

方案 B：$C_2 = 8 \times 0.3 + 9 \times 0.25 + 7 \times 0.1 + 8 \times 0.2 + 7 \times 0.15 = 8.0$

方案 C：$C_3 = 9 \times 0.3 + 9 \times 0.25 + 8 \times 0.1 + 9 \times 0.2 + 8 \times 0.15 = 8.75$

显然 $C_3 < C_1 < C_2$

所以，方案 C_2 得分最高，故方案 C_2 为最优。

（四）价值分析法

人们从事任何经济活动或其他活动，客观上都存在着两个基本问题：一是活动的目的和效果，如建设项目的投资，是以项目的功能来达到投资目的的；二是从事活动所付出的代价。但由于种种原因，往往会不知不觉偏重一方，二忽视了另一方，尤其容易忽视付出的代价。虽然有时目的和效果确定太重要了，以至于会不惜一切代价去实现它。如 98 洪水，但这毕竟是少数情况，在众多的情形下，我们应当兼顾二者。价值分析（也称价值工程）就是以最低的寿命期费用，可靠地实现产品或做出的必要功能，着重于功能分析的有组织活动。价值分析地方法兼顾了价值、功能、成本三者之间地关系，它与工程造价地目标是一致的。因此价值分析法在工程建设实践中是大有作为的。它对于设计方案的优化选择，施工的优化选择，甚至某些建筑材料的选择等都有实际应用的价值。国际国内也不乏应用价值分析解决建筑工程实际工程的实例。

价值分析法的公式表达式为　　　　　　　$V = F/C$

显然，价值分析的方法重在提高价值，既不单纯提高功能水平，也不单纯降低成本，而在于二者比值的提高。在建筑业中，价值分析的方法主要应用于两方面：一是方案的优选，即对若干方案通过价值分析的方法，选出 V 值最大的方案；二是方案的功能成本的改进。即对方案的各项功能成本进行价值分析，通过 V 值提出改进意见。

价值分析的一般步骤如下：

1. 对象选择

在价值分析中，对象的选择是第一步，也是最重要的一步。因为价值分析的对象直接关系到价值分析的结果，是价值分析成败的关键。只有那些对功能和成本产生影响的因素作为分析对象，价值分析才会取得效果。即要抓住主要问题，如在房屋建筑中结构型式的选择、平台布置方案、主要的施工方案或方法，对房屋的功能和成本有密切的关系，通过对这些因素的价值分析，才能取得好的效果。

对象选择的方法有：

（1）经验分析法。即根据以往经验，列出可供进行价值分析的对象，再进行比较分析，最后确定一个或多个分析对象。

（2）ABC分析法。对于一些经验或精力限制不能进行全面分析到的复杂工程可以采用ABC分析法，即找出局部成本在全部成本中比重大的因素作用选择对象，可以进一步分析确定分析对象。

（3）重点分析法。根据人们普遍关注的问题进行分析确定。

2. 功能分析

功能分析是价值分析法的核心问题，也是最难以把握的。对于一个要分析的对象怎样把握其功能，表达其功能，明确其功能特性，直接关系到其价值（V）的评价值。在功能分析中，包括以下内容：

（1）功能分类。功能从不同的角度可以划分为：使用功能和美学功能；基本功能和辅助功能；正功能和负功能。

使用功能：即反映功能内涵上的使用属性。如建筑平面设计的内涵直接导致使用功能的合理性和有效性。

美学功能：即反映产品外观功能的艺术属性。如建筑立面设计的美学效果。

基本功能：即分析对象的主要功能。如结构型式选择的安全性和适应性。

辅助功能：即分析对象的次要功能。如结构型式的施工难度。

正功能：即某些对象的分析指标与功能呈正比例关系。如水电工程中坝高的选择，当坝高越高时，防洪、发电等功能得到强化。

负功能：即某些对象的分析指标与功能呈反比例关系。如水电工程中坝高的选择，当坝高越高时，生态环境的破坏程度和移民难度得到加强。

（2）功能定义。即为分析对象的功能下定义，限定其内容，使各项功能具有相对的独立性。功能的定义既要简明准确，又要便于测定和量化。

（3）功能整理。功能整理即是将已经定义的功能加以系统化，找出其间的相互逻辑关系，以明确评价对象的功能系统。从而为功能评价和方案构思提供依据。

3. 功能评价

所谓功能评价，是要回答"价值 V 是多少"的问题，从价值分析的公式 $V = F/C$ 中可知，要求出 V，必须先求出 F 和 C。在建筑工程应用价值分析的实践中，一般按照归一化的方法，即求各功能的重要性系数和成本系数，然后再求出价值系数。功能评价的一般步骤为：

（1）根据功能整理的结果，组织各方面专家对各功能的重要性和各方案的功能评价予以量化评分。量化评分的方法可以多样化，0～1评价、0～5评价、10分制评价、100分制评价均可。

（2）根据评分结果进行归一化计算。即 $\sum f = 1$。

（3）计算各方案的成本即成本的归一化计算。即 $\sum C = 1$。

（4）求 V 值。按 $V = F/C$ 公式计算。

（5）按 V 值最大原则选择优秀方案。

4. 价值分析与改进

在建筑业中，如果是方案的优化选择问题，则功能评价完成后，价值分析也结束了。如果是方案的功能成本分析，则还需对功能评价结果提出改进，即根据 V 值的大小进行改进意见分析。

（1）当 $V = 1$（或近似）时，说明功能与成本一致，评价对象为最佳，一般无须改进。

（2）当 $V > 1$ 时，说明现有成本不能实现既定的功能要求，改进的措施是增加成本以实现既定的功能水平。有时也可能是既定功能过剩，这时可以考虑降低功能要求，或者对成本和功能都作适当调整。

（3）当 $V < 1$ 时，说明目前成本过大，应降低成本。也可能是即定功能存在不足，应适当提高功能水平，或者既降低成本，也适当提高功能，这些均应视具体情况而定。

5. 方案选择案例

在水电工程中，坝高是影响其功能的重要因素。以坝高设计方案为价值分析对象，说明价值分析在优化设计方案中的应用，其具体步骤是。

（1）对坝高进行功能的定义和评价，不同的坝高设计方案其功能的大小不同，与坝高相关的功能如下。

1）防洪功能。

2）航运效果。

3）装机容量。

4）灌溉功能。

5）养殖面积。

6）生态环境影响。

7）移民工程的难度。

以上这些功能既有正功能（即与坝高成正比关系）也有点功能（即与坝高成反比），一般的定性分析很难确定选择什么样的坝高方案，在价值分析中，应将以上七种功能确定相对的重要性系数。确定相对重要性系数有多种方法，如专家打分的方法，或不同利益主体打分加权平均法。这里采用后者，选择业主、设计、施工单位三家打分，三者的"权重"可分别定为 60%、30% 和 10%，并求出重要性系数，见表 22-4。

表 22-4　　　　　　　　　　　　　　功能重要性系数评分表

功能	业主评分		设计人员评分		施工人员评分		重要性系数
	F_1	$F_1 \times 0.6$	F_2	$F_2 \times 0.3$	F_3	$F_3 \times 0.1$	
防洪	30.5	18.3	28.5	8.55	30.0	3.0	0.2985
航运	10.0	6.0	8.5	2.55	9.0	0.9	0.0945
发电	20.5	12.3	25.0	7.5	27.0	2.7	0.2250
灌溉	4.5	2.7	6.0	1.8	5.0	0.5	0.0500
养殖	5.5	3.3	8.0	2.4	5.0	0.5	0.0620

功能	业主评分		设计人员评分		施工人员评分		重要性系数
	F_1	$F_1 \times 0.6$	F_2	$F_2 \times 0.3$	F_3	$F_3 \times 0.1$	
生态环境	8.5	5.1	6.0	1.8	5.5	0.55	0.0745
移民工程	20.5	12.3	18.0	5.4	18.5	1.85	0.1955
合　计	100	60	100	30	100	10	1

注　重要性系数＝$(0.6F_1 + 0.3F_2 + 0.1F_3)/100$。

对于水电项目，由于其功能均有其主导功能，如有的以防洪为主，有的以发电为主，有的以灌溉为主等。本例防洪的重要性系数最大，可以认为该项目以防洪为主。

对各种坝高方案进行成本分析，求出成本系数，见表22-5。

表22-5　　　　　　　　　　不同坝高方案的特征及成本系数

方案	坝高/m	主　要　特　征	造价/亿元	成本系数
A	220	防洪库容：300亿m^3，装机2200万kW，移民120万人，改善航道250km，淹没土地1000km^2	1400	0.3333
B	200	防洪库容：250亿m^3，装机2000万kW，移民100万人，改善航道220km，淹没土地800km^2	1100	0.2619
C	180	防洪库容220亿m^3，装机1800万kW，移民80万人，改善航道200km，淹没土地660km^2	900	0.2143
D	150	防洪库容160亿m^3，装机1500万kW，移民60万人，改善航道150km，淹没土地430km^2	800	0.1905

（2）求功能评价系数（F）。

功能评价系数，按照功能重要程度，一般采用10分制加权平分法，见表22-6。

表22-6　　　　　　　　　各方案功能评分及功能评价系数计算表

功能	重要性系数	方　案			
		A	B	C	D
防洪 F_1	0.2985	10	9	8	6
航运 F_2	0.0945	10	10	10	8
发电 F_3	0.2250	10	9	8	6
灌溉 F_4	0.0500	10	9	9	8
养殖 F_5	0.0620	10	9	9	7
生态环境 F_6	0.0745	5	7	8	9
移民 F_7	0.1955	4	6	8	9
方案总分		8.455	8.3590	8.301	7.161
功能评价系数		0.262	0.259	0.257	0.222

方案总分＝Σ各功能重要性系数×方案得分，如

A方案总分＝$0.2985 \times 10 + 0.0945 \times 10 + 0.2250 \times 10 + 0.05 \times 10 + 0.062 \times 10 + 0.0745 \times 5 + 0.1955 \times 4 = 8.455$

同理计算 B、C、D 方案的总分

功能评价系数＝方案总分/各方案总分之和

如

A 方案功能评价系数＝8.455/（8.455＋8.359＋8.301＋7.161）＝0.262

同理求出 B、C、D 方案的功能评价系数。

（3）求出价值系数（V）。

$$V = F/C$$

则　$VA = 0.262/0.3333 = 0.786$

　　$VB = 0.259/0.2619 = 0.989$

　　$VC = 0.257/0.2143 = 1.199$

　　$VD = 0.222/0.1905 = 1.165$

显然，VC 即方案 C 的价值系数最高故应选择 C 方案。

第三节　限　额　设　计

一、推行限额设计的意义

（一）限额设计的含义

所谓限额设计就是按照批准的可行性研究报告及投资估算控制初步设计，按照批准的初步设计总概算控制技术设计和施工图设计，同时各专业在保证达到使用功能的前提下，按分配的投资限额控制设计，严格控制不合理变更，保证总投资额不被突破。限额设计中的投资限额一般指静态的建安工程费用，在确定投资限额时，要充分地考虑，不同时间投资额的可比性，即考虑资金的时间价值。

推行限额设计的关键是投资限额的确定，如果投资限额过高，实行限额设计就失去了意义，如果投资限额过低，限额设计也只能陷入"巧妇难为无米之炊"的境地。目前一般用投资估算来控制初步设计，作为设计总概算的投资限额，还没有更加科学地确定投资限额的方法，这也为造价管理从业人员提出了研究课题。

投资分解和工程量控制是实行限额设计的有效途径和方法。投资分解就是把投资限额合理地分配到单项工程，单位工程甚至分部工程中去，通过层层限额设计，实现对投资限额的控制与管理。工程量控制是实现限额设计的主要途径，工程量的大小直接影响工程造价，但是工程量的控制应以设计方案的优选为手段，切不可以牺牲质量和安全为代价。

（二）推行限额设计的意义

（1）推行限额设计是控制工程造价的重要手段，在设计中以控制工程量为主要内容，抓住了控制工程造价的核心，从而能有效地克服和防止"三超"的现象。

（2）推行限额设计有利于处理好技术与经济的关系，提高设计质量。克服长期以来重技术、轻经济的思想，促进设计人员开动脑筋，优化设计方案，降低工程造价。

（3）推行限额设计有利于增强设计单位的责任感，在实施限额设计的过程中，通过奖罚管理制度，促使设计人员增强经济观念和责任感，使其既负技术责任也要负经济责任。

二、限额设计的纵向控制

所谓限额设计的纵向控制是指按时间顺序和设计的各个阶段，根据前一设计阶段的造价确定控制后一阶段设计的造价控制额。可行性研究阶段的投资估算作为初步设计阶段的投资限额，初步设计阶段的设计概算作为施工图设计阶段的投资限额。

（一）可行性研究阶段的限额设计

可行性研究阶段的限额设计主要要做好以下几点。

1. 重视设计方案的选择

设计方案直接影响工程造价，因此在设计过程中，要促使设计人员进行多方案的比选，尤其要注意运用技术经济比较的方法，使选择的设计方案真正做到技术可行、经济合理。要合理地将投资限额分配到各专业，将限额设计落实到实处。发现某项费用超过限额，应及时研究解决，确保限额设计的实现。

2. 应采用先进的设计理论、设计方法、优化设计

设计理论的落后往往带来工程造价的增加，因而采用先进的设计理论和方法有利于限额设计的顺利实现。一个建设项目的设计也是一个系统工程，应用现代科学技术的成果，对工程设计方案、设备选型、效益分析等方面进行最优化的设计。

3. 重点研究对投资影响较大的因素

设计方案、结构选性、平面布置、空间组合等等都是影响工程造价最为敏感的因素，在设计过程中应该重点研究这些因素。

（二）施工图设计阶段的限额设计

施工图设计是设计单位的最终产品，是指导工程建设的重要文件，是施工企业实施施工的依据，施工图设计实际上已决定了工程量的大小和资源的消耗量，从而决定了工程的造价，因而施工图设计阶段的限额设计更具实现意义，其重点应放在工程量的控制。以外，应严格按照批准的可行性研究报告中的建设规模，建设标准，建设内容进行设计，不得任意突破。如有确需设计方案的重大变更，必须报原审批部门审批。

三、加强设计变更管理

设计变更是影响工程造价的重要因素，由图 22-1 可知，变更发生越早，损失越小，反之就越大，如在设计阶段变更，则只需修改图纸，虽然造成一定损失，但其他费用尚未发生，损失有限；如果在采购阶段变更，不仅需要修改图纸，而且设备、材料还需重新采购；若在施工阶段变更，除上述费用外，已施工的工程还需拆除，不仅投资损失而且还会拖延工期，因此必须加强设计变更管理，尽可能把设计变更控制在设计初期，尤其对影响工程造价的重大设计变更，更要用先算账后变更的办法解决，使工程造价得到有效控制。

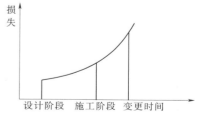

图 22-1　设计变更对工程造价的影响

四、限额设计的横向控制

限额设计的横向控制是指建立和加强设计单位及其内部的管理制度和经济责任制，明确设计单位有其内部各专业、科室及设计人员的职责和经济责任，并赋予相应权力，但赋予的决定权要与责任相一致；建立设计部门内各专业的投资分配考核制度；建立在考核各专业完成设计任务质量和实现限额指标的好坏的基础上，实行奖惩制度，健全设计院内管理制度。

为了保证限额设计顺利进行，应建立、健全设计院内部的院、项目经理、主任"三级"管理制度。

（1）院级。由主管院长、总工程师和总经济师若干人组成，对限额设计全面负责，批准下达限额设计指标，负责执行设计方案审定，并对重大方案变更及时组织研究和报请有关部门批准，定期检查限额设计执行情况和审批节奖超罚有关事项。

（2）项目经理。由限额设计的项目正、副经理和该项目总设计师等组成，具体负责实施限额设计，认真编制设计计划和限额设计指标计划以及认真执行院长下达的执行计划；掌握控制设计变更，对重大设计变更及时研究和方案论证后，报院级审批；及时了解，掌握各专业的限额设计执行情况并及时调整限额设计控制数，控制主要工程量；签发各专业限额设计任务书和变更通知单，做好总体设计单位的归口协调工作及其他有关事宜。

（3）主任级。由各设计室（处）正副主任和主任工程师若干人组成，具体负责本专业内限额设计的落实，事先提交本专业限额设计指标意见，一经批准，认真在工程设计中贯彻执行，并对设计任务及其指标计划，及时进行中间检查和验收图纸，力求将本专业投资控制在下达的限额指标范围内。

五、建立和健全限额设计的奖惩制度

为使限额设计落实到实处，应建立和健全限额设计的奖惩制度。

国家计委规定（发改委），凡因设计单位错误、漏项或扩大规模和提高标准而导致工程静态投资超支，要扣减设计费：

（1）累计超过原批准概算 2%～3% 的，扣减全部设计费 3%。

（2）累计超过原批准概算 3%～5% 的，扣减全部设计费 5%。

（3）累计超过原批准概算 5%～10% 的，扣减全部设计费 10%。

（4）累计超过原批准概算 10% 以上的，扣减全部设计费 20%。

设计院对承担的设计项目，必须按合同规定，在施工现场派驻熟悉业务的设计人员，负责及时解决施工中出现的设计问题，否则，视情况的严重程度，扣罚全部设计费用的 5%～10%。

原电力部规定限额设计奖罚办法规定：

（1）工程建设的项目法人在与设计单位签订设计合同时，应将限额设计的要求以及相应的奖惩办法写入委托合同。凡不能达到要求的，应适当扣减其设计费。反之，对限额设计搞得好，节约投资和控制造价确有成效的，项目法人应给予设计单位适当奖励。

（2）设计概算的静态投资不应超过审定估算的 10%，否则应重新论证，并按《勘探设

计费与工程造价质量挂钩设计奖惩办法》对设计院进行处罚，包括重新检定设计单位资质。以审定估算的104％为基数，每降低或超过1％，奖励或扣减该阶段设计费1％。

（3）施工图设计阶段预算的静态投资不应超过审定的概算。按审定概算静态价的102％为基数，每降低或超过1％，奖励或扣减该阶段设计费的1％。

承担限额设计单位，要制定本单位内部的限额设计考核和奖惩办法。重视限额设计取得节约投资和控制造价有成效的处室及成绩显著的个人，应予以奖励；对不重视限额设计，不采取节约投资措施，造成某一专业设计超过投资限额的处室和个人给予经济处罚。

六、限额设计的不足

（1）设计人员的创造性有可能受到制约。限额设计的本质特征是加强设计人员控制投资的主动性，但由于限额的约束也可能束缚了设计人员的手脚。

（2）可能降低设计的合理性。由于投资限额的限制，设计人员可能将精力放在投资的控制上而忽视了设计的合理性。

（3）可能会导致投资效益的降低。由于投资限额的限制，可能会使质量降低、寿命缩短或经营成本增加从而降低投资效益。

（4）投资限额是指建设项目的一次性投资，设计人员只考虑建设期的投资，不考虑未来后续费用，但如果从项目的全寿命期来看，不一定经济。

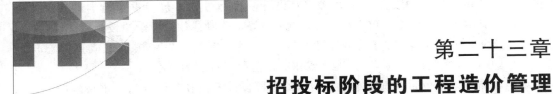

第二十三章
招投标阶段的工程造价管理

第一节 概　　述

一、实施建设工程招投标的意义

建设工程招投标制是我国建筑业和固定资产投资管理体制改革的主要内容之一，也是我国建筑市场走向规范化、完善化的重要举措之一，建设工程招投标制的推行，使计划经济条件下建设任务的发包从以计划分配为主转变到以投标竞争为主，使我国承发包方式发生了质的变化。推行建设工程招投标制，对降低工程造价，进而使工程造价得到合理的控制具有非常重要的影响，这种影响主要表现在：

（1）规范了建筑市场，使之更加适应市场经济的规律。

（2）竞争促使承包商努力提高技术和管理水平，有利于建筑科学技术的发展。

（3）能有效避免建筑市场中的不正之风。

（4）有利于提高工程质量，控制工程造价，加快施工进度。

二、招投标阶段影响工程造价的因素

在招投标阶段影响工程造价的因素，主要包括建筑市场的供需状况，业主的价值取向，招标项目的特点、投标人的策略等。

（一）建筑市场的供需状况

建筑市场的供需状况是影响工程造价的重要因素之一。当建筑市场繁荣时，承包商在成本中加上较大幅度的利润后，仍有把握中标，而在建筑市场萧条时，这时的利润幅度较底甚至为零，这是市场经济条件下的必然规律。据有关资料表明，美国在建筑市场繁荣期，利润可达20%，而在萧条期，则仅为5%左右。近年来我国建筑市场的状况同样也反映了这一规律。

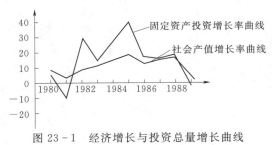

图23-1　经济增长与投资总量增长曲线

建筑市场的供需状况与经济增长的波动有密切的关系。在绝大多数情况下，经济增长率上升，建筑市场的需求也上升，反之则下降。1980—1989年我国经济增长与固定资产投资增长状况见表23-1（资料来源：《中国统计年鉴》1990）及图23-1。

| 表 23 - 1 | 1980—1989 年我国经济增长与固定资产投资增长状况 | | | | | | | | | |

项　　目	年　　份									
	1980	1981	1982	1983	1984	1985	1986	1987	1988	1989
社会总产值年增长率	8.4	4.6	9.5	10.3	14.7	16.5	10.2	14.1	15.8	5.2
固定资产投资年增长率	6.6	−10.5	26.6	12.6	24.5	41.8	17.7	16.2	18.1	−6.5

从表 23 - 1 和图 23 - 1 中可以看出，经济增长与固定资产投资几乎是完全同步的，当经济增长时，固定资产投资也增长，当经济下降时，固定资产投资也随着下降。固定资产投资的增长即是建筑市场的需求增加，反之则减少。实际上经济增长与固定资产是一种互动关系，即经济增长带动固定资产投资的增长；反过来，固定资产投资的增长又会拉动经济的增长。但随着固定资产投资规模的膨胀，会打破社会总供求比例关系，从而导致社会购买力超出了商品的可供量，物价上涨，这时不得不削减投资总量，压制社会总需求，社会总需求的紧缩使拉动经济增长的动力消失，经济增长就必然要由增长转为停滞。因此，经济增长是波动的，建筑市场的供需也是波动的。建筑市场的供需状况，可以由国家的宏观调控手段反映出来，如利率的变化。当利率上调时，表明投资的增加，建筑市场的需求也在增加。当利率下调时，表明投资不足，这时建筑市场一般处于萎缩状况。

建筑市场的供需状况对工程造价的影响是客观存在的。影响程度的大小取决于市场竞争的状况。当建筑市场处于完全竞争时，其对工程造价的影响非常敏感的。建筑市场任何微小的变化均会反映在工程造价的改变上，当建筑市场处于不完全竞争时，其影响程度相对减小。由于市场被分割成信息不对称，建筑市场不可能处在完全竞争的状态，其原因在于：其一，各建筑行业并不能自由出入，都有市场准入的问题，铁路建设、电力建设都是被分割的市场；其二，业主并不能完全了解市场流行的价格，存在信息的不对称。

（二）业主的价值取向

业主的价值取向反映在招标工程的质量、进度和价格上。当然，质量好、进度快、造价低是每个业主所期望的，但这并不是理性的，也不符合客观实际。好的质量、快的进度都要付出一定的代价。任何商品的生产都有其质量的标准，建筑产品也不例外。如质量验收规范，对建筑工程所要达到的标准进行了详细描述，如果业主以超过国家的质量标准为目标，显然需要承包商投入更大人力、物力、财力和时间，其价格自然会提高，即所谓的"慢工出细活""优质优价"。在某些情况下业主可能以最短建筑周期为目标，力图尽快组织生产占领市场。则由于承包商施工资源不合理配置导致生产效率低下、成本增加。为保证适当的利润水平而提高投标报价。总之，业主为了获得更高的质量或加快建设进度，必然付出一定的代价。

（三）招标项目的特点

招标项目的特点与工程造价也有密切的关系，这主要表现在：招标项目的技术含量，建设地点、建筑的规模大小等。

（1）招标项目的技术含量是指完成项目所需要的技术支撑。如当项目的建设采用新型结构、新的生产工艺、新的施工方法等的时候，工程造价可能会提高。其原因在于：这些新的结构、新的生产工艺、新的施工方法等对于业主来说还不能准确掌握市场的价格信息，即信息的不对称，容易形成垄断价格。此外，新的技术的运用存在一定的风险，获取新的技术要付出一定的代价。因此承包商在报价时也要考虑风险因素；

（2）建设地点。建设地点的环境既影响投标人的吸引力也影响建设成本。环境对于投标人来说需要一定的回报。同时也会增加设备材料的进场、临时设施的费用；

（3）建设规模的大小。建设规模大各项费用的摊销就会减少，许多费用并不与工程量成线性变化。大的规模可以带来成本的降低，这时，投标人会根据建设规模大小实行不同的报价策略。即建设规模大适当报低价，反之则会适当报高价。这也是薄利多销的基本原则。

（四）投标人的策略

投标人作为建筑产品的生产者，其对建筑产品的定价与其投标的策略有密切关系。在报价的过程中除了要考虑自身实力和市场条件外，还要考虑企业的经营策略和竞争程度。如急于进入市场时往往会报低价，竞争激烈又急于中标时也会报低价。

第二节　工程造价的形成机制

一、工程造价的计价特点

建筑产品作为商品除了具有一般商品的特点以外，同时又具有其自身的特点，如：产品的固定性，建设周期长，资源消耗量大、影响因素多等，因而其计价具有单件性、多次性、分部组合性、方法的多样性和依据的复杂性等特点。

（一）工程计价的单价性

每项建设工程都有其特定的功能和用途，因而其结构不同，工程所在地的气象、地质、水文等自然条件不同，建设的地点、社会经济、风俗习惯等都会直接或间接地影响工程的计价。因此每一个建设工程都必须根据工程的具体情况，进行单独计价，任何工程的计价都是指特定空间（建设地点）一定时间（计算的时点）的价格。即便是完全相同的工程，由于建设地点或建设时间不同，仍必须进行单独计价。

（二）工程计价多次性

建设工程的生产过程是一个周期长，资源消耗数量大的生产消费过程，包括可行性研究在内的设计过程一般较长，而且要分阶段进行，逐步加深。为了适应工程建设过程中各方经济关系的建立，适应项目管理的要求，适应工程造价控制和管理的要求，需要按照设计和建设阶段多次进行计价，如图 23－2 所示，另外，随着设计的不断深入，工程量计算

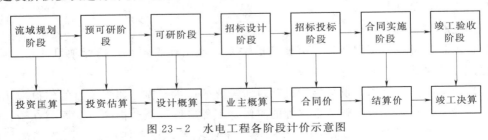

图 23－2　水电工程各阶段计价示意图

越来越精确，考虑的因素越来越细致，也需要多次性计价以便更加准确地反映工程造价。

（三）工程计价分部组合性

在建设项目中，凡是具有独立的设计文件，竣工后可以独立发挥生产能力或工程效益的工程称为单项工程，也可以将它理解为具有独立存在意义的完整的工程项目，各单位工程又可分解为各个能独立施工的单位工程。考虑到组成单位工程的各部分是由不同人工用不同工具和材料完成的，可以把单位工程进一步分解为分部工程。然后还可以按照不同的施工方法、构造及规格，把分部工程分解为分项工程。分项工程是能用较为简单的施工过程生产出来的，可以用适量的计量单位计算并便于测定或计算的工程基本结构要素，也是假定的建筑安装产品。

（四）工程计价方法的多样性

工程造价在各个阶段具有不同的作用，而且各个阶段对建设项目的研究深度也有很大的差异，因而工程造价的计价方法不可能也不应该只有一种方法。在可行性研究阶段，主要是对项目建设的必要性、技术上的可行性和经济上的合理性进行研究，对工程建设资源的消耗量无法准确的计算，因而工程造价的计价方法多采用拟建工程和已建工程的相似性原理进行估算。如生产能力指数法、设备系数法、估算指标法等等。在设计阶段，尤其是施工图设计阶段，设计图纸完整，细部构造及做法均有大样图，工程量已能准确计算，施工方案比较明确，则多采用定额法或实物法计算。

（五）工程计价依据的复杂性

由于工程造价的构成复杂、影响因素多，且计价的方法也多种多样。因此其计价的依据也复杂，种类繁多。主要可分为七类：

（1）设备和工程量的计算依据。包括项目建议书、可行性研究报告、设计文件等。

（2）人工、材料、机械等实物消耗量的计算依据。包括各种定额。

（3）工程单价的计算依据。包括人工单价、材料预算价格、机械台费等。

（4）设备单价的计算依据。

（5）各种费用的计算依据。

（6）政府规定的税费。

（7）调整工程造价的依据。如文件规定、物价指数、工程造价指数等。

二、工程造价形成的特点

由于工程造价的内涵十分丰富，且在工程建设的各个阶段的作用是不同的，因而在工程建设的各个阶段工程造价存在的形式也有所不同。对于一般商品，从不同的角度去考察，其价格的形成有不同的存在形式。例如：从价格管理的角度考察，有政府定价、政府指导价、市场调节价等；从市场竞争状况的角度考察，有完全竞争市场价、垄断竞争市场价、不完全竞争市场价等；从价格的运动方式考察，有固定价格、浮动价格和自由价格等；从定价的对象考察，有政府定价、消费者（对于建筑产品来说就是业主）定价、生产者（对于建筑产品来说就是承包商）定价等。对于建筑产品，其工程造价显然是按定价的对象形成的，而不像一般商品只有一种定价方式。如某种商品采用了市场调节定价就不会采用政府定价。由于建筑产品有许多特点，而且建筑产品所包含的范围非常地广泛，因而工程造价的形成特点和方式也有所不同，甚至可以说是"百花齐放"。有的行业是垄断价（如电力行业）、有的行业是完全竞争市场价（如民用建筑行业）等等，此外政府也对工程价格实行单面管制价（如招标投标法规定不能低于成本价中标）。对于工程造价的形成，按建设的时间顺序和定价的主体可分为：政府定价、业主定价、承包商定价、市场定价（合同价）。

（一）政府定价

即工程造价由政府确定，尤其是政府投资项目。一般是政府根据投资规模等综合因素从宏观上对一个建设项目的估算造价（预可行性研究阶段）和概算造价（可研阶段）进行论证和审批。实际上就是政府对建设项目确定的最高投资限额。虽然不一定是政府编制的，但理论上具有政府定价的性质。如国家批准的长江三峡工程的静态投资额为 900.5 亿元人民币，实际就是国家确定的长江三峡工程的总造价。政府定价是站在宏观的角度从投资规模、投资方向、资源配置、经济效益等方面确定工程造价。

（二）业主定价

即业主根据建设规模、建设标准和建筑市场等因素确定的工程造价。业主确定的工程造价是其考察项目收益、获得政府批准、确定筹资方案、选择承包商等的重要指标。一般情况下业主的定价不能突破政府的定价标准，即不能突破政府批准的投资额。在招标投标阶段，业主定价的表现形式则是标底。标底反映了业主对招标工程造价的预期期望，是确定合同价的重要依据。

（三）承包商定价

即承包商根据自身技术和管理水平以及建筑市场的竞争状况等因素确定的投标工程造价。承包商的定价也反映了其经营战略方针和竞争的策略。

（四）市场定价

即由业主和承包商通过招标投标确定的工程造价。由于引入了竞争的机制，工程造价最终还是由市场形成。

三、工程造价形成的机制

建筑产品也是商品再没有任何人会怀疑了，但是目前建筑产品的价格是否遵循了供求机制和市场价格机制恐怕还不能给出满意的回答。虽然在建筑市场引入了竞争，实行招标投标制，但建筑产品的定价（无论是标底还是报价）仍然将统一的定额作为依据，从理论上讲这仍然具有政府定价的性质。这种价格机制显然不符合市场经济的要求。既然建筑产品也是商品就应该遵循商品的一般规律。供求机制和市场价格机制是市场机制的重要方面和运行的组成部分。市场机制是商品经济条件下的一种经济调节机制，它发挥作用的内在机制是供求机制、竞争机制、价格机制和利益机制。即通过市场竞争和供求结构的变化引起市场价格的波动，其相应各市场主体调整自己的生产结构和投资结构，促使生产要素流动并在各部门重新分配，实现资源配置最优化。在市场机制运行过程中，供求机制和价格机制处于中心地位。价格机制分为价格形成机制、价格运行机制和价格调控机制。

（一）建筑产品供求机制

价格是商品价值的货币表现。商品的价值是凝结在商品中的人类无差别的劳动，其价值量是由社会必要劳动时间来计量的。商品的价值由两部分组成，一是商品生产中消耗的生产资料价值（用 C 表示），二是生产过程中活劳动的所创造出的价值，其包含两部分，一部分是补偿劳动力的价值（v 表示），另一部分是劳动者为社会创造的价值（用 m 表示），因而商品的价值 $V=C+v+m$，商品的价格则是（$C+v+m$）的货币表现。建筑产品作为商品同样也不能例外，其价格的组成也只能是 $C+v+m$ 的货币表现。因此工程造价形成的基础仍然只能是价值。价值规律告诉我们：价格围绕价值上下波动，这波动的最直接原因就是商品的供求状况。

1. 需求法则和供给法则

大多数商品都遵循需求法则和供给法则。需求法则是指商品的需求量与价格的反向变动关系，即当价格降低时，需求量增加，反之则降低。供给法则是指商品的供给量与价格的同向变动关系，即当价格上升时，供给量也增加，反之则降低。供需这对矛盾通过市场达到融合，市场均衡状态达到市场上的供求平衡，在市场经济中，市场均衡是在供求影响价格，价格又引导供求变化的动态过程中逐步实现的，供求均衡的实现过程，体现了市场机制的作用过程，也体现了价格形成机制的过程。图 23-3 是一般商品价格形成的动态过程。在图 23-3 中（Q 表示产量，P 表示价格，S 表示供给曲线）供给量以价格为导向，组织生产，而在需求曲线中，产量又影响价格，最终在动态过程中实现均衡价格（P_e）和均衡产量（Q_e）。

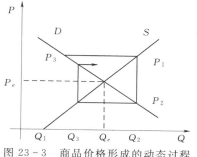

图 23-3　商品价格形成的动态过程

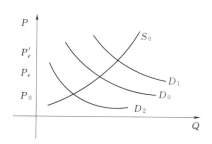

图 23-4　需求变化与平衡价格

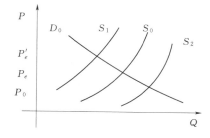

图 23-5　供给变化与平衡价格

2. 建筑产品价格与供求机制

尽管建筑产品有不同于一般商品的特点，但其价格的形成机制仍然要遵循一般商品价格的形成机制，即在市场供需的动态平衡过程形成。如图 23-3，当需求和供给不变时（如图 22-5 中 D_0、S_0 曲线）平衡价格为 P_e（P_e 并不代表某一具体工程的价格，而只是代表此时的价格水平），当供给量不变，需求增加至 D_1 时，平衡价格为 P'_e，这时 $P'_e>P_e$，说明随着建筑市场需求的增加，其价格水平也相应提高。当供给量不变，需求量减少时，建筑产品的价格也相应降低，但随着需求量的不断减少，建筑产品的价格也不能无限制地降低，我国"招投标法"规定：中标人的投标报价是经评审的最低投标价格，但是投标价格低于成本的除外，实际上这是国家在建筑市场的管制价格。当需求量降至 D_2 及以

465

下时，若 P_0 代表成本价格水平，则建筑产品的价格水平不能低于 P_0。当需求量不变，供给量减少时（图 23-5S_1 曲线），这时平衡价格由 P_e 上升至 P'_e，表明建筑市场供给不足，建筑产品的价格自然要上涨。当需求量不变，供给量增加时，平衡价格降低，表明建筑市场竞争激烈，竞争的结果自然是导致建筑产品的价格降低。同样，这种情况下建筑产品的价格也不允许无限制的降低，即不能低于成本价格。

由此可见，建筑产品的价格形成与市场供求的动态过程是十分相关的，这并不违背商品价值决定价格的价值规律。我国近年来的工程建设实践也充分印证了这一点，即当建筑市场繁荣时，工程价格偏高，承包商能提高盈利水平，当建筑市场萎缩时，工程价格偏低，承包商的盈利水平也随之下降。国际建筑市场同样如此，比如英国，建筑市场繁荣时，承包商能获得 15%～20% 的利润，建筑市场萧条时，只能获得 5% 左右的利润。

（二）建筑产品市场价格机制

1. 建筑产品价格形成机制

所谓价格形成机制是指商品价格是如何确定和由谁确定的。商品价格实际形成过程中反映了具有直接定价权、间接定价权或价格干预权的企业、其他经济组织及政府机构间的相互关系。价格形成机制决定着价格在现实经济生活中的变化规则，影响着价格变动的作用范围、方式和程度。价格形成机制在不同国家以至同一国家的不同发展时期往往有很大不同。归纳起来不外有两种方式。其一为计划价格形成机制，计划价格又称政府定价，价格形成的主体是政府机构，价格形成的方式是行政决策，以计划来进行资源配置，我国在相当长的时间内采用的就是计划价格。其二是市场价格形成机制。价格形成的主体是市场，价格形成的方式是市场竞争和供求变化，以市场来进行资源配置。

建筑产品作为商品，在市场经济条件下，其价格的确定理所当然应遵循市场价格形成机制。这不仅仅是工程造价管理改革的最终目标，也是市场经济的必然要求。在计划经济时期，我国建筑产品价格形成的主体是政府机构，价格不能反映其价值甚至严重背离其价值。这种价格的扭曲现象，造成了资源浪费、效率低下和建筑业发展滞后等不良后果。随着我国市场经济体制的建立和不断完善，人们越来越认识到遵循市场经济规律的重要性。对于建筑产品价格的确定问题，政府主管部门已明确提出了改革的目标，即：建立以市场形成价格的价格机制。要实现这一改革目标也绝非是一蹴而就的事情，就目前的状况来说，至少存在以下几个问题：

（1）市场经济体制尚须进一步完善。我国正处在经济体制的转型时期，旧的体制的痼疾还远远没有消除，还有许多问题有待解决，包括人们的思想观念、思维的惯性等。完善的市场经济体制是实现市场价格形成机制的必要保证。

（2）市场的资源配置功能受到行业垄断和地方保护主义的削弱。由市场进行资源配置是实现市场价格形成机制的必要条件，但受局部利益的驱使，行业的垄断行为、地方保护主义还存在相当大的市场。

（3）法制建设还需要一个过程。市场经济是主体多元化的分散决策型经济，不同经济成分的经济主体之间存在复杂的经济关系，只有用法律对这些经济关系进行协调，使各自权力、责任、利益明晰化，才能为市场经济运行提供必要的前提。市场经济也是契约经济，各经济主体的交换关系是靠合同连接的，这种合同关系必须得到法律的保护才能实现。

2. 建筑产品价格运行机制

价格运行机制是指价格运动的各种决定力量以及价格变化过程中税收、利息、工资、货币等经济调节器之间的内在关系。价格变化不仅受供给和需求两方面的影响，还受竞争方式、市场环境等诸多因素制约。这些因素的合力形成均衡价格，其中任何一个发生变化，都会打破原有的均衡，引起价格的变化。各因素发生变化的方向和程度不同，价格变化的方向和程度也有所不同。这些因素、条件的变化对价格的影响是显而易见的。价格运行机制不仅指价格自身的运机制，而且包括价格与税收、工资、利息、货币等之间的相互关系。价格的任何变动都会引起生产者、消费者以至政府利益分配的变化。例如：对于建筑产品而言，当价格偏高时，则承包商获得了超额利润；当价格偏低时，则业主无偿占有了承包商的劳动。税收、利息、工资等是商品价格的构成要素，因而税收、利息、工资等因素的变化也必然引起商品价格的变化。

和其他商品一样，建筑产品的价格运动受到价值规律、供求规律、和纸币流通规律的支配。这些规律是价格运动的决定力量。价值规律是商品经济的一般规律，是社会必要劳动时间决定商品价值量的规律。价值规律要求商品交换必须以等量价值为基础，商品价格必须以价值为基础。供求规律影响价格的变动，使得价格围绕价值上下波动，但从整体上看，使得价格符合价值。纸币流通规律是流通中所需纸币量的规律，单位纸币所代表的价值量的变化，会导致商品价格的变化，即会出现通货膨胀或通货紧缩。这些规律支配着商品价格的运动。对于建筑产品的价格运行机制同样如此。但是就目前状况而言，还存在一些问题，主要表现在：

（1）以高度统一的定额作为建筑产品的计价依据并不能反映社会必要劳动时间决定商品价值量的规律。定额水平不能反映当前的实际水平，因而以此确定的价格就会发生扭曲。

（2）目前的建筑产品的计价方法不能及时反映建筑市场的供求关系变化。虽然引入了竞争机制，但计价方法本身并不具备反映供求关系的功能。

（3）没有确定影响建筑产品价格的动态因素的权威机构。由于工程建设周期长，影响建筑产品价格的动态因素（如物价水平的变化等）发生的可能性增大，但到目前为止还没有面向建筑业的权威的物价指数发布机构。

以上这些问题不解决，建筑产品的价格运行机制就不可能健康地运转。

3. 建筑产品价格调控机制

市场并非总是完善的，在许多场合下，市场机制的力量受到市场缺陷的制约而难以有效发挥，需要政府介入其间进行完善和规范。价格调控机制是指政府对不完美的市场进行干预和对垄断行业直接定价，以限制市场自发性的消极作用的体系。价格调控机制的作用在于：制定价格政策法律以规范价格行为；建立经济调节体系以控制物价总水平；建立价格支持与干预体系以防止价格的大幅度波动；建立价格检测体系以把握市场价格的变化趋势；运用价格外补贴政策和价格调节基金以平衡利益关系、平抑市场物价等。实际上在现实生活中，市场价格机制与政府对价格的调控在国民经济中的作用并不是截然对立的，而往往是结合在一起的。经济发展的完全计划化或完全市场化的情况几乎不存在。因而通常所说的市场机制或市场价格机制指的是在政府调控下，尽可能由市场的运转解决资源配置，价格基本上由市场供求形成。这种价格机制符合当代市场经济的实际情况和发展要求。价格机制的作用方式是通过价格的升降以调节供求，从而调节生产和消费。

建筑产品是商品，同时也是较为特殊的商品，其主要特点是：①产品的固定性，其与土地相连，只会有所有权与使用权的转移而无随销售的空间转移；②单件和多样性，几乎没有相同的建筑产品，而且多数建筑产品以期货方式进行交易；③生产周期长，影响因素多；④产品费用（造价）高，使用期限长。建筑业是我国的支柱产业之一，每年固定资产投资在两万亿元人民币以上。这样巨大的投资对整个国民经济的运行必然会产生巨大的影响。基于此，政府对建筑产品的价格进行宏观调控是完全必要的。因此，建筑产品市场价格机制是在国家宏观调控和引导下的以市场形成价格为主的价格机制。国家宏观调控和引导的功能主要体现在以下几个方面：

（1）制定建筑行业的法律法规体系，规范建筑市场和市场主体的行为。

（2）通过市场总量控制和对市场价格行为的规范及对企业估价、定价的引导来加强对价格总水平的调控。

（3）制定统一的价格行为规则，包括统一规范计量单位、计量办法、报价程序、竞价规则。制定反垄断和防止不正当竞争的法规等，以保持良好的市场秩序，保护交易各方的合法权益。

（4）制定和发布有关计价参数，如：工程造价指数、物价指数、人工、材料、机械台班指数等等。以供发包人和承包人确定或调整工程价格。

建筑产品市场价格机制是市场经济条件下不应也不可能回避的问题。随着我国加入WTO，建筑市场将逐步向世界开放，必须要建立和适应这种价格机制，这不仅仅是应对世界挑战的需要，更是发展社会主义经济，促进建筑业健康发展的必然。

第三节　招标文件的编制要点

一、水电工程施工招标文件的组成

我国《招标投标法》规定，招标人应当根据招标项目的特点和需要编制招标文件。招标文件应当包括招标项目的技术要求，对投标人资格审查的标准，投标报价要求和评标标准等所有实质性要求和条件以及拟签订合同的主要条款，国家对招标项目的技术，标准有规定的，招标人应当按照其规定在招标文件中提出相应要求。招标文件是由招标单位或其委托的咨询机构编制并发布的，它既是投标单位编制投标文件的依据，也是招标单位与将来中标单位签订工程合同的基础，招标文件中提出的各项要求，对整个招标工作乃至承包双方都有约束力。水电工程施工招标文件，应按照水利部、国家电力公司，国家工商行政管理局联合颁发的《水利水电工程施工招标文件示范本》的要求进行编写。

根据《水利水电工程施工招标文件示范文本》（以下简称招标文件）招标文件的内容由商务文件，技术条款，招标图纸三卷组成。

（一）商务文件（第一卷）

商务文件包括以下方面的内容：

（1）投标邀请书。

（2）投标须知。投标须知应该对招标范围，资金来源，投标人的资格，投标报价，投标文件有效期，评标办法等等做出详尽的说明。

（3）合同条件，即《水利水电工程施工合同条件》（GF—2000—0208）。

（4）协议书，履约担保证件和工程预付款保函。

（5）投标报价书，投标保函和授权委托书。

（6）工程量清单。

（7）投标辅助资料。包括单价分析表，总价承包项目分解表，分组工程报价组成表，价格指数和权重表，计日工表，拟投入本合同工作的施工队伍简要情况表，拟投入本合同工作的主要人员表，拟投入本合同工作的主要施工设备表，劳动力计划表，资金流估算表，主要材料和水、电需用量计划表，分包情况表，施工技术文件及其他投标资料表。

（8）资格审查资料。包括投标人基本情况表，近期完成的类似工程情况表，正在施工的和新承接的工程情况表，财务状况表。

（二）技术条款

技术条款是双方责任、权利和义务的具体工作内容，是发包人委托监理人进行现场合同管理和进行进度、质量和费用控制的操作程序和方法。技术条款的编制，应根据发包人的要求指明本合同标的物的质量标准。技术条款是投标人进行投标报价和发包人进行合同支付的实物依据，技术条款一般包括施工导流和水流控制、土方明挖、石方明挖、地下洞室开挖、支护、钻孔和灌浆、基础防渗工程、地基加固工程、土石方填筑工程、混凝土工程、沥青混凝土工程、砌体工程、疏浚工程和预埋件埋设等土建专项技术。此外压力钢管的制造和安装，钢结构的制造和安装、闸门及启闭机的安装也纳入土建工程的招标范围。

（三）招标图纸

招标图纸由发包人委托的招标设计单位提供。招标图纸仅作为承包人投标报价和在履行合同过程中衡量变更的依据，不能直接用于施工。列入合同的投标图纸是作为发包人选择中标人和在履行合同过程中检验承包人是否按其投标内容进行施工的依据，也不能直接用于施工。

二、招标文件编制过程中应注意的问题

招标过程中，招标文件的编制是十分重要的环节，从某种意义上讲，招标文件的编制质量决定了招标活动的成败。首先，招标文件是投标人编制投标文件的依据，投标文件必须对招标文件的实质性的要求和条件作出实质上的响应，否则投标文件将可能被拒绝；其次，招标文件的主要内容是签订合同的重要组成，招标文件的编制质量将会影响合同的执行；再次，招标文件是引导投标人报价的指南，投标人往往会捕捉到招标文件中的某些信息加以利用来实施报价策略。因此，招标文件的编制对于顺利完成招标过程、控制工程造价以及合同履行都有十分重要的意义。

（一）重要的合同条款

合同条件是招标文件的重要组成部分，它不仅是投标文件的编制依据，也是签订合同的主要内容。它对于合同实施阶段工程造价的控制具有特别重要的作用。招标文件中的实

质性要求和条件均在合同条件中反映，因此编制好合同条件是十分重要的任务。合同条件中重要的条款包括：

1. 合同形式的选择

合同的形式包括固定价合同，可调价合同和成本加酬金合同。合同形式的选择与招标工程的特点密切相关。一般来说，工程量明确，工期短，造价不高的项目采用固定价合同。这种合同形式管理比较简单但并不一定利于工程造价的控制，一般情况下投标人会计入一定风险报价。当工程量不能准确计算时，一般采用可调价合同，最终以实际完成的工程量乘以单价进行结算，水电工程一般采用这种形式。这种合同形式控制工程造价的关键在于准确地工程计量。成本加酬金合同应用较少，不同的合同形式承发包双方承担的风险是不同的。因此，对于合同形式的选择应根据招标工程的具体情况而定。

2. 工程款的支付方式

工程款支付方式是投标人十分看重的因素之一。由于资金具有时间价值，不同的支付方式，其动态的工程造价是不同的，它会影响投标人的报价策略。工程款的支付包括：预付款的支付与扣回方式，进度款的支付，尾留款的数量与支付方式，工程款的结算。工程款的支付方式不仅仅是对承包商完成产品价值的补偿，同时也是对承包商进行管理与控制工程造价的手段，因此合理的工程款支付方式有利于工程的顺利进行。工程款的支付方式应当保证工程的正常进行为原则，比如进度款的支付比例应不少于70%（一般应高于直接成本）。

3. 合同价的调整

当合同形式为可调合同时，应该对合同价的可调范围，调整的方法进行约定。工程变更是工程建设中无法避免的。当发生工程变更时，合同价的调整往往是双方利益的焦点。因此在合同条件中对合同价调整的范围，调整的方法应予以明确，以减少合同纠纷。

4. 风险约定与分担

无论采用何种合同形式，合同双方均要承担一定的风险，因此在合同条件中应对风险进行约定，如在固定价合同中，承包人应承担工程量变化和物价上涨风险。在可调价合同中承包人应承担一定的物价风险，发包人承担工程量变化的风险和一定的物价风险。风险的约定即是约定双方各自应承担的风险范围。当超出约定风险范围时，则应确定分担的方法。比如合同约定当物价上涨影响总造价一定范围内时为承包人的风险，超出该范围时为双方共同风险并约定各自承担的比例。需要指出的是，即便是固定价合同也不是将风险损失全部转嫁给承包人，这既不合理也不公平，固定价合同是约定风险范围内的价格固定，同理，可调价合同也不是只要风险造成损失就调整，可调也是有条件的。

（二）标底的编制水平与评标价的确定

标底在招标投标中的重要作用是毋庸置疑的。尽管无标底评标技术已经应用到招标实践中，但无标底评标并不等于不编制标底。标底对于业主来说，仍然具有重要的意义。首先，它预先明确了业主在招标工程上的财务义务。其次，标底是业主的工程预期价格，也是业主控制造价的基本目标。再次，标底是判断投标报价的合理性的参考依据，可以防止投标人的恶意报价。标底的编制水平应该充分考虑市场因素，包括市场的竞争状况，当前的技术管理水平，建设地域的政治、经济、文化、习俗等因素。一般情况下，标底不等于评标价。评标价是判断投标报价合理性以及评分的尺度，在评标过程中有举足轻重的作用。评标价应该按照社会平均先进水平来确定。招标是选优的过程，按照社会平均先进水平确定评标价并以此作为评价尺度能够充分体现优胜劣汰的竞争规律。

（三）科学的评标方法

评标办法是业主价值取向的综合反映，因此在编制评标办法时应明确表达业主的期望。目前较为普遍的评标方法有：百分制评标法、合理低价法。百分制评标法主要应用于技术极为复杂，对投标人的综合能力要求较高的项目。合理低价法一般应用于技术简单，质量易于判定的项目。水电工程大多采用百分制评标法，在确定评标方法时应该注意下列问题：

1. 评标指标的设置

根据招标项目的特点、性质以及重要性设置评标的指标体系，评标指标的设置应是能充分反映投标人实力和满足投标人愿望。评标指标一般有：施工组织设计或施工方案，质量，类似工程经验，工期，财务能力等。

2. 指标的权重设计

综合评分法是将评标指数进行量化打分，并将各个指标分别赋予不同的权重。权重的大小对评标结果将产生直接的影响，实际上权重的赋值即反映业主的价值取向。如当报价指标权重大时，业主偏向低报价中标。当工期权重较大时，则业主对工期比较看重。

3. 指标之间的一致性问题

所谓一致性是指指标的赋值及判断不存在矛盾且符合招标人的价值判断。比如通常对高于评标价的报价实行扣分的方式，对于具有类似工程经验的实行加分，二者在扣分和加分的方面就应该具有判断的一致性。例如：对于高于评标价1％扣1分，具有类似工程经验的加2分，则表明具有类似工程经验的投标人具有2％的报价优惠。如果招标人希望以2％的报价优惠获得具有类似工程经验的投标人中标，则这种判断具有一致性，否则就要考虑减少具有类似工程经验的加分。

（四）合理分标

对于一个大型建设项目施工，往往需要划分若干个阶段。标段的合理划分，对于项目的顺利实施和工程造价的控制具有十分重要的意义。适当地进行分标有利于造成竞争的态势。当前，我国正在培育和发展工程总承包，这与适当分标并不矛盾，工程总承包只是建设项目组织的实施方式。总承包企业同样也需要将部分工作发包给具有相应资质的分包企业，而这本身也是一个合理分标的问题。标段的划分应该遵循以下的原则：

（1）适度的工程量。在划分标段时应该考虑各个标段的工作任务量，工程量太大，则起不到分标的作用；工程量太小，则承包商投标的积极性不高。同时，也会加大承包商的成本开支，不利于控制工程造价。

（2）各标段应该相对独立，减少相互干扰。各个标段应该能独立组织施工。尽可能减少各个标段之间的干扰，以免造成索赔事件的发生。

（3）尽可能按专项技术分标。既充分发挥具有专项技术的企业的特长。既可以保证工程质量，又可以降低工程造价。

（4）从系统理论的角度合理分标以保证整体最优。建设项目是一个系统工程，局部最优并不能保证整体最优。在划分标段时，应该从整体的角度，合理分标。如道路工程中两相邻标段的土石方平衡问题等。

招标是选优的过程，招标文件编制的质量往往决定了选优结果的合理性，高质量的招标文件能够引导投标人编制科学合理的投标文件，而科学合理的投标文件是保证确定优秀承包人的基础，投标文件作为合同的重要组成（要约）也是顺利履行合同的关键。因此高质量的招标文件是工程建设顺利实施的基本保证。

三、控制价的编制与审核

（一）控制价的概念与作用

1. 控制价的概念

控制价是招标阶段工程造价的表现形式，它指由招标单位自行编制或委托具有编制能力的中介机构代理编制，并经核定的招标工程的预期价格，是招标人能够接受的最高价格，在招标中起控制作用。

控制价的组成内容主要有：

（1）综合编制说明。

（2）控制价计算书。带有价格的工程量清单、现场因素，各种施工措施费用测算明细等。

（3）主要材料用量。

（4）控制价附件。如各项交底纪要，各种材料及设备的价格来源，现场的地质、水文地上情况的有关资料等。

2. 控制价的作用

（1）控制价能够使招标单位预先明确自己在拟建工程上应承担的财务义务；控制价是招标单位认定的本招标工程的最高预期价格，也是招标单位能够而且愿意承担的价格。

（2）控制价能给上级主管部门提供核实建设规模和建设标准的依据。控制价以概算作为控制目标，因而控制价更能准确地反映项目的建设规模和建设标准。

（3）控制价是判断投标报价报价合理性的依据。控制价的编制反映当前市场状况下的价格水平，因而能够判断投标人报价的合理性和可靠性。

（4）控制价能够有效地防止投标人的不法行为。由于控制价的"拦标"功能，使得投标人"串标"等违法行为无法实施。

（二）编制控制价应遵循的原则

（1）遵循国家及行业有关编制工程造价的规定和办法。

（2）控制价作为建设单位的预期价格，应力求与市场的实际变化吻合，要有利于竞争和保证工程质量。

（3）控制价应由成本、利润、税金等组成。要考虑承包单位合理的利润。

（4）控制价应考虑人工、材料、设备、机械台班等价格的变化因素，还应包括不可预见费（特殊情况下），措施费（如短于定额工期20%以上时的赶工措施费）等因素的费用。

（三）编制的主要依据

（1）招标文件的商务条款。

（2）招标文件的技术条款。

（3）招标图纸。

（4）施工方案或施工组织设计。

（5）工程计价有关依据如概（预）算定额、工期定额、取费标段、材料设备价格、国家、行业、地方有关工程造价编制的文件等。

（四）控制价编制需要考虑的因素

控制价作为判断投标报价合理性的重要依据，其编制必须具有科学性和合理性，正确反映市场的价格水平。控制价在编制过程中要考虑以下几个因素：

（1）满足招标工程的质量要求。对于特殊的质量要求（超过国家质量标准），应该考虑适当的费用。就我国目前的工程造价计价方法而言，均是以完成合格产品所花费的费用。对于超出国家标准的项目应正确反映其成本。

（2）控制价应该适应目标工期的要求。工期与工程造价有密切的关系。当招标文件的目标工期短于定额工期时，承包商需要加大施工资源的投入，并且可能降低了生产效益，造成成本上升。控制价应该反映由于缩短工期造成的成本增加。一般来说，当目标工期短于定额工期 20％，则应考虑将赶工费计入标底。

（3）控制价的编制反映建筑材料的采购方式和市场价格。对于大宗的材料往往也实行招标。在计算标底时，应该以材料的采购方式进行计算。目前各地和行业公布的材料价格信息，是综合的指导性的，并不能真实反映市场价格。

（4）控制价编制中应考虑招标工程的特点和自然地理条件。当前我国工程造价的编制方法基本采用定额法，这种方法的特点是只考虑一般性，不能反映具体工程的特点，因此在编制控制价时应该针对具体项目的特点进行编制。

（五）控制价的审核

控制价审核的内容主要有：

（1）标底是否满足招标文件的要求。

（2）标底文件是否齐全。

（3）标底编制依据是否正确。

（4）标底能否反映现实的建筑市场价格水平。

第四节　投标决策与报价技巧

一、概述

水电工程施工投标是施工企业承揽施工任务的主要途径，其重要性是不言而喻的。在施工投标时应做好以下几个环节。

1. 掌握招标信息

这包括建立必要的信息网络。了解国家、地区、本行业项目的规划和近期安排，特别是本地区、本行业工程投标信息。

2. 进行投标决策

施工企业要对已获取的招标信息进行归类、分析和筛选，从中选择一个或几个招标工程进行投标。

3. 确定投标策略

这主要是根据不同的工程特点，不同的竞争对手以及自身的优势与劣势和企业经营的战略确定投标的策略。

4. 编制投标标书

在编制投标标书的过程中，还应选择一定的技巧。如计日工的报价，不确定工程量的报价，以及不平衡报价等，但这些技巧的应用都应在允许的范围之内，否则会适得其反。

我国《招标投标法》规定，投标人应当具备承担招标项目的能力；国家有关规定对投标人资格条件或招标文件对投标人资格条件有规定的投标人应当具备规定的资格条件。有关施工投标单位的主要条件有：

（1）参加投标的单位至少须满足该工程所要求的资质等级。

（2）参加投标的施工单位必须有独立法人资格和相应的施工资质，非本国注册的施工企业应按建设行政主管部门有关管理规定取得施工资质。

（3）具有授予合同的资格，投标单位应提供令招标单位满意的资格文件，以证明其符合投标合格条件和其有履行合同的能力。为此，所提交的投标文件中应包括下列资料：

1）有关确立投标单位法律地位的原始文件的副本。

2）投标单位在过去3年完成的工程的情况和现在正在履行的合同情况。

3）按规定的格式提供项目经理简历，及拟在施工现场或不在施工现场的管理和主要施工人员情况。

4）按规定格式提供完成该合同拟采用的主要施工机械设备情况。

5）按规定格式提供拟分包的工程项目及拟承担分包工程项目施工单位情况。

6）投标单位提供财务状况情况，包括最近两年经过审计的财务报表，下一年度财务预测报告和投标单位向开户银行开具的，由该银行提供财务情况证明的授权书。

7）有关投标单位目前和过去两年参与或涉及诉讼案的资料。

（4）两个以上法人或者其他组织可以组成一个联合体，以一个投标人的身份共同投标。联合体各方均应当具备承担招标项目的相应能力；国家有关规定或者招标文件对投标人资格条件有规定的，联合体各方均应当具备规定的相应资格条件。由同一专业的单位组成的联合体，按照资质等级较低的单位确定资质等级。

联合体各方应当签订共同投标协议，明确约定各方拟承担的工作和责任，并将共同投标协议连同投标文件一并提交招标人。联合体中标的，联合体各方应当共同与招标人签订合同，就中标项目向招标人承担连带责任。

投标人不得相互串通投标报价，不得排挤其他投标人的公平竞争，损害招标人或者其他投标人的合法权益。投标人不得与招标人串通投标，损害国家利益、社会公共利益或者他人的合法权益。禁止投标人以向招标人或者评标委员会成员行贿的手段谋取中标。投标人不得以低于成本的报价竞标，也不得以他人名义投标或者以其他方式弄虚作假，骗取中标。

二、投标的程序及投标文件的组成

投标单位根据招标文件及有关计算工程造价的计价依据，计算出投标报价，并在此基础上研究投标策略，提出更有竞争力的投标报价。这项工作对投标单位投标的成败和将来实施工程的盈亏起着决定性的作用。在投标过程中要按照投标的程序组织投标，漏掉一个环节，可能会导致投标的失败。

（一）投标的程序

任何一个项目的投标报价都是一项系统工程，除了必须遵循一定的程序外，还必须从整体上把握投标文件的编制，要全面地考虑影响报价的因素，使之整体优化。

（1）投标决策。这是投标的前期工作，其目的在于选择投标中标概率大的招标项目。投标决策的依据是能使企业获得最大的利润。投标决策既可以选择投标，也可能选择不投标。

（2）报名参加投标。

（3）办理资格审查。投标单位应严格对照招标文件中关于投标资格的条件，必要时可以考虑组成联合体以满足投标资格的条件。

（4）取得招标文件。

（5）研究招标文件。招标文件是编制投标文件的依据，因此在取得招标文件之后，首要的工作就是认真仔细地研究招标文件，充分了解其内容和要求，以便有针对性地安排投标文件。

（6）调查投标环境。所谓投标环境，就是招标工程施工地点的自然、经济和社会条件，这些都是工程施工的制约因素，必然会影响到工程的成本，是投标单位报价时必须考虑的。而且投标环境不仅对投标报价有影响，而且对中标后的施工也会产生影响。所以在报价前要尽量了解清楚。

（7）制定施工方案。施工方案是投标报价的一个前提条件，也是招标单位评标时要考虑的重要因素之一。而且施工方案的优劣对报价也有较大影响，好的施工方案能够降低工程造价，提供投标的竞争力，也能保证施工质量和工期要求。因此投标单位应十分重视施工方案的选定。在百分制评标中，施工方案的权重仅次于报价。

（8）计算投标报价。水电工程投标报价应按技术条款规定的进度要求和质量标准，根据投标单位自身的施工能力和水平，运用实物法原理编制施工定额进行计算，此外，报价计算还必须与采用的合同形式相协调。在此基础上计算出的报价，一般还不能作为最终报价，投标单位还要根据投标的策略、对手情况、业主的情况、工程的特点等因素综合考虑调整报价，这样更有利于提高竞争力。

（9）编制投标标书。按招标文件要求进行编制。

（10）投送标书。一般在投标截止日前，投标单位认为有必要，还可以修改投标标书的有关内容。我国《招标投标法》规定在投标文件的截止时间前，可以补充、修改或者撤回已提交的投标文件，并书面通知招标人。补充、修改的内容为投标文件的组成部分。

（二）投标文件的组成

投标人应按招标文件规定的内容和格式编制并提交投标文件，投标文件应包括：

（1）投标报价书。投标人应按《工程量清单》中的说明，填报工程量清单中各项单价和合价以及投标报价汇总表。投标报价应包括投标人中标后为完成合同规定的全部工作需支付的一切费用和拟获得的利润，并考虑了应承担的风险，但不包括合同规定的价格调整。除《专用合同条款》另有规定外，投标人的报价在合同实施期间可按《专用合同条款》的规定调价，并按《通用合同条款》和《投标辅助资料》的规定提供价格指数和权重以及有关的证明材料。投标人在投标截止时间前修改投标总报价时，应同时修改各项目的报价或说明对《工程量清单》中各项报价的修改办法。

（2）投标保函。

（3）授权委托书。若投标人为联合体，除了该联合体的责任方盖章及其法定代表人签名外，其他各成员也需盖公章并由其法定代表人签名。

（4）已标价的工程量清单。符合合同规定的全部费用和利润都应包括在工程量清单所列的各项目中，合同规定应由承包人承担而在工程量清单中未详细列出的项目，其费用和利润应认为已包括在其他有关项目的单价和合价中。投标人不应在工程量清单中自行增加新的项目或修改项目名称。工程量清单中的"单价"和"合价"栏均应由投标人填报。投标人还应填报投标报价汇总表，并在结尾处填写投标总报价。若投标人对某些项目未填报单价和合价，则应认为还包括在其他项目的单价和合价以及投标总报价内。

（5）投标辅助资料。

（6）资格审查资料。

（7）投标人按本投标须知要求提交的其他资料。

三、投标决策与策略

随着招投标竞争机制越来越多地引入到水利建设中，通过投标竞争获取工程项目已成为水利施工企业的重要手段。如何确定出一个既符合市场情况、符合工程实际、体现企业管理和技术水平，又有可能中标并获取预期利润的合理报价是施工企业面临的重要课题。投标决策与策略就是施工企业在广泛收集的招标信息中，结合自身的经营战略，决定投不投标，投什么标，怎样投标的问题。企业的经营战略是从企业的整体和长远利益出发的。因此，投标决策也要从整体和长远利益出发，以获取最大的经济效益为目的。

（一）影响投标决策的因素

为了有选择地进行投标，在进行决策之前，应分析企业外部环境和企业内部条件，外部环境包括机遇和风险，即外部的有利和不利条件。内部条件即自身的优势与劣势，只有知彼知己，才能保证投标决策的正确性，投标决策时，一般有以下几个方面的影响因素：

（1）投标者自身的主客观因素。主观因素包括经营战略思想，投标项目对企业今后业务发展的影响分析等，客观因素包括本企业的施工能力与特长，目前有无承担招标项目施工的能力，类似工程经验如何等。

（2）工程方面的因素。工程性质、规模、复杂程度及自然条件；工程现场工作条件包括道路交通、电力和水源；材料供应条件；质量、工期要求等。

（3）业主方面的因素，这些因素包括业主信誉，资金来源，工程款支付条件等。

（4）潜在竞争对手的状况。包括竞争对手的实力以及数量等。

（二）投标报价的编制要点

1. 深入细致地研究招标文件

动手编制工程报价前，仔细研究分析招标文件中有关资料是了解设计意图、抓住侧重点、做好报价的基本途径。标书中包括图纸、技术规划、合同条件、合同通用及专用条款、开标前会议资料、补充文件等。从招标文件中可以了解到工程概况、特点及性质；了解业主的招标策略及设计意图；了解业主的资金来源及到位情况；了解业主对投标单位的详细要求；对施工组织设计的重视，还可以了解评标的重点和依据等等。只有十分认真又细致地熟悉业主要求的内容，才能用动态的思维来确定工程造价。应注意以下几点：

（1）理解有关资料。除招标文件中的有关资料外，对业主发的标前会资料、答疑书、补充文件等，要与图纸、合同条款等一并理解领会，在报价时充分考虑，并体现单价中。

（2）注意工程数量。应核对招标文件中工程量清单，除了对控制总投资的主要工程量进行仔细核实外，其他项目的工程量也应查看是否与设计图纸的数量相一致，在工程数量上作文章。若不一致，对清单中少列的工程数量，考虑到将来要增加，报价时该部分单价应提高；或设计图纸内容不明确，估计修改后工程量要增加的项目，其单价可高些；对明显不合理的设计，考虑将来可能改进或取消，报价时该部分单价可适当降低；对于图纸中遗漏的工程设计、工程数量应尽早提出并要求澄清，以避免可能的无效标。

（3）研究重要条款。重要的合同条款包括：合同价的确定方式；工程款的支付方式；风险范围的界定与分担方式；合同隐含条件或默示条款以及超越国家规范的质量标准等。

（4）启动索赔工作。索赔应该而且必须在投标时开始进行，在充分研究招标文件的基础上，寻找可能产生歧义或漏洞的条款，研究可能出现的情况，实施不同的投标策略，以期在合同实施过程中避免不必要的损失。

2. 现场踏勘与市场调查

（1）现场踏勘。除了地理位置、气象水文地质资料外，对水利工程施工条件、道路、水电设施现状的调查至关重要。熟悉施工现场，合理布置水电、砂石料、混凝土等系统，合理设计施工导流及场内道路，对准确计算各项运距及各项临时设施费用有一定的帮助。同时利用现有的施工条件，分析自身的技术能力，查看机械设备如何满足工程项目的实施需要，对正确制定施工方案，提高竞争力具有非常现实的意义。不同的施工条件，施工方法上的差异，都直接影响工程实际成本的确定。

（2）市场调查。包括同类建筑的一般资料调查和建筑材料价格调查。同类建筑的一般资料指本公司近几年已完工的类似建筑物的工程实际造价，以及近几年该地区投标承包的成交合同价。多方询价、尽可能地搜集以往投标报价资料将有助于新工程报价的合理性。建筑材料价格调查包括当地大宗材料（如砂、石料、水泥等）的价格水平、供应条件、料场来源、运距、运输方式和供货比例及市场劳务价格和雇佣条件，并结合技术难易、工期长短，对主要材料价格的预测，工程风险分析等。要使报价合理且具有竞争力，对市场商情的调查应详尽深入。因为市场的价格和支付的条件是变化的，不但因时因地而异，而且因买卖双方的关系而异，调查时不能只看表面的标价，还要探询可能的成交价，不仅要调查当时的价格，还要了解以往的价格变化，以便预测将来的价位。掌握市场动态是精确报价的前提。

3. 合理确定投标报价

无论采用什么方式评标，投标报价是最能体现竞争力的核心指标。所谓合理确定投标报价就是既要反映自身的技术及管理水平，又要满足投标人的经营目标。合理确定投标报价应该遵循下列原则：

（1）成本是确定投标报价的最低经济界限。在任何情况下，投标价格的确定都不应该低于企业的成本。这既是招标投标法的规定，也是企业正常经营的基本要求。

（2）投标报价的确定应该体现投标人的投标策略和市场竞争状况。一般而言，当投标人欲进入某一市场或市场竞争较为激烈时应该适当报低价，反之则可以适当报高价。

（3）投标报价的确定要充分反映招标项目的实际。在当前投标人还普遍没有形成完整的企业定额之前，投标价格的计算一般都是参考行业定额进行编制的，定额的边界条件不一定与招标工程的实际相符，在确定投标报价时必须根据招标工程的实际情况进行编制。

4. 投标价格的调整

合理的投标报价不一定是最终的报价，最终报价的确定一般要考虑两个方面：一是竞争状况。当竞争较为激烈时，适当调低报价以增强竞争力。二是考虑合同履行的风险因素。一般情况下，招标人会将一些风险转嫁给投标人，并约定投标人的报价包含了风险。影响工程造价的风险因素很多，在进行投标报价调整时一般只考虑承包人应承担的风险。投标报价的调整（风险报价）一般按下列程序进行：

（1）风险的识别。根据合同约定的风险以及可能发生的由自身承担的风险。

（2）风险的度量。对风险发生的概率以及可能造成的损失进行度量。例如当物价风险由投标人承担时，投标人必须对物价上涨的幅度以及影响价格的程度进行预测，并合理地计入投标报价中。

（3）风险的处理。风险具有客观性、损失性和不确定性等特点，因此既不能夸大风险也不能视而不见。风险的处理方式包括风险转移、风险规避、风险自留等。一般而言对于自留的风险应该考虑在报价中。

（三）投标决策的一般方法

影响投标决策因素非常多，因而在实践中很难找到一种定量的决策工具，尽管有学者将决策树的方法引入到投标决策中，但实际中几乎没有应用。尽管如此，投标活动一刻也没有停止过。一般而言，企业的经营战略、当前的经营状况、自身的实力、竞争对手的状况、招标项目的特点、业主的诚信都是投标决策要考虑的重要因素。专家评分比较法相对来说可以较好地解决以上因素。

专家评分比较法就是根据拟定的评价指标和其重要性赋予相应的权重，由专家对这些评价指标的满足情况进行评分，从而对方案进行决策。此方法简单适用，其步骤如下：

（1）列出评价指标并对其重要性分别确定权数。判断是否应该参加投标的指标一般为：

1）管理的条件。指能否有足够的，水平相应的管理工程的人员（包括项目经理和组织施工的工程师等）参加该工程。

2）工人的条件。指工人的技术水平和工人的工种，人数能否满足该项工程的要求。

3）机械设备条件。指该工程需要的施工机械设备的品种、数量能否满足要求。

4）工程项目条件。指业主监理情况，当地市场情况，工期质量要求情况等。

5）以往类似工程的施工经验。

6）业主资金落实情况及业主以往信誉。

7）竞争对手情况包括数量和实力。

8）该项目对本企业今后带来的影响和机会。

（2）对评价指标进行评价赋值，一般可按 5 分制评分，也可按 10 分制评分。

（3）将每个评价指标的权重与评分的乘积累加，求出评价总分。

（4）根据评价总分，来决定是否参加投标。

表 23－2 为专家评分比较法的例子，该方法可以用于两种情况：

（1）对某一个招标项目投标机会作出评价，如评价总分在 3（或 4）分以上为接受，即可投标，否则放弃投标。

（2）可用以比较若干个同时可以考虑投标的项目，一般情况下，根据评价总分高低来考虑优先投标的顺序。

表 23－2　　　　　　　　　　　　　专家评分比较法评价表

投标考虑的指标	权重 W	评分 C					WC
		好 5	较好 4	一般 3	较差 2	差 1	
管理的条件	0.20		√				0.80
工人的条件	0.10	√					0.50
机械设备条件	0.15			√			0.45
工程项目条件	0.20		√				0.80
类似工程经验	0.05		√				0.20
业主资金条件	0.15	√					0.75
竞争对手情况	0.10				√		0.20
对今后的影响	0.05					√	0.05
$\sum WC = 3.75$							

根据以往经验若 $WC \geqslant 3$ 表示可接受，则本工程可以投标；若 $WC \geqslant 4$ 表示不可接受，则本工程放弃投标。

四、报价技巧

报价技巧是指在投标中采用一定手法或技巧使业主可以接受，而中标后又能获得更多的利润。常用的报价技巧主要有以下几个方面。

（一）根据招标项目的不同特点采用不同报价

投标报价时，既要考虑自身的优势和劣势，也要分析招标项目的特点。按照工程项目的不同特点、类别、施工条件等来选择报价策略。

（1）下列情况下，一般报价可高一些：施工条件差的工程；专业要求高的技术密集型工程，而本公司在这方面又有专长，声誉也较高时；总价较低的小工程；特殊的工程；工期要求急的工程；投标竞争对手少的工程；支付条件较为苛刻的工程等。

（2）下列情况下，一般报价可低一些：施工条件好的工程，工作简单，工程量大而一般公司都可以做的工程；本公司目前急于打入某一市场、某一地区，或在该地区面临工程结束，机械设备等无工地转移时；本公司在附近有工程，而本项目又可利用该工程的设备、劳务或有条件短期内突击完成的工程；投标竞争对手多的工程；非急需工程；支付条件好的工程等。

（二）不平衡报价法

不平衡报价法是指一个工程项目的投标报价，在总价基本确定后，通过调整内部各个项目的报价，以期限既不提高总价（不影响报价的竞争力），不能在结算时得到较为理想的经济效益。一般可以在以下几个方面考虑采用不平衡报价法。

（1）能够早日结账收款的项目（如开办费、基础工程、土石方工程等）可以报得较高，以利资金周转，后期工程项目可适当降低价格。

（2）经过工程量核算，预计今后工程量会增加的项目，单价适当提高，这样在最终结算时可多赚钱，而预计今后工程量会减少的项目，单价适当降低，工程结算时可减少损失。

（3）设计图纸不明确，估计修改后工程量要增加的，可以提高单价，而工程内容说不清楚的，则可降低一些单价。

（4）暂定项目。暂定项目也称选择项目，对这类项目要具体分析，固定一类项目要开工后再由业主研究决定是否实施，由哪一家承包商实施。如果工程不分标，只由一家承包商施工，则其中肯定要做的单位可高些，不一定做的则应低一些。如果工程分标，该暂定项目也可能由其他承包商施工时，则不宜报高价，以免抬高总报价。

不平衡报价一定要建立在对工程量表中工程量仔细核对分析的基础上，特别是对于报低单价的项目，如工程量执行时增多，将造成承包商的重大损失，同时一定要控制在合理幅度内（一般可在±10％以内），以免引起业主反对，甚至可能导致废标。

（三）计日工的报价

如果是单纯报计日工单价，而且不计入总价中，可以报高一些，以便在业主额外用工或使用施工机械时可多盈利。但如果计日工单位要计入总报价时，则需具体分析是否报高价，以免抬高总报价。总之，要分析业主在开工后可能使用的计日工数量，再来确定报价方针。

（四）可供选择的项目的报价

有些工程项目的分项工程，业主可能要求按某一方案报价，而后再提供几种可供选择方案的比较报价。对于将来有可能被选择使用的方案应适当提高报价。但是，所谓"可供选择项目"并非由承包商任意选择，而是业主才有权进行选择。因此，虽然适当提高了可供选择项目的报价，并不意味着肯定可以取得较好的利润，只是提供了一种可能性，一旦业主今后选用，承包商即可得到额外加价的利益。

（五）暂定工程量的报价

暂定工程量有三种：一种是业主规定了暂定工程量的分项内容和暂定总价款，并规定所有投标人都必须在总报价中加和这笔暂定金额，但由于分项工程量不很准确，允许将来按投标人所报单价和实际完成的工程量付款。另一种是业主列出了暂定工程量的项目和数量，但并没有限制这些工程量估算总价款，要求投标人既列出单价，也应按暂定项目的数量计算总价，当将来结算付款时可按实际完成的工程量和所报单价支付。第三种是只有暂定工程的一笔固定总金额，将来这笔金额做什么用，由业主确定。第一种情况由于暂定总价款是固定的，对各投标人的总报价水平竞争力没有任何影响，因此，投标时应当适当提高暂定工程量的单价。这样做，既不会因今后工作量变更而遭受损失，也不会削弱投标报价的竞争力。第二种情况，投标人必须慎重考虑。如果单价定得高了，同其他工程量计价一样，将会增大总报价，影响投标报价的竞争力；如果单价定得低了，将来这类工程量增大，将会影响收益。一般来说，这类工程量报价可以采用正常价格。如果承包商预估今后实际工程量会增加，则又适当提高单价，使将来可增加额外收益。第三种情况对投标竞争没有实际意义，按招标文件要求将规定的暂定款列入总报价即可。

（六）替代方案

在招标文件中，发包人也不可能在招标文件中邀请投标人提交替代方案，即投标人可以修改原设计方案。投标人这时应抓住机会，组织一批有经验的设计和施工技术人员，对基本方案进行仔细研究，提出更为合理的方案以吸引业主，促成自己的方案中标。替代方案，应说明其对基本方案的改进意见和带来的效益以及对发包人的要求，并附必要的图纸，设计计算、技术要求、价格分析和施工工艺及其他有关资料。替代方案并不能免除对原招标方案的报价，这是投标人应该注意的问题。

（七）多方案报价法

招标文件中没有邀请投标人增加替代方案时，投标人仍可以提出替代方案以吸引业主。但投标人必须按招标文件的规定提交基本方案的投标文件，并再提交承包人自己建议的替代方案，建议的替代方案也应实质上响应招标文件的规定。

第五节　设备、材料采购与合同价的确定

一、设备、材料采购的方式

设备、材料采购是建设工程施工中的重要工作之一。采购货物质量的好坏和价格的高低，对项目的投资效益影响极大。《招标投标法》规定，在中华人民共和国境内进行与工程建设有关的重要设备、材料等的采购，必须进行招标。为了将这方面工作做好，应根据采购的标的物的具体特点，正确选择设备、材料的招标方式，进而正确选择好设备、材料供应商。

（一）公开招标

设备、材料采购的公开招标是由招标单位通过报刊、广播、电视等公开发表招标广告，在尽量大的范围内征集供应商。公开招标对于设备、材料采购，能够引起最大范围内的竞争。其主要优点有：

（1）可以使符合资格的供应商能够在公平竞争条件下，以合适的价格获得供货机会。

（2）可以使设备、材料采购者以合理价格获得所需的设备和材料。

（3）可以促进供应商进行技术改造，以降低成本，提高质量。

（4）可以基本防止徇私舞弊的产生，有利于采购的公平和公正。

设备、材料采购的公开招标一般组织方式严密，涉及环节众多，所需工作时间较长，故成本较高。因此，一些紧急需要或价值较小的设备和材料的采购则不适宜这种方式。

设备、材料采购的公开招标又称为国际竞争性招标和国内竞争性招标。

国际竞争性招标就是公开的广泛的征集投标者，引起投标者之间的充分竞争，从而使项目法人能以较低的价格和较高的质量获得设备或材料。我国政府和世界银行商定，凡工业项目采购额在 100 万美元以上的，均需采用国际竞争性招标。通过这种招标方式，一般可以使买主以有利的价格采购到需要的设备、材料，可引进国外先进的设备、技术和管理经验，并且可以保证所有合格的投标人都有参加投标的机会，保证采购工作公开而客观地进行。

国内竞争性招标适合于合同金额小，工程地点分散且施工时间拖得很长，劳动密集型生产或国内获得货物的价格低于国际市场价格，行政与财务上不适于采用国际竞争性招标等情况。国内竞争性招标亦要求具有充分的竞争性、程序公开，对所有投标人一视同仁，并且根据事先公布的评选标准，授予最符合标准且标价最低的投标人。

（二）邀请招标

设备、材料采购的邀请招标是由招标单位向具备设备、材料制造或供应能力的单位直接发售投标邀请书，并且受邀参加投标的单位不得少于 3 家。这种方式也称为有限国际竞争性招标，是一种不需公开刊登广告而直接邀请供应商进行国际竞争性投标的采购方法。它适用于合同金额不大，或所需特定货物的供应商数目有限，或需要尽早地交货等情况。有的工业项目，合同价值很大，也较为复杂，在国际上只有为数不多的几家潜在投标人，并且准备投标的费用很大，这样也可以直接邀请来自三四个国家的合格公司进行投标，以节省时间。但这样可能遗漏合格的有竞争力的供应商，为此应该从尽可能多的供应商中征求投标，评标方法参照国际竞争性招标，但国内或地区性优惠待遇不适用。

采用设备、材料采购邀请招标一般是有条件的，主要有：

（1）招标单位对拟采购的设备在世界上（或国内）的制造商的分布情况比较清楚，并且制造厂家有限，又可以满足竞争态势的需要。

（2）已经掌握拟采购设备的供应商或制造商或其他代理商的有关情况，对他们的履约能力、资信状况等已经了解。

（3）建设项目工期较短，不允许拿出更多时间进行设备采购，因而采用邀请招标。

（4）还有一些不宜进行公开采购的事项，如国防工程、保密工程、军事技术等。

（三）其他方式

（1）设备、材料采购有时也通过询价方式选定设备、材料供应商。一般是通过对国内外几家供货商的报价进行比较后，选择其中一家签订供货合同。这种方式一般仅适用于现货采购或价值较小的标准规格产品。

（2）在设备、材料采购时，有时也采用非竞争性采购方式，即直接订购方式。这种采购方式一般适用于如下情况：增购与现有采购合同类似货物而且使用的合同价格也较低廉；保证设备或零配件标准化，以便适应现有设备需要；所需设备设计比较简单或属于专卖性质的；要求从指定的供货商采购关键性货物以保证质量；在特殊情况下急需采购的某些材料、小型工具或设备。

二、设备、材料采购评标

（一）设备、材料采购评标的原则与要求

根据 1995 年 11 月颁布的《建设工程设备招标投标管理试行办法》的规定，设备、材

料采购评标、定标应遵循下列原则及要求：

（1）招标单位应当组织评标委员会（或评标小组）负责评标定标工作。评标委员会应当由专家、设备需方、招标单位以及有关部门的代表组成，与投标单位有直接经济关系（财务隶属关系或股份关系）的单位人员不参加评标委员会。

（2）评标前，应当制定评标程序、方法、标准以及评标纪律。评标应当依据招标文件的规定以及投标文件提供的内容评议并确定中标单位。在评标过程中，应当平等、公正地对待所有投标者，招标单位不得任意修改招标文件的内容或提出其他附加条件作为中标条件，不得以最低报价作为中标的唯一标准。

（3）招标设备标底应当由招标单位会同设备需方及有关单位共同协商确定。设备标底价格应当以招标当年现行价格为基础，生产周期长的设备应考虑价格变化因素。

（4）设备招标的评标工作一般不超过10天，大型项目设备承包的评标工作最多不超过30天。

（5）评标过程中，如有必要可请投标单位对其投标内容作澄清解释。澄清时不得对投标内容作实质性修改。澄清解释的内容必要时可做书面纪要，经投标单位授权代表签字后，作为投标文件的组成部分。

（6）评标过程中有关评标情况不得向投标人或与招标工作无关的人员透露。凡招标申请公证的，评标过程应当在公证部门的监督下进行。

（7）评标定标以后，招标单位应当尽快向中标单位发出中标通知，同时通知其他未中标单位。

另外，设备、材料采购应以最合理价格采购为原则，即评标时不仅要看其报价的高低，还要考虑货物运抵现场过程中可能支付的所有费用，以及设备在评审预定的寿命期内可能投入的运营、维修和管理的费用等。

（二）设备、材料采购评标的主要方法

设备、材料采购评标中可采用综合评标价法、全寿命费用评标价法、最低投标价法或百分评定法。

1. 综合评标价法

综合评标价法是指以设备投标价为基础，将评定各要素按预定的方法换算成相应的价格，在原投标价上增加或扣减该值而形成评标价格。评标价格最低的投标书为最优。采购机组、车辆等大型设备时，较多采用这种方法。评标时，除投标价格以外还需考察的因素和折算主要方法，一般包括以下几个方面：

（1）运输费用。这部分是招标单位可能支付的额外费用，包括运费、保险费和其他费用，如运输超大件设备需要对道路加宽、桥梁加固所需支出的费用等。换算为评标价格时，可按照运输部门（铁路、公路、水运）、保险公司，以及其他有关部门公布的取费标准，计算货物运抵最终目的地将要发生的费用。

（2）交货期。以招标文件规定的具体交货时间作为标准。当投标书中提出的交货期早于规定时间，一般不给予评标优惠，因为施工还不需要时的提前到货，不仅不会使项目法人获得提前收益，反而要增加仓储管理费和设备保养费。如果迟于规定的交货日期，但推迟的时间尚在可以接受的范围之内，则交货日期每延迟一个月，按投标价的某一百分比

（一般为 2%）计算折算价，将其加到投标价上去。

（3）付款条件。投标人应按招标文件中规定的付款条件来报价，对不符合规定的投标，可视为非响应性投标而予以拒绝。但在订购大型设备的招标中，如果投标人在投标致函内提出，若采用不同的付款条件（如增加预付款或前期阶段支付款）可降低报价的方案供招标单位选择时，这一付款要求在评标时也应予以考虑。当支付要求的偏离条件在可接受范围情况下，应将偏离要求给项目法人增加的费用（资金利息等），按招标文件中规定的贴现率换算成评标时的净现值，加到投标致函中提出的更改报价上后，作为评标价格。

（4）零配件和售后服务。零配件以设备运行两年内各类易损备件的获取途径和价格作为评标要素。售后服务内容一般包括安装监督、设备调试、提供备件、负责维修、人员培训等工作，评价提供这些服务的可能性和价格。评标时如何对待这两笔费用，要视招标文件的规定区别对待。当这些费用已要求投标人包括在投标价之内，则评标时不再考虑这些因素；若要求投标人在投标价之外单报这些费用，则应将其加到报价上。如果招标文件中没有作出上述任何一种规定，评标时应按投标书技术规范附件中由投标人填报的备件名称、数量计算可能需购置的总价格，以及由招标单位自行安排的售后服务价格，然后将其加到投标价上去。

（5）设备性能、生产能力。投标设备应具有招标文件技术规范中规定的生产效率。如果所提供设备的性能、生产能力等某些技术指标没有达到技术规范要求的基准参数，则每种参数比基准参数降低 1%时，应以投标设备实际生产效率单位成本为基础计算，在投标价上增加若干金额。

将以上各项评审价格加到投标价上去后，累计金额即为该标书的评标价。

2. 全寿命费用评标价法

采购生产线、成套设备、车辆等运行期内各种后续费用（备件、油料及燃料、维修等）较高的货物时，可采用以设备全寿命费用为基础评标价法。评标时应首先确定一个统一的设备评审寿命期，然后再根据各投标书的实际情况，在投标价上加上该年限运行期内所发生的各项费用，再减去寿命期末设备的残值。计算各项费用和残值时，都应按招标文件中规定的贴现率折算成净现值。

这种方法是在综合评标价法的基础上，进一步加上一定运行年限内的费用作为评审价格。这些以贴现值计算的费用包括：估算寿命期内所需的燃料消耗费；估算寿命期内所需备件及维修费用；备件费可按投标人在技术规范附件中提供的担保数字，或过去已用过可作参考的类似设备实际消耗数据为基础，以运行时间来计算；估算寿命期末的残值。

3. 最低投标价法

采购技术规格简单的初级商品、原材料、半成品以及其他技术规格简单的货物，由于其性能质量相同或容易比较其质量级别，可把价格作为唯一尺度，将合同授予报价最低的投标者。

4. 百分评定法

这一方法是按照预先确定的评分标准，分别对各设备投标书的报价和各种服务进行评审打分，得分最高者中标。一般评审打分的要素包括：投标价格；运输费、保险费和其他费用；投标书中所报的交货期限；偏离招标文件规定的付款条件；备件价格和售后服务；设备的性能、质量、生产能力；技术服务和培训；其他。

评审要素确定后，应依据采购标的物的性质、特点，以及各要素对采购方总投资的影响程度来具体划分权重和记分标准。例如，世界银行贷款项目通常采用的分配比例是：投标价（60~75 分），备件价格（0~10 分），技术性能、维修、运行费（0~10 分），售后服务（0~5 分），标准备件等（0~5 分），总计 100 分。

百分评定法的好处是简便易行，评标考虑因素全面，可以将难以用金额表示的各项要素量化后进行比较，从中选出最好的投标书。缺点是各评标人独立给分，对评标人的水平和知识面要求高，否则主观随意性较大。

三、设备、材料合同价款的确定

在国内设备、材料采购招标中的中标单位在接到中标通知后，应当在规定时间内由招标单位组织与设备需方签订经济合同，进一步确定合同价款。一般说，国内设备材料采购合同价款就是评标后的中标价，但需要在合同签订中双方确认。按照国家经济贸易委员会1996 年 11 月颁布的《机电设备招标投标管理办法》规定，合同签订时，招标文件和投标文件均为经济合同的组成部分，与合同一起有效。投标单位中标后，如果撤回投标文件拒签合同，作违约论，应当向招标单位和设备需方赔偿经济损失，赔偿金额不超过中标金额的 2%。可将投标单位的投标保证金作为违约赔偿金。中标通知发出后，设备需方如拒签合同，应当向招标单位和中标单位赔偿经济损失，赔偿金额为中标金额的 2%，由招标单位负责处理。合同生效以后，双方都应当严格执行，不得随意调价或变更合同内容；如果发生纠纷，双方都应当按照《合同法》和国家有关规定解决。合同生效以后，接受委托的招标单位可向中标单位收取少量服务费，金额一般不超过中标设备金额的 1.5%。

设备、材料的国际采购合同中，合同价款的确定应与中标价相一致，其具体价格条款应包括单价、总价及与价格有关的运费、保险费、仓储费、装卸费、各种捐税、手续费、风险责任的转移等内容。由于设备、材料价格的构成不同，价格条件也各有不同。设备、材料国际采购合同中常用的价格条件有离岸价格（FOB）、到岸价格（CIF）、成本加运费价格（CFR）。这些内容需要在合同签订过程中认真磋商、最终确认。

案 例

【案例 23-1】企业决定参加某工程的投标，经造价人员分析，A 工程量和 B 工程量有可能发生变化。根据下列情况回答问题。

（1）预计工程量发生变化，投标人应该采取什么报价技巧？一般应遵守什么原则？

（2）如果 A 工程量为 5000（预计减少 10%），拟报单价为 60 元；B 工程量为 3000（预计增加 20%），拟报单价为 80 元。A 和 B 单价调整为多少？

（3）根据上述条件，新的报价方案比原报价方案增加多少收益？

解：（1）预计工程量发生变化，投标人一般采取不平衡报价的技巧。不平衡报价应遵守的原则是：保持总价不变，不降低报价的竞争性；单价的调整在 10% 以内。

（2）根据题意和不平衡报价的方法，预计工程量增加的项目适当报高价，预计工程量

减少的项目适当报低价。则 B 工程单价提高 10%，为

$$80 \times (1 + 10\%) = 88(元)$$

报价提高为

$$3000 \times 88 = 264000(元)$$

比原报价提高 24000 元。报价的竞争性，A 工程合价应降低 24000 元，其单价调整为

$$\frac{5000 \times 60 - 24000}{5000} = 55.20(元)$$

调整幅度为

$$\frac{60 - 55.20}{60} \times 100\% = 8\%$$

不大于 10%，合理。

A 工程单价为 55.2 元，B 工程单价为 88.00 元。

据上述条件，新报价方案结算款为

$$3000 \times (1 + 20\%) \times 88 + 5000 \times (1 - 10\%) \times 55.2 = 565200(元)$$

原报价方案结算款为

$$3000 \times (1 + 20\%) \times 80 + 5000 \times (1 - 10\%) \times 60.0 = 558000(元)$$

新报价方案比原报价方案多结算

$$565200 - 558000 = 7200(元)$$

新报价方案增加 7200 元的收益。

【案例 23-2】某大型土石方工程招标文件中，业主提供的土方工程量为 12 万 m³，石方工程量为 8.2 万 m³。企业投标人员在审核工程量时发现土方量和石方量均有可能发生变化。正常情况下投标人的报价为：土方单价为 12.5 元，石方单价为 36.2 元。

假设：土方工程施工方案的固定成本为 40 万元，单位变动成本为 6 元；石方工程施工方案的固定成本为 60 万元，单位变动成本为 20 元。

问题：（1）在正常的报价情况下，工程量发生怎样的变化会减少投标人的收益？为什么？

（2）土方工程和石方工程的平衡产量（工程量）分别为多少？（不考虑税金）

（3）如果预测土方工程量将减少 20%，石方工程量不变。为了保持投标的竞争力，怎样进行单价的调整？单价调整后能多获得多少收益？

解：（1）当工程量减少时，投标人的收益会减少。因为固定成本不会因工程量的减少而减小，当工程量减少时，单位固定成本会增加，从而利润降低。

（2）土方工程的平衡产量为

$$Q = \frac{B}{P - V} = \frac{40}{12.5 - 6} = 6.15(万\ m^3)$$

石方工程的平衡产量为

$$Q = \frac{B}{P - V} = \frac{60}{36.2 - 20} = 3.70(万\ m^3)$$

（3）减少后的土方工程量为

$$12 \times (1 - 20\%) = 9.6(万\ m^3)$$

投标报价为

$$12 \times 12.5 + 8.2 \times 36.2 = 446.84 (万元)$$

土方工程量减少可适当报低价，按惯例单价调整幅度不超过 10%，则调整后的土方单价为

$$12.5 \times (1 - 10\%) = 11.25 (元)$$

石方单价调整为

$$\frac{12 \times 12.5 \times 10\%}{8.2} + 36.2 = 38.03 (元)$$

如果不调整单价，总结算款为

$$12.5 \times 9.6 + 36.2 \times 8.2 = 416.84 (万元)$$

调整单价后，总结算款为

$$11.25 \times 9.6 + 38.03 \times 8.2 = 419.85 (万元)$$

单价调整后可多获得收益

$$416.84 - 419.85 = 3.01 (万元)$$

【案例 23 - 3】 造价人员在研究招标文件中发现有两个清单量可能发生变化，根据以下情况回答问题。

（1）A 工程量可能增加 10%，B 工程量可能减少 10%，问两者的价格该怎样调整？

（2）正常报价为：A $= 25000$，单价为 400 元；B $= 40000$，单价为 300 元。如果将 A 的单价上调 10%，在保证不降低竞争力的情况下，B 的单价应调整为多少？

（3）采用上述调整后，承包人可多获得多少收益？

解：（1）根据不平衡报价法，对于工程量有可能增加的项目适当报高价，反之则适当报低价，所以，A 应适当报高价，B 则适当报低价。

（2）设 B 调整后的单价为 P，且不降低竞争力，即两项总价不变，则

$$25000 \times 400 + 40000 \times 300 = 25000 \times 400 \times (1 + 10\%) + 40000 \times P$$

$$P = 275 (元)$$

（3）如果不调整单价，项目实施后的结算款为

$$25000 \times (1 + 10\%) \times 400 + 40000 \times (1 - 10\%) \times 300 = 21800000 (元)$$

单价调整后实际可结算款为

$$25000 \times (1 + 10\%) \times 400 \times (1 + 10\%) + 40000 \times (1 - 10\%) \times 275 = 22000000 (元)$$

两者之差为 200000 元，承包人可多获得 20 万元的收益。

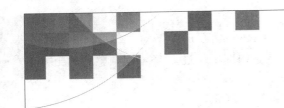

第二十四章
施工阶段的工程造价管理

第一节　概　　述

一、概述

虽然施工阶段对工程阶段的影响仅为 $10\%\sim15\%$，但这并不表明，施工阶段对工程造价的控制无能为力。相反，施工阶段工程造价的控制更显现实意义。首先，施工阶段工程造价的控制是实现总体控制目标的最后阶段，它的控制效果决定了总体的控制效果。任何失误都将会前功尽弃；其次，施工阶段工程造价的控制进入了实质性的操作阶段，影响的因素更多，情况更加复杂，许多不确定因素纷纷呈现出来，其控制的难度大。社会的、经济的、自然的因素的交互作用构成了施工阶段工程造价控制复杂的系统工程；再次，在施工阶段，业主、承包商、监理、设备材料供应商等，由于各自处于不同利益的主体，他们之间相互交叉、相互影响、相互制约，其行为无不与工程造价有着必然的联系。因而施工阶段工程造价的控制又是一个协调各方面利益的复杂而敏感的工作。

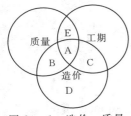

图 24-1　造价、质量、
工期关系图

施工阶段工程造价控制最理想的目标是：质量好、工期短、造价低。但实际上是不可能实现的，这三者的关系是相互影响相互制约的，高质量和短工期都是要付出代价的。因此，施工阶段工程造价控制的目标是：在满足合理质量标准和保证计划工期的前提下尽可能降低工程造价。其控制的主要内容就是正确处理质量、工期、造价三者之间的关系（图 24-1），如图，可以把这三者之间的关系分为 A、B、C、D、E 五种因素。

（1）A 类因素：这类因素关系到质量、进度和造价，是工程造价控制的重点，也是控制最有效的因素。例如施工方案不仅能保证施工质量，确保工期，也能有效地控制工程造价。

（2）B 类因素：这类因素主要是质量和工程造价的关系问题。高质量要付出一定的代价。在工程建设中，并不一定要追求高质量，过高的质量标准有时得不偿失。

（3）C 类因素：这类因素主要是指进度和工程造价的关系问题。一般情况下，加快进度缩短工期既可以减少建设贷款利息支出和使项目提前发挥效益，也可以降低建设期内物价的上涨风险。但是，不适当地压缩工期也会导致生产效率降低以及增加质量事故的发生概率。在处理进度与工程造价的关系时，应做定量分析，只有在加快进度而付出代价的同时能够获得更多的效益时，才能做出正确的决策。

（4）D类因素：这类因素与质量、工期无关，其主要目标就是如何降低工程造价。如不影响施工质量的材料控制，某些施工辅助手段的采用、土石方工程的优化调配以及超挖量的控制等。

（5）E类因素：这类因素虽然与工程造价无直接关系，当质量与工期关系处理不好时就可能牵到工程造价，比如在追求质量的同时导致了工期的延长，则工程造价也会受到影响。

二、施工阶段影响工程造价的因素

工程建设是一个开放的系统，与外界有许多信息的交流。社会的、经济的、自然的等因素会不断地作用于工程建设这个系统。其表现之一在于对工程造价的影响。施工阶段影响工程造价的因素可概括为三个方面：社会经济因素，人为因素和自然因素。

（一）社会经济因素

社会经济因素是不可控制的因素，但它对工程造价的影响却是直接的，社会经济因素是工程造价动态控制的重要内容，如社会因素。包括：

1. 政府干预

政府的干预是指宏观的财政税收政策以及利率、汇率的变化和调整等。在施工阶段，遇到国家财政政策和税收政策的变化将会直接影响工程造价。通常情况下，对于财政税收政策的变化或调整，在签订工程承包合同时，均不在承包人应承担的风险范围内，即一旦发生政策的变化对工程造价都进行调整。利率的调整将会直接影响建设期内贷款利息的支出，从而影响工程造价。对于承包商而言，也可能影响到流动资金、贷款利息的变化和成本的变动。对于有利用外汇的建设项目，汇率的变化也直接影响工程造价。这类因素往往就是变更合同价调整，风险识别与分担计算的直接依据。对于业主和承包商都是十分重要的。比如利率的变化，可能会影响到工程造价的动态控制问题，也会影响到工程款延期支付的利息索赔计算等。

2. 物价

在施工阶段之前，关于物价上涨的影响都进行了预测和估算，比如价差预备费的计算。而在施工实施阶段则已成为一个现实问题，是合同双方利益的焦点。物价因素对工程造价的影响是非常敏感的，尤其是建设周期长的工程。物价因素对工程造价的影响主要表现在可调价合同中，一般对物价上涨的影响明确了具体的调整办法。对于固定价合同（无论是固定总价还是固定单价）虽然形式上在施工阶段对物价上下波动不予调整，即不影响工程造价。但实际上，物价上涨的风险费用已包含在合同价之中，这一点应该是十分明确的。

（二）人为因素

人的认知是有限的，因此，人的行为也会出现偏差，比如在施工阶段，对事件的主观判断失误、错误的指令、不合理的变更、认知的局限性，管理的不当行为等都可能导致工程造价的增加。人为因素对工程造价的影响包括：业主的行为因素，承包商的行为因素，工程师的行为因素和设计方的行为因素。

1. 业主行为

（1）业主原因造成的工期延误、暂停施工。一般情况下，由于业主原因造成的工期延误、暂停施工，承包商均有权获得延长工期和经济补偿。如业主不能及时提供施工场地，则承包商可获得顺延工期和窝工损失补偿。

（2）业主要求的赶工。出于建设项目的需要或者业主原因导致的工期延误，如果业主要求承包商赶工，则承包商有权要求得到赶工造成的费用增加。

（3）业主要求的不合理变更引起的费用增加。

（4）业主合理分包造成的费用增加。

（5）工程延误支付，承包人要求的利息索赔费用。

（6）业主其他行为导致的费用增加而引起的索赔。

2．承包商行为

承包商行为的影响主要是使成本增加，从而使自身的利益受到影响，其主要表现在：

（1）施工方案不合理或施工组织不力导致工效降低。

（2）由于承包人原因引起的赶工措施费用。

（3）由于承包人原因造成的赶工费用。

（4）由于承包人违约导致的分包商和业主的索赔。

（5）由于承包人工作失误导致的损失费用，如索赔失败。

（6）其他原因造成的成本增加。

3．工程师行为

（1）工程师的错误指令导致的承包商赔偿。

（2）工程师未按规定时间到场进行工程计量，可能导致的损失。

（3）工程师其他行为导致的工程造价增加。

4．设计方行为

（1）不合理的设计变更导致的工程造价增加。

（2）设计失误导致的损失。虽然设计方有赔偿由于设计失误造成的损失，但这种赔偿责任是有限的，仍然可能导致业主的损失。

（3）设计的行为失误造成的损失。如提供图纸不及时导致的承包人赔偿等。

（三）自然因素

建设项目施工阶段的一个重要特点就是受自然因素的制约大。自然因素可分为两类，一类是不可抗力的自然灾害，如洪水、台风、地震、滑坡等等，这类因素具有随机性，毫无疑问，在工程建设施工阶段若遇到不可抗力的自然灾害，对工程造价的影响将是巨大的。这类风险的回避一般采用工程保险，以转嫁风险。但是，保险费无疑也是工程造价的组成部分。客观上增加了工程造价。第二类是自然条件。如地质、地貌、气象、气温等。不利的地质条件变化和水文条件的变化是施工中常常遇到的问题，其往往导致设计的变更和施工难度的增加，而设计变更和施工方案的改变会引起工程造价的变化。

（四）施工组织与方案

水电工程规模大、影响因素多是一个复杂的系统工程，其施工组织对于顺利完成建设任务具有决定性作用，施工组织的好坏不仅影响工程的质量和进度，也直接影响工程造价。不同的施工方案具有不同的成本，选择合理的施工方案能有效地控制工程造价。施工组织编制与施工方案的选择反映了承包人的技术及管理水平。

三、施工阶段造价管理的主要内容

如前所述，无论是承包人的成本控制，还是业主、监理、设计代表等实施的造价控制对于工程的顺利实施都具有重要的现实意义。施工阶段造价管理的主要内容包括：合理的施工方案的选择；材料成本的控制；机械使用费的控制；工程变更管理与合同价的调整；工程款的支付管理；工程索赔管理以及竣工决算管理等。

第二节　施工方案的比选与决策

一、概述

施工方案是指导施工的重要设计文件之一。它不仅关系到工程施工的顺利进行，也是进行成本控制的关键因素。尽管承包人在投标时制定了施工方案（一般称标前设计），但那只是原则性的总体方案，还远远不满足指导实际施工。在施工阶段面对各种影响因素，一般在中标后还要进行详细的、可操作的施工方案（一般称标后设计），并经过监理和业主审定。尤其是水电工程，受社会、自然等因素的影响大。科学合理的施工方案不仅能节约成本控制造价，也能使工程建设顺利进行达到项目的整体目标。施工方案的比选主要是针对方案的技术可行性和经济性进行比较分析。一般来说，某一具体的施工项目具有多种可实施的施工方案，比如混凝土浇筑的运输，可以是塔带机运输，也可以是汽车运输等。不同的施工方案具有不同施工成本，比如在导流隧洞开挖中，可以开挖施工支洞增加工作面以加快施工进度，但会付出更多的成本。每一种施工方案都会与一定规模、质量、进度等相适应。比如人工土方的开挖一般适应于零星土方或建基面土方工程。大型土方工程，一般采用大型机械开挖方案。

二、施工方案比选的一般方法

施工方案的比选实质上是在技术方案可行的条件下比较不同方案的成本，成本低的方案一般为首选方案。施工方案的比选一般采用技术经济分析法。技术经济以技术实践的经济效果为研究对象，探讨一定资源约束条件下，技术方案的最优经济效益。技术经济分析的方法包括：净现值比较法、费用现值比较法、内收益率比较法、量本利分析法等等。费用现值比较法、最低成本比较法是施工方案比选采用较为普遍的方法。

（一）费用现值比较法

费用比较的方法一般适应于收益相同而成本不同的各方案之间的比较。所谓收益相同是指无论采用何种方案并不增加或减少收益，也不影响工程的质量和进度。费用现值比较法表达式为

$$PC_n = \sum_{t=1}^{n} C_t (1+i)^t$$

式中：PC_n 为第 n 种方案的费用现值；C_t 为第 n 种方案第 t 年支付的成本；i 为贴现率。

【例 24-1】某水电工程大坝混凝土浇筑有两种施工方案。方案一：设混凝土拌和楼一

座，以塔带机为主配合小型门机及汽车水平运输进行浇筑；方案二：分层设两座混凝土拌和楼，以缆机、大型门机、汽车水平运输进行浇筑。该工程大坝混凝土浇筑工期 5 年（贴现率为 8%）。每个方案的年费用见表 24-1。

表 24-1 　　　　　　　　　　**两　种　方　案　费　用**　　　　　　　　　单位：万元

方案	工　　　期				
	1 年	2 年	3 年	4 年	5 年
方案一	50000	35000	35000	40000	23000
方案二	45000	36000	36000	42000	25000

根据以上资料分别计算两种方案的费用现值。

方案一：

$PC_1 = 50000(P/F, 8\%, 1) + 35000(P/F, 8\%, 2) + 35000(P/F, 8\%, 3) + 40000(P/A, 8\%, 4) + 23000(P/F, 8\%, 5) = 144861.07$（万元）

方案二：

$PC_2 = 45000(P/F, 8\%, 1) + 36000(P/F, 8\%, 2) + 36000(P/F, 8\%, 3) + 42000(P/A, 8\%, 4) + 25000(P/F, 8\%, 5) = 144591.54$（万元）

显然，方案一的费用现值大于方案二，故应选择方案二。

通过以上分析计算可以看出：由于资金具有时间价值，前期投入大的方案对于方案经济合理性不利；贴现率（或收益率）也会影响方案的决策。如果降低贴现率，资金的时间价值也会发生改变，从而影响决策结果。

（二）最低成本比较法

量本利分析法主要用于研究产量、价格、变动成本和固定成本之间的关系。变动成本是指与产量密切相关的成本，如消耗在建筑产品中的材料费用，一般与产量呈线性关系。固定成本是指与产量无关的成本，如大型机械的进出场费用等。不同的施工方案具有不同的变动成本和固定成本，因此一定产量下的总成本不同，其经济效果也会不同。由此，可以构建施工方案的成本模型

$$C = C_f + C_v Q$$

式中：C 为总成本；C_f 为固定成本；C_v 为单位变动成本。

在施工中，某项工程可能有多种施工方案，每种方案有不同的成本。假设有三种可供选择的施工方案分别为 Ⅰ、Ⅱ、Ⅲ，其总成本如下：

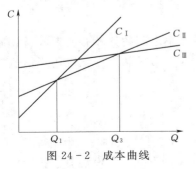

图 24-2　成本曲线

Ⅰ方案：$C_Ⅰ = Cf_Ⅰ + C_{vⅠ}Q$

Ⅱ方案：$C_Ⅱ = Cf_Ⅱ + C_{vⅡ}Q$

Ⅲ方案：$C_Ⅲ = Cf_Ⅲ + C_{vⅢ}Q$

假设 $C_{vⅠ} > C_{vⅡ} > C_{vⅢ}$，$Cf_Ⅰ < Cf_Ⅱ < Cf_Ⅲ$

三种方案的成本曲线如图 24-2 所示。

显然，当 $Q < Q_1$ 时，$C_Ⅰ$ 最小；当 $Q_1 < Q < Q_3$ 时，$C_Ⅱ$ 最小；当 $Q > Q_3$ 时，$C_Ⅲ$ 最小。

即：当所承包的工程量 $Q < Q_1$ 时，应该采用 Ⅰ 方

案施工；当所承包的工程量大于 $Q_1 < Q_3$ 时，应该采用Ⅱ方案施工；当所承包的工程量 $>$ Q_3 时，应该采用Ⅲ方案施工，这样可以使成本最小而获得更多的利润。

【例 24 - 2】 某石方开挖工程中有三个施工方案即方案Ⅰ：人工凿石；方案Ⅱ：人工打眼爆破；方案Ⅲ：机械打眼爆破。三个方案的成本函数如下：

$$C_Ⅰ = 200 + 24.11Q \qquad ①$$
$$C_Ⅱ = 5000 + 11.68Q \qquad ②$$
$$C_Ⅲ = 15000 + 8.39Q \qquad ③$$

解①、②得 $Q_1 = 386 m^3$；解①、③得 $Q_2 = 941.5 m^3$；解②、③得 $Q_3 = 3039.5 m^3$

由此可得，当承包工程量小于 $386 m^3$ 时，人工凿石成本最低；当承包工程量介于 386 ~$3039.5 m^3$ 时，人工打眼爆破应是首选方案；当承包工程量大于 $3039.5 m^3$ 时，机械打眼爆破方案最优。

一般而言，固定成本越高的施工方案其变动成本越低，反之，固定成本越低则变动成本越高。工程量越大固定成本的分摊越少。继而可以得出：固定成本较大的施工方案适宜于工程量较大的项目，变动成本较大的施工方案适宜于工程量较小的项目。

三、施工方案的决策

决策是对可行的方案进行选择，决策只有在两个及以上的方案时才能进行。施工方案的决策必须构建两个及以上的方案，成本无疑是施工方案决策的重要依据。只有成本最低才能使效益最大化，从企业的经营来看无疑是正确的。但是，如果仅仅以成本作为施工方案决策的唯一依据则有失偏颇。水电工程是一个复杂而又开放的系统工程，在建设过程中受到多种因素的干扰和制约，为了使整体达到最优，在不同的时期其重点是不同的，例如为了按既定的时间截流，工期的保证可能压倒一切，从局部来看可能不是最优（投入更多的成本），但对项目整体效益可能会更好。施工方案的决策应该遵循以下原则：

（1）整体性原则。施工方案应该力求达到整体最优，充分考虑质量、进度与成本的相互关系，片面追求某一局部都会得不偿失。

（2）经济性原则。在技术可行的条件下，施工方案的经济性是保证整体最优的基础，整体最优是通过施工方案的经济性体现出来的。

（3）满意原则。水电工程投资大、工期长，受制约的因素多，施工方案不可能达到最优，只能获得有限合理性的标准，即相对满意的方案。

第三节 材料成本的控制

一、概述

水电工程需要消耗大量的资源，在工程造价中，材料费占有较大比重，因此，材料的成本控制对水电工程造价的控制具有十分重要的作用。材料包括原材料、燃料、半成品、配件和水、电、动力等。水电工程不仅消耗大量的材料，而且材料的品种也非常繁多。材料的采购、运输、储存、使用等是一项十分复杂的工作。材料管理不仅仅是控制工程造价的重要手段，也对工程的质量、进度产生巨大的影响。材料的成本控制包括：材料的消耗量控制、材料的采购与运输管理、材料的储备管理、周转材料的管理。

二、材料的消耗量控制

（一）材料定额的基本概念

材料定额以其内容分基本上有三种：一是消耗定额，用来计算材料的消耗量，如单位产品材料消耗定额、工具消耗定额等。二是状态定额，是计算材料在流转、使用中的数量标准。如材料的库存定额、供货周期定额、周转次数定额等。三是效率定额，反应材料使用的效果，如材料的利用率、零件合格率、材料消耗率等。材料消耗定额是指在节约与合理使用材料的条件下，生产单位合格产品或完成某项工程任务，所必须消耗的一定规格的建筑材料、成品、半成品或配件的数量标准。

材料定额管理在工程施工中占有极重要的地位，其主要作用有：

（1）能够合理地、有计划地使用材料，保证材料的合理使用。

（2）有利于经营者制定材料计划管理，提高管理水平。

（3）有利于推广先进技术，提高生产效益。

（二）影响材料消耗量的因素

材料的消耗量水平反映了企业的技术及管理水平。控制材料的消耗量是成本控制的关键，影响材料消耗量的因素，主要有以下几方面：

（1）工人的操作工艺水平。

（2）施工技术手段和操作工艺水平。

（3）企业材料管理水平和经济核算水平。

（4）材料质量和规格的适用程度。

（5）施工现场和施工设备的完备程度。

（6）自然条件因素。

三、材料的采购及运输管理

（一）材料的采购

1. 材料采购的意义

材料采购是连接材料生产和材料消耗的桥梁，是企业材料供应部门根据材料采购计划，通过各种渠道和方式，取得所需各种材料的经济活动。材料成本要占用大量的资金，通过合理组织采购，能够减少资金占用，从而降低工程成本，提高经济效益。

2. 材料的经济采购批量

采购费、保管费是材料费的重要组成之一，工程所需的材料不仅品种多，而且数量往往也较大。如果采购次数多，则要增加采购费用，如果采购次数少，则又会增加仓储面积而加大保管费用。为了解决这一矛盾，在保证正常施工需求的条件下，来寻求总费用最低的途径，即确定经济采购批量或最优采购量。

设材料经济采购批量为 Q，材料总量为 A，一次采购费用为 S，材料单价为 P，材料

保管费率为 i，（保管费按平均库存量价值计算，即为 $QPi/2$），总费用为 C，则

$$C = \frac{A}{Q}S + \frac{Q}{2}Pi$$

当 $\frac{\mathrm{d}C}{\mathrm{d}Q} = 0$ 时，C 取得最小值，即

$$\frac{\mathrm{d}C}{\mathrm{d}Q} = \frac{SA}{Q^2} + \frac{Pi}{2} = 0$$

$$Q = \sqrt{\frac{2SA}{Pi}}$$

【例 24-3】 某工程水泥总用量为 10000t，一次采购费用为 1000 元，水泥单价为 250t/元，保管费率为 2%。问水泥的经济采购批量为多少？

解： 根据经济采购批量公式

$$Q = \sqrt{\frac{2SA}{Pi}} = \sqrt{\frac{2 \times 1000 \times 10000}{250 \times 2\%}} = 2000(\mathrm{t})$$

该工程水泥的经济采购批量为 2000t。

应该指出，上述经济采购批量的计算方法是在一定条件下使用的，即材料需用量均衡稳定，每次采购量不受市场限制，货源充足，能按规定供货日期供货，材料单价不变，运行费用标准固定，储备条件及资金条件不受限制。实际上当采购量增大时，一般可享受折扣价格，而且市场价本身也是浮动的，与市场的供求状况相关。实际应用时，需要考虑诸多方面的因素，综合确定。尽管如此，经济采购批量的计算公式，还是可以提供一个相对满意的方案，仍然具有实际应用的价值。

（二）材料运输管理

材料运输管理是运用计划、组织、指挥和调节职能，对材料运输过程进行管理，实现材料运输合理化，促使施工顺利进行。加强材料运输管理，可缩短运输里程，加快运输速度，提高材料的使用效能，合理选用运输方式，可减少损耗，提高经济效益。

材料运输方式：铁路运输；公路运输；水路运输；航空运输；管道运输；民间运输。

材料合理运输：选择合理运输路线；采取直达运输，减少不必要的中转环节；选择合理运输方式；合理使用运输工具。

四、材料储备管理

建筑材料的储备，是指建筑材料在社会再生产过程中，暂时离开直接的生产过程而处于停滞状态的那部分材料。建筑企业保持一定规模的材料储备，是建筑生产在社会化大生产条件下的客观要求，在保证生产正常化的前提下，材料的储备是必需的，材料的储备管理有利于节约材料的造价，提高材料的经济效益。材料储备的控制方法主要有：

（一）ABC 分析法

ABC 分析法，是根据事物在技术或经济方面的主要特征，进行分类排队，分清重点和一般，从而有区别地确定管理方式的一种分析方法。它把被分析的对象分成 A、B、C 三类，所以称为 ABC 分析。

建筑企业所需要的材料的品种繁多，消耗量、占用资金及重要程度各不相同，如果对

所有的材料同等对待，全面控制，势必难以管好，且经济上也不合理。只有实行重点控制，才能达到有效管理。ABC 分析法就是一种科学的抓重点的管理方法。

储备材料的 ABC 分析，大致可以分为五个步骤：

（1）收集数据。

（2）统计排序。

（3）编制 ABC 分析表。按排好的顺序，先大后小，将资料填入 ABC 分析表（表 24-2），并进行品种数累计百分比和金额累计百分比的统计。

表 24-2　　　　　　　　　　　　ABC　分　析　表

材料品种	品种			金额		
	品种数	品种数累计	品种数累计百分比/%	耗用金额	累计耗用金额	金额累计百分比/%
钢材	3	3	0.13	30	30.0	5.32
木材	2	5	0.22	29.5	59.5	10.54
⋮	⋮	⋮	⋮	⋮	⋮	⋮
沥青	2	159	6.84	7.05	404.0	71.59
⋮	⋮	⋮	⋮	⋮	⋮	⋮

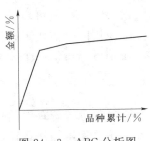

图 24-3　ABC 分析图

（4）绘制 ABC 分析图。以品种累计百分数为横坐标，金额累计百分比数为纵坐标，按 ABC 分析表所列的对应产系，在坐标图上取点，并连接各点成曲线，绘制 ABC 分析图（图 24-3），在图上，按各种材料的金额累计百分比，划分 A、B、C 三类材料：

1）A 类材料，金额约占 80%，品种数约占 20%。

2）B 类材料，金额约占 10%，品种数约占 20%。

3）C 类材料，金额约占 10%，品种数约占 60%。

（5）确定重点管理方式。根据 ABC 分析的结果，并权衡本企业管理力量和经济效益，对三类材料进行有区别的管理，见表 24-3。

表 24-3　　　　　　　　　　　　ABC　三　类　材　料　管　理　表

分类项目	A	B	C
管理要点	投入较大力量严格控制库存量，将库存压缩到最低水平	按经营方针调节库存水平，有时控制严一些，有时松些	集中大量订货，以较高的库存来节省订货费用
订货方式	计算每种材料的订货量，按最优订货批量，采取定期订货方式	采取定量订货方式，当库存降到订货点，便发出订货，订货量为经济批量	采用双堆法，用每个库位存储材料，一个库位发货完了，由另一库位发，同时补充第一个库位的存量
定额水平	按品种，甚至按规格控制	按大类品种控制	按总金额控制
检查方式	经常检查	一般检查	按年度或季度检查
统计方式	详细统计，按品种、规格、规定统计项目	一般统计，按大类规定统计项目	按金额统计

（二）材料库存量控制法

和材料库存量控制直接有关的有四个参数：①订购点，即提出订购时的库存量；②订购批量，即每次订购的材料数量；③订购周期，即两次订购时间的间隔；④进货周期，即两次进货时间的间隔。订购周期和进货周期一般是不同步的，这是由于从提出订购到收进货物要经过一段时间，这段时间称为备运时间。当企业材料消耗和供应呈随机性时，订购批量和订购周期不完全成正比关系，形成了库存量控制的两种基本类型：一种是固定订购批量的定量控制；一种是固定订购周期的定期控制。

1. 定量库存控制法

定量库存控制法，亦称订购点法，是指以固定订购点和订购批量为基础的一种库存量控制法。这种方法的特点是：订购点和订购批量固定，订购周期和订货周期不定。

订购点是提出订购的库存量标准，由备运时间需要量和保险储备量两部分构成：

订购点＝备运时间需要量＋保险储备量＝平均备运天数×平均每日需要量＋保险储备量

式中的备运时间是自提出订购到材料进货并能投入使用所需的时间，保险储备量由保险储备定额确定。

2. 定期库存控制法

定期库存控制法是以固定的检查库存和订购周期为基础的一种库存量控制方法。这种方法的特点是订购周期固定，如果每次订购的备运时间相同，则进货周期也固定，而订购点和订购批量则不固定。

订购周期是影响订购批量和库存水平的主要因素，订购周期的长短，主要由以下因素决定：①备运时间；②企业的用料规模、用料特点、发料制度和储存条件；③供货单位生产批量，订货、发货限额和供货特点。订购周期的确定一般可采用下述公式

订货周期＝365÷材料年计划需要量÷经济采购批量

订购批量是根据盘点时的材料实际库存量和下一进货周期的预计需要量而定，计算公式是

订购批量＝订购周期需要量＋备运时间需要量＋保险储备量－（现有库存量＋已订未交量）

订购周期需要量＝订购周期天数×平均日需要量

备运时间需要量＝平均备运天数×平局日需要量

式中：现有库存量为提出订购时盘点的库存量；已订未交量为已经订购，能在下次订购前到货的数量。

五、周转材料的管理

周转材料是能够多次应用于施工生产，有助于产品形成或便于施工生产顺利进行，但不构成产品实体的各种材料。在使用过程中，基本上不改变原来的实物形态，价值随其损耗程度逐渐转移到工程成本中，通过工程款收入得到补偿，这种价值的转移称为周转性材料的摊销。周转材料对成本也有较大的影响，例如模板，在混凝土单价中模板的费用占15％～30％。周转材料的管理对控制工程造价也有十分重要的意义。

（一）周转材料管理的任务

（1）根据生产的需要，及时、配套地提供适量和适用的各种周转材料，保证工程顺利

实施。

（2）科学运筹，加速周转，以减少周转材料的投入量发挥尽可能大的效益。

（3）加强维修保养，延长使用寿命，增加周转次数，降低摊销费用。

（二）周转材料的费用摊销

费用摊销是按某种方法收回周转材料原值的一种手段，即周转材料价值补偿的一种方式。费用摊销一般有以下几种方法：

1．一次摊销法

一次摊销法是指将周转材料的价值全部计入工程成本的摊销方法。一次摊销法适用于周转材料价值低、周转困难或成本高等情况。比如零星的异型木模板很难周转使用。

2．期限摊销法

期限摊销法是指根据使用期限和单价来确定摊销额度的摊销方法。它适用于价值较高，使用期限较长的周转材料，如钢模板、门型架等。期限摊销法的月摊销额可用下述公式计算：

$$周转材料月摊销额（元）＝\sum（周转材料采购价\times周转材料月摊销率\%）$$

周转材料月摊销率可以根据以往使用情况分析获得。

3．次数摊销法

次数摊销法是指根据周转材料的特性及周转次数进行摊销方法。不同的材料特性具有不同的摊销次数，其计算公式如下：

$$周转材料摊销额（元）＝周转材料采购价（元）\div周转次数$$

（三）周转材料的租赁

租赁是指在一定期限内，产权的拥有方在不改变所有权的条件下，向使用方提供物质的使用权，双方各自承担一定的义务，履行一定契约的一种经济关系。采用租赁方式获得周转材料是工程建设中常见的方法，租赁方式可以减少占用资金，可能避免其运输费用。但租赁费用一般较高，实际工作中应作经济比较，再考虑是否采用租赁的方式。

第四节　机械设备使用成本的控制

一、概述

施工机械设备是用于工程施工中所有机械和设备的总称。其确切的具体涵义，必须符合如下几个条件：一是直接开采自然财富或是把自然财富建设生产成为社会所必需的劳动资料；二是具备固定资产的条件，即使用年限在一年以上，同时单位价值在一定限额以上。这里所说的机械设备，一是符合固定资产的条件，二是对施工生产投入的劳动力和生产资料等要素，提供必需的各种相关劳动手段的总称。机械设备管理是根据企业的施工、生产经营方针和目标，从机械设备的调查研究入手，对有关机械设备的计划、设计、制造、选购、安装、使用、维修、改造、更新直至报废的全过程，进行一系列技术、经济、组织等活动的总称。

水电工程，尤其是大型水电工程机械化施工的程度越来越高，机械使用费占工程造价的比重也越来越大。因此控制机械使用费是工程造价管理的重要内容。

现代水电工程建设中，机械设备有以下几个特点：

（1）价值高。一台机械设备少则几十万元，多则几千万元甚至过亿元。因而其占用成本高，如何科学发挥其作用是控制成本的关键问题。

（2）智能化。现代施工机械设备越来越向智能化、精密化方向发展。在大大提高生产效率的同时也会带来维护保养问题。

（3）重（大）型化。重型化也是现代施工机械设备的重要特点，大吨位、高强度、大体积的施工设备比比皆是。重（大）型化的同时也会带来现场要求高，占地面积大等等不利因素。

（4）品种多。无论不同功能的机械还是同种功能不同型号的机械都有繁多的品种，既为机械设备的合理配置提供了条件，同时也增加了管理难度和维修成本。

机械设备使用成本控制的内容包括：机械设备的选用、机械设备的配套与效率、机械设备的使用、维修与更新、机械设备的租赁与购买比较等。

二、机械设备方案的选择

机械设备方案是实现施工方案经济性的重要途径之一。机械设备方案选择的直接依据是施工方案。其合理选择的基本原则是经济性和高效性。需要指出的是，机械设备方案的经济性与高效性是既有联系又有区别的两个不同概念。经济性是指在一定施工方案下，机械设备方案获得的收益性，其强调的是成本的降低和收益的提高；而高效性是指在一定施工方案下，机械设备方案的生产效率水平，其强调的是生产效率的提高。但是它们之间却有着内在的联系，其表现为：高效性是经济性的基础，没有高效率很难有经济性。经济性是高效性追求的目标，高效性不等于经济性。例如大型土方工程，小容量的机械设备可以做到高效性，但未必是经济的。影响机械设备方案选择的因素包括：工程规模、作业环境、工期要求等。

（一）不同机械设备方案间的经济性比较

同一项施工任务可以有不同的机械设备方案来完成。由于机械设备的性能、环境的适应性、利用率以及生产效率不同，因而不同的机械设备方案有不同的施工成本。不同机械设备方案间的经济性比较一般采用单位生产成本进行比较。

1. 定额单位成本比较法

根据不同的机械设备方案，按照现行的定额中各种机械设备的消耗标准，计算机械设备方案的单位成本并进行比较。其表达式如下：

$$C = \frac{\sum P_n \times T_n}{Q}$$

式中：C 为单位成本；P_n 为第 n 种机械或设备台时费用；T_n 为第 n 种机械或设备台时用量；Q 为定额单位工程量。

【例 24-4】某重力坝混凝土浇筑垂直运输方案，仓面面积小于 200m^2，定额单位为 100m^3。根据现场情况可以采用两种方案：方案一，以缆索起重机为主；方案二，以 10/30t 门座式起重机为主。试用定额单位成本法选择最优方案。

解： 根据现行定额可以得出使用机械、台时用量、台时费用等，见表24-4。

表 24-4　　　　　　　　　　　机械种类、台时用量、台时费用表

缆索起重机为主	台时用量/h	台时费用/元	10/30t 门座式起重机为主	台时用量/h	台时费用/元
搅拌楼 4×3m³	0.70	887.3	搅拌楼 4×1.5m³	1.45	382.17
骨料水泥输送系统	0.70	363.73	骨料水泥输送系统	1.45	363.73
缆索起重机 20t	1.12	751.49	10/30T 门座式起重机	2.44	217.49
混凝土吊罐 6m³	1.12	17.92	混凝土吊罐 3m³	2.44	7.59
变频振捣器 4.5kW	14.17	4.22	变频振捣器 4.5kW	14.17	4.22
风砂水枪 2~6m³/min	7.35	25.02	风砂水枪 2~6m³/min	7.35	25.02
电焊机 30kVA	2.65	17.00	电焊机 30kVA	2.65	17.00
其他机械使用费/%	—	20	其他机械使用费/%	—	20

由式（24-12）得

方案一的单位成本为

$$C_1 = \frac{\sum P_n \times T_n}{Q} = 24.31 (元/m^3)$$

方案二的单位成本为

$$C_2 = \frac{\sum P_n \times T_n}{Q} = 23.03 (元/m^3)$$

显然 $C_1 > C_2$，方案二的单位成本低于方案一。

2. 实际单位成本比较法

现行的定额有确定的边界条件和机械设备的利用系数，而实际工程中不一定与定额完全相符，例如某种机械设备可能达不到定额中的利用系数。实际单位成本比较法根据历史资料和确定的机械设备方案，按照实际发生的情况计算单位成本。其表达式为

$$C = \frac{\sum [\eta P_{n1} + (1-\eta) P_{n2}] T_n}{Q}$$

式中：C 为单位成本；η 为第 n 种机械或设备的利用系数；P_{n1} 为第 n 种机械或设备正常使用时的台班（时）费用；P_{n2} 为第 n 种机械或设备闲置时的台班（时）费用，一般按折旧费计算；T_n 为第 n 种机械或设备台班（时）用量；Q 为需完成的工程量。

定额单位成本比较的方法可以利用现行定额，方便易行。实际单位成本比较的方法则需要有可靠的历史资料，虽然此种方法比较接近实际，但目前应用条件还不是十分成熟。

（二）工期约束条件下的机械设备方案选择

上述的比较方法是以最低成本作为机械设备方案选择的依据，没有考虑工期的约束。实际上，在水电工程建设中，工期目标也是十分重要的因素。在既定的工期目标下选择机械设备方案，即既要满足工期目标又要使成本较低。

在选定的机械设备方案条件下，设方案的固定成本为 C_f，单位变动成本为 C_v，产量定额为 q，工程量为 Q，则

工期 t 为

$$t = \frac{Q}{q}$$

总成本函数为

$$C = C_f + C_v q t$$

设有两种机械设备方案，则总成本函数分别为

$$C_1 = C_{1f} + C_{1v} q_1 t$$

$$C_2 = C_{2f} + C_{2v} q_2 t$$

由于两种方案的单位变动成本和产量定额不同，两条函数曲线必然相交，如图 24-4 所示。

由图 24-4 可知：当 $t = t_0$ 时，两种方案的成本相等。如果工期小于 t_0 时，应该选择方案一；当工期大于 t_0 时，应该选择方案二。

对于机械设备方案的选择，长期的实践及测算已积累了丰富的经验资料，并且总结出一套公认的最佳经济运行条件。能够承担土方工程的机械或机械组合形式很多，推土机、铲运机、挖掘机、装载机等都可

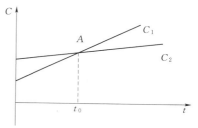

图 24-4　总成本曲线

作为选择对象。根据工程量的大小、工程性质、地形条件、工期长短、土层厚薄等综合因素，结合每种机械设备的特点，每种机械都有各自经济界限。例如推土机的经济运距最大不要超过 100m，若推运Ⅰ-Ⅱ级土壤，则以 30～45m 运距内生产率为最高；铲运机可以独自完成土方的挖、装、运、卸及压实任务，是一种效率很高的土方机械，其经济运距一般在 2000m 范围以内，据统计，美国全年的土方工程量，有 40% 是用铲运机来完成的。铲运机的经济运距还与斗容量有很大的关系，铲斗容量越大，经济运距也就越大。表 24-5 是铲运机斗容量经济运距参考表。

表 24-5　　　　　　　　　　　　不同铲斗容量的铲运机经济运距参考表

拖式铲运机斗容/m³	0.75～1.0	2.5～3.0	4.5～6.0	8.5～12	14～18	25～40
同一方向运距/m	25～150	50～150	50～250	100～350	150～500	250～1000

三、机械设备的配套与效率

在水电工程施工中，除了极个别情况下是单机作业外，绝大多数情况下都是多种（个）机械设备配套作业。如混凝土工程有拌和、运输、振捣等机械。综合机械化的作业方式大大提高了生产效率，同时也存在很大的风险，某一个环节出现问题可能造成全线瘫痪，瓶颈效应十分突出。因此，机械设备之间互相配套的问题直接影响整体生产效率。综合机械化组列内部的合理配套关系主要应掌握以下三个要点：

（1）以组列中主要设备（或关键设备）为基准，其他配套设备都应以确保主要设备充分发挥为选配标准。当然，最理想的情况是所有各个环节的生产能力都相等，但是在实际上是难以做到的。所以实际的配套组合都是以配套设备的生产能力略大于主要设备的生产能力为原则的。例如土方运输中，装载机为关键设备，汽车运输能力一般应略大于装载

能力。

（2）综合机械化组列中的组合数越小越好。尽可能采用一些综合性设备来代替几个环节的作用。这样能明显提高整个组列的运行可靠性。当然，在综合性设备内部也是由各种机械组合而成的，但它比临时性的施工组合来说，可靠性要高得多。

（3）对系列中的薄弱环节（即运行可靠性很低的环节），在可能的条件下适当地注意局部的并列化。例如在大型混凝土工程中，皮带输送机上料环节往往是由几台皮带机串接而成，这个环节的可靠性一般都较低，使整个综合机械化的可靠性得不到保证。所以在重要的混凝土工程中像这样的环节往往都是并列化的。

下面以土方工程为例来分析机械的配套组合及成本分析。

对于土方工程，挖掘机配套自卸汽车是常用的并且经过实践证明的较好的方案，挖掘机集开挖和装载于一身，能充分发挥机械的综合性能。该方案中挖掘机是关键设备，自卸汽车属于配套设备，其生产能力应大于或等于挖掘机的生产能力。此外，挖掘机和自卸汽车的容量的匹配也是提高生产效率的重要因素，一般认为，以挖掘机每装 3～4 斗正好装满一车可以获得较好的生产效率。由此可以设计以下方案：

方案一：1 台 0.5 m³ 挖掘机配 4 台 4t 自卸汽车（汽车数量与运距等因素有关）。

方案二：1 台 1m³ 挖掘机配 4 台 6.5t 自卸汽车。

方案三：1 台 1.5 m³ 挖掘配 4 台 8t 自卸汽车。

所有方案都能充分发挥其机械效率。但它们的单位成本并不一定相同。其单位成本分析计算见表 24-6。

表 24-6　　　　　　　　　　　　不同配套组合单位成本计算表

	组合方案	台班产量/m³	台班费用/元	每班总台班费用/元	单方成本/（元/ m³）
I	0.5m³ 挖掘机 1 台配 4t 自卸汽车 4 台	220	507.68	507.68＋511.28×4 ＝2552.80	11.60
			511.28		
II	1m³ 挖掘机 1 台配 6.5t 自卸汽车 4 台	330	629.60	629.60＋553.20×4 ＝2842.40	8.61
			553.20		
III	1.5m³ 挖掘机 1 台配 8t 自卸汽车 4 台	400	717.60	717.60＋637.60×4 ＝3268.00	8.17
			637.60		

由上可知，不同的组合方案之间，单位成本是不同的。方案三单位成本最低，方案一的单位成本最高。其规律是挖掘机容量越大单位成本越低，这恰好印证了经济学中规模经济的规律，即随着规模的扩大能够带来成本的降低。

需要说明的是：单纯的经济计算并不是决策的唯一依据，它只不过为决策者提供了一个经济性的依据（在一般情况下也是一个比较重要的因素）。在实际工作中还要考虑其他方面的有关因素，如施工的干扰性、现有的设备情况、现场施工条件、工程量的大小、机械设备的综合应用状况等。

四、机械设备的使用、维修与更新

施工企业的机械设备，是完成施工生产任务必不可少的重要手段。随着建筑施工工业化、机械化的发展，国家在引进具有先进技术的生产线，自行制造施工机械设备的同时，并购进了价值昂贵的具有当代先进水平的主要施工机械，使施工企业的技术装备水平不断提高，施工机械设备的数量、种类、型号、规格、能力逐渐增多。因此，加强施工企业的机械设备管理，充实与培训机械设备管理人员，提高他们管好、用好、维护好机械设备的管理素质，改善和提高机械设备的技术状况和技术性能，使机械设备经常处于良好的技术状态，保证施工机械生产高效率、低成本的均衡发展，具有十分重要的现实意义。

机械设备管理的内容，主要包括以下方面：

1. 机械设备的选用

要根据技术上先进、经济上合理的原则，进行全面的技术经济论证与评价，以最优的方案选购设备，以满足施工生产的需要。

2. 机械设备的使用

使用管理是机械设备管理的一个基本环节。"使用"在机械设备物质运动中所占的时间最长，企业拥有机械设备是就是为了使用，让它在施工生产中发挥作用。机械设备离开使用，就失去存在的价值。而正确地、合理地使用设备，可充分发挥机械设备的效率，保持良好的工作性能，减轻磨损，延长设备的使用寿命，创造高效益。

3. 设备的检查、维护保养和修理

它是管理工作量最大的环节。要在掌握故障与磨损规律的基础上，合理地制定设备检查、维护保养和修理的周期与作业内容，采取先进的检修技术和灵活的维修方式，确保机械设备的完好，充分控制造价。

4. 设备改造和更新

设备改造与更新管理工作包括：机械设备改进更新规划，筹措改造与更新资金，合理处理或淘汰老、残设备等。

5. 设备日常管理

包括分类、登记、编号、调拨、事故处理、报废等。

6. 管理与维修、操作人员的培训

对设备管理与维修、操作人员的培训是设备管理的技术组织保证，不搞好培训，其管理、维修、操作技能素质就难以提高，更谈不上对设备的良好利用。

五、机械设备的租赁与购买

随着市场经济体制的不断完善，机械设备租赁行业悄然兴起。这意味着施工企业面临机械设备租赁或购买的决策。这两种经营方式不同，因而对施工企业的效益也有所不同。

（一）机械设备租赁和购买的经营过程分析与比较

讲求投资效益是企业经营活动中永恒的法则，施工企业如此，租赁公司也同样如此。施工企业在经营过程中，如果购买设备，则投资在初期，收益在其后，而租赁机械设备则投资（租金支付）与收益均在经营过程中发生。正是由于这种差别，使施工企业的资金投入在时间上分布不同和资金的时间价值，导致了两种不同的经营方式，产生了不同的经济效益。通过对两种不同经营方式的经济效益分析，来获得最优的决策。

1. 购买机械设备的经营过程分析

设想某施工企业需要购置一台价值10万元的机械设备（寿命周期5年，不计残值）

图 24-5　购买机械的现金流量图

去完成某项工期为 5 年的施工承包任务，预期该机械设备每年可获得 3 万元的利润，企业要求的收益率为 12%，其 5 年内经营的现金流量如图 24-5 所示。

由图 24-5 可知：其现时价值为 PV_1，则

$$PV_1 = A(P/A, i, n) - P$$

将 $P = 10$ 万元，$i = 12\%$，$n = 5$（年），$A = 3$ 万元，代入上式得：$PV_1 = 3$（P/A, 12%, 5）。

显然，$PV_1 > 0$，说明购买机械设备从事该项目的施工承包经营是可行的，并且按要求的收益率（$i = 12\%$），可获得利 0.8150 万元。

2. 租赁机械设备的经营过程分析

从上述的分析可以看出，施工企业购买该机械设备进行经营是可行的，有利可图的，但是不是最优的选择方案呢？

不妨再作一下租赁机械设备的经营过程分析，现假设施工企业能够从租赁公司租用到同样的机械设备（价值 10 万元），租赁公司要求的投资回报率为 10%，投资回收期为 5 年，不计残值，假定租赁公司要求租金的支付方式为均匀租金（等年值）、期末支付，其 5 年内每年年末施工企业应支付的租金为 A，则

$$A = 10(A/P, 10\%, 5) = 2.6380（万元）$$

施工企业租赁机械设备进行经营，每年年末同样可获 3 万元的利润，且还要支付租赁公司的租金 2.6380 万元，其现金流量如图 24-6 所示。

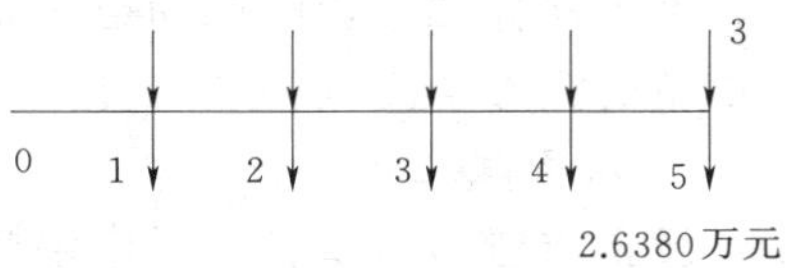

由图 24-6 可知：其现时价值为 PV_2，则

$$PV_2 = A(A/P, i, n)$$
$$= (3 - 2.6380)(A/P, 10\%, 5) = 1.3050 万元$$

2.6380万元

图 24-6　租赁机械的现金流量图

$PV_2 = 1.3050$ 万元 > 0 说明租赁机械设备进行经营是可行的，且按要求的收益率盈利 1.3050 万元。显然 $PV_2 > PV_1$，即租赁机械设备经营比购买能创造更多的盈利。

3. 施工企业租赁机械设备与购买的经济界限

租赁与购买机械设备方案的比较，其核心是租赁的租金问题，当租金变化时，其经营过程现时价值（PV_2）也发生变化，与购买机械设备经营现时价值（PV_1）比较，则有

$PV_1 > PV_2$　购买机械设备优于租赁；

$PV_1 = PV_2$　购买机械设备与租赁等价；

$PV_1 < PV_2$　租赁机械设备优于购买。

以上述实例为例，计算租赁机械设备可支付的最高租金（A_{max}）。则有

$$PV_2 > PV_1$$

即　　　　　　$(3 - A_{max})(A/P, 12\%, 5) > 3(A/P, 12\%, 5) - P$

解得　　　　　　$A_{max} < 2.7739$（万元）

即：若采用租赁机械设备方案，则施工企业最高每年支付 2.7739 万元。

（二）不同方式支付租金对施工企业盈利的影响

租金的支付方式有许多种，除了均匀租金期末支付外，还有均匀租金期初支付，等额

递减逐期支付租金、变动利率支付租金、不规则支付租金等。由于租金的支付方式不同，因此各年末（初）施工企业的现金流发生了变化，从而影响了施工企业经营期内的现金流量图，毫无疑问也影响了施工企业的经济效益（现时价值 PV 发生了变化）。仍以上述例子为例，分析几种不同的租金支付方式，对现时价值的影响。

（1）均匀租金期末支付的现时价值 PV_2。如前计算 $PV_2 = 1.3050$（万元）

（2）均匀租金期初支付的现时价值 PV_3。由于租金支付发生在期初，则应付租金（A）为

$$A = 10(F/P，10\%，1)(A/P，10\%，5) = 2.3982(万元)$$

此时其经营过程现金流量如图 24-7 所示。

图 24-7 初期支付租金的现金流量图

$$PV_3 = 3(P/A，12\%，5) - 2.3982(P/A，12\%，5)(F/P，12\%，1) = 1.1321(万元)$$

（3）先付 30% 保证金，余额在第 1~4 年均匀期末支付租金时的现时价值 PV_4。

保证金 $= 10 \times 30\% = 3$（万元）

余额均匀期末支付的租金额 A 为

$$A = (10 - 3)(A/P，10\%，4) = 2.3046(万元)$$

此时其经营过程的现金流量如图 24-8 所示。

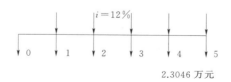

图 24-8 先付保证金，而后均匀支付租金的现金流量图

$$PV_4 = -3 + 3(P/A，12\%，5) - 2.3046(P/A，12\%，4) = 0.8159(万元)$$

显然 $PV_2 > PV_3 > PV_4$

所以，不同的租金支付方式对于施工企业来说具有不同的经济效益，并且从不同租金支付方式施工企业经营过程的现金流量图可以看出，租金越早付、多付，对施工企业的经济效益越不利。因此，施工企业在采用租赁机械设备方案时，必须争取有利的租金支付方式。

在国际工程承包中，机械设备的获得方式大致有三种：

（1）自带机械设备。减少国内机械设备的闲置，但国际运费高昂。

（2）在工程所在国购买。国内机械设备闲置，需要一次性投入资金。

（3）工程所在国租赁。国内机械设备闲置，需要支付租金。

【例 24-5】 某施工企业在国外承包工程需用某设备，经过讨论有两种方案可供选择：①在该国购买，该设备的价值为 120 万元，使用寿命为 6 年（按直线折旧，不计残值），

工程完工后按残值变现；②在该国租赁，每年的租金为 28 万元。该承包工程的工期为 4 年（企业期望收益率 $i=10\%$）。试问：采用哪种方案更为经济？

　　解： ① 采用方案一时，其设备使用的费用现值（PC）为

$$每年折旧为：120/6=20（万元）$$

$$4 年后的残值为：2\times20=40（万元）$$

$$PC=120-40\times(1+10\%)^{-4}=92.68（万元）$$

　　② 采用方案二时，其设备使用的费用现值（PC）为

$$PC=28\frac{(1+10\%)^4-1}{10\%\times(1+10\%)^4}=88.76（万元）$$

　　在此条件下，显然采用租赁方案更为经济。但并不意味租赁方案一定优于购买方案，当收益率和租金发生变化时，选择可能会改变。方案一会随着收益率的减小或租金的增加经济性越来越好；反之则会越来越不经济。

第五节　工程风险与保险

一、概述

　　风险具有客观性、损失性和不确定性。客观性是指风险的发生是客观存在的，是不以人们的意志为转移的。认识风险客观性的意义在于必须面对风险，避免置风险于不顾的盲干。损失性是指风险发生的后果必然会造成财产的损失，没有不存在损失的风险。不确定性是指风险是否发生不确定性、发生时间不确定性、发生的空间不确定性。所以，既不能忽视风险存在的客观性，也不能无限地夸大风险。风险产生的最根本原因是未来信息的不确定或不可知。风险按其损失的原因可分为自然风险，社会风险，经济风险和政治风险。工程建设作为人类改造自然，改造社会的一项实践活动，毫无疑问要受到自然，社会，经济，政治等因素的影响。因此工程建设的风险是不可避免的，尤其是水电工程，由于其建设周期长，影响因素多，相对其他工程而言，发生的概率高，因而分析，研究，规避工程风险具有十分重要的意义。

　　从公元前 2000 年地中海一带航海商提出的共同海损的分摊原则至今，保险业从萌芽状态走过了漫长的完善过程。工程保险起源于英国，20 世纪 30 年代得到了迅速发展。我国工程保险始于 20 世纪 80 年代，起步较晚，从总体而言，与国内经济持续增长和建筑业的迅速发展不相适应。但人们已经从工程保险看到了它对工程建设的重要作用。

二、工程风险

　　工程风险是指工程建设中可能发生的损害因素，这些损害可能是人为造成的，即主观因素。也可能是自然和社会因素引起的，即客观因素。人为因素可能属于发包的责任，也可能属于承包的责任。因此工程风险是承发包双方共同面临的风险，因此合同双方应共同分担风险责任。分担风险的原则是双方各自承担自己责任范围的风险。对于双方均无法控制的自然和社会因素引起的风险则由发包人承担比较合理。因为承包人很难将这些风险事

先计入合同价格中，若由承包人承担这些风险则势必增加其投标的报价，当风险不发生时，反而增加工程造价，发包人则会遭受损失，风险估计不足时，则会造成承包方的亏损使合同无法顺利进行。

（一）发包人的风险

发包人的风险有：

（1）发包人负责的工程设计不当造成的损失和损坏。

（2）由于发包人责任造成工作设备的损失和损坏。

（3）发包人和承包人迟延履行合同后发生的除外。

（4）战争、动乱等社会因素造成的损失和损坏，但承包人迟延履行合同后发生的除外。

（5）其他由于发包人原因造成的损失和损坏。

无论是发包人责任引起的或不可抗力引起的损失和损坏，均应由发包人承担其风险责任。因为发包人是工程的所有者。

（二）承包人的风险

承包人的风险包括：

（1）由于承包人对工程（包括材料和工程设备）照管不周造成的损失和损坏。

（2）由于承包人的施工组织措施失误造成的损失和损坏。

（3）其他由于承包人原因造成的损失和损坏。

除合同另有规定外，承包人在工程移交证书颁发前的整个施工期间，负责对工程（包括材料和工程设备）的照管，并承担损失和损坏的风险。工程移交证书颁发后，承包人把工程移交给发包人，工程转由发包人照管，其工程风险亦转移给发包人，但承包人仍负有保修责任，并仍应承担由于保修期前的原因造成损失和损坏的责任。

工程风险的处理一般由如下方式：

（1）风险转移。如工程保险、总包商的分包策略等。

（2）风险规避。以合法的方式规避风险，合同中合理的逃避条款等。

（3）风险分担。合同双方按约定的方式共同承担风险。

（4）风险自留。对于损失小的风险采取自己承担的方式。

三、工程保险

工程保险是对建设工程，安装工程及各种机器设备因自然灾害和意外事故造成物质损失和第三者责任进行赔偿的保险。工程保险是对工程风险的规避与转移。工程保险表面上由于投保使工程成本有所增加，但期望成本却降低。工程风险是对工程实施的风险管理措施。风险管理是经济单位透过对风险的认识，衡量和分析，以最小的成本取得最大安全保障的管理方法。因此，工程风险是对工程实施有效管理，保障工程建设顺利进行的有效措施。

工程保险的险种：

（1）工程险（包括材料和工程设备）。

（2）第三者责任险。

（3）施工设备险。

（4）人身意外伤害险。

1. 工程和施工设施险

工程险若由承包人负责投保，则承包人应按《工程量清单》各组项目的合计金额（不包括备用金等）专项列报。若合同规定由发包人负责工程险，则承包人不需列报。

设备险由承包人负责投保，其保险费用应计入施工设备的运行费用内，发包人不另行支付。

（1）工程险和施工设备险的保险责任范围。

1）从承包人进点至颁发工程移交证书期间，除保险公司规定的除外责任以外的工程（包括材料和工程设备）和施工设备的损失和损坏。

2）在保修期间内，由于保修期以前的原因造成上述工程和施工设备的损失和损坏。

3）承包人在履行保修责任的施工中造成上述工程和施工设备的损失和损坏。

（2）损失和损坏的费用补偿。虽然投保工程和施工设备险，当风险发生时可以从保险公司获得赔偿，但常常还不能完全补偿全部损失和损坏。因此《合同条件》专门对损失和损坏的费用补偿作出专门规定：

1）自工程开工至完工移交期间，任何未保险的或从保险部门得到的赔偿费用不能弥补工程损失和修复损坏所需的费用时，应由发包人和承包人根据规定的风险责任承担所需的费用，包括由于修复风险损坏过程中造成的工程损失和损坏所需的全部费用。

2）若发生的工程风险属于发包人和承包人的共同风险，则应由监理人与发包人和承包人通过友好协商，按各自的风险责任分担工程的损失和修复损坏所需的全部费用。

3）若发生承包人设备（包括其租用的施工设备）的损失和损坏，应由发包人承包人自行承担其所需的全部费用。

4）在工程完工移交给发包人后，除了在保修期内发现的由于保修期前承包人原因造成的损失和损坏，应由发包人承担任何风险造成工程（包括工程设备）的损失和修复损坏所需的全部费用。

2. 第三者责任险

第三者责任险是为了在工程实施过程中，因意外事故造成进入工地内或在工地毗邻地带的第三者人员伤亡或财产损失时，可以从保险处得到约定的赔偿。承包人应以发包人的共同名义投保第三者责任险。第三者责任险的赔偿金额事先很难估计，其保险金额需工程规模、施工环境等因素参考类似工程的保险经验酌定，投保时可由承包人与发包人共同协商确定，由承包人投保第三者责任险时，承包人应按本合同的规定和《工程量清单》所列项目专项列报。若有发包人负责投保第三者责任险时，则承包人不需列报。投保第三责任险，不能免除承包人和发包人各自应负的在其管辖区内及毗邻地带发生的第三者人员人身伤害和财产损失的赔偿责任，其赔偿责任费用应包括赔偿费、诉讼费和其他有关费用。

3. 人身意外伤害

工程施工是工伤事故的多发作业。在合同实施期间，承包人应为其雇佣的人员投保人身意外伤害险。承包人可要求分包人投保其自己雇佣人员的人身意外伤害险。但此项投保不免除承包人根据法律、法规和规章以及承包人原因规定应负的责任。承包人投保人身意外伤害险的费用应摊入各项目的人工费用,发包人不另行支付。

4. 对各项保险的要求

(1) 保险凭证和条件。承包人应直接到开工通知后的 84 天内向发包人提交按合同规定的各项保险单的复本,并通知监理人。保险单的条件应符合本合同的规定。

(2) 保险单条件的变动。承包人需要变动保险单的条件时,应事先征得发包人同意,并通知监理人。

(3) 未按规定投保的补救。若承包人在接到开工通知后的 84 天内未按合同规定的条件办理保险,则发包人可以代为办理,所需费用由承包人承担。

5. 遵守保险单规定的条件。

发包人和承包人均应遵守保险单规定的条件。任何一方违反保险单规定的条件时,应赔偿另一方由此造成的损失。

案 例

【案例 24-1】 某企业根据历史资料分析,得到两种石方开挖施工方案的成本函数,分别为:A 方案:固定成本 20 万元,单位变动成本 20 元;B 方案:固定成本 15 万元,单位变动成本 25 元。

(1) 写出两种方案的成本曲线并说明如何选用施工方案?

(2) 当工程量为 2.0 万 m^3 时,各施工方案的单位成本为多少?

(3) 简要分析工程量的变化对成本的影响。

解:(1) 不同施工方案的成本曲线为

A 方案:$C_A = 200000 + 20Q$ ①

B 方案:$C_B = 150000 + 25Q$ ②

解①、②得:$Q = 10000$

即:当工程量小于 10000 时,采用 B 方案;当工程量大于 10000 时,采用 A 方案。

(2) 当工程量为 2.0 万 m^3 时,各施工方案的单位成本分别为

A 方案:$\dfrac{C_A}{Q} = \dfrac{200000}{Q} + 20 = \dfrac{200000}{20000} + 20 = 30.00$(元)

B 方案:$\dfrac{C_A}{Q} = \dfrac{150000}{Q} + 25 = \dfrac{150000}{20000} + 25 = 32.50$(元)

(3) 当工程量减少时,单位成本增加;当工程量增加时,单位成本下降。

由于工程量减少,单位固定成本增加,而单位变动成本不变,所以单位总成本增加;反之,则总单位成本下降。

【案例 24-2】 某企业根据多年混凝土施工方案的相关资料分析,该施工方案的固定成本为:320 万元,单位变动成本为:260 元/m^3。

问题:(1) 写出该施工方案的成本曲线表达式。

(2) 当承包价格为 420 元/m^3 时,其盈亏平衡的工程量为多少?

(3) 当混凝土浇筑量为 10 万 m^3 时,承包单价为多少时可以保本?

(以上计算均不考虑税金)

解:(1) 施工方案的成本曲线为

$$C = 320 + 260Q$$

（2）当承包价格为 420 元/m³ 时，其盈亏平衡的工程量为

$$Q = \frac{C_f}{P - C_v} = \frac{320}{420 - 260} = 2.0（万\ m^3）$$

（3）当混凝土浇筑量为 10 万 m³ 时，承包单价为

$$P = \frac{C_f}{Q} + C_v = \frac{320}{10} + 260 = 2920（元\ /m^3）$$

【案例 24-3】 某企业有两套混凝土拌和设备，分别为：A 拌和楼，固定成本 20 万元，单位变动成本 20 元；B 拌和楼，固定成本 15 万元，单位变动成本 25 元。

（1）怎样选用拌和设备？

（2）当混凝土的工程量为 1.5 万 m³ 时，拌和设备的单位成本为多少？

（3）工程量的改变对单位成本有何变化，为什么？

解：（1）不同拌和设备有不同的成本曲线，其总成本的表达式为

A 拌和楼：$C_A = 200000 + 20Q$　　　①

B 拌和楼：$C_B = 150000 + 25Q$　　　②

解①、②得：$Q = 10000$

即：当工程量小于 10000 时，采用 B 拌和楼；当工程量大于 10000 时，采用 A 拌和楼。

（2）当混凝土的工程量为 1.5 万 m³ 时，拌和设备的单位成本为

A 拌和楼：$\dfrac{C_A}{Q} = \dfrac{200000}{Q} + 20 = \dfrac{200000}{15000} + 20 = 33.33（元）$

B 拌和楼：$\dfrac{C_A}{Q} = \dfrac{150000}{Q} + 25 = \dfrac{150000}{15000} + 25 = 35.00（元）$

（3）当工程量减少时，单位成本增加；当工程量增加时，单位成本下降。

当工程量减少时，单位固定成本增加，而单位变动成本不变，所以单位成本增加；反之，则单位成本下降。

【案例 24-4】 某施工企业承担导流洞开挖项目，经研究提出两种施工方案。各方案的资料如下：

方案 1：固定成本为 40000 元，单位变动成本为 60 元。

方案 2：固定成本为 80000 元，单位变动成本为 55 元。

问题：（1）列出两种方案的成本函数方程。

（2）如果不考虑工期约束条件，只考虑成本因素应怎样选择施工方案。

（3）如果工期为 70 天，方案 1：每日产量为 300m³，方案 2：每日产量为 315m³，应选择哪个方案。

解：（1）根据题意列两种方案的成本曲线方程

$$C_1 = 40000 + 60Q \qquad ①$$

$$C_2 = 80000 + 55Q \qquad ②$$

（2）解方程①、②得：$Q = 8000 m^3$

当工程量小于 $8000m^3$ 时采用方案 1，此时成本最低；当工程量大于 $8000m^3$ 时采用方案 2，此时成本最低。

（3）由已知条件可得：

方案 1：$C_1 = 40000 + 60 \times 300t$ ③

方案 2：$C_2 = 80000 + 58 \times 315t$ ④

解方程③、④得：$t = 59.26$ 天

显然如果工期为 70 天，应该选择方案 2。

第二十五章
工程项目竣工阶段的造价管理

工程项目竣工验收是建设程序的最后一个阶段，是全面检查和考核合同执行情况、检验工程建设质量和投资效益的重要环节。工程项目经过验收，交付使用，标志着投入的建设资金转化为使用价值，竣工决算就是对前期工程投资效果的总结和评价。据此，中国规定：所有建设项目，按批准的设计文件所规定的内容建成，工业项目经负荷运转和试生产考核，能够生产合格产品；非工业项目符合设计要求，能够正常使用，都要及时组织验收。凡是符合验收条件的工程而又不及时办理验收手续的，其一切费用不准从建设项目投资中支出。

第一节 竣 工 验 收

一、竣工验收的条件和依据

（1）竣工工程必须达到以下基本条件，才能组织竣工验收。

1）工程项目按照工程合同规定和设计图纸要求已全部施工完毕（生产性工程和辅助性工程已按设计要求建完），达到国家规定的质量标准，能够满足生产和使用要求。

2）交工工程达到窗明、地净、水通、灯亮及采暖通风设备正常运转。

3）主要工艺设备已安装配套，经联动负荷试车合格，构成生产线，形成生产能力，能够生产出设计文件中所规定的产品。

4）职工宿舍和其他必要的生活福利设施能适应初期的需要。

5）生产准备工作能适应投产初期的需要。

6）建筑物周围 2m 以内的场地清理完毕。

7）竣工决算已完成。

8）技术档案资料齐全，符合交工要求。

为了尽快发挥建设投资的经济效益和社会效益，在坚持竣工验收基本条件的基础上，通常对具备下列条件的工程项目，亦可报请竣工验收：①房屋室外或住宅小区内的管线已经全部完成，但个别不属于承包商施工范围的市政配套设施尚未完成，因而造成房屋尚不能使用的建筑工程，承包商可办理竣工验收手续；②非工业项目中的房屋工程已建成，只是电梯尚未到货或晚到货而未安装，或虽已安装但不能与房屋同时使用，承包商可办理竣工验收手续；③工业项目中的房屋建筑已经全部完成，只是因为主要工艺设计变更或主要设备未到货，只剩下设备基础未做，承包商亦可办理竣工验收手续。

（2）竣工工程除了必须符合国家规定的竣工标准外，还都应该以下列文件作为依据。

1）上级主管部门的有关工程竣工的文件和规定。

2）业主与承包商签订的工程承包合同（包括合同条款、规范、工程量清单、设计图纸、设计变更、会议纪要等）。

3）国家现行的施工验收规范。

4）建筑安装工程统计规定。

5）凡属从国外引进和新技术或成套设备的工程项目，除上述文件外，还应按照双方签订的合同和国外提供的设计文件进行验收。

二、竣工验收工作内容

（1）提交竣工资料。为了建设单位对工程合理使用和维护管理，为改建、扩建提供依据和办理决算需要，承包单位应向建设单位提供下列资料：

1）工程项目开工报告。

2）工程项目竣工报告。

3）图纸会审和设计交底记录。

4）设计变更通知单。

5）技术变更核实单。

6）工程质量事故发生后调查和处理资料。

7）水准点位置、定位测量记录、沉降及位移观测记录。

8）材料、设备、构件的质量合格证明资料。

9）材料、设备、构件的试验、检验报告。

10）隐蔽工程验收记录及施工日志。

11）设备试车记录。

12）竣工图。

13）质量检验评定资料。

14）未完工程项目一览表（如有未完工程在交工使用后一段时间内可暂缓交工的项目）。

（2）建设单位组织检查和鉴定。

（3）进行设备的单体试车、无负荷联动试车及有负荷联动试车。

1）单体试车。按规程分别对机器和设备进行单体试车。单体试车由承包单位自行组织。

2）无负荷联动试车。是在单体试车以后，根据设计要求和试车规程进行的。通过无负荷的联动试车，检查仪表、设备以及介质的通路，如油路、水路、汽路、电路、仪表等是否畅通，有无问题；在规定的时间内，如未发生问题，就认为试车合格。无负荷联动试车一般由承包单位组织，建设单位、工程师等参加。

3）有负荷联动试车。无负荷联动试车合格后，由建设单位组织承包商等参加；近来又有以总包主持、安装单位负责、建设单位参加的形式进行。不论是由谁主持，这种试车都要达到运转正常，生产出合格产品，参数符合规定，才算负荷联动试车合格。

（4）办理工程交接手续。检查鉴定和负荷联动试车合格后，合同双方签订交接验收证书，逐项办理固定资产移交，根据承包合同的规定办理工程决算手续。除注明承担的保修工作内容外，双方的经济关系和法律责任可予以解除。

三、竣工验收的程序

工程项目竣工验收工作范围较广，涉及的单位、部门和人员多，为了有计划有步骤地做好各项工作，保证竣工验收的顺利进行，应事先制定出竣工验收进度计划，按照竣工验收工作的特点和规律，执行规定的工作程序。包括以下基本环节：

（1）承包单位进行竣工验收准备工作。主要任务是围绕着工程实物的硬件方面和工程竣工验收资料的软件方面做好准备。

（2）承包单位内部组织自验收或初步验收。

（3）承包单位提出工程竣工验收申请，报告驻场工程师或业主方代表。

（4）工程师（或业主代表）对竣工验收申请作为答复前的预验和核查。

（5）正式竣工验收会议。

第二节　工程保修费用的处理

建设工程承包单位在向建设单位提交工程竣工验收报告时，应向建设单位出具质量保修书。质量保修书中应当明确建设工程的保修范围、保修期限和保修责任。

所谓保修，是指施工单位按照国家或行业现行的有关技术标准、设计文件以及合同中对质量的要求，对已竣工验收的建设工程在规定的保修期限内，进行维修、返工等工作。这是因为建设产品在竣工验收后仍可能存在质量缺陷和隐患，直到使用过程中才能逐步暴露出来，如屋面漏雨、墙体渗水、建筑物基础超过规定的不均匀沉降、采暖系统供热不佳、设备及安装工程达不到国家或行业现行的技术标准等，需要在使用过程中检查、观测和维修。为了使建设项目达到最佳状态，确保工程质量，降低生产或使用费用，发挥最大的投资效益，业主应督促设计单位、施工单位、设备材料供应单位认真做好保修工作，并加强保修期间的造价控制。

一、工程保修期的规定

在正常使用条件下，建设工程的最低保修期限规定如下：

（1）基础设施工程、房屋建筑的地基基础工程和主体结构工程，为设计文件规定的该工程的合理使用年限。

（2）屋面防水工程、有防水要求的卫生间、房间和外墙面的防渗漏为5年。

（3）供热与供冷系统为2个采暖期、供冷期。

（4）电气管线、给排水管道、设备安装和装修工程为2年。

（5）其他项目的保修期限由发包方与承包方约定。

建设工程的保修期，自竣工验收合格之日起计算。

二、工程保修费的处理办法

保修费用是指对建设工程在保修期限和保修范围内所发生的维修、返工等各项费用支出。保修费用应按合同和有关规定合理确定和控制。基于建筑安装工程情况复杂，不如其他商品那样单一，出现的质量缺陷和隐患等问题往往是由于多方面原因造成的。因此，在费用的处理上，应分清造成问题的原因以及具体返修内容，按照国家有关规定和合同要求与有关单位共同商定处理办法。

（一）勘察、设计原因造成保修费用的处理

勘察、设计方面的原因造成的质量缺陷，由勘察、设计单位负责并承担经济责任，由施工单位负责维修或处理。按合同法规定，勘察、设计人应当继续完成勘察、设计，减收或免收勘察、设计费用并赔偿损失。

（二）施工原因造成的保修费用处理

施工单位未按照国家有关规范、标准和设计要求施工，造成质量缺陷，由施工单位负责无偿返修并承担经济责任。

（三）设备、材料、构配件不合格造成的保修费用处理

因设备、建筑材料、构配件质量不合格引起的质量缺陷，属于施工单位采购的或经其验收同意的，由施工单位承担经济责任；属于建设单位采购的，由建设单位承担经济责任。至于施工单位、建设单位与设备、材料、构配件供应单位或部门之间的经济责任，应按其设备、材料、构配件的采购供应合同处理。

（四）用户使用原因造成的保修费用处理

因用户使用不当造成的质量缺陷，由用户自行负责。

（五）不可抗力原因造成的保修费用处理

因地震、洪水、台风等不可抗力造成的质量问题，施工单位和设计单位都不承担经济责任，由建设单位负责处理。

第三节　竣　工　决　算

竣工决算是由建设单位编制的反映建设项目实际造价和投资效果的文件，是竣工验收报告的重要组成部分。所有竣工验收的项目应在办理手续之前，对所有建设项目的财产和物资进行认真清理，及时而正确地编报竣工决算，包括从筹建到竣工投产全过程的全部实际支出费用，即建筑工程费用、安装工程费用、设备工器具购置费用和其他费用等。

竣工决算由竣工决算报表、竣工财务决算说明书、工程竣工图、工程造价比较分析 4 部分组成。前两部分又称为建设项目竣工财务决算，是竣工决算的核心内容和主要组成部分。

一、竣工财务决算说明书

竣工决算说明书主要包括以下内容：

（1）建设项目概况。

（2）会计账务的处理、财产物资情况及债权债务的清偿情况。

（3）资金结余、基建结余资金等的上交分配情况。

（4）主要技术经济指标的分析、计算情况。

（5）基本建设项目管理及决算中存在的问题、建议。

（6）需说明的其他事项。

二、建设项目竣工财务决算报表

建设项目竣工财务决算报表按大、中型建设项目和小型建设项目分别制定。

1. 大、中型建设项目竣工财务决算报表的内容

（1）建设项目竣工财务决算审批表。

（2）大、中型建设项目概况表。

（3）大、中型建设项目竣工财务决算表。

（4）大、中型建设项目交付使用资产总表。

（5）建设项目交付使用资产明细表。

2. 小型建设项目竣工财务决算报表的内容

（1）建设项目竣工财务决算审批表。

（2）小型建设项目竣工财务决算总表。

（3）建设项目交付使用资产明细表。

（一）建设项目竣工财务决算审批表

大、中、小型建设项目竣工决算均要填报建设项目竣工财务决算审批表。

（1）建设性质按新建、扩建、改建、迁建和恢复建设项目等分类填列。

（2）主管部门是指建设单位的主管部门。

（3）所有建设项目均须先经开户银行签署意见后，按照谁投资谁审批的原则。

1）大型项目由国家审计署或确认的机构审计后审批。

2）地方级项目由业主审批。

（4）已具备竣工验收条件的项目，3 个月内应及时填报此审批表，如 3 个月内不办理竣工验收和固定资产移交手续的视同项目已正式投产，其费用不得从基建投资中支付，所实现的收入作为经营收入，不得作为基建收入管理。

（二）大、中型建设项目概况表

大中型建设项目概况表是反映建设项目总投资、建设投资支出、新增生产能力、主要材料消耗和主要技术经济指标等方面的设计或概算与实际完成的情况。其具体内容和填写要求如下：

（1）建设项目名称、建设地址、主要设计单位和主要施工单位，应按全称填列。

（2）各项目的设计、概算、计划指标是指经批准的设计文件和概算、计划等确定的指标数据。

（3）设计概算批准文号，是指最后经批准的日期和文件号。

（4）新增生产能力、完成主要工程量、主要材料消耗的实际数据，是指建设单位统计资料和施工企业提供的有关成本核算资料中的数据。

（5）主要技术经济指标，包括单位面积造价、单位生产能力、单位投资增加的生产能力、单位生产成本和投资回收年限等反映投资效果的综合性指标。

（6）基建支出，是指建设项目从开工起至竣工止发生的全部基建支出。包括形成资产价值的交付使用资产，即固定资产、流动资产、无形资产、递延资产支出，以及不形成资产价值按规定应该核销的非经营性项目的待核销基建支出和转出投资。

（7）收尾工程是指全部工程项目验收后还遗留的少量尾工。应明确填写收尾工程内容、完成时间、尚需投资额，可根据具体情况进行估算并加以说明，完工后不再编制竣工决算。

（三）大、中型建设项目竣工财务决算表

大中型建设项目竣工财务决算表是反映建设项目的全部资金来源和资金占用情况，是考核和分析投资效果的依据。

资金来源包括基建拨款、项目资本金、项目资本公积金、基建借款、上级拨入投资借款、企业债券资金、待冲基建支出、应付款和未交款以及上级拨入资金和企业留成收入等。

（1）预算拨款、自筹资金拨款及其他拨款、项目资本金、基建借款及其他借款等项目，是指自开工建设至竣工止的累计数，应根据历年批复的年度基本建设财务决算和竣工年度的基本建设财务决算中资金平衡表相应项目的数字经汇总后的投资额。

（2）项目资本金是经营性项目投资者按国家关于项目资本金制度的规定，筹集并投入项目的非负债资金。按其投资主体不同，分为国家资本金、法人资本金、个人资本金和外商资本金，并在财务决算表中单独反映，竣工决算后，相应转为生产经营企业的国家资本金、法人资本金、个人资本金和外商资本金。国家资本金包括中央财政预算拨款、地方财政预算拨款、政府设立的各种专项建设基金和其他财政性基金等。

（3）项目资本公积金。是指经营性项目对投资者实际缴付的出资额超出其资金的差额，包括发行股票的溢价收入、资产重估增值、接受捐赠的财产、资本汇率折算差额等，在项目建设期间作为资本公积金。项目建成交付使用并办理竣工决算后，转为生产经营企业的资本公积金。

（4）基建收入是指基建工程中形成的各项工程建设副产品变价收入、负荷试车的试运行收入以及其他收入，具体内容包括：工程建设副产品变价净收入，包括煤炭建设过程中的工程煤收入、矿山建设中的矿产品收入、油（汽）田钻井建设过程中的原油（汽）收入和森工建设中的路影材收入等；经营性项目为检验设备安装质量进行的负荷试车或按合同及国家规定进行试运行所实现的产品收入，包括水利、电力建设移交生产前的水、电、热费收入，原材料、机电轻纺、农林建设移交生产前的产品收入，铁路、交通临时运营收入等；各类建设项目总体建设尚未完成和移交生产，但其中部分工程简易投资而产生的经营性收入等；工程建设期间各项索赔以及违约金等其他收入。上述各项基建收入是以实际所得纯收入计列，即实际销售收入扣除销售过程中所发生的费用和税金后的纯收入。

（5）资金占用反映建设项目从开工准备到竣工全过程的资金支出的全面情况。具体内容包括基本建设支出、应收生产单位投资借款、库存器材、货币资金、有价证券和预付及应收款以及拨付所属投资借款和库存固定资产等。

（6）补充资料的"基建投资借款期末余额"是指建设项目竣工时尚未偿还的基建投资借款数，应根据竣工年度资金平衡表内的"基建借款"项目期末数填列；"应收生产单位投资借款期末数"，应根据竣工年度资金平衡表内的"应收生产单位投资借款"项目的期末数填列；"基建资金节余资金"是指竣工时的节余资金，应根据竣工财务决算表中有关项目计算填列。

（7）基建节余资金＝基建拨款＋项目资本＋项目资本公积金＋基建借款＋企业债券资金＋待冲基建支出－基本基建支出－应收生产单位投资借款

（四）大、中型建设项目交付使用资产总表

大、中型建设项目交付使用资产总表是反映建设项目建成后，交付使用新增固定资产、流动资产、无形资产和递延资产的全部情况及价值，作为财产交接、检查投资计划完成情况和分析投资效果的依据。

（五）建设项目交付使用资产明细表

大、中型和小型建设项目均要填列建设项目交付使用资产明细表。该表是交付使用财产总表的具体化，反映交付使用固定资产、流动资产、无形资产和递延资产的详细内容，是使用单位建立资产明细账和登记新增资产价值的依据。表中固定资产部分要逐项盘点填列；工具、器具和家具等低值易耗品，可分类填列。各项合计数应与交付使用资产总表一致。

（六）小型建设项目竣工财务决算总表

小型建设项目竣工财务决算总表是大、中型建设项目概况表与竣工财务决算表合并而成的，主要反映小型建设项目的全部工程和财务情况。可参照大、中型建设项目概况表指标和大、中型建设项目竣工财务决算的指标口径填列。

（七）建设工程竣工图

建设工程竣工图是真实地记录各种地上地下建筑物、构筑物等情况的技术文件，是工程进行交工验收、维护改建和扩建的依据，是国家的重要技术档案。国家规定：各项新建、扩建、改建的基本建设工程，特别是基础、地下建筑、管线、结构、井巷、洞室、桥梁、隧道、港口、水坝以及设备安装等隐蔽部位，都要编制竣工图。为确保竣工图质量，必须在施工过程中（不能在竣工后）及时做好隐蔽工程检查记录，整理好设计变更文件。

三、工程造价比较分析

经批准的概、预算是考核实际建设工程造价的依据，在分析时，可将决算报表中所提供的实际数据和相关资料与批准的概预算指标进行对比，以反映出竣工项目总造价和单方造价是节约还是超支，在比较的基础上，总结经验教训，找出原因，以利改进。

在考核概、预算执行情况，正确核实建设工程造价时，财务部门首先应积累概、预算动态变化资料，如设备材料价差、人工价差和费率及设计变更资料等；其次，考察竣工工程实际造价节约或超支的数额。为了便于进行比较分析，可先对比整个项目的总概算，然后对比单项工程的综合概算和其他工程费用概算，最后对比分析单位工程概算，并分别将建筑安装工程费、设备工器具费和其他工程费用逐一与竣工决算的实际工程造价对比分析，找出节约和超支的具体内容和原因。在实际工作中，侧重分析以下内容：

（1）主要实物工程量。概预算编制的主要实物工程量的增减必然使工程概预算造价和竣工决算实际工程造价随之增减。因此，要认真对比分析和审查建设项目的建设规模、结构、标准、工程范围等是否遵循批准的设计文件规定，其中有关变更是否按照规定的程序办理，它们对造价的影响如何。对实物工程量出入较大的项目，还必须查明原因。

（2）主要材料消耗量。在建筑安装工程投资中，材料费一般占直接工程费70％以上，因此考核材料费的消耗是重点。在考核主要材料消耗量时，要按照竣工决算表中所列三大材料实际超概算的消耗量，查清是在哪一个环节超出量最大，并查明超额消耗的原因。

（3）建设工程管理费、建筑安装工程其他直接费、现场经费和间接费要根据竣工决算报表中所列的建设工程管理费与概预算所列的建设单位管理数额进行比较，确定其节约或超支数额，并查明原因。对于建筑安装工程其他直接费、现场经费和间接费的费用项目的取费标准，国家和各地均有统一的规定，要按照有关规定查明是否多列费用项目，有无重计、漏计、多计的现象以及增减的原因。

以上所列内容是工程造价对比分析的重点，应侧重分析。但对具体项目应进行具体分析，究竟选择哪些内容作为考核、分析重点，应因地制宜，视建设项目的具体情况而定。

四、新增资产价值的确定

竣工决算是办理交付使用财产价值的依据。正确核定新增资产价值，不但有利于建设项目交付使用后的财务管理，而且为建设项目后的经济评价提供依据。

（一）新增资产的分类

按照新的财务制度和企业会计准则，新增资产按资产性质可分为固定资产、流动资产、无形资产、递延资产和其他资产等五大类。

1. 固定资产

固定资产是指使用期限超过一年，单位价值在规定标准以上（如：1000元或1500元或2000元），并且在使用过程中保持原有物质形态的资产，包括房屋及建筑物、机电设备、运输设备、工具器具等。不同时具备以上两个条件的资产为低值易耗品，应列入流动资产范围内，如企业自身使用的工具、器具、家具等。

2. 流动资产

流动资产是指可以在一年内或超过一年的一个营业周期内变现或者运用的资产，包括现金及各种存货、应收及预付款项等。

3. 无形资产

无形资产是指企业长期使用但没有实物形态的资产，包括专利权、著作权、非专利技术、商誉等。

4. 递延资产

递延资产是指不能全部计入当年损益，应当在以后年度分期摊销的各项费用，包括开办费、租入固定资产的改良工程（如延长使用寿命的改装、翻修、改造等）支出等。

5. 其他资产

其他资产是指具有专门用途，但不参加生产经营的经国家批准的特种物质，银行冻结存款和冻结物质、涉及诉讼的财产等。

（二）新增资产价值的确定

1. 新增固定资产价值的确定

（1）核定新增固定资产价值的意义。新增固定资产价值是投资项目竣工投产后所增加的固定资产价值，即交付使用的固定资产价值，是以价值形态表示建设项目的固定资产最终成果的指标。从建设项目微观来看，核定新增固定资产价值，分析其完成情况，是加强工程造价全过程管理的重要方面；从国民经济宏观上看，新增固定资产意味着国民财政增加，不仅可以反映出固定资产再生产的规模和速度，而且可以据此分析国民经济各部门的技术、产业结构变化与相互间适应的情况以及考核投资经济效果等。因此，核定新增固定资产无论是对建设项目还是对国民经济建设均具有重要的意义。

（2）新增固定资产价值包括的内容。

1）已投入生产或交付使用的建筑、安装工程造价。

2）达到固定资产标准的设备、工器具的购置费用。

3）增加固定资产价值的其他费用，包括土地征用及迁移费（即通过划拨方式取得无限期土地使用权而支付的土地补偿费、附着物和青苗补偿费、安置补助费、迁移费等）、联合试运费、勘察设计费、项目可行性研究费，施工机构迁移费、报废工程损失费和建设单位管理费中达到固定资产标准的办公设备、生活家具、用具和交通工具等的购置费。

（3）新增固定资产价值的计算。计算以单项工程为对象，单项工程建成经有关部门验收鉴定合格，正式移交生产使用，即应计算新增固定资产价值。一次性交付生产或使用的工程一次计算新增固定资产价值，分期分批交付生产或使用的工程，应分期分批计算新增固定资产价值。计算时应注意以下情况：

1）对于为了提高产品质量、改善劳动条件、节约材料消耗、保护环境而建设的附属辅助工程，只要全部建成，正式验收或交付使用后就应计入新增固定资产价值。

2）对于单项工程中不构成生产系统，但能独立发挥效益的非生产性工程，如住宅，食堂、医务所、托儿所、生活服务设施等，在建成并交付使用后，也应计算新增固定资产价值。

3）凡购置达到固定资产标准不需要安装的设备工器具，均应在交付使用后计入新增固定资产价值。

4）属于新增固定资产价值的其他投资，按新财务制度规定，如与建设项目配套的专用铁路线、专用公路、专用通信设施、送变电站、地下管道、专用码头等由本项目投资其产权归属本项目所在单位的，应随同收益工程交付使用的同时一并计入新增固定资产价值。

（4）交付使用财产成本的计算内容。

1）房屋、建筑物、管道、线路等固定资产的成本包括建筑工程成本和应分摊的待摊投资。

2）动力设备和生产设备等固定资产的成本包括需要安装设备的采购成本、安装工程成本、设备基础支架等建筑工程成本、砌筑锅炉及各种特殊炉的建筑工程成本、应分摊的待摊投资。

3）运输设备及其他不需要安装的设备、工具、器具、家具等固定资产一般仅计算采购成本，不计分摊的"待摊投资"。

（5）待摊投资的分摊方法。增加固定资产的其他费用，应按各受益单项工程以一定比例共同分摊。分摊时，哪些费用由哪些工程分摊又有具体规定。一般是：建设单位管理费由建筑工程、安装工程、需安装设备价值总额等按比例方法分摊；土地征用费、勘察设计费等费用只按建筑工程造价分摊。

【例】某建设项目及其第一车间的建筑工程、安装工程费、需安装设备费以及应摊入费用见表 25-1。

表 25-1　　　　　　　　　　　分摊费用计算结果表　　　　　　　　　　单位：万元

项目名称	建筑工程	安装工程	需安装设备	建设单位管理费	土地征用费	勘测设计费	合　计
建设项目竣工决算	240	50	100	7.8	12	4.8	414.6
A 单项工程竣工决算	60	20	40	2.4	3.0	1.2	126.6

具体计算如下：

应分摊建设单位管理费 $=(60+20+40)\div(240+50+100)\times7.8=2.4$ 万元

应分摊土地征用费 $=60\div240\times12=3$ 万元

应分摊勘测设计费 $=60\div240\times4.8=1.2$ 万元

则 A 单项工程新增固定资产价值 $=(60+20+40)+(2.4+3+1.2)=126.6$ 万元

2. 流动资产价值的确定

（1）货币资金。即现金、银行存折和其他货币资金（包括在外埠存款、还未收到的在途资金、银行汇票和本票等资金）。一律按实际入账价值核定计入流动资产。

（2）应收和应预付款。包括应收工程款、应收销售款、其他应收款、应收票据及预付分包工程款、预付分包工程备料款、预付工程款、预付备料款、预付购货款和待摊费用。其价值的确定，一般情况下按应收和应预付款项的企业销售商品、产品或提供劳务时的实际成交金额或合同约定金额入账核算。

（3）各种存货是指建设项目在建设过程中耗用而储备的各种自制和外购的各种货物，包括各种器材、低值易耗品和其他商品等。其价值确定方法为：外购的按照买价加运输费、装卸费、保险费、途中合理损耗、入库前加工整理或挑选及缴纳的税金等项计价；自制的按照制造过程中发生的各项实际支出计价。

3. 无形资产价值的确定

（1）无形资产计价原则。无形资产的计价，原则上应按取得时的实际成本计价。新财务制度规定，根据企业取得无形资产的途径不同，其计价还应遵守以下原则：

1）投资者以无形资产作为资本金或合作条件投入的，按照对其评估确认或合同协议约定的金额计价。

2）企业购入的无形资产按照实际支付的价款计价。

3）企业自制并依法申请取得的无形资产，按其开发过程中的实际支出计价。

4）企业接受捐赠的无形资产，可按照发票账单所持金额或同类无形资产的市价计价。

（2）无形资产价值的确定。

1）专利权的计价。专利权分为自制和外购两种，自制专利权，其价值为开发过程中的实际支出计价，主要包括专利的研究开发费用、专利登记费、专利年费和法律诉讼费等。专利转让时（包括购入和卖出），其价值主要包括转让价格和手续费用。由于专利是具有专有性并能带来超额利润的生产要素，因此其转让价格不能按其成本估价，而应依据所带来的超额收益来估价。

2）非专利技术的计价。非专利技术是指具有某种专有技术或技术秘密、技术诀窍，是先进的、未公开的、未申请专利的，可带来经济效益的专门知识和特有经验，如工业专有技术、商业（贸易）专有技术、管理专有技术等。它也包括自制和外购两种。外购非专利技术，应由法定评估机构确认后，再进一步估价，一般通过其产生的收益来估价，其方法类同专利技术；自制的非专利技术，一般不得以无形资产入账，自制过程中所发生的费用，按新财务制度可作当期费用处理，这是因为非专利技术自制时难以确定是否成功，这样处理符合稳健性原则。

3）商标权的价值。商标权是商标经注册后，商标所有者依法享有的权益，它受法律保障。分为自制和购入（转让）两种。企业购入和转让商标时，商标权的计价一般根据被许可方所新增的收益来确定；自制的，尽管在商标设计、制作、注册和保护、广告宣传都要花费一定费用，一般不能作为无形资产入账，而直接以销售费用计入当期损益。

4）土地使用权的计价。取得土地使用权的方式有两种，则计价方法也有两种：一是建设单位向土地管理部门申请，通过出让方式取得有限期的土地使用权而支付的出让金，应以无形资产计入核算；二是建设单位获得土地使用权原先是通过行政划拨的，就不能作为无形资产核算，只有在将土地使用权有偿转让、出租、抵押、作价入股和投资，按规定补交土地出让金后，才可作为无形资产计入核算。无形资产入账后，应在其有限使用期内分期摊销。

4. 递延资产价值的确定

（1）开办费的计价。筹建期间建设单位管理费中未计入固定资产的其他各项费用，如建设单位经费，包括筹建期间工作人员工资、办公费、差旅费、印刷费、生产职工培训费、样品样机购置费、农业开荒费、注册登记费等以及不计入固定资产和无形资产购建成本的汇兑损益、利息支出。按照新财务制度规定，除了筹建期间不计入资产价值的汇兑净损失外，开办费从企业开始生产经营月份的次月起，按照不短于五年的期限平均摊入管理费用中。

（2）以经营租赁方式租入的固定资产改良工程支出的计价。以经营租赁方式租入的固定资产改良工程支出是指能增加以经营租赁方式租入的固定资产的效用或延长其使用寿命的改装、翻修、改建等支出。应在租赁有效期限内分期摊入制造费用或管理费用中。

5. 其他资产计价

主要以实际入账价值核算。

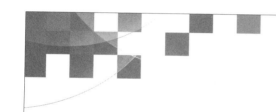

第二十六章
建设项目后评价

第一节 项目后评价的基本概念

一、项目后评价的定义

项目后评价是指对已经完成的项目（或规划）的目的、执行的过程、效益、作用和影响等进行系统、客观地分析，以便确定项目预期的目标是否达到，项目的规划是否合理，项目的主要效益指标是否实现。通过分析评价找出成败的原因，总结经验教训，并通过及时有效的信息反馈，为未来新项目的决策和管理提出建议，同时也为后评价项目的实施运营提出改进建议，从而达到提高投资效益的目的。

二、项目后评价的时点和种类

对项目进行后评价，应在所建设施的能力和投资的直接经济效益已发挥出来的时候进行。也就是在项目完工以后，贷款项目在账户关闭之后，生产运营达到设计能力之际进行项目正式的后评价。然而，在实际工作中由于种种原因，项目后评价的时点是可以变化的。一般来讲，从项目开工之后，即项目投资开始发生之后，由监督部门所进行的各种评价都属于项目后评价的范围，这种评价可以延伸至项目的寿命期末。因此，根据评价时点，项目后评价也可细分为：跟踪评价、实施效果评价和影响评价。

1. 项目跟踪评价

项目跟踪评价也称中间评价或实施过程评价，是指在项目开工以后到项目竣工验收之前任何一个时点所进行的评价。这种由独立机构所进行的评价的目的是，或检查评价项目评估和设计的质量；或评价项目在建设过程中的重大变更（如项目产出品市场发生变化、概率调整、重大方案变化、主要政策变化等）及其对项目效益的作用和影响；或诊断项目发生的重大困难和问题，寻求对策和出路等。这类评价往往侧重于项目层次上的问题。

2. 项目实施效果评价

项目实施效果评价及通常所说的项目后评价，世界银行和亚洲开发银行称为 PPAR（project performance audit report），是指在项目竣工以后一段时间之内所进行的评价（一般认为，生产性行业在竣工以后 2 年左右，基础设施行业在竣工以后 5 年左右，社会基础设施行业可能更长一些）。这种评价的主要目的是，检查确定投资项目或活动达到理想效果的程度；总结经验教训，为新项目的宏观导向、政策和管理反馈信息。评价要对项目层次和决策管理层次的问题加以分析和总结。同时为完善已建项目、调整在建项目和指导待

建项目服务。

3. 项目影响评价

项目影响评价也称项目效益监督评价，是指在项目后评价报告完成一定时间之后所进行的评价。项目影响评价是以后评价报告为基础，通过调查项目的经营状况，分析项目发展趋势及其对社会、经济和环境的影响，总结投资决策等方面的经验教训，行业或地区的总结都属于这类评价的范围。

三、项目后评价与项目前评估的主要区别

项目后评价与项目前期准备阶段的评估均采用定量与定性相结合的评价方法。但是，由于两者的评价时点不同，目的是不完全相同，因此也存在一些差别。前评估的目的是确定项目是否可以立项，它是站在项目的起点，主要运用预测技术来分析评价项目未来的效益，以便作出投资决策。后评价则是在项目建成投产之后，分析总结项目在准备、实施过程中以及运营管理过程中的得失，并采用预测技术对项目的未来进行新的分析评价，其目的是为了提高决策的正确度和管理措施的有效性。所以，项目后评价要同时进行项目的回顾总结和前景预测。项目后评价是站在项目完工的时点，一方面检查总结项目的实施过程，找出问题，分析原因；另一方面，要以后评价时点为基点，预测项目未来的发展。前评估的重要判别标准是投资者要求获得的收益率或基准收益率（社会折现率），而后评价判别标准的重点则是前评估的结论是否实现，这就是后评价与前评估的主要区别。

第二节　项目后评价的内容和方法

一、项目后评价的基本内容

（一）项目目标评价

评定项目立项时原来预定的目的和目标的实现程度，是项目后评价所需要完成的主要任务之一。因此，项目后评价要对照原定目标完成的主要指标，检查项目实际实现的情况和变化，分析实际发生改变的原因，以判断目标的实现程度。判别项目目标的指标应在项目立项时就已确定，一般包括宏观目标，即对地区、行业或国家经济、社会发展的总体的影响和作用。建设项目的直接目的可能是解决特定的供需平衡，向社会提供某种产品或服务，指标一般可以量化。目标评价的另一项任务是要对项目原定决策目标的正确性、合理性和实践性进行分析评价。有些项目原定的目标不明确，或不符合实际情况，项目实施过程中可能会发生重大变化，如政策性变化或市场变化等，项目后评价要给予重新分析和评价。

（二）项目实施过程评价

项目的过程评价应对照立项评估或可行性研究报告时所预计的情况和实际执行的过程进行比较和分析，找出差别，分析原因。过程评价一般要分析以下几个方面的内容：

（1）项目的立项、准备和评估。

（2）项目内容和建设规模。

（3）工程进度和实施情况。

（4）配套设施和服务条件。

（5）受益者范围及其反映。

（6）项目的管理和机制。

（7）财务执行情况。

（三）项目效益评价

项目的效益评价即财务评价和经济评价，其评价的主要内容与项目前评估无大的差别，主要分析指标还是内部收益率、净现值和贷款偿还期等项目盈利能力和清偿能力的指标。但项目后评价时有以下几点需加以说明。

（1）项目前评估采用的是预测值，项目后评价则对已发生的财务现金流量采用实际值，并按统计学原理加以处理；对后评价时点以后的流量作出新的预测。

（2）当财务现金流量来自财务报表时，对应收而未实际收到的债权和非货币资金都不可计为现金流入，只有当实际收到时才作为现金流入；同理，应付而实际未付的债务资金不能计为现金流出，只有当实际支付时才作为现金流出。必要时，要对实际财务数据作出调整。

（3）实际发生的财务会计数据都含有物价通货膨胀的因素，而通常采用的盈利能力指标是不含通货膨胀水分的。因此对项目后评价采用的财务数据要剔除物价上涨的因素，以实现前后的一致性和可比性。

（四）项目影响评价

项目的影响评价内容包括经济影响、环境影响和社会影响，具体有以下几个方面：

（1）经济影响评价。主要分析评价项目对所在地区、所属行业和国家所产生的经济方面的影响。经济影响评价要注意把项目效益评价中的经济分析区别开来，避免重复计算。评价的内容主要包括分配、就业、国内资源成本（或换汇成本）、技术进步等。由于经济影响评价的部分因素难以量化，一般只能做定性分析，一些国家和组织把这部分内容并入社会影响评价的范畴。

（2）环境影响评价。由于各国的环保法的规定细则不尽相同，评价的内容也有所区别。项目的环境影响评价一般包括项目的污染控制、地区环境质量、自然资源利用和保护、区域生态平衡和环境管理等几个方面。

（3）社会影响评价。项目的社会影响评价是对项目在社会的经济、发展方面的有形和无形的效益和结果的一种分析，重点评价项目对所在地区和社区的影响。社会影响评价一般包括贫困、平等、参与和持续性等内容。

（五）项目持续性评价

项目的持续性是指在项目的建设资金投入完成之后，项目的既定目标是否还能继续，项目是否可以持续地发展下去，接受投资的项目业主是否愿意并可能依靠自己的力量继续去实现既定目标，项目是否具有可重复性，即是否可在未来以同样的方式建设同类项目。持续性评价一般可作为项目影响评价的一部分，但是世界银行和亚洲开发银行等组织把项目的可持续性视为其援助项目成败的关键之一，因此要求援助项目在评估和评价中进行单独的持续性分析和评价。

项目持续性的影响因素一般包括：本国政府的政策；管理、组织和地方参与；财务因素；技术因素；社会文化因素；环境和生态因素；外部因素等。

二、项目后评价的方法

从项目后评价的作用来看，就是把项目实施的结果与当初决策的目标对照、比较、对项目执行过程进行检查，系统总结经验和教训，以便迅速、有效地反馈到新的决策活动中去。因此，项目后评价的基本内容从可比性出发，应当注重分析项目决策的评估依据的变化，从"结果"中揭示"原因"，找出有规律性的东西。但是，项目后评价绝不是对项目以前评估指标的重复计算，而必须依据国家经济和社会发展长期计划、产业政策、地区发展政策和各项有关法律、制度，对投资项目的决策正误程度和项目实施过程中的功与过按照一定的评价方法来确定。

1. 有无对比法

一般一种评价方法的选择主要基于评价开始的时间、可获得的经费以及希望的精确性。一般可以按照下面的步骤来进行：

（1）确定评价的内容和指标。

（2）选择可比较对象群，确定控制对象和实验对象。

（3）衡量每一组对象在项目实施前的评价值。

（4）在实验组中实施项目，控制组不受项目影响。

（5）测量每组对象在项目实施后的各指标的值。

（6）比较各组对象在项目实施后的各指标的值的变化，并根据此确定项目的作用。

（7）寻找是否有项目以外的造成两组对象的其他影响因素，如果有确定他们的影响或在阐述项目作用时，说明这些因素。

有无对比法可对一个项目实施结果进行系统的评价，比较适用于衡量政策、计划等的实施效果。但这种方法的耗费太高，还必须排除其他因素的干扰，这在现实的工作中是很难做到的。

2. 逻辑框架法（LFA）

LFA是现今国际上流行的对公共投资项目进行后评价时比较常用的评价方法，它是一种概念化论述项目的方法，即用一张简单的框架清晰地分析一个复杂项目的内涵和关系，使之更易理解。它的模式是一个 4×4 的矩阵，基本模式见表 26-1。

表 26-1 　　　　　　　　　　　　　　LFA 的 基 本 模 式

层次描述	客观验证指数	验证方法	重要外部条件
目标	目标指数	监测和监督手段及方法	实现目标的主要条件
目的	目的指数	监测和监督手段及方法	实现目的的主要条件
产出	产出物定量指标	监测和监督手段及方法	实现产出的主要条件
投入	投入物定量指标	监测和监督手段及方法	落实投入的主要条件

应用 LFA 进行计划和评价时的一项主要任务是对项目最初的目标必须作出清晰的定义。因此，在做逻辑框架时对项目的以下内容应清楚地描述。

（1）清晰并可度量的目标。

（2）不同层次的目标和最终目标之间的联系。

（3）确定项目成功与否的测量指标。

（4）项目的主要内容。

（5）计划和设计时的主要假设条件。

（6）检查项目进度的办法。

（7）项目实施中要求的资源投入。

参 考 文 献

[1] 郭琦. 工程造价管理的理论与方法 [M]. 北京：中国电力出版社，2004.
[2] 郭琦. 水电工程造价 [M]. 北京：中国电力出版社，2008.
[3] 高鸿业. 西方经济学 [M]. 2版. 北京：中国人民大学出版社，2001.
[4] 傅家骥，仝允桓. 工业技术经济学 [M]. 3版. 北京：清华大学出版社，1996.
[5] 孙怀玉，王子学，宋冀东. 实用技术经济学 [M]. 北京：机械工业出版社，2004.
[6] 吴添祖，冯勤，欧阳仲健. 技术经济学 [M]. 北京：清华大学出版社，2004.
[7] 何亚伯，等. 工程经济学 [M]. 北京：机械工业出版社，2007.
[8] 肖付伟. 基于三峡工程的我国大型水电建设融资战略研究 [D]. 北京：华北电力大学，2007.
[9] 郑明平. 水利建设项目甲乙类划分及资金筹措方式研究 [D]. 南京：河海大学，2004.
[10] 郝杰忠. 建筑工程施工项目招标与合同管理 [M]. 北京：机械工业出版社，2003.
[11] 陈守伦. 工程经济学 [M]. 南京：河海大学出版社，1996.
[12] 吴恒安. 财务评价-国民经济评价-社会评价-后评价理论和方法 [M]. 北京：中国水利水电出版社，1998.
[13] 苏益. 投资项目评估 [M]. 北京：清华大学出版社，2007.
[14] 成其谦. 投资项目评价 [M]. 2版. 北京：中国人民大学出版社，2007.
[15] 吴大军，王立国. 项目评估 [M]. 沈阳：东北财经大学出版社，2002.
[16] 国家发展改革委，建设部. 建设项目经济评价方法与参数 [M]. 3版. 北京：中国计划出版社，2006.
[17] 中国水利经济研究会，水利部规划计划司. 水利建设项目社会评价指南 [M]. 北京：中国水利水电出版社，1999.
[18] 龚维丽. 工程造价的确定与控制 [M]. 北京：第一版中国计划出版社，2000.
[19] 李国纲. 管理系统工程 [M]. 北京：中国人民大学出版社，1998.
[20] 熊胜绪. 管理经济学 [M]. 武汉：武汉大学出版社，1998.
[21] 张仲敏，任维秀. 投资经济学 [M]. 北京：中国人民大学出版社，1992.
[22] 何伯森. 国际工程招标与投标 [M]. 北京：中国水利水电出版社，1995.
[23] 尹贻林. 工程造价管理相关知识 [M]. 北京：中国计划出版社，2000.
[24] 水电工程造价培训教材编委会 [M]. 北京：中国电力出版社，2003.
[25] 国家发展和改革委员会法规司，国务院法制办公室财金司，监察部执法监察司. 中华人民共和国招标投标法实施条例释义 [M]. 北京：中国计划出版社，2012.
[26] 胡文发. 工程招投标与案例 [M]. 北京：化学工业出版社，2015.
[27] 刘伊生. 建设工程招投标与合同管理 [M]. 2版. 北京：北京交通大学出版社，2014.
[28] 孙加保，董海涛. 工程招标投标与合同管理 [M]. 北京：化学工业出版社，2006.
[29] 陈正，涂群岚. 建筑工程招投标与合同管理实务 [M]. 北京：电子工业出版社，2006.
[30] 高群，张素菲. 建设工程招投标与合同管理 [M]. 北京：机械工业出版社，2007.
[31] 刘元芳，李兆亮. 建设工程招标投标实用指南 [M]. 北京：中国建材工业出版社，2006.
[32] 刘钟莹. 建设工程招标投标 [M]. 南京：东南大学出版社，2007.
[33] 周学军. 工程项目招标投标策略与案例 [M]. 济南：山东科学技术出版社，2005.
[34] 刘钦. 工程招投标与合同管理 [M]. 2版. 北京：高等教育出版社，2008.

［35］ 何永康，杨玉麟. 技术定额［M］. 北京：水利电力出版社，1988.

［36］ 胡文发，何新华. 现代工程项目管理［M］. 上海：同济大学出版社，2007.

［37］ 许程洁，张淑华. 工程项目管理［M］. 武汉：武汉理工大学出版社，2012.

［38］ 杨培岭. 现代工程项目管理［M］. 北京：中国水利水电出版社，2010.

［39］ 王祖和. 现代工程项目管理［M］. 2版. 北京：电子工业出版社，2013.

［40］ 中华人民共和国住房和城乡建设部，中华人民共和国国家质量监督检查检疫总局. GB 50500—2013 建筑工程工程量清单计价规范［S］. 北京：中国计划出版社，2013.

［41］ 国家能源局. 水电工程施工招标和合同文件示范文本［M］. 北京：中国电力出版社，2010.